26년 기술사강의 노하우 합격의 정석!!

건축시공 기술사

건축시공기술사
조 민 수 저

365일 학습관리 24시간 질의응답

01. 총정리 특강 동영상 무료수강

■ 매회 별 시험 1주전에 최신 출제 경향에 따른 예상문제 총정리
특강(동영상강의) 무료수강 제공

02. 24시간 이내 질의응답

■ 본 도서 학습시 궁금한 사항은 전용 홈페이지를 통해 질의응답
및 답안 첨삭지도 등 365일 24시간 학습관리시스템 운영

한솔아카데미 www.qna24.co.kr
▶ **YouTube** (조민수원장의 건축시공연구소)

Preface

변화는 위기의 인식에서 비롯된다. 위기를 극복하는 과정에서 변화와 혁신이 나타났으며, 변화와 혁신에 대처하기 위해 자기계발이 요구된다. 이러한 시련과 고통을 이겨낸 자만이 새로운 세상의 주인이 되고 미래를 준비할 수 있는 기회를 얻게 된다.

경기 하락과 건설경기의 위축으로 많은 어려움을 겪고 있는 우리 건설산업에서 무한경쟁의 세계에서 살아남고 리더십을 갖춘 인재(人財)가 되기 위한 첫 번째 조건이 바로 기술능력을 갖추는 것이며 이를 위해서는 기술사(Professional Engineer) 취득이 필수적이다.

최근의 건축시공기술사는 현장 위주의 문제를 접목시켜 출제하는 경향으로 변하고 있다. 하지만 건축시공기술사 자격시험을 준비하는 수험자가 다 경험하듯 시험에 응시하기까지는 현장경험의 부족으로 인한 애로사항이 많다. 그리고 이를 해결하기 위해 각종 도서와 인터넷 자료 등을 통해 정보를 얻고 있으나, 단편적이고 일반적인 내용들로서 체계적인 공부가 되지 못한다는 문제점이 있다.

건축시공기술사 강의를 하면서 수험생 스스로 문제를 분석하고 정리하는 데 지나치게 많은 시간이 소요되고 문제의 핵심을 파악하기가 쉽지 않다는 것을 절감하였기에 38년의 현장경험과 25년의 강의자료를 토대로 기술사시험 대비뿐만 아니라 현장에서도 유용하게 사용할 수 있는 책을 기획하게 되었다.

이 책의 특징
① 과년도 기출문제를 본 강의의 흐름에 맞게 분석
② 한 눈에 알아볼 수 있는 공종별 엑기스
③ 이론과 문제(단답형과 서술형)를 동시에 수록
④ 차별화된 답안 방법 제시
⑤ 강의에 도움이 되는 현장 사진
⑥ 국토관리청 현장 점검의 부실사례 및 개선방안

이 책을 집필하는 데 많은 도움을 준 참고자료의 저자들에게 일일이 양해를 구하지 못함을 죄송스럽게 생각하며 우선 지면으로 감사의 뜻을 전한다.

또한 책의 출판을 위해 함께 애써준 한솔아카데미 한병천 대표님, 이종권 사장님 이하 편집부 직원들께 깊은 감사를 드립니다.

저자 조 민 수

❶ 시험 개요

건축의 계획 및 설계에서 시공, 관리에 이르는 전과정에 관한 공학적 지식과 기술, 그리고 풍부한 실무경험을 갖춘 전문인력을 양성하고자 자격제도 제정

❷ 진로 및 전망

- 일반건설회사와 전문건설회사, 감리전문회사에 취업할 수 있으며, 이밖에 건축구조관련 연구소 및 유관기관으로 진출할 수 있다.
- 건축시공기술사의 인력수요는 증가할 것이다. 건설경기 활성화 대책에 공공건설의 투자확대, 주택자금의 지원, 세제지원, 국민임대주택의 건설 및 각종 법령의 개정 등 정부의 정책적 지원과 국내 대형 건설사들의 경영상태가 부채비율 감소, 자기자본 비율 증가 등의 영향으로 건전해지고 향후 부동산 경기회복이 본격화될 것으로 보고 아파트공급량을 대폭 확대할 계획이며, 해외건설공사 수주현황을 보면 중동 및 아시아 지역을 중심으로 증가요인이 작용하여 건축시공기술사의 인력수요는 증가할 것이다.

❸ 수행직무

건축시공 분야에 관한 고도의 전문지식과 실무경험에 입각한 계획, 연구, 설계, 분석, 시험, 운영, 시공, 평가 또는 이에 관한 지도, 감리 등의 기술업무 수행

❹ 취득방법
① 시 행 처 : 한국산업인력공단
② 관련학과 : 대학 및 전문대학의 건축공학, 전기공학, 건축시공학 관련학과
③ 시험과목
　• 건축시공, 공정관리 및 적산에 관한 사항
④ 검정방법
　• 필기 : 단답형 및 주관식 논술형(매교시당 100분, 총400분)
　• 면접 : 구술형 면접시험(30분 정도)
⑤ 합격기준
　• 100점 만점에 60점 이상

❺ 실시기관명

한국산업인력공단

❻ 실시기관 홈페이지

http://www.q-net.or.kr

❼ 변천과정

`74.10.16. 대통령령 제7283호	`91.10.31. 대통령령 제13494호	현 재
건축기술사(건축시공)	건축시공기술사	건축시공기술사

❽ 시험수수료

- 필기 : 67,800
- 실기 : 87,100

목차

Chapter 2

토공사

목차

Chapter 3 기초공사

Chapter 4

철근·거푸집공사

제1절 철근공사

목차

Chapter 5

콘크리트공사

목차

2 단답형·서술형 문제 해설

1 단답형 문제 해설

2 서술형 문제 해설

3 부실사례 및 개선방안

목차

제2절 CW공사

목차

Chapter 7

강구조공사

2 단답형·서술형 문제 해설

1 단답형 문제 해설

목차

마감공사 및 기타공사

제1절 마감공사

목차

2 서술형 문제 해설

3 부실사례 및 개선방안 ································· 844

목차

목차

목차

가설공사

Chapter 01

과년도 분석표

가설공사 | 서술형 과년도 문제 분석표

■ 공통가설공사

NO	과 년 도 문 제	출제회
1	공통과 직접가설공사의 주요항목과 공사품질에 미치는 영향 및 가설계획시 유의사항에 대하여 기술하시오.	70
2	도심지 지하4층, 지상20층, 연면적 30,000㎡ 규모의 업무시설 신축공사시 공통 가설계획을 수립하고 각 항목에 대하여 설명하시오.	100, 106

■ 가설비계

NO	과 년 도 문 제	출제회
1	가설공사에서 강관비계의 설치기준에 대하여 설명하시오.	101
2	외부강관비계의 조립설치기준 및 시공시 유의사항에 대하여 기술하시오.	81
3	가설공사 중 가설통로의 종류 및 설치기준에 대하여 설명하시오.	104
4	가설거푸집 동바리 및 비계에 대한 붕괴 메카니즘에 대하여 설명하시오.	107
5	주상복합현장 1층(층고 8m)에 시스템비계 적용 시, 시공순서와 시공 시 유의사항에 대하여 설명하시오.	114
6	가설공사에서 강관비계의 설치기준 및 시공 시 유의사항에 대하여 설명하시오.	117

■ 기타

NO	과 년 도 문 제	출제회
1	종합 가설계획에서의 고려사항에 대하여 기술하시오.	62
2	도심지 지하4층, 지상20층 규모의 오피스건물 신축공사의 종합가설공사계획수립 시 유의사항에 대하여 기술하시오.	81
3	공동주택 가설공사의 특성과 계획시 고려사항에 대하여 기술하시오.	83, 109
4	대지협소한 도심공사(지하6층, 지상20층)의 종합가설계획에 대하여 기술하시오.	92
5	가설공사가 품질, 공정, 원가 및 안전에 미치는 영향에 대하여 기술하시오.	95
6	건축현장의 친환경 요소를 고려한 가설공사 계획에 대하여 설명하시오.	98
7	가설공사가 본공사의 공사품질에 미치는 영향에 대하여 설명하시오.	108
8	건설현장의 가설울타리와 세륜시설 설치기준에 대하여 설명하시오.	110, 116
9	잭서포트(Jack Support), 강관시스템서포트(System Support)의 특성과 설치 시 유의사항에 대하여 설명하시오.	118

Chapter 01 가설공사

1 핵심정리

I. 공통가설공사 : 본공사 이외

II. 직접가설공사 : 본공사

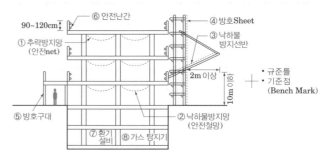

[안전시설공법]

1. 규준틀

규준틀은 건물의 위치를 정하는 기준의 것으로 정확하고 견고하게 설치하고, 이동이 없도록 유지관리에 주의한다.

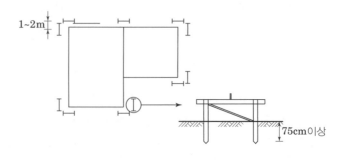

[수평규준틀]

[세로규준틀]

2. 기준점(Bench Mark ; 수준점)

건물 높이의 기준이 되는 표식이므로 건물의 위치결정에 편리하고 잘 보이는 곳에 이동의 위험이 없도록 설치하며, 건물 부근에 2개소 이상 설치하고 Transit을 설치하기 좋은 위치로 한다.

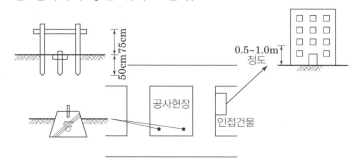

[Bench Mark(바닥)]

[Bench Mark(벽체)]

Ⅲ. 안전시설공법

1. 조도 [산업안전보건기준에 관한 규칙 제8조]

① 초정밀작업: 750럭스 이상
② 정밀작업: 300럭스 이상
③ 보통작업: 150럭스 이상
④ 그 밖의 작업(작업장, 현장): 75럭스 이상

[가설통로]

2. 통로의 구조 [산업안전보건기준에 관한 규칙]

1) 가설통로 기준 [제23조]

① 견고한 구조
② 경사는 30도 이하로 할 것. 다만, 계단을 설치하거나 높이 2m 미만의 가설통로로서 튼튼한 손잡이를 설치한 경우에는 그러하지 아니하다.
③ 경사가 15도를 초과하는 경우에는 미끄러지지 아니하는 구조
④ 추락할 위험이 있는 장소에는 안전난간을 설치
⑤ 수직갱에 가설된 통로의 길이가 15m 이상인 경우에는 10m 이내마다 계단참을 설치
⑥ 건설공사에 사용하는 높이 8m 이상인 비계다리에는 7m 이내마다 계단참을 설치

[사다리식 통로]

2) 사다리식통로 기준 [제24조]

① 견고한 구조
② 심한 손상·부식 등이 없는 재료를 사용
③ 발판의 간격은 일정하게 할 것

④ 발판과 벽과의 사이는 15cm 이상의 간격을 유지

⑤ 폭은 30cm 이상

⑥ 사다리가 넘어지거나 미끄러지는 것을 방지하기 위한 조치

⑦ 사다리의 상단은 걸쳐놓은 지점으로부터 60cm 이상 올라가도록 할 것

⑧ 사다리식 통로의 길이가 10m 이상인 경우에는 5m 이내마다 계단참을 설치

⑨ 사다리식 통로의 기울기는 75도 이하 다만, 고정식 사다리식 통로의 기울기는 90도 이하로 하고, 그 높이가 7m 이상인 경우에는 바닥으로부터 높이가 2.5m 되는 지점부터 등받이울을 설치

⑩ 접이식 사다리 기둥은 사용 시 접혀지거나 펼쳐지지 않도록 철물 등을 사용하여 견고하게 조치

3. 강관비계

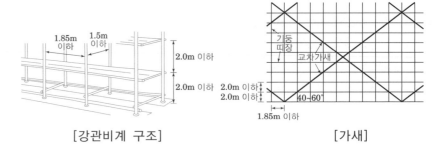

[강관비계 구조]　　　　　[가새]

[강관비계 구조]

1) 강관비계의 구조[KCS 21 60 10 3.3]

가. 비계기둥

① 비계기둥은 수평재, 가새 등으로 안전하고 단단하게 고정

② 비계기둥은 기초기반의 지내력을 시험하여 적절한 기초처리

③ 비계기둥의 밑둥에 받침 철물을 사용하는 경우 인접하는 비계기둥과 밑둥잡이로 연결할 것. 연약지반에서는 소요폭의 깔판을 비계기둥에 3본 이상 연결되도록 깔아댄다.

④ 비계기둥의 간격은 띠장 방향으로 1.5m 이상 1.8m 이하, 장선방향으로 1.5m 이하

⑤ 기둥 높이가 31m를 초과하면 기둥의 최고부에서 하단 쪽으로 31m 높이까지는 강관 1개로 기둥을 설치하고, 31m 이하의 부분은 좌굴을 고려하여 강관 2개를 묶어 기둥을 설치

⑥ 비계기둥 1개에 작용하는 하중은 7.0kN 이내

⑦ 비계기둥과 구조물 사이의 간격은 추락방지를 위하여 300mm 이내

나. 띠장

① 띠장의 수직간격은 1.5m 이하. 다만, 지상으로부터 첫 번째 띠장은 통행을 위해 2m 이내로 설치할 수 있다.

② 띠장은 겹침이음으로 하며, 겹침이음을 하는 띠장 간의 이격거리는 순간격이 100mm 이내가 되도록 하여 교차되는 비계기둥에 클램프로 결속. 다만, 전용의 강관조인트를 사용하는 경우에는 겹침이음한 것으로 본다.

③ 띠장의 이음위치는 각각의 띠장끼리 최소 300mm 이상 엇갈리게 할 것.

④ 띠장은 비계기둥의 간격이 1.8m일 때는 비계기둥 사이의 하중한도를 4.0kN으로 하고, 비계기둥의 간격이 1.8m 미만일 때는 그 역비율로 하중한도를 증가할 수 있다.

다. 장선

① 장선은 비계의 내·외측 모든 기둥에 결속

② 장선간격은 1.5m 이하

③ 작업 발판을 맞댐 형식으로 깔 경우, 장선은 작업 발판의 내민 부분이 100mm~200mm의 범위가 되도록 간격을 정하여 설치

④ 장선은 띠장으로부터 50mm 이상 돌출하여 설치

라. 가새

① 가새는 비계의 외면으로 수평면에 대해 40°~60° 방향으로 설치하며, 비계기둥에 결속할 것. 가새의 배치간격은 약 10m 마다 교차하는 것으로 한다.

② 가새와 비계기둥과의 교차부는 회전형 클램프로 결속

③ 수평가새는 벽 이음재를 부착한 높이에 각 스팬(Span)마다 설치하여 보강

[가새]

마. 벽 이음

① 벽 이음재의 배치간격은 수직방향 5m 이하, 수평방향 5m 이하로 설치

② 벽 이음 위치는 비계기둥과 띠장의 결합 부근으로 하며, 벽면과 직각이 되도록 설치하고, 비계의 최상단과 가장자리 끝에도 벽 이음재를 설치

[벽 이음]

2) 강관비계의 구조 [산업안전보건기준에 관한 규칙 제60조]

① 비계기둥의 간격은 띠장 방향에서는 1.85m 이하, 장선(長線) 방향에서는 1.5m 이하

② 띠장 간격은 2.0m 이하

③ 비계기둥의 제일 윗부분으로부터 31m되는 지점 밑부분의 비계기둥은 2개의 강관으로 묶어 세울 것. 다만, 브라켓(Bracket, 까치발) 등으로 보강하여 2개의 강관으로 묶을 경우 이상의 강도가 유지되는 경우에는 그러하지 아니하다.

④ 비계기둥 간의 적재하중은 400kg을 초과하지 않도록 할 것

4. 시스템비계의 구조 [KCS 21 60 10]

[시스템 비계]

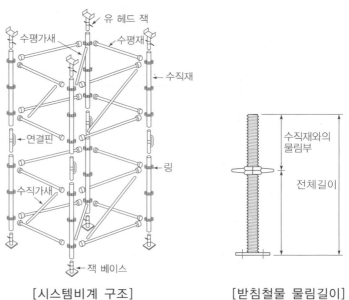

[시스템비계 구조]   [받침철물 물림길이]

1) 수직재

① 수직재와 수평재는 직교되게 설치, 체결 후 흔들림이 없을 것.

② 수직재를 연약 지반에 설치할 경우에는 수직하중에 견딜 수 있도록 지반을 다지고 두께 45mm 이상의 깔목을 소요폭 이상으로 설치하거나, 콘크리트, 강재표면 및 단단한 아스팔트 등의 침하 방지 조치

③ 시스템 비계 최하부에 설치하는 수직재는 받침 철물의 조절너트와 밀착되도록 설치하여야 하며, 수직과 수평을 유지. 이 때 수직재와 받침 철물의 겹침길이는 받침 철물 전체길이의 1/3 이상이 되도록 할 것.

④ 수직재와 수직재의 연결은 전용의 연결조인트를 사용하여 견고하게 연결하고, 연결 부위가 탈락 또는 꺾어지지 않도록 할 것.

2) 수평재

① 수평재는 수직재에 연결핀 등의 결합 방법에 의해 견고하게 결합되어 흔들리거나 이탈되지 않도록 할 것.

② 안전 난간의 용도로 사용되는 상부수평재의 설치높이는 작업 발판면으로부터 0.9m 이상이어야 하며, 중간수평재는 설치높이의 중앙부에 설치(설치높이가 1.2m를 넘는 경우에는 2단 이상의 중간수평재를 설치하여 각각의 사이 간격이 0.6m 이하가 되도록 설치) 할 것.

3) 가새

① 대각으로 설치하는 가새는 비계의 외면으로 수평면에 대해 $40°$～$60°$ 방향으로 설치하며 수평재 및 수직재에 결속

② 가새의 설치간격은 시공 여건을 고려하여 구조검토를 실시한 후에 설치

[가새]

4) 벽 이음

① 벽 이음재의 배치간격은 제조사가 정한 기준에 따라 설치

[연결부]

5. 강관틀비계의 기준 [KCS 21 60 10]

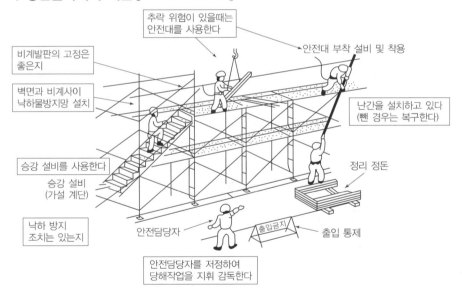

1) 주틀

① 전체 높이는 원칙적으로 40m를 초과할 수 없으며, 높이가 20m를 초과하는 경우 또는 중량작업을 하는 경우에는 틀의 높이를 2m 이하, 주틀의 간격을 1.8m 이하

② 주틀의 간격이 1.8m일 경우에는 주틀 사이의 하중한도를 4.0kN으로 하고, 주틀의 간격이 1.8m 이내일 경우에는 그 역비율로 하중한도를 증가 가능

[강관틀 비계]

③ 주틀의 기둥 1개당 수직하중의 한도는 24.5kN

④ 연결용 통로, 출입구 및 개구부 등에서 내력상 충분히 안전한 경우에는 주틀의 높이 및 간격을 전술한 규정보다 크게 가능

⑤ 주틀의 기둥재 바닥은 받침 철물을 사용하거나, 견고한 기초 위에 설치. 다만, 주틀의 바닥에 고저 차가 있을 경우에는 조절형 받침 철물을 사용, 연약지반에서는 받침 철물의 하부에 적당한 접지면적을 확보할 수 있도록 깔판 사용

⑥ 주틀의 최상부와 다섯 단 이내마다 띠장틀 또는 수평재를 설치

⑦ 비계의 모서리 부분에서는 주틀 상호간을 비계용 강관과 클램프로 견고히 결속하고 주틀의 개구부에는 난간을 설치

2) 교차가새

① 교차가새는 각 단, 각 스팬마다 설치하고 결속 부분은 진동 등으로 탈락 방지

② 작업상 부득이하게 일부의 교차가새를 제거할 때에는 그 사이에 수평재 또는 띠장틀을 설치하고 벽 이음재가 설치되어 있는 단은 해체 금지

3) 벽 이음

벽 이음재의 배치간격은 수직방향 6m 이하, 수평방향 8m 이하로 설치

4) 보강재

① 띠장방향으로 길이 4m 이하이고, 높이 10m를 초과할 때는 높이 10m 이내마다 띠장방향으로 유효한 보강틀을 설치

② 보틀 및 내민틀(캔틸레버)은 수평가새 등으로 옆 흔들림을 방지할 수 있도록 보강

6. 낙하물방지망의 기준 [KCS 21 70 15]

[낙하물방지망]

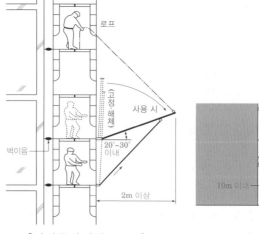

[낙하물방지망 구조1]

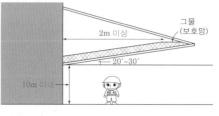

[낙하물방지망 구조2]

① 낙하물 방지망은 KS F 8083 또는 KS F 8082에서 정한 그물코 크기
   가 20mm 이하의 추락 방호망에 적합
② 낙하물 방지망의 내민길이는 비계 또는 구조체의 외측에서 수평거리
   2m 이상으로 하고, 수평면과의 경사각도는 20° 이상 30° 이하로 설치
③ 낙하물 방지망의 설치높이는 10m 이내 또는 3개 층마다 설치
④ 낙하물 방지망과 비계 또는 구조체와의 간격은 250mm 이하
⑤ 벽체와 비계 사이는 망 등을 설치하여 폐쇄
⑥ 낙하물 방지망의 이음은 150mm 이상의 겹침
⑦ 버팀대는 가로방향 1m 이내, 세로방향 1.8m 이내의 간격으로 강관 등
   을 이용하여 설치하고 전용철물을 사용하여 고정

[구조체 간격]

7. 안전난간 [KCS 21 70 10/산업안전보건기준에 관한 규칙 제13조]

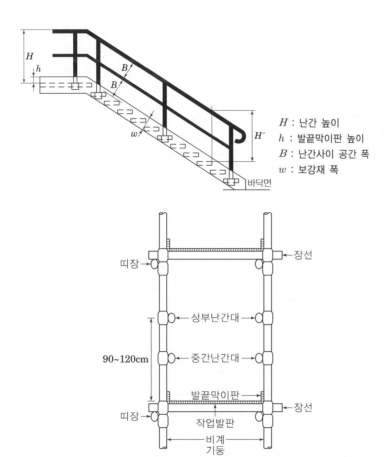

H : 난간 높이
h : 발끝막이판 높이
B : 난간사이 공간 폭
w : 보강재 폭

90~120cm

띠장 / 장선 / 상부난간대 / 중간난간대 / 발끝막이판 / 작업발판 / 비계 기둥

[안전난간1]

[안전난간2]

1) 안전난간의 구조 [KCS 21 70 10]

① 근로자가 추락할 우려가 있는 통로, 작업 발판의 가장자리, 개구부 주
   변, 경사로 등에는 안전난간을 설치

② 비계에 설치하는 안전난간은 비계기둥의 안쪽에 설치하는 것을 원칙

③ 안전난간의 각 부재는 탈락, 미끄러짐 등이 발생하지 않도록 견고하게 설치하고, 상부 난간대가 회전하지 않도록 할 것.

④ 상부 난간대는 바닥면, 발판 또는 통로의 표면으로부터 0.9m 이상

⑤ 상부 난간대의 높이를 1.2m 이하로 설치하는 경우에는 중간 난간대는 상부 난간대와 바닥면 등의 중간에 설치하여야 하며, 1.2m를 초과하여 설치하는 경우에는 중간 난간대를 2단 이상으로 균등하게 설치하고 난간의 상하 간격은 0.6m 이하

⑥ 발끝막이판은 바닥면 등으로부터 100mm 이상 높이로 설치

⑦ 안전난간은 구조적으로 가장 취약한 지점에서 가장 취약한 방향으로 작용하는 100kg 이상의 하중에 견딜 수 있는 강도

⑧ 상부 난간대와 중간 난간대는 난간길이 전체를 통하여 바닥면과 평행을 유지

⑨ 난간기둥의 설치간격은 수평거리 1.8m를 초과하지 않는 범위에서 상부 난간대와 중간 난간대를 견고하게 떠받칠 수 있도록 적정 간격을 유지

⑩ 안전난간을 안전대의 로프, 지지로프, 서포트, 벽 연결, 비계, 작업 발판 등의 지지점 또는 자재운반용 걸이로서 사용하지 않을 것.

⑪ 안전난간에 자재 등을 기대두거나, 난간대를 밟고 승강하지 않을 것.

⑫ 안전난간에는 근로자의 작업복이 걸려 찢어지거나 상해를 방지하기 위하여 돌출부가 외부로 향하거나, 매립형 또는 돌출부에 덮개를 설치

⑬ 상부 난간대와 중간 난간대로 철제 벤딩이나 플라스틱 벤딩을 사용하지 말 것.

2) 안전난간의 구조 [산업안전보건기준에 관한 규칙 제13조]

① 상부 난간대, 중간 난간대, 발끝막이판 및 난간기둥으로 구성

② 상부 난간대는 바닥면·발판 또는 경사로의 표면으로부터 90cm 이상 지점에 설치하고, 상부 난간대를 120cm 이하에 설치하는 경우에는 중간 난간대는 상부 난간대와 바닥면등의 중간에 설치하여야 하며, 120cm 이상 지점에 설치하는 경우에는 중간 난간대를 2단 이상으로 균등하게 설치하고 난간의 상하 간격은 60cm 이하가 되도록 할 것. 다만, 계단의 개방된 측면에 설치된 난간기둥 간의 간격이 25cm 이하인 경우에는 중간 난간대를 설치하지 아니할 수 있다.

③ 발끝막이판은 바닥면등으로부터 10cm 이상의 높이를 유지

④ 난간기둥은 상부 난간대와 중간 난간대를 견고하게 떠받칠 수 있도록 적정한 간격을 유지

⑤ 상부 난간대와 중간 난간대는 난간 길이 전체에 걸쳐 바닥면등과 평행을 유지

⑥ 난간대는 지름 2.7cm 이상의 금속제 파이프나 그 이상의 강도가 있는 재료

⑦ 안전난간은 구조적으로 가장 취약한 지점에서 가장 취약한 방향으로 작용하는 100kg 이상의 하중에 견딜 수 있는 튼튼한 구조

8. 작업발판의 기준 [KCS 21 60 15/산업안전보건기준에 관한 규칙 제56조]

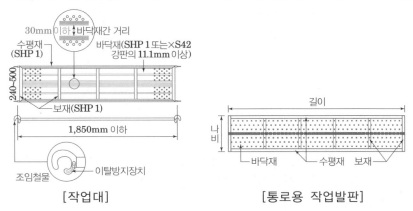

[작업대]   [통로용 작업발판]

[작업발판1]

[작업발판2]

① 높이가 2m 이상인 장소

② 비계의 장선 등에 견고히 고정

③ 전체 폭은 0.4m 이상, 재료를 저장할 때는 폭이 최소 0.6m 이상, 최대 폭은 1.5m 이내

④ 이탈되거나 탈락하지 않도록 2개 이상의 지지물에 고정

⑤ 발판 사이의 틈 간격이 발판의 너비를 넓히기 위한 선반브래킷이 사용된 경우를 제외하고 30mm 이내

⑥ 작업발판을 겹쳐서 사용할 경우 연결은 장선 위에서 하고, 겹침 길이는 200mm 이상

⑦ 중량작업을 하는 작업발판에는 최대적재하중을 표시한 표지판을 비계에 부착

⑧ 작업이나 이동 시의 추락, 전도, 미끄러짐 등으로 인한 재해를 예방할 수 있는 구조로 시공

⑨ 작업발판 위에는 통행에 유해한 돌출된 못, 철선 등이 없앨 것

⑩ 작업발판 위에는 통로를 따라 양측에 발끝막이판을 설치(100mm 이상, 비계기둥 안쪽에 설치)

⑪ 작업발판에는 재료, 공구 등의 낙하에 대비할 수 있는 적절한 안전시설을 설치

9. 가설계단의 구조 [KOSHA GUIDE C-11-2012]

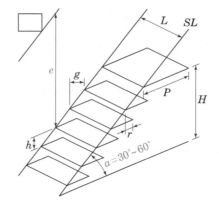

SL : 경사선
H : 계단 높이
L : 발판 폭
P : 계단참
g : 발판 너비
h : 발판 높이
r : 겹침
e : 발판위 머리공간
a : 경사각

[가설계단]

① 계단의 지지대는 비계 등에 견고하게 고정

② 계단 및 계단참을 설치하는 경우 매 m²당 500kg 이상의 하중에 견딜 수 있는 강도를 가진 구조, 안전율은 4 이상

③ 계단 폭은 1m 이상

④ 발판 폭(L) 350mm 이상, 발판 너비(g) 180mm 이상, 발판 높이(h) 240mm 이하로 각각 너비와 높이는 같은 크기

⑤ 높이 7m 이내마다와 계단의 꺾임 부분에는 계단참을 설치(높이가 3미터를 초과하는 계단에 높이 3m 이내마다 너비 1.2m 이상의 계단참을 설치: 산업안전보건 기준에 관한 규칙)

⑥ 디딤판은 항상 건조상태를 유지하고 미끄럼 방지효과가 있는 것이어야 하며, 물건을 적재하거나 방치하지 않을 것

⑦ 계단의 끝단과 만나는 통로나 작업발판에는 2m 이내의 높이에 장애물이 없을 것.

⑧ 높이 1m 이상인 계단의 개방된 측면에는 안전난간을 설치

⑨ 수직구 및 환기구 등에 설치되는 작업계단은 벽면에 안전하게 고정될 수 있도록 설계하고 구조전문가에게 안전성을 확인한 후 시공

⑩ 계단에 손잡이 외의 다른 물건 등을 설치하거나 쌓지 말 것

⑪ 발판의 겹침(r)은 평면상 발판 : $r \geqq 0cm$, 판모양발판 : $r \geqq 1cm$

10. 이동식비계 [KCS 21 60 10/산업안전보건기준에 관한 규칙 제68조]

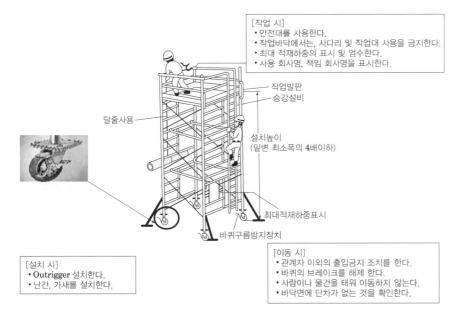

[작업 시]
• 안전대를 사용한다.
• 작업바닥에서는, 사다리 및 작업대 사용을 금지한다.
• 최대 적재하중의 표시 및 엄수한다.
• 사용 회사명, 책임 회사명을 표시한다.

작업발판
승강설비
달줄사용
설치높이
(밑변 최소폭의 4배이하)
최대적재하중표시
바퀴구름방지장치

[설치 시]
• Outrigger 설치한다.
• 난간, 가새를 설치한다.

[이동 시]
• 관계자 이외의 출입금지 조치를 한다.
• 바퀴의 브레이크를 해제 한다.
• 사람이나 물건을 태워 이동하지 않는다.
• 바닥면에 단차가 없는 것을 확인한다.

[이동식비계]

① 비계의 높이는 밑면 최소폭의 4배 이하
② 주틀의 기둥재에 전도방지용 아웃트리거(Outrigger)를 설치하거나 주틀의 일부를 구조물에 고정하여 흔들림과 전도를 방지
③ 작업이 이루어지는 상단에는 안전 난간과 발끝막이판을 설치하며, 부재의 이음부, 교차부는 사용 중 쉽게 탈락하지 않도록 결합
④ 발바퀴에는 제동장치를 반드시 갖추어야 하고 이동할 때를 제외하고는 항상 작동시켜 둘 것
⑤ 경사면에서 사용할 경우에는 각종 잭을 이용하여 주틀을 수직으로 세워 작업바닥의 수평이 유지
⑥ 작업바닥 위에서 별도의 받침대나 사다리를 사용 금지
⑦ 작업발판의 최대적재하중은 250kg을 초과 금지

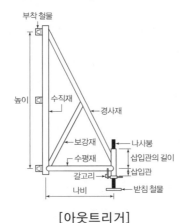

부착 철물
높이
수직재
경사재
보강재
나사봉
수평재
삽입관의 길이
갈고리
삽입관
나비
받침 철물

[아웃트리거]

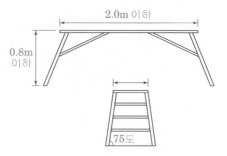

[말비계]

11. 말비계 [KCS 21 60 10/산업안전보건기준에 관한 규칙 제67조]

① 말비계의 각 부재는 구조용 강재나 알루미늄 합금재 등을 사용
② 말비계의 설치높이는 2m 이하(말비계의 높이가 2m를 초과하는 경우에는 작업발판의 폭을 40cm 이상: 산업안전보건기준에 관한 규칙)
③ 말비계는 수평을 유지
④ 말비계는 벌어짐을 방지할 수 있는 구조이며, 이동하지 않도록 견고히 고정
⑤ 말비계용 사다리는 기둥재와 수평면과의 각도는 75° 이하, 기둥재와 받침대와의 각도는 85° 이하
⑥ 계단실에서는 보조지지대나 수평연결 등을 하여 말비계가 전도되지 않을 것
⑦ 말비계에 사용되는 작업 발판의 전체 폭은 0.4m 이상, 길이는 0.6m 이상
⑧ 작업 발판의 돌출길이는 100mm~200mm 정도로 하며, 돌출된 장소에서는 작업을 금지
⑨ 작업 발판 위에서 받침대나 사다리를 사용 금지
⑩ 지주부재(支柱部材)의 하단에는 미끄럼 방지장치를 하고, 근로자가 양측 끝부분에 올라서서 작업 금지

12. 개구부 수평보호덮개 [KCS 21 70 10]

[개구부 방호조치]

[개구부 덮개]

① 수평개구부에는 12mm 합판과 45mm × 45mm 각재 또는 동등 이상의 자재를 이용하거나, 슬래브 철근을 연장하여 배근하고 개구부 수평보호 덮개를 설치

② 차도 및 운송로 등에 위치한 수평보호덮개는 해당 현장에서 가장 큰 운송수단의 2배 이상의 하중을 견딜 수 있도록 설치

③ 수평보호덮개는 근로자, 장비 등의 2배 이상의 무게를 견딜 수 있도록 설치

④ 개구부 단변 크기가 200mm 이상인 곳에는 수평보호덮개를 설치

⑤ 상부판은 개구부를 덮었을 경우 개구부에 밀착된 스토퍼로부터 100mm 이상을 본 구조체에 걸쳐져 있을 것

⑥ 철근을 사용하는 경우에는 철근간격을 100mm 이하의 격자모양

⑦ 스토퍼는 개구부에 2면 이상을 밀착시켜 미끄러지지 않을 것

⑧ 자재 등을 개구부에 덮어놓거나, 자재 등으로 개구부가 가려지지 않도록 할 것

13. 와이어로프(Wire Rope) 사용금지 기준

1) 달비계의 사용금지 기준 [KCS 21 60 10/산업안전보건기준에 관한 규칙 제63조]

① 이음매가 있는 것

② 와이어로프의 한 꼬임에서 끊어진 소선의 수가 10% 이상인 것

③ 지름의 감소가 공칭지름의 7%를 초과하는 것

④ 변형이 심하거나, 부식된 것

⑤ 꼬인 것

⑥ 열과 전기충격에 의해 손상된 것

[와이어로프]

이음매가 있는 것 · 소선수가 10%이상 절단된 것 · 공칭지름 7% 초과 감소된 것 · 꼬인 것 · 심하게 변형, 부식된 것

2) 타워크레인 등 건설지원장비의 사용금지 기준 [KCS 21 20 10]

① 와이어로프 한 꼬임의 소선파단이 10% 이상인 것

② 직경감소가 공칭지름의 7%를 초과하는 것

③ 심하게 변형 부식되거나 꼬임이 있는 것

④ 비자전로프는 끊어진 소선의 수가 와이어로프 호칭지름의 6배 길이 이내에서 4개 이상이거나 호칭지름 30배 길이 이내에서 8개 이상인 것

[안전모]

[안전대]

[안전화]

14. 보호구 지급 [산업안전보건기준에 관한 규칙 제32조]

① 물체가 떨어지거나 날아올 위험 또는 근로자가 추락할 위험이 있는 작업: 안전모

② 높이 또는 깊이 2m 이상의 추락할 위험이 있는 장소에서 하는 작업: 안전대(安全帶)

③ 물체의 낙하·충격, 물체에의 끼임, 감전 또는 정전기의 대전(帶電)에 의한 위험이 있는 작업: 안전화

④ 물체가 흩날릴 위험이 있는 작업: 보안경

⑤ 용접 시 불꽃이나 물체가 흩날릴 위험이 있는 작업: 보안면

⑥ 감전의 위험이 있는 작업: 절연용 보호구

⑦ 고열에 의한 화상 등의 위험이 있는 작업: 방열복

⑧ 선창 등에서 분진(粉塵)이 심하게 발생하는 하역작업: 방진마스크

⑨ 섭씨 영하 18도 이하인 급냉동어창에서 하는 하역작업: 방한모·방한복·방한화·방한장갑

15. 석면

1) 석면지도 구성 [석면안전관리법 시행규칙 별표3]

그림	건축 자재명	그림	건축 자재명	그림	건축 자재명	그림	건축 자재명
	지붕재		바닥재		배관재 (보온)		칸막이
	천장재		분무재 (뿜칠재)		배관재 (연결)		비석면
	벽재		내화 피복재		기타물질		

[일러두기]

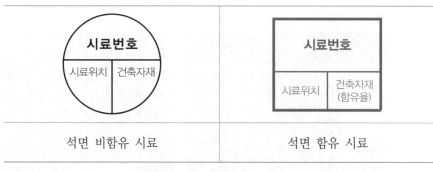

[건축자재 인식표]

2) 해체 · 제거 작업 시 준수사항 [석면안전관리법 시행령]
  ① 창문, 벽, 바닥 등은 비닐 등 불침투성 차단재로 밀폐
  ② 해당 장소를 음압(陰壓)을 −0.508mmH$_2$O로 유지(작업장이 실내인 경우에만 해당)
  ③ 작업 시 석면분진이 흩날리지 않도록 고성능 필터(HEPA 필터 등)가 장착된 석면분진 포집장치를 가동하는 등 필요한 조치
  ④ 석면의 비산 정도 측정
    − 측정기관: 다음 각 목의 어느 하나에 해당하는 기관
      • 석면환경센터
      • 다중이용시설 등의 실내공간오염물질 측정대행업자
      • 석면조사기관
    − 측정 지점: 사업장 부지경계선 및 그 밖에 필요한 지점
    − 측정 시기: 석면해체 · 제거작업 기간의 시작일부터 완료일까지
    − 측정 결과: 석면농도가 cm^{3}당 0.01개 이하
  ⑤ 물이나 습윤제(濕潤劑)를 사용하여 습식(濕式)으로 작업
  ⑥ 탈의실, 샤워실 및 작업복 갱의실 등의 위생설비를 작업장과 연결하여 설치
  ⑦ 석면 해체 시 한 장씩 제거
  ⑧ 외부의 지붕 슬레이트는 한 장씩 제거하여 하부로 운반
  ⑨ 해체된 자재(슬레이트 포함)를 지정폐기물 봉지에 담아 지정 장소에 운반
  ⑩ 석면 해체를 위한 근로자는 특수 건강검진을 받을 것
  ⑪ 석면 해체 근로자는 위생설비 출입 시 방호복을 규정에 맞게 착용

■ 보양작업

■ 위생설비 및 안전표지판

■ HEPA 필터

■ 음압창치(−0.508mmH$_2$O)

■ 분무재 및 해체·제거 작업

■ 농도 및 비산측정(0.01개/cm^3 이하)

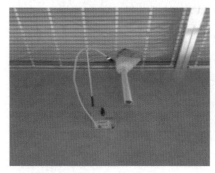 

■ 석면폐기물 반출

Ⅳ. 비계면적 산출방법

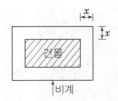

1) 통나무비계

① 외줄비계면적(m^2)=비계외주길이(m)×높이(m)

=[건물외주길이(m)+0.45m×8]×높이(m)

② 쌍줄비계면적(m^2)=비계외주길이(m)×높이(m)

=[건물외주길이(m)+0.9m×8]×높이(m)

2) Pipe 비계(강관비계)

강관비계면적(m^2)=비계외주길이(m)×높이(m)

=[건물외주길이(m)+1m×8]×높이(m)

Ⅴ. 개발방향

암기 point ✿

강 경 하게 표 를
다 저 라 (단) (전)

┌ 강재화
├ 경량화
└ 3S ┌ 표준화
      ├ 단순화
      └ 전문화

Ⅵ. 가설기자재

1. 정의

1) 건설기술진흥법령상 정의

어떤 작업 또는 공사를 수행하기 위해서 설치했다가 그 작업이나 공사가 완료된 후에 해체하거나 철거하게 되는 가설구조물 또는 설비와 이들을 구성하는 부품 및 재료

* 근거 : "건설공사 품질관리 업무지침"(국토교통부 고시) 제2조제21호

2) 산업안전보건법령상 정의

추락·낙하 및 붕괴 등의 위험방호에 필요한 가설기자재

* 근거 : 「산업안전보건법 시행령」제74조제1항제2호아목 및 "방호장치 안전인증 고시"(고용노동부 고시) 제8장 제1절 제35조

2. 안전인증

1) 근거

- 「산업안전보건법」제84조, 「산업안전보건법 시행령」제74조제1항제2호아목, "방호장치 안전인증 고시" 제8장 제1절 제35조 및 "안전인증·자율안전확인신고의 절차에 관한 고시" 제2조제1항 관련 별표1

2) 대상

구분	세부 대상	구성 및 내용
파이프서포트 및 동바리용 부재	파이프 서포트	단품 사용 동바리(압축강도 180KN 이상 강관동바리 제외)
	틀형 동바리용 부재	주틀(수직재, 횡가재, 보강재), 가새재로 조립
	시스템 동바리용 부재	수직재, 수평재, 가새재로 조립
조립용 비계용 부재	강관 비계용 부재	단관비계용 강관을 강관조인트와 클램프 등으로 조립
	틀형 비계용 부재	주틀(수직재, 횡가재, 보강재), 교차가새, 띠장틀로 조립
	시스템 비계용 부재	수직재, 수평재, 가새재로 조립
이동식 비계용 부재	이동식 비계용 주틀	수직으로 조립되는 주틀
	발바퀴	주틀의 기둥재에 삽입되는 바퀴
	이동식 비계용 난간틀	상부 작업발판에 설치되는 난간틀
	이동식 비계용 아웃트리거	비계 전도방지 지지대
작업 발판	작업대	걸침고리가 발판에 일체화되어 제작된 작업발판
	통로용 작업발판	걸침고리가 없는 작업발판
조임 철물	클램프	강관과 강관을 연결하는 조임 철물
	철골용 클램프	강관과 형강을 체결하는 조임 철물
받침 철물 (비계 및 동바리 상하부 설치)	조절형 받침 철물	높이 조절이 가능한 받침 철물
	피벗형 받침 철물	경사진 부분의 높이 조절이 가능한 받침 철물
조립식 안전난간	기둥재와 수평난간대가 현장에서 조립·설치되는 난간	수평난간대와 안전난간 기둥이 일체식으로 구성된 안전난간은 제외
기타	띠장틀	주틀 5단 이내마다 횡가재에 결합되는 부재
	벽연결용 철물	비계 또는 동바리를 구조체에 연결 지지하는 부재
	연결조인트	주틀간의 상하 연결/시스템 동바리·비계 수직재간 연결
	강관조인트	단관비계용 강관 2개를 이음·연결하는 부재
	트러스	보 하부 거푸집의 멍에 또는 장선을 지지하는 부재

3) 안전인증 표시 확인

① 근거 : 「산업안전보건법」제85조, 「산업안전보건법 시행규칙」제114조 및 제121조 관련 별표14(안전인증의 표시)

② 표시 : 각인(🦺 또는 ㉑)

2008.12.31. 이전(성능검정제도)은 ㉑ 마크를 확인

2009.1.1. 이후(안전인증제도)는 🦺 마크를 확인

③ 증빙서류 확인 : 안전인증서 또는 성능인정서 보유여부 확인

3. 자율안전확인

1) 근거

- 「산업안전보건법」 제89조, 「산업안전보건법 시행령」 제77조제1항제2호, "방호장치 자율안전기준 고시" 제9장 제16조, 제16조의2 및 "안전인증·자율안전확인신고의 절차에 관한 고시" 제2조제2항 관련 별표2

2) 대상

구분	세부 대상	구성 및 내용
선반지주		비계기둥에 부착하여 작업발판을 설치하기 위하여 사용하는 지주
단관비계용 강관		작업장에서 조립하여 설치하는 강관비계 또는 가설울타리에 사용되는 수직재, 띠장재 및 장선재용 부재
고정형 받침 철물		강관비계기둥의 하부에 설치하여 비계의 미끄러짐과 침하를 방지하기 위하여 사용하는 받침철물
달비계용 부재	달기체인	바닥에서부터 외부비계 설치가 곤란한 높은 곳에 달비계를 설치하기 위한 체인형식의 금속제 인장부재
	달기틀	작업공간 확보가 곤란한 고소작업에 필요한 작업 발판의 설치를 위하여 철골보 등의 구조물에 매달아 사용하는 틀
방호선반		비계 또는 구조물의 외측면에 설치하여 낙하물로부터 작업자나 보행자의 상해를 방지하기 위하여 설치하는 선반
엘리베이터 개구부용난간틀		작업자가 작업 중 엘리베이터 개구부로 추락하는 것을 방지하기 위하여 설치하는 기둥재와 수평 난간재가 일체형으로 제작된 안전난간
측벽용 브래킷		공동주택 공사의 측벽 등에 강관비계 조립을 목적으로 본 구조물에 볼트 등으로 부착하는 쌍줄용 브래킷

3) 안전인증 표시 확인
- 근거 : 「산업안전보건법」제85조, 「산업안전보건법 시행규칙」제114조 및 제121조 관련 별표14(안전인증의 표시)
- 표시 : 각인(또는)

4. 재사용 가설기자재
* 근거 : 「산업안전보건법」제84조 및 제89조, "재사용 가설 기자재 성능기준에 관한 지침"(KOSHA GUIDE)

1) 정의
- 1회 이상 사용하였거나 사용하지 않은 신품이라도 장기간 보관(종류별 3년, 5년, 8년)으로 강도의 저하가 우려되는 가설 기자재

2) 시험체 선정
- 재사용으로 판정된 가설 기자재 모집단에서 무작위 선정
- 시험빈도는 "건설공사 품질관리 업무지침" 중 가설 기자재 항목 준용

5. 품질시험
1) 건설기술진흥법령상 가설기자재 품질시험기준
- 근거 : "건설공사 품질관리 업무지침" 제8조제1항 관련 별표2

[건설공사 품질시험기준]

종별		시험종목	시험방법	시험빈도	비고
강재 파이프서포트		평누름에 의한 압축 하중	KS F 8001 (최대사용 길이에서 시험)	• 제품규격마다 (3개) • 공급자마다	최대사용길이가 4m를 초과하는 제품과 알루미늄 합금재 제품은 「방호장치안전인증고시」의 시험방법 적용
강관 비계용 부재	비계용 강관	인장 하중	KS F 8002	• 제품규격마다 (3개) • 공급자마다	
	강관 조인트	휨 하중			
		인장 하중			
		압축 하중			
조립형 비계 및 동바리 부재	수직재	압축 하중	KS F 8021	• 제품규격마다 (3개) • 공급자마다	안전인증 기준의 종별 명칭은 시스템 비계 또는 시스템동바리 임
	수평재	휨 하중			
	가새재	압축 하중			
	트러스	휨 하중			
	연결 조인트	압축 하중			
		인장 하중			

[강재파이프서포트]

[강관비계]

[조립형 비계]

[구조용 압연 강재]

[각형강관]

[열간압연강 널말뚝]

[복공판]

[거푸집용 합판]

일반 구조용 압연 강재 (KS D 3503) * 흙막이용 자재로 제한	치수	KS D 3503	• 제품규격마다 • 공급자마다	• 공사시방서(또는 설계도서)에 명시된 제품과 동등 이상 여부 확인 • 치수는 두께만 시험
	인장 강도			
	항복 강도			
	연신율			
용접 구조용 압연 강재(KS D 3515) * 흙막이용 자재로 제한	겉모양, 치수, 무게	KS D 3515	• 제품규격마다 • 공급자마다	• 공사시방서(또는 설계도서)에 명시된 제품과 동등 이상 여부 확인 • 치수는 두께만 시험
	항복점 또는 항복강도			
	인장강도			
	연신율			
일반구조용 용접 경량 H형강 (KS D 3558) * 흙막이용 자재로 제한	치수	KS D 3558	• 제품규격마다 • 공급자마다	• 공사시방서(또는 설계도서)에 명시된 제품과 동등 이상 여부 확인 • 치수는 평판부분의 두께만 시험
	인장 강도			
	항복 강도			
	연신율			
일반구조용 각형 강관(KS D 3568) * 거푸집 및 동바리 구조물에 사용하는 멍에 또는 장선용 자재로 제한	치수	KS D 3568	• 제품규격마다 • 공급자마다	• 공사시방서(또는 설계도서)에 명시된 제품과 동등 이상 여부 확인 • 치수는 평판부분의 두께만 시험
	인장 강도			
	항복 강도			
	연신율			
열간압연강 널말뚝 (KS F 4604)	인장 강도	KS F 4604	• 제품규격마다 • 공급자마다	• 치수는 평판부분의 두께만 시험
	항복 강도			
	연신율			
	모양, 치수, 단위질량			
복공판	외관상태 및 성능	공사시방서에 따름	• 제품규격별 200개마다(단, 200개 미만은 1회) • 공급자마다 • 설치후 1년이내마다	국가건설기준 코드의 설계하중 기준에 만족
콘크리트용 거푸집 합판	겉모양 등	KS F 3110	필요시	강재틀 합판거푸집 제외

2) 산업안전보건법령상 가설기자재 성능기준 및 시험방법
　　– 근거
　　　　"방호장치 안전인증 고시" 제36조 관련 별표16~22
　　　　"방호장치 자율안전기준 고시" 제16조 관련 별표 8, 별표8의2

2 단답형·서술형 문제 해설

1 단답형 문제 해설

01 GPS(Global Positioning System) 측량기법

I. 정의

인공위성을 이용하여 정확한 위치를 알고 있는 위성에서 발사한 전파를 수신하고 관측점까지의 소요시간을 관측하여 관측점의 위치를 구하는 범지구 위치 결정 체계이다.

II. GPS 장, 단점

장점	단점
• 기상조건에 무관 • 야간에도 관측이 가능 • 관측점 간의 시통이 불필요 • 장거리도 측정 가능 • 3차원 측량을 동시에 가능 • 24시간 상시 높은 정밀도 유지 • 실시간 측정 가능	• 우리나라 좌표계에 맞게 변환할 것 • 위성의 궤도 정보가 필요 • 전리층 및 대류권에 관한 정보 필요 • 임계고도각이 15 이상 • 고압선이나 고층건물은 피할 것

III. GPS 측량기법

1. 단독 위치 결정(절대관측방법): 1점 위치 결정

4개 이상의 위성으로부터 수신한 신호 가운데 C/A코드(SPS: Standard Positioning System)를 이용해서 실시간으로 수신기의 위치를 결정하는 방법

2. 상대 위치 결정(상대관측방법)

1) 정적 측량

① 1대는 기지점에 설치, 다른 한 대는 미지점에 설치

② 기준점측량에 주로 사용

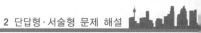

2) 이동 측량

  ① 수신기 1대는 기지점에 설치하고 다른 수신기는 많은 미지점상에 세워 일정시간 동안 수신

  ② 지형측량에 사용

3) 신속 정지 측량

  기준점 측량에 주로 이용

4) 실시간 이동 측량

  RTK(Real Time Kenetic)측량이라고도 하며, 수신기를 이동시켜 실시간으로 위치파악하는 측량

02 시스템비계 　　　　　　　　　　　　　　　　　　　　[KCS 21 60 10]

Ⅰ. 정의

수직재, 수평재, 가새재 등 각각의 부재를 공장에서 제작하고 현장에서 조립하여 사용하는 조립형 비계로 고소작업에서 작업자가 작업장소에 접근하여 작업할 수 있도록 설치하는 작업대를 지지하는 가설 구조물을 말한다.

Ⅱ. 현장시공도

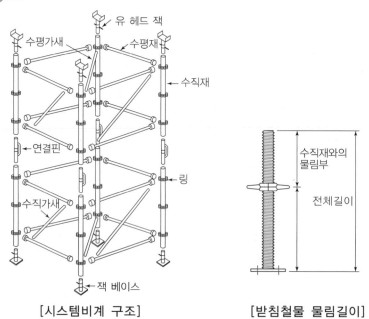

[시스템비계 구조]　　　　　　　[받침철물 물림길이]

Ⅲ. 시스템비계의 구조

1. 수직재

① 수직재와 수평재는 직교되게 설치, 체결 후 흔들림이 없을 것.

② 수직재를 연약 지반에 설치할 경우에는 수직하중에 견딜 수 있도록 지반을 다지고 두께 45mm 이상의 깔목을 소요폭 이상으로 설치하거나, 콘크리트, 강재표면 및 단단한 아스팔트 등의 침하 방지 조치

③ 시스템 비계 최하부에 설치하는 수직재는 받침 철물의 조절너트와 밀착되도록 설치하여야 하며, 수직과 수평을 유지. 이 때 수직재와 받침 철물의 겹침길이는 받침 철물 전체길이의 1/3 이상이 되도록 할 것.

④ 수직재와 수직재의 연결은 전용의 연결조인트를 사용하여 견고하게 연결하고, 연결 부위가 탈락 또는 꺾어지지 않도록 할 것.

2. 수평재

① 수평재는 수직재에 연결핀 등의 결합 방법에 의해 견고하게 결합되어 흔들리거나 이탈되지 않도록 할 것.

② 안전 난간의 용도로 사용되는 상부수평재의 설치높이는 작업 발판면으로부터 0.9m 이상이어야 하며, 중간수평재는 설치높이의 중앙부에 설치(설치높이가 1.2m를 넘는 경우에는 2단 이상의 중간수평재를 설치하여 각각의 사이 간격이 0.6m 이하가 되도록 설치) 할 것.

3. 가새

① 대각으로 설치하는 가새는 비계의 외면으로 수평면에 대해 40° ~ 60° 방향으로 설치하며 수평재 및 수직재에 결속

② 가새의 설치간격은 시공 여건을 고려하여 구조검토를 실시한 후에 설치

4. 벽 이음

① 벽 이음재의 배치간격은 제조사가 정한 기준에 따라 설치

Ⅳ. 시스템비계의 조립 작업 시 준수사항

(1) 비계 기둥의 밑둥에는 밑받침 철물을 사용하여야 하며, 밑받침에 고저차가 있는 경우에는 조절형 밑받침 철물을 사용하여 시스템 비계가 항상 수평 및 수직을 유지

(2) 경사진 바닥에 설치하는 경우에는 피벗형 받침 철물 또는 쐐기 등을 사용하여 밑받침 철물의 바닥면이 수평을 유지

(3) 가공전로에 근접하여 비계를 설치하는 경우에는 가공전로를 이설하거나 가공전로에 절연용 방호구를 설치하는 등 가공전로와의 접촉을 방지하기 위하여 필요한 조치

(4) 비계 내에서 근로자가 상하 또는 좌우로 이동하는 경우에는 반드시 지정된 통로를 이용하도록 주지시킬 것

(5) 비계 작업 근로자는 같은 수직면상의 위와 아래 동시 작업을 금지

(6) 작업발판에는 제조사가 정한 최대적재하중을 초과하여 적재해서는 아니 되며, 최대적재하중이 표기된 표지판을 부착하고 근로자에게 주지시키도록 할 것

😊 121회

03 낙하물방지망 [KCS 21 70 15]

I. 정의

작업도중 자재, 공구 등의 낙하로 인한 피해를 방지하기 위하여 개구부 및 비계 외부에 수평방향으로 설치하는 망을 말한다.

II. 현장시공도

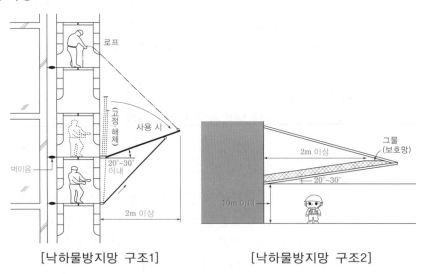

[낙하물방지망 구조1]　　　　　[낙하물방지망 구조2]

III. 낙하물방지망 기준

(1) 낙하물 방지망은 KS F 8083 또는 KS F 8082에서 정한 그물코 크기가 20mm 이하의 추락 방호망에 적합
(2) 낙하물 방지망의 내민길이는 비계 또는 구조체의 외측에서 수평거리 2m 이상으로 하고, 수평면과의 경사각도는 20° 이상 30° 이하로 설치
(3) 낙하물 방지망의 설치높이는 10m 이내 또는 3개 층마다 설치
(4) 낙하물 방지망과 비계 또는 구조체와의 간격은 250mm 이하
(5) 벽체와 비계 사이는 망 등을 설치하여 폐쇄
(6) 낙하물 방지망의 이음은 150mm 이상의 겹침
(7) 버팀대는 가로방향 1m 이내, 세로방향 1.8m 이내의 간격으로 강관 등을 이용하여 설치하고 전용철물을 사용하여 고정

04 석면지도

[석면안전관리법 시행규칙]

I. 의의

건축물석면지도란 건축물의 천장, 바닥, 벽면, 배관 및 담장 등에 대하여 석면 함유물질의 위치, 면적 및 상태 등을 표시하여 나타낸 지도를 말한다.

II. 석면지도 그리기

(1) 환경부의 건축물 석면관리 정보시스템의 석면지도 작성 프로그램 또는 그 이상 수준의 품질에 도달할 수 있는 프로그램을 사용하여 층별로 도면을 작성한다.
(2) 석면이 검출된 시료의 위치 및 균질부분(동일 물질 구역)은 붉은색 실선으로 굵게 지도에 표시한다.
(3) 석면조사 결과에 근거하여 채취한 시료의 위치 및 자재 종류, 석면 함유를 동시에 알 수 있는 건축자재 인식표를 작성한다.
(4) 석면확인물질 시료인 경우, 시료 채취 지점 등에 대한 사진을 결과에 첨부한다.

III. 채취시료 관련 정보 작성

시료 번호	시료 채취 위치	건축 자재	동일 물질 구역	길이(m)/ 면적(m²)/ 부피(m³)	석면 종류	석면 함유량(%)	위해성 평가 점수	위해성 등급	관리 방안

IV. 석면지도 구성

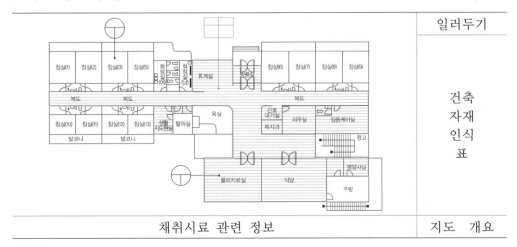

그림	건축자재명	그림	건축자재명	그림	건축자재명	그림	건축자재명
	지붕재		바닥재		배관재 (보온)		칸막이
	천장재		분무재 (뿜칠재)		배관재 (연결)		비석면
	벽재		내화 피복재		기타물질		

[일러두기]

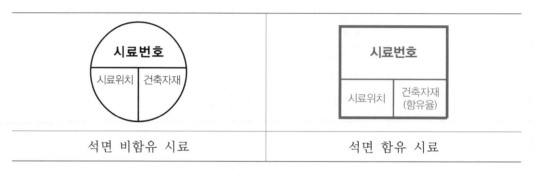

석면 비함유 시료	석면 함유 시료

[건축자재 인식표]

※ 지도 개요란에는 건축물명, 건축물 소재지, 석면조사·분석기관, 도면번호, 조사일
을 적는다.

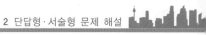

2 서술형 문제 해설

62,81,83,92,98,109회

01 가설공사 계획 시 고려사항

I. 개 요

(1) 가설공사란 건축물을 완성하기 위해 설치되는 임시설비로서 건축물 공사시 품질향상과 능률적 시공을 하기 위해 가설적인 제반시설의 반복사용, 가설재 강도, 가설재 관리 등 기본방침을 세운다.

(2) 가설공사에는 공통가설과 직접가설공사가 있다.

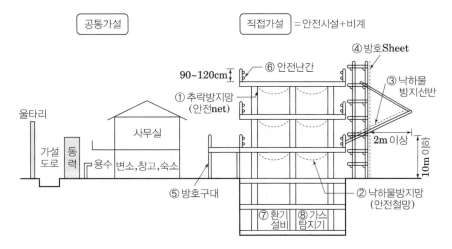

II. 계획시 고려사항

(1) 시공계획 및 사전조사 수립
  ① 주변환경, 지반조사 등 시공계획수립 철저
  ② 사전조사 부족으로 전체공사의 공기지연 발생

(2) 설치위치 선정
  ① 본공사의 진행상 지장이 없는 위치 선정
  ② 전체 현장이 보일 수 있는 위치 선정
  ③ 후속작업에 지장이 없는 위치 선정

(3) 설치시기 조정

① 가급적 조기에 시공

② Buffer 유지

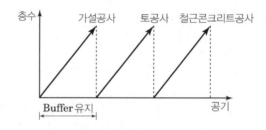

(4) 전용성 고려

① 가설공사의 전용성을 고려한 자재 선정

② 원가절감을 고려한 자재 선정 → 전용성 검토

(5) 가설설비의 조립 및 해체

① 가설재의 조립 및 해체가 용이할 것

② 본공사를 고려하여 가설재의 조립방법 설정

(6) 가설설비의 규모 검토

① 본공사의 규모에 따라 가설규모 결정

② 일반적으로 총공사비의 10% 정도

③ 가설장비, 설비, 성능을 본공사에 지장 없도록 선정

(7) 본공사와 간섭 유무

① 후속공정과 간섭 유무를 파악할 것

② 버퍼유지로 간섭을 최소화할 것

(8) 후속작업과의 마찰

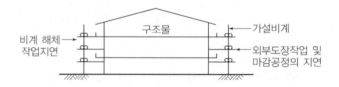

(9) 안전성 고려

① 가설공사 계획수립시 안전관리체계 수립

② 안전관리의 조직운영 및 정기점검 강화로 안전관리 책임체제 확립

(10) 경제성 고려

　　① 가설공사의 면밀한 계획수립을 통한 원가 절감

　　② 가설재의 개발로 시공성 향상에 따른 노무비 절감

(11) 시공성 고려

　　① 구체와 연결철물을 고려한 시공성 확보

　　② 동선을 고려한 가설재의 설치로 본공사의 시공성 향상 도모

(12) 공기단축 고려

　　① 시공장비의 효율성과 적용성에 따라 본공사의 공기에 영향

　　② 공사의 입지적 조건에 따라 가설물 설치, 배치 철저

(13) 품질확보 고려

　　① 가설공사의 항목부적합시 품질확보에 영향

　　② 각종 시험에 따라 영향

　　③ 시공장비 선택 및 시공시설에 따라 영향

(14) 인력절감 고려

　　자동화, Robot화를 통한 인력절감 도모

Ⅲ. 결 론

(1) 가설공사의 경제성, 시공성, 안전성 등에 대한 검토와 가설재의 끊임없는 연구개발로 합리적이고 능률적인 계획이 이루어져야 한다.

(2) 가설재의 개발 방향

　　┌ 강재화
　　├ 경량화
　　└ 3S : 표준화, 단순화, 전문화

95,108회

02 가설공사가 전체공사에 미치는 영향

I. 개 요

(1) 가설공사란 건축물을 완성하기 위해 설치되는 임시설비로서 건축물 공사시 품질향상과 능률적 시공을 하기 위해 가설적인 제반시설의 반복 사용, 가설재 강도, 가설재 관리 등 기본방침을 세운다.

(2) 가설공사에는 공통가설과 직접가설공사가 있다.

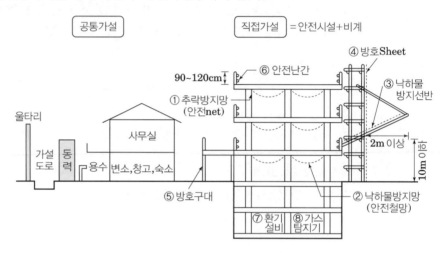

II. 전체 공사에 미치는 영향

(1) 시공계획 및 사전조사 철저
  ① 주변환경, 지반조사 등 시공계획수립 철저
  ② 사전조사 부족으로 전체공사의 공기지연 발생

(2) 설치위치에 따른 영향
  ① 본공사의 진행상 지장이 없는 적정위치 선정
  ② 설치위치의 선정에 따라 공기에 영향을 초래

(3) 설치시기에 따른 영향

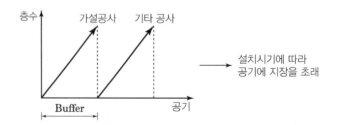

(4) 설치규모와 성능 파악

① 본공사의 규모에 따라 가설규모 결정

② 일반적으로 총공사비의 10% 정도

③ 가설장비, 설비, 성능은 본공사에 지장 없게 선정

(5) 가설재의 안전성 검토

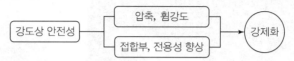

(6) 시공장비의 반출입 검토

현장 내의 가설도로 및 진입로의 확충은 가설공사 및 본공사의 공기단축 가능성을 제시

(7) 환경보존설비 시설 검토

① 철저한 사전조사로 공해요소를 사전에 제거

② 공해발생 → 민원증대 → 공기지연

③ 기업의 이미지에 손상

(8) 공기면

① 시공장비의 효율성과 적용성에 따라 본공사의 공기에 지장

② 공사의 입지적 조건에 따라 가설물 설치, 배치 철저

(9) 품질면

① 가설공사의 항목부적합시 품질관리 측면에 영향

② 각종시험에 따라 영향

③ 시공장비선택 및 시공시설에 따라 영향

(10) 공사비 측면

① 가설공사의 면밀도로 계획수립을 통한 원가 절감

② 가설재의 개발로 시공성 향상에 따른 노무비 절감

Ⅲ. 결 론

(1) 가설공사의 경제성, 시공성, 안전성 등에 대한 검토와 끊임없는 연구개발로 전체 공사에 미치는 영향을 최소화해야 한다.

(2) 가설재의 개발 방향

- 강재화
- 경량화
- 3S : 표준화, 단순화, 전문화

3 부실사례 및 개선방안

부실 내용	개선 방안
비계 상부 안전 난간대 미설치  비계 상부에 안전난간대 미설치로 작업상태 불량과 추락의 위험이 있음	 • 난간대는 90cm 이상 120cm 이하로 설치 • 중간에 중간난간대 설치 • 발끝막이판은 바닥면 등으로부터 10cm 이상의 높이를 유지(수직보호망 미설치시 해당됨)
벽이음 불량  거푸집 작업시 각재를 이용하여 비계와 고정한 상태이며 또한 골조완성 후에도 벽이음의 고정상태가 불량한 상태임	 [전용철물 사용] • 벽이음은 수직, 수평방향으로 5m 이내마다 설치한다. • 벽음재 자재는 철선을 사용하지 않고 전용철물을 사용한다.
가새 불량  가새 미설치로 횡력에 저항하지 못하고 붕괴사고가 일어남	 • 가새는 비계의 외측면에 15m마다 40~60도 정도로 교차하여 두 방향에 설치하며 교차하는 모든 비계 기둥에 체결한다. • 기새와 비계기둥과의 교차부는 전용 크램프(자유형)로 체결하며 300~350kgf · cm 이상의 조임 토크로 균일하게 체결하여야 한다.

	부실 내용	개선 방안

작업발판 미설치

작업발판을 설치하지 않고 작업시 작업상태의 불량과 추락의 위험이 있음

- 작업발판의 폭은 40cm 이상으로 한다.
- 발판재료간의 틈은 3cm 이하 비계파이프와 발판간의 틈은 10cm 이하로 한다.
- 작업발판은 뒤집히거나 떨어지지 않도록 2개소 이상 고정한다.
- 작업발판의 겹침부위는 들리거나 움직이지 않도록 철물을 이용하여 고정한다.
- 비계 발판 적재 하중은 400kg 이하로 한다.

이동식 비계 상부 난간대 미설치

마감작업을 위한 이동식비계의 상부에 안전난간대를 미설치하여 작업시 추락의 위험이 있음

- 이동식비계 상부에 안전난간대를 설치하고 10cm 이상의 발끝막이판을 설치한다.
- 이동식비계를 2단 이상 설치시 수평을 유지하기 위한 아웃트리거를 설치한다.

가설계단 설치 불량

가설계단의 경사도 불량과 답단의 높이 불량으로 이동식 위험요소가 있음

안전난간대

답단 23cm이내

30~60도(35도가 가장적당)

폭 : 100cm이상   ※강도는 500kg/m² 이상

- 경사도가 30도 이상 60도 미만인 경우 가설계단을 설치한다.
- 가설계단은 1단의 높이가 23cm 이내, 디딤판은 23cm 이상으로 설치한다.
- 작업발판 및 계단의 높이가 120cm를 초과할 경우 양측 단부에 표준안전난간을 설치한다.

	부실 내용	개선 방안
발끝 막이판 미설치	 외부 발끝막이판의 미설치로 공구 등의 추락이 발생함	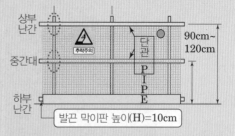 • 발끝막이판은 바닥면 통로로부터 10cm 이상의 높이를 유지한다. • 수직보호망 설치시 발끝막이판 설치하지 않아도 된다.
계단실 안전 난간대 미설치	 계단실 안전난간대의 높이불량에 따른 추락의 위험이 있으며 안전난간대 끝부분의 캡을 미설치 함	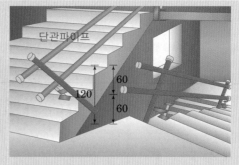 • 계단실 추락방지를 위해 충분한 강도를 유지토록 안전난간대를 설치한다. • 안전난간대 설치시 상부안전난간대는 단관파이프로 바닥면으로부터 90cm 이상 120cm 이하로 설치하며, 중간난간대는 상부난간대 중간에 설치한다. • 계단실은 적절한 조명설비를 설치하고 유지관리하여야 한다.
이동식사 다리(A형) 설치불량	 이동식사다리의 벌어짐방지의 불량과 하부 미끄러짐방지가 되지 않아 안전사고의 위험이 있음	 • 재질은 알루미늄 금속재 사다리를 사용한다. • 아웃트리거는 필수적으로 설치하고 2인 1조 작업을 하고 사다리 최상부에서의 작업은 지양한다. • 높이 2m 미만의 작업에 한하여 사용한다. • 추락위험이 있을시 안전벨트를 사용한다. • 사다리는 노후, 훼손 변형 등이 없어야 한다.

토공사

Chapter 02

■ 지반조사

NO	과 년 도 문 제	출제회
1	표준관입시험 및 N치	30, 36, 41, 70, 88, 116
2	Vane Test	69
3	토질주상도	58, 78, 82
4	예민비(Sensitivity Ratio)	45, 67
5	토공사 지내력 시험의 종류와 방법	82
6	평판재하시험(Plate Bearing Test)	60
7	동재하시험(Pile Dynamic Load Analysis)	56, 69
8	시항타(시험말뚝 박기)	50, 100
9	Rebound Check	70, 83
10	흙의 간극비	43
11	흙의 전단강도 및 쿨롱의 법칙	71, 76, 96, 114
12	건축공사의 토질시험	116
13	Piezo-Cone 관입시험	93
14	압밀도와 시험방법	79
15	암질지수(Rock Quality Designation)	120

■ 지반개량공법

NO	과 년 도 문 제	출제회
1	흙의 압밀침하	29, 34, 69, 79, 87, 106
2	지반투수계수	63
3	흙의 투수압	107
4	JSP(Jumbo Special Pile)(특성)	57, 75, 108
5	LW 그라우팅	99
6	Sand Drain	74
7	Well Point 공법	47
8	배수판(Plate) 공법	108
9	De-Watering 공법	76, 88, 125

NO	과 년 도 문 제	출제회
10	드레인매트 배수시스템	76
11	진공배수공법	80, 116
12	PDD(Permanent Double Drain) 공법	111
13	Soil Cement	66
14	Soil Cement Pile	72
15	SCW(Soil Cement Mixed Wall)	56, 60

■ 토공(흙파기 및 흙막이 공법)

NO	과 년 도 문 제	출제회
1	개착(Open Cut) 공법	62
2	토질별(모래, 연약점토, 강한점토) 측압분포(08. 토압)	68
3	주동토압, 수동토압, 정지토압	106
4	Removal Anchor(제거용 앙카) / 제거식 U-Turn 앵커(Anchor)	70, 83
5	Jacket Anchor공법	86
6	Rock Anchor	43
7	Slurry Wall의 안정액	73, 81, 98
8	벤토나이트(안정액)	73
9	지하연속벽 공사중 일수(逸水)현상	85
10	슬러리월(Slurry Wall)공법의 카운트월(Count Wall)	112
11	토공사에서 피압수	100
12	Tremie Pipe	57
13	트레미(Tremie) 관을 이용한 콘크리트 타설공법	89
14	Cap Beam	71
15	역타공법(Top Down Method)	43
16	Top down 공법에서 철골기둥의 정렬(Alignment)	102

NO	과 년 도 문 제	출제회
17	Top Down공법에서 Skip 시공	103
18	DBS(Double Beam System) 공법	113
19	Soil Nailing 공법, 압력식 Soil Nailing	58, 106
20	흙막이공사의 IPS(Innovative Prestressed Supports)	80, 123
21	Koden Test	105
22	흙막이 벽체의 Arching 현상	115
23	PPS 흙막이 지보공법 버팀방식	119
24	MPS 보	119

■ 지반침하

NO	과 년 도 문 제	출제회
1	Heaving 현상	36, 60, 83, 87
2	Boiling 현상	68, 87, 94
3	Piping 현상	88
4	보일링(Boiling)과 히빙(Heaving)	87

■ 계측관리

NO	과 년 도 문 제	출제회
1	Tilt Meter와 Inclinometer	99
2	간극수압계(Piezometer)	69
3	GPS 측량기법	67

■ 기　타

NO	과 년 도 문 제	출제회
1	액상화 현상	71, 90, 110
2	Sand Bulking	59, 111
3	지반의 팽윤(Swelling)현상	97
4	흙의 연경도(Consistency)	73, 115
5	언더피닝(Underpinning)	117

토공사 | 서술형 과년도 문제 분석표

NO	과 년 도 문 제	출제회
6	Dame Up 현상	77
7	토량환산계수에서 L값과 C값	100
8	동결심도 결정방법	107
9	좌굴현상	117
10	정지토압이 주동토압보다 큰 이유	118

■ 사전조사 및 지반조사

NO	과 년 도 문 제	출제회
1	도심지 지하토공사 계획 수립시 사전조사 사항에 대하여 기술하시오.	75
2	건축현장의 지하토공사 시공계획시 사전조사 사항과 장비선정시 고려사항에 대하여 설명하시오.	96
3	현장대리인이 착공전 확인하여야 할 사항 중 대지 및 주변현황조사에 대하여 설명하시오.	107
4	토질조사 방법에 대하여 기술하시오.	79
5	지반조사의 목적과 방법을 설명하고, 설계단계와 시공단계의 지반조사 자료가 서로 상이할 경우 대처방안에 대하여 설명하시오.	93
6	건축물 기초 선정을 위한 보오링 테스트(Boring Test)에서 보오링 간격 및 깊이에 대하여 설명하시오.	92
7	토질 및 지반조사의 지하탐사법 및 보오링(Boring)에 대하여 기술하시오.	88
8	착공전 시추주상도 활용방안에 대하여 기술하시오.	76
9	토질주상도의 용도 및 현장 시공시 활용방안에 대하여 기술하시오.	65
10	지반조사에서 보링시 유의사항과 시추주상도에서 확인할 수 있는 사항에 대하여 설명하시오.	105
11	대규모 도심지공사에서 지반굴착공사시 사전조사사항, 발생되는 문제집 및 현상에 대하여 설명하시오.	121

■ 지반개량공법

NO	과 년 도 문 제	출제회
1	건축공사에 적용되는 주요 지반 개량공법에 대하여 기술하시오.	55
2	연약지반 공사에서의 주요 문제점(전단과 압밀 구분) 및 개량공법의 목적에 대하여 설명하시오.	102

■ 토공(흙파기 및 흙막이 공법)

NO	과 년 도 문 제	출제회
1	흙파기 공사의 시공관리에 대하여 설명하시오.	45
2	토공사시 사면 안정성검토에 대하여 기술하시오.	80
3	토공사에서 Island Cut공법과 Trench Cut공법의 특징 및 시공시 유의사항에 대하여 설명하시오.	98
4	흙막이벽체에 작용하는 1) 토압의 종류 2) 토압분포도 3) 지지방법에 대하여 기술하시오.	71
5	지하공사시 흙막이 공사중 스트러트공법의 종류 및 특성에 대하여 기술하시오.	49
6	흙막이공사에서 Strut 시공시 유의사항에 대하여 설명하시오.	94
7	도심지에서 터파기 공사 중 지하수가 유입되면서 철골수평버팀대가 붕괴되는 사고발생 시 긴급 조치할 사항과 지하수 유입에 대한 사전 대책을 설명하시오.	115
8	도심지 흙막이 스트러트(Strut) 공법 적용 시 시공순서와 해체 시 주의사항에 대하여 설명하시오.	111
9	어스앵커(Earth Anchor) 공법의 정의, 분류, 시공순서 및 붕괴방지대책에 대하여 설명하시오.	89
10	토공사에서 흙막이 Earth Anchor의 붕괴 원인 및 방지대책에 대하여 설명하시오.	98
11	토공사에서 어스앵커 내력시험의 필요성과 시공단계별 확인 시험에 대하여 설명하시오.	104
12	흙막이 공사에서 Earth Anchor 천공 시 유의사항과 시공전 검토사항에 대하여 설명하시오.	107
13	흙막이 공사에서 어스앵커(Earth Anchor)의 홀(Hole) 누수경로 및 경로별 방수처리에 대하여 설명하시오.	114
14	Soil Nailing 공법과 Earth Anchor 공법 비교 설명하시오.	77
15	지반 굴착공사에서 사면안정공법으로 활용되고 있는 Soil Nailling공법의 개요, 장단점, 시공방법에 대하여 설명하시오.	64
16	흙막이공사에서 숏크리트(Shotcrete)의 건식공법과 습식공법을 비교설명하고, 숏크리트 타설시 Rebound 저감방법을 설명하시오.	101
17	Slurry Wall 시공현장에서 확인해야할 품질관리 사항을 순서대로 기술하시오.	57
18	지하연속벽의 1) 장비동원계획 2) 시공순서 3) 시공시 유의사항에 대하여 기술하시오.	72
19	흙막이 공법을 지지방식에 따라 분류하고, 탑다운 공법 선정시 그 이유와 장단점을 설명하시오.	121

NO	과 년 도 문 제	출제회
20	Slurry Wall공법의 가이드월의 역할과 시공시 유의사항에 대하여 기술하시오.	73
21	Slurry Wall공사에서 Guide wall의 시공방법 및 시공시 유의사항에 대하여 설명하시오.	108
22	Slurry Wall공사의 안정액 관리방법에 대하여 기술하시오.	78
23	지하 토공사에서 사용하는 안정액의 역할과 시공시 관리사항에 대하여 기술하시오.	70
24	Slurry wall 시공시 안정액의 기능화 요구사항 및 굴착시 관리기준에 대하여 설명하시오.	109
25	지하연속벽 공사 시 안정액에 포함된 슬라임의 영향 및 처리방안에 대하여 설명하시오.	111
26	벽체상부에 Dry Wall이 설치되는 연속지중벽(Slurry Wall)공사의 굴착과 콘크리트 타설방법에 대하여 기술하시오.	65
27	트레미관을 이용하여 Slurry Wall 콘크리트 타설시 유의사항에 대하여 기술하시오.	74
28	Slurry Wall 공사의 콘크리트 타설시 유의사항에 대하여 기술하시오.	61
29	Slurry wall 공사 완료 후 구조체와의 일체성 확보를 위한 작업방안에 대하여 설명하시오.	105
30	지하 연속벽 시공시 하자 발생 원인과 대책에 대하여 설명하시오.	85
31	역타공법의 선정배경과 가설 및 장비계획에 대하여 설명하시오.	63
32	역타공법(Top Down)의 특징, 시공순서 및 시공시 유의사항에 대하여 기술하시오.	47
33	Top Down 공법 시공순서와 시공시 주의사항에 대하여 기술하시오.	75, 120
34	지하구조물 구축용 Top Down 공법의 일반사항을 요약하고, 공기단축, 공사비 절감, 작업성 및 안전성 향상을 위해 응용적용사례를 설명하시오.	97
35	흙막이 공법을 지지방식으로 분류하고 Top-Down 공법으로 시공계획 시 검토사항에 대하여 설명하시오.	116
36	SPS(Strut as Permanent System)공법에 대하여 기술하시오.	74, 83
37	SPS(Strut as permanent system)공법의 개요와 특징을 설명하고 UP-UP공법의 시공순서에 대하여 설명하시오.	91
38	SPS(Strutas Permanent System)Up-Up 공법에 대하여 설명하시오.	110
39	지하, 지상 동시공법(UP-UP 또는 Double UP 공법)의 시공 프로세스와 각 프로세스에서의 내용을 간략하게 기술하시오.	79

NO	과 년 도 문 제	출제회
40	흙막이공사에서 CWS(Buried Wale Continuous Wall System)공법과 SPS(Strut as Permanent System)공법을 비교하시오.	94
41	주열식흙막이공법의 배치방법과 특성에 대하여 기술하시오.	76, 80
42	흙막이 공법 중 IPS의 공법순서 및 시공시 유의사항에 대하여 설명하시오.	108

■ 배수공법, 지하수

NO	과 년 도 문 제	출제회
1	도심지 공사의 굴착공사중 발생하는 지하수 처리 방안에 대하여 설명하시오.	85
2	지하 굴착공사시 지하수 처리방안에 대하여 설명하시오.	94
3	지하실 흙파기 공사 강제 배수시 발생하는 문제점과 대책에 대하여 설명하시오.	61
4	도심지공사에서 지하굴착할 때 강제배수공법 적용 시 발생될 수 있는 문제점 및 대책에 대하여 설명하시오.	96
5	건축공사 흙막이 배면의 차수공법인 SGR(Soil Grouting Rocket)의 현장 적용 범위와 시공시 유의사항에 대하여 설명하시오.	95
6	유공관을 사용한 지하영구배수(Dewatering)공법을 설명하시오.	68
7	지하구조물에 작용하는 양압력(Uplift)을 줄이기 위한 영구배수공법을 설명하시오.	76
8	진공배수(Vacumn De-Watering)공법의 특성을 설명하시오.	81

■ 지반침하, 붕괴

NO	과 년 도 문 제	출제회
1	도심지 심층지하 흙막이공법 선정시 고려사항에 대하여 설명하시오.	67
2	대규모 흙막이공사 계획에서 검토해야할 사항을 들고 그 이유를 기술하시오.	54
3	흙막이벽 설치기간중에 발생하는 이상현상을 열거하고 그 원인, 발견방법 및 방지 대책에 대하여 설명하시오.	56
4	흙막이 구조물의 설계도면 검토사항과 굴착시 발생할 수 있는 붕괴형태 및 대책에 대하여 설명하시오.	103

NO	과 년 도 문 제	출제회
5	도심지 대형 건축물 토공사시 지하흙막이의 붕괴전 징후, 붕괴원인 및 방지대책을 기술하시오.	87, 112
6	흙막이 공사시 주변 침하 원인과 방지 대책에 대하여 논하시오.	84
7	흙막이벽 시공시에 있어 주위지반 침하의 원인과 대책에 대하여 설명하시오.	77
8	엄지말뚝식 흙막이공사에서 주위의 지반이 침하하는 주요원인과 방지대책에 대하여 설명하시오.	61
9	흙막이벽의 하자유형을 기술하고, 하자발생에 대한 사전대책과 사후대책에 대하여 설명하시오.	59
10	흙막이벽 공사중 발생하는 하자유형 및 방지대책에 대하여 설명하시오.	91
11	널말뚝식 흙막이공사의 하자발생요인 중에서 Heaving Failure, Boiling Failure, Piping 현상에 대한 방지대책에 대해 기술하시오.	88

■ 계측관리

NO	과 년 도 문 제	출제회
1	지하 흙막이 공사시 계측관리에 대하여 설명하시오.	51
2	흙막이공사의 지반계측에 대하여 기술하시오.	68
3	지하흙막이 공사에서 고려해야 할 계측 관리에 대하여 설명하시오.	90
4	흙막이공사에 필요한 계측관리항목 및 유의사항에 대하여 기술하시오.	66
5	흙막이공사 계측관리 기기의 종류 및 용도에 대하여 기술하시오.	55
6	흙막이 공사 시 계측관리를 위한 기기종류와 위치선정에 대하여 설명하시오.	117
7	지하굴토공사에 사용되는 계측기기의 종류를 쓰고, 각 계측기기의 설치위치 및 용도를 설명하시오.	83
8	흙막이 계측관리의 목적, 계측계획 수립 시 고려사항 및 계측기의 종류에 대하여 설명하시오.	118
9	도심지 지하 흙막이 공사시 계측기 배치 및 관리방안에 대하여 설명하시오.	104
10	도심지 공사에서 적용 가능한 흙막이 공법에 대하여 설명하시오.	117

■ 근접시공

NO	과 년 도 문 제	출제회
1	기존구조물에 근접하여 터파기공사 및 말뚝박기공사를 시행할 때 예상되는 문제점과 대책에 대하여 기술하시오.	68
2	도심지 밀집지역 근접공사의 인접시설물 및 매설물 안전대책에 대하여 기술하시오.	63
3	도심지에서 근접시공시 인접구조물의 피해방지대책에 대하여 설명하시오.	104

■ Underpinning 공법

NO	과 년 도 문 제	출제회
1	기성재 말뚝기초의 침하 발생시 보강방안에 대하여 기술하시오.	74
2	부동침하시의 기초보강공법에 대하여 기술하시오.	62
3	도심지내 고층건물을 증축할 경우 지하 기초보강을 위한 Underpinning에 대하여 기술하시오.	46
4	고층건축물의 인접현장에서 기초공사를 할 때 Underpinning공법 및 시공시 유의사항에 대하여 설명하시오.	108
5	언더피닝 공법에 대하여 종류별 적용 대상과 효과를 설명하시오.	86
6	CGS(Compaction Grouting System) 공법의 특징 및 용도에 대하여 기술하시오.	82
7	기존 고층 APT에서 PC 말뚝기초의 침하에 의한 하자 및 보수보강 방안에 대하여 기술하시오.	79
8	기존건물에서 PC말뚝기초의 침하에 의한 하자를 열거, 보수, 보강방법을 설명하시오.	58
9	언더피닝 공법이 적용되는 경우와 공법의 종류 및 시공절차에 대하여 설명하시오.	115
10	구조물의 부등침하 원인 및 방지대책을 나열하고, 언더피닝(Under pinning)공법에 대하여 설명하시오.	118

■ 공 해

NO	과 년 도 문 제	출제회
1	토공사의 암반파쇄공사시 소음방지대책에 대하여 기술하시오.	71
2	도심지 지하굴착공사 및 정지공사시 소음과 진동의 저감대책에 대하여 설명하시오.	103

■ 기 타

NO	과 년 도 문 제	출제회
1	토공사용 건설장비의 선정에서 고려해야 할 사항에 대하여 기술하시오.	56
2	보강토옹벽의 개요, 특징, 구성재료와 시공시 유의사항에 대하여 기술하시오.	76
3	지하 흙막이 공사의 안전관리에 대하여 설명하시오.	85
4	H-pile 토류벽에 LW Grouting 공법을 적용한 흙막이에서 발생할 수 있는 하자 요인과 방지대책에 대하여 설명하시오.	91
5	건축공사에서 지하 흙막이 벽체와 외벽 콘크리트합벽 공사시 하자유형 및 방지 대책에 대하여 설명하시오.	95
6	지하합벽 시공시 흙막이 엄지말뚝 변위에 따라 발생되는 지하외벽의 단면손실에 대한 보강방법과 관련하여 다음사항을 설명하시오. 1) 설계 및 시공시 고려사항 2) 시공 상이 또는 지반 조건에 따라 이격거리 이상의 변위 발생시 보강방안	104
7	도심지에서 건축물 지하공사시 고심도의 터파기를 할 때 적용 가능한 암(岩) 파쇄 (破碎)공법에 대하여 설명하시오.	95
8	건축 토공사 되메우기 후 흙의 동상 발생원인과 방지대책에 대하여 설명하시오.	103
9	지하구조물의 부상요인 및 방지대책에 대하여 설명하시오.	119
10	지하구조물 공사 시 발생하는 싱크홀(Sink hole)의 원인과 유형을 정의하고, 지하 수 변화에 따른 싱크홀 방지 대책에 대하여 설명하시오.	119

Chapter 02 토공사

1 핵심정리

I. 사전조사

```
       ┌ 설계도서 검토                    ┌ 지하수
       ├ 계약조건 검토                    ├ 유적지
       ├ 입지조건 검토           + α      ├ 지하매설물
       ├ 지반조사 검토                    ├ 사토장
       ├ 공해 및 기상 검토                └ 장비 Cycle
       └ 관계법규 검토
```

II. 지반조사

1. Sounding

선단에 각종의 콘, 샘플러 또는 저항 날개 등을 부착한 환봉을 인력 또는 기계 조작에 의해 지하에 타입하거나 압입, 회전 또는 인발하여 그것들에 대한 지하층의 저항을 탐사하는 시험

1) 표준관입시험(Standard Penetration Test) [KCS 10 20 20/KS F 2307]

질량(63.5±0.5)kg의 드라이브 해머를 (760±10)mm 자유 낙하시키고, 보링로드 머리부에 부착한 노킹블록을 타격하여 보링로드 앞 끝에 부착한 표준관입시험용 샘플러를 지반에 300mm 박아 넣는 데 필요한 타격횟수 (N값)를 구함과 동시에 시료를 채취하는 관입시험방법이다.

[표준관입시험]

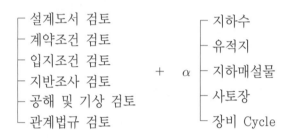

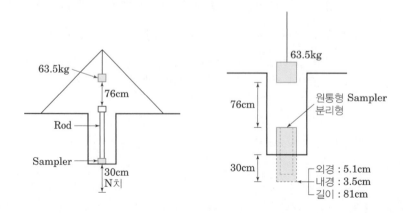

① N치

사질지반의 N치	상대밀도	점토지반의 N치	컨시스턴시
0 ~ 4	대단히 느슨	0 ~ 2	대단히 연약
4 ~ 10	느슨	2 ~ 4	연약
10 ~ 30	보통	4 ~ 8	보통
30 ~ 50	조밀	8 ~ 15	단단
50 이상	대단히 조밀	15 ~ 30	대단히 단단
		30 이상	견고

② N치 기록

- 예비타격 및 본타격의 시작깊이와 종료깊이를 기록 또는 출력
- 타격 1회마다 관입량을 측정한 경우, 필요에 따라 타격횟수와 누계 관입량의 관계를 도시 또는 출력
- 본타격 300mm에 대한 타격횟수를 N값으로 기록
- 드라이브 해머 장비효율에 대하여 60% 장비 효율값으로 환산한 N_{60}을 산정하여 기록

③ 시공순서

2) Vane Test [KCS 10 20 20/KS F 2342]

연약한 점성토 지반에서 4개의 날개가 달린 베인을 자연지반에 꽂아서, 표면으로부터 회전시키면서 베인에 의한 원주형 표면에 전단파괴가 일어나는 데 소요되는 회전력을 측정하는 시험이다.

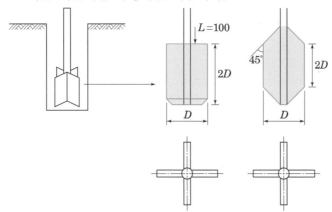

[구형 베인]   [끝이 뾰족한 베인]

[Vane Test]

① 베인 삽입 전에 시추공 청소
② 베인은 50~100mm 크기의 베인을 사용하는 것을 원칙
③ 베인 날개를 고정시켜 베인을 멈추지 않고 한 번에 삽입
④ 삽입완료 후 로드를 상부장치에 고정하고 검력계 등을 조사
⑤ 회전시킬 때는 최대 6°/min 이상 금지
⑥ 베인 틀을 사용할 경우 베인 단부를 베인 틀 지름의 5배 이상을 자연지반까지 관입
⑦ 베인 틀을 사용하지 않을 때에는 베인 단부를 구멍지름의 5배 이상을 자연지반까지 관입
⑧ 베인의 회전속도가 0.1deg/s 이상 금지
⑨ 최대 회전력을 결정한 다음에는 베인을 최소 10회 이상 빨리 회전
⑩ 재성형한 시료의 강도 결정은 재성형 작업을 끝낸 다음 보통 1분에 한다.
⑪ 자연지반과 재성형한 시료의 베인시험은 76cm 간격으로 흙 단면 중에 베인시험이 가능한 깊이까지 실시
⑫ 섬유질(유기질)을 많이 함유한 이탄 등에 적용 금지

3) 스웨덴식 사운딩 시험

스웨덴식 사운딩 시험기를 사용하여 지반의 관입저항을 측정하여 지반의 강약, 다져진 정도 및 토질층의 구성을 판정하는 시험

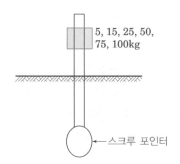

5, 15, 25, 50, 75, 100kg

← 스크루 포인터

[스웨덴식 사운딩 시험 테스트]

2. Boring

지중에 철관을 꽂아 천공하여 그 안의 토사를 채취, 관찰할 수 있는 지반
조사의 일종

[오거식 보링]

오거식	• Auger Boring, 간단한 보링 • 핸드 오거를 사용하여 보통 여러 사람이 행한다. • 깊이 10m 이하 정도의 점토층에 사용
수세식	• Wash Boring • 선단에 충격을 주어 이중 관 박은 후 물을 분사시켜 흙과 물을 함께 배출 • 배출된 흙탕물을 침전시켜 지층 토질을 판별
회전식	• Rotary Type Boring • 드릴 로드 선단에 첨부된 Bit 회전시켜 천공 • 케이싱 사용하거나 드릴로드 통하여 안정액 투입 및 슬라임 제거 • 조사속도는 1일 3~5m, 굴진만 할 경우 약 10m 정도
충격식 천공구 (무거운 비트)	• Percussion Boring • Percussion Bit의 상하작동에 의한 충격으로 토사나 암석을 파쇄하여 파괴된 토사는 Bailar로 배출시키면서 천공 • 토사 공벽붕괴 방지할 목적으로 안정액 또는 케이싱 사용

[회전식 보링]

1) 토질주상도(시추주상도)

① 정의

　보링공에서 채취한 시료를 현장에서 살펴보고, 판별 분류 후 토질 기호를
사용하여 지층의 층별, 포함 물질 및 층 두께 등을 그림으로 나타낸 것

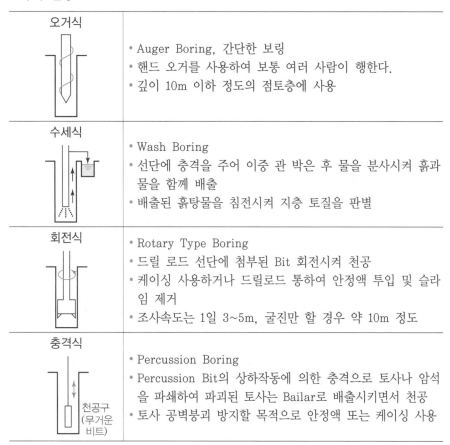

② 목적
- 공내 지하수위 파악
- 토질의 샘플링 조사
- 흙막이 및 기초 공사 선정
- 지층의 파악

③ RQD(암질표시율, %)
- $RQD = \dfrac{\text{채석암석의 100mm 이상 시편의 합}}{\text{굴착된 암석의 이론적 길이}} \times 100$
- RQD 산출구간의 암석은 반드시 Hard and Sound여야 함
- 코어채취 과정에서 부러진 것은 하나의 코어로 간주함

3. Sampling

교란시료, 불교란시료 ➡ 예민비 $= \dfrac{\text{불교란 시료 압축강도}}{\text{교란 시료 압축강도}}$

1) 예민비
점토의 자연시료는 어느 정도의 일축압축강도가 있으나 그 함수율을 변화시키지 않고 재성형(Remolding)하면 강도가 상당히 감소하는 성질을 예민비라고 한다.

① 점토지반 : 예민비가 1~8 정도

St	St < 2	St = 2~4	St = 4~8	St > 8
예민성	비예민성	보통	예민	초예민성

② 모래지반 : 예민비가 1에 가깝다.

2) 강도회복현상(Thixotropy 현상)
점토를 계속해서 뭉개어 이기면 강도가 저하하지만 그대로 방치하면 강도가 회복되는 현상이다.

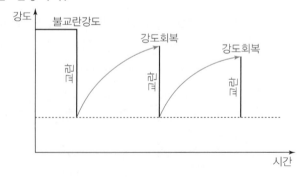

4. 지하탐사법

짚어보기	터파보기	물리적 탐사법(탄성파식)
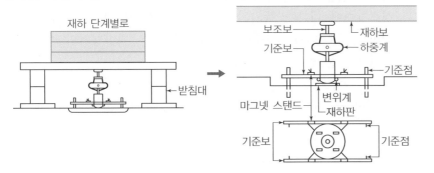		

[물리적 탐사법(탄성파식)]

5. 지내력시험

1) 평판재하시험(Plate Bearing Test, 지내구력시험)[KS F 2444]

구조물을 설치하는 기초저면 위에 재하판을 통해 단계별 하중을 가하여 그때의 침하량의 관계에서 하중-침하량 곡선을 통해 지반의 지지력을 산정하는 시험이다.

[평판재하시험]

※ 시험방법

① 시험 위치

최소한 3개소에서 시험을 하며, 거리는 최대 재하판 지름의 5배 이상

② 재하판 설치 및 재하 준비

• 재하판 설치 전에 기초바닥까지 굴착하고, 표준사를 깔고 수평 조절
• 재하판은 두께 25mm 이상, 지름 300mm, 400mm, 750mm인 강재 원판
• 재하판은 $35kN/m^2$의 초기 접지압을 가한 상태로 안정시킨다.

③ 하중증가

계획된 시험 목표하중의 8단계로 나누고 누계적으로 동일 하중을 흙에 가한다.

④ 재하 시간 간격

각 단계별 최소 15분 이상 하중을 유지해야 하며, 침하가 정지하거나 침하 비율이 일정하게 될 때까지 하중을 유지

[표준사]

⑤ 침하 측정
- 정밀도 0.01mm의 다이얼 게이지 또는 LVDT로 침하량을 측정
- 침하량 측정은 15분까지는 1,2,3,5,10,15에 각각 침하를 측정하고 이 이후에는 동일 시간 간격으로 측정
- 15분까지 침하 측정 이후에 10분당 침하량이 0.05mm/min 미만, 15분간 침하량이 0.01mm 이하, 1분간의 침하량이 누적침하량의 1% 이하가 되면 침하의 진행이 정지된 것으로 본다.

⑥ 시험 종료
- 시험하중이 허용하중의 3배 이상, 누적 침하가 재하판 지름의 10%를 초과하는 경우에는 시험 정지
- 재하 하중을 제거하고 탄성거동이 더 일어나지 않을 때까지 계속 기록

2) 말뚝재하시험
가. 정재하시험[KCS 11 50 40/KS F 2445]

정적하중에 대한 말뚝의 지지능력을 하중-침하량의 관계로부터 구하는 시험을 말하며 적재하중이나 마찰말뚝 또는 지반앵커의 반력 등을 통해 재하 하중을 얻는다.

[말뚝정재하시험(연직재하시험)]

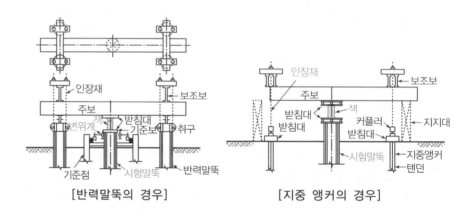

[반력말뚝의 경우]   [지중 앵커의 경우]

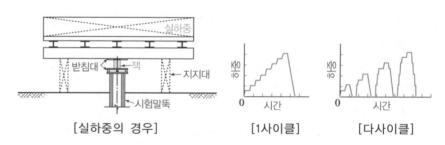

[실하중의 경우]   [1사이클]   [다사이클]

ㄱ 재하방법

하중단계수	8단계 이상	
사이클 수	1사이클 혹은 4사이클 이상	
재하속도	하중증가 시 : $\dfrac{계획최대하중}{하중단계수}$ /min	
	하중감소 시 : 하중 증가 시의 2배 정도	
각 하중단계의 하중유지시간	신규하중단계	30min 이상의 일정시간
	이력 내 하중단계	2min 이상의 일정시간
	0하중단계	15min 이상의 일정시간

ㄴ 압축정재하시험의 수량 [KDS 11 50 15/KDS 41 10 10]
- 전체 말뚝 개수의 1% 이상(말뚝이 100개 미만인 경우에도 최소 1개) 실시
- 시설물별로 전체 말뚝 개수의 1% 이상(말뚝이 100개 미만인 경우에도 최소 1개) 실시하거나 구조물별로 1회 실시

나. 동재하시험(Pile Driving Analysis: PDA, End of Initial Driving)
[KCS 11 50 40/KS F 2591]
말뚝머리 부분에 가속도계와 변형률계를 부착하고 타격력을 가하여 말뚝-지반의 상호작용을 파악하고 말뚝의 지지력 및 건전도를 측정하는 시험법을 말한다.

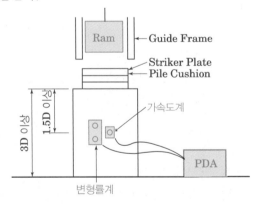

[동재하시험]

ㄱ 두부정리 및 게이지 부착
- 시험 말뚝은 지상 부분의 길이가 3D(D: 말뚝의 지름) 정도
- 말뚝 두부는 편심이 걸리지 않도록 표면에 요철이 없는 매끈하게 절단
- 게이지는 변형률계와 가속도계가 분리되어 있는 것과 일체로 된 것이 있으며 같은 형태의 것을 선정
- 게이지는 말뚝에 1쌍씩 대칭(180°)으로 말뚝 두부로부터 최소 1.5D 이상(D : 말뚝 지름 또는 대각선 길이) 이격

- 게이지는 움직이지 않도록 안전하게 부착
- 게이지는 볼트로 조이거나 아교로 붙이거나 용접된 장비 가능

  ⓛ 동재하시험의 수량 [KDS 41 10 10]
- 시공 중 동재하시험(End of Initial Driving Test): 전체 말뚝 개수의 1% 이상(말뚝이 100개 미만인 경우에도 최소 1개)을 실시
- 재항타 동재하시험(Restrike Test): 전체 말뚝 개수의 1% 이상(말뚝이 100개 미만인 경우에도 최소 1개)을 실시
- 시공 완료 후 본시공 말뚝에 대해 재항타 동재하시험: 전체 말뚝 개수의 1% 이상(말뚝이 100개 미만인 경우에도 최소 1개)을 실시

③ 말뚝박기시험(시험말뚝) [KCS 11 50 15/KCS 11 50 10/KS F 2445]

 가. 기성콘크리트말뚝

  ㉠ 목적
- 해머를 포함한 항타장비 전반의 성능확인과 적합성 판정
- 설계내용과 실제 지반조건의 부합 여부
- 말뚝재료의 건전도 판정 및 시간경과 효과(Set-Up)를 고려한 말뚝의 지내력 확인

[기성콘크리트말뚝]

  ⓛ 조건
- 시험말뚝은 원칙적으로 사용말뚝 중 대표적인 말뚝과 동일 제원으로 함
- 동재하시험을 실시
- 기초부지 인근의 적절한 위치를 선정하여 설계상의 말뚝길이보다 1.0~2.0m 긴 것을 사용
- 시험말뚝의 시공결과 말뚝길이, 두께, 말뚝본수, 시공방법 또는 기초형식을 변경할 필요가 생긴 경우는 공사감독자의 승인을 받은 후 시공
- 시공자는 시험말뚝 박기와 말뚝의 시험이 완료된 후 7일 내에 시험말뚝자료를 공사감독자에게 제출

 나. 현장타설 콘크리트말뚝

  ㉠ 목적
- 설계의 적정성 및 시공성 확인
- 굴착에 적용할 방법과 장비의 적합성을 시험

[현장타설 콘크리트말뚝]

  ⓛ 조건
- 공사착수 전에 시험말뚝을 시공하는 것을 원칙
- 시험말뚝의 개수는 공사감독자와 협의하여 정함
- 명시된 굴착 깊이 중에서 가장 깊은 선단 표고까지 굴착
- 설계하중뿐만 아니라 지반 또는 말뚝의 능력을 확인할 수 있도록 재하시험을 실시

6. 토질시험

1) 물리적 시험: 간극비, 함수비

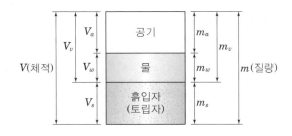

① 흙의 간극비(e)

흙입자의 체적에 대한 간극의 체적의 비

$$간극비(e) = \frac{간극의\ 체적(V_v)}{흙입자의\ 체적(V_s)}$$

② 흙의 함수비(w)

흙은 흙입자와 물과 공기로 이루어져 있으며, 흙 가운데 물의 질량(m_w)과 흙입자의 질량(m_s)에 대한 백분율을 흙의 함수비라 한다.

$$함수비(w) = \frac{물\ 질량(m_w)}{흙\ 입자의\ 질량(m_s)} \times 100(\%)$$

③ 간극률(n)

흙 전체의 체적에 대한 간극체적의 백분율

$$간극률(n) = \frac{간극의\ 체적(V_v)}{흙\ 전체의\ 체적(V)} \times 100(\%)$$

④ 함수율(w')

흙 전체 질량에 대한 물질량의 백분율

$$함수율(w') = \frac{물의\ 질량(m_w)}{흙\ 전체\ 질량(m)} \times 100(\%)$$

2) 역학적 시험: 전단강도

지반이 전단응력을 받아 현저한 전단변형을 일으키거나, 활동면을 따라 전단활동을 일으킨 경우 지반이 전단파괴 되었다고 말하며, 이때 활동면상의 최대 전단저항력을 전단강도라 말한다.

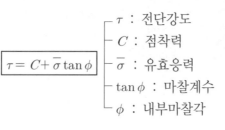

$$\boxed{\tau = C + \bar{\sigma}\tan\phi}$$

- τ : 전단강도
- C : 점착력
- $\bar{\sigma}$: 유효응력
- $\tan\phi$: 마찰계수
- ϕ : 내부마찰각

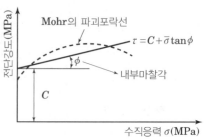

① 점토(사질토 내부마찰각 Zero) : $\tau \fallingdotseq C$
② 모래(점토점착력 Zero) : $\tau \fallingdotseq \bar{\sigma}\tan\phi$

※ 전단시험

구 분	도 해	설 명
1면전단 시험	수직력 / 투수반 / 흙시료 / 전단력 / 전단력 / 전단상자	Shear box에 흙시료를 담아 수직력의 크기를 고정시킨 상태에서 수평력을 가하여 시험한다.
일축압축 시험	수직력 / 불교란시료의 공시체 / 압축판 / $2\sim2.5D$ / $3\sim7\text{cm}$	불교란 공시체에 직접 하중을 가해 파괴시험을 하며 흙의 점착력은 일축압축강도의 1/2로 본다.
삼축압축 시험	수직력 / 물압밀 / 유리 / 가압관 / 측압 / 시료	원통형의 공시체에 등방 구속압을 가하고 피스톤으로 상하에 축하중을 가하여 공시체를 전단시키는 시험(점성토의 비압밀, 비배수 강도시험) - 간극수압은 측정 안함.

Ⅲ. 지반개량공법

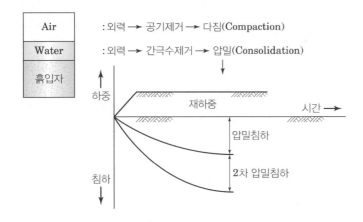

1. 사질토($N \leq 10$)

┌ 진동다짐공법(Vibro Floatation 공법)
├ 모래다짐말뚝공법(Vibro Composer, Sand Compaction Pile 공법)
├ 전기충격공법 : 고압방전
├ 폭파다짐공법 : Dynamite
├ 약액주입공법 : JSP, LW, SGR 공법
└ 동다짐공법(Dynamic Compaction Method)

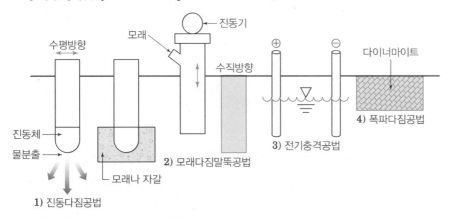

1) 진동다짐공법
2) 모래다짐말뚝공법
3) 전기충격공법
4) 폭파다짐공법

1) 진동다짐공법(Vibro Floatation 공법)

Vibro Float를 수평방향으로 진동하여 water jet와 진동을 동시에 작용시켜 느슨한 모래지반을 개량하는 공법

2) 모래다짐말뚝공법(Vibro Composer 공법)

Casing을 소정의 위치까지 고정시킨 후 상부 호퍼로 Casing 안에 일정량의 모래를 주입하면서 상하로 이동 및 다짐을 통하여 모래말뚝을 만드는 공법

[진동다짐공법]

3) 전기충격공법

사질토에서 water jet로 굴진하면서 물의 공급을 통하여 지반을 포화상태로 만들고, 방전 전극을 삽입하여 고압방전을 일으키고 이로 인한 충격력으로 지반을 다지는 공법

4) 폭파다짐공법

다이너마이트 등의 화약류로 지중을 폭파하고 급격한 가스의 압력을 일으켜 그 압력으로 지반을 다지는 공법

5) 약액주입공법

• 약액을 지반에 넣어 지반의 투수성을 감소시키거나 또한 지반강도를 증가시키는 방법
• 약액으로는 물유리계, 리그린계, 우레탄계이며, 물유리계를 많이 사용

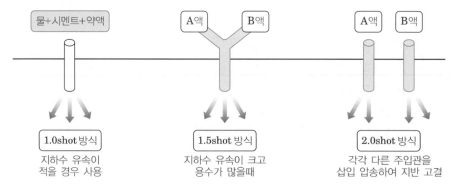

① JSP(Jumbo Special Pile) 공법 [KCS 21 30 00]

연약지반 개량공법으로 이중관 로드 선단에 부착된 제트노즐로 시멘트 밀크 경화제를 초고압(20MPa)으로 분사시킴으로써 원지반을 교란 혼합시켜 지반을 고결시키는 지반고결제의 주입공법이다.

가. 현장순서 및 주입

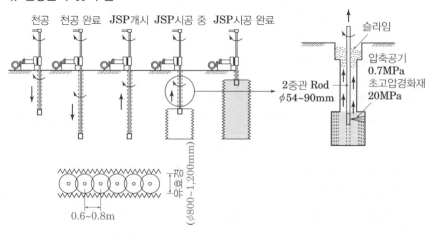

[JSP 공법]

- 공삭공에 사용하는 공사용수는 압력이 4MPa 이하
- 시멘트 밀크 토출압을 서서히 20MPa까지 높인 후, 0.6~0.7MPa 압력의 공기를 병행 공급하면서 작업을 시작
- 로드의 분해 및 조립 시에는 시멘트 밀크 주입을 중지
- 시멘트 밀크의 분사량은 (60±5)ℓ/min를 기준
- 고압분사 시 토출압은 (20±1)MPa

나. 적용범위

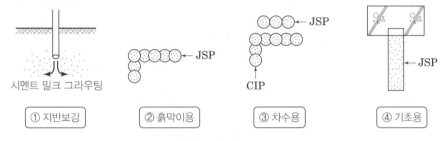

| ① 지반보강 | ② 흙막이용 | ③ 차수용 | ④ 기초용 |

② LW(Labiless Wasser glass) 공법 [KCS 21 30 00]

규산소다 수용액과 시멘트 현탁액을 혼합하여 지상의 Y자관을 통하여 지반에 주입시키는 공법으로서, 지반의 공극을 시멘트입자로 충진시켜 지반의 밀도를 높여 지반강화 및 지수성을 향상시키는 저압(0.3~2MPa) 침투공법이다.

가. 현장순서 및 주입

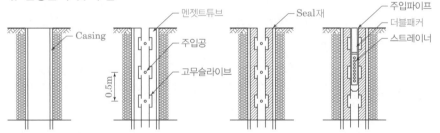

[LW 공법]

- 천공 직경은 100mm, 주입방법은 1.5Shot 방법으로 실시
- 멘젯튜브(40mm)를 300~500mm 간격으로 구멍(7.5mm)을 뚫어 고무슬리브로 감고 케이싱 속에 삽입
- 케이싱과 멘젯튜브 사이의 공간을 실(Seal)재로 채운 후 24시간 이상 경과 후에, 굴진용 케이싱을 인발
- 주입관의 상하에는 패커 부착
- 주입관을 멘젯튜브 속으로 삽입하여 굴삭공의 저면까지 넣고 일정 간격으로 상향으로 올리면서 그라우팅재를 주입하며, 주입압력은 0.3~2MPa 정도로 하고, 주입 토출량은 8~16ℓ/min 범위로 하되, 원 지반을 교란 금지
- 주입이 완료되면 패커 장치만 회수하고 멘젯튜브는 그대로 둔 후 다음 공으로 이동

[SGR 공법]

[배합표]

[배합장비]

[동다짐공법]

③ SGR(Space Grouting Rocket) 공법 [KCS 21 30 00]

이중관 Rod에 특수선단장치(Rocket)를 부착시켜 대상지반에 급결성과 완결성의 주입재를 저압(0.3~0.5MPa)으로 복합주입하는 공법이다.

가. 현장순서 및 주입

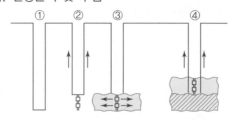

① 주입관 설치
② 주입관 인발
③ 약액주입
④ 50cm 상승하면서 ②, ③작업 반복

- 소정의 심도까지 천공(ϕ40.2mm)한 후, 천공 선단부에 부착한 주입장치(Rocket System)에 의한 유도공간(Space)을 형성한 후 1단계씩 (500mm) 상승하면서 주입
- 주입방법은 2.0Shot 방법으로 실시
- 급결 그라우트재와 완결 그라우트재의 주입비율은 5:5를 기준으로 하고, 지층 조건에 따라 5:5~3:7로 조정 가능
- 주입압은 저압(0.3~0.5MPa)

6) 동다짐 공법

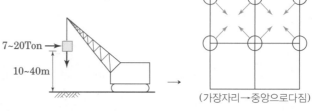

7~20Ton
10~40m

(가장자리→중앙으로다짐)

2. 점성토($N \leq 4$)

1) 치환공법

굴착치환공법, 미끄럼치환공법, 폭파치환공법

2) 압밀공법

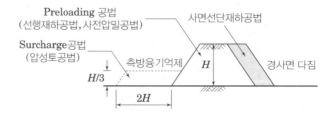

Preloading 공법
(선행재하공법, 사전압밀공법)

Surcharge공법
(압성토공법)

측방융기억제

사면선단재하공법

경사면 다짐

H

$H/3$

$2H$

① Preloading공법

구조물을 축조할 곳에 흙을 성토하여 먼저 침하시켜 흙의 전단 강도를 증가시킨 후 성토부분을 제거하는 공법

② Surcharge공법(압성토 공법)

본체 성토 흙의 측면에 소단 모양의 흙을 성토하여 흙의 활동에 대한 저항모멘트를 증가시켜 성토지반의 흙의 활동파괴를 예방하는 공법

③ 사면선단재하공법

본체 성토흙의 측면에 흙을 성토하여 비탈면 끝부분의 전단강도를 증가시킨 후 성토부분을 제거하여 비탈면을 마무리하는 공법

3) 탈수공법(연직배수공법, Vertical Drain 공법)

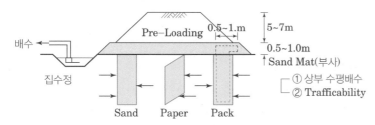

① Sand Drain공법

재하중에 의하여 생기는 압밀침하를 단기간 내 진행시키고 또한 압밀에 따른 지반강도 증가를 기대하도록 연약점토층에 Sand Pile을 형성 강제 압밀 배수시키는 공법

② Paper Drain공법

합성수지로 된 카드보드를 땅속에 박아 압밀을 촉진시키는 연약지반 개량공법으로 상부에 단단한 모래층이 없고 깊이가 얕은 지역의 지반 개량에 주로 사용

③ Pack Drain공법

모래 기둥의 절단된 단점을 보완하기 위해 합성섬유 마대(Pack)에 모래를 채워 넣어 연약지반 속에 연속된 배수 모래기둥을 형성함으로써 성토하중에 의한 압밀배수를 촉진시키는 공법

4) 배수공법

- 중력식 : 집수정, Deep Well(1×10^{-2}cm/sec)
- 강제식 : 진공식 Deep Well(1×10^{-3}cm/sec), Well Point(1×10^{-4}cm/sec)
- 복수 : 주수, 담수
- 기타 : 배수판, 영구배수공법(Dewatering)

[Sand Drain 공법]

[Pack Drain]

[집수정(강재집수정)]

[Deep Well공법]

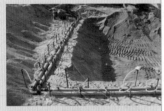

[Well Point 공법]

① Deep Well공법

지표에서 지중 깊이 우물을 파서, 지하수를 배수하기 위한 펌프를 설치하여 지하 수위를 저하시키는 공법

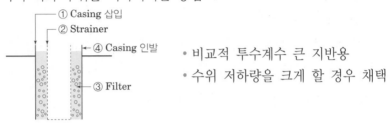

• 비교적 투수계수 큰 지반용
• 수위 저하량을 크게 할 경우 채택

② Well Point공법

파이프 선단에 여과기를 부착하여 지중에 1~2m 간격으로 설치하고 흡입펌프를 이용하여 지하수위를 저하시키는 공법

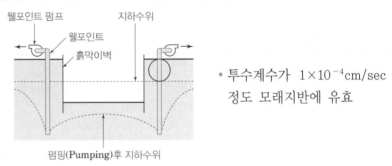

• 투수계수가 1×10^{-4}cm/sec 정도 모래지반에 유효

③ 복수공법(Recharge Well Method)

지하굴착공사 시 지나친 배수로 지하수위 저하에 따른 주변지반과 건물의 피해를 방지하기 위하여 주변 지반을 주수(注水)함으로써 흙의 함수량을 일정하게 유지하는 공법

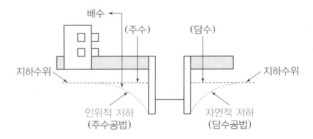

④ 배수판공법

건물 내부 벽과 바닥에 공간을 두어 그 공간 속에서 물이 이동하여 집수정으로 모이게 하여 지하수를 처리하기 위해 많이 이용되고 있으나 원래는 방습(결로 등)의 목적으로 만들어진 것이다.

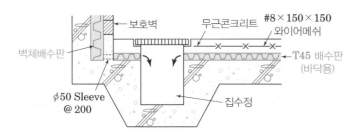

⑤ De-watering 공법(영구배수공법, 드레인매트 배수시스템) [KCS 41 80 03]

영구배수공법은 건축물의 기초 바닥에 작용하는 지하수의 양압력을 저감시켜 구조물의 부상을 방지하고 지하수위의 안정적 관리를 위해 굴착이 완료된 최하층 바닥면에 인위적인 배수시스템을 형성, 기초바닥에 유입되는 지하수를 집수정으로 유도 강제배수하는 공법이다.

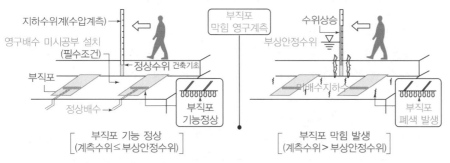

[영구배수공법]

기초면 바닥면 정지 → 집수정 설치 → 정지면 상부다짐 → 유도수로재 설치 → 시스템배수로재 설치 → PE필름 깔기 → 버림콘크리트 타설

⑥ PDD(Permanent Double Drain) 공법

건축물의 기초 바닥에 작용하는 지하수의 양압력을 저감시켜 구조물의 부상을 방지하고 지하수위의 안정적 관리를 위해 굴착 완료 후 굴착면에 설치한 드레인보드로 집수한 후 이중배수관인 PDD관을 통해 집수정으로 배수하는 공법이다.

[PDD 공법]

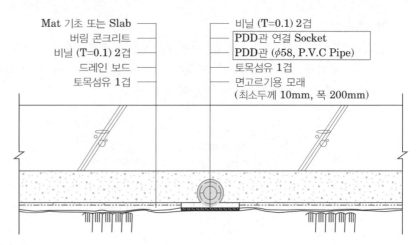

기초면 바닥면 정지 → 집수정 설치 → 정지면 상부다짐 → 토목섬유 및 드레인보드
설치 → 토목섬유 및 PDD관 설치 → PE필름 깔기 → 버림콘크리트 타설

5) 고결공법

생석회 말뚝공법, 소결공법, 동결공법
• 동결공법 : 지중에 액체질소 등 냉동가스를 주입하여 지중의 수분을 일
시적으로 동결시켜 지반강도와 차수성을 높이는 지반개량공법으로서, 저
온액화가스방식과 브라인(Brine)방식이 있다.

6) 동치환공법(Dynamic Replacement Method)

Crane에 7~20ton의 해머를 연약지반에 미리 포설하여 놓은 쇄석, 모래,
자갈 등의 골재를 타격하여 쇄석기둥을 형성하는 공법

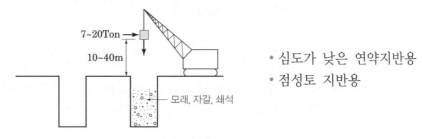

• 심도가 낮은 연약지반용
• 점성토 지반용

7) 전기침투공법 : +극 → −극

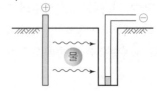

8) 대기압공법(진공배수공법, 진공압밀공법 Vacuum Consolidation Method)

① 토공사 진공배수공법

연약지반의 지표층에 배수를 위한 샌드 매트(Sand Mat)를 시공하고 그 위에 외부와의 차단막을 설치하여 지반을 밀폐시킨 뒤, 진공압을 가하여 지반 내의 물과 공기를 배출시켜 압밀을 촉진시키는 공법이다.

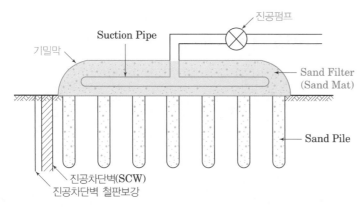

[진공배수 공법]

Sand Filter 시공 → 수직배수관(Sand Pile) 과 수평배수관(Suction Pipe) 설치 → 진공차단거, 지중공기차단벽 및 표면기밀막 설치 → 진공펌프 설치 → 흡입 및 배수

② 콘크리트 진공배수공법

콘크리트를 타설한 직후 진공매트 또는 진공거푸집 패널을 사용하여 콘크리트 표면을 진공상태로 만들어 표면 근처의 콘크리트에서 수분을 제거함과 동시에 기압에 의해 콘크리트를 가압 처리하는 공법을 말한다.

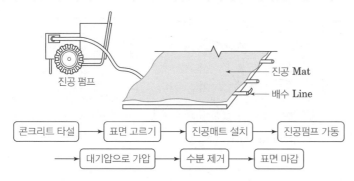

[콘크리트 진공배수 공법]

콘크리트 타설 → 표면 고르기 → 진공매트 설치 → 진공펌프 가동 → 대기압으로 가압 → 수분 제거 → 표면 마감

3. 사질토 + 점성토(혼합공법)

1) 입도조정법 : 모래＋자갈

2) Soil Cement 공법 : Soil＋Cement

암기 point

군대에 입소 했다.

암기 point ✪

오! I T

Ⅳ. 흙파기 공법

```
┌ Open Cut ─┬ 경사면(비탈면) Open Cut
│            └ 흙막이 Open Cut
├ Island Cut
└ Trench Cut
```

1. 경사면(비탈면) Open Cut 공법

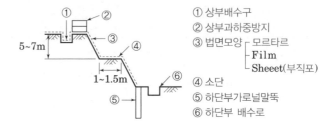

① 상부배수구
② 상부과하중방지
③ 법면모양 ┬ 모르타르
          ├ Film
          └ Sheeet(부직포)
④ 소단
⑤ 하단부가로널말뚝
⑥ 하단부 배수로

2. Island Cut공법

흙막이벽이 자립할 수 있는 깊이까지 비탈면을 남기고, 중앙부분의 흙을 파고 구조체를 구축하고 외주부분을 굴착하여 외주부분 구조체를 완성하는 공법

3. Trench Cut공법

이중으로 흙막이벽을 설치하고 외주부를 굴착 후 구조체를 완성한 다음 중앙부분의 구조체를 완성하는 공법

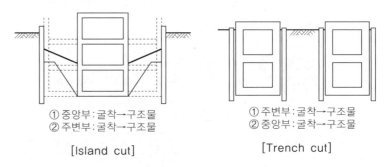

① 중앙부 : 굴착→구조물
② 주변부 : 굴착→구조물

[Island cut]

① 주변부 : 굴착→구조물
② 중앙부 : 굴착→구조물

[Trench cut]

Ⅴ. 흙막이 공법

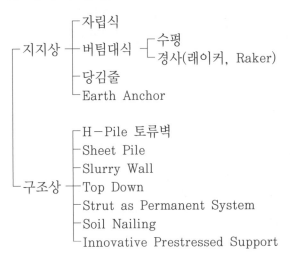

```
         ┌─ 자립식
         │              ┌─ 수평
┌─ 지지상 ─┼─ 버팀대식 ─┤
│         │              └─ 경사(래이커, Raker)
│         ├─ 당김줄
│         └─ Earth Anchor
│
│         ┌─ H-Pile 토류벽
│         ├─ Sheet Pile
│         ├─ Slurry Wall
└─ 구조상 ─┼─ Top Down
          ├─ Strut as Permanent System
          ├─ Soil Nailing
          └─ Innovative Prestressed Support
```

[H-pile 토류벽 공법]

[Sheet pile 공법]

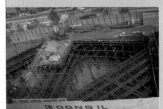

[버팀대식 흙막이(수평)]

[버팀대식 흙막이(Raker)]

1. 토압분포

$P_A < P_P +$ (R)

↓

```
┌─ 버팀대식
├─ 당김줄
└─ Earth Anchor
```

종 류	설 명
주동토압(P_A)	벽체가 뒷면의 흙으로부터 전면으로 변위가 생길 때 흙의 압력
수동토압(P_P)	벽체가 흙 쪽으로 향해 움직일 때 흙이 벽체에 미치는 압력
정지토압(P_O)	벽체의 이동이 없을 때 흙이 벽체에 미치는 압력

2. 토질별 토압분포

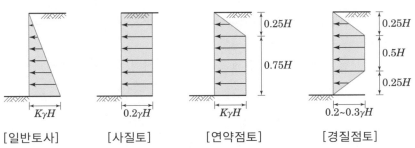

[일반토사]　　　[사질토]　　　[연약점토]　　　[경질점토]

(K : 측압계수　　r : 습윤토의 단위체적중량(t/m³), H : 터파기의 깊이)

[Earth Anchor 공법]

3. Earth Anchor 공법 → 인장재 정착[KCS 11 60 00]

흙막이벽 면을 천공 후 그 속에 인장재를 삽입하고 그 주위를 시멘트 그라우팅으로 고결시킨 후 인장재에 인장력을 가하여 흙막이 벽 등을 지지하는 공법이다.

1) 시공도 및 시공순서

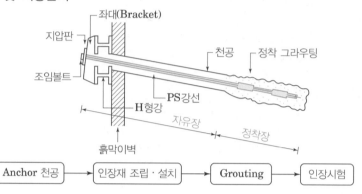

Anchor 천공 → 인장재 조립·설치 → Grouting → 인장시험

2) 시공 시 유의사항

① 그라우트의 블리딩률은 3시간 후 최대 2%, 24시간 후 최대 3% 이하
② 유기질점토나 실트 등 강도가 매우 적은 지반에서는 앵커를 설치 금지
③ 앵커체 선단이 인접 토지경계 침범 금지(침범한 경우에는 토지소유주의 동의 취득)
④ 전반적인 거동상태를 장기적으로 점검, 관측 및 계측 실시
⑤ 인장재 절단은 산소절단기를 사용하지 않고 커터 실시
⑥ 천공지름은 도면에 표시된 지름을 표준(앵커지름보다 최소 40mm 이상)
⑦ 토사붕괴가 우려되는 구간에는 케이싱을 삽입
⑧ 천공깊이는 소요 천공깊이보다 최소한 0.5m 이상
⑨ 앵커가 후면의 기존 구조물을 통과할 때 앵커체는 기초저면에서 최소 3m 이상 이격
⑩ 천공 후 바로 앵커공 내부를 청소하여 슬라임을 제거
⑪ 혼합된 그라우트는 90분 이내에 주입
⑫ 동절기의 주입은 그라우트의 온도가 10℃~25℃ 이하를 유지
⑬ 계획 최대시험하중은 설계하중의 1.2배 이상, 긴장재의 항복하중의 0.9배 이하
⑭ 인장시험은 최소 3개, 전체 그라운드 앵커의 5% 이상 실시

4. Soil Nailing 공법 → 중력식 옹벽 [KCS 11 70 05]

원지반 보강공법으로 인장응력, 전단응력, 휨모멘트에 저항할 수 있는 보강재를 프리스트레싱 없이 촘촘한 간격으로 삽입하여 중력식 옹벽에 의해 원지반의 강도를 증진시켜 안정성을 확보하는 공법이다.

1) 시공도 및 시공순서

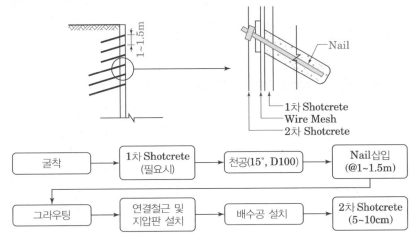

[Soil Nailing 공법]

2) 시공 시 유의사항

① 정착판의 면적은 150mm×150mm 이상, 정착판의 두께는 9mm 이상

② 그라우트는 약 24MPa, 물-시멘트비(W/C)가 40%~50% 범위 이내

③ 연직 깎기깊이는 최대 2m로 제한하고 그 상태로 최소한 1~2일간 자립성을 유지할 수 있는 범위

④ 천공시 공벽이 유지되지 않을 경우 케이싱을 사용

⑤ 네일은 삽입 시에 천공장의 중앙에 위치하도록 하기 위하여 스페이서를 사용(설치 간격은 2.5m 이내로 하며, 최소 2개 이상)

⑥ 네일을 설치하고 그라우트 주입을 시행

⑦ 주입호스는 최소 2개 이상을 설치

⑧ 시공허용오차: 천공각도는 ±3°, 천공위치는 0.2m 이내

⑨ 인발시험

   - 시험용 네일: Pull-out Test, 시공네일: Proof Test

   - 800m² 까지는 최소 3회, 300m² 증가 시마다 1회 이상 추가

3) Earth Anchor 공법과 Soil Nailing 공법 비교

구 분	Earth Anchor	Soil Nailing
구조원리	앵커체에 의한 벽체 지지	중력식 옹벽에 의한 지반의 강도 증진으로 벽체 지지
강재(삽입재)	PS강선	이형철근(D29)
역할	흙막이 버팀대	굴착면 안전성 확보
제한지반조건	원칙적으로 제한이 없음	사질토

5. 지하연속벽(Slurry Wall, Diaphragm Wall) 공법

벤토나이트 안정액을 사용하여 지반을 굴착하고 철근망을 삽입한 후 콘크리트를 타설하여 지중에 시공된 철근 콘크리트 연속벽체로 주로 영구벽체로 사용한다.

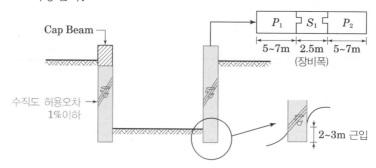

1) 특징

특 징	내 용
장점	① 저진동, 저소음으로 공사가 가능하다. ② 벽체의 강성이 높다. ③ 지수 및 연속성이 높다. ④ 영구 지하벽이나 깊은기초로 활용한다.
단점	① 굴착 중 공벽의 붕괴가 일어난다. ② Element 간의 이음부 처리가 어렵다. ③ 공사비가 비싸다.

2) 종류

① Hammer Grab

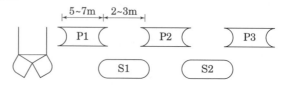

[Slurry Wall 공법]

② Hydro mill, BC cutter

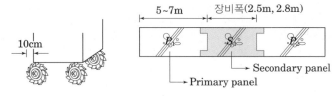

3) 시공순서

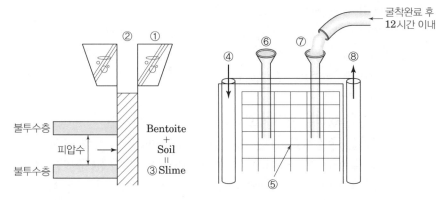

Guide Wall 설치 → Excavation → Slime 처리 → Interlocking Pipe 설
치(Stopered Tube) → 철근망 설치 → Tremie Pipe 설치 → Con'c 타설
→ Interlocking Pipe 인발 → Cap Beam

4) 시공시 유의사항 [KCS 21 30 00]
① 최종 굴착면 아래로 충분히 벽체를 근입장 확보
② 1차 패널(Primary Panel) 폭은 5~7m, 2차 패널(Secondary Panel) 폭
   은 굴착장비의 폭으로 제한하여 시공하는 것을 원칙
③ 비중, 점성, PH, 사분율시험으로 안정액 관리 철저
④ 굴착 구멍은 연직으로 하고, 연직도의 허용오차는 1% 이하
⑤ 굴착 중에는 수시로 계측하여야 하며, 굴착 공벽의 붕괴에 유의
⑥ 철근망과 트랜치 측면은 80mm 이상의 피복 유지
⑦ 콘크리트 타설은 굴착이 완료된 후 12시간 이내에 시작하고, 콘크리트는
   트레미관을 통해서 바닥에서부터 중단 없이 연속하여 타설
⑧ 트레미관 선단은 항상 콘크리트 속에 1m 이상 관입

5) 안정액 관리시험

종목	기준치		시험기기
	굴착시	Slime 처리 시	
비중	1.04~1.2	1.04~1.1	Mud Balance
PH	7.5~10.5	7.5~10.5	전자 PH미터기
사분율	15% 이하	5% 이하	사분측정기
점성	22~40초	22~35초	점도계

6) 안정액의 요구성능 [KCS 21 30 00]
① 안정액을 만들 설비시설을 갖추고, 기계적 교반으로 안정된 부유 상태 유지
② 슬러리를 회수하여 사용하는 경우에는 슬러리에 섞여있는 유해물질을 제거
③ 회수된 슬러리는 연속적으로 트랜치에 재순환시킴
④ 슬러리는 철저한 품질관리를 통하여 분말이 부유 상태 유지
⑤ 슬러리는 굴착과 콘크리트 타설 직전까지 순환 또는 교반을 지속 유지
⑥ 파낸 트랜치의 전 깊이에 걸쳐서 슬러리를 순환 및 교반할 수 있는 장비 유지
⑦ 슬러리를 압축공기로 교반 금지

7) Slime 처리 방법
① 1차(Desanding) : 안정액을 플랜트로 회수하여 모래성분을 걸러내고 소정의 Bentonite와 재혼합하여 다시 투입
② 2차(Cleaning) : 굴착공사 후 부유토사분 침강완료 시 실시
③ 종류

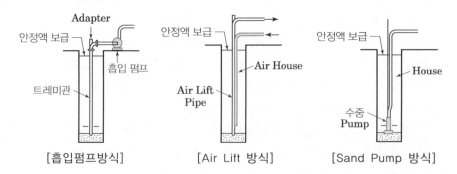

[흡입펌프방식]　　　　[Air Lift 방식]　　　　[Sand Pump 방식]

6. Top down(역타) 공법

지하외벽과 지하기둥을 터파기하지 않은 상태에서 구축하고 1층 바닥구조체를 완성한 후 그 밑의 지반을 굴착하고 지하바닥구조의 시공을 하부층으로 반복하여 진행하면서 상부도 동시에 시공하는 공법이다.

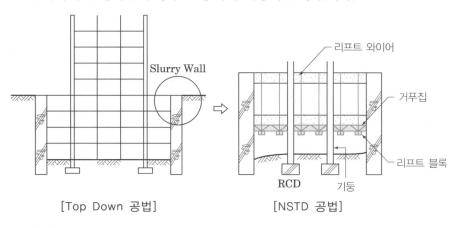

[Top Down 공법] [NSTD 공법]

[Top Down 공법]

1) 공법 종류

공법 종류	설명
완전역타공법	지하 각층 슬래브를 완전히 시공하는 방법
부분역타공법	지하 바닥 슬래브를 부분적으로 시공하는 방법
Beam & Girder식 역타공법	지하 철골구조물의 Beam과 Girder를 시공하여 지하연속벽을 지지한 후 굴착하는 방법

2) 시공순서

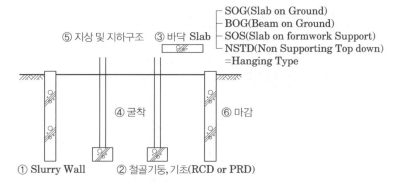

- SOG(Slab on Ground)
- BOG(Beam on Ground)
- SOS(Slab on formwork Support)
- NSTD(Non Supporting Top down) =Hanging Type

⑤ 지상 및 지하구조 ③ 바닥 Slab

④ 굴착 ⑥ 마감

① Slurry Wall ② 철골기둥, 기초(RCD or PRD)

3) 특징

① 지하, 지상 동시 시공으로 공기단축이 용이
② 1층 바닥이 먼저 타설하여 작업공간으로 활용가능
③ 기둥, 벽 등의 수직부재에 역 Joint 발생

7. SPS(Strut as Permanent System) 공법

흙막이지지 Strut를 가설재로 사용하지 않고 영구구조물(철골구조체)을 이용하여 굴토공사 중에는 토압에 대해 지지하고 슬래브 타설 후에는 수직하중에 대해서도 지지하는 공법을 말한다.

1) 공법 종류 및 Flow Chart

① Down-Up 공법

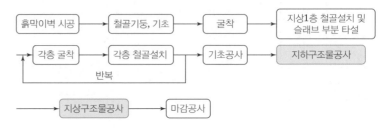

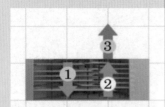

[Down-Up 공법]

② Up-Up 공법

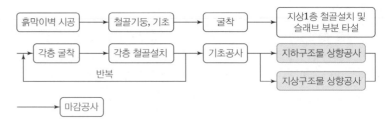

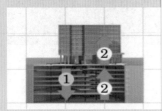

[Up-Up 공법]

③ Top Down 공법

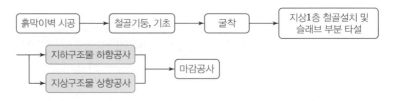

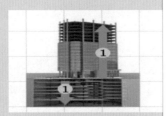

[Top Down 공법]

2) 특징

① 가설 지지체의 설치 및 해체 공정 생략
② 가설 Strut 해체 시 발생하는 응력불균형 현상 방지
③ 슬래브 타설로 작업공간 확보 유리
④ 폐기물 발생 저감
⑤ 공기 단축 가능
⑥ 토질 상태에 관계없이 시공 가능

[SPS 공법]

8. CWS(Continuous Wall Top Down System)

① 굴착공사 진행에 따라 매립형 철골띠장, 보 및 슬래브를 선시공하여 토
압 및 수압에 대해 슬래브의 강막작용으로 저항하고 굴착공사 완료 후
지하 외벽의 연속시공이 가능한 공법을 말한다.

② 기존 RC 테두리보 공법을 개선하여 철골띠장 설치 및 지하외벽 일체타
설 등을 통하여 시공성을 향상 시킨다.

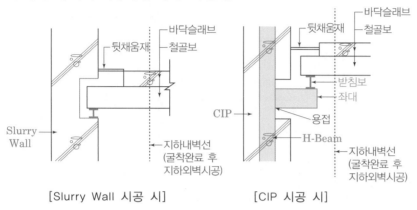

[Slurry Wall 시공 시]　　　　[CIP 시공 시]

9. IPS(Innovative Prestressed Support)

흙막이 띠장에 프리스트레스를 가하여 흙막이 벽체지지 가시설물(Strut 및
Post Pile 등)의 설치 없이 본 구조물 시공을 가능할 수 있도록 하여 기존
흙막이 가시설물의 설치상문제점(본 구조물과 간섭문제, 작업공간 협소 등)
을 개선한 공법이다.

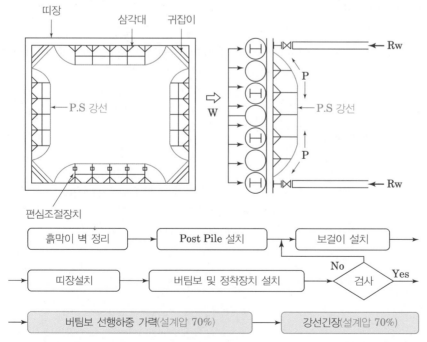

[IPS 공법]

VI. 배수공법

→ 지반개량공법 중 배수공법 참조

VII. 지반침하, 균열(흙막이 붕괴)

암기 point ✧

흙으로 지압을 하니
근육이 보이피더라

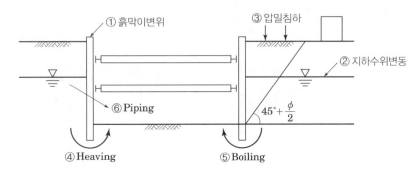

1. 흙막이 변위

2. 지하수위 변동

3. 압밀침하

4. Heaving현상

연약한 점성토 지반의 굴착공사 시 흙막이벽 뒷면의 흙의 중량이 굴착 밑면의 지반 지지력보다 커져서 흙막이벽 뒷면의 흙이 안으로 미끄러져 기초 밑면이 부풀어 오르는 현상

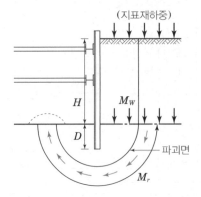

$$F_S = \frac{\text{저항모멘트}(M_r)}{\text{활동모멘트}(M_W)} \geq 1.2 \sim 1.5$$

5. Boiling현상

사질지반의 굴착공사 시 흙막이벽 뒷면의 지하수위와 굴착저면과의 수위차로 인해 내부의 흙과 수압의 균형이 무너져 굴착저면으로 물과 모래가 부풀어 오르는 현상

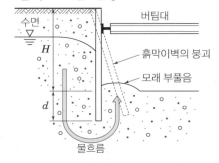

$$F_s = \frac{r'(H+2d)}{H} \geq 1.2\sim1.5$$

r' : 흙의 수중단위체적 중량
d : 근입장

6. Piping현상

수위차가 있는 지반 중에 파이프 형태의 수맥이 생겨 사질층의 물이 배출되는 현상

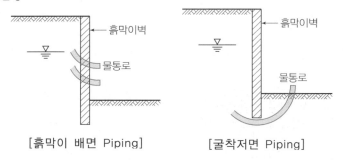

[흙막이 배면 Piping]   [굴착저면 Piping]

Ⅷ. 계측관리(정보화 시공) [KCS 21 30 00]

1. 계측위치 선정

① 지반조건이 충분히 파악되고 있고 구조물의 전체를 대표할 수 있는 곳
② 지반의 특수조건으로 공사에 따른 영향이 예상되는 곳
③ 교통량이 많은 곳
④ 지하수가 많고, 수위의 변화가 심한 곳
⑤ 시공에 따른 계측기의 훼손이 적은 곳

[하중계(Load Cell)]

[변형률계(Strain Gauge)]

2. 계측항목

① 횡방향 변위량 : Inclinometer
② 지표 및 지중 침하량 : Level & Staff, Extensometer
③ 지하수위와 간극수압의 변위량 : Water Level Meter, Piezometer
④ 인접구조물의 균열 및 변위 : Crack Gauge, Tiltmeter
⑤ 구조체의 변형률과 작용하중 : Strain Gauge, Load Cell
⑥ 수직파일 및 지하연속벽의 응력 : Load Cell
⑦ 흙막이벽 배면의 토압 : Soil Pressure Gauge
⑧ 소음과 진동 : Vibration Monitor

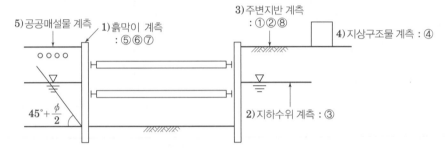

Ⅸ. 지하수 대책

차수 ┬ 흙막이 공법(강성 흙막이) :
　　　│ Slurry Wall 〉 Sheet Pile 〉 H - Pile 토류벽
　　　└ 약액주입공법 : JSP, LW, SGR

배수 ┬ 기타 : Dewatering, 배수판
　　　├ 강제식 : Well Point(1×10^{-4}cm/sec)
　　　└ 복수 : 주수, 담수

Ⅹ. 근접시공 : 지반침하균열 + 공해

• 가설흙막이구조물안정 + 인접구조물의 영향검토

① 지반특성파악
② 횡토압 적용
③ 지하수위 변화와 지반손실
④ 굴착 시 주변지반에 미치는 영향　➡
⑤ 대상구조물의 특성파악
⑥ 근접시공여부의 판정
⑦ 계측관리

　➡ ┬ 차수식 벽체로 설계
　　 ├ 지하수에 의한 배면수압고려
　　 └ 굴착 시 배면지반의 침하량 예측

XI. Underpinning 공법

① 기존 건축물의 기초를 보강하거나 새로운 기초를 설치하여 기존 건물을 보호하는 공법

② Flow Chart

사전조사 → 준비공사 → 가받이공사 → 본받이공사 → 철거 및 복구

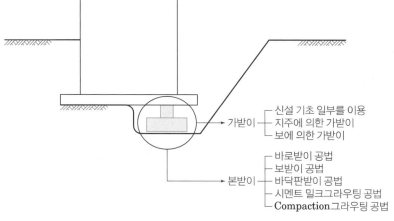

가받이 ─┬ 신설 기초 일부를 이용
        ├ 지주에 의한 가받이
        └ 보에 의한 가받이

본받이 ─┬ 바로받이 공법
        ├ 보받이 공법
        ├ 바닥판받이 공법
        ├ 시멘트 밀크그라우팅 공법
        └ Compaction그라우팅 공법

[현장콘크리트파일 공법]

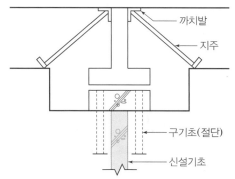

까치발
지주
구기초(절단)
신설기초

[현장콘크리트 파일(바로받이공법) 공법]

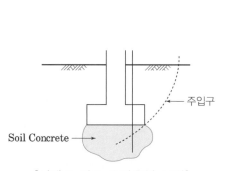

주입구
Soil Concrete

[시멘트 밀크 그라우팅 공법]

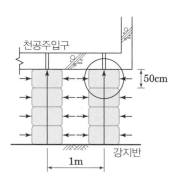

천공주입구
50cm
강지반
1m

[Compaction 그라우팅 공법]

[시멘트 밀크 그라우팅 공법]

[보받이 공법]

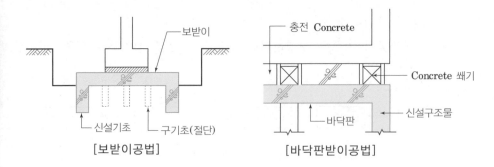

[보받이공법]   [바닥판받이공법]

XII. 공해

1. 공사공해

2. 폐기물공해

아스콘, 콘크리트, 이수, 스티로폼

3. 건물공해

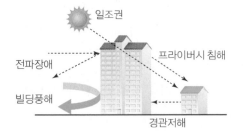

2 단답형·서술형 문제 해설

---

1 단답형 문제 해설

🌐 30,36,41,70회

01 표준관입시험(Standard Penetration Test) [KCS 10 20 20/EXCS 10 20 20 KS F 2307]

Ⅰ. 정의

질량(63.5±0.5)kg의 드라이브 해머를 (760±10)mm 자유 낙하시키고, 보링로드 머리부에 부착한 노킹블록을 타격하여 보링로드 앞 끝에 부착한 표준관입시험용 샘플러를 지반에 300mm 박아 넣는 데 필요한 타격횟수(N값)를 구함과 동시에 시료를 채취하는 관입시험방법이다.

Ⅱ. 시험장비 및 N값

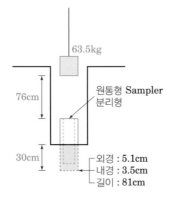

사질지반의 N치	상대밀도	점토지반의 N치	컨시스턴시
0~4	대단히 느슨	0~2	대단히 연약
4~10	느슨	2~4	연약
10~30	보통	4~8	보통
30~50	조밀	8~15	단단
50이상	대단히 조밀	15~30	대단히 단단
		30 이상	견고

Ⅲ. 시추공 굴착

(1) 표준관입시험을 위한 시추공은 65~150mm

(2) 소정의 깊이까지 시추공을 굴착하며, 굴착수는 지하수위 상단을 유지

(3) 시추공 바닥의 슬라임을 제거

(4) 굴착 및 슬라임 제거 시 지반교란 금지

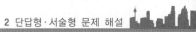

IV. 시험방법

(1) 점성토지반에서는 실시하지 않는 것이 원칙

(2) 사질토지반에서는 시추공 내 수위를 최소지하수위 이상으로 유지하고, 표준관입시험은 케이싱(Casing) 하단에서 실시

(3) 매 150mm 관입마다 3회 연속적으로 타격수를 기록

(4) 드라이브 해머 타격 시 150mm의 예비타격, 300mm의 본타격

(5) 본타격의 타격횟수는 50회를 한도로 하고, 그때의 누계 관입량을 측정

(6) 예비타격에서 50회에 도달한 경우는 그때의 누계 관입량을 측정하여 N값으로 한다.

(7) 본타격 300mm에 대한 타격횟수를 N값으로 기록

02 | 토질주상도(시추주상도)

Ⅰ. 정의

보링공에서 채취한 시료를 현장에서 살펴보고, 판별 분류 후 토질기호를 사용하여 지층의 층별, 포함 물질 및 층 두께 등을 그림으로 나타낸 것을 말한다.

Ⅱ. 토질주상도 개념도

심도	주상도	지층명	N치 10 20 30 40 50
2m		퇴적층	
6m		풍화토	
10m		풍화암	

→ 공사명, 위치, 날짜, 공번, 지반표고, 공내수위, 감독자, N치 등 기록

Ⅲ. 목적(필요성)

(1) 지층의 확인

주요 위치의 토질주상도를 연결하여 지층의 분포(지질단면도)를 확인

(2) 공내지하수위 확인

공내에 물을 채운 후 24시간 후 수위 측정

(3) N값 확인

① 지층별 N값의 확인
② N값으로 사질토의 상대밀도, 점성토의 전단강도 등을 확인
③ 흙의 지지력 산정
④ 기초설계 및 기초의 안정성 여부 확인

(4) 시료 채취

① 채취된 시료로 실내 토질시험 실시
② 흙의 물리적, 역학적 성질을 확인

Ⅳ. 암질지수 확인

(1) RQD(Rock Quality Designation): 암질지수

$$RQD = \frac{\sum(10cm \ 이상의 \ 코어의 \ 길이)}{굴진길이} \times 100(\%)$$

(2) TCR(Test Core Recover): 코어 회수율

$$TCR(\%) = \frac{회수된 \ 코어의 \ 길이의 \ 합}{총 \ 시추한 \ 암석의 \ 길이}$$

😊 71,76,94,114회

03 흙의 전단강도(Shearing Strength of Soil)

I. 정의

지반이 전단응력을 받아 현저한 전단변형을 일으키거나, 활동면을 따라 전단활동을 일으킨 경우 지반이 전단파괴 되었다고 말하며, 이때 활동면상의 최대 전단저항력을 전단강도라 말한다.

II. 전단강도(Coulomb의 법칙)

$$\tau = C + \bar{\sigma}\tan\phi$$

τ : 전단강도
C : 점착력
$\bar{\sigma}$: 유효응력
$\tan\phi$: 마찰계수
ϕ : 내부마찰각

(1) 점토(사질토 내부마찰각 Zero) : $\tau \fallingdotseq C$
(2) 모래(점토점착력 Zero) : $\tau \fallingdotseq \bar{\sigma}\tan\phi$

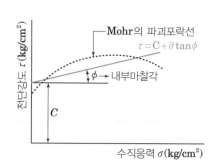

III. 전단시험

구분	도해	설명
1면전단시험	수직력 / 투수반 / 흙시료 / 전단력 / 전단력 / 전단상자	shear box에 흙시료를 담아 수직력의 크기를 고정시킨 상태에서 수평력을 가하여 시험한다.
일축압축시험	수직력 / 불교란시료의 공시체 / 압축판 / 2~2.5D / 3~7cm	불교란 공시체에 직접 하중을 가해 파괴시험을 하며 흙의 점착력은 일축압축강도의 1/2로 본다.
삼축압축시험	수직력 / 물압밀 / 원통형 공시체 / 가압판 / 시료	원통형의 공시체에 등방 구속압을 가하고 피스톤으로 상하에 축하중을 가하여 공시체를 전단시키는 시험(점성토의 비압밀, 비배수 강도시험) - 간극수압은 측정 안함.

04 액상화(Liquefaction) 현상

Ⅰ. 정의

포화된 느슨한 모래나 실트층이 충격이나 진동을 받아 순간적으로 발생한 과잉간극수압에 의해 전단강도를 잃고 액체처럼 거동하는 현상을 말한다.

Ⅱ. 개념도

(1) 점토지반 $\tau = c$

(2) 사질지반 $\tau = \bar{\sigma}\tan\theta$

(3) Coulomb의 법칙에 의한 유효응력 상실시 액상화

$$\tau = C + \bar{\sigma}\tan\phi$$

τ : 전단강도

C : 점토점착력

$\bar{\sigma}$: 유효응력

ϕ : 사질토 내부마찰각

Ⅲ. 액상화 원인

(1) 침투수 : 사질지반으로 흐르는 침투수에 의해 Boiling 현상으로 모래가 지상으로 분출

(2) 정적전단 : Quick Sand 현상

(3) 반복작용 : 매립지반에 다져지지 않는 모래지반에 진동을 줄 때(지진 등)

(4) 내적요인 : 모래의 밀도(입자간의 공극률, 상대밀도 등), 지하수면의 깊이, 모래의 입도분포 등

Ⅳ. 액상화 대책

(1) 지반강도 증대

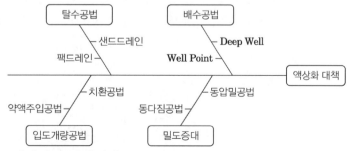

(2) 액상화 지도 제작하여 지반개량

05 흙의 압밀침하

I. 정의

점토질 토층에 하중응력이 작용할 때 간극 내의 간극수가 제거되면서 점토층이 수축하는 현상을 압밀이라 하며, 이때 침하를 압밀침하라고 한다.

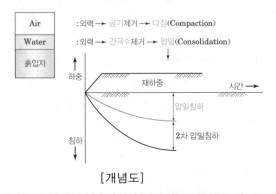

[개념도]

III. 특성

(1) 점토질 지반에서는 투수성이 나쁘므로 압밀침하가 장기간 계속된다.
(2) 사질지반은 침하가 적고, 체적변화가 적으므로 압밀침하는 무시되고 즉시침하만을 고려한다.
(3) 압밀시간은 투수성과 압축성에 좌우한다.

IV. 압밀시험 [KS F 2316]

(1) 투수성이 낮은 포화된 세립토를 대상으로 단계재하(8단계)로 실시한다.
(2) 압밀시험을 통하여 압밀정수(압밀계수, 체적압축계수, 선행압밀하중)를 구한다.
(3) 압밀정수를 이용하여 점성토 지반이 하중을 받아서 지반 전체가 1차원적으로 압축되는 경우에 발생되는 침하특성을 밝힐 수 있다.
(4) 연약지반 위에 구조물을 축조할 경우 압밀로 인한 최종침하량과 침하 비율, 소요시간의 추정, 성토의 높이를 결정하고 공사기간의 추정이 가능하다.

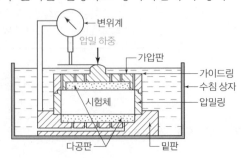

⊗ 76,88,125회

06 De-watering 공법(영구배수공법, 드레인매트 배수시스템)　　[KCS 41 80 03]

Ⅰ. 정의

영구배수공법은 건축물의 기초 바닥에 작용하는 지하수의 양압력을 저감시켜 구조물의 부상을 방지하고 지하수위의 안정적 관리를 위해 굴착이 완료된 최하층 바닥면에 인위적인 배수시스템을 형성, 기초바닥에 유입되는 지하수를 집수정으로 유도 강제배수하는 공법이다.

Ⅱ. 현장시공도 및 시공순서

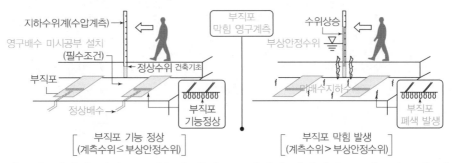

기초면 바닥면 정지 → 집수정 설치 → 정지면 상부다짐 → 유도수로재 설치 → 시스템배수로재 설치 → PE필름 깔기 → 버림콘크리트 타설

Ⅲ. 특징

(1) 주변침하 및 편수압발생
(2) 영구적인 펌핑비용 발생
(3) 부직포 막힘 발생 가능성이 크다.
(4) 수평방향 중력 배수에 의한 기초판 저면 토립자 유실로 지지력 저하 우려

Ⅳ. 시공 시 유의사항

(1) 기초 시공 기준면까지 굴착한 후 부지를 평탄하게 정지
(2) 토목섬유 및 드레인보드의 겹침이음은 100mm 이상 확보하고, 반드시 보호(Taping) 처리하여 이물질 유입 방지
(3) 주배수관은 50m 이내마다 집수정으로 연결
(4) 기설치된 주배수관 및 드레인 보드 위에 폴리에틸렌 필름(두께 0.08mm 이상, 2겹)을 사용하고, 연결부는 보호(Taping) 처리
(5) 집수정 내부 유입량의 조절 수위는 유효고를 넘지 않도록 관리

73,81,98회

07 Slurry Wall의 안정액(Stabilizer Liquid, Bentonite)   [KCS 21 30 00]

I. 정의

액성한계 이상의 수분을 함유한 흙을 대상으로 공벽을 굴착할 경우 물을 흡수하면 팽창하여 공벽의 붕괴 방지를 목적으로 사용하는 현탁액으로 벤토나이트(Bentonite)를 사용한다.

II. 안정액 관리시험

종목	기준치		시험기기
	굴착 시	Slime 처리 시	
비중	1.04~1.2	1.04~1.1	Mud Balance
pH	7.5~10.5	7.5~10.5	전자 pH미터기
사분율	15% 이하	5% 이하	사분측정기
점성	22~40초	22~35초	점도계

III. 안정액의 요구성능

(1) 안정액을 만들 설비시설을 갖추고, 기계적 교반으로 안정된 부유 상태 유지
(2) 슬러리를 회수하여 사용하는 경우에는 슬러리에 섞여있는 유해물질을 제거
(3) 회수된 슬러리는 연속적으로 트랜치에 재순환시킴
(4) 슬러리는 철저한 품질관리를 통하여 분말이 부유 상태 유지
(5) 슬러리는 굴착과 콘크리트 타설 직전까지 순환 또는 교반을 지속 유지
(6) 파낸 트랜치의 전 깊이에 걸쳐서 슬러리를 순환 및 교반할 수 있는 장비 유지
(7) 슬러리를 압축공기로 교반 금지

IV. 안정액의 역할

(1) 공벽 붕괴 방지
(2) 부유물(Slime) 침전방지
(3) 굴착토사 배출 용이
(4) Mud Film 형성
(5) 굴착 시 안정성 확보

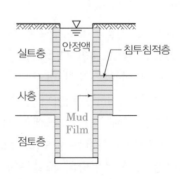

45,56,60,102,103회

08 역타공법(Top Down Method)

Ⅰ. 정의

지하외벽과 지하기둥을 터파기하지 않은 상태에서 구축하고 1층 바닥구조체를 완성한 후 그 밑의 지반을 굴착하고 지하바닥구조의 시공을 하부층으로 반복하여 진행하면서 상부도 동시에 시공하는 공법이다.

Ⅱ. 시공도

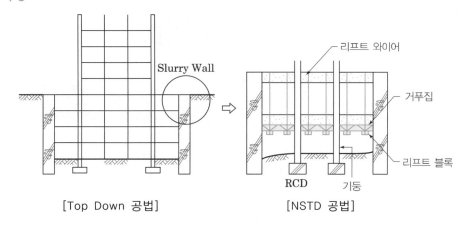

[Top Down 공법] [NSTD 공법]

Ⅲ. 공법의 종류

공법 종류	설명
완전역타공법	지하 각층 슬래브를 완전히 시공하는 방법
부분역타공법	지하 바닥 슬래브를 부분적으로 시공하는 방법
Beam & Girder식 역타공법	지하 철골구조물의 Beam과 Girder를 시공하여 지하연속벽을 지지한 후 굴착하는 방법

Ⅳ. 시공 시 유의사항

(1) 수직부재의 역 Joint 시공 철저
(2) 지하연속벽 시공 시 Panel Joint와 Slime 제거 철저
(3) 지하연속벽과 지하층 테두리보를 연결하는 연결철근 정밀시공
(4) 기둥 및 기초공사 시 기둥의 수직도 확보
(5) 지하수위 유동과 지반변위를 철저히 조사하여 합리적 시공관리

09 | Heaving 현상

Ⅰ. 정의

연약한 점성토 지반의 굴착공사 시 흙막이벽 뒷면의 흙의 중량이 굴착 밑면의 지반 지지력보다 커져서 흙막이벽 뒷면의 흙이 안으로 미끄러져 기초 밑면이 부풀어오르는 현상을 말한다.

Ⅱ. 개념도

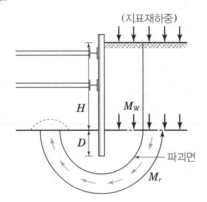

$$F_s = \frac{\text{저항모멘트}(M_r)}{\text{활동모멘트}(M_w)} \geq 1.2\sim1.5$$

Ⅲ. 원인

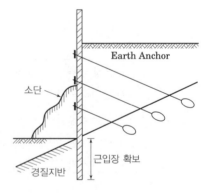

(1) 흙막이벽 근입장 부족
(2) 흙막이벽 내외의 흙의 중량차가 클 때
(3) 지표면 중량물 재하
(4) 지표수 유입 및 지하수위 변위

Ⅳ. 방지대책

(1) 근입장을 경질지반까지 박는다.
(2) 강성이 큰 흙막이를 설치한다.
(3) 흙막이 배면 Earth Anchor 설치
(4) 굴착면에 하중을 가한다.
(5) 양질재료로 지반 개량한다.
(6) 부분굴착으로 굴착지반의 안전성을 높인다.

10 Boiling 현상

Ⅰ. 정의

사질지반의 굴착공사 시 흙막이벽 뒷면의 지하수위와 굴착저면과의 수위차로 인해 내부의 흙과 수압의 균형이 무너져 굴착저면으로 물과 모래가 부풀어 오르는 현상을 말한다.

Ⅱ. 개념도

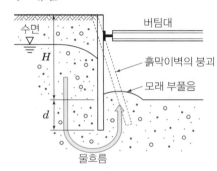

$$Fs = \frac{r'(H+2d)}{H} \geqq 1.2 \sim 1.5$$

r' : 흙의 수중단위 체적 중량

d : 근입량

Ⅲ. 원인

(1) 흙막이 근입장 깊이가 부족할 때
(2) 흙막이벽 배면의 지하수와 굴착저면의 수위차가 클 때
(3) 굴착하부에 투수성이 큰 사질층이 있을 때

Ⅳ. 대책

(1) 지하수의 배수대책을 수립한다.
(2) 근입장 깊이를 확보한다.
(3) 지하수위를 낮춘다.
(4) 흙막이 주변 차수공법 시행(LW, JSP)
(5) 지반개량공법을 시행한다.

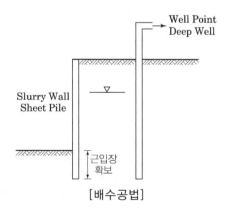

[배수공법]

2 서술형 문제 해설

57,61,73,74회

01 Slurry Wall 현장시공 시 품질관리의 요점

Ⅰ. 개 요

(1) 특수 굴착기와 안정액을 이용, 지중 굴착하여 여기에 철근망을 세우고 콘크리트를 타설하여 연속적으로 벽체를 조성하는 공법이다.

(2) 타 흙막이벽에 비해 차수효과가 우수하다.

Ⅱ. 현장시공도

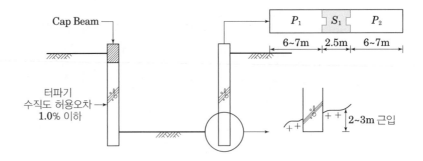

Ⅲ. 품질관리의 요점

(1) Guide Wall 설치

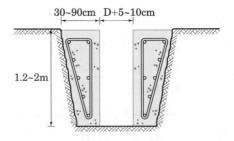

① 굴착 시 표토층 보호 및 충격 방지

② 철근 Cage 및 트레미관의 받침대 역할

③ Slurry Wall의 계획고보다 1~1.5m 상단에 위치

(2) 굴착

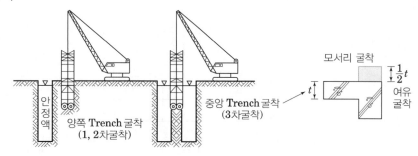

(3) 안정액 관리

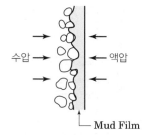

① 지하수위보다 약 2.0m 이상 높게 유지
② 시공중 계속적인 품질관리가 되도록 계획

비중(1.04~1.2), 점성(22~40초)
pH(7.5~10.5), 사분율(15% 이하)

(4) Slime 처리

① 1차 : 굴착공사 후 부유토사분 침강 완료 시
② 2차 : Tremie관 설치 후
③ 흡입펌프 방식, Air Lift 방식, Sand Pump 방식
④ 콘크리트 타설 직전 5cm 이내 유지

(5) 계측관리(심도확인) 철저

① 굴착깊이 확인 → Boiling 현상 방지
② 수직정밀도 → 1/100 이하
③ 벽두께 확보

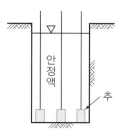

(6) 철근망 조립

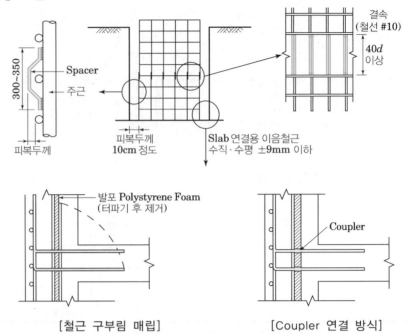

[철근 구부림 매립]　　　　　　　[Coupler 연결 방식]

(7) 트레미관 및 콘크리트 타설

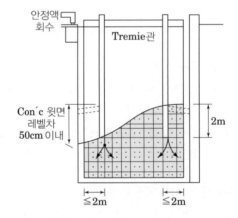

① 열화콘크리트(Slime 혼입)의 Panel 내 잔존 방지 → 콘크리트 이음 1시간 이내 타설
② 철근망 부상 관찰
③ 트레미관 타설개시 시 바닥 + 10 ~ 15cn

(8) 두부정리

① Slime이 섞여 있는 상단부분 콘크리트 파쇄하고 신선한 콘크리트를 노출시켜 벽체와 연결(30~50cm)

② Cap Beam 공사를 위한 Level 유지

(9) Cap Beam

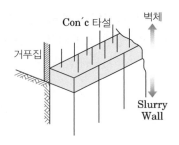

① Panel의 연속성 유지

② Slab 시공계획 Level 고려

③ Slurry Wall 상부 지수처리 실시

(10) Dowel Bar 처리

① 스티로폼을 확실히 제거하고 면정리 철저

② Slab와의 연결을 위해 철근을 편다.

Ⅳ. 결 론

(1) Slurry Wall 시공 시 Panel Joint 접합면 부실 및 콘크리트 내 불연속면이 생기지 않도록 콘크리트 내 안정액 침투를 막고 Slime 제거를 철저히 한다.

(2) 콘크리트 타설 시 연속타설이 가능하도록 사전준비를 철저히 한다.

😵 47,75회

02 Top Down 공법의 현장 시공 시 주의사항

Ⅰ. 개 요

(1) Top Down 공법이란 토공사에 앞서 지하층 외부옹벽과 기둥공사를 지상에서 선시공한 후 지하터파기와 지상층 공사를 병행하는 공법이다.

(2) 수개의 공종이 병행 시공되므로 전체적인 관리를 위해 사전계획이 설계단계부터 고려되어야 시공상의 문제점을 줄일 수 있다.

Ⅱ. 현장시공도(Top Down 공법의 구조 요소)

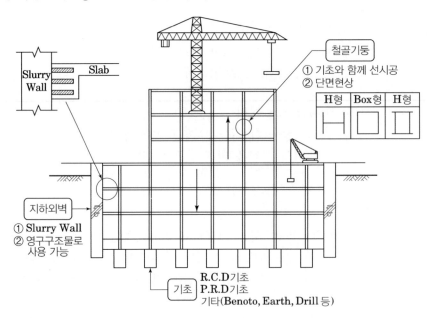

Ⅲ. 시공 시 주의사항

(1) 지반조사 철저(지질조사 위치)

① 지하연속벽 및 기초설계에 필요한 지반정수 획득이 유리한 위치로 선정

② 천공간격은 30~50m

(2) Slurry Wall 공사

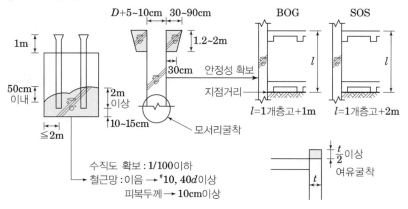

(3) R.C.D 공사

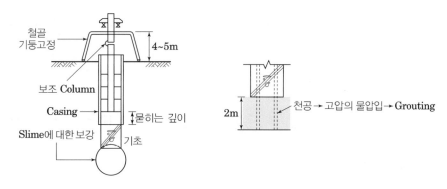

① 4~5m 높이로 기둥고정용 Frame 설치
② 콘크리트 타설 1~2시간 후 콘크리트 묻힌 깊이만큼 Casing 인발
③ 1~2일 양생 후 골재 채움
④ 콘크리트 타설 3일 후 전체 Casing 인발

(4) 철골기둥 수직도 확보

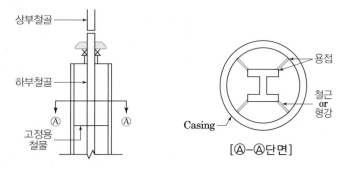

① 상부 : Transit으로 계측
② 하부 : 철골기둥 고정

(5) Slab 거푸집 공사

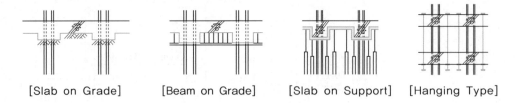

[Slab on Grade] [Beam on Grade] [Slab on Support] [Hanging Type]

(6) Zoning

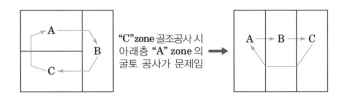

"C"zone 골조공사 시
아래층 "A" zone 의
굴토 공사가 문제임

(7) SKIP 시공 고려

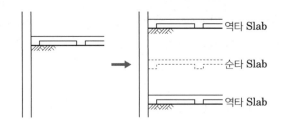

역타 Slab
순타 Slab
역타 Slab

(8) 조명시설 및 환기시설

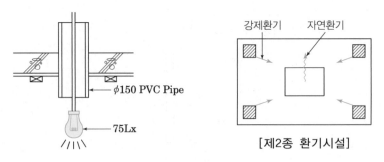

ϕ150 PVC Pipe
75Lx

강제환기 자연환기

[제2종 환기시설]

(9) 철근 배근

① 기둥주근 이음

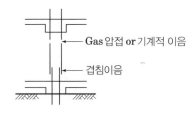

② 벽철근의 이음 : 상·하부 겹침 이음

(10) Joint 처리 방법

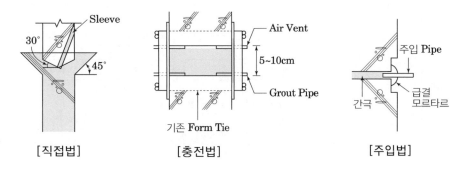

Ⅳ. 결 론

(1) 흙막이의 안정, 공기단축이 최대한 가능할 수 있도록 시공계획 수립을 철저히 하여야 한다.

(2) 이를 위해 지반조사단계, 설계단계, 공사계획단계의 단계별 Check Point를 철저히 하여야 한다.

03 SPS 공법 중 Top Down에 의한 공사 시 발생하는 문제점과 대책

Ⅰ. 개 요

(1) 흙막이지지 Strut을 가설재로 사용하지 않고 영구 구조물(철골 구조체)을 이용하여 굴토공사 중에는 토압에 대하여 지지하고, 슬래브 타설 후에는 수직하중에 대해서도 지지하는 방법이다.

(2) 종류에는 Up-Up, Down-Up, Top Down 공법이 있다.

Ⅱ. SPS 공법 중 Top Down의 시공순서

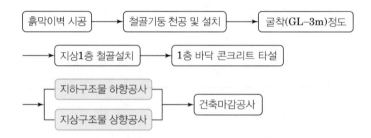

Ⅲ. 문제점

(1) 테두리보 하부 벽체 공극 발생

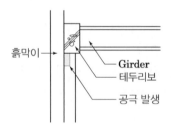

① 테두리보 하부 콘크리트 미충전으로 공극 발생

② 누수 발생의 초래

(2) 1층 바닥 침하균열 발생

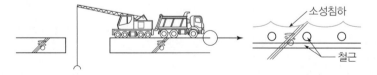

→ 작업차량의 동선에 하중으로 인하여 콘크리트의 소성침하현상 및 균열의 발생

(3) 외부 벽체 누수

흙막이 벽과 합벽콘크리트 타설 부위의 콘크리트 채움 불량으로 누수

(4) 철근이음, 정착 및 피복두께 불량

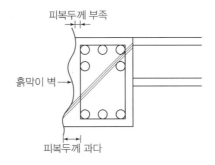

① 흙막이 벽의 불량으로 피복두께 유지의 어려움
② 겹침이음에 따른 철근 순간격 및 정착의 불량

(5) 공해(환기)

① 작업장 내 분진 등의 발생으로 공해 유발
② 근접시공에 따른 주변 민원의 야기
③ 지하부위 작업환경의 악화

(6) 감사지적사례(흙막이 불량)

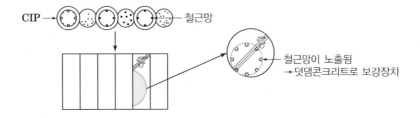

Ⅳ. 대 책

(1) 벽체 초유동화 콘크리트 타설

① 초유동화 콘크리트 타설로 콘크리트 충전을 철저히 할 것
② 콘크리트 채움을 철저히 하여 누수 방지

(2) 콘크리트 양생, 보양 및 구조적 보강

① 자재야적장, 토공사 장비통로 : 활화중 20KN/m² 설계보강
② 대형 크레인 통로 : 별도 검토 후 설계보강
③ 덤프트럭 등의 이동통로에 보양조치 및 하부 Jack Support 설치
④ 28일 콘크리트 압축강도 확보 철저

(3) 벽체 지수링 사용 및 방수 철저

① 벽체 철근배근 시 지수링을 사용
② 내부 방수시공을 철저히 이해
③ 하부트렌치 시공으로 침투수 유도

(4) 철근 순간격 및 커플러 이음

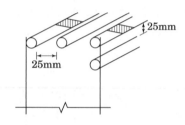

① 철근이음 시 커플러를 사용
② 철근 순간격 유지

(5) 지하작업 환경개선

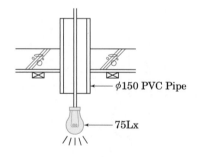

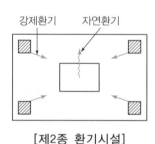

[제2종 환기시설]

→ 1층 바닥 콘크리트 타설에 따른 소음 등의 주변민원에 대처가 가능

(6) 철골 정밀시공
① Embeded Plate 정밀시공
② 지하층 Girder, Beam은 현장 실측하여 제작
③ 지상 1층 철골 수직도 관리 철저
→ 기둥 고정용 Frame 및 Jack 사용
Deviation 한계 : ±50 ~ 70mm(깊이 : 30 ~ 40m)

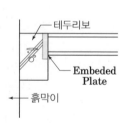

(7) 기계실 설치층수 변경 고려

　① 지하 최하층에서 중간층으로 고려

　② 기계실 설치가 Cirtical Path에서 제외될 수 있도록 할 것

(8) 역타 Joint 정밀시공

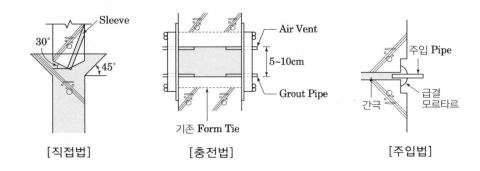

| [직접법] | [충전법] | [주입법] |

V. 결 론

(1) SPS 공법은 공기단축 및 경비절감을 이룰 수 있는 새로운 공법이다. 또한 시공성 향상으로 우수한 품질의 구조물을 확보할 수가 있다.

(2) 하지만 흙막이벽과 외벽 콘크리트 접합부 부위의 콘크리트 충진성을 알 수가 없으므로 현장관리에 철저를 가하여야 한다.

😊 61,96회

04 지하터파기 시 강제배수로 발생되는 문제점과 대책

Ⅰ. 개 요

(1) 강제배수로 인하여 지반침하, 지하수 고갈 등 문제점이 발생하므로 지하터파기 전에 시공계획을 철저히 하여야 한다.

(2) 또한 부적합한 공법 선택으로 지하수의 현장유입이 초래되므로 주의하여야 한다.

Ⅱ. 현장 시공도

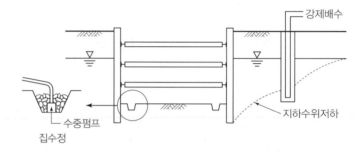

Ⅲ. 문제점

(1) 지반압밀 침하

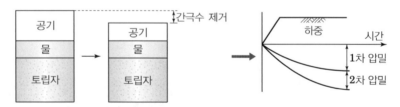

(2) 지하수 고갈(지하수 이동)

① 강제배수에 따라 인근지하수 고갈 → 민원 발생

② 지하수 저하로 건물 부동침하 발생

③ 지하수 저하로 흙막이 변위 발생

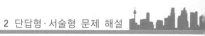

(3) 흙막이 변위

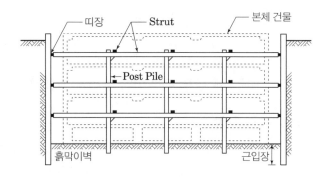

① 흙막이 강성 부족
② Strut 귀잡이 시공 불량
③ Strut 띠장의 중심 불일치
④ 띠장과 흙막이벽 접촉상태 불량

(4) Heaving 현상

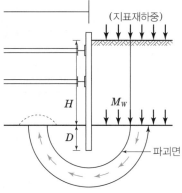

① $F_S = \dfrac{\text{저항모멘트}(M_r)}{\text{활동모멘트}(M_w)} \geq 1.2 \sim 1.5$

② 근입장 확보
③ 양질 재료로 지반 개량

(5) 인근 건물 기초부동침하

① 강제 배수로 지반압밀침하로 인해 부동침하 발생
② 부주의한 터파기로 발생
③ 지하수 고갈로 인해 발생

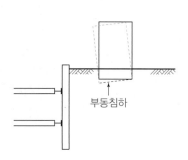

Ⅳ. 대 책

(1) 사전조사 및 시공계획수립

① 지하수의 Level 검토 및 관리 철저

② 지반조사를 통하여 철저히 관리

③ 강제배수에 따른 주변지반, 흙막이 등을 철저히 관리

(2) 계측관리 철저

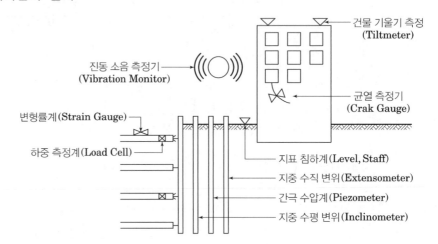

진동 소음 측정기
(Vibration Monitor)

건물 기울기 측정
(Tiltmeter)

균열 측정기
(Crak Gauge)

변형률계(Strain Gauge)

하중 측정계(Load Cell)

지표 침하계(Level, Staff)

지중 수직 변위(Extensometer)

간극 수압계(Piezometer)

지중 수평 변위(Inclinometer)

(3) 근입장 확보(Heaving, Boiling 방지)

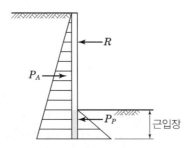

R

P_A

P_P

근입장

① 수압, 토압에 견딜 수 있는 Strut 시공

② 흙막이 배면 뒷채움 철저

③ 근입장 확보

(4) 복수공법 적용

① 강제배수로 지하수위 저하를 방지하기 위해 주수공법 시공

② 자연적인 지하수위 저하에 대처하기 위해 담수공법 시공

(5) 차수성 및 강성인 흙막이 시공

Slurry Wall 〉 Sheet Pile 〉 H-pile 토류벽

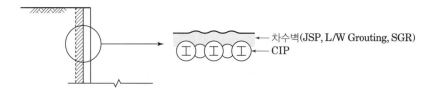

(6) 언더피닝 공법

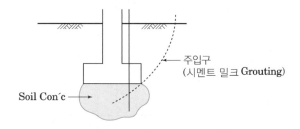

① 주변 지반 보강
② 인근 건물 기초 보강
③ 토질 종류, 지하수 상태 파악 철저
④ 유입 여부 지속적 관찰

V. 결 론

(1) 강제배수로 인하여 발생되는 문제점에 대처하기 위해서는 철저한 시공계획 수립을 도모한다.

(2) 어울러 계측관리를 통한 지하수위의 변화에 철저히 대응하여야 한다.

😊 61,77,84,87,91,103회

05 흙막이공사 후 터파기작업 시 주변 지반의 침하원인과 방지대책 (흙막이벽의 붕괴원인과 방지대책)

I. 개 요

(1) 도심지에서 주변지반의 거동에 대처하기 위해 적정 흙막이공법을 시행 후 터파기 공사에 들어가고 있다.

(2) 하지만 흙막이 배면의 토압, 압밀침하 등으로 인하여 주변지반에 영향을 미치므로 이에 대한 대책이 요구된다.

II. 흙막이 응력도

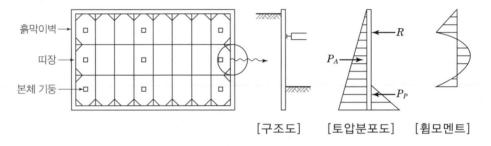

[구조도]　　　[토압분포도]　　　[휨모멘트]

III. 침하 원인

(1) 지하수의 변동

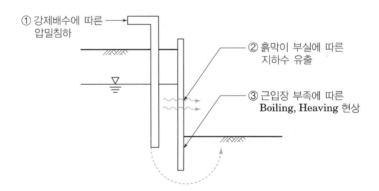

① 강제배수에 따른 압밀침하

② 흙막이 부실에 따른 지하수 유출

③ 근입장 부족에 따른 **Boiling, Heaving** 현상

(2) 흙막이 변위

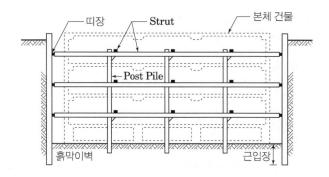

① 흙막이 강성 부족
② Strut 귀잡이 시공 불량
③ Strut와 띠장의 중심 불일치
④ 띠장과 흙막이벽 접촉 상태 불량

(3) 지반압밀 침하

① 상부 Crane 등 작업하중으로 인한 Heaving 현상 → 압밀 침하
② 지하수위차에 의한 Boiling 현상으로 압밀침하 발생

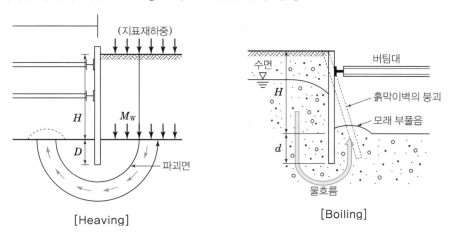

[Heaving]   [Boiling]

(4) 지표면 과재하

① 상부자재적치 및 장비 등에 의한 과하중으로 지반 침하
② 지표면 과재하로 인해 과다측압 발생

(5) 흙막이 배면 뒷채움 불량

① 뒷채움 불량으로 인하여 압밀침하 발생
② 뒷채움 불량으로 지표면 함몰 현상
③ 뒷채움 토사 유출 → Piping

Ⅳ. 방지대책

(1) 사전조사 및 시공계획 수립

① 설계도서, 입지조건, 지반조사 등을 철저히 검토

② 공기단축 및 경제성 고려

③ 주변 민원 방지 및 지반침하 방지

(2) 차수성 및 강성인 흙막이벽 시공

① Slurry Wall 또는 주열식 흙막이 시공

② 차수성과 흙막이벽의 강성을 위주할 경우 → Slurry Wall

③ 시공성과 경제성 고려 → 주열식 흙막이

④ 소음, 진동이 적으나 수직도, 근입장 확보 및 공해관리 중요

(3) 계측관리 철저

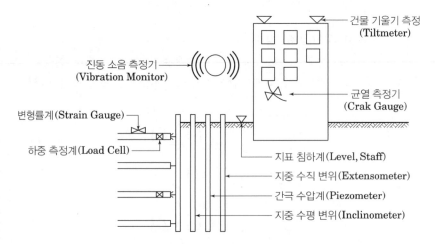

(4) 근입장 확보(Heaving, Boiling 대책)

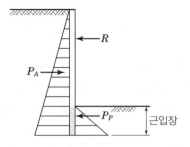

① 수압, 토압에 견딜 수 있는 Strutt 시공

② 흙막이 배면 뒷채움 철저

③ 근입장 확보(2m 이상)

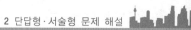

(5) 배수계획 철저

① Boiling 방지를 위한 복수공법 적용

② De-watering 공법 적용

③ 차수성이 우수한 Slurry Wall 공법 적용

(6) 주변지반 보강

① 약액주입공법(시멘트 그라우팅, JSP) 등으로 보강

② 소일시멘트에 의한 지반 보강

③ 주변건물은 언더피닝 공법 선정

(7) 차수대책

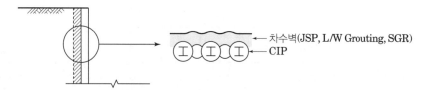

V. 결 론

(1) 기존 구조물에 근접시공할 경우 흙막이 가시설과 주변지반의 거동을 정확히 파악하여야 한다.

(2) 이를 위해서 흙막이 벽체의 변화에 주의하고, 충분한 강성을 유지하며, 적절한 차수대책을 수립하여야 한다.

😕 56,91,103회

06 흙막이벽 공사 중 발생하는 하자유형과 방지대책

Ⅰ. 개 요

(1) 최근 도심지공사 및 지하깊은 터파기 시 사전조사, 지반조사 등을 통한 흙막이벽을 선정하여야 한다.

(2) 하지만 흙막이벽이 공사 중에 흙막이 붕괴, 주변지반 침하, 지하수의 변동등 여러 가지 하자가 발생되는 바 이에 대한 방지대책을 강구하여야 한다.

Ⅱ. 흙막이 응력도

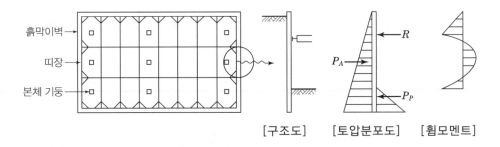

[구조도]   [토압분포도]   [휨모멘트]

Ⅲ. 하자 유형

(1) 흙막이 변위 및 붕괴

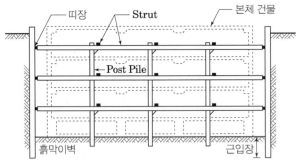

① 흙막이 강성 부족
② Strut 귀잡이 시공 불량
③ Strut와 띠장의 중심 불일치
④ 띠장과 흙막이벽 접촉상태 불량

(2) 주변지반 침하

① 상부 Crane 등 작업하중으로 인한 Heaving 현상 → 압밀 침하

② 지하수위차에 의한 Boiling 현상으로 압밀침하 발생

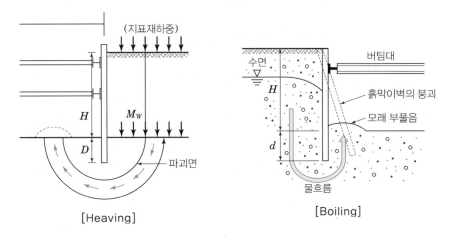

[Heaving]　　　　　　　[Boiling]

(3) 지하수의 변동

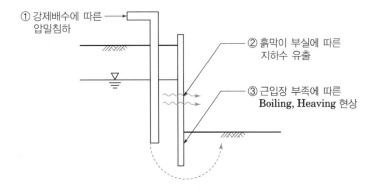

(4) 지하매설물 파손

① 지반조사 미비로 맨홀, 하수도, Gas 배관 등의 파손

② 도면표기 미비로 위치파악 불투명

③ 무리한 흙막이 공사에 따른 지하매설물의 파손

(5) 가로널 뒷면 틈새(흙막이 뒷면 틈새)

① 흙막이 배면토사 유실에 따른 상부 틈새 발생

② 지하수 유출에 따른 틈새 발생

③ 지반침하로 인한 틈새 발생

Ⅳ. 방지대책

(1) 사전조사 및 시공계획 수립
① 설계도서, 입지조건, 지반조사 등을 철저히 검토
② 공기단축 및 경제성 고려
③ 주변민원 방지 및 지반침하 방지

(2) 차수성 및 강성인 흙막이벽 시공
① Slurry Wall 또는 주열식 흙막이 시공
② 차수성과 흙막이벽의 강성을 위주할 경우 → Slurry Wall
③ 시공성과 경제성 고려 → 주열식 흙막이
④ 소음, 진동이 적고, 수직도, 근입장 확보 및 공해관리 중요

(3) 계측관리 철저

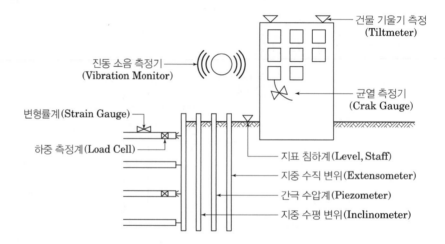

(4) 근입장 확보(Heaving, Boiling 대책)

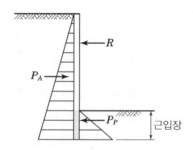

① 수압, 토압에 견딜 수 있는 Strut 시공
② 흙막이 배면 뒷채움 철저
③ 근입장 확보(2m 이상)

(5) 배수계획 철저
　① Boiling 방지를 위한 복수공법 적용
　② De-watering 공법 적용
　③ 차수성이 우수한 Slurry Wall 공법 적용

(6) 주변지반 보강
　① 약액주입공법(시멘트 그라우팅, JSP) 등으로 보강
　② 소일시멘트에 의한 지반 보강
　③ 주변 건물은 언더피닝 공법 선정

(7) 차수대책

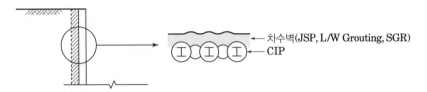

(8) 지하매설물 체크 철저
　① 공동구, 하수, Gas, 수도, 전기, 전화 등 공공매설물을 철저히 검토
　② 관리자와 계측결과를 주기적으로 확인하고 협의

V. 결 론
(1) 흙막이벽의 하자는 대형 사고로 이루어지기 쉬우므로 철저한 관리가 요구되고 있다.
(2) 이에 따라 계측관리를 통한 흙막이의 변화에 주의하고, 충분한 강성 및 차수대책을
　　수립하여야 한다.

😊 51,55,66,68,81,83,90,104회

07 지하흙막이 시공의 계측관리

I. 개요

(1) 계측관리란 Strut, 토압, 인근 건물 및 지반의 변형, 균열 등에 대비하여 미리 발견, 조치하기 위한 계측기를 설치, 관리하는 것이다.

(2) 이를 위해 안전하고 경제적이며, 실정에 맞는 항목을 합리적으로 선정하여야 한다.

II. 설치 위치

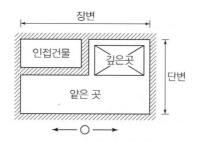

■ 배치 우선 순위

① 인접 건물(위험 건물)

② 깊은 곳

③ 우각부

④ 장변쪽

⑤ 가운데서 가장자리로 배치

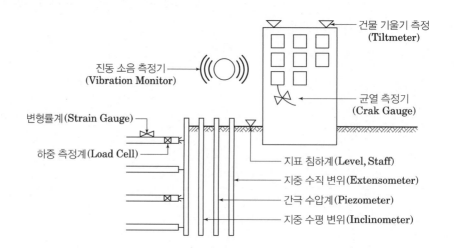

Ⅲ. 계측항목

(1) 지상구조물 계측

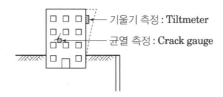

기울기 측정 : Tiltmeter
균열 측정 : Crack gauge

(2) 흙막이 계측

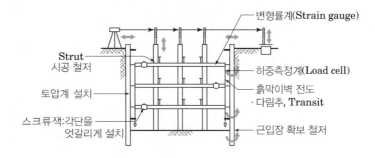

변형률계(Strain gauge)
Strut 시공 철저
토압계 설치
스크류잭:각단을 엇갈리게 설치
하중측정계(Load cell)
흙막이벽 전도 · 다림추, Transit
근입장 확보 철저

(3) 지하수위 계측

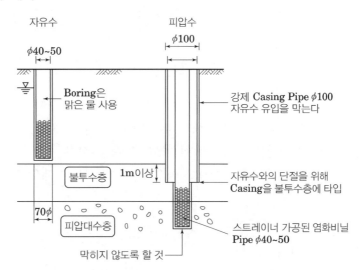

자유수
피압수
φ40~50
φ100
Boring은 맑은 물 사용
강제 Casing Pipe φ100 자유수 유입을 막는다
불투수층
1m이상
자유수와의 단절을 위해 Casing을 불투수층에 타입
70φ
피압대수층
스트레이너 가공된 염화비닐 Pipe φ40~50
막히지 않도록 할 것

① 스트레이너 가공된 염화비닐 Pipe 설치
② 일정기간마다 수위 측정
③ 한눈에 알 수 있도록 그래프 관리

(4) 주변지반 계측

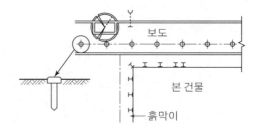

① 침하, 수평이동, Crack의 유무를 확인한다.
② 터파기의 영향이 없도록 넓게 잡는다.
③ 측정 Point는 못으로 박아 표시한다.

(5) 공공매설물 계측

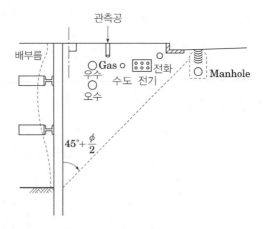

① 터파기 범위 내에 있는 매설물의 침하 측정
② 매설물 관리자와 협의하여 관측공 설치
③ 매설물 관리자와 계측결과를 주기적으로 확인하고 협의

Ⅳ. 계측 시 유의사항

(1) 관리전담자 배치
(2) 지반조건이 충분히 파악된 곳에 배치
(3) 상호 관련 계측 근접 배치
(4) 계측관리는 한눈에 볼 수 있도록 기록 관리
(5) 빠짐없이 매일매일 정해진 시간에 측정
(6) 계측결과는 측정 후 즉시 기입 관리
(7) 계측기 검교정 여부 확인

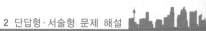

V. 결 론

(1) 계측관리 시 결과의 변화 추이를 파악하는 것이 중요하다.
(2) 위험치 이하의 경우에도 계속적, 누적적으로 진행되는 변화에 대해서는 사전에 대
    책을 수립한다.

3 부실사례 및 개선방안

	부실 내용	개선 방안
주동토압 증가	• 가설흙막이 착수전 배면토(주동토압)처리미실시 • 배면토의 슬라이딩 및 지형에 대한 설계 미흡	• 적합한 설계 및 사전에 시공상세도를 작성하여 시공 준비 • 우수유입에 대한 배수계획 대책 수립(배수로 설치) • 우수유입방지(sheet 등 보양)
굴착과다	• 1단 Earth Anchor 띠장 후 2단굴착깊이 과다로 배부름등 변위 • 토류판 흘림방지 철선 누락	• 1단 Earth Anchor 띠장 설치 후 2단 굴착 깊이는 상단부의 2배 이내 유지(소단설치) • 토류판 흘림방지 철선의 수직양단 내림 고정
숏크리트 탈락	 • 절리 등에 대한 사전대책 미흡으로 절취면의 파괴 • 절취면의 암벽 바탕면 처리 불량에 따른 숏크리트 탈락	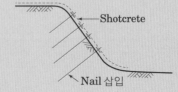 • 암의 절리상태, 강도 등 사전조사 • 암절취면의 바탕청소 등 실시 후 숏크리트 타설 • Soil Nailing 공법 병행

부실 내용	개선 방안
Slurry wall Joint 처리 불량  • 선행판넬과 후행판넬의 사이의 죠인트 부위 방수 불량 • 테두리보 등의 연결 매입철근의 길이 부족 및 배열의 불량	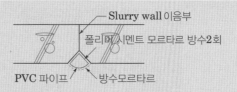 • 수직도 확보, 청소철저 및 적정한 방수재 사용 • 죠인트부 위 물 유도 • 시공 상세도에 따라 철근 가공·조립, 콘크리트 타설 및 수직도 유지
코너 Strut와 벽띠장 축선 불일치  • 코너 STRUT와 띠장과의 연속성이 없어 변위 발생 우려 • 띠장 간의 연결상태와 연속성이 불량하여 변위 발생	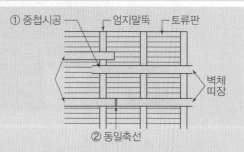 • 연속성이 있는 띠장 배열 시공 및 중첩 시공 • 코너 Strut와 띠장의 지지는 동일 축선상에 둔다.
진동에 의한 Strut 변위 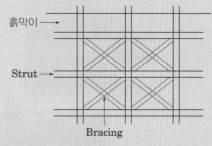 • 발파충격 및 상부 복공판의 적재하중에 따라 부재의 비틀림 또는 변위 • Bracing 미설치 및 코너 Strut 단부의 미끄럼방지판 미설치	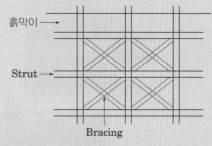 • 가시설물의 일체성 확보를 위한 Strut 상하간에 브레싱 설치 • 코너 Strut와 띠장 간의 볼트접합재와 미끄럼방지 용접철판 설치

	부실 내용	개선 방안
우수유입	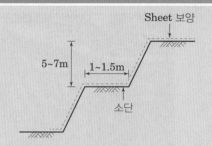 • 주동토압부의 교란층 형성 및 Open으로 토사의 붕괴 발생 • 우수 유입으로 주동토압 증가	 • 우수유입 방지시설 조치로 전도, 활동모멘트 최소화 • 자유면의 제거 또는 사면상 미끄럼운동 제거 (사면경사각, 소단설치 등)
Packing 불량	 • 엄지말뚝과 띠장 사이에 틈새가 발생되지 않도록 Packing 시공철저 • 작업자 사전지도 및 현장관리 철저 • H-Pile 천공 시 수직도 및 Line준수	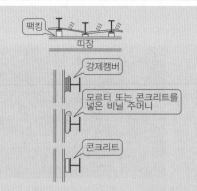 • 엄지말뚝과 띠장 사이에 틈새가 발생되지 않도록 Packing 시공철저 • 작업자 사전지도 및 현장관리 철저 • H-Pile 천공 시 수직도 및 Line준수
전단보강 불량	 • 편심하중이 걸리는 경우 띠장의 플랜지에 변위 발생 • Earth Anchor 위치불량	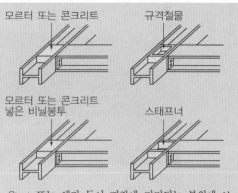 • Strut 또는 앵커 등이 띠장에 지지되는 부위에 보강재(스티프너) 설치 • Earth Anchor 위치에 맞게 H빔 천공

부실 내용	개선 방안

Bracket 불량

브라켓 설치간격 과다

브라켓 제작방법 미흡

- 시공자의 작업 소홀로 인한 Bracket 설치 간격 과다(부족시공)
- Bracket 제작 및 설치 방법 미흡

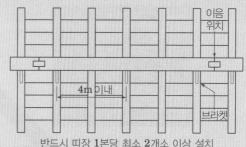

반드시 띠장 1본당 최소 2개소 이상 설치

브라켓 설치간격

- 도면에 표기된 Bracket에 준하여 시공
- Bracket은 최소 띠장 1본당 2개소 및 최대간격이 4M 이내가 되도록 설치

지압판 단면부족

- 지압판 단면 부족
- 두부의 강선이 띠장과 접촉되어 꺽임

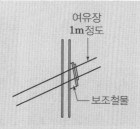

- 지압판 규격준수(150*150)
- 두부 위 강선은 띠장과 접촉되지 않도록 직선유지

	부실 내용	개선 방안
스크류잭 위치불량	 중앙부위에 설치되고 한곳에 집중됨 사보강재 내부에 설치 • 스크류잭의 설치 위치가 집중되어 외부 충격에 대한 전단저항력 감소 • 스크류잭이 사보강재 내부에 있는 경우 Strut의 재긴장 불가	 사보강재 잭 설치위치 －사보강재 부근에 설치 • 스크류잭의 설치위치 분산 • 사보강재가 있는 경우 보강재 외부에 설치 • 스크류잭의 위치분산으로 하중전달의 감소
코너 STRUT 설치불량	 • 끝단 피스블럭의 시공상태 부적절 (띠장과 피스블럭 사이 틈새 발생, 스톱퍼 미설치 등) • 코너부위 가시설의 변위억제력이 부족	 스티프너 스톱퍼 Plate 300×300×10 볼트 체결 끝단피스 스톱퍼 • 피스블럭 설치 시 틈새 방지 • 스토퍼 설치 • 하중전달되는 띠장위치 복부 보강(웨브에 스티프너 설치)

	부실 내용	개선 방안
버팀말뚝 설치불량	 내부 콘크리트 미채움 버팀 능력 부족 우려 • 큰 토압 작용 시 버팀말뚝 띠장 변형 • 후속공정 시공에 지장 (바닥 버림콘크리트 타설높이 보다 높게 시공시 기초철근배근 곤란)	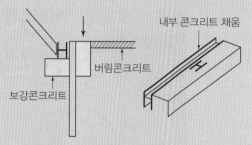 내부 콘크리트 채움 버림콘크리트 보강콘크리트 • 버팀말뚝 띠장 복부 보강 (웨브에 스티프너 설치) • 후속공정 시공계획을 고려하여 말뚝의 상단높이 결정
경사 버팀대 전단보강 불량	 끝단 피스블럭 규격미흡 띠장 플렌지 변형 발생 스티프너 미시공 • 띠장 복부보강 누락부위가 토압으로 인한 변형 발생 • 토압 작용 시 띠장이 상부로 미끄러져 흙막이벽 버팀기능 상실	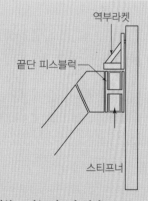 역부라켓 끝단 피스블럭 스티프너 • 띠장 복부 보강(스티프너 설치) • 역 브라켓 시공 • 경사버팀대의 설치각도 준수

부실 내용	개선 방안

토류판 설치불량

토류판 이탈

모서리 엄지말뚝 토류판 걸침폭 부족

- 토류판의 이탈
- 시공 지연시 배면토사 붕괴
  (되메움 공간이 증가하여 배면토의 변위 증가)
- 토류판의 과다한 변형

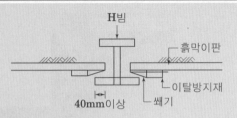

- 토류판의 이탈 방지
  - 최소 걸림폭 확보
  - 이탈방지 연결재 시공
  - 필요한 경우 이탈방지 보조철물 시공
- 시공 지연시 배면토사 붕괴 방지
  - 최대한 신속한 시공
  - 되메우기 공간이 크고 건물이 인접한 경우 토사 +시멘트 건비빔재로 채움
- 토류판에 과다한 변형 방지
  - 설계서의 토질정수를 보정하여 토류판 재설계
  - 기 시공된 부위 앵글로 보강

흙막이벽 시공불량

*원지반 토사와 교반 흡사 : 점토지반에서는 오거인발 관입 상하 교반 회수 4~5회 이상 실시

- 토류벽 형성 불량
- 토류벽 일부 붕괴로 토사유실

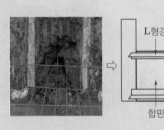
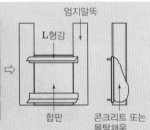

- 원지반과 밀크 교반 철저
  - 점토질 지반에서는 오우거 인발, 관입 상하 교반 회수 4~5회 이상 실시
- 일부 토류벽체 불량 시 콘크리트 또는 모르타르 채움으로 보강

	부실 내용	개선 방안
Post pile 누수	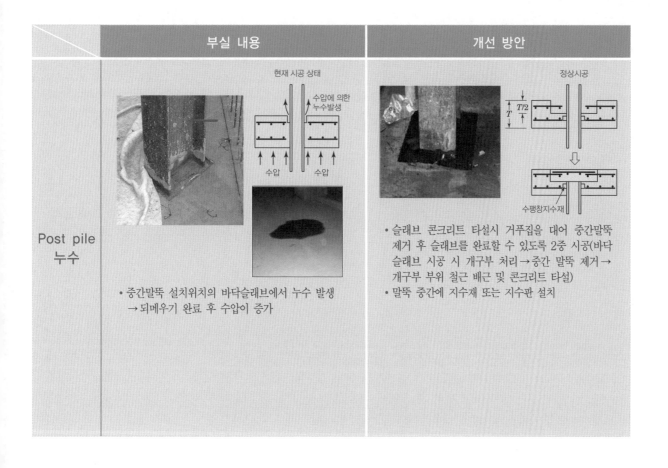중간말뚝 설치위치의 바닥슬래브에서 누수 발생 → 되메우기 완료 후 수압이 증가	• 슬래브 콘크리트 타설시 거푸집을 대어 중간말뚝 제거 후 슬래브를 완료할 수 있도록 2중 시공(바닥 슬래브 시공 시 개구부 처리→중간 말뚝 제거→ 개구부 부위 철근 배근 및 콘크리트 타설) • 말뚝 중간에 지수재 또는 지수판 설치

memo

기초공사

Chapter 03

기초공사 | 단답형 과년도 문제 분석표

■ 분류

NO	과 년 도 문 제	출제회
1	복합기초	69
2	말뚝(Pile)의 정마찰력과 부마찰력	94
3	부마찰력(Negative-Friction)	65, 71, 77, 85, 91, 94, 106
4	Cassion기초	73
5	부력기초(Floating Foundation)	74, 83, 90
6	Micro Pile	74, 116
7	기초에 사용되는 파일(Pile)의 재질상 종류 및 간격	108
8	복합파일(합성파일, Steel & PHC Composite Pile)	109

■ 기성콘크리트파일

NO	과 년 도 문 제	출제회
1	DRA(Double Rod Auger), SDA(Separated Doughnut Auger)공법	88, 121
2	시항타(시험말뚝 박기)	50, 100
3	Rebound Check	70, 83
4	동재하시험(Pile Dynamic Load Test)	56, 65, 69
5	경사지층시 파일시공	50
6	기성콘크리트 말뚝이음 종류	118
7	SIP(Soil Cement Injected Precast Pile) 공법	73, 77, 83, 100

■ 현장콘크리트파일

NO	과 년 도 문 제	출제회
1	(대구경말뚝에서)양방향 말뚝재하시험	85, 101
2	현장콘크리트말뚝(Pile)의 공내재하시험(Pressure Meter Test)	84
3	현장타설 콘크리트 말뚝의 건전도 시험	92, 106
4	파일의 Toe Grouting	94
5	Soil Cement Wall 공법	56, 60, 66, 72
6	PRD(Percussion Rotary Drill) 공법	105
7	현장타설말뚝공법의 공벽붕괴 방지 방법	122
8	Micro Pile 공법	74, 116

■ 기 타

NO	과 년 도 문 제	출제회
1	선단(先端)확대 말뚝	96
2	파일의 시간경과 효과(Time Effect)	96
3	팽이말뚝기초(Top Base)공법	102
4	Mat 기초공사의 Dowel Bar 시공방법	81
5	부력(浮力)과 양압력	97, 113
6	헬리컬 파일(Helical Pile)	113
7	기초공사에서의 PF(Point Foundation)공법	114

기초공사 | 서술형 과년도 문제 분석표

■ 분 류

NO	과 년 도 문 제	출제회
1	기초의 안정성 검토사항을 설명하시오.	73
2	건축물 대형화에 따른 지정 및 기초공사의 중요성과 주의사항을 기술하고, 공사 안전을 위한 지반조사, 부지주변의 근린 및 상황조사, 계측관리에 대하여 설명하시오.	52
3	건축공사에서 기초공사 형식 선정시 고려사항과 품질확보 방안에 대하여 설명하시오.	100
4	철근콘크리트 기초와 주각부에 접한 지중보 시공 시 유의사항에 대하여 설명하시오	121

■ 기성콘크리트파일

NO	과 년 도 문 제	출제회
1	도심지 기성콘크리트 말뚝공사의 준비사항과 공법을 설명하시오.	71
2	기성재 말뚝의 종류 및 특성과 이음을 설명하시오.	45
3	기성콘크리트 말뚝 매입공정중에서 선행굴착(Pre-Boring)공법에 대한 시공시 유의사항을 설명하시오.	63
4	SIP(Soil Cement Injected Precast Pile)파일공사의 특징과 시공순서와 유의 사항에 대하여 기술하시오.	73, 77, 83, 100
5	기성콘크리트 파일의 시공순서(Flow Chart)및 두부정리시 유의사항과 기초에 정착시 유의사항에 대하여 기술하시오.	87, 98
6	기성콘크리트 말뚝박기의 시공상 고려사항 및 지지력 판단방법을 설명하시오.	83, 111, 120, 122
7	기성콘크리트말뚝의 지지력 예측방법의 종류 및 특성을 설명하시오.	103
8	기성콘크리트 말뚝의 지지력 판단방법의 종류 및 유의사항에 대하여 설명하시오.	93
9	파일공사의 동재하시험시 유의사항을 설명하시오.	65
10	지정공사에서 말뚝의 지지력 감소원인 및 방지대책에 대하여 설명하시오.	101
11	PHC Pile 말뚝 두부정리시 시공시 유의사항에 대하여 설명하시오.	76
12	Concrete Pile 항타시 두부파손의 원인과 대책을 설명하시오.	70, 82
13	지정공사에서 강관말뚝공사시 말뚝의 파손원인과 방지대책에 대하여 설명하시오.	107
14	파일항타시 발생하는 결함의 유형과 대책을 설명하시오.	50, 89
15	기성 콘크리트 말뚝공사 중 발생되는 문제점 및 대응방안에 대하여 설명하시오.	89
16	기존구조물에 근접하여 터파기공사 및 말뚝박기공사를 시행 할 때 예상되는 문제점과 대책을 설명하시오.	68
17	공동주택현장의 PHC말뚝박기 작업 중, 허용오차 초과 시 조치요령에 대하여 설명하시오.	114

기초공사

■ 현장콘크리트파일

NO	과 년 도 문 제	출제회
1	초고층 건축물의 중, 대구경 현장타설 콘크리트 말뚝의 종류 및 시공시 유의사항에 대하여 설명하시오.	92
2	RCD(Reverse Circulation Drill)의 품질관리 방법에 대하여 설명하시오.	115
3	현장타설 콘크리트 말뚝 중 CIP, MIP 및 PIP에 대하여 공법의 특징 및 시공시 유의사항에 대하여 기술하시오.	88
4	현장타설말뚝공법 중에서 Pre-Packed 콘크리트 말뚝의 종류 및 시공시 유의사항에 대하여 설명하시오.	91
5	제자리 콘크리트 말뚝시공시 슬라임 처리방법과 말뚝머리 높이 설정을 설명하시오.	56
6	지하 토공사 작업시 발생하는 Slime 처리방법에 대하여 기술하시오.	78
7	현장타설 콘크리트 말뚝의 시공시 유의사항을 설명하시오.	57, 88, 91, 92
8	대구경 콘크리트 현장말뚝 시공시 발생할 수 있는 하자발생유형 및 대책에 대하여 설명하시오.	96
9	현장타설말뚝 시공 시 수직 정밀도 확보방안과 공벽붕괴 방지대책에 대하여 설명하시오.	111
10	SCW의 굴착방식, 공법적용 및 시공시 고려사항에 대하여 설명하시오.	92
11	JSP(Jumbo Special Pile)공법을 설명하고 적용범위를 기술하시오.	65

■ 부상방지대책

NO	과 년 도 문 제	출제회
1	부력을 받은 지하구조물의 부상방지대책에 대하여 설명하시오.	58
2	건축 토공사시 지하수압에 의한 부상방지 시공법 및 종류에 대하여 설명하시오.	49
3	부력으로 인한 건물의 피해를 방지하기 위한 방법을 설명하시오.	72
4	지하수 수압에 의한 대형건축물의 부상방지대책으로 지하수의 종류 및 시공시 고려사항에 대하여 기술하시오.	60, 80
5	지하수 수압에 의해 발생할 수 있는 지하구조물의 변위와 이를 방지하기 위한 설계 및 시공시 유의사항에 대하여 기술하시오.	78
6	부력을 받는 건축물의 Rock Anchor공사에서 아래사항에 대하여 설명하시오. 1) 천공 직경을 앵커본체(Anchor Body)직경보다 크게 하는 이유, 천공 깊이를 소요깊이 보다 크게 하는 이유 2) 자유장과 정착장 길이 확보 이유 3) Anchor Hole의 누수 대책	92
7	건축물의 기초저면에 설치하는 Rock Anchor의 시공목적 및 장, 단점과 시공단계별 유의사항에 대하여 설명하시오.	106
8	구조물의 부력 발생원인 및 대책공법에 대하여 설명하시오.	103
9	대형지하 건축물(사례 : 가로 80m, 세로 120m, 지하 20m 사무실)공사에 있어서 지하수압에 관하여 고려사항을 기술하시오.	46
10	지하수 수위가 높은 지반의 대규모 흙막이 공사에서 지하수 수압으로 인한 문제점 및 수압방지대책에 대하여 설명하시오.(단, 지하수위 GL로부터 8m, 굴착심도 30m, 지상30층)	60
11	주상복합건물의 지하수위가 GL-7.5m에 있으며, 지하굴착 깊이는 30m일 때 지하수위 부력에 대한 대응 및 감소방법에 대하여 설명하시오.	107
12	부력을 받는 지하주차장에 발생하는 문제점 및 대응방안에 대하여 설명하시오.	116

■ 부동침하

NO	과 년 도 문 제	출제회
1	건축물의 부동침하 발생 원인과 대책을 설명하시오.	53, 106
2	구조물의 침하발생 원인과 방지대책을 기술하시오.	79
3	도심지 건축공사에서 기초의 부동침하원인과 대책에 대하여 설명하시오.	90
4	기초침하에 대하여 1) 종류 2) 원인 3) 방지대책을 설명하시오.	71, 81
5	기초의 부동침하 원인과 침하의 종류 및 부동침하 대책에 대하여 설명하시오.	109

■ Underpinning

NO	과 년 도 문 제	출제회
1	언더피닝 공법에 대하여 종류별 적용대상과 효과를 설명하시오.	86
2	부동침하시의 기초보강공법에 대하여 설명하시오.	62
3	도심지내 고층건물을 증축할 경우 지하 기초보강을 위한 Underpinning공법을 설명하시오.	46
4	기성재 말뚝기초의 침하 발생시 보강방안을 설명하시오.	74
5	기존건물에서 PC말뚝기초의 침하에 의한 하자를 열거, 보수, 보강방법을 기술하시오.	58

Chapter 03 기초공사

1 핵심정리

I. 분류

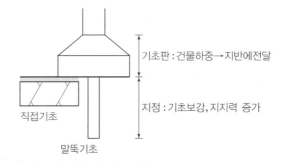

1. 기초판

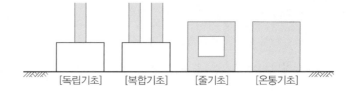

1) 독립기초
① 상부하중을 기둥 하나의 독립된 기초로 지지하는 방식
② 저층건물, 공장, 창고 등에 사용

2) 복합기초
2개 또는 그 이상의 기둥으로부터의 응력을 하나의 기초판을 통해 지반 또는 지정에 전달토록 하는 기초를 말한다.

3) 연속기초
상부하중을 연속된 기초로 지지하는 방식

4) 온통기초(mat 기초)
① 상부하중을 하나의 기초 슬래브로 지지하는 방식
② 지반의 허용지지력이 작을 때 사용

2. 직접기초(일반지정)

2m

모래

[모래지정]　　[자갈지정]　[밑창콘크리트지정]　[잡석지정]

← 15~30cm 정도의
막돌 또는 호박돌

1) 모래지정

기초 하부의 연약지반을 모래로 2m 정도 치환하여 물다짐하는 방식

2) 자갈지정

기초 하부에 45mm 내외의 자갈, 막자갈 또는 모래반이 섞인 자갈을 깔고
다짐하는 방식

3) 밑창콘크리트지정

자갈지정, 잡석지정 등의 위에 5~10cm 정도 콘크리트를 타설하는 방식

4) 잡석지정

기초 하부에 15~30cm 정도의 막돌 또는 호박돌 등을 옆세워깔고 틈새를
사춤자갈로 채운 후 다짐하는 방식

[자갈 지정]

[밑창콘크리트지정]

3. 말뚝기초

1) 지지상

① 지지말뚝

말뚝을 단단한 지층에 도달시켜 상부구조물의 하중을 선단지지력에 의
해 지지하는 말뚝

② 마찰말뚝

깊은 연약지반에 굳은 지층까지 말뚝을 도달시킬 수 없을 때 말뚝 전체
길이의 주변 마찰력에 의해 지지하는 말뚝

③ 다짐말뚝(무리말뚝)

두개 이상의 말뚝을 인접 시공하여 하나의 기초를 구성하는 말뚝의 설
치형태를 말한다.

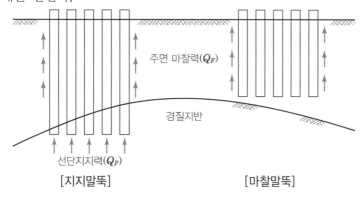

주면 마찰력(Q_F)

경질지반

선단지지력(Q_P)

[지지말뚝]　　　　　　　[마찰말뚝]

2) 부마찰력(부주면 마찰력, Negative Friction)

점토층을 관통하여 지지층에 근입된 말뚝에 새로운 성토를 한다거나 지하수가 저하된다거나 하여 점토층에 압밀이 생기면 주위 지반이 침하하여 말뚝 주면에 하향으로 작용하는 마찰력을 말한다.

참고 point ⚡

[주면마찰력]
말뚝의 표면과 지반과의 마찰력에 의해 발현되는 저항력을 말한다.

[중립점]
압밀층대의 한 점에서 지반침하와 말뚝의 침하가 같아서 상대적 이동이 없는 점

중립점	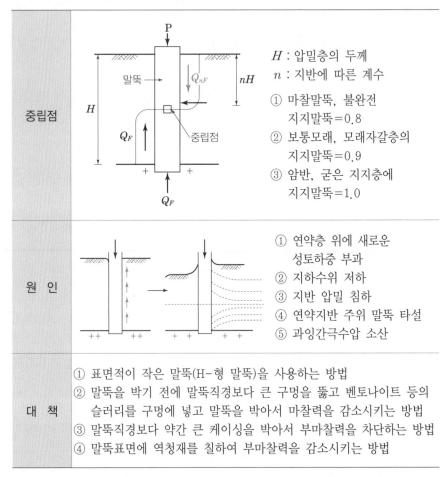	H : 압밀층의 두께 n : 지반에 따른 계수 ① 마찰말뚝, 불완전 　지지말뚝 = 0.8 ② 보통모래, 모래자갈층의 　지지말뚝 = 0.9 ③ 암반, 굳은 지지층에 　지지말뚝 = 1.0
원 인		① 연약층 위에 새로운 　성토하중 부과 ② 지하수위 저하 ③ 지반 압밀 침하 ④ 연약지반 주위 말뚝 타설 ⑤ 과잉간극수압 소산
대 책	① 표면적이 작은 말뚝(H-형 말뚝)을 사용하는 방법 ② 말뚝을 박기 전에 말뚝직경보다 큰 구멍을 뚫고 벤토나이트 등의 슬러리를 구멍에 넣고 말뚝을 박아서 마찰력을 감소시키는 방법 ③ 말뚝직경보다 약간 큰 케이싱을 박아서 부마찰력을 차단하는 방법 ④ 말뚝표면에 역청재를 칠하여 부마찰력을 감소시키는 방법	

3) 재료상
　① 나무말뚝
　② 기성콘크리트말뚝
　③ 현장콘크리트말뚝
　④ 강재말뚝

4. 케이슨 기초

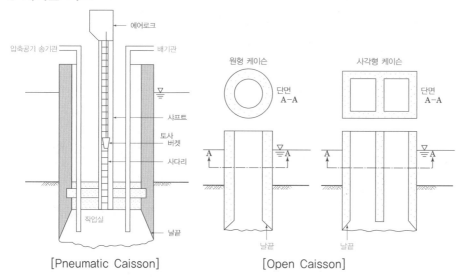

[Pneumatic Caisson]   [Open Caisson]

1) 공기 케이슨기초(Pneumatic Caisson)

지상작업과 함께 압축공기 상태에 있는 작업실 내에서 건조(Dry)상태로 굴착을 하며 본체의 구축, 굴착 침설의 반복작업시키는 공법

2) 오픈 케이슨기초(Open Caisson, Well Caisson)

우물통이라고 하며, 연약한 점토, 실트, 모래 또는 자갈층 등 지반 내부로부터 흙을 퍼 올리고 침하시키는 공법

[Pneumatic cassion]

Ⅱ. 파일의 종류 및 간격 [KDS 41 20 00]

1. 파일의 재질상 종류

① 나무말뚝: 생나무로 다듬어 만든 말뚝

② 기성콘크리트말뚝: 공장에서 미리 제작된 콘크리트말뚝

③ 현장콘크리트말뚝: 지반에 구멍을 미리 뚫어놓고 콘크리트를 현장에서 타설하여 조성하는 말뚝

④ 강재말뚝: 강관말뚝 또는 H형강말뚝

[PHC 파일]

2. 파일의 간격

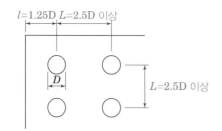

$l=1.25D$ $L=2.5D$ 이상

D

$L=2.5D$ 이상

L : 말뚝중심 간격
l : 기초측면과 말뚝중심 간의 거리

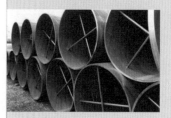

[강관말뚝]

1) 말뚝중심 간격(L)의 기준

설계기준	말뚝종류	말뚝간격(L)
KDS 11 50 15	타입, 매입, 현장타설말뚝	• 2.5D 이상
건축구조기준 (2016. 대한건축학회)	타입말뚝	• 2.5D 및 75cm 이상
	매입말뚝	• 2.0D 이상
	현장타설말뚝 (선단확대말뚝)	• 2.0D 및 D+1m 이상 • ($d+d_1$ 및 d_1+1m 이상) 　(d: 축부분 지름, d_1: 확대부분 지름)

2) 기초측면과 말뚝중심 간의 거리(l) 기준

구분	타입말뚝	현장타설말뚝
KDS 11 50 15	1.25D	
건축구조기준 (2016. 대한건축학회)	1.2D	

Ⅲ. 나무말뚝

1. 생나무를 사용하여 상수면 이하까지 박는다.
2. 겉껍질은 벗겨서 사용한다.
3. 휨 : $l/50$ 이하
4. 재료 : 육송, 미송, 낙엽송
5. 중심간격 : 2.5d 이상, 60cm 이상

Ⅳ. 기성콘크리트말뚝

1. 운반 및 저장

① 14일 이내 운반금지(특수양생 제외)
② 2단 이상 저장시 동일선상 배치
③ 충격금지
④ 지반이 견고, 배수 양호

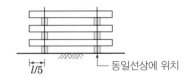
$l/5$　　동일선상에 위치

2. 항타(박기)종류

1) Pre – boring공법

오거장비나 대구경 시추기로 지반을 지지층까지 굴착하여 기성콘크리트말뚝 또는 강관말뚝을 압입이나 경타하여 지지층에 설치하는 공법이다.

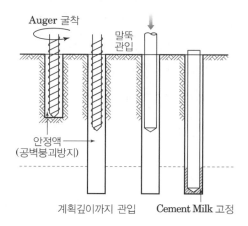

[pre-boring 공법]

2) SIP(Soil Cement Injected Precast Pile) 공법 [KCS 11 50 15]

지반에 굴착공을 천공한 후 시멘트 페이스트를 주입하고 기성말뚝을 삽입한 다음 필요에 따라 말뚝에 타격을 가하여 지지지반에 말뚝을 안착시키는 공법을 말한다.

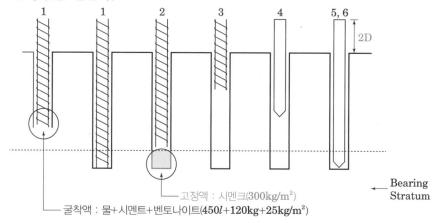

[SIP공법]

선단지지층까지 오거로 굴착 완료 → 선단 및 주면고정액 주입 → 오거로 선단부 교반 후 오거 회수 → 말뚝삽입 → 최종 경타 실시 → 설계지반면까지 주면고정액 주입

3) SDA(Separated Doughnut Auger, D.R.A) 공법 [KCS 11 50 15]

상호 역회전하는 상부 오거스크류와 말뚝 직경보다 5~10cm 큰 하부 케이싱스크류에 의한 독립된 2중 굴진식 공법이다.

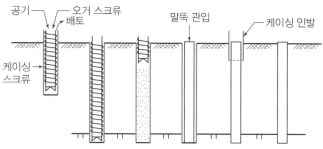

[SDA 공법]

4) Water Jet 공법

모래층, 모래 섞인 자갈층 또는 진흙 등에 고압으로 물을 분사시켜 수압에 의해 지반을 느슨하게 만든 다음 말뚝을 박는 공법이다.

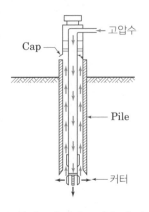

5) 압입공법

비교적 연약지반에서 말뚝의 자중 또는 하중과 주위의 반력을 이용하여 압입시켜 말뚝을 박는 공법

6) 타격공법

공이의 낙하에 의해 말뚝머리를 타격하여 말뚝을 박는 Diesel Hammer 공법과 유압으로 Piston Rod를 작동시키고 공이를 자유낙하시켜 말뚝을 타입하는 유압 Hammer 공법으로 나눈다.

7) 중공굴착공법

말뚝의 중공(中空)부에 스파이럴 오거를 삽입하여 굴착하면서 말뚝을 관입하고 최종 단계에서 말뚝선단부의 지지력을 크게 하기 위해 시멘트 밀크 등을 주입하는 공법이다.

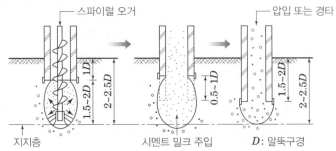

3. 항타(시공) 시 유의사항

① 굴착 시 공벽보호 및 수직도 확보 [KCS 11 50 15]
  • 말뚝의 연직도나 경사도는 1/50 이내
  • 평면상의 위치로부터 D/4(D는 말뚝의 바깥지름)와 100mm 중 큰 값 미만
② 근입 심도 확인
③ 선단지지력 저하여부 확인

[압입공법]

[타격공법]

④ 말뚝선단부를 굴착선보다 2D만큼 위에서 경타에 의한 삽입

⑤ 주면마찰력 발현의 저해요소 확인

⑥ 말뚝이 밀려오지 않도록 하부오거는 말뚝을 누른 상태에서 케이싱 인발:
DRA 공법

⑦ 말뚝박기 순서

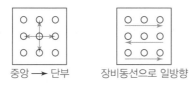

중앙 → 단부　　　장비동선으로 일방향

⑧ 길이변경 검토

⑨ 말뚝박기 간격

⑩ 말뚝 두부정리

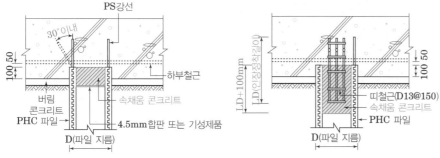

[말뚝이 길 경우]

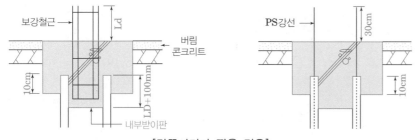

[말뚝머리가 짧을 경우]

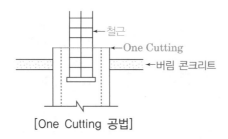

[One Cutting 공법]

[기성콘크리트 말뚝]

[One Cutting 공법]

⑪ 안전관리

※ 매립공법(선 굴착말뚝: Pre-boring, SIP, DRA) 시 추가항목

• 천공지름 확보: D+100mm

• 공벽붕괴 방지: Casing, Bentointe, 정수압

• 수직도 유지: Koden Test

※ 강관말뚝 [KCS 11 50 15]

• 기초용 강관 말뚝 및 일반 구조용 탄소 강관의 요건에 적합할 것

• 강관말뚝은 이음이 없어야 하나 부득이한 경우 다음과 같이 이을 수 있다.

－ 신규말뚝으로 이음하는 경우 이음부분의 길이가 3.0m 이상

－ 이은 말뚝은 길이가 긴 부분이 말뚝의 끝단(머리)이 되게 타입

－ 시공 중 또는 시공 후 말뚝머리에서 이음이 필요한 경우에는 1.0m 이상의 말뚝으로 이음 가능

－ 타입 후 지상에 돌출된 잉여말뚝을 산소로 절단한 재생말뚝으로 이음하는 경우, 이음길이가 5.0m 이상: 초음파 탐상시험(U.T)으로 1이음당 1회 실시

－ 타입하지 않은 잉여말뚝을 절단하여 긴 말뚝에 용접하는 짧은 말뚝의 이음부분 길이(신규말뚝 또는 잉여 재사용 강관말뚝)는 3.0m 이상

4. 이음공법

1) 종류

구분	도해	설명
용접식	용접	① 상하부 말뚝의 철근을 용접한 후 외부에 보강철판을 용접하여 이음하는 공법 ② 내력전달 측면에서 가장 좋음 ③ 용접부분의 부식 우려가 있다.
볼트식	볼트	① 말뚝이음부분을 Bolt로 조여 시공하는 방법 ② 이음내력이 우수하나 고가이다. ③ 부식의 문제
충전식	콘크리트 충전 / 3D 이상	① 이음부의 철근을 용접하고 이음부를 콘크리트로 타설하는 방법 ② 콘크리트 경화 후 압축, 부식성에 유리 ③ 콘크리트 경화시간, 이음부의 시공이 어렵다.

[용접식]

[볼트식]

구분	도해	설명
장부식		① 이음부를 장부형식으로 따내고 연결시키는 방법 ② 구조가 간단하고 경제적이다. ③ 인장내력이 약하며, 타입 시 구부러지기 쉽다.

2) 현장이음 시 유의사항 [KCS 11 50 15]

① 현장용접은 수동용접기 또는 반자동 용접기를 사용한 아크용접 이음을 원칙

② 현장용접 시 용접시공 관리기술자를 상주하며, 양호한 용접이 되도록 관리, 지도, 검사

③ 이음부 상·하 말뚝의 축선은 동일한 직선상에 위치하도록 조합

④ 강관말뚝연결 용접부위 25개소마다 1회 이상 초음파 탐상 시험 시행

⑤ PS콘크리트말뚝 연결 용접부위는 20개소마다 1회 이상 자분 탐사 시험 시행

⑥ 강관말뚝과 PS콘크리트말뚝을 조합한 복합말뚝의 용접은 PS콘크리트 기준에 따른다.

5. 지지력 판단방법

1) 말뚝재하시험

① 정재하시험
  - 하중과 침하, 시간과 하중, 시간과 침하곡선 등으로부터 말뚝의 지지력을 산정하는 방법
  - 지지말뚝, 마찰말뚝에 사용
  - 신뢰도는 크나 시간과 비중이 소요
  - 지지력 산정

$$R = 2r$$

R : 장기하중에 대한 말뚝지지력
r : 재하시험에 의한 항복하중의 1/2이나 극한 하중의 1/3중 적은 값

[정재하시험]

[동재하시험]

[시험말뚝]

② 동재하시험
- 항타 시 말뚝 몸체에 발생하는 응력과 충격파 전달속도를 분석하여 말뚝의 지지력을 측정하는 방법
- 소요시간의 단축
- 말뚝 Shaft의 손상 유무의 확인이 가능
- 지지력 산정
  - Case 방법
    항타와 동시에 시험말뚝의 지지력을 즉시 계산
  - CAPWAP 방법
    말뚝에 측정된 힘과 시간, 가속도와 시간과의 관계를 이용하여 지지력을 예측하는 방법

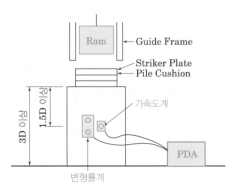

2) 말뚝박기시험(시험말뚝)
① 말뚝박기 시의 타격에너지와 관입량, Rebound량으로부터 말뚝의 지지력을 산정하는 방법
② 지지말뚝에 사용
③ 비용과 시간을 절약하고 작업관리가 용이
④ 재하시험에 비하여 지지력의 신뢰도가 떨어진다.

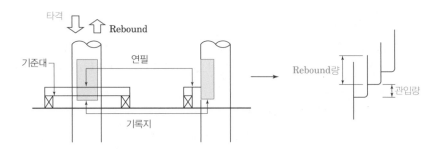

⑤ 지지력 산정

$$R = \frac{F}{5S + 0.1}$$
$$R' = 2R$$

- R : 장기하중에 대한 말뚝지지력
- R' : 단기하중에 대한 말뚝지지력
- F : 타격에너지($t \cdot m$)
- S : 최종관입량(m)

3) 표준관입시험에 의한 방법

  ① 지지말뚝에 사용

  ② 지지력 산정

$$R = \frac{40}{3} \cdot N \cdot A$$
$$R' = 2R$$

$\begin{bmatrix} A & : 말뚝선단부의 유효단면적(m^2) \\ N & : N치(75를 넣을 시 75로 계산) \end{bmatrix}$

4) 지반의 허용응력도에 의한 방법

  ① 지지말뚝에 사용

  ② 지지력 산정

$$R = q \cdot A$$
$$R' = q' \cdot A$$

$\begin{bmatrix} q & : 말뚝단부의 장기 허용응력도 \\ q' & : 말뚝단부의 단기 허용응력도 \end{bmatrix}$

5) 토질시험에 의한 방법

  ① 마찰말뚝에 사용

  ② 지지력 산정

$$R = \frac{1}{3} \cdot B \cdot C$$
$$R' = 2R$$

$\begin{bmatrix} B & : 말뚝매입부분의 표면적 \\ C & : 지반의 2축 압축강도의 1/2 \end{bmatrix}$

6. 기성콘크리트말뚝 재하시험

1) 압축정재하시험의 수량 [KDS 11 50 15/KDS 41 10 10]

  ① 전체 말뚝 개수의 1% 이상(말뚝이 100개 미만인 경우에도 최소 1개) 실시

  ② 시설물별로 전체 말뚝 개수의 1% 이상(말뚝이 100개 미만인 경우에도 최소 1개) 실시하거나 구조물별로 1회 실시

2) 동재하시험의 수량 [KDS 41 10 10]

  ① 시공 중 동재하시험(End of Initial Driving Test): 전체 말뚝 개수의 1% 이상(말뚝이 100개 미만인 경우에도 최소 1개)을 실시

  ② 재항타 동재하시험(Restrike Test): 전체 말뚝 개수의 1% 이상(말뚝이 100개 미만인 경우에도 최소 1개)을 실시

  ③ 시공 완료 후 본시공 말뚝에 대해 재항타 동재하시험: 전체 말뚝 개수의 1% 이상(말뚝이 100개 미만인 경우에도 최소 1개)을 실시

7. 두부파손

[LH시방서]

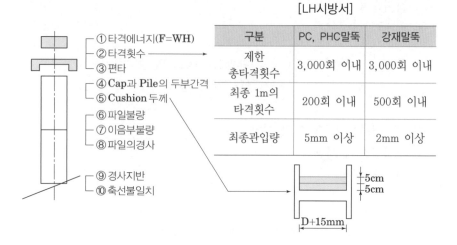

구분	PC, PHC말뚝	강재말뚝
제한 총타격횟수	3,000회 이내	3,000회 이내
최종 1m의 타격횟수	200회 이내	500회 이내
최종관입량	5mm 이상	2mm 이상

8. 하자종류

① 두부파손

② 균열

③ 중파

④ 선단지지력 미확보

⑤ 이음불량

⑥ 수직, 수평불량

V. 현장콘크리트 말뚝(제자리 콘크리트 말뚝)

1. 관입공법

┌ Compressol Pile
├ Franky Pile
├ Simplex Pile
├ Pedestal Pile
└ Raymond Pile

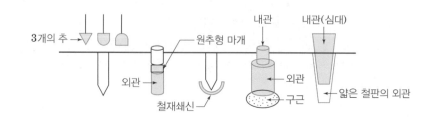

[franky pile]

2. 굴착공법

공법	굴착기계	공벽보호
Earth Drill 공법	Drilling Bucket	안정액(Bentonite)
Benoto 공법	Hammer Grab	Casing
R·C·D 공법	특수 Bit+Suction Pump	정수압(0.02MPa)

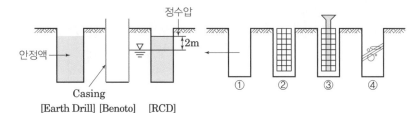

[Earth Drill] [Benoto] [RCD]

- 굴착+Bentonite(Casing, 정수압)
- 철근망
- Tremie Pipe
- Con′c 타설

1) Earth Drill 공법(Calweld 공법)

Drilling Bucket으로 굴착하고, Slime 제거와 응력재 삽입 후 Concrete를 타설하여 지름 0.6~2m의 대구경 제자리 말뚝을 만드는 공법이다

[Earth Drill 공법]

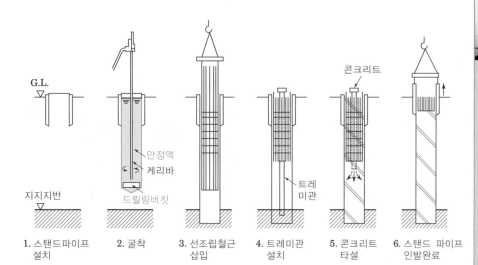

1. 스탠드파이프 설치
2. 굴착
3. 선조립철근 삽입
4. 트레미관 설치
5. 콘크리트 타설
6. 스탠드 파이프 인발완료

[Benoto 공법]

2) Benoto(All Casing) 공법

케이싱튜브를 요동장치(Osillator)로 왕복 회전시켜 유압잭으로 경질지반까지 관입시키고 그 내부를 해머 그래브로 굴착하여 철근망을 삽입 후 Concrete를 타설하여 현장 타설 말뚝을 축조하는 공법이다.

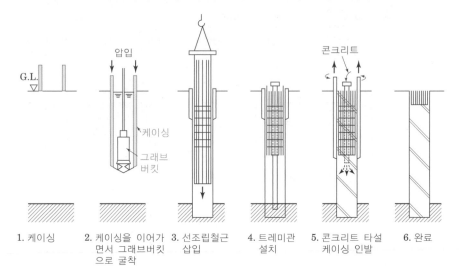

1. 케이싱
2. 케이싱을 이어가면서 그래브버킷으로 굴착
3. 선조립철근 삽입
4. 트레미관 설치
5. 콘크리트 타설 케이싱 인발
6. 완료

[RCD 공법]

3) R·C·D 공법(Reverse Circulation Drill, 역순환공법)

상부 8~10m 정도 스탠드 파이프를 설치하고 그 이하는 2m 이상의 정수압(0.02MPa)에 의해 공벽을 유지하고, Drill Rod 끝에서 물을 빨아올리면서 굴착하고 철근망 삽입 후 콘크리트를 타설하여 제자리 콘크리트 말뚝을 형성하는 공법이다.

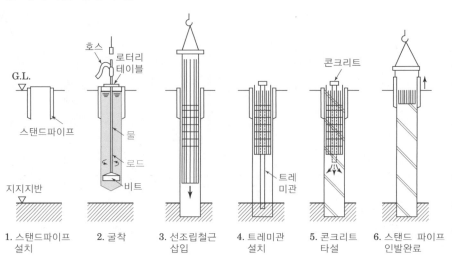

1. 스탠드파이프 설치
2. 굴착
3. 선조립철근 삽입
4. 트레미관 설치
5. 콘크리트 타설
6. 스탠드 파이프 인발완료

4) PRD(Percussion Rotary Drill) 공법

대구경 말뚝굴착장비로 지반굴착 후 철근망을 삽입하여 현장 타설 말뚝을
시공하는 공법으로 일반적으로 도심지 Top Down 현장에 적용되고 있다.

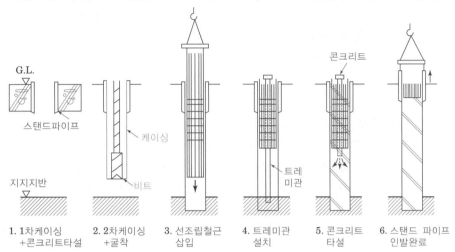

1. 1차케이싱
  +콘크리트타설
2. 2차케이싱
  +굴착
3. 선조립철근
  삽입
4. 트레미관
  설치
5. 콘크리트
  타설
6. 스탠드 파이프
  인발완료

[PRD 공법]

3. 현장타설 콘크리트말뚝의 두부정리

1) 정지 Level이 지상에 위치하는 경우

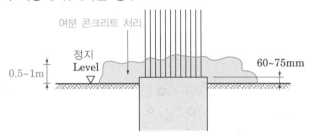

2) 정지 Level이 지중에 위치하는 경우

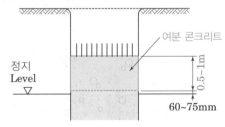

[말뚝 두부정리]

4. 시공 시 유의사항

① Slime 처리 : 바닥면에서 침전물의 최대깊이는 50mm이내

② 구멍공벽유지

③ 선단지반교란 방지

④ 수직도 유지

⑤ 굴착기계 인발시 공벽붕괴 방지

⑥ 안정액 관리

⑦ 규격 관리(콘크리트, 철근 : 스페이서는 3~5m간격, 4개~6개)

⑧ 건설공해 관리

⑨ 콘크리트 품질관리

⑩ 천공지름 확보

5. 현장타설 콘크리트말뚝 재하시험

1) 양방향 말뚝재하시험 [KCS 11 50 40]

특수하게 제작된 유압식 잭이나 셀을 말뚝선단부근에 설치하여 지상에서 설계지지력의 200% 이상의 하중을 가하면 하부는 선단지지력을, 상부는 주면마찰력을 일으켜 시험하는 방법이다.

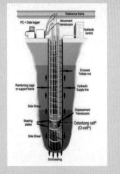

[양방향 말뚝재하시험]

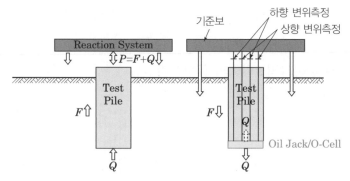

[정재하 시험]   [양방향 말뚝재하시험]

2) 건전도시험

현장타설 콘크리트말뚝에서 말뚝의 두부정리 전 검사용 튜브에 발신자와 수신자를 삽입하여 초음파 속도를 통해 말뚝의 품질상태와 결함 유무를 확인하는 시험이다.

[건전도시험]

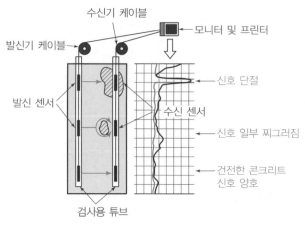

Ⅵ. Prepacked Concrete Pile(Preplace Concrete Pile)

1. 공법 종류

1) CIP(Cast In Place Pile) 공법

지반을 천공한 후 철근망 또는 필요시 H형강을 삽입하고 콘크리트를 타설하는 현장타설말뚝으로 주열식 현장벽체를 말한다.

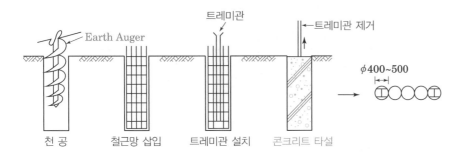

천공　　철근망 삽입　　트레미관 설치　　콘크리트 타설

[CIP 공법]

2) PIP(Packed In Place Pile) 공법

어스오거(Earth Auger)로 소정의 깊이까지 파고, 오거를 뽑아올리면서 오거의 샤프트(속빈 구멍)를 통하여 프리팩트 모르타르를 주입하고 오거를 뽑아낸 후 곧 조립된 철근 또는 형강 등을 모르타르 속에 삽입하여 만드는 현장타설 모르타르 말뚝을 말한다.

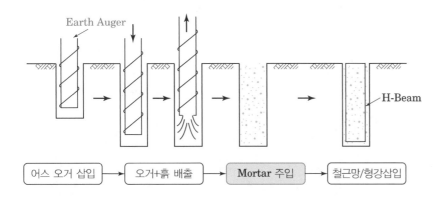

어스 오거 삽입 → 오거+흙 배출 → Mortar 주입 → 철근망/형강삽입

[PIP 공법]

[MIP 공법]

3) M.I.P(Mixed In Place Pile) 공법

Rotary Drill 선단에 윙커터(Wing Cutter)를 장치하여 흙을 뒤섞으며 지중을 굴착한 다음, 파이프 선단으로 시멘트 페이스트를 분출시켜 흙과 시멘트 페이스트를 혼합시켜 말뚝을 만드는 공법이다.

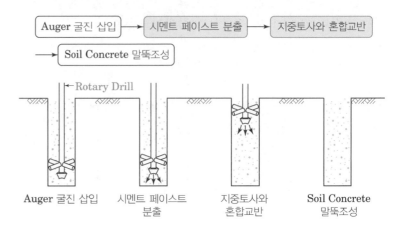

2. CIP 시공 시 유의사항 [KCS 21 30 00]

① 차수가 필요한 경우에는 별도의 차수대책을 세움
② 말뚝의 연직도는 말뚝 길이의 1/200 이하
③ 시공의 정확도와 연직도 관리를 위해 안내벽을 설치
④ CIP 벽체와 띠장 사이의 공간은 전체 또는 일정간격으로 Plate 용접쐐기 설치 또는 콘크리트채움 등으로 채움
⑤ 콘크리트 타설 전에는 반드시 슬라임 처리 철저
⑥ 천공 및 슬라임 제거 시에 발생하는 굴착토는 주변에 환경오염이 되지 않도록 즉시 처리
⑦ H형강 말뚝 및 철근망의 근입 시 공벽 붕괴 방지 및 피복 확보를 위하여 간격재를 부착

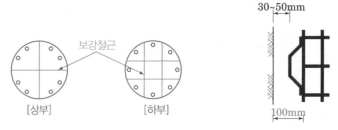

⑧ 콘크리트는 연속 타설하며, 트레미관을 이용하여 공내 하단으로부터 타설
⑨ 트레미관의 하단은 콘크리트 속에 1m 정도 묻힌 상태를 유지
⑩ CIP 벽체 시공이 완료되면 두부정리를 하고, 캡빔을 설치한 후, 안내벽을 제거

Ⅶ. SCW(Soil Cement Mixed Wall) = MIP

　　　　=3축 Auger　　　　　　　=1축 Auger

1. 정의

오거 형태의 굴착과 함께 원지반에 시멘트계 결합재를 혼합, 교반시키고 필요시에 H-형강 등의 응력분담재를 삽입하여 조성하는 주열식 현장 벽체를 말한다.

[SCW공법]

2. 종류

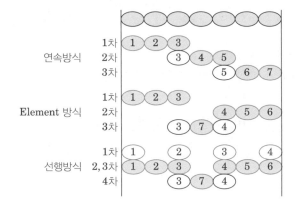

1) 연속방식

　3축 Auger를 하나의 Element로 조성하여 그 Element를 반복시공하여 지중벽을 구축하는 공법

2) Element 방식

　3축 Auger를 하나의 Element로 조성하여 한 개 공의 간격을 두고, 선행과 후행으로 반복시공하여 지중벽을 구축하는 공법

3) 선행방식

　먼저 Element 구획을 조성하고 1축 Auger로 한 개 공 간격을 두고 선행시공하여 지반을 부분적으로 이완한 후 Element 방식과 동일하게 지중벽을 구축하는 공법

VIII. 부상방지대책

1. 부력에 저항하는 기구 및 안전율

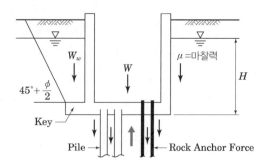

① 수압$(pw) = kw \cdot rw \cdot H$

② 양압력$(u) =$ 수압 중 상향으로 작용하는 수압

③ 부력$(V) = \Sigma A \times pw$

④ 안전율$(Fs) = \dfrac{W + W_w + \mu + \text{Anchor Force or Pile 인발저항력}}{V}$

$$W \geq 1.25\,V$$

2. 부상방지대책

① 자중증대

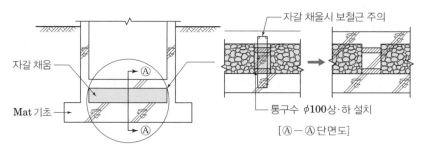

[Ⓐ — Ⓐ 단면도]

② 지하수위 저하

③ 구조물 변경

④ 인접건물 긴결

⑤ 강제배수공법

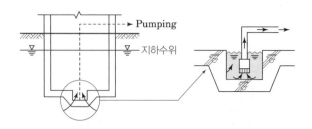

⑥ 브리켓 공법

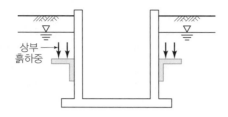

⑦ 마찰말뚝 증대
⑧ 지하 중간부위층 지하수 채움
⑨ Rock Anchor 공법

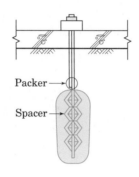

[Rock Anchor 공법]

⑩ 우수유입구

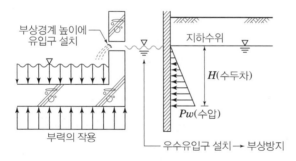

⑪ 맹암거 설치

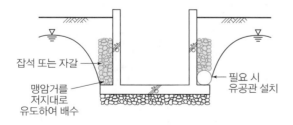

[영구배수공법(Dewatering)]

⑫ 영구배수공법(Dewatering 공법)

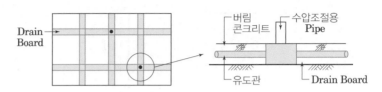

IX. 부동침하

1) 침하의 종류

종류	탄성침하 (SE : Elastic Settlement)	압밀침하 (SC : Consolidation Settlement)	2차 압밀침하 (SCR : Creep Settlement)
특성	• 재하와 동시 발생 • 즉시 침하 • 하중제거시 원상태 복구 • 사질토 지반	• 장기침하 • 하중제거 후에도 남음 • 간극수 유출 후 부피 감소 침하 • 점성토 지반	• 점성토의 Creep 침하 • 압밀침하 후 발생하는 계속 침하 • 구조물의 균열 발생 원인
침하량	사질토=SE, 포화점토=SE+SC, 불포화 점토=SE+SCR		

2) 부동침하원인

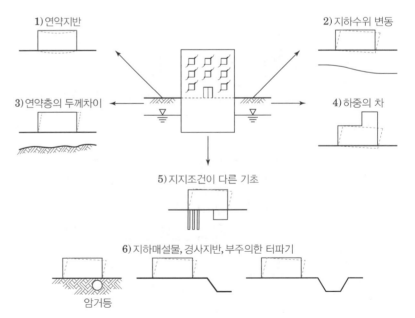

3) 방지대책

① 지반보강공법

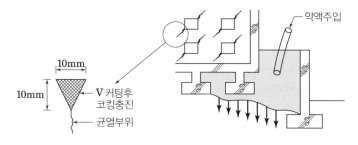

② 구조물 경량화
③ 하중균등분포
④ 기초구조의 통일

⑤ 구조물의 수평방향 강성 향상
⑥ Expansion Joint 설치

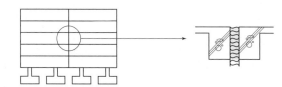

⑦ 지하수위 대책

2 단답형·서술형 문제 해설

① 단답형 문제 해설

65,71,77,85,91,94,106회

01 Pile의 부마찰력(Negative Friction) [구조물기초설계기준. 1986]

I. 정의

점토층을 관통하여 지지층에 근입된 말뚝에 새로운 성토를 한다거나 지하수가 저하된다거나 하여 점토층에 압밀이 생기면 주위 지반이 침하하여 말뚝 주면에 하향으로 작용하는 마찰력을 말한다.

II. 개념도

H : 압밀층의 두께

n : 지반에 따른 계수

(1) 마찰말뚝, 불완전 지지말뚝=0.8

(2) 보통모래, 모래자갈층의 지지말뚝=0.9

(3) 암반, 굳은 지지층에 지지말뚝=1.0

→ 외말뚝에 작용하는 부마찰력의 크기

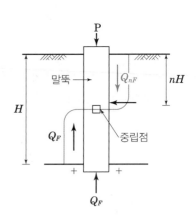

$$Q_{nF} = fn \times As$$

여기서 Q_{nF} : 부마찰력

As : 부마찰력이 작용하는 부분의 말뚝 주면적

fn : 단위면적당 부마찰력($fn = \beta$(계수)$\times \sigma'v$(유효상재압))

β : 점토(0.20~0.25), 실트(0.25~0.35), 모래(0.35~0.50)

III. 발생원인

(1) 연약층 위에 새로운 성토하중 부과

(2) 지하수위 저하

(3) 지반 압밀 침하

(4) 연약지반 주위 말뚝 타설

(5) 과잉간극수압 소산

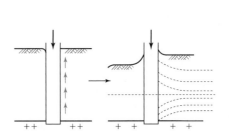

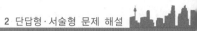

Ⅳ. 부마찰력을 줄이는 방법

  (1) 표면적이 작은 말뚝(H-형 말뚝)을 사용하는 방법

  (2) 말뚝을 박기 전에 말뚝직경보다 큰 구멍을 뚫고 벤토나이트 등의 슬러리를 구멍에
      넣고 말뚝을 박아서 마찰력을 감소시키는 방법

  (3) 말뚝직경보다 약간 큰 케이싱을 박아서 부마찰력을 차단하는 방법

  (4) 말뚝표면에 역청재를 칠하여 부마찰력을 감소시키는 방법

😒 74,83,90회

02 부력기초(Floating Foundation)

Ⅰ. 정의

연약한 지반에 건축물을 구축하는 경우 배토한 흙의 중량과 건축물의 중량이 균형을
이루어 침하를 방지하는 기초공법으로, 안전을 고려하여 건축물의 중량을 배토한 흙의
중량의 2/3~3/4 정도로 한다.

Ⅱ. 개념도

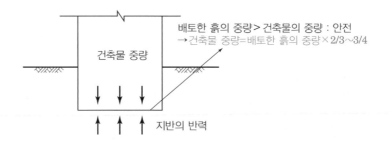

Ⅲ. 시공 시 유의사항

(1) 설계 시 기초의 깊이, 하중의 분포, 건물의 형상 및 건물의 중량배분 등을 검토할 것
(2) 기초하부의 지내력기초가 유지되도록 철저히 관리할 것

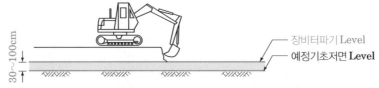

→ 장비 터파기 시 기초저면보다 30~100cm 높게 작업할 것
→ 장비 터파기 후 인력 또는 특수 Bucket으로 마무리할 것

(3) 지하수위에 의한 압밀침하가 되지 않도록 유의할 것
(4) 기초는 매트기초로 시공한다.
(5) 기초저면의 레벨을 철저히 관리하여 건물중량에 대한 기초저면의 접지압이 같도록
한다.

03 SIP(Soil Cement Injected Precast Pile) 공법 [KCS 11 50 15]

Ⅰ. 정의
지반에 굴착공을 천공한 후 시멘트 페이스트를 주입하고 기성말뚝을 삽입한 다음 필요에 따라 말뚝에 타격을 가하여 지지지반에 말뚝을 안착시키는 공법을 말한다.

Ⅱ. 현장시공도 및 시공순서

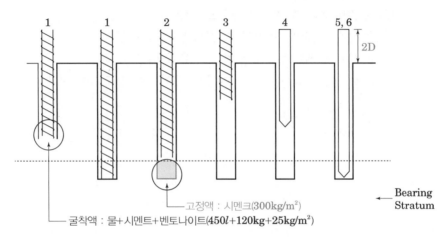

고정액 : 시멘크(300kg/m²)

굴착액 : 물+시멘트+벤토나이트(450*l*+120kg+25kg/m²)

Bearing Stratum

선단지지층까지 오거로 굴착 완료 → 선단 및 주면고정액 주입 → 오거로 선단부 교반 후 오거 회수 → 말뚝삽입 → 최종 경타 실시 → 설계지반면까지 주면고정액 주입

Ⅲ. 특징
(1) 무소음, 무진동 공법으로 도심지역에 작업 가능
(2) 다양한 종류의 지층에 사용이 가능하며 공정이 단순하여 공기단축 가능
(3) 굴진과 교반작업의 구분 시공이 용이
(4) 토층에 따라 Auger를 선택하여 사용 가능

Ⅳ. 시공 시 유의사항
(1) 굴착 시 공벽보호 및 수직도 확보 [KCS 11 50 15]
  ① 굴착 후 구멍에 안착된 말뚝은 수준기로 수직상태를 확인한 다음 말뚝 경타
  ② 말뚝의 연직도나 경사도는 1/50 이내
  ③ 평면상의 위치로부터 D/4(D는 말뚝의 바깥지름)와 100mm 중 큰 값 미만

(2) 근입 심도 확인

(3) 선단지지력 저하여부 확인
 ① 지지층 미달 여부
 ② 선단부 과도한 슬라임 발생여부
 ③ 선단부 고정액 유실여부(지하수 유속이 빠른 경우에는 부배합 또는 급결제를 사용)

(4) 말뚝선단부를 굴착선보다 2D만큼 위에서 경타에 의한 삽입
 경타용 해머로 두부가 파손되지 않도록 박고, 말뚝선단이 천공깊이 이상 도달

(5) 주면마찰력 발현의 저해요소 확인
 ① 시멘트 페이스트면이 한 쪽에만 형성 여부
 ② 시멘트 페이스트가 주변으로 유실 여부
 ③ 토사와 시멘트가 섞여 시멘트 페이스트 강도저하 여부

04 DRA(Double Rod Auger, SDA(Separated Doughnut Auger)) 공법 [KCS 11 50 15]

Ⅰ. 정의

상호 역회전하는 상부 오거스크류와 말뚝 직경보다 5~10cm 큰 하부 케이싱스크류에 의한 독립된 2중 굴진식 공법이다.

Ⅱ. 현장시공도 및 시공순서

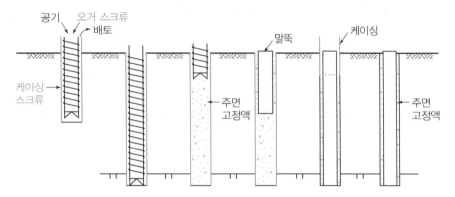

내부 오거와 외부 케이싱을 상호 역회전하며 선단지지층까지 굴착 완료 → 선단 및 주면고정액 주입 → 오거로 선단부 교반 후 오거 회수 → 말뚝 삽입 → 케이싱 인발 → 최종압입 또는 최종 경타 실시 → 설계지반면까지 주면고정액 주입

Ⅲ. 적용대상

(1) 소음, 진동 등 건설공해가 문제될 수 있는 현장
(2) 실트나 점토 등 연약층
(3) 모래, 자갈 및 호박돌의 퇴적토층(T-4 장비로 굴착)
(4) 지하수가 많고 높은 곳

Ⅳ. 시공 시 유의사항

(1) 굴착 시 공벽보호 및 수직도 확보 [KCS 11 50 15]
　① 굴착 후 구멍에 안착된 말뚝은 수준기로 수직상태를 확인한 다음 말뚝 경타
　② 말뚝의 연직도나 경사도는 1/50 이내
　③ 평면상의 위치로부터 D/4(D는 말뚝의 바깥지름)와 100mm 중 큰 값 미만

(2) 근입 심도 확인

(3) 선단지지력 저하여부 확인
   ① 지지층 미달 여부
   ② 선단부 과도한 슬라임 발생여부
   ③ 선단부 고정액 유실여부(지하수 유속이 빠른 경우에는 부배합 또는 급결제를 사용)

(4) 말뚝선단부를 굴착선보다 2D만큼 위에서 경타에 의한 삽입
   경타용 해머로 두부가 파손되지 않도록 박고, 말뚝선단이 천공깊이 이상 도달

(5) 주면마찰력 발현의 저해요소 확인
   ① 시멘트 페이스트면이 한 쪽에만 형성 여부
   ② 시멘트 페이스트가 주변으로 유실 여부
   ③ 토사와 시멘트가 섞여 시멘트 페이스트 강도저하 여부

(6) 말뚝이 밀려오지 않도록 하부오거는 말뚝을 누른 상태에서 케이싱 인발

😵 56,65,69회

05 동재하시험 　　　　　　　　　　　　　[KCS 11 50 40/KS F 2591/KDS 11 50 15]

Ⅰ. 정의

말뚝머리 부분에 가속도계와 변형률계를 부착하고 타격력을 가하여 말뚝-지반의 상호
작용을 파악하고 말뚝의 지지력 및 건전도를 측정하는 시험법을 말한다.

Ⅱ. 시험장치도

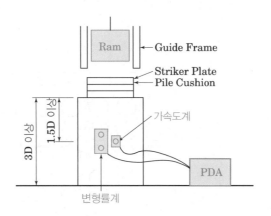

Ⅲ. 두부정리 및 게이지 부착

(1) 시험 말뚝은 지상 부분의 길이가 3D(D: 말뚝의 지름) 정도

(2) 말뚝 두부는 편심이 걸리지 않도록 표면에 요철이 없는 매끈하게 절단

(3) 게이지는 변형률계와 가속도계가 분리되어 있는 것과 일체로 된 것이 있으며 같은
형태의 것을 선정

(4) 게이지는 말뚝에 1쌍씩 대칭(180°)으로 말뚝 두부로부터 최소 1.5D 이상(D : 말뚝
지름 또는 대각선 길이) 이격

(5) 게이지는 움직이지 않도록 안전하게 부착

(6) 게이지는 볼트로 조이거나 아교로 붙이거나 용접된 장비 가능

Ⅳ. 동재하시험의 수량 [KDS 41 10 10]

(1) 시공 중 동재하시험(End of Initial Driving Test): 전체 말뚝 개수의 1% 이상(말
뚝이 100개 미만인 경우에도 최소 1개)을 실시

(2) 재항타 동재하시험(Restrike Test): 전체 말뚝 개수의 1% 이상(말뚝이 100개 미만
인 경우에도 최소 1개)을 실시

(3) 시공 완료 후 본시공 말뚝에 대해 재항타 동재하시험: 전체 말뚝 개수의 1% 이상
(말뚝이 100개 미만인 경우에도 최소 1개)을 실시

06 Micro Pile 공법

Ⅰ. 정의

(1) 직경 300mm 이하의 작은 구경으로 천공하여 Steel Bar 또는 Thread Bar를 설치하고 Cement Mortar를 충전하여 큰 주면마찰력(Skin Friction)을 얻도록 만든 말뚝이다.

(2) 적용토질 : 일반토질 및 암반층

Ⅱ. 시공도

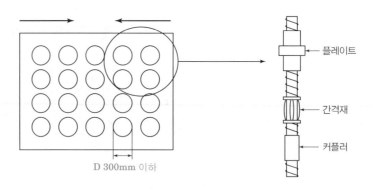

D 300mm 이하

플레이트

간격재

커플러

Ⅲ. 특징

(1) 작업공간이 협소하거나 제한된 지역에서도 시공 가능

(2) 소음과 진동이 비교적 적다.

(3) 소요되는 어떠한 길이도 운반, 시공가능

(4) 인장과 압축 동시에 저항가능

(5) 경사 시공도 가능

(6) 고압 Post Grout 실시 가능(확실한 주면마찰력 확보)

Ⅳ. 시공순서

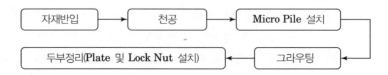

자재반입 → 천공 → Micro Pile 설치 → 그라우팅 → 두부정리(Plate 및 Lock Nut 설치)

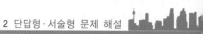

V. 시공 시 유의사항

(1) 천공 후 일정시간까지 천공벽면이 교란되지 않도록 한다.

(2) Micro Pile체의 설치는 천공완료 후 즉각 실시하며 중앙에 위치하도록 한다.

(3) 그라우팅 작업 시 밀실하게 하고 Over Flow 될 때까지 수행한다.

(4) 두부정리 시 Micro Pile체에 충격이 없도록 관리한다.

07 양방향 말뚝재하시험 [KCS 11 50 40/KS F 7003]

Ⅰ. 정의

특수하게 제작된 유압식 잭이나 셀을 말뚝선단부근에 설치하여 지상에서 설계지지력의 200% 이상의 하중을 가하면 하부는 선단지지력을, 상부는 주변마찰력을 일으켜 시험하는 방법이다.

Ⅱ. 개념도 및 시공순서

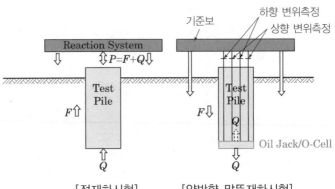

[정재하시험]   [양방향 말뚝재하시험]

철근망과 재하장치 조립 → 철근망 근입 → 연결전선 및 유압호스 정리 → 철근망 근입 완료 → 트레미관 설치 → 레미콘 타설 → 양방향 말뚝재하시험

Ⅲ. 측정장치 및 기준점

(1) 변위량 측정의 경우 상향 및 하향 변위는 각각 2개소 이상, 그리고 말뚝두부 변위도 2개소 이상을 측정
(2) 본말뚝을 기준점으로 하는 경우 시험말뚝 중심으로부터 시험말뚝 직경의 2.5배 이상 떨어진 위치에 설치
(3) 가설말뚝을 기준점으로 하는 경우 시험말뚝 중심으로부터 시험말뚝 직경의 5배 이상 혹은 2m 이상 떨어진 위치에 설치

Ⅳ. 반복재하방법

(1) 총 시험하중을 설계지지력의 200% 이상으로 8단계 재하
(2) 재하하중단계가 설계하중의 50%, 100% 및 150%시 재하하중을 각각 1시간 동안 유지한 후 단계별로 20분 간격으로 재하

(3) 침하율이 0.25mm 이하일 경우 12시간, 그렇지 않을 경우 24시간 동안 유지

(4) 최대시험하중에서의 재하하중은 설계지지력의 25%씩 각 단계별로 1시간 간격을 두 어 재하

(5) 시험 도중 최대시험하중까지 재하하지 않은 상태에서 말뚝의 파괴가 발생할 경우, 총 침하량이 말뚝머리의 직경 또는 대각선 길이의 15%까지 재하

08 SCW(Soil Cement Mixed Wall)

I. 정의

오거 형태의 굴착과 함께 원지반에 시멘트계 결합재를 혼합, 교반시키고 필요시에 H-형강 등의 응력분담재를 삽입하여 조성하는 주열식 현장 벽체를 말한다.

II. 현장시공도 및 시공순서

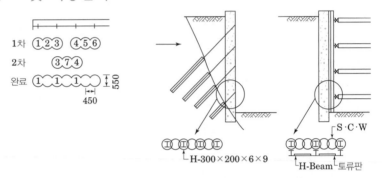

1차 ①②③ ④⑤⑥
2차 ③⑦④
완료 ①①①① 550
450

H-300×200×6×9

S·C·W
H-Beam 토류판

오거 천공 → 시멘트계 결합재 혼합교반 → 인발, 재굴진 혼합교반 → H-형강 삽입

III. 특징

(1) 3축 오거 사용의 주열벽을 조성하기 때문에 차수성이 우수
(2) 현장토사를 골재로 이용하기 때문에 발생이토가 적어 경제적임
(3) 연약지반이나 물이 많은 지역에 유리함
(4) 소음, 진동 및 주변 피해가 적음

IV. 시공 시 유의사항

(1) 시멘트 밀크 혼합 압송장치의 충분한 성능을 보유
(2) 시공위치를 정확히 설정하고, 이를 기준으로 안내벽을 설치
(3) 강재의 삽입은 삽입된 재료가 공벽에 손상을 주지 않도록 하고 소일시멘트 기둥 조성 직후, 신속히 수행
(4) SCW 벽체와 띠장 사이의 공간은 전체 또는 일정간격으로 Plate 용접쐐기 설치 또는 콘크리트채움 등으로 채움
(5) SCW의 교반
　① 교반속도: 사질토(1m/분), 점성토(0.5~1m/분)
　② 굴착완료 후: 역회전교반
　③ 벽체하단부: 하부 2m는 2회 교반 실시
　④ 인발: 롯드를 역회전하면서 인발

2 서술형 문제 해설

73,77,83,100회

01 S.I.P(Soil Cement Injected Precast pile) 공법

Ⅰ. 개요

(1) 오거장비로 소요말뚝구경보다 직경이 10cm 정도 크게 하여 삭공하며 굴진 시 오거 비트를 통해 Cement Paste와 Bentonite를 배합한 용액을 주입하여 공벽을 보호하면서 설계심도까지 굴진한다.

(2) 지지층 부근에서는 부배합의 Cement Paste를 주입하여 원지반토와 충분히 교반함으로써 확장된 선단 지지층으로 사용할 수 있게 한다.

Ⅱ. 시공도

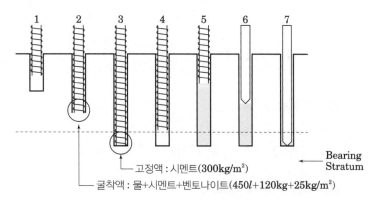

1 2 3 4 5 6 7

고정액 : 시멘트(300kg/m²)

굴착액 : 물+시멘트+벤토나이트(450l+120kg+25kg/m²)

Bearing Stratum

(1) 오거굴착 개시

(2) 오거굴착, 굴착액 주입

(3) 오거굴착 완료, 지지층에 근입

(4) 오거굴착, 선단부 고정액 주입

(5) 오거인발, 주면고정액 주입

(6) 말뚝삽입, 자중에 의한 삽입

(7) Drop Hammer에 의한 최종 항타

Ⅲ. 특징

(1) 풍화층(잔적토 및 풍화암)까지 천공 가능
(2) 굴진과 교반작업의 구분 시공이 용이
(3) 토층에 따라 Auger를 선택하여 사용 가능

Ⅳ. 시공시 유의사항

(1) 굴착공의 직경

① 말뚝직경+100mm
② 말뚝의 주면 마찰력 확보에 필요

(2) 굴착방법의 선정

① SIP 시공말뚝의 지지력과 밀접한 관계
② 연속오거와 교반날개부착 오거

- 연속오거 ┌ 토사의 대부분이 배토되어 말뚝 삽입이 용이
         ├ 말뚝 주위 Cement Paste만 남음
         └ 말뚝의 주면 마찰력 불리

- 교반날개부착 ┌ Soil Cement 형성 양효
            └ 말뚝 삽입 곤란

(3) 굴착시 공벽 보호

① Cement Paste 철저
② 선단부 굴착시 부배합의 용액 사용하여 이완된 지반을 보강

(4) 선단 지지력 확보

①

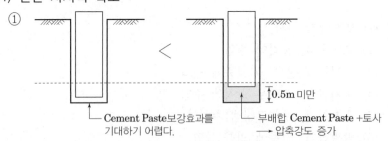

┌ Cement Paste보강효과를   ┌ 부배합 Cement Paste +토사
│ 기대하기 어렵다.   → 압축강도 증가

[말뚝선단부가 천공깊이보다 깊을 때] [말뚝선단부가 천공깊이보다 약간 깊을 때]

② Cement Paste 배합비 확보(W/B비=70%, 20~30MPa 이상)
③ 선단부 교란 방지

(5) Casing 사용

Boulder(호박돌) 층의 경우 공벽붕괴 방지를 위해 Casing 사용

(6) 주면마찰력 확보
① 오거의 직경=D+100mm
② 시멘트 Paste의 시멘트 함량은 300kg/m³ 이상

(7) 최종 항타
① 기성말뚝의 자유낙하시공은 금지
② 유압 해머/Drop Hammer
③ 해머의 중량 및 낙하 고려

(8) 말뚝파손 주의
① 자유낙하시 낙하 에너지로 인하여 파손 우려
② 와이어로프를 사용하여 낙하고를 최소화할 것

(9) 시험말뚝시 동재하시험 실시

(10) 수직도 확보
① 수직도 체크 철저
② 경사 1/100 이하

V. 결론

(1) 국내에 시행되는 공법은 굴착액과 선단고정을 위한 Cement Paste가 구분되어 사용되지 못하고 있다.
(2) 따라서 선단지지력 확보 및 말뚝 안전을 최종항타를 철저히 시행하여야 한다.

🌀 73,77,83,100,111회

02 기성콘크리트 말뚝박기공사 시공 시 품질관리 요점

I. 개요

(1) 기성콘크리트 말뚝박기 시 토질조건, 구조조건 등을 충분히 파악하여 장비의 선정 등을 철저히 하여야 한다.

(2) 말뚝은 지중에 매설되므로 시공의 성패 및 품질확인이 어려우므로 시공시 철저한 품질관리가 요구되고 있다.

(3) 말뚝박기 공법 종류

```
┌ 타격공법 : Diesel, 유압, Drop Hammer
├ 진동다짐공법, 압입공법
├ Water Jet 공법, 중공굴착공법
└ Pre – boring 공법, SIP 공법
```

II. 시공순서 Flow Chart

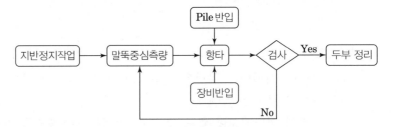

III. 시공시 품질관리 요점

(1) 말뚝의 중심간격

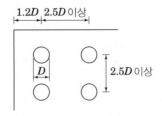

① 간격이 넓으면 Footing이 두꺼워지므로 중심간격 좁게 배치 → 최소 2.5D 이상

② 말뚝의 배치는 대칭이 바람직

(2) 장비최소면적(타격공법)

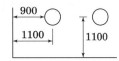

최소면적 500m² 이상

(3) 말뚝박기 장비 설치(장비 수평 유지)
① 말뚝 Leader의 수직정밀도 : L/200 이하
② 지반은 평탄하게 유지한다.
③ 공동구를 사전에 메운다.

(4) 말뚝의 중심 확인

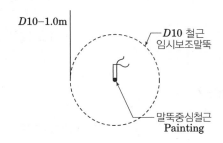

① X–Y 방향 확인
② 보조말뚝 시공 → 중심철근봉 뽑기 → 말뚝 시공
③ 일치 여부 확인

(5) 말뚝의 들기(이동)

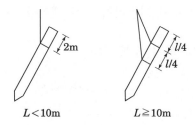

(6) 말뚝의 반입 및 저장

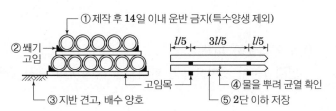

(7) 박기 순서

  ① 중앙부 → 주변부로 : 주변다짐효과 최소화

  ② 일정한 한 방향으로 타입 : 장비 이동성 및 작업의 용이성 감안

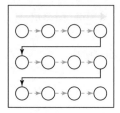

(8) 세우기

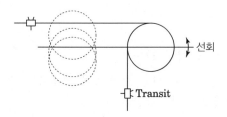

  ① 박기 초기에 수직계로 2회 이상 확인
  ② 타입 초기 기울어짐 여부 재확인 → 수정

(9) 말뚝의 수직·수평 확보

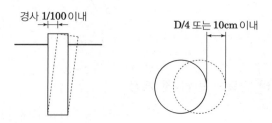

(10) 인접말뚝 피해
  인접말뚝이 솟아오르면 타격력을 증가하여 다시 관입

(11) 시험항타

① 1,500m² : 2본, 3,000m² : 3본
② 실제와 동일한 조건에서 실시

(12) 지지력 판정(최종 관입량)

① 최종 5~10회 타격시 침하량이 5mm 이하이면 항타 정지

② 요구깊이만큼 관입되었는지 확인 후 지지력 판정

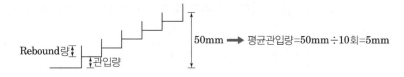

Rebound량
관입량

50mm ➡ 평균관입량=50mm÷10회=5mm

(13) 두부정리

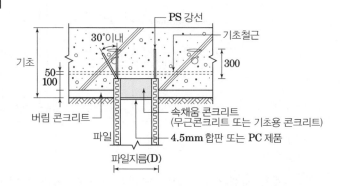

(14) 말뚝두부 보호

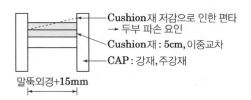

(15) 말뚝 이음

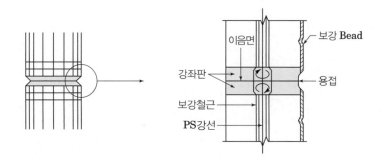

(16) 말뚝타격 횟수

구분	PC, PHC 말뚝	강재말뚝
제한 총타격 횟수	3,000회 이내	3,000회 이내
최후 1m 부분의 타격 횟수	200회 이내	500회 이내
최종 관입량	5mm 이상	2mm 이상

(17) 기록 및 검사 철저

① 철저한 기록이 시공의 성패를 좌우

② 최종관입 깊이, 지지력 확인, 이음 여부, 두부파손 여부 확인

Ⅳ. 지지력 판단방법 및 결론

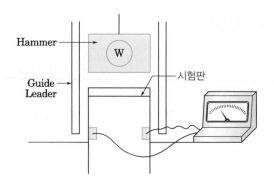

① 동재하 시험은 순간적인 타격을 가하여 말뚝의 거동을 파악하는 시험

② 동재하 시험이 정재하시험보다 신뢰성이 떨어진다.

50,89회

03 기성콘크리트말뚝 항타 시 발생하는 결함의 유형과 대책

I. 개요

(1) 공장에서 생산된 말뚝을 현장반입 후 항타 시 균열, 위치불량 등 여러 가지 결함이 발생되고 있다.

(2) 이를 위한 말뚝의 저장에서부터 마무리 단계까지 철저한 단계별 품질검사체계를 수립하여야 한다.

II. 현장 시공도

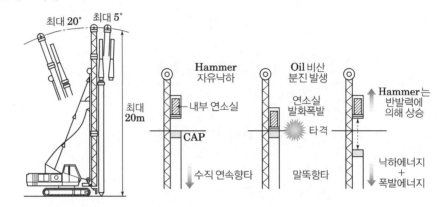

III. 결함의 유형

(1) 말뚝 두부 파손 및 중파

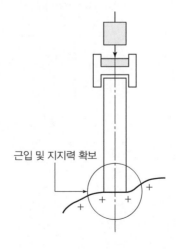

① 타격에너지 및 타격횟수 과다
② Cushion재 보강 미비
③ 말뚝과 Cap의 간격 불량
④ 말뚝 이음 불량
⑤ 축선 불일치

(2) 균열 발생

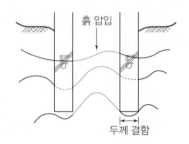

① 말뚝반입 및 이동시 Crack 발생
② 말뚝 두께의 결함
③ 지반내 장애물
④ 중공부의 관내 흙이 압입되어 발생

(3) 선단지지력 미확보
① 경질지반 도달 불량
② 근입장 미확인

(4) 말뚝 수직도 및 위치 불량

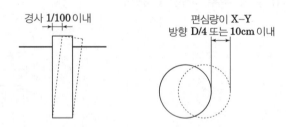

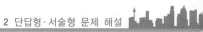

(5) 말뚝이음 불량

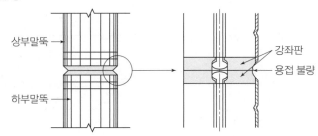

Ⅳ. 대책

(1) 타격횟수 및 최종관입량

구분	PC, PHC 말뚝	강재말뚝
제한 총타격 횟수	3,000회 이내	3,000회 이내
최종 1m의 타격 횟수	200회 이내	500회 이내
최종 관입량	5mm 이상	2mm 이상

(2) 두부 파손 대책

① Cushion재 보강 철저(10cm 정도)

② 말뚝과 Cap 간격 : D+15mm

③ Drop Hammer 중량 : 말뚝중량의 2~3배

④ Drop Hammer 낙하고 : 1.5~2.5m

(3) 균열대책

① 말뚝반입 및 저장 철저

② 말뚝 선단부의 Shoe 보강

③ 말뚝 강도 증가

④ Pre – boring의 관입형식 변경

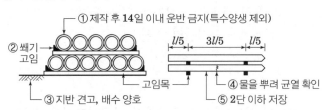

(4) 수직도 관리 철저

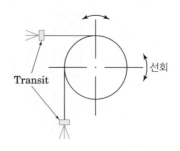

① 말뚝 세운 후 박기 전에 수직계(Transit)로 반드시 확인
② 타입 초기(2~3m까지)에 기울어짐 여부 재확인

(5) Rebound Check 철저

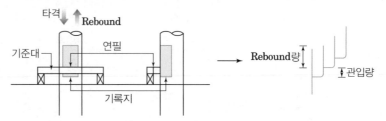

(6) 동재하시험 실시(PDA 시험)

① 순간적 타격에 의해 말뚝의 거동을 파악
② 시험 철저히 관리
③ 초기동재하 시험과 재항타 시험 실시

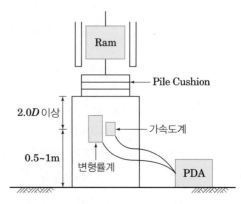

(7) 말뚝이음 철저

① 말뚝이음부 청소 철저
② 용접 자격증 소지자에 의해 용접
③ 용접봉 규격관리 철저

V. 결론

(1) 기성콘크리트 말뚝항타시 시공계획서를 작성하여 품질검사체계를 수립하여야 한다.
(2) 아울러 철저한 시험관리를 통하여 지지력이 확보될 수 있도록 하여야 한다.

04 현장타설 콘크리트 말뚝시공 시 유의사항

Ⅰ. 개요

(1) 공사현장에서 지중에 구멍을 뚫고 그 속에 조립된 철근을 설치하여 콘크리트를 타설하고 그대로 말뚝으로 대신하는 지정공사이다.

(2) 따라서 철저한 시공계획을 수립하여 현장타설 콘크리트 말뚝시공 시 지지력 확보에 만전을 기하여야 한다.

Ⅱ. 현장시공도(R.C.D 공사)

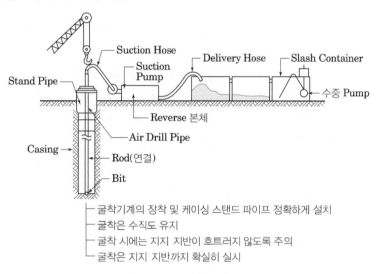

─ 굴착기계의 장착 및 케이싱 스탠드 파이프 정확하게 설치
─ 굴착은 수직도 유지
─ 굴착 시에는 지지 지반이 흐트러지 않도록 주의
─ 굴착은 지지 지반까지 확실히 실시

Ⅲ. 시공 시 유의사항

(1) 시공장비 수평 유지

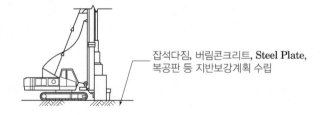

잡석다짐, 버림콘크리트, Steel Plate, 복공판 등 지반보강계획 수립

(2) 안정액 관리 철저

① 지하수위보다 약 2.0m 이상 높게 유지

② 시공중 계속적인 품질관리가 되도록 계획

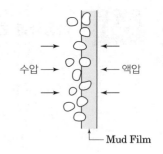

비중(1.04~1.2), 점성(22~40초)
pH(7.5~10.5), 사분율(15% 이하)

(3) 공벽 유지

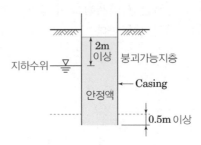

① 붕괴가능 지지층은 Casing을 이용

② 공벽수위를 지하수위보다 높게 유지 → 선단지반의 교란 방지

③ 배수공법으로 피압수의 압력을 저하

④ 정수압 유지 : 0.02MPa

(4) Slime 처리 철저

콘크리트 타설 직전의 Slime은 10cm 이하 유지

(5) 철근망 조립

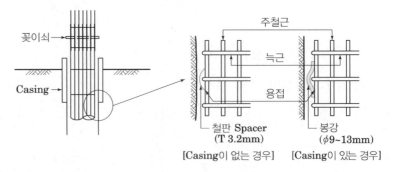

[Casing이 없는 경우]   [Casing이 있는 경우]

철근 Cage는 이동 및 설치시 변형이 발생하지 않도록 견고하게 조립

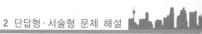

(6) 콘크리트 배합 철저

W/B비	소요 slump	단위 시멘트량	비고
55% 이하	180~210mm	350kg/m³ 이상	이수속 타설

(7) 콘크리트 타설 관리

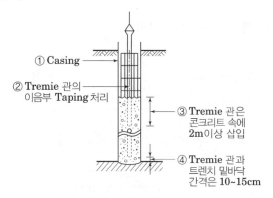

(8) 콘크리트 Level 관리 철저

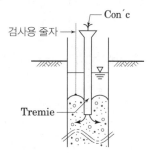

① 콘크리트 Level과 사용 콘크리트 양을 비교 → 콘크리트 유출 여부, 공벽 붕괴 여부 확인
② 줄자측량 3개소 이상
③ 콘크리트 레벨차는 50cm 이내

(9) 말뚝 두부처리 철저

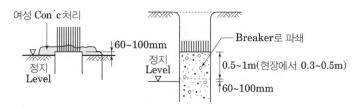

① 종방향 균열 발생 방지
② Cutting 후 표면강도 확인

(10) 되메우기 철저

① 콘크리트 타설 후 최저 2시간 이상은 놔둘 것

② 양질의 흙 또는 쇄석 사용

③ 흙막이벽의 안정을 위해 가능한 빨리 실시

④ 말뚝의 완성 여부를 표시

(11) 폐액·잔재처리 철저

굴삭토 찌꺼기

회수액 찌꺼기   ⟶ 철저히 처리

콘크리트 Mixer Truck 세척수

(12) 수직·수평 정밀도 확보(허용오차)

경사 1/40 미만   수평 75mm 미만

① 연직성은 굴착 초기 5~6m 압입시 결정되므로 Transit 등으로 수직도 확보 철저

② 장비수평유지 철저

Ⅳ. 결론

(1) 도심지 건축물시공의 인접건물의 피해 및 공해를 방지하기 위하여 현장타설 콘크리트 뚝을 시행하고 있다.

(2) 이에 대한 Slime 처리 및 굴착장비의 무소음, 무진동 공법 기술개발에 만전을 기하여야 한다.

46,49,58,60,72,78,103,107회

05 지하수압의 상승으로 부력을 받는 지하구조물의 부상방지대책

I. 개요

(1) 지하수위에서 기초깊이 저면까지의 수압이 부력으로 작용하며 건물자중보다 수압이 크면 구조물의 부상을 초래한다.

(2) 특히 구조물 시공 과정에서 지하수에 의한 부력 및 양압력에 대한 검토 및 대비를 철저히 하여 피해에 대비하여야 한다.

(3) 부력의 영향

II. 부력에 저항하는 기구 및 안전율

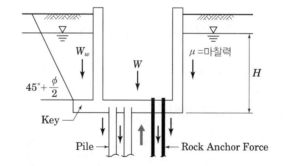

(1) 수압$(pw) = kw \cdot \gamma w \cdot H$

(2) 양압력(u) = 수압 중 상향으로 작용하는 수압

(3) 부력$(V) = \sum A \times Pw$

(4) 안전율$(Fs) = \dfrac{W + W_w + \mu + \text{Anchor Force or Pile 인발 저항력}}{V}$

$W \geq 1.25V$

Ⅲ. 부상방지대책

(1) 구조물 자중 증대

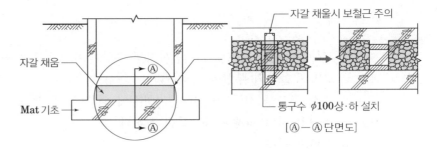

(2) Rock Anchor 시공

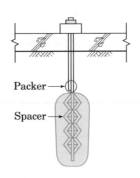

① 부력과 건물자중 차이가 클 경우
② 중심이 일치하지 않을 경우
③ 암반까지 정착

(3) 우수 유입구 설치

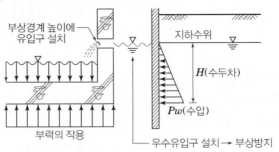

(4) 강제배수 공법

유입된 지하수를 수중 펌프를 통하여 외부로 배수하는 공법

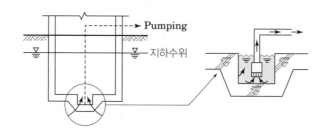

(5) 지하수위 저하 공법 사용

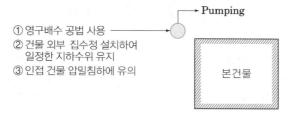

① 영구배수 공법 사용
② 건물 외부 집수정 설치하여
   일정한 지하수위 유지
③ 인접 건물 압밀침하에 유의

(6) 맹암거 설치

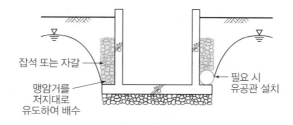

① 구조물 주변 맹암거 설치
② 지하수 상승 방지

(7) 양압력에 의한 안전성 검토

① 양압력에 대한 바닥 Slab 안전성 검토

② $M_{max} = \dfrac{wl^2}{8}$

$\sigma_b = \dfrac{M}{Z}$ 〈 허용휨응력(f_b)

(8) 지표수 유입방지

① 공사현장의 지표면 정리 및 가배수로 설치
② 필요시 지표수 배제용 펌프 준비
③ 계곡부의 지표수가 공사부지 내로 유입되지 않도록 조치

(9) 브리켓 설치

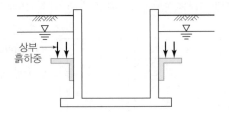

① 건물이 경미하고 규모가 작은 경우
② 상부 매립토 하중으로 수압에 저항

(10) 영구배수공법(De – watering 공법, 드레인 보드 공법)

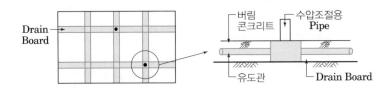

① 기초바닥에 작용하는 양압력의 조절
② 배수시설에 따른 구조적 안전성 확보

Ⅳ. 피해사례(오수처리 시설 부상) 및 결론

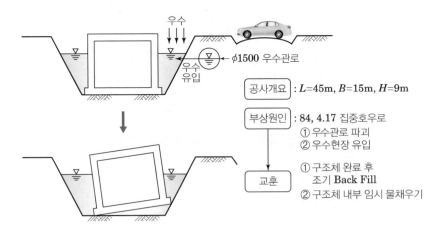

06 건물의 부동침하원인과 대책

Ⅰ. 개요

(1) 구조물의 기초지반 침하에 따라 구조물의 각 부분에서 불균일한 침하가 생기는 현상으로 부동침하라고도 한다.

(2) 침하가 전체적으로 고르게 일어나면 구조물의 파괴나 상태가 변하는 일이 적은데, 부동침하가 일어나면 경사지거나 변형되어 균열이 생기기 쉽다.

Ⅱ. 침하의 종류

종류	탄성침하 (SE : Elastic Settlement)	압밀침하 (SC : Consolidation Settlement)	2차 압밀침하 (SCR : Creep Settlement)
특성	• 재하와 동시 발생 • 즉시 침하 • 하중제거시 원상태 복구 • 사질토 지반	• 장기침하 • 하중 제거 후에도 남음 • 간극수 유출 후 부피 감소 침하 • 점성토 지반	• 점성토의 Creep 침하 • 압밀침하 후 발생되는 계속 침하 • 구조물의 균열 발생 원인
침하량	사질토=SE, 포화점토=SE+SC, 불포화 점토=SE+SCR		

Ⅲ. 부동침하의 원인

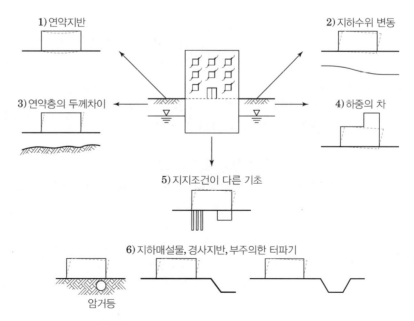

1) 연약지반
2) 지하수위 변동
3) 연약층의 두께차이
4) 하중의 차
5) 지지조건이 다른 기초
6) 지하매설물, 경사지반, 부주의한 터파기
암거등

Ⅳ. 방지대책

(1) 지반보강공법

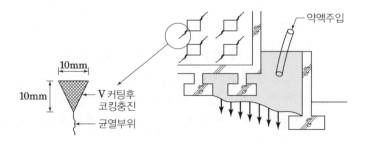

① 지중에 약액주입 공법에 의한 보강 작업
② 지반침하가 진행되지 않도록 보강 실시

(2) 구조물 경량화

① 건물의 자중을 가급적 경량화 추진
② 건물의 건식화를 통한 자중 절감

(3) 하중균등 분포

① 건물 전체의 중량 Balance를 고려하여 계획
② 건물 형상의 대칭화
③ 건물 중량의 균등 배분

(4) 기초구조의 통일

① 동일 지반에서 기초구조를 통일하여 부동침하 방지
② 동일기초에 따른 지지력 확보

(5) 구조물의 수평방향 강성 향상

구조물의 수평방향에 따른 휨모멘트 강성으로 부동침하를 방지

(6) Expansion Joint 설치

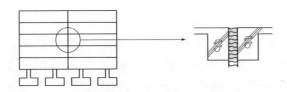

① 평면길이가 길 때 Expansion Joint 설치
② 평면길이를 짧게 하여 하중균등 유지

(7) 지하수위 대책
① 지하수위 저하에 대한 수압변화에 대응
② De‐watering 공법, 배수판 공법에 의한 일정 수위 유지

V. 결론

(1) 건물 준공 후 부동침하에 따른 균열이 발생하며 또한 내구성에도 많은 영향을 미치게 된다.
(2) 이에 대한 사전조사 및 지반조사를 통한 철저한 품질관리로 기초의 부동침하를 대비하여야 한다.

3 부실사례 및 개선방안

	부실 내용	개선 방안
두부파손 변형	 • 파일항타 시 파일의 두부가 파손됨	 • 항타 시 충격을 완화시켜주는 쿠션재를 보강하고 주기적으로 쿠션재의 상태를 점검하고 수시로 교체하여 전달되는 충격을 줄임
파일 상부 콘크 리트 침하	 • PHC파일 관입 후 버림 콘크리트 타설 시 두부보강 캡이 콘크리트의 하중을 견디지 못하고 파손으로써 콘크리트가 침하되어 구멍이 발생	 • 콘크리트의 하중에 충분히 견딜 수 있는 합성형 두부보강재를 사용. • 내부받이 판 시공철저

	부실 내용	개선 방안
이음불량	 • PHC파일의 경우 파일이음 시 부착된 철판이 얇아 용접불량 발생	 • 용접접합이 필요 없는 기계식 이음(B.P Joint)을 사용
용접불량	 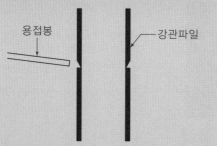 • 파일 이음부 아크 용접 시 용접부 폭이 좁아 용접불량 발생	 • 아크용접보다 상대적으로 용접봉의 두께가 얇은 CO_2용접 접합 적용

	부실 내용	개선 방안
매입철근 인발	 • 콘크리트 타설속도가 지연되거나 케이싱 인발 속도가 늦어 굴착부위에 타설되는 콘크리트가 굳으면서 케이싱 표면에 점착력 발생 • 케이싱 인발 시 매입철근이 동시에 인발됨	콘크리트 굳기 전 케이싱 인발 연약지반 콘크리트를 케이싱 이상 타설 콘크리트 암반지반 • 콘크리트 타설시 레미콘 배차관리 및 케이싱의 인발속도를 적절히 조절 • 철근피복두께 확보(100mm)
케이싱 인발 불량	 • 베네토 공법 적용 시 콘크리트 타설과 동시에 케이싱을 인발하여야 하나 케이싱이 인발되지 않음 • 장비의 인발능력 부족 • 케이싱을 지중에 장기 방치함으로써 케이싱 표면에 마찰력 증가	콘크리트 묻힌 깊이 만큼 인발 • 케이싱 작업 후 조속히 후속공정 진행 • 24시간 내에 콘크리트 타설 완료 • 콘크리트 굳기 전(1~2시간 후) 케이싱 박락

부실 내용	개선 방안

케이싱 변형

• 목표심도 까지 무리하게 박거나 예기치 못한 전석층의 출현으로 공벽의 하중을 이기지 못하여 케이싱 변형

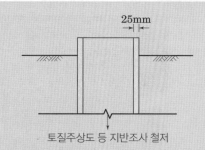

토질주상도 등 지반조사 철저

• 케이싱 두께 증가 : 국내 현장타설용 케이싱의 경우 일반적으로 18~19mm 사용
 → 외국 사례 적용하여 25mm 이상으로 케이싱 제작.
• 굴착 및 항타를 병행 사용하여 응력 저감
• 토질조사를 상세하게 실시하여 미리 지반의 상황을 판단하여 적절하게 대처

이어치기 불량

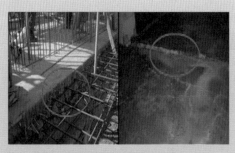

지하구조물 골조공사가 완료되고 되메우기 후 기초의 이어치기 부위에서 균열, 누수 발생

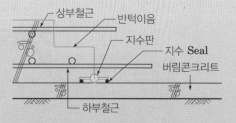

• 수압이 작용하는 이어치기면에 반드시 반턱이음과 지수판(또는 지수재)를 설치
• 타설 후 콘크리트 잔재, 각재, 이물질 등을 제거하여 접착강도를 증가시킴
• V Cutting 후 도막방수재를 채워 보강

	부실 내용	개선 방안
파일균열 발생	 • 양생불량 파일반입에 따른 균열 발생 • 파일하차시 충격에 따른 균열 발생 • 파일세우기 장비 리더와 충격에 의한 균열 발생 • 수직도 불량 파일의 항타에 따른 균열 발생 • Cushion재 불량으로 인하여 편타에 의한 균열 　발생 • 무리한 타격에 의한 균열 발생	 • 충분히 양생된 파일 반입, 장비 하차시 진동· 　충격 금지 • 장비에 파일 세우기시 유도용 로프를 사용하여 　장비 몸체에 충돌 방지 • 파일 수직도 유지 및 무리한 항타 금지 • Cushion재 교체실시 및 편타 방지
침하균열 발생	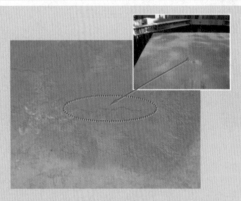 • 철근 간격(망상형)으로 침하균열 발생 • 콘크리트 피복두께 부족 시공 • 콘크리트 타설 및 마감작업이 종료된 후에 콘크 　리트 자중에 의해 압밀이 진행되어 공극 발생 • 다짐 작업 미흡으로 내부 공극이 균열을 유발시킴 • 콘크리트 타설 후 양생관리 미흡	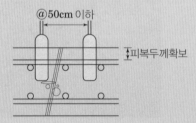 • 콘크리트가 굳기 시작하기 전에 Tamping 실시 • 콘크리트의 침하가 완료되는 시간까지 타설간격 　을 조절 • 콘크리트의 타설높이를 낮추고 충분한 다짐 실시 • 콘크리트 소요 피복두께 확보 • 균열 진행여부를 확인 후에 보수 작업

철근·거푸집공사

Chapter 04

철근공사 | 단답형 과년도 문제 분석표

■ 표준갈고리

NO	과 년 도 문 제	출제회
1	배력철근	99, 109
2	기둥철근에서의 Tie Bar	82

■ 이음 및 정착

NO	과 년 도 문 제	출제회
1	철근이음 및 정착	45
2	철근 가스압접	54, 80, 102
3	철근의 가스압접부 형상기준	110
4	Sleeve Joint	61, 86
5	나사식 철근이음	84, 111
6	철근 정착위치	70
7	철근콘크리트 기둥철근의 이음위치	118

■ 피복두께, 부착강도

NO	과 년 도 문 제	출제회
1	철근의 부착강도에 영향을 주는 요소	72, 90
2	콘크리트 피복두께	54, 104
3	철근 피복두께(목적)	50, 79, 88, 96
4	철근과 콘크리트의 부착력	118

■ 철근 선조립

NO	과 년 도 문 제	출제회
1	철근 선조립 공법(철근 Pre-fab)	49, 50, 86
2	Ferro Deck	73
3	PAC(Pre-Assembled Composite)	101

■ 기타

NO	과 년 도 문 제	출제회
1	고강도철근	76, 81
2	온도철근(Temperature Bar)	65, 67, 91, 109
3	코일(Coil)형 철근	104
4	나사형 철근	111
5	철근의 벤딩마진(Bending Marjin)	98
6	철근 부식허용치	102, 122
7	강재 부식방지 방법 중 희생양극법	113
8	균형철근비	80, 116, 121
9	포와송비(Poisson's Ratio)	84
10	하이브리드 FRP(Fiber Reinforced Polymer) 보강근	112
11	철근 격자망	117
12	Dowel Bar	119
13	철근 결속선의 결속기준	123

철근공사 | 서술형 과년도 문제 분석표

■ 이음 및 정착

NO	과 년 도 문 제	출제회
1	철근이음 방법의 종류와 유의사항에 대하여 기술하시오.	70
2	철근의 이음(접합)공법의 종류 및 특성에 대하여 설명하시오.	98
3	철근의 정착 및 이음에 대하여 기술하시오.	82
4	건축공사에서 철근의 가스압접이음 시공 검사기준(KS등) 및 시공시 유의사항에 대하여 설명하시오.	97
5	철근 이음방법 중 기계식 이음 방법의 특성 및 장단점을 설명하시오.	86
6	철근 이음의 종류 중 기계적 이음의 품질관리 방안에 대하여 설명하시오.	119

■ 피복두께

NO	과 년 도 문 제	출제회
1	철근 피복두께의 필요성과 건축공사표준시방서상에서의 기준에 대하여 설명하시오.	66, 120
2	콘크리트 타설시 철근의 피복두께가 과다하게 시공될 경우 발생되는 문제점에 대하여 설명하시오.	69

NO	과 년 도 문 제	출제회
3	콘크리트 타설 후 기둥과 벽체의 철근피복두께가 설계기준과 다르게 시공되는 원인과 수직철근 이음위치에 대하여 설명하시오.	102
4	철근콘크리트의 부위별 피복두께 기준 및 피복두께 확보방법에 대하여 기술하시오.	108
5	철근콘크리트 공사에서 철근배근 오류로 인한 콘크리트 피복두께 유지가 잘못된 경우 구조물에 미치는 영향에 대하여 설명하시오.	109

■ 철근 선조립

NO	과 년 도 문 제	출제회
1	철근 콘크리트공사에서 철근 선조립공법에 대하여 설명하시오.	61, 77, 80, 83
2	철근콘크리트공사에서 철근 선조립 공법의 특징과 시공상 유의사항에 대하여 설명하시오.	108
3	1) 철근선조립공법 2) 타일선부착공법을 설명하고 일반적인 공장생산방식의 현황에 대하여 설명하시오.	67

■ 기타

NO	과 년 도 문 제	출제회
1	건축현장에서 사용되는 철근의 강도별 종류, 용도, 표시방법, 관리방법에 대하여 설명하시오.	93
2	RC조 고층APT의 건축공사에서 철근공사의 시공실태와 개선방안을 현장적 측면에서 기술하시오.	58
3	현장 철근공사의 문제점 및 개선방안과 시공도면(Shop Drawing)작성의 필요성에 대하여 기술하시오.	87
4	철근공사에서 철근의 LOSS를 줄이기 위한 설계 및 시공방법에 대하여 설명하시오.	85
5	철근콘크리트 공사에서 철근의 손실(LOSS)발생요인과 절감방안에 대하여 설명하시오.	99
6	초고층 철골, 철근콘크리트조 건물시공에 적합한 철근배근 및 콘크리트 타설방법에 대하여 설명하시오.	53
7	철골철근콘크리트(SRC)의 코어(Core)벽체와 연결되는 바닥철근 연결방법에 대하여 설명하시오.	96
8	주상복합 건축물 구조에서 전이층의 트랜스퍼 거더의 콘크리트 이어치기면 처리, 철근배근 및 하부 Shoring 시공시 유의사항에 대하여 설명하시오.	104
9	철근공사의 용접시공 과정에 따른 검사방법에 대하여 설명하시오.	43
10	철근콘크리트 구조물의 철근부식과정과 염분함유량 측정법에 대하여 설명하시오.	104
11	철근콘크리트 공사에서 철근배근 오류로 인하여 콘크리트의 피복두께 유지가 잘못된 경우, 구조물에 미치는 영향에 대하여 설명하시오.	118

거푸집공사

거푸집공사 | 단답형 과년도 문제 분석표

■ 공법종류

NO	과 년 도 문 제	출제회
1	Gang Form	53
2	Climbing Form	56
3	터널 폼(Tunnel Form)의 모노 쉘(Mono Shell)공법	100
4	Sliding Form	45, 90
5	Waffle Form	65
6	Aluminum Form(알루미늄 거푸집)	68, 85, 97, 115
7	알루미늄거푸집공사 중 Drop Down System 공법	116
8	Metal Lath거푸집	80
9	Auto Climbing System Form(Rail Climbing System)	83, 112
10	철제 비탈형 거푸집	99, 116
11	거푸집공사에서 Stay-in-place Form	109
12	데크플레이트의 종류 및 특징	118
13	RCS(Rail Climbing System) Form	120

■ 측압

NO	과 년 도 문 제	출제회
1	콘크리트 타설시 거푸집에 작용하는 측압	33, 60, 64, 81, 107
2	벽체두께에 따른 거푸집 측압 변화	103
3	거푸집에 고려하중, 측압(거푸집에 작용하는 하중)	60, 93, 96

■ 존치기간

NO	과 년 도 문 제	출제회
1	거푸집의 해체 및 존치기간(국토해양부제정 건축공사표준시방서 기준)	48, 97
2	콘크리트 슬래브의 거푸집 존치기간과 강도와의 관계	108
3	콘크리트 거푸집의 해체 시기(기준)	125

■ 동바리

NO	과 년 도 문 제	출제회
1	시스템 동바리(System Support)	91
2	동바리 바꾸어 세우기(Reshoring)	71
3	거푸집 공사에서 드롭헤드 시스템	104
4	Jack Support	109
5	컵록 서포트(Cuplock Suppor)	117
6	철근콘크리트 공사 시 캠버(Camber)	120

■ 기타

NO	과 년 도 문 제	출제회
1	박리제	50
2	고정하중(Dead Load)과 활하중(Live Load)	93
3	설계 안전성 검토(Design For Safety)	109
4	거푸집 수평 연결재와 가새 설치 방법	118

거푸집공사 | 서술형 과년도 문제 분석표

■ 요구조건

NO	과 년 도 문 제	출제회
1	거푸집 공법 선정시 고려사항에 대하여 기술하시오.	52, 121

■ 공법종류

NO	과 년 도 문 제	출제회
1	대형 system 거푸집의 종류와 시공시 유의사항에 대하여 설명하시오.	65, 84, 98
2	골조공사에 적용되는 무비계 공법을 열거, 공법별 특성을 기술하시오.	63
3	대형 시스템거푸집(Gang Form, Climbing Form, Slip Form, Tunnel Form, Euro Form)의 종류별 특성과 현장 적용조건에 대하여 기술하시오.	59
4	거푸집 공사중 Gang Form, Auto Climbing Form, Sliding Form의 특징 및 장단점을 비교하여 기술하시오.	88

NO	과 년 도 문 제	출제회
5	공동주택 외벽 거푸집 갱폼 제작 시 세부 검토사항에 대하여 설명하시오.	111
6	시스템거푸집 중 갱폼(Gang Form)의 구성요소 및 제작시 고려사항에 대하여 설명하시오.	114
7	ACS(Auto-Climbing System)Form과 Sliding Form공법을 비교 논술하시오.	79
8	골조공사시 Aluminum Form System의 장, 단점, 시공순서, 유의사항을 기술하시오.	81
9	지하층 합벽용 무폼타이 거푸집공법(Tie-less Form Work)의 특징 및 시공시 유의사항에 대하여 설명하시오.	100
10	거푸집공사에 사용하는 터널폼의 종류 및 특성에 대하여 설명하시오.	116

■ 측압

NO	과 년 도 문 제	출제회
1	기둥콘크리트 타설시 거푸집에 미치는 측압의 분포를 비교, 도시 설명하시오.	78
2	콘크리트 타설시 온도와 습도가 거푸집 측압, 콘크리트 공기량, 크리프에 미치는 영향에 대하여 설명하시오.	104
3	콘크리트 타설시 거푸집 측압의 특성 및 영향요인에 대하여 기술하시오.	66, 117
4	콘크리트 타설시 거푸집 측압에 영향을 주는 요소 및 저감대책에 대하여 기술하시오.	87
5	콘크리트 타설과정에서 콘크리트의 거푸집 측압 증가요인, 측압 측정방법 및 과다 측압 발생시 대응방법을 설명하시오.	94
6	콘크리트 타설 시, 거푸집에 대한 고려하중과 측압 특성 및 측압 증가 요인에 대하여 설명하시오.	118

■ 존치기간

NO	과 년 도 문 제	출제회
1	거푸집 및 지주의 존치기간 미준수가 경화콘크리트에 미치는 영향에 대하여 설명하시오.	91
2	거푸집 존치기간이 철근콘크리트 강도에 미치는 영향과 이를 반영한 거푸집 전용계획에 대하여 설명하시오.	57
3	거푸집 및 동바리 해체(떼어내기)기준에 대하여 각 부위별로 기술, 기준시기보다 조기탈형 할 수 있는 강도확인방법에 대하여 설명하시오.	63

■ 동바리

NO	과 년 도 문 제	출제회
1	건축공사 현장에서 사용되는 동바리의 종류를 나열하고 각각의 장단점을 설명하시오.	84
2	층고가 높은 슬래브 콘크리트 타설전 동바리 점검사항을 기술하시오.	74
3	지하주차장 보 하부 Jack Support 설치 시 현장에서 사전에 검토할 사항에 대하여 설명하시오.	107
4	주상복합건축물 구조에서 트랜스퍼거더의 콘크리트 이어치기 면처리, 철근배근 및 하부 Shoring 시공시 유의사항에 대하여 설명하시오.	104
5	지하주차장 거푸집 작업에서 동바리 수평연결재 및 가새 설치시 주의사항에 대하여 설명하시오.	100
6	거푸집공사의 동바리 시공관리상 콘크리트 타설전, 타설중, 해체시 유의사항에 대하여 기술하시오.	68
7	거푸집공사에서 시스템 동바리 조립, 해체시 주의사항과 붕괴원인 및 방지대책을 설명하시오.	97
8	거푸집공사에서 시스템동바리의 적용범위, 특성 및 조립시 유의사항에 대하여 설명하시오.	110
9	콘크리트 양생과정에서 처짐방지를 위한 동바리(支柱)바꾸어 세우기 방법에 대하여 설명하시오.	102
10	층고 6M인 RC조 건물의 골조공사 거푸집 시공시 동바리 바꾸어 세우기(Reshoring)의 시기와 유의사항을 설명하시오.	81
11	동바리 시공시의 문제점과 기술상의 대책에 대하여 기술하시오.	62
12	콘크리트 타설시 거푸집 공사의 점검항목과 처짐 및 침하에 따른 조치사항을 기술하시오.	58

■ 기타

NO	과 년 도 문 제	출제회
1	철근콘크리트공사 중 거푸집 시공계획 및 검사방법에 대하여 설명하시오.	93
2	공동주택공사에서 거푸집 시공계획을 수립하기 위한 고려사항 및 안전성 검토방안에 대하여 설명하시오.	101
3	철근콘크리트공사에서 거푸집이 구조체의 품질, 안전, 공기 및 원가에 미치는 영향과 역할에 대하여 설명하시오.	91
4	거푸집공사의 생산성을 향상시키기 위한 방안을 설명하시오.	69
5	거푸집공사의 구조적 안전성 검토방법에 대하여 기술하시오.	82
6	거푸집공사의 안전사고를 예방하기 위한 검토사항을 거푸집 설계 및 시공단계별로 기술하시오.	69
7	거푸집공사에서 발생할 수 있는 문제점과 그 방지대책에 대하여 설명하시오.	85
8	거푸집에 작용하는 각종 하중으로 인한 사고유형 및 대책에 대하여 설명하시오.	65
9	거푸집 동바리와 관련한 안전사고의 원인과 대책에 대하여 기술하시오.	87
10	건축현장의 거푸집공사에서 발생되는 거푸집붕괴의 원인과 대책을 설명하시오.	96
11	도심지 공사에서 지하외벽의 합벽처리공사와 관련 준공 후 발생되는 주요 하자유형 및 설계, 시공상의 방지대책에 대하여 기술하시오.	64
12	철근콘크리트의 구체공사의 합리화를 위한 복합공법을 설명, 이공법의 Hard요소의 기술과 Soft요소의 기술에 대하여 설명하시오.	57
13	건축물에 작용하는 하중에 대하여 설명하시오.	116
14	알루미늄 거푸집을 이용한 아파트 구조체공사시 유의사항에 대하여 설명하시오.	117
15	박리제의 종류와 시공 시 유의사항에 대하여 설명하시오.	119
16	갱폼(Gang Form)의 제작 시 고려사항 및 케이지(Cage) 구성요소에 대하여 설명하시오.	118

Chapter 04 철근·거푸집공사

제 1 절 철근공사

1 핵심정리

I. 표준갈고리 [KDS 14 20 50]

1. 주철근

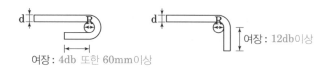

여장 : 4db 또한 60mm이상

여장 : 12db이상

2. 스터럽과 띠철근

D16이하 : 6db이상
D19, 22 및 25 : 12db이상

D25이하 : 6db이상

[90° 표준갈고리]

[135°, 90° 표준갈고리]

※ 표준갈고리(KS D 3504 기준)

종류 기호	항복점 또는 항복 강도 N/mm²	인장 강도 N/mm²	인장 시험편	연신율 %	굽힘 각도	굽힘성
SD300	300~420	항복강도의 1.15배 이상	2호에 준한 것. 3호에 준한 것.	16 이상 18 이상	180°	★ 철근의 135° 이상 갈고리 사용 1) SD500 철근의 경우, KS기준에서는 135° 굽힘성능 보장
SD400	400~5	180° 구부림 성능 보장		16 이상 이상	180°	2) SD600 철근의 경우, KS기준에서는 90° 굽힘성능 보장
SD500	500~650	항복강도의 1.08배 이상	2호에 준한 것. 3호에 준한 것.	12 이상 14 이상	135°	25 이하
SD600	600~7	90° 구부림만 성능 보장		이상	90°	25 이하 공칭 의 2.5배
SD700	700~910	항복강도의 1.08배 이상	2호에 준한 것. 3호에 준한 것.	10 이상	90°	135°구부림 성능 확인없이 임의 사용 중 25 초과 의 3배
SD400 W	400~520	항복강도의 1.15배 이상	2호에 준한 것. 3호에 준한 것.	16 이상 18 이상	180°	공칭 의 2.5배
SD500 W	500~650	항복강도의 1.15배 이상	2호에 준한 것. 3호에 준한 것.	12 이상 14 이상	180°	★ 철근의 굽힘성능 확인 후에 시공 1) 135° 이상 갈고리가 사용되는 철근의 경우, 철근의 굽힘시험성능 확인 필요
SD400 S	400~5	180° 구부림 성능 보장		이상 18 이상	180°	2) SD500 철근(135° 굽힘성능 보장)
SD500 S	500~620	항복강도의 1.25배 이상	2호에 준한 것. 3호에 준한 것.	12 이상 14 이상	180°	3) SD600 철근의 경우에는 철근의 강도 변경검토 필요 (SD500W, SD500S등)
SD600 S	600~7	90° 구부림만 성능 보장		이상 것.	90°	

→ 설계도서 검토시 135°갈고리가 사용되는 보 스터럽, 기둥 띠철근의 철근재질 확인 필요

3. 철근 항복강도별 굽힘각도 [KS D 3504]

종류기호	굽힘각도
SD300	180°
SD400	180°
SD500	135°
SD600	90°
SD700	90°
SD400W	180°
SD500W	180°
SD400S	180°
SD500S	180°
SD600S	90°
SD700S	90°

4. 철근 응력-변형률 선도

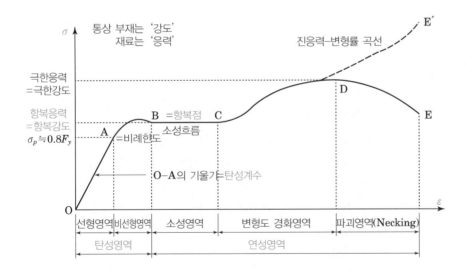

Ⅱ. 이음

1. 이형철근의 이음 [KDS 14 20 52]

① D35 초과: 겹침이음 불가

② 용접이음: 용접철근을 사용하며 철근의 설계기준항복강도 f_y의 125% 이상

③ 기계적이음: 철근의 설계기준항복강도 f_y의 125% 이상

④ 이음길이

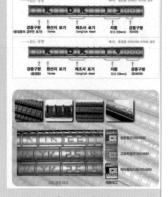

[고강도 철근]

압축
$$l_s = \left(\frac{1.4 \cdot f_y}{\lambda \sqrt{f_{ck}}} - 52 \right) \cdot db \,\text{에서}$$

$f_y \leq 400\text{MPa}$: $0.072 f_y \cdot db$ 보다 길 필요가 없다.

$f_y > 400\text{MPa} \rightarrow (0.13\, f_y - 24)db$ 보다 길 필요가 없다.

─ 최소 300mm 이상

─ f_{ck}가 21MPa미만 : 겹침 이음길이 1/3 증가

인장
─ A급 이음 : $1.0 ld$ 이상

─ B급 이음 : $1.3 ld$ 이상

─ 최소 : 300mm 이상

─ ld＝기본정착길이(ldb)×보정계수 또는

$$ld = \frac{0.9 db \cdot f_y}{\lambda \sqrt{f_{ck}}} \times \frac{\alpha \beta r}{(c + K_{tr}/db)}$$

$$ldb = \frac{0.6 db \cdot f_y}{\lambda \sqrt{f_{ck}}}$$

─ A급 이음 : 배치된 철근량이 이음부 전체 구간에서 소요철근량의 2배 이상이고 겹침이음된 철근량이 전체 철근량의 1/2 이하인 경우

─ B급 이음 : A급 이음에 해당되지 않는 경우

─ 인접철근의 이음은 750mm 이상 엇갈리게 시공

■ 기호 정의

• f_y : 인장철근의 설계기준항복강도

• db : 철근 공칭지름

• λ : 경량콘크리트 계수

• f_{ck} : 콘크리트 설계기준압축강도

• α : 철근배치 위치계수

• β : 철근 도막계수

• γ : 철근 크기에 따른 계수

• c : 철근 간격 또는 피복두께에 관련된 치수

• K_{tr} : 횡방향 철근 지수

2. 이음위치

① 응력이 적은 곳, 콘크리트 구조물에 압축응력이 생기는 곳

② 한 곳에 집중하지 않고 서로 엇갈리게 배치(이음부 분산)

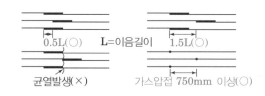

③ 기둥

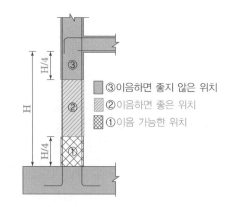

3. 이음공법

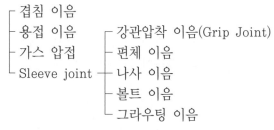

1) 겹침 이음 : 이음길이 확보

2) 용접 이음 : 철근 용접

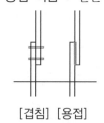

[겹침] [용접]

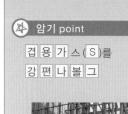

[겹침이음]

[용접이음]

[가스압접]

3) 가스압접

8구 이상의 화구선을 가진 화구로 산소-아세틸렌 불꽃 등을 사용하여 가열하고, 기계적 압력을 가하여 용접한 맞대기 이음을 말한다.

① 시공순서

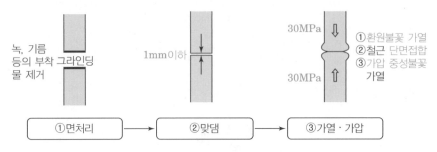

녹, 기름 등의 부착 그라인딩물 제거

1mm이하

30MPa ⇩
30MPa ⇧

①환원불꽃 가열
②철근 단면접합
③가압 중성불꽃 가열

①면처리 → ②맞댐 → ③가열·가압

② 압접부의 형상기준
- 압접 돌출부의 지름은 철근지름의 1.4배 이상
- 압접 돌출부의 길이는 철근지름의 1.2배 이상
- 압접부의 철근 중심축 편심량은 철근 지름의 1/5 이하
- 압접 돌출부의 최대 폭의 위치와 철근거리는 압접면의 철근 지름의 1/4 이하

4) Sleeve Joint

① 강관압착 이음(Grip Joint)

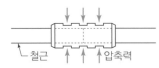

철근 압축력

- 슬리브 표면에 압축력을 가해 접합
- 철근의 직경이 같아야 한다.

② 편체이음

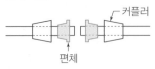

커플러
편체

- 커플러로 편체고정하여 접합
- 철근 단면적이 가장 크다.

③ 나사이음

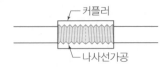

커플러
나사선가공

- 철근단부를 나사선 가공 후 접합
- 나사선 관리 철저

[편체이음]

[나사이음]

④ 볼트이음

• 철근의 마디를 볼트로 눌러서 이음

⑤ 그라우팅 이음

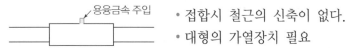

• 접합시 철근의 신축이 없다.
• 대형의 가열장치 필요

Ⅲ. 정착

1. 이형철근의 정착길이 [KDS 14 20 52]

압축
- ld = 기본정착길이(ldb) × 보정계수
- $ldb = \dfrac{0.25 \cdot db \cdot f_y}{\lambda\sqrt{f_{ck}}}$ 다만, ldb는 $0.043 \cdot db \cdot f_y$ 이상
- 최소 : 200mm 이상

인장
- ld = 기본정착길이(ldb) × 보정계수 또는
- $ld = \dfrac{0.9db \cdot f_y}{\lambda\sqrt{f_{ck}}} \times \dfrac{\alpha\beta r}{(c + K_{tr}/db)}$
- $ldb = \dfrac{0.6 \cdot db \cdot f_y}{\lambda\sqrt{f_{ck}}}$
- 최소 : 300mm 이상

[이형철근 정착]

2. 표준갈고리를 갖는 이형철근의 정착길이 [KDS 14 20 52]

압축 : 갈고리는 압축을 받는 경우 철근정착에 유효하지 않은 것으로 봄

인장
- ldh = 기본정착길이(lhd) × 보정계수
- $lhd = \dfrac{0.24 \cdot \beta \cdot db \cdot f_y}{\lambda\sqrt{f_{ck}}}$
- 최소 : $8db$ 이상 또한 150mm 이상

[표준갈고리 정착]

[인접부 정착]

[단부 정착]

3. 정착방법

1) 인접부에 정착

2) 단부에 정착

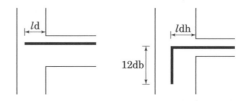

$$ld = 기본정착길이(ldb) \times 보정계수 \quad ldb = \frac{0.6 \cdot db \cdot f_y}{\lambda \sqrt{f_{ck}}}$$

$$ldh = 기본정착길이(lhd) \times 보정계수 \quad lhd = \frac{0.24 \cdot \beta \cdot db \cdot f_y}{\lambda \sqrt{f_{ck}}}$$

4. 정착위치

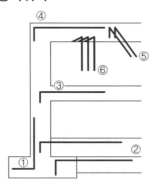

① 기둥 → 기초
② 지중보 → 기초, 기둥
③ 슬래브 → 기둥, 보, 벽체
④ 큰 보 → 기둥
⑤ 작은 보 → 큰 보
⑥ 벽체 → 기둥, 보, 슬래브

Ⅳ. 철근간격 [KDS 14 20 50]

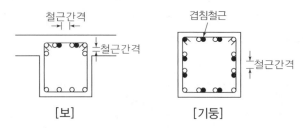

[보]   [기둥]

1. 보철근

1) 동일 평면에서 평행한 철근

① 수평 순간격은 25mm 이상

② 철근의 공칭지름 이상

③ 굵은 골재의 최대 공칭치수는 다음 값을 초과 금지

• 거푸집 양 측면 사이의 최소 거리의 1/5

• 슬래브 두께의 1/3

• 개별 철근, 다발철근, 긴장재 또는 덕트 사이 최소 순간격의 3/4

2) 상단과 하단에 2단 이상으로 배치된 경우: 순간격은 25mm 이상

2. 기둥철근

① 순간격은 40mm 이상

② 철근 공칭 지름의 1.5배 이상

③ 굵은 골재의 최대 공칭치수는 다음 값을 초과 금지

• 거푸집 양 측면 사이의 최소 거리의 1/5

• 슬래브 두께의 1/3

• 개별 철근, 다발철근, 긴장재 또는 덕트 사이 최소 순간격의 3/4

3. 서로 접촉된 겹침이음 철근과 인접된 이음철근 또는 연속철근 사이의 순간격에도 적용

4. 벽체 또는 슬래브에서 휨 주철근의 간격

① 벽체나 슬래브 두께의 3배 이하

② 450mm 이하

V. 피복두께 [KDS 14 20 50]

철근을 보호하기 위한 목적으로 철근의 외측면으로부터 콘크리트 표면까지의 거리를 말한다.

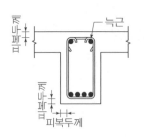
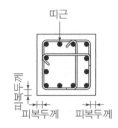
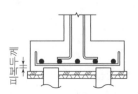

[철근 피복두께]

[철근피복두께용 스페이서]

1. 목적

① 중성화, 균열 등으로부터 내구성 확보
② 부착력 확보하여 균열 방지
③ 내화성 확보로 강도저하방지
④ 시공 시 유동성 확보

2. 최소 피복두께

구분			최소 피복두께	
			프리스트레스 하지 않는 부재	프리스트레스 하는 부재
옥외 공기나 흙에 직접 접하지 않은 콘크리트	슬래브, 벽체, 장선	D35 초과	40	20
		D35 이하	20	
	보, 기둥		40	주철근: 40
				띠철근,스터럽,나선철근:30
	쉘, 절판 부재		20	D19 이상: d_b
				D16 이하: 10
흙에 접하거나 옥외 공기에 직접 노출되는 콘크리트	D19 이상		50	벽체, 슬래브, 장선: 30
	D16 이하, 지름16mm 이하 철선		40	기타 부재: 40
흙에 접하여 콘크리트 친 후 영구히 흙에 묻혀 있는 콘크리트			75	75
수중에서 치는 콘크리트			100	–

Ⅵ. 철근 Prefab 공법

철근을 기둥, 보, 바닥, 벽 등의 부위별로 미리 절단, 가공, 조립해두고 현장에서 접합, 연결하는 공법

1. 공법종류

1) 철근 선조립 공법
   ① 철근 선조립 공법
   ② 철근 후조립 공법

2) 구조용 용접 철망 공법

3) 철근, 거푸집 일체화 공법(Ferro Deck 공법)

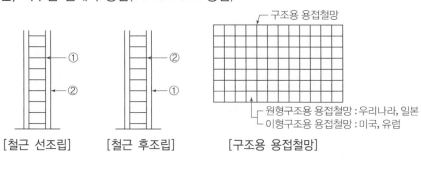

[철근 선조립]　　[철근 후조립]　　[구조용 용접철망]

[구조용 용접철망]

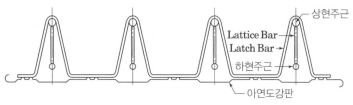

[Ferro Deck]

[철근거푸집일체화공법
(Ferro Deck 공법)]

2. 시공 시 유의사항

1) 형상의 단순화

2) 철근조립 전 청소 철저

3) 적절한 접합공법 사용

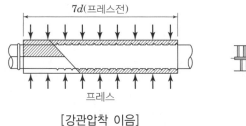

[강관압착 이음]

[나사이음]

4) 철근조립 허용오차

5) 이음의 최소화

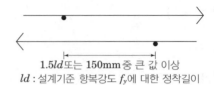

1.5*ld*또는 150mm 중 큰 값 이상
ld : 설계기준 항복강도 f_y에 대한 정착길이

6) 자재반입

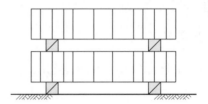

7) Lead Time 확보

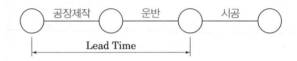

공장제작   운반   시공

Lead Time

8) 구조검토

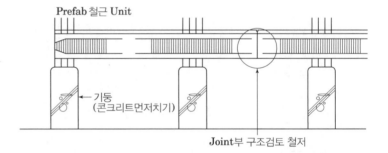

Prefab 철근 Unit

기둥
(콘크리트먼저치기)

Joint부 구조검토 철저

■ 구체(골조)공사 흐름도

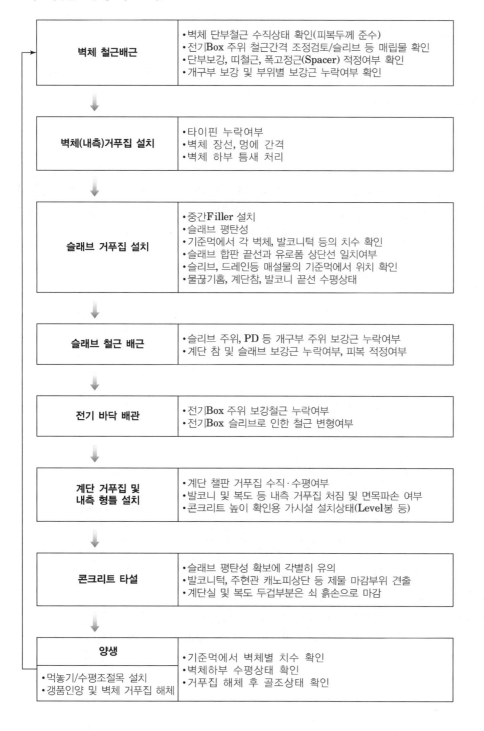

벽체 철근배근	• 벽체 단부철근 수직상태 확인(피복두께 준수) • 전기Box 주위 철근간격 조정검토/슬리브 등 매립물 확인 • 단부보강, 띠철근, 폭고정근(Spacer) 적정여부 확인 • 개구부 보강 및 부위별 보강근 누락여부 확인
벽체(내측)거푸집 설치	• 타이핀 누락여부 • 벽체 장선, 멍에 간격 • 벽체 하부 틈새 처리
슬래브 거푸집 설치	• 중간Filler 설치 • 슬래브 평탄성 • 기준먹에서 각 벽체, 발코니턱 등의 치수 확인 • 슬래브 합판 끝선과 유로폼 상단선 일치여부 • 슬리브, 드레인등 매설물의 기준먹에서 위치 확인 • 물끊기홈, 계단참, 발코니 끝선 수평상태
슬래브 철근 배근	• 슬리브 주위, PD 등 개구부 주위 보강근 누락여부 • 계단 참 및 슬래브 보강근 누락여부, 피복 적정여부
전기 바닥 배관	• 전기Box 주위 보강철근 누락여부 • 전기Box 슬리브로 인한 철근 변형여부
계단 거푸집 및 내측 형틀 설치	• 계단 챌판 거푸집 수직·수평여부 • 발코니 및 복도 등 내측 거푸집 처짐 및 면목파손 여부 • 콘크리트 높이 확인용 가시설 설치상태(Level봉 등)
콘크리트 타설	• 슬래브 평탄성 확보에 각별히 유의 • 발코니턱, 주현관 캐노피상단 등 제물 마감부위 견출 • 계단실 및 복도 두겁부분은 쇠 흙손으로 마감
양생 • 먹놓기/수평조절목 설치 • 갱품인양 및 벽체 거푸집 해체	• 기준먹에서 벽체별 치수 확인 • 벽체하부 수평상태 확인 • 거푸집 해체 후 골조상태 확인

2 단답형·서술형 문제 해설

① 단답형 문제 해설

76,81회

01 고강도 철근

I. 정 의

일반적으로 철근의 항복강도가 400MPa(SD400) 이상의 철근, 탄소강에 소량의 Sr, Mn, Ni 등을 첨가한 강도가 큰 철근을 말하며 최근에는 철근의 항복강도 500MPa(SD500) 이상의 철근을 고강도철근으로 부르기도 한다.

II. 철근의 응력–변형률 선도

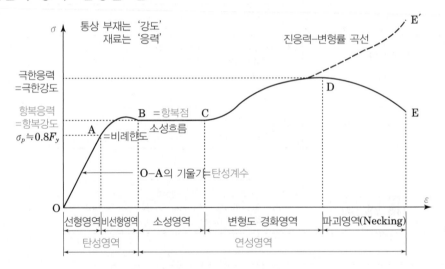

(1) 고강도 철근배근 시에는 정착길이 및 이음길이 확보 등에 주의
(2) 고강도 철근과 일반 철근의 탄성계수는 같음
(3) 고강도 철근은 소성흐름 구간(연성)이 작기 때문에 취성파괴에 주의
(4) 긴장재를 제외한 철근의 설계기준의 항복강도는 600MPa 초과 금지

Ⅲ. 철근의 식별기준

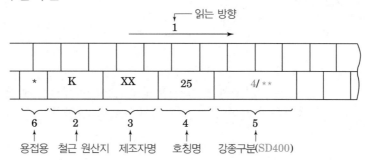

Ⅴ. 고강도 철근 사용 효과

(1) 철근 사용량 감소

(2) 고강도 콘크리트 적용

(3) 철근콘크리트 단면 감소

(4) 고층화, 대형화 건물에 유리

02 가스압접

[LHCS 14 20 11 10]

I. 정 의

8구 이상의 화구선을 가진 화구로 산소-아세틸렌 불꽃 등을 사용하여 가열하고, 기계적 압력을 가하여 용접한 맞대기 이음을 말한다.

II. 시공순서

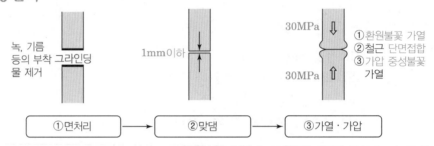

녹, 기름 등의 부착 그라인딩 물 제거

1mm이하

30MPa
30MPa

① 환원불꽃 가열
② 철근 단면접합
③ 가압 중성불꽃 가열

| ① 면처리 | → | ② 맞댐 | → | ③ 가열 · 가압 |

III. 압접부의 형상기준

(1) 압접 돌출부의 지름은 철근지름의 1.4배 이상
(2) 압접 돌출부의 길이는 철근지름의 1.2배 이상
(3) 압접부의 철근 중심축 편심량은 철근 지름의 1/5 이하
(4) 압접 돌출부의 최대 폭의 위치와 철근거리는 압접면의 철근 지름의 1/4 이하

IV. 시공 시 유의사항

(1) 산소의 작업 압력은 0.69MPa 이하로 유지
(2) 아세틸렌 작업 압력은 0.98MPa 이하로 유지
(3) 아세틸렌 용기는 40℃ 이하로 유지
(4) 압접 위치는 응력이 작게 작용하는 부위 또는 부재의 동일단면에 집중 금지
(5) 철근지름이 7mm가 넘게 차이가 나는 경우에는 압접 금지
(6) 맞댄 면 사이의 간격은 1mm 이하로 하고, 편심 및 휨이 생기지 않는지를 확인
(7) 압접면의 틈새가 완전히 닫힐 때까지 환원불꽃으로 가열
(8) 압접면의 틈새가 완전히 닫힌 후 철근의 축 방향에 30MPa 이상의 압력을 가하면서 중성불꽃으로 철근의 표면과 중심부의 온도차가 없어질 때까지 충분히 가열
(9) 철근 축방향의 최종 가압은 모재 단면적당 30MPa 이상
(10) 가열 중에 불꽃이 꺼지는 경우, 압접부를 잘라내고 재압접(압접면의 틈새가 완전히 닫힌 후 가열 불꽃에 이상이 생겼을 경우는 불꽃을 재조정하여 작업 계속 가능)

V. 압접부 검사

종별	시험종목	시험방법	시험빈도
외관검사	위치	외관 관찰, 필요에 따라 스케일, 버니어 캘리퍼스 등에 의한 측정	전체 개소
	외관검사		
샘플링검사	초음파탐사 검사	KS B0839	1검사 로트[1]마다 30개소
	인장시험	KS D 0244	1검사 로트[1]마다 3개소

주1) 검사로트는 원칙적으로 동일 작업반이 동일한 날에 시공한 압접개소로서 그 크기는 200개소 정도를 표준으로 함

VI. 외관 검사 결과 불합격된 압접부의 조치

(1) 철근 중심축의 편심량이 규정값을 초과했을 때는 압접부를 떼어내고 재압접한다.

(2) 압접 돌출부의 지름 또는 길이가 규정 값에 미치지 못하였을 경우는 재가열하여 압력을 가해 소정의 압접 돌출부로 만든다.

(3) 형태가 심하게 불량하거나 또는 압접부에 유해하다고 인정되는 결함이 생긴 경우는 압접부를 잘라내고 재압접한다.

(4) 심하게 구부러졌을 때는 재가열하여 수정한다.

(5) 압접면의 엇갈림이 규정값을 초과했을 때는 압접부를 잘라내고 재압접한다.

(6) 재가열 또는 압접부를 절삭하여 재압접으로 보정한 경우에는 보정 후 외관검사를 실시한다.

😊 84,111회

03 나사이음(Tapered-End Joint, 나사형 철근)

I. 정 의

맞댐이음되는 두 개의 이형철근 단부에 나사선을 가공한 후 이음장치(커플러)를 이용하여 연결하는 방식이다.

II. 시공도

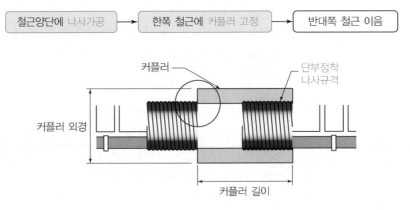

III. 사용부위

(1) 기둥, 보, 슬래브, 매입용의 이어치기 부위
(2) 철근 양단이 자유단일 때 사용

IV. 장점

(1) 철근 손실이 적다.
(2) 철근이음이 비교적 쉽다.
(3) 가장 경제적이다.

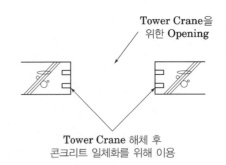

V. 단점

(1) 철근의 단부를 가공하여야 한다.
(2) 철근의 단면손실이 발생한다.
(3) 공장가공에 따른 철근의 물류비용이 발생한다.

04 철근 피복두께(Covering Depth) [KDS 14 20 50]

Ⅰ. 정 의

철근을 보호하기 위한 목적으로 철근(횡방향 철근, 표피철근 포함)의 표면과 그와 가장 가까운 콘크리트 표면 사이의 거리를 말한다.

Ⅱ. 시공도

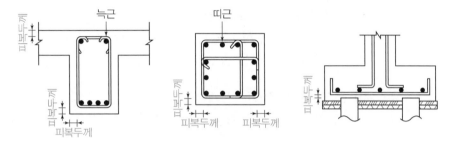

Ⅲ. 최소 피복두께

구분			최소 피복두께	
			프리스트레스 하지 않는 부재	프리스트레스 하는 부재
옥외 공기나 흙에 직접 접하지 않은 콘크리트	슬래브, 벽체, 장선	D35 초과	40	20
		D35 이하	20	
	보, 기둥		40	주철근: 40
				띠철근, 스터럽, 나선철근:30
	셸, 절판 부재		20	D19 이상: d_b
				D16 이하: 10
흙에 접하거나 옥외 공기에 직접 노출되는 콘크리트	D19 이상		50	벽체, 슬래브, 장선: 30
	D16 이하, 지름16mm 이하 철선		40	기타 부재: 40
흙에 접하여 콘크리트 친 후 영구히 흙에 묻혀 있는 콘크리트			75	75
수중에서 치는 콘크리트			100	–

😊 72,90,118회

05 철근의 부착강도에 영향을 주는 요인(철근과 콘크리트의 부착력)

I. 정 의

철근과 콘크리트의 경계면에서 철근의 Movement가 발생하지 않도록 방지하는 성능이 부착강도이다.

II. 철근의 부착강도에 영향을 주는 요인

(1) 철근의 표면상태(보정계수 β)
  ① 이형철근 〉 원형철근
  ② 철근에 녹이 있을 경우 부착강도 증가

(2) 콘크리트의 강도(보정계수 a)
  압축강도나 인장강도가 클수록 커진다.

(3) 철근의 묻힌 위치 및 방향(보정계수 α)
  ① 연직철근 〉 수평철근
  ② 하부 수평철근 〉 상부 수평철근

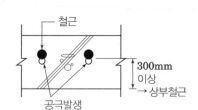

(4) 철근 간격 및 피복두께(보정계수 c)
  ① 부착강도에 미치는 영향이 매우 크다.
  ② 피복두께가 부족하면 콘크리트의 할렬로 인해서 부착파괴 유발

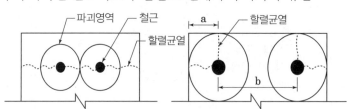

(5) 철근의 크기(보정계수 r)
  지름이 작은 철근이 부착에 유리

(6) 다지기 및 철근부식
  ① 다지기를 잘할수록 부착강도 증가
  ② 철근부식이 클수록 부착강도는 저하

(7) 물-결합재비
  물-결합재비가 낮을수록 부착강도 증가

06 철근 Prefab 공법

Ⅰ. 정의

재래식 공법인 철근운반, 가공 및 조립방식을 탈피하여 기둥, 보, 벽, 바닥 등을 미리 조립(공장 또는 현장)하여 현장에서 각종 크레인 등을 이용하여 조립하는 공법이다.

Ⅱ. 종류

(1) 철근 선조립 공법

철근을 기둥, 보, 바닥, 벽 등을 부위별로 미리 절단, 가공, 조립해 두고 현장에서 접합, 연결하는 공법이다.

① 철근 선조립 공법 : 철근을 먼저 배근하는 공법
② 철근 후조립 공법 : 거푸집공사 후 철근을 배근하는 공법

(2) 구조용 용접철망공법

냉간압연 또는 신선된 고강도 철선을 사용하여 가로와 세로선을 직각으로 배열하여, 교차점을 전기저항용접하여 접합하는 공법이다.

① 원형 구조용 용접철망 : 우리나라, 일본
② 이형 구조용 용접철망 : 미국, 유럽

(3) 철근, 거푸집 조립 일체화공법(Ferro Deck 공법)

입체형 철근과 거푸집 대용 아연도강판을 공장에서 일체화한 공법이다.

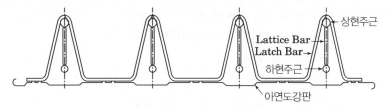

Ⅲ. 도입효과

(1) 시공정도 향상과 구조적 안정성 확보
(2) 철근공사기간의 단축 및 생산성 향상
(3) 품질관리의 용이성
(4) 기능인력 절감 및 작업의 단순화
(5) 구체공사의 시스템화

07 수축·온도철근(Shrinkage and Temperature Reinforcement)　[KDS 14 20 50]

Ⅰ. 정 의

(1) 건조수축 또는 온도변화에 의하여 콘크리트에 발생하는 균열을 방지하기 위한 목적으로 배치되는 철근을 말한다.
(2) 슬래브에서 휨철근이 1방향으로만 배치되는 경우, 이 휨철근에 직각방향으로 수축·온도철근을 배치하여야 한다.

Ⅱ. 현장시공도

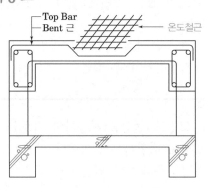

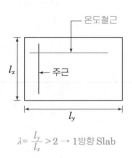

$\lambda = \dfrac{l_y}{l_x} > 2 \rightarrow$ 1방향 Slab

Ⅲ. 수축·온도철근의 목적

(1) 온도변화에 의한 콘크리트 균열저감
(2) 콘크리트 수축에 의한 균열저감
(3) 1방향 슬래브의 주근간격 유지
(4) 응력을 분산

Ⅳ. 1방향 철근콘크리트 슬래브

(1) 수축·온도철근으로 배치되는 이형철근 및 용접철망의 최소철근비
　① 설계기준항복강도가 400MPa 이하인 이형철근을 사용한 슬래브: 0.0020 이상
　② 설계기준항복강도가 400MPa을 초과하는 이형철근 또는 용접철망을 사용한 슬래브
　: $0.0020 \times \dfrac{400}{f_y}$ 이상
　③ 어떤 경우에도 0.0014 이상
(2) 수축·온도철근 단면적을 단위 폭 m당 1,800mm^{2}보다 크게 취할 필요는 없다.
(3) 수축·온도철근의 간격은 슬래브 두께의 5배 이하 또한 450mm 이하
(4) 수축·온도철근은 설계기준항복강도 f_y를 발휘할 수 있도록 정착

08 균형철근비(Balanced Steel Ratio)

I. 정 의

균형철근비란 인장철근이 설계항복강도에 도달하는 동시에 압축연단 콘크리트의 변형률이 극한변형률에 도달하는 단면의 인장철근비이다.

II. 철근비에 따른 중립축 위치관계

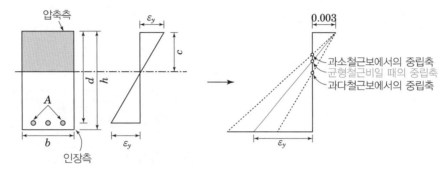

III. 철근비의 상호관계

(1) 균형철근비(Balanced Steel Ratio)
  ① 콘크리트가 극한변형률에 도달함과 동시에 철근이 항복하는 경우
  ② 철근과 콘크리트가 동시에 파괴됨
  ③ 가장 최적의 상태

(2) 과소철근보(Underreinforced Beams)
  ① 콘크리트가 극한변형률에 도달했을 때 철근이 이미 항복하도록 설계된 보
  ② 하중 증가 시 철근이 먼저 항복상태가 됨
  ③ 철근이 항복하면 보에 처짐과 균열이 발생하는 징후를 감지하게 됨
  ④ 인장파괴 또는 연성파괴가 일어남
  ⑤ 중립축이 압축 측으로 상향됨

(3) 과다철근보(Overreinforced Beams)
  ① 콘크리트가 극한변형률에 도달했을 때 철근이 항복하지 않도록 설계된 보
  ② 하중 증가 시 콘크리트가 먼저 극한변형률에 도달됨
  ③ 콘크리트가 극한변형률 도달 시 갑자기 붕괴됨
  ④ 취성파괴가 일어남
  ⑤ 중립축이 인장 측으로 하향됨

2 서술형 문제 해설

66,108,109회

01 철근공사 시 피복두께의 목적과 유지방안

I. 개 요

(1) 철근 피복두께는 철근 표면과 콘크리트 표면의 최단거리를 말한다.
(2) 피복두께는 구조재로서 피복두께로 인하여 철근의 역할을 가능하게 하므로 적정 피복두께를 확보하여야 한다.

II. 피복두께의 기준

(cm)

구 분			최소 피복두께
흙에 접하지 않는 부위	Slab, 벽체 장선	D35 초과	4
		D35 이하	2
	보, 기둥		4
흙에 접하는 부위	D16 이하		4
	D25 이하		5
	D29 이상		6
	영구히 흙에 묻혀있는 경우		8
수중타설 콘크리트			10
내화구조물	벽 체		3
	기둥, 보		5
심한 부식환경	Slab, 벽체(D16 이하)		5
	Slab, 벽체(D16 초과), 기둥, 보		8

피복두께

Ⅲ. 피복두께의 목적

(1) 철근의 부식 방지

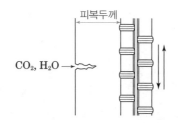

피복두께가 부족하면 철근에 힘이 가해지므로 콘크리트에 균열 발생 → CO_2, H_2O 침투 → 철근 부식

(2) 내화성 확보

① 콘크리트 단열작용으로 철근 소성변형 방지
② 화재만 발생한 철근 콘크리트 구조물은 덮개 콘크리트로 보수하여 사용 가능

(3) 콘크리트와 부착력 확보

① 피복두께 확보 시 철근과 콘크리트는 부착강도가 크다.
② 부착력이 두 재료 사이의 활동을 방지하여 일체성을 확보한다.

(4) 내구성 확보

설계 시 콘크리트 균열폭 제한 → 철근부식 방지 → 내구성 확보

Ⅳ. 유지방안

(1) 간격재(Spacer) 시공

부 위	수량 또는 배치	
Slab	1.3m 정도	
보	1.5m 정도	
기둥	기둥폭 1.0m까지 2개	상단, 중단
	기둥폭 1.0m 이상 3개	
기초	$4m^2$ 정도 8개, $16m^2$ 정도20개	

(2) 타설 전 레벨 체크 철저

콘크라트 타설 전에 반드시 레벨관리를 통하여 품질관리 확보

(3) 철근결속 철저

① 0.9mm 철선을 철근 교차부에 결속
② 철근 상부로 돌출된 결속선 제거하여 피복두께 유지
③ 철근결속은 두 겹으로 감아 결속

(4) 콘크리트 타설 시 배관관리 철저

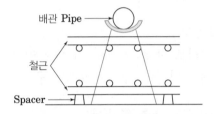

① 콘크리트 타설배관이 철근에 직접 닿지 않도록 할 것
② 배관지지용 고임목 사용
③ CPB, 분배기 이용

(5) 기계적 이음 활용

D19mm 이상 철근일 때는 피복두께 확보를 위해 가스압접 등의 기계적 이음을 활용

(6) 철근 Prefab 공법

V. 결 론

(1) 철근 피복두께는 내구성 확보 등을 위해 아주 철저히 시공되어야 한다.
(2) 그러므로 콘크리트 타설로 사전점검 및 타설 중 피복두께에 대한 중요성을 인식시켜야 한다.

02 철근 Prefab(선조립) 공법의 현장시공 시 유의사항

Ⅰ. 개 요

(1) 철근을 기둥, 보, 바닥, 벽 등의 부위별로 미리 절단, 가공, 조립해 두고 현장에서 접합, 연결하는 것이다.

(2) 운전, 양중, 접합 등의 경제성 문제와 동시에 거푸집의 시스템화가 필요하다.

(3) 도입효과

- 시공정도 향상
- 공기 단축
- 품질관리의 용이성
- 작업의 단순화
- 구체공사의 시스템화

Ⅱ. 현장시공도

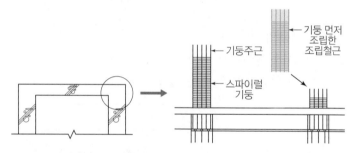

Ⅲ. 현장시공 시 유의사항

(1) 철근 선조립 공법의 Flow Chart

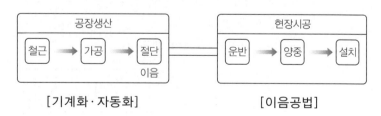

[기계화·자동화]　　　　　　[이음공법]

(2) 형상의 단순화

① 기계적 생산제품의 현장적용성 감안

② 공장가동을 도모하고 반복생산 가능하도록 검토

(3) 철근 조립 전 청소 철저
① 뜬녹, 흙, 기름 등 제거
② Wire Brush 사용

(4) 적절한 접합공법 사용

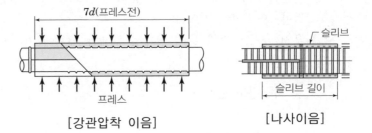

[강관압착 이음]　　　　[나사이음]

(5) 철근 조립 허용오차

① 피복두께 $\begin{cases} d \leq 200 \rightarrow -10mm \\ d > 200 \rightarrow -13mm \end{cases}$

② 유효두께 $\begin{cases} d \leq 200 \rightarrow \pm 10mm \\ d > 200 \rightarrow \pm 13mm \end{cases}$

(6) 이음의 최소화
① 사용 결속선을 굵은 것 사용 : $\phi 1.6$
② 원형용접철망 겹침 이음

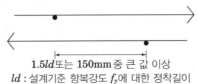

$1.5ld$ 또는 150mm 중 큰 값 이상
ld : 설계기준 항복강도 f_y에 대한 정착길이

(7) 자재 반입
① 가급적 Just in time 실시
② 조립순서에 맞게 반입
③ 적치 시 고임목 철저히 설치

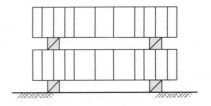

(8) Lead Time 확보
 ① 공장제작에 따른 선도작업시간 확보
 ② Lean Construction

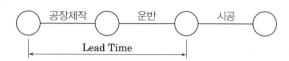

(9) 구조검토

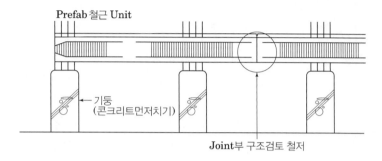

Ⅳ. 결 론

(1) 기둥, 보의 접합부 형상을 단순화하며 부재조립 시 적정방법을 사용한다.
(2) 향후 철근 공사, 거푸집 공사, 콘크리트 공사를 연계한 공법의 개발에 산·학·연의 지속적인 노력이 필요하다.

Chapter 04

철근·거푸집공사

제 2 절 거푸집공사

1 핵심정리

I. 요구조건

① 외력에 변형 없을 것   ② 치수, 형상 정확
③ 수밀성   ④ 가격저렴
⑤ 가공, 조립 해체용이   ⑥ 내구성, 반복 사용
⑦ 구성재 종류 간단   ⑧ 경량화, 운반취급
⑨ 소재 청소 보수용이

II. 특수거푸집(전용거푸집, System Form)

- 벽 : 대형 Panel F(Gang F)＋가설/마감 발판＝Climbing F
- 바닥 : Table F(수평), Flying Shore F(수평, 수직)
- 벽＋바닥 : Tunnel F(모노쉘형, 트윈쉘형)
- 연속 ┬ 수직 : Sliding F, Slip F
　　　　└ 수평 : Traveling F
- 무지주 : Bow Beam, Pecco Beam
- 바닥판 : Deck Plate, Waffle F, Half PC Slab
- 기타 거푸집 ┬ W식 거푸집
　　　　　　　├ Stay in Place 거푸집
　　　　　　　├ Lath 거푸집
　　　　　　　├ 무폼타이 거푸집
　　　　　　　├ 무보강재 거푸집
　　　　　　　├ 고무풍선 거푸집
　　　　　　　├ 투수거푸집
　　　　　　　├ 제물치장 거푸집
　　　　　　　├ RSC Form(ACS Form)
　　　　　　　├ Aluminum Form
　　　　　　　└ 철제 비탈형 거푸집

1. 기본 system

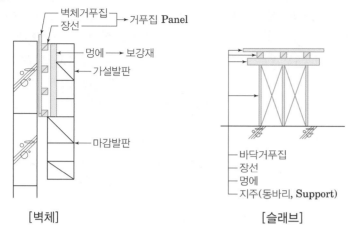

[벽체]   [슬래브]

2. Gang Form

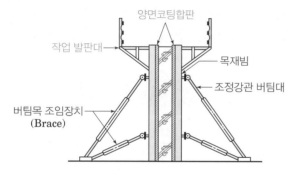

[Gang Form]

① 평면상 상·하부 동일 단면 구조물에서 외부벽체 거푸집과 작업발판용 케이지(Cage)를 일체로 제작하여 사용하는 대형 거푸집을 말한다.
② 현장에서는 외부 벽체 거푸집 설치, 해체 및 미장, 면손보기 작업을 위한 케이지를 일체로 제작하여 사용하는 것을 말한다.

3. Climbing Form

Gang Form에 거푸집 설치를 위한 비계틀과 기 타설된 콘크리트의 마감작업용 비계를 일체로 조립하여 한 번에 인양시켜 거푸집을 설치하는 벽체용 거푸집이다.

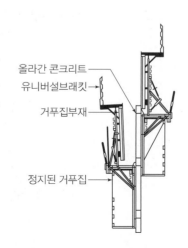

[Climbing Form]

4. Table Form(Flying Form)

바닥 슬래브의 콘크리트를 타설하기 위한 거푸집으로서 거푸집널, 장선, 멍에, 서포트 등을 일체로 제작하여 부재화하여 크레인으로 수평 및 수직 이동이 가능한 거푸집이며, 일명 Flying Form 이라고도 한다.

5. Tunnel Form

Tunnel Form이란 벽식 철근콘크리트 구조를 시공할 경우 벽과 바닥의 콘크리트 타설을 한 번에 가능하게 하기 위하여, 벽체용 거푸집과 슬래브 거푸집을 일체로 제작하여 한 번에 설치하고 해체할 수 있도록 한 거푸집이다.

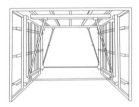

[트윈쉘형]　　　　　　　　[모노쉘형]

6. Sliding Form(Slip Form)

Sliding Form은 Slip Form이라고 불리기도 하는데, 수직적으로 반복된 구조물을 시공이음이 없이 균일한 형상으로 시공하기 위하여 거푸집을 연속적으로 이동시키면서 콘크리트를 타설하여 구조물을 시공하는 거푸집공법이다.

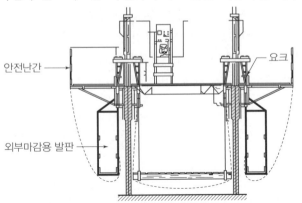

안전난간　　　　　　요크

외부마감용 발판

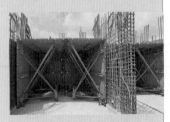

[Flying Form]

[Tunnel Form]

[Slip Form]

7. Traveling Form

트래블러라고 불리는 비계틀 또는 가동골조(可動骨造, Movable Frame)에 지지된 이동거푸집 공법으로서, 한 구간의 콘크리트를 타설한 후 거푸집을 낮추고 다음에 콘크리트를 타설하는 구간까지 수평으로 이동하여 연속적으로 구조물을 완성하는 것이다.

[Traveling Form]

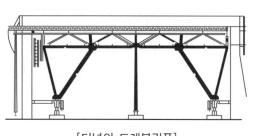

[터널의 트래블링폼]

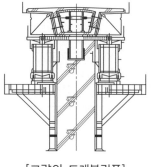

[교량의 트래블링폼]

8. 무지보공 거푸집(무지주 공법, 수평지지보)

서포트가 없이 바닥 거푸집을 시공하기 위한 시스템으로서 트러스 형태의 빔(Beam)을 보 거푸집 또는 벽체 거푸집에 걸쳐놓고 바닥판 거푸집을 시공하는 거푸집이다.

■ 종류

Bow Beam	스판이 일정한 경우에 사용
Pecco Beam	안보가 있어 스판의 조절이 가능하다.

[무지주 거푸집]

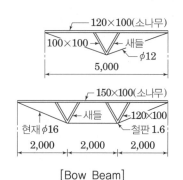

[Bow Beam]

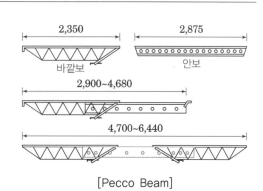

[Pecco Beam]

[Waffle Form]

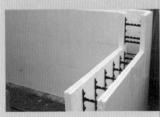

[W식 거푸집]

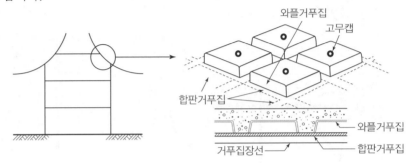

9. Waffle Form

특수상자 모양의 기성재거푸집(철판제 또는 합성수지판제)을 연속적으로 늘어놓은 형태의 특수거푸집으로 격자천장형식의 바닥판을 만드는 거푸집 공법이다.

10. W식 Form

가설받침대는 철골조로 만들어진 Lattice Beam으로 하고, 그 위에 아연도 골판을 설치한 거푸집으로 바닥판 거푸집공법의 일종이다.

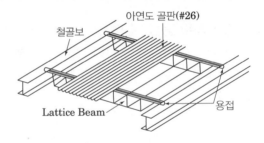

11. Stay in Place Form

일반거푸집에 미리 단열재를 붙인 거푸집으로서, 콘크리트 타설 후 거푸집 제거 시 단열재는 콘크리트 구조체에 영구적으로 그대로 남겨 놓는 공법 이다.

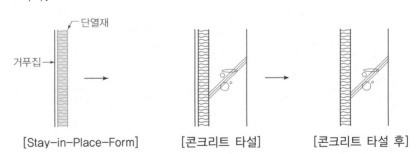

[Stay in Place Form]

[Stay-in-Place-Form]　　　　[콘크리트 타설]　　　　[콘크리트 타설 후]

12. Lath Form

콘크리트의 Construction Joint를 위하여 합판 대신에 Lath를 사용하여 콘크리트 이어치기하는 부위에 설치하는 거푸집이다.

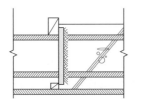 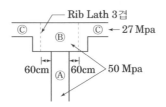

콘크리트가 채워지지 않음

Rib Lath 3겹
ⓒ ⓒ ← 27 Mpa
Ⓑ
60cm Ⓐ 60cm 50 Mpa

[Lath Form]

13. 무폼타이 거푸집(Tie-less Form work)

벽체 거푸집을 양면에 설치하기 곤란한 경우 폼타이 없이 콘크리트의 측압을 지지하기 위한 브레이스프레임을 사용하는 공법이며, 일명 브레이스프레임(Brace Frame)공법이라고도 한다.

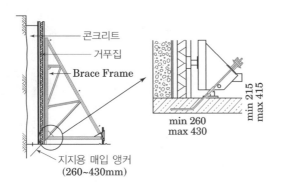

콘크리트
거푸집
Brace Frame

min 215
max 415

min 260
max 430

지지용 매입 앵커
(260~430mm)

[무폼타이 거푸집]

14. 무보강재 거푸집

벽체거푸집과 장선재만으로 만든 기본 Pannel

거푸집 널
장선

15. 고무풍선 거푸집

고무풍선을 이용하는 거푸집으로, 1차 타설한 콘크리트 위에 원형인 고무풍선을 설치하고 2차 콘크리트를 타설하여 고무풍선거푸집 내부에 콘크리트가 들어가지 않는 거푸집이다.

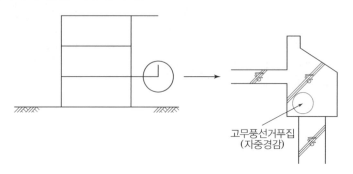

16. 투수 거푸집(섬유재(Textile) 거푸집)

거푸집에 3~5mm 직경의 작은 구멍을 뚫고, 그 위에 섬유재를 부착시켜 통기 및 투수성을 갖도록 제작된 거푸집이다.

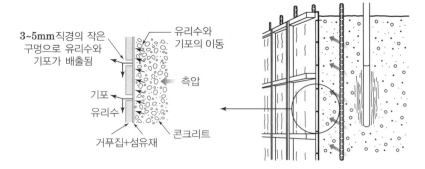

17. 제물치장 거푸집

콘크리트 마감면에 별도의 마감을 하지 않고 콘크리트 자체의 색상이나 질감으로 표면을 마감하기 위한 거푸집을 말한다.

1) 노출콘크리트 마감공법

철근콘크리트구조물 시공 후 콘크리트 표면에 별도의 마감재료를 추가로 시공하지 않고 콘크리트자체의 색상 및 질감으로 콘크리트표면을 마감하는 공법

2) 제물치장콘크리트 마감공법

콘크리트면 자체에 대하여 기계흙손 및 쇠흙손 등을 이용하여 문지르거나, 숫돌 또는 그라인더 등을 이용하여 면을 갈아내거나, 표면 마무리재 등을 이용하여 콘크리트 표면 자체를 마무리하는 공법

[제물치장거푸집]

18. RSC(Rail Climbing System) Form

벽체 거푸집용 작업발판으로서 거푸집 설치를 위한 작업발판, 비계틀과 콘크리트 타설 후 마감용 비계를 일체로 제작한 레일 일체형 시스템이며, 특히 Rail(레일)과 Shoe(슈)가 맞물려 크레인 없이 유압을 이용하여 자립으로 인상작업과 탈형 및 설치가 가능한 시스템 폼을 말한다.

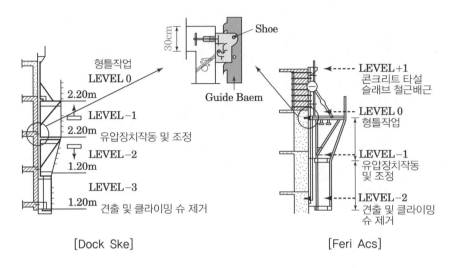

[Dock Ske]   [Feri Acs]

[RCS Form]

19. ACS(Auto Climbing System) Form

RCS폼과 비슷하고 레일이 분리되어 있으며 브래킷 타입의 거푸집 인상작업과 탈형 및 설치가 가능한 자동 유압 상승식 시스템 작업발판을 말한다.

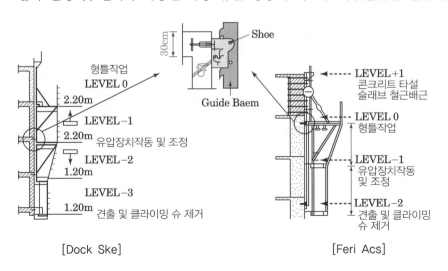

[Dock Ske]   [Feri Acs]

[ACS form]

20. Aluminum Form

거푸집 널, 측면보강재, 면판보강재 등이 알루미늄으로 이루어진 규격화된 거푸집을 말하며 벽, 슬래브, 기둥 등에 주로 사용되며, 일반적으로 폭은 300~600mm와 높이 1,200~2,400mm 규격품이 사용되고 있다.

[Aluminum Form]

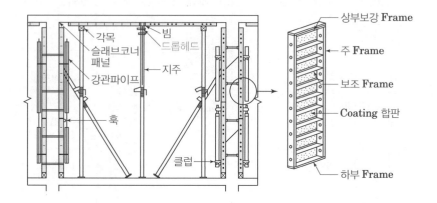

21. 철제 비탈형 거푸집

공장에서 아연도금 Steel Panel로 거푸집 제작(공장에서 보 스터럽 부착) 및 현장 설치 및 철근배근하여 콘크리트 타설 후 탈형 없이 본 구조체로 이용하는 거푸집을 말한다.

[철재 비탈형 거푸집]

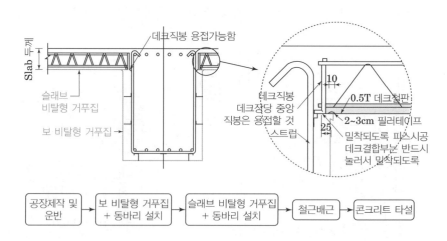

Ⅲ. 거푸집 및 동바리 구조계산

1. 표준시방서 [KCS 14 20 12]

거푸집 및 동바리는 콘크리트 시공 시에 작용하는 연직하중, 수평하중, 콘 크리트 측압 및 풍하중, 편심하중 등에 대해 그 안전성을 검토하여야 하며 고정하중과 활하중은 연직하중에 해당된다.

1) 고정하중(Dead Load)

① 고정하중 = 철근 콘크리트하중 + 거푸집하중

② 철근 포함 콘크리트의 단위중량

• 보통 콘크리트 $24kN/m^3$

• 제1종 경량 콘크리트 $20kN/m^3$

• 제2종 경량 콘크리트 $17kN/m^3$

③ 거푸집의 무게: 최소 $0.4kN/m^2$ 이상을 적용

④ 특수거푸집 사용 시 그 실제 거푸집 및 철근의 무게 적용

[고정하중]

2) 활하중(Live Load)

① 활하중 = 작업하중 + 충격하중

② 구조물의 수평투영면적(연직방향으로 투영시킨 수평면적)당 최소 $2.5kN/m^2$ 이상

③ 전동식 카트 장비를 이용하여 콘크리트를 타설할 경우에는 $3.75kN/m^2$

[활하중]

3) 연직하중

① 연직하중 = 고정하중(Dead Load) + 활하중(Live Load)

② 콘크리트 타설 높이와 관계없이 최소 $5.0kN/m^2$ 이상

③ 전동식 카트를 사용할 경우에는 최소 $6.25kN/m^2$ 이상

4) 수평하중

① 동바리 최상단에 작용하는 것으로 다음 값 중 큰 값 적용

• 고정하중의 2% 이상

• 동바리 상단의 수평방향 단위 길이 당 1.5kN/m 이상

② 벽체 거푸집의 경우에는 거푸집 측면에 대하여 $0.5kN/m^2$ 이상

③ 그 밖에 풍압, 유수압, 지진, 편심하중, 경사진 거푸집의 수직 및 수평 분력, 콘크리트 내부 매설물의 양압력, 외부 진동다짐에 의한 영향하중 등의 하중을 고려

④ 바닷가나 강가, 고소작업에서와 같이 바람이 많이 부는 곳에서는 풍하 중 검토

2. 설계하중 [KDS 21 50 00]

거푸집 및 동바리는 콘크리트 시공 시에 작용하는 연직하중, 수평하중, 콘크리트 측압 및 풍하중, 편심하중 등에 대해 그 안전성을 검토하여야 하며 고정하중과 작업하중은 연직하중에 해당된다.

1) 연직하중

- 연직하중 = 고정하중(D) + 작업하중(L_i)
- 콘크리트 타설 높이와 관계없이 최소 5.0kN/m^2 이상
  (전동식카트: 6.25kN/m^2 이상)

① 고정하중
  가. 고정하중 = 철근 콘크리트하중 + 거푸집하중
  나. 철근 포함 콘크리트의 단위중량
    - 보통 콘크리트 24kN/m^3
    - 제1종 경량 콘크리트 20kN/m^3
    - 제2종 경량 콘크리트 17kN/m^3를 적용
  다. 거푸집의 무게: 최소 0.4kN/m^2 이상을 적용
  라. 특수거푸집 사용 시 그 실제 거푸집 및 철근의 무게 적용

[고정하중]

② 작업하중
  가. 작업하중 = 시공하중 + 충격하중
  나. 콘크리트 타설 높이가 0.5m 미만인 경우: 수평투영면적 당 최소 2.5kN/m^2 이상
  다. 콘크리트 타설 높이가 0.5m 이상 1.0m 미만일 경우: 수평투영면적 당 최소 3.5kN/m^2 이상
  라. 콘크리트 타설 높이가 1.0m 이상인 경우: 수평투영면적 당 최소 5.0kN/m^2 이상
  마. 전동식카트 사용할 경우: 수평투영면적 당 3.75kN/m^2
  바. 콘크리트 분배기 등의 특수장비를 이용할 경우: 실제 장비하중을 적용
  사. 적설하중이 작업하중을 초과하는 경우: 적설하중을 적용

[작업하중]

2) 수평하중

① 동바리 최상단에 작용하는 것으로 다음 값 중 큰 값 적용
  가. 고정하중의 2%
  나. 동바리 상단 수평길이 당 1.5kN/m 이상
② 벽체 및 기둥 거푸집은 거푸집면 투영면적 당 0.5kN/m^2 추가

3) 콘크리트 측압

①

$$P = w \cdot H$$

- P : 콘크리트 측압(kN/m²)
- w : 굳지 않은 콘크리트의 단위중량(kN/m³)
- H : 콘크리트의 타설 높이(m)

② 콘크리트 슬럼프가 175mm 이하이고, 1.2m 깊이 이하의 일반적인 내부 진동다짐으로 타설되는 기둥 및 벽체의 콘크리트 측압은 다음과 같다.

가. 기둥(수직부재로서 장변의 치수가 2m 미만)

$$P = C_w \cdot C_c \left[7.2 + \frac{790R}{T+18} \right]$$

나. 벽체(수직부재로서 한쪽 장변의 치수가 2m 이상)

구분 / 타설속도		2.1m/h 이하	2.1~4.5m/h
타설 높이	4.2m 미만 벽체	$p = C_w \cdot C_c \left(7.2 + \frac{790R}{T+18} \right)$	
	4.2m 초과 벽체	$p = C_w \cdot C_c \left(7.2 + \frac{1,160 + 240R}{T+18} \right)$	
모든 벽체			$p = C_w \cdot C_c \left(7.2 + \frac{1,160 + 240R}{T+18} \right)$

4) 풍하중(W)

가시설물의 재현기간에 따른 중요도계수(I_w)는 존치기간 1년 이하: 0.60

5) 특수하중

① 콘크리트 비대칭 타설 시 편심하중, 콘크리트 내부 매설물의 양압력, 포스트텐션 하중, 장비하중, 외부진동다짐 영향

② 슬립 폼의 인양(Jacking) 시에는 벽체길이 당 최소 3.0kN/m 이상의 마찰하중이 작용

[기둥 측압]

Ⅳ. 측압

1. 콘크리트 헤드(H)
콘크리트 타설 윗면으로부터 최대측압까지의 거리

2. 콘크리트 측압의 변화

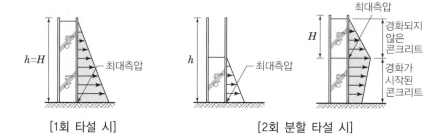

[1회 타설 시]　　　　　　　[2회 분할 타설 시]

3. 측압산정 기준
① 사용재료, 배합, 타설 속도, 타설 높이, 다짐 방법 및 타설할 때의 콘크리트 온도, 사용하는 혼화제의 종류, 부재의 단면 치수, 철근량 등에 의한 영향을 고려하여 산정
② 콘크리트의 측압은 거푸집의 수직면에 직각방향으로 작용
③ 일반 콘크리트용 측압(P) $= w \cdot H$
　여기서, P : 콘크리트 측압(kN/m^2)
　　　　　w : 굳지 않은 콘크리트의 단위중량(kN/m^3)
　　　　　H : 콘크리트의 타설 높이(m)
④ 콘크리트 슬럼프가 175mm 이하이고, 1.2m 깊이 이하의 일반적인 내부 진동다짐으로 타설되는 기둥 및 벽체의 콘크리트 측압은 다음과 같다.
　• 기둥(수직부재로서 장변의 치수가 2m 미만)

$$P = C_w \cdot C_c \left[7.2 + \frac{790R}{T+18} \right]$$

- 벽체(수직부재로서 한쪽 장변의 치수가 2m 이상)

구분 / 타설속도		2.1m/h 이하	2.1~4.5m/h
타설 높이	4.2m 미만 벽체	$p = C_w \cdot C_c\left(7.2 + \dfrac{790R}{T+18}\right)$	
	4.2m 초과 벽체	$p = C_w \cdot C_c\left(7.2 + \dfrac{1{,}160 + 240R}{T+18}\right)$	
모든 벽체			$p = C_w \cdot C_c\left(7.2 + \dfrac{1{,}160 + 240R}{T+18}\right)$

단, $30 C_w \text{kN/m}^2 \leq$ 측압$(P) \leq w \cdot H$

C_w : 단위중량 계수

C_c : 첨가물 계수

R : 콘크리트 타설속도(m/h)

T : 타설되는 콘크리트의 온도(℃)

4. 측압의 표준치

분류	기둥	벽
내부 진동기 사용	3	2
외부 진동기 사용	4	3

5. 측압에 영향을 주는 요소(큰 경우)

① Slump 클 때

② 타설속도 빠를 때

③ 콘크리트 비중 클 때

④ 부재단면 클 때

⑤ 거푸집 수밀도 클 때

⑥ 다질수록

⑦ 거푸집 강도 클 때

⑧ 응결시간이 늦은 시멘트

⑨ 기온 낮을 때

⑩ 철근량 적을 때

암기 point

슬 타 비 부 수 다

강 응 기 철

6. 측압 측정방법

① 수압판에 의한 방법

금속재 수압판을 거푸집면 바로 아래에 장착하고 콘크리트와 직접 접촉시켜 측압에 의한 탄성변형에서 측압력을 측정하는 방법

② 수압계를 이용하는 방법

수압판에 직접 Strain Gauge를 부착하여 수압판의 탄성 변형량을 정기적으로 측정하여 실제 수치를 파악하는 방법

③ 조임철물의 변형에 의한 방법

거푸집 조임철물이나 조임 본체인 볼트에 스트레인 게이지를 부착 시켜 응력변형을 일으킨 양을 정기적으로 파악하여 측압으로 환산 하는 방법

④ OK식 측압계

거푸집 조임철물 본체에 유압 잭을 장착하여 전달된 측압을 Bourdom Gauge에 의해 측정하는 방법

V. 존치기간 [KCS 14 20 12]

1. 콘크리트의 압축강도 시험을 하는 경우

부재		콘크리트의 압축강도
확대기초, 보, 기둥, 벽 등의 측면		5MPa 이상
슬래브 및 보의 밑면, 아치 내면	단층구조의 경우	설계기준압축강도의 2/3배 이상 또한, 14MPa 이상
	다층구조인 경우	설계기준압축강도 이상 (필러 동바리 구조를 이용할 경우는 구조계산에 의해 기간을 단축할 수 있음. 단, 이 경우라도 최소강도는 14MPa 이상으로 함)

2. 콘크리트의 압축강도를 시험하지 않을 경우(기초, 보, 기둥 및 벽의 측면)

시멘트의 종류 / 평균기온	· 조강포틀랜드 시멘트		· 보통포틀랜드 시멘트 · 고로슬래그 시멘트(1종) · 포틀랜드포졸란 시멘트(A종, 1종) · 플라이애쉬 시멘트(1종)		· 고로슬래그 시멘트(2종) · 포틀랜드포졸란 시멘트(B종, 2종) · 플라이애쉬 시멘트(2종)	
표준시방서	KCS 21 50 05	KCS 14 20 12	KCS 21 50 05	KCS 14 20 12	KCS 21 50 05	KCS 14 20 12
20℃ 이상	2일	2일	3일	4일	4일	5일
20℃ 미만, 10℃ 이상	3일	3일	4일	6일	6일	8일

Ⅵ. 거푸집 시공 시 유의사항

1. 벽체

1) 수평시공 철저

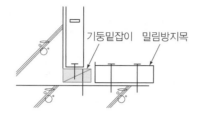

기둥밑잡이 밀림방지목

[기둥 밑잡이]

2) 하부틈새 처리

3) 벽체 개구부 보강

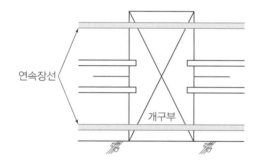

연속장선

개구부

4) 거푸집 수밀성 유지

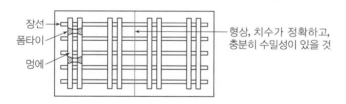

장선
폼타이
멍에

형상, 치수가 정확하고,
충분히 수밀성이 있을 것

[거푸집 수밀성]

5) 청소 소재구 설치

벽하부청소구멍

6) 수평, 수직재 간격

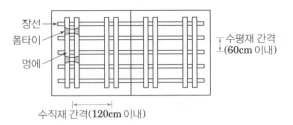

2. 슬래브

1) 벽체 끝선과 슬래브 끝선의 맞춤

2) 슬래브 합판 들뜸 방지

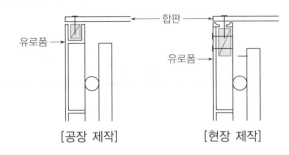

[공장 제작]　　　　[현장 제작]

3) 슬래브, 보 중앙부 Camber 시공

4) 중간 보조판(Filler) 설치

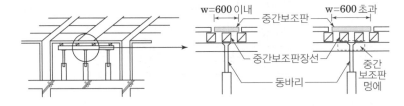

5) 장선, 멍에 및 동바리 간격

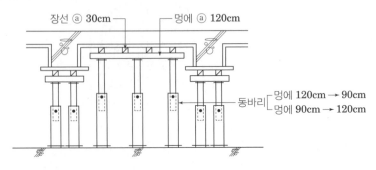

[장선, 멍에, 동바리 간격]

VII. 동바리 시공 시 유의사항

① 적정 규격 제품 사용
② 동바리 간격 준수
③ 장대동바리 수평연결재 시공

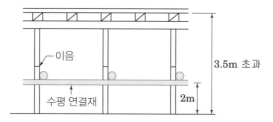

④ 진동, 충격 금지
⑤ 동바리 해체시기 준수
⑥ 동바리 전도 방지
⑦ 동바리 교체순서 준수
⑧ Filler 처리
⑨ 이동동바리 이용
⑩ 동바리 수직도 유지
⑪ 시스템동바리 기준 준수
⑫ 가설기자재 품질시험

[조립식강관 동바리]

2 단답형·서술형 문제 해설

1 단답형 문제 해설

83회

01	ACS(Auto Climbing System) Form	[KOSHA GUIDE]

I. 정 의

RCS폼과 비슷하고 레일이 분리되어 있으며 브래킷 타입의 거푸집 인상작업과 탈형 및 설치가 가능한 자동 유압 상승식 시스템 작업발판을 말한다.

II. 현장시공도

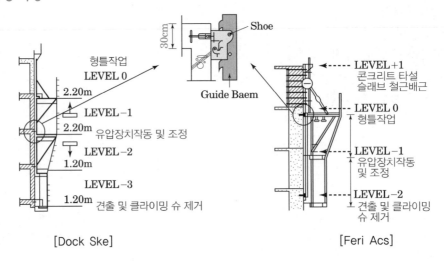

[Dock Ske]   [Feri Acs]

III. 앵커의 종류

- 관통형 ─┬─ 월 앵커
  └─ 슬래브 앵커
- 매립형(스크류온콘 타입) ─┬─ 월 또는 슬래브 단부 앵커
  └─ 슬래브 앵커
- 매립형(글라이밍콘 타입) : 월 또는 슬래브 단부 앵커

Ⅳ. 앵커 및 슈 설치 시 주의사항

(1) 디비닥 타이로드 체결위치까지 클라이밍 콘과 스레디드 플레이트를 돌려서 체결
(2) 모든 앵커 자재, 특히 디비닥 타이로드는 용접 및 화기 접촉을 금지
(3) 클라이밍 슈와 월 슈를 설치할 때 구조체와 유격이 없이 확실하게 조여졌는지 반드시 확인
(4) 관통형의 앵커는 반대쪽의 카운트 플레이트가 정확히 체결되었는지 확인

Ⅴ. 시공 시 유의사항

(1) 벽부형 앵커인 경우 슬래브 두께가 30cm 이상
(2) 콘크리트강도가 10MPa 이상일 때 거푸집 인양
(3) Shoe 장치보양 → 시멘트 페이스트 유입방지
(4) 유압장치 확인 철저
(5) Sliding Joint 등 Shoe 장치와 간섭을 확인
(6) 구조체와 작업발판 틈새처리 철저
(7) 1Set ACS Form 인양 시 측면 안전난간 설치
(8) 클라이밍폼을 지지하는 앵커는 고정하중, 활하중, 풍하중 등의 하중에 대한 안전성을 확보하여야 하며 앵커가 정착되는 구조체의 안전성을 검토
(9) 구동 장치의 상승 능력을 초과하지 않도록 시스템을 고려
(10) 상승 중 시스템의 안전성에 대하여 검토
(11) 구조물의 단면변화로 인한 단면축소 혹은 경사진 경우 시스템의 상승 시 발판을 수평으로 유지할 수 있는 기능 갖출 것
(12) 100m 이상의 고층구조물에 거푸집의 설치 및 해체와 무관하게 별도의 철근 조립용 및 콘크리트 타설용 작업발판이 고정될 것
(13) 전체의 외곽에 안전난간대와 안전망을 폐합 설치할 수 있도록 설계
(14) 순간풍속이 10m/sec 이상, 돌풍이 예상될 때에는 작업중단

😊 45,56,90회

02 Sliding Form(Slip Form)

[KCS 14 20 12 / KCS 21 50 10]

Ⅰ. 정 의

Sliding Form은 Slip Form이라고 불리기도 하는데, 수직적으로 반복된 구조물을 시공 이음이 없이 균일한 형상으로 시공하기 위하여 거푸집을 연속적으로 이동시키면서 콘크리트를 타설하여 구조물을 시공하는 거푸집공법이다.

Ⅱ. 시공도

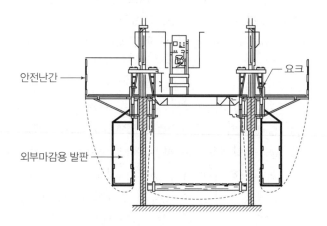

안전난간

요크

외부마감용 발판

Ⅲ. 특성

(1) 구조물의 성능향상: 시공이음이 없으므로 수밀성 높은 구조물에 시공이 가능
(2) 공사기간 단축: 1일 3~10m 정도 시공가능
(3) 원가절감: 자재의 소모량이 적다.

Ⅳ. 시공 시 유의사항

(1) 슬립폼은 구조물이 완성될 때까지 또는 소정의 시공 구분이 완료될 때까지 연속해서 이동시켜야 하므로 충분한 강성 유지
(2) 슬립폼에 의한 시공에 있어서 구조물의 내구성을 확보하기 위한 적절한 조치
(3) 슬립 폼은 인양을 시작하기 전에 거푸집의 경사도와 수직도를 검사하여야 하며, 시공 중에는 최소 4시간 이내마다 실시
(4) 슬립 폼은 콘크리트를 타설하기 이전에 뒤틀림을 방지하기 위하여 가새를 설치하여야 하고 수평을 유지
(5) 거푸집 널의 높이는 최소 1.0m 이상

68,85,97,115회

03 Aluminum Form　　　　　　　　　　　　　[KDS 21 50 00]

I. 정 의

알루미늄 폼은 거푸집 널, 측면보강재, 면판보강재 등이 알루미늄으로 이루어진 규격화된 거푸집을 말하며 벽, 슬래브, 기둥 등에 주로 사용되며, 일반적으로 폭은 300~600mm 와 높이 1,200~2,400mm 규격품이 사용되고 있다.

II. 현장시공도

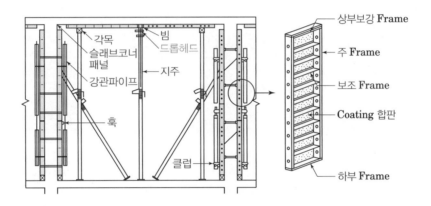

III. 알루미늄 합금의 재료특성

구분	단위중량 (KN/m³)	탄성계수 E(MPa)	허용휨응력 f_b(MPa)	허용전단응력 f_s(MPa)	포아송비 (v)
알루미늄 합금재 (A6061-T6)	27	7.0×10^4	125	72.2	0.27~0.30

IV. 장, 단점

(1) 걸레받이 및 몰딩 주위 등 수직, 수평 정밀도 우수
(2) 면처리(견출) 감소
(3) 초기투자비 증가
(4) 다름 폼과 호환성 저하

V. 시공 시 유의사항

(1) Joint부의 Cement Paste 유출방지 조치

(2) 박리제의 도포 및 콘크리트 잔재 제거 철저

(3) 알루미늄 패널이 다른 금속과의 전식작용(Galvanic Action)이 발생할 우려가 있는 경우에는 피복된 알루미늄 패널로 시공

04 거푸집 및 동바리 설계 시 고려하중 [KDS 21 50 00/KCS 14 20 12]

I. 정 의

거푸집 및 동바리는 콘크리트 시공 시에 작용하는 연직하중, 수평하중, 콘크리트 측압 및 풍하중, 편심하중 등에 대해 그 안전성을 검토하여야 한다.

II. 설계 시 고려하중

(1) 연직하중

- 연직하중 = 고정하중(D) + 작업하중(L_i)
- 콘크리트 타설 높이와 관계없이 최소 5.0kN/m² 이상(전동식카트: 6.25kN/m² 이상)

① 고정하중

- 고정하중 = 철근 콘크리트하중 + 거푸집하중
- 철근 포함 콘크리트의 단위중량
    - 보통 콘크리트 24kN/m³
    - 제1종 경량 콘크리트 20kN/m³
    - 제2종 경량 콘크리트 17kN/m³를 적용
- 거푸집의 무게: 최소 0.4kN/m² 이상을 적용
- 특수거푸집 사용 시 그 실제 거푸집 및 철근의 무게 적용

② 작업하중

- 작업하중 = 시공하중 + 충격하중
- 콘크리트 타설 높이가 0.5m 미만인 경우: 수평투영면적 당 최소 2.5kN/m² 이상
- 콘크리트 타설 높이가 0.5m 이상 1.0m 미만일 경우: 수평투영면적 당 최소 3.5kN/m² 이상
- 콘크리트 타설 높이가 1.0m 이상인 경우: 수평투영면적 당 최소 5.0kN/m² 이상
- 전동식카트 사용할 경우: 수평투영면적 당 3.75kN/m²
- 콘크리트 분배기 등의 특수장비를 이용할 경우: 실제 장비하중을 적용
- 적설하중이 작업하중을 초과하는 경우: 적설하중을 적용

③ 수평하중
- 동바리 최상단에 작용하는 것으로 다음 값 중 큰 값 적용
  - 고정하중의 2%
  - 동바리 상단 수평길이 당 1.5kN/m 이상
- 벽체 및 기둥 거푸집은 거푸집면 투영면적 당 0.5kN/m² 추가

④ 콘크리트 측압

- $$P = w \cdot H$$

- 콘크리트 슬럼프가 175mm 이하이고, 1.2m 깊이 이하의 일반적인 내부진동다짐으로 타설되는 기둥 및 벽체의 콘크리트 측압은 다음과 같다.
  - 기둥(수직부재로서 장변의 치수가 2m 미만)

$$P = C_w \cdot C_c \left[7.2 + \frac{790R}{T+18} \right]$$

  - 벽체(수직부재로서 한쪽 장변의 치수가 2m 이상)

구분 / 타설속도		2.1m/h 이하	2.1~4.5m/h
타설 높이	4.2m 미만 벽체	$p = C_w \cdot C_c \left(7.2 + \frac{790R}{T+18} \right)$	
	4.2m 초과 벽체	$p = C_w \cdot C_c \left(7.2 + \frac{1,160+240R}{T+18} \right)$	
모든 벽체			$p = C_w \cdot C_c \left(7.2 + \frac{1,160+240R}{T+18} \right)$

⑤ 풍하중(W)
가시설물의 재현기간에 따른 중요도계수(I_w)는 존치기간 1년 이하: 0.60

⑥ 특수하중
- 콘크리트 비대칭 타설 시 편심하중, 콘크리트 내부 매설물의 양압력, 포스트텐션 하중, 장비하중, 외부진동다짐 영향
- 슬립 폼의 인양(Jacking) 시에는 벽체길이 당 최소 3.0kN/m 이상의 마찰하중이 작용

05 콘크리트 타설 시 거푸집에 작용하는 측압 [KDS 21 50 00]

I. 정 의

콘크리트 타설 시 거푸집(수직부재)에 가해지는 콘크리트의 수평방향의 압력을 측압이라 하고, 콘크리트의 타설 윗면으로부터의 거리(m)와 단위중량(kN/m³)의 곱으로 표시한다.

II. 거푸집에 작용하는 측압

(1) 사용재료, 배합, 타설 속도, 타설 높이, 다짐 방법 및 타설할 때의 콘크리트 온도, 사용하는 혼화제의 종류, 부재의 단면 치수, 철근량 등에 의한 영향을 고려하여 산정

(2) 콘크리트의 측압은 거푸집의 수직면에 직각방향으로 작용

(3) 일반 콘크리트용 측압(P) $= w \cdot H$

　여기서, P : 콘크리트 측압(kN/m^2)

　　　　　w : 굳지 않은 콘크리트의 단위중량(kN/m^3)

　　　　　H : 콘크리트의 타설 높이(m)

(4) 콘크리트 슬럼프가 175mm 이하이고, 1.2m 깊이 이하의 일반적인 내부진동다짐으로 타설되는 기둥 및 벽체의 콘크리트 측압은 다음과 같다.

① 기둥(수직부재로서 장변의 치수가 2m 미만)

$$P = C_w \cdot C_c \left[7.2 + \frac{790R}{T+18} \right]$$

② 벽체(수직부재로서 한쪽 장변의 치수가 2m 이상)

구분	타설속도	2.1m/h 이하	2.1~4.5m/h
타설 높이	4.2m 미만 벽체	$p = C_w \cdot C_c \left(7.2 + \dfrac{790R}{T+18}\right)$	
	4.2m 초과 벽체	$p = C_w \cdot C_c \left(7.2 + \dfrac{1,160+240R}{T+18}\right)$	
모든 벽체			$p = C_w \cdot C_c \left(7.2 + \dfrac{1,160+240R}{T+18}\right)$

06 | 콘크리트 거푸집의 해체시기(기준) [KCS 21 50 05]

I. 정 의

거푸집의 해체시기는 시멘트 종류, 기상조건, 하중, 보양 등의 상태에 따라 다르므로 그 경과기간 중 이들 조건을 엄밀히 조사하고, 콘크리트의 보양과 변형의 우려가 없고 충분한 강도가 날 때까지 존치해야 하며, 해체 시에는 콘크리트 표면의 손상 등 변형이 생기지 않도록 철저히 하여야 한다.

II. 거푸집의 해체시기(기준)

(1) 콘크리트의 압축강도 시험을 하는 경우

부재		콘크리트의 압축강도
확대기초, 보, 기둥, 벽 등의 측면		5MPa 이상
슬래브 및 보의 밑면, 아치 내면	단층구조의 경우	설계기준압축강도의 2/3배 이상 또한, 14MPa 이상
	다층구조인 경우	설계기준압축강도 이상 (필러 동바리 구조를 이용할 경우는 구조계산에 의해 기간을 단축할 수 있음. 단, 이 경우라도 최소강도는 14MPa 이상으로 함)

(2) 콘크리트의 압축강도를 시험하지 않을 경우(기초, 보, 기둥 및 벽의 측면)

시멘트의 종류 ＼ 평균기온	• 조강포틀랜트 시멘트	• 보통포틀랜드 시멘트 • 고로슬래그 시멘트(1종) • 포틀랜드포졸란 시멘트(A종) • 플라이애쉬 시멘트(1종)	• 고로슬래그 시멘트(2종) • 포틀랜드포졸란 시멘트(B종) • 플라이애쉬 시멘트(2종)
20℃ 이상	2일	3일	4일
20℃ 미만, 10℃ 이상	3일	4일	6일

(3) 기초, 보, 기둥, 벽 등의 측면 거푸집의 경우 24시간 이상 양생한 후에 콘크리트 압축강도가 5MPa 이상 도달한 경우 거푸집 널을 해체 가능

(4) 보, 슬래브 및 아치 하부의 거푸집널은 원칙적으로 동바리를 해체한 후에 해체

(5) 강도의 확인은 현장에서 양생한 표준공시체 혹은 타설된 콘크리트의 압축강도 시험으로 확인

(6) 거푸집 탈형 후에는 시트 등으로 직사 일광이나 강풍을 피하고 급격히 수분의 증발을 방지

07 시스템 동바리(System Support) [KCS 21 50 05]

I. 정 의

시스템 동바리는 방호장치 안전인증기준 또는 KS F 8021에 적합하여야 하며, 수직재, 수평재, 가새재, 연결조인트 및 트러스 등의 각각의 부재를 현장에서 조립하여 사용하는 조립형 동바리 부재를 말한다.

II. 현장시공도

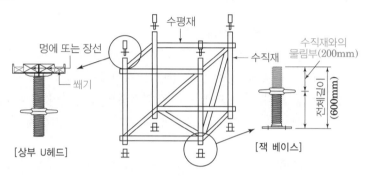

[상부 U헤드]   [잭 베이스]

III. 시스템 동바리 설치기준

(1) 지주 형식 동바리
  ① 구조계산에 의한 조립도를 작성
  ② 시스템 동바리를 지반에 설치할 경우에는 깔판 또는 깔목, 콘크리트를 타설하는 등의 상재하중에 의한 침하 방지조치
  ③ 수직재와 수평재는 직교되게 설치하여야 하며 이음부나 접속부 등은 흔들림이 없도록 체결
  ④ 수직재, 수평재 및 가새 등의 여러 부재를 연결한 경우에는 수직도가 오차범위 이내에 있도록 시공
  ⑤ 수직 및 수평하중에 의한 동바리 본체의 변위가 발생하지 않도록 각각의 단위 수직재 및 수평재에는 가새재를 견고히 설치
  ⑥ 시스템 동바리의 높이가 4m를 초과할 때에는 높이 4m 이내마다 수평 연결재를 2개의 방향으로 설치하고, 수평 연결재의 변위를 방지
  ⑦ 콘크리트 타설 높이가 0.5m 이상일 경우에는 수직재 최상단 및 최하단으로부터 400mm 이내에 첫 번째 수평재가 설치
  ⑧ 수직재를 설치할 때에는 수평재와 수평재 사이에 수직재의 연결부위가 2개소 이상 금지

⑨ 가새는 수평재 또는 수직재에 핀 또는 클램프 등의 결합방법에 의해 견고하게 결합
⑩ 동바리 최하단에 설치하는 수직재는 받침 철물의 조절너트와 밀착하게 설치(수직재와 물림부의 겹침은 1/3 이상)하며, 편심하중이 발생하지 않도록 수평을 유지
⑪ 멍에재는 편심하중이 발생하지 않도록 U헤드의 중심에 위치하며, 멍에재가 U헤드에서 이탈되지 않도록 고정
⑫ 동바리 자재의 반복 사용으로 인한 변형 및 부식 등 심하게 손상된 자재는 사용 금지
⑬ 바닥이 경사진 곳에 설치할 경우 고임재 등을 이용하여 동바리 바닥이 수평이 되도록 하여야 하며, 고임재는 미끄러지지 않도록 바닥에 고정
⑭ 동바리 설치높이가 4.0m를 초과하거나 콘크리트 타설 두께가 1.0m를 초과하여 파이프 서포트로 설치가 어려울 경우에는 시스템 동바리로 설치 가능

(2) 보 형식 동바리
  ① 동바리는 구조검토에 의한 시공상세도에 따라 정확히 설치
  ② 보 형식 동바리의 양단은 지지물에 고정하여 움직임 및 탈락을 방지
  ③ 보와 보 사이에는 수평연결재를 설치하여 움직임을 방지
  ④ 보조 브래킷 및 핀 등의 부속장치는 소정의 성능과 안전성을 확보할 수 있도록 시공
  ⑤ 보 설치지점은 콘크리트의 연직하중 및 보의 하중을 견딜 수 있는 견고한 곳 설치
  ⑥ 보는 정해진 지점 이외의 곳을 지점으로 이용 금지

2 서술형 문제 해설

🔀 65,84,98회

01 현장거푸집 시공 시 유의사항

Ⅰ. 개 요
(1) 거푸집은 자체의 하중과 굳지 않은 콘크리트의 무게, 작업시의 재료, 장비, 인력 등에 의한 적재하중에 견딜 수 있도록 튼튼해야 한다.
(2) 또한 콘크리트를 일정한 형상과 치수로 유지시켜 주며 경화에 필요한 수분의 누출을 방지하고, 외기의 영향을 차단하여 콘크리트가 적절하게 양생될 수 있도록 하여야 한다.

Ⅱ. 현장 시공도

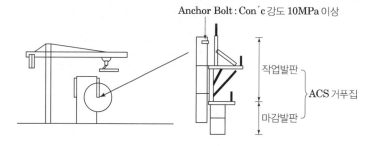

Ⅲ. 시공 시 유의사항

1. 벽체
(1) 수평시공 철저(Level 확인)
  ① 기둥밑잡이로 수평시공 철저
  ② 필요시 밀림방지목으로 보강

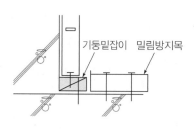

(2) 하부틈새 처리
  Mortar, 우레탄폼 등으로 물샘방지 조치

(3) 벽체의 개구부 보강

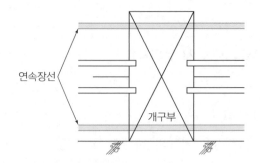

① 창문틀은 정미치수에서 30mm 여유
② 외부에 면한 개구부 상단에는 물끊기 설치
③ 창호 개구부는 상·하부 2단은 수평재(장선) 연속 연결
④ 개구부 하부 공기구멍 설치

(4) 수밀성 유지(거푸집 정밀도 확보)

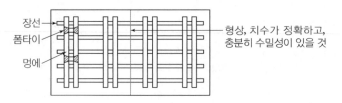

(5) 청소 소재구 설치

벽 및 기둥 하부에는 청소구멍을
설치하여 이물질 제거 철저

(6) 수평, 수직재 간격

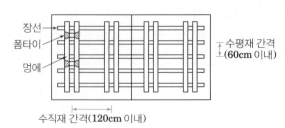

2. 슬래브

(1) 벽체 끝선과 슬래브 끝선의 맞춤

① 벽체 상단선 수평 확보를 위한 형틀 보강

② 벽체선 미확보시 마감공사 중 천장, 벽체 간의 이격거리 발생

③ 벽체 수직상태 확인 기준

(2) 슬래브 합판 들뜸 방지

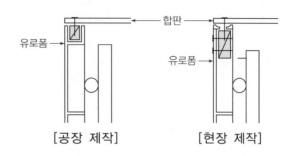

[공장 제작]   [현장 제작]

(3) 슬래브, 보 중앙부 올림 시공

콘크리트 타설 후 침하량을 고려하여 2~3cm 올려서 시공

(4) 중간보조판(Filler) 설치

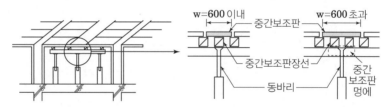

(5) 장선, 멍에 및 동바리 간격

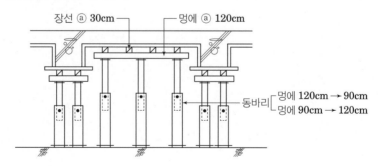

Ⅳ. 결 론

(1) 형틀공사는 마감공사의 바탕으로 형틀공사의 정밀성이 마감공사의 공사질 향상에 절대적인 영향을 준다.

(2) 따라서 콘크리트 타설할 때 형틀이 변형되지 않도록 조립되어야 하며 흔들림 막이, 턴버클, 가새 등을 필요한 곳에 적절하게 설치하여야 한다.

02 거푸집 존치기간이 콘크리트 강도에 미치는 영향과 거푸집 전용계획

Ⅰ. 개요

(1) 거푸집 존치기간은 구조물 강도 및 내구성에 영향을 미치므로 시방서의 존치기간을 준수하여야 한다.

(2) 또한 거푸집은 품질에 영향을 미치지 않는 범위 내에서 최대한 전용할 수 있도록 계획한다.

Ⅱ. 거푸집 존치기간

(1) 콘크리트 시방서(건축공사 표준시방서)

① 콘크리트 압축강도를 시험할 경우

부재		콘크리트 압축강도
기초, 보, 기둥, 벽 등의 측면		5MPa 이상
슬래브 및 보의 밑면 아치내면	단층 구조	$f_{cu} \geq \frac{2}{3} \times f_{ck}$ 이상, 또한 최소 14MPa 이상
	다층 구조	설계 기준 압축강도 이상 (필러동바리구조 → 기간단축가능 단, 최소강도는 14MPa 이상)

② 콘크리트 압축강도를 시험하지 않을 경우

시멘트의 종류 평균온도	조강포틀랜드 시멘트	보통포틀랜드 시멘트 고로슬래그 시멘트(1종) 포틀랜드포졸란 시멘트(A종) 플라이애쉬 시멘트(1종)	고로슬래그 시멘트(2종) 포틀랜드포졸란 시멘트(B종) 플라이애쉬 시멘트(2종)
20℃ 이상	2일	3일	4일
20℃ 미만, 10℃ 이상	3일	4일	6일

Ⅲ. 콘크리트 강도에 미치는 영향

(1) 균열 발생

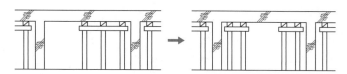

① 중앙부 탈형과정에서 응력분포가 역전하는 결과 초래
② 거푸집 조기탈형 시 내구성 저하로 균열 발생

(2) 철근부착력 감소

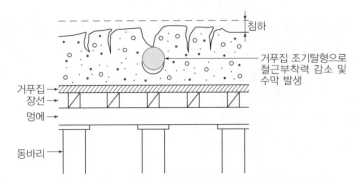

(3) 구조물 처짐

① 존치기간 불량으로 인하여 거푸집 조기 해체 시 구조물의 처짐 발생
② Camber 설치 : $l/300 \sim l/500$

(4) 중성화

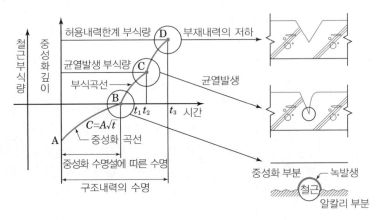

(5) 강도 저하(내구성 저하)

Ⅳ. 전용계획

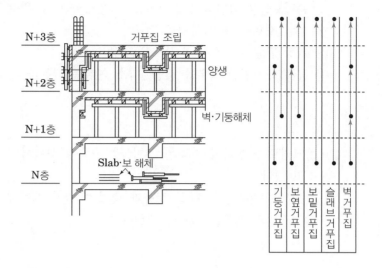

(1) 경제성 확보
　① 콘크리트 품질에 영향을 미치지 않는 범위 내에서 최대한 전용
　② 가격이 저렴한 공법 선택

(2) 전용 가능 횟수 최대

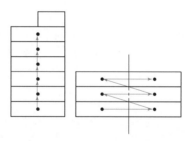

　건축물의 형상, 크기에 따라 전용 Pattern 결정

(3) 거푸집 재료의 존치기간
　콘크리트 배합조건과 계절영향 고려

(4) 소요량 확정 및 발주
　실무책임자와 반드시 협의

(5) 전용예정 공정표 작성

① 운반효율을 감안하여 수평이동 적게, 수직이동 위주

② 동일 재료를 동일 부재로 전용

③ 가장 단순하고 쉬운 방식으로 전용

④ 공정이 지연될 경우를 감안, 다소 여유를 갖는다.

V. 결 론

(1) 콘크리트 거푸집의 작업은 설치 및 해체에 있어서 공기 및 강도에 지대한 영향을 주고 있다.

(2) 특히 해체문제는 거푸집 전용과 맞물려 있기 때문에 경제성에도 영향을 미치므로 적정공법과 계획을 철저히 세워야 한다.

03 | 동바리 시공 시 문제점과 대책

I. 개 요
(1) 동바리는 콘크리트 시공을 위해 부과된 하중을 지지하며 안전하고 적절한 동바리 설계, 설치 및 제거가 되어야 한다.
(2) 하지만 동바리 시공의 문제점으로 부실시공을 초래하므로 철저한 시공관리가 요구되고 있다.

II. 현장 시공도

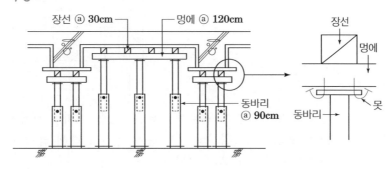

III. 문제점
(1) 미규격 제품 사용
  ① 강관 동바리는 KSF 8001을 사용하여야 함
  ② 미규격 사용시 부과된 상부 하중에 의해 좌굴 발생

(2) 동바리 거꾸로 세움 및 고정핀 철근 사용

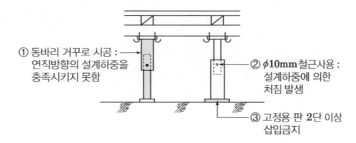

(3) 전도, 붕괴사고 및 침하

   ① 동바리의 충분한 강도 미확보

   ② 콘크리트타설 순서 미준수 및 동바리 간격 불량

   ③ 동바리 고정 불량

   ④ 하부 받침판 불량으로 침하발생 → Camber 시공

(4) 동바리 조기 해체

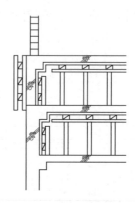

   ① 콘크리트 자중에 충분히 견딜 수 있을 때까지 해체해서는 안됨

   ② 콘크리트 타설위치의 하부 등은 동바리 해체 금지

   ③ Filler 동바리 해체 금지

(5) 위치 및 고정 불량

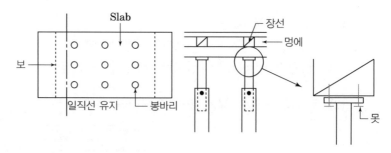

   ① 동바리 양끝 일직선 밖으로 굽어져 사용

   ② 멍에와 동바리 못 고정 불량

Ⅳ. 대 책

(1) 동바리 간격 준수

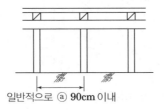

일반적으로 ⓐ **90cm** 이내

① w = 고정하중 + 활하중

= (철근콘크리트중량 + 거푸집중량) + (충격하중 + 작업하중)

= $(v \cdot t + 0.4KN/m^2) + 2.5KN/m^2$ (v : 콘크리트 단위중량, t : 슬래브 두께)

② 거푸집널의 허용침하량은 3mm 이하

(2) 장대동바리 수평연결재 시공

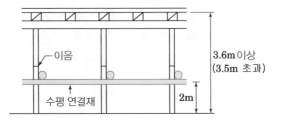

① 강관동바리 3본 이상 이음 금지

② 높이 3.5m 초과일 때 2.0m 이내마다 수평연결재 2개 방향 설치

③ 이음부분 고정 클램프 사용

(3) 진동·충격 금지

① 콘크리트 타설 시 진동·충격 금지

② 콘크리트 타설 전 멍에와 밀착시공 확인

(4) 동바리 해체시기 준수

부 재	콘크리트 압축강도(f_{cu})
슬래브 및 보의 밑면, 아치 내면	$f_{cu} \geq \dfrac{2}{3} \times f_{ck}$ 또한, 14MPa 이상

(5) Filler 처리 철저

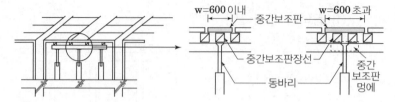

(6) 이동동바리 이용
  ① 충분한 강도와 안전성 및 소정의 성능 확보
  ② 이동동바리 조립 후 검사하여 안전을 확인
  ③ 이동동바리 사용 시 콘크리트에 변형 방지
  ④ 필요에 따라 적당한 솟음 시공

V. 결 론

(1) 동바리는 콘크리트 구조물의 콘크리트 치기 공정, 거푸집 및 동바리 해체 등의 시공계획에 따라 설계도를 작성해야 한다.
(2) 동바리는 콘크리트 치기 전에 반드시 검사를 받아야 한다.

■ 거푸집 동바리 구조검토

• 구조검토 순서

하중계산	거푸집 동바리에 작용하는 하중 및 외력의 종류, 크기 산정

↓

응력계산	하중·외력에 의하여 각 부재에 발생되는 응력을 구한다.

↓

단면계산	각 부재에 발생되는 응력에 대하여 안전한 단면을 결정한다.

1. 하중계산(C-20-2009 : 한국산업안전보건공단)

1) 연직방향 하중

= 고정하중 + 활하중 = [철근콘크리트 + 거푸집]중량 + [충격 + 작업]하중

$[r \times t + 0.4\text{kN}/\text{m}^2 + 2.5\text{kN}/\text{m}^2]$

여기서 r : 단위중량[보통 콘크리트=24kN/m³]

t : 슬래브 두께[m]

※ 일반적인 경우 총 하중[고정하중+활하중]은 $5.0\text{kN}/\text{m}^2$ 이상

※ 전동식 카트 사용시 활하중은 $3.75\text{kN}/\text{m}^2$, 총 하중은 $6.25\text{kN}/\text{m}^2$이상

2) 수평방향 하중

① 고정하중의 2% 이상

② 동바리 상단의 수평방향 단위 길이 당 1.5kN/m

위 ①, ② 중 큰 쪽의 하중이 동바리 상부에 수평방향으로 작용

3) 콘크리트 측압

$P = W \times H$

여기서 P : 콘크리트 측압[kN/m²]

W : 생콘크리트 단위중량[kN/m³]

H : 콘크리트 타설높이[m]

※ 콘크리트 슬럼프 175mm 이하, 1.2m 깊이 이하는 제외(별도계산)

2. 응력계산

하중상태	단순보		연속보	
	최대 휨모멘트 M_{max}	최대처짐 δ_{max}	최대휨모멘트 M_{max}	최대처짐 δ_{max}
등분포하중	$\dfrac{wl^2}{8}$	$\dfrac{5wl^4}{384EI}$	$\dfrac{wl^2}{12}$	$\dfrac{wl^4}{128EI}$

P : 집중하중, l : 부재길이, w : 단위폭당하중, E : 탄성계수, I : 단면 2차모멘트

3. 단면계산

• 구조계산 순서

1단계	주어진 조건 파악(하중, 측압, 사용재료, 시공상황 등)
2단계	주어진 조건에 따라 표를 이용하여 계수 및 공식 확인(I : 단면 2차모멘트, Z : 단면계수, f_b : 허용휨응력도, E : 탄성계수 등)
3단계	공식에 계수값을 대입하여 보강재료의 간격 산정
4단계	부재에 작용하는 응력과 허용응력을 비교하여 안전성 검토

memo

3 부실사례 및 개선방안

• 철근공사

부실 내용	개선 방안
이음길이 부족 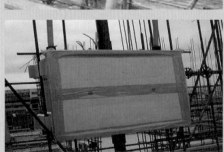 • 외벽 수직철근 중 흙막이 배면부 수직철근만 흙막이 벽체 지지 띠장과 간섭됨에도 외벽 전체 수직철근 길이를 설계규격보다 짧게 시공한 후 겹침이음 처리 • 겹침이음 길이 부족 시공	• 흙막이 벽체 지지 띠장과 간섭되는 배면부 수직철근만 기계적 이음 처리하고 전면부 수직철근은 겹침이음 길이 확보 • 흙막이 띠장 위치를 조절하여 전면부와 배면부 겹침이음실시
정착 및 보강근 불량 • 개구부 인방보 철근 정착길이 부족 • 개구부 주위 보강철근 누락 및 상이한 규격 철근 사용	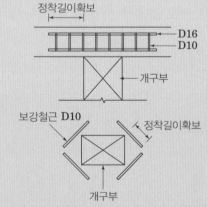 • 수평철근 정착길이 확보 • 개구부에 의해 감소된 철근을 양측에 나누어 배근 • 2-D16 이상의 보강근 사용 • 벽두께가 250mm 이상일 때는 경사보강근 배근 • 보강근은 개구부의 모서리에서 정착길이 연장하여 배근

부실 내용	개선 방안

수평철근 누락

철근누락 1본

• 수평철근 1본 누락

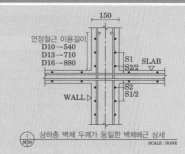
연장철근 이용길이
D10→540
D13→710
D16→880
150
S1
S2/2
SLAB
WALL
S2
S1/2
상하층 벽체 두께가 동일한 벽체배근 상세
SCALE : NONE

• 주요부분에 대한 Shop Draw'g을 작성하여 벽체 위치별 수량을 확정

단부보강 철근 및 피복두께 불량

• 수직철근 조립 시 스페이서 누락으로 피복두께 부족
• 벽체 단부 보강근 위치 이탈

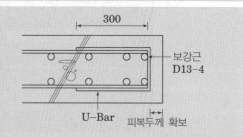
300
보강근
D13-4
U-Bar
피복두께 확보

• 스페이서 간격 규정 준수
• 수직철근 배근 위치 설계도면 준수

스페이서 규격불량

• 기둥과 벽체 내/외부 피복두께용 스페이서가 맞지 않아 피복두께가 상이함

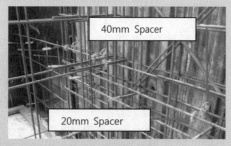
40mm Spacer
20mm Spacer

• 구조물 부위별 피복두께 규정 준수
• 피복두께별로 적합한 스페이서 설치

	부실 내용	개선 방안
피복두께 과다	DOWEL BAR 피복두께 과대 • 40mm 고임목을 사용하여 피복두께 과대 • 철근과 목심 간섭으로 피복두께 과대 • 슬래브 유효깊이 감소로 인한 내력 저하	 • 피복 20mm 유지할 수 있는 고임목 등 가공 설치 • 목심과 철근이 교차하지 않도록 사전준비
Cut bar 여장길이 부족	410×1.3배=533 500 180 Cut Bar의 여장길이 부족	Cut Bar 여장길이 확보철저 • Cut Bar의 여장길이(D13일 때) ① 부재의 유효춤 : 180mm(슬라브 두께) ② 12d(철근의 지름) : 12×13 = 156mm 중에서 큰 것 기준. 즉 180mm 적용
보강철근 불량	 • 대각선 방향 하부 보강근 누락 • 주근 절단본수와 동일수량 보강근 미시공	정착길이확보 정착길이확보 • 사선방향 보강근은 최소 1-D13을 보강 • 개구부주변 보강은 절단된 주근의 개수를 나누어 배근

	부실 내용	개선 방안
철근배근 불량	 피복두께 부족 하부근이 역보철근 관통 • 슬래브 하부철근을 역보 하부철근 위에 배근하여 유효깊이 20mm 감소 • 유효깊이 감소로 인한 내력저하	 올바른 역보배근 • 주요부분에 대한 Shop Draw'g을 작성하여 배근 실시 • 피복두께가 큰 부재(보)의 철근은 피복두께가 작은 부재(슬래브) 철근 상부에 설치
시멘트 페이스트 미제거	 • 기둥 및 벽체 철근에 도포된 시멘트페이스트를 제거하지 않고 거푸집 조립 • 철근의 콘크리트 부착강도 저하	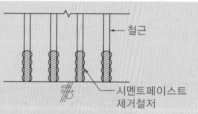 철근 시멘트페이스트 제거철저 • 기둥 및 벽체 철근에 도포된 시멘트페이스트는 반드시 브러시로 제거
철근정착 방법불량	 • 램프 슬래브와 접속되는 램프벽체 하부에 정착철근을 내밀어 놓지 않고 램프벽체 하부를 선시공하므로써 램프 슬래브 상부 인장철근의 정착이 곤란함 • 램프 벽체 하부를 철근 직경 이상 천공하여 램프 슬래브 상부 인장철근을 에폭시 등으로 고정하더라도 표준갈고리 시공은 불가능하여 구조적 문제 발생	 • 램프 슬래브와 램프벽체 하부를 분리 시공할 경우에는 램프벽체 선시공 시 미리 인장철근 겹침이음 길이 이상을 내밀어 시공 • 표준갈고리(12db)와 정착길이 확보

	부실 내용	개선 방안
철근용접	• 콘크리트 합벽용 거푸집 간격재(Separator)를 벽체 수직철근(주근)에 용접 • 외부 벽체 수직철근(주근) 용접에 의한 손상으로 응력 저하	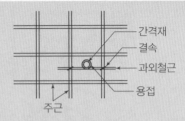• 과외철근 결속 후 간격재를 용접 • 브레이스 프레임 거푸집 사용
유효단면 감소	• 전기박스와 간섭된 슬래브 중앙부(하부) 인장철근을 전기박스 위에 설치함으로써 슬래브 유효깊이 30mm 감소, 휨 내력 저하 • 기둥 또는 벽체내부에 PVC 배수관 설치로 콘크리트 단면축소 및 동절기 결빙으로 인한 기둥구조물 파손	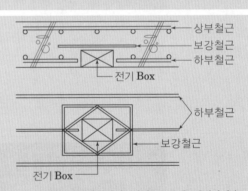• Shop Dwg.을 작성하여 전기Box등의 간섭사항을 사전에 검토하여 배근실시 • PVC 배수관은 설계자, 감리자 등과 협의하여 변경 처리

	부실 내용	개선 방안

정착길이 및 방법 불량

- 기둥철근 기초 정착길이 부족, 표준갈고리 길이 부족
- 상부 기둥규격 과다에 따른 슬래브주변 전단력 작용으로 인한 균열발생 우려

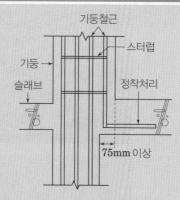

- 설계시 기둥설치 위치까지 테두리보 확대
- 상부기둥 규격 ≤ 하부기둥규격 구조 설계
- 상·하부 기둥 크기가 75mm 이상 차이시 Bending 처리 불가→정착할 것

보강철근 개수 및 위치 불량

- 계단슬래브 보강철근을 꺾인 위치에 설치
- 계단슬래브 보강철근 누락

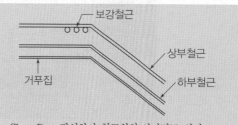

- Shop Dwg.작성하여 철근위치 사전검토 실시
- 보강철근 위치 및 개수 정확히 시공

부실 내용	개선 방안

철근 노출 및 피복 두께 불량

- 철근 가공·조립시 피복두께 유지 불량으로 콘크리트 타설 후 철근노출
- 계단 슬래브 시공이음부에 쌓인 이물질 미제거로 재료분리 발생

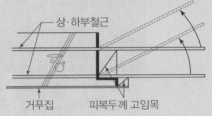

- 거푸집 조립 및 철근배근 후 청소 철저
- 스페이셔(Spacer) 규격 준수
- 철근 Bending 위치조정

철근정착 길이 부족

- 보 상부 인장철근은 표준갈고리가 있는 방법으로 가공하였으나 위험단면에서부터 시작되는 정착철근 직선길이 부족

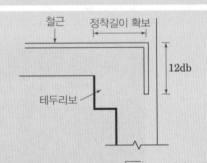

- 정착길이(ℓdh) $= (100 \times db / \sqrt{f_{ck}}) \times$ 보정계수 확보
- 정착길이 부족시 테두리보 시공

• 거푸집공사

	부실 내용	개선 방안
플랫타이 체결누락	 • A부분 플랫타이 1EA 체결 • 1면 코팅합판으로 자재변형 우려	 • 수평 플랫타이 2EA 체결 • 양면 코팅으로 발주 및 투입 확인
Filler 처리 불량	 • FILLER SUPPORT 합판 해체 후 되받침 시행 • 거푸집 존치기간 미준수	 • FILLER SUPPORT 3개층 준수 • 거푸집 최소 존치기간 유지
동바리 침하	 동바리 처짐 발생의 골조 수평 불량	 동바리 하부 버림콘크리트 타설 등의 지반안정 대책 필요

	부실 내용	개선 방안
코너 연귀 맞춤불량	 형틀작업 시 연귀 맞춤 정밀시공 불량	 • 기능공 교육 실시 • 폼 계획 및 시공철저
장선, 멍에 간격불량	 • 수평지지대의 간격이 600mm가 정상이나 450mm 간격으로 설치됨. • 수직지지대의 간격이 1200mm가 정상이나 1800mm간격으로 설치됨.	 • 수평/수직 지지대 적정 설치간격 준수 • 구조 검토 철저
개구부 과다	 • 창호 개구부 규격 과다 • 미장 마감 시 탈락 및 누수 우려	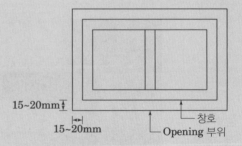 • 창호 개구부 규격 설계도면 준수 (창호 사이즈 +30~40mm) • 물끊기 홈(콤비) 면목 시공 고려

	부실 내용	개선 방안
단열 모르타르 Recess 누락	 • 단열몰탈 (THK 10mm) 시공부위 Recess 누락 및 오시공 • 폼 계획 시 사전 검토 미흡	 • 벽, 천장 단열재 위치 동시 검토 • 벽복합 판넬 일체형 사용 검토 • 확장형 발코니시 검토 철저
거푸집 지지방법 불량	 보 거푸집 설치 위치에 콘크리트 설계기준강도 확보전에 각목을 못으로 고정하여 지지함으로써 접합부 콘크리트면 균열 및 파손 발생	 보거푸집 설치용 기둥밴드 사용하여 접합부 콘크리트면 손상방지
강관비계 기둥침하	 성토지반 위에 깔판 등 받침판 없이 강관비계를 설치하여 침하, 전도 등 안전사고 우려	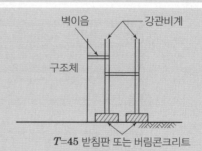 • 쌍줄비계 설치계획서 작성 • 유해, 위험방지계획서 준수 시공 • 강관비계 기둥 하부에 받침판 또는 버림 콘크리트 타설하여 침하등 방지

	부실 내용	개선 방안
Con struciton Joint 처리 불량	 보의 시공이음부에 콘크리트 막이 설치를 소홀히 하여 보철근이 가공 · 조립된 시공이음부 인접부 위로 콘크리트가 밀려 타설됨	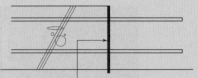 Metal lath, pipe발, 합판, 각재 등 보의 시공이음부에 콘크리트 막이를 견고하게 설치하고 콘크리트 타설 후에 후속 철근배근 전에 반드시 제거
수평 연결재 누락	 슬래브 지지 동바리의 높이가 3.6m임에도 수평연결재 설치를 누락하고, 계단실의 경사면에 쐐기목 설치없이 동바리를 수직 또는 경사로 설치하여 안전사고 우려	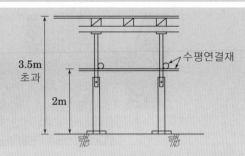 동바리 높이가 3.5m를 초과하는 경우에는 높이 2m 이내마다 수평연결재를 양방향으로 설치하고, 경사면에 동바리를 설치할 경우 반드시 쐐기목 사용
긴결철물 제거곤란	 지하연속벽에 붙혀 시공되는 벽체의 거푸집 조립 시 긴결용 철물을 제거가 곤란한 자재인 스냅타이를 설치하여 추후 용접 제거시 콘크리트 표면 강도 손상 우려	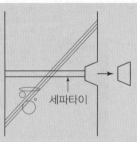 거푸집 조립 시 설치하는 긴결용 철물은 반드시 제거가 용이한 폼타이 또는 세파타이를 사용

부실 내용	개선 방안

시멘트 페이스트 미제거

벽체 거푸집의 청소상태 불량으로 시멘트 페이스트 미제거로 후속 콘크리트 타설시 재료 분리 발생

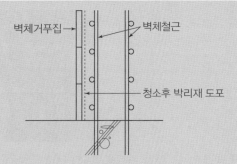

- 벽체 거푸집 청소 철저
- 벽체 거푸집 박리재 도포

지지블럭 강도부족

계단실 벽체 내측거푸집의 지지를 콘크리트벽돌 2단으로 처리하여 안전사고 우려

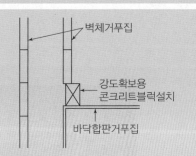

- 거푸집 지지용 콘크리트 블록 또는 철물 설치
- 설치간격준수

지지방법 불량

보 측면 거푸집을 지지하는 가새가 받침멍에 상부에 고정되어있지 않고 멍에 측면에 고정되어 있어 가새 역할을 하지 못함

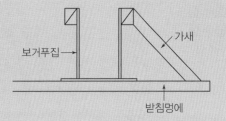

보 측면 거푸집을 지지하는 가새는 받침멍에 상부에 밀착 설치

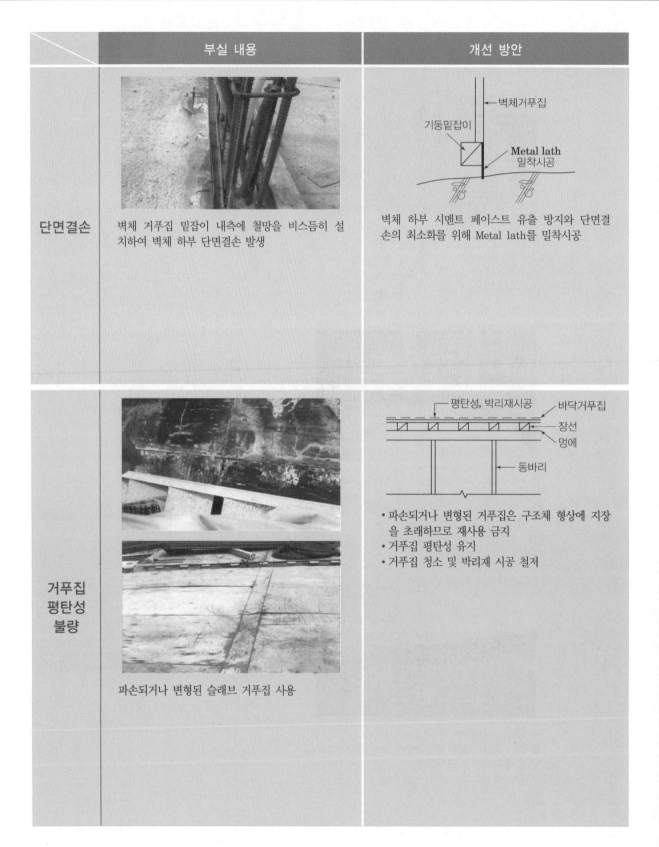

	부실 내용	개선 방안
단면결손	벽체 거푸집 밑잡이 내측에 철망을 비스듬히 설치하여 벽체 하부 단면결손 발생	벽체 하부 시멘트 페이스트 유출 방지와 단면결손의 최소화를 위해 Metal lath를 밀착시공
거푸집 평탄성 불량	파손되거나 변형된 슬래브 거푸집 사용	• 파손되거나 변형된 거푸집은 구조체 형상에 지장을 초래하므로 재사용 금지 • 거푸집 평탄성 유지 • 거푸집 청소 및 박리재 시공 철저

콘크리트공사

Chapter 05

콘크리트공사 | 단답형 과년도 문제 분석표

■ 구조

NO	과 년 도 문 제	출제회
1	철근콘크리트 구조의 원리 및 장단점	93
2	수화반응, 시멘트 수화반응의 단계별 특징	68, 106
3	콘크리트의 모세관 공극	100
4	콘크리트 응결(Setting) 및 경화(Hardening)	74

■ 재료

NO	과 년 도 문 제	출제회
1	시멘트 종류별 표준 습윤 양생기간	101
2	MDF(Macro Defect Free)시멘트	89
3	초속경시멘트	109
4	혼화재료	61, 84, 124
5	콘크리트용 유동화제(Super Plasticizer)	93
6	실리카 흄(Slica Fume)	69
7	포졸란(Pozzolan)	71, 111
8	강열감량(强熱減量)	89

■ 배합

NO	과 년 도 문 제	출제회
1	레미콘 호칭강도	68, 81
2	레미콘 호칭강도와 설계기준강도의 차이점	89, 110
3	Slump Test	64
4	Flow Test	69, 93
5	굳지 않은 콘크리트의 공기량	105
6	콘크리트 골재 입도	83
7	골재함수량	53
8	잔골재율	49, 61, 93
9	시방배합과 현장배합	99
10	콘크리트 시험비비기	49
11	현장시험실 규모 및 품질관리자 배치기준	105
12	물-결합재비(Water-Binder Ratio)	122
13	콘크리트 배합시 응결경화 조절제	121
14	표준사	121

■ 시공

NO	과 년 도 문 제	출제회
1	Dry Mixer	46
2	Pre-Cooling	65
3	애지데이터 트럭	44
4	레디믹스트 콘크리트 납품서(송장)	97
5	콘크리트 펌프타설(Concrete Pumping)시 검토사항	92
6	Concrete Placing Boom	65, 84, 119
7	VH분리타설 공법	43, 63
8	콘크리트 부어넣을 때 주의사항	52
9	시공속도	45
10	헛응결(False Set)	46
11	콘크리트 응결 경화	74
12	콘크리트 양생방법	79
13	콘크리트 공시체의 현장봉합(밀봉)양생	77
14	콘크리트 블리스터(Blister)	98, 116
15	일일 평균 4℃ 이하시 콘크리트 양생방법	108

■ 시험

NO	과 년 도 문 제	출제회
1	콘크리트에서 초결시간과 종결시간	100
2	콘크리트 내구성 시험(Durability Test)	101
3	콘크리트 품질관리와 품질검사	47
4	레미콘 압축강도 검사기준, 판정기준	68
5	구조체 관리용 공시체	89
6	콘크리트 배합의 공기량 규정목적	75

NO	과 년 도 문 제	출제회
7	콘크리트의 비파괴검사	91
8	Schumit Hammer	46
9	반발경도법	73
10	슈미트해머의 종류와 반발경도 측정방법	115
11	콘크리트 도착 시 현장시험	48, 78, 89

■ Joint

NO	과 년 도 문 제	출제회
1	콘크리트 조인트(Joint)종류	87
2	시공이음(Construction Joint)	54, 76, 88
3	시공줄눈(Construction Joint)의 위치 및 방법	108
4	콘크리트 이어붓기면의 요구되는 성능과 위치	77
5	콘크리트 이어치기 및 Cold Joint	50, 52
6	Cold Joint	70, 89, 126
7	구조체 신축이음 또는 팽창이음(Expansion Joint)	54, 83, 88
8	Control Joint	35, 53, 62, 68
9	콘크리트 균열 유발줄눈의 유효 단면 감소율	84
10	Delay Joint(Shrinkage Strip : 지연조인트)	63, 67, 80, 122

■ 균열

NO	과 년 도 문 제	출제회
1	콘크리트 자기수축	92, 113, 118
2	소성수축균열(Plastic Shrinkage Crack)	88, 118, 125
3	콘크리트 타설시 발생하는 침하균열의 예방법과 콘크리트 타설시 진동다짐 방법	81
4	콘크리트 건조수축 균열	98, 113
5	콘크리트 침하균열	119
6	사인장 균열	86
7	철근콘크리트 할렬균열	115
8	Bleeding	35, 45, 70, 124

NO	과 년 도 문 제	출제회
8	Water Gain	73
9	레이턴스(Laitance)	89
10	콘크리트의 염해	47
11	콘크리트 염분 함량기준	78
12	해사의 제염(制鹽)방법	101
13	콘크리트 중성화	47, 79
14	알칼리 골재반응	99
15	콘크리트 동해의 Pop Out현상	75, 99
16	콘크리트의 표면층박리(Scaling)	114
17	콘크리트 타설시 굵은골재의 재료분리	88
18	전기적 부식	59
19	콘크리트 표면에 발생하는 결함	85
20	콘크리트 공사의 시공 시 균열방지대책	48
21	탄소섬유시트보강법	80

■ 콘크리트 성질

NO	과 년 도 문 제	출제회
1	시공연도에 영향을 주는 요인	48
2	Creep현상	44, 68, 92, 106, 123
3	콘크리트의 시공연도(Workability)	121

■ 특수콘크리트

NO	과 년 도 문 제	출제회
1	한중콘크리트의 적용범위	47, 78
2	한중콘크리트	90
3	한중콘크리트의 적산온도	48, 58, 74, 84, 105
4	서중콘크리트 및 적용범위	30, 47, 74, 91

NO	과 년 도 문 제	출제회
5	Mass Concrete 온도구배	71
6	Mass Concrete 온도충격(Thermal Shock)	102
7	Mass Cocrete 타설시 온도균열 방지대책	64
8	매스콘크리트(수화열 저감방안)	44, 94
9	온도균열 지수	86, 113
10	수밀콘크리트	28, 40, 77, 96
11	고강도 콘크리트(High Strength Concrete)	96
12	고유동 콘크리트의 자기충전(Self-Compacting)	114
13	고성능콘크리트	52, 74, 84
14	팽창콘크리트	44, 72, 85
15	섬유보강콘크리트	55, 62, 79, 127
16	G.F.R.C (Glass Fiber Reinforced Concrete)	64, 84
17	프리스트레스트 콘크리트	30, 41, 72, 120
18	Post Tension공법	62
19	Pre-Stress공법중에서 Long Line공법	43
20	PS(Pre-stressed) 강재의 Relaxation	112
21	비폭열성 콘크리트	87
22	폭렬발생 메카니즘	103
23	식생콘크리트	75
24	다공질콘크리트(Porous Con'c)	69, 107
25	환경친화형 콘크리트(친환경 콘크리트)	66, 97
26	녹화콘크리트	64, 86
27	진공탈수콘크리트(Vacumn Dewatering Method)	91
28	진공배수콘크리트	59, 116
29	진공콘크리트	78
30	폴리머 콘크리트	54
31	지오폴리머 콘크리트(Geopolymer Concrete)	95
32	기포콘크리트	32, 61, 94

NO	과 년 도 문 제	출제회
33	경량 콘크리트	93
34	균열 자기치유(自己治癒)콘크리트	32, 61, 94
35	자기응력 콘크리트(Self Stressed Concrete)	97
36	루나콘크리트(Lunar Concrete)	110
37	노출 바닥콘크리트공법 中 초평탄콘크리트	112
38	동결융해작용을 받는 콘크리트	54, 95

■ 기타

NO	과 년 도 문 제	출제회
1	Flat Slab와 Flat Plate Slab의 차이점	79
2	Flat Plate Slab	68
3	Punching Shear Crack	82
4	Flat Slab의 전단보강	86, 92
5	충전강관콘크리트기둥(Concrete Filled Tube)의 콘크리트 타설방법	94
6	Concrete Kicker	82
7	단면2차모멘트	84
8	무근콘크리트 슬래브 컬링(Curling)	117

콘크리트공사 | 서술형 과년도 문제 분석표

■ 재료

NO	과 년 도 문 제	출제회
1	레미콘 가수(加水)의 유형을 들고, 그 방지대책에 대하여 설명하시오.	89
2	콘크리트공사용 고로슬래그 미분말(Slag Powder)을 첨가한 콘크리트의 특징을 설명하고, 현장에서 사용시 문제점과 대책을 설명하시오.	97
3	부순골재 사용시 콘크리트 품질특성에 대하여 설명하시오.	74
4	초고층 공사에서 고강도 골재 수급방안의 문제점과 해결방안에 대하여 설명하시오.	101
5	굵은 순환골재의 품질기준과 적용 시 유의사항에 대하여 설명하시오.	111
6	콘크리트공사에 사용되는 혼화재료의 종류와 특징에 대하여 기술하시오.	82

NO	과 년 도 문 제	출제회
7	콘크리트 혼화재료의 감수제의 적용방식 및 특징, 용도에 대하여 기술하시오.	76
8	Fly Ash가 치환된 레디믹스트 콘크리트의 시공관리상 현장에서 조치할 사항에 대하여 기술하시오.	77
9	콘크리트의 성능개선을 위해 첨가하는 재료의 종류와 특징을 설명하시오.	115

■ 배합

NO	과 년 도 문 제	출제회
1	건축현장에서 레미콘 공장의 선정기준과 레미콘 발주시 유의사항에 대하여 설명하시오.	57
2	콘크리트 Pump에 의한 현장콘크리트 타설시 Pump 압송을 향상시키기 위한 콘크리트 배합상의 대책과 시공시 유의사항에 대하여 설명하시오.	64
3	건설공사의 부실공사를 방지하고, 품질을 확보하기 위한 레디믹스트 콘크리트 공장의 사전점검, 정기점검, 특별점검을 설명하고, 불량자재의 기준 및 처리시 유의사항에 대하여 설명하시오.	105
4	혹한기 콘크리트 공장 제조시 소요재료 가열방법 및 공사 현장 주요관리사항에 대하여 설명하시오.	105
5	현장에 도착한 콘크리트의 슬럼프가 배합설계한 값보다 저하되어 펌프카로 타설하기 곤란한 경우에 슬럼프 저하의 원인과 조치방안에 대하여 설명하시오.	109

■ 시공

NO	과 년 도 문 제	출제회
1	콘크리트타설 계획의 수립내용에 대하여 설명하시오.	117
2	현장타설 콘크리트 품질관리의 중요성과 방법을 단계(타설전, 타설중, 타설후)별로 기술하시오.	79
3	레미콘의 운반시간 관리규정에 대해 KS규정과 건축공사표준시방서을 비교, 유의사항을 설명하시오.	68
4	현장에서 콘크리트 타설할 때 현장에서의 준비사항 및 주변 조치사항에 대하여 설명하시오.	108
5	레미콘 운반시간의 한도 규정 준수에 대하여 다음 사항을 설명하시오. 1) 일반 콘크리트의 경우(콘크리트 시방서 기준) 2) KS규정의 경우 3) 운반시간의 한도 규정을 초과하지 말아야 하는 이유	84
6	콘크리트시방서와 KS기준에 의한 "레미콘 운반시간의 한도규정"을 준수하기 위한 현장조치사항에 대하여 설명하시오.	78
7	건설현장에서 콘크리트 운반 및 타설방법에 대하여 설명하시오.	85
8	보통포틀랜드시멘트를 사용한 콘크리트를 현장타설(외기온도 20℃)할 때 1) 응결 개시시간 2) 응결 종결시간 3) 경화 개시시간별로 구분하여 논하시오.	71

NO	과 년 도 문 제	출제회
9	옥상 파라팻 콘크리트 타설시 바닥 콘크리트와의 타설구획방법을 단면으로 도시하고 시공시 유의사항을 기술하시오.	66
10	펌프카를 이용한 콘크리트 타설시 유의사항에 대하여 설명하시오.	49
11	건축물의 기둥콘크리트 타설시 다음 사항을 설명하시오. 1) 타설방법(콘크리트 시방서 기준) 2) 한개의 기둥을 연속으로 타설하여 완료하는 것을 금지하는 이유	84
12	초고층 철골, 철근콘크리트조 건물시공에 적합한 철근배근 및 콘크리트 타설방법에 대하여 설명하시오.	53
13	콘크리트의 수직-수평 분리타설 방법과 시공 시 유의사항을 설명하시오.	119
14	건축현장에서 콘크리트 펌프(Pump)압송 타설시 발생할 수 있는 품질저하의 원인과 대책에 대하여 설명하시오.	96
15	콘크리트 펌프 압송시 압송관 막힘 현상의 원인과 대책에 대하여 설명하시오.	90, 111
16	콘크리트의 펌프 압송 시 유의사항에 대하여 설명하시오.	119
17	생콘크리트 펌프압송 시 막힘현상의 원인 및 예방대책과 막힘 발생 시 조치사항에 대하여 설명하시오.	118
18	초고층 건축공사에서 콘크리트 타설 시 고려사항과 콘크리트 압송장비의 운용방법에 대하여 설명하시오.	121
19	대규모 공장건축물 바닥콘크리트 타설시 구조적 문제점 및 시공상 유의사항에 대하여 기술하시오.	87
20	철근콘크리트 공사의 공기단축과 관련하여 콘크리트 강도의 촉진 발현 대책을 설명하시오.	89
21	콘크리트 제품의 촉진 양생방법에 관해 종류와 특성을 설명하시오.	43
22	해변에 접하는 건축물의 콘크리트 요구성능, 시공상의 유의사항 및 염해방지대책에 대하여 기술하시오.	87
23	기둥과 슬래브(Slab)부재의 압축강도가 다른 경우 콘크리트 품질관리 방안에 대하여 설명하시오.	92
24	콘크리트공사가 부실 시공되는 원인과 대책에 대하여 설명하시오.	45
25	건축공사에서 철근콘크리트공사와 철골공사의 중점 관리 방안을 설명하시오.	105
26	공사현장의 여건상 2개사 이상의 레미콘 공장제품을 사용할 경우, 콘크리트 혼용 타설의 문제점과 품질확보방안에 대하여 설명하시오.	112

■ 시험

NO	과 년 도 문 제	출제회
1	굳지 않은 고성능 콘크리트의 성능평가방법에 대하여 설명하시오.	85
2	콘크리트 품질시험방법에 대하여 설명하시오.	62
3	공사현장에서 콘크리트 품질을 확보하기 위한 방법을 설명하시오.	53
4	콘크리트의 현장 품질관리를 위한 시험에서 1) 타설 전 2) 타설 중 3) 타설 후를 구분하여 기술하시오.	88

NO	과 년 도 문 제	출제회
5	콘크리트 타설 전 및 타설 중 품질관리 방안에 대하여 설명하시오.	94
6	콘크리트 공사의 품질유지를 위한 활동을 준비단계, 진행단계 및 완료단계로 나누어 설명하시오.	83
7	현장에서 콘크리트의 동시 타설량이 대량이어서 복수의 공장에서 공급받는 경우의 콘크리트 품질확보방안에 대하여 설명하시오.	91
8	고층 건축물공사에서 초유동 콘크리트의 유동성평가방법과 시험방법에 대하여 설명하시오.	104
9	표준시방서에 따른 레미콘 강도시험용 공시체 제작의 시험횟수, 시료채취방법, 합격판정기준에 대하여 설명하시오.	74
10	레미콘 압축강도시험 1) 시험시기, 횟수, 시료채취방법 2) 합격여부 판정방법에 대하여 설명하시오.	71
11	콘크리트 압축강도 시험방법과 구조체 관리용 공시체 평가방법에 대하여 설명하시오.	106
12	콘크리트 압축강도시험의 합격판정기준을 다음 경우에 따라 설명하시오. 1) 1일/회 타설량 150㎥ 이하　　　2) 1일/회 타설량 200㎥~450㎥ 일 때	81
13	현장타설 구체콘크리트의 압축강도를 공시체로 추정하는 방법에 대하여 설명하시오.	59
14	콘크리트의 품질시험검사 중 표준양생공시체의 압축강도 시험결과가 불합격되었다. 불합격시 조치에 대하여 설명하시오.	95
15	콘크리트 비파괴검사 중 슈미트해머방법의 특징, 시험방법 및 강도추정방식에 대하여 설명하시오.	106
16	콘크리트 구조물의 28일 압축강도가 설계기준강도에 미달될 경우, 현장의 처리절차와 구조물 조치방안에 대하여 설명하시오.	112

■ Joint

NO	과 년 도 문 제	출제회
1	콘크리트 구조물의 균열방지를 위하여 설치하는 줄눈의 종류 및 시공시 유의사항에 대하여 설명하시오.	96
2	콘크리트 타설을 부득이 이어치기로 할 경우 위치 및 시공방법 등 유의사항에 대하여 설명하시오.	69
3	콘크리트공사에서 콘크리트 이어붓기면의 이음위치와 효율적인 이어붓기 시공방법에 대하여 설명하시오.	101

NO	과 년 도 문 제	출제회
4	주상복합건축물 구조에서 트랜스퍼거더의 콘크리트 이어치기면 처리, 철근 배근 및 하부 Shoring 시공시 유의사항에 대하여 설명하시오.	104
5	철근콘크리트공사에서의 Expansion Joint와 Construction Joint(균열유도줄눈)의 시공방법에 대하여 설명하시오.	91, 120

■ 내구성

NO	과 년 도 문 제	출제회
1	콘크리트의 내구성 저하원인과 방지대책에 대하여 기술하시오.	52, 54, 64, 91, 96, 97
2	철근콘크리트 구조물의 내구성 향상방안에 대하여 설명하시오.	54
3	콘크리트 품질 및 내구성을 저해하는 요인, 콘크리트 품질 및 내구성 향상 방안에 대하여 설명하시오.	52
4	콘크리트 구조물의 내구성에 영향을 미치는 요인 및 방지대책에 대하여 설명하시오.	90
5	철근콘크리트의 내구성에 영향을 미치는 염해, 동해 및 중성화를 방지할 수 있는 시공방법에 대하여 설명하시오.	44
6	염분 함유량이 허용치를 초과한 철근콘크리트 구조물의 방식방법의 종류와 특성에 대하여 설명하시오.	48
7	콘크리트 중성화에 대하여 다음을 기술하시오. 1) 개요 2) 중성화 진행 속도 3) 중성화에 의한 구조물 손상	86
8	혼화재 다량치환 콘크리트의 중성화 억제 대책에 대하여 설명하시오.	100
9	Concrete 중성화의 진행속도와 Mechanism을 설명하시오.	81
10	콘크리트의 중성화의 영향 및 진행과정과 측정방법에 대하여 설명하시오.	116
11	콘크리트의 중성화가 구조물에 미치는 영향과 예방대책 및 사후 조치방안을 설명하시오.	112
12	건축물의 장수명화(長壽命化)와 관련하여 콘크리트의 중성화 기구(Mechanism) 및 방지대책에 대하여 설명하시오.	95
13	철근 부식의 발생 Mechanism과 철근의 녹(Rust)이 공사품질에 미치는 영향 및 관리방안에 대하여 설명하시오.	86
14	콘크리트 구조물에서 철근 부식원인과 방지대책에 대하여 설명하시오.	62
15	철근콘크리트 공사시 체적변화 요인 및 방지대책에 대하여 기술하시오.	49

NO	과 년 도 문 제	출제회
16	Bleeding에 대하여 다음을 설명하시오. 1) 개요 2) 블리딩시 발행하는 균열 3) 균열 발생시 현장 조치방법 4) 블리딩시 수분 증발에 영향을 주는 요인	84
17	콘크리트 공사에서 Bleeding 발생원인 및 저감대책에 대하여 설명하시오.	105

■ 균열

NO	과 년 도 문 제	출제회
1	내력벽식구조 공동주택에서 발생하는 균열의 종류와 방지대책에 대하여 기술하시오.	82
2	철근콘크리트 구조의 균열발생 원인과 억제대책에 대하여 설명하시오.	91, 97, 114
3	내구성이 요구되는 콘크리트 구조물에 콘크리트 양생 중 소성수축 균열 발생시 그 원인과 복구대책에 대하여 설명하시오.	89
4	Slab 콘크리트 타설 후 소성수축 균열 발생시 현장조치방안에 대하여 설명하시오.	72
5	미경화 콘크리트의 침하 균열에 대하여 다음을 기술하시오. 1) 발생시기 2) 원인 3) 대책	69
6	현장콘크리트 타설 후 경화되기 전에 발생하는 초기균열 및 방지대책에 대하여 설명하시오.	98
7	콘크리트 타설시 조기발생(1일 이내)하는 균열의 종류와 원인 및 대책에 대하여 설명하시오.	75
8	콘크리트 타설 후 경화하기 전에 발생하는 콘크리트의 수축균열(Shrinkage Creck)의 종류 및 그 각각의 원인 및 대책에 대하여 설명하시오.	108
9	신축건물의 지하층 벽체에 다음과 같은 균열이 발생하였다. 균열원인과 균열저감 대책을 기술하시오. • 시공일자 : 서울소재 6월 27일(콘크리트 타설 2일 후 비가 내림) • 콘크리트 : 24MPa • 타설구획 및 1회 타설높이를 사전 계획수립, 시공하였고 거푸집 탈형 후 기건양생함 • 벽체 : 두께 80cm, 높이 : 4m, 기둥간격 : 10m • 균열 : 최초발견 - 타설 후 20일 경과 • 균열 폭 : 0.4~0.5mm • 균열길이 : 벽 높이의 2/3 정도의 수직균열 • 균열진행 : 3개월 후 0.7mm로 증대	66
10	콘크리트 타설 후 발생하는 건조수축균열의 현장저감대책에 대하여 설명하시오.	78
11	콘크리트 건조수축에 대하여 진행속도와 4개의 영향인자를 쓰고 각 영향인자와 건조수축과의 관계를 설명하시오.	81

NO	과 년 도 문 제	출제회
12	현장타설 콘크리트의 건조수축을 유발하는 요인과 저감대책에 대하여 설명하시오.	66
13	콘크리트 타설 후 발생하는 소성수축균열과 건조수축균열에 대하여 다음을 기술하시오. 1) 발생기구(Mechanism)　　2) 균열양상 3) 발생시기　　　　　　　　4) 방지대책	68
14	콘크리트 균열발생 요인 중 시공적 요인에 의한 균열의 저감대책에 대하여 설명하시오.	64
15	아파트 발코니 균열발생의 원인 및 방지대책에 대하여 설명하시오.	63
16	건축물 신축공사시 지하주차장 1층 상부 Slab의 균열방지대책에 대하여 설명하시오.	60
17	공동주택에서 지하주차장 슬래브의 균열발생원인과 방지대책에 대하여 설명하시오.	106
18	공동주택 지하주차장 Half PC Slab 상부의 Topping Concrete에서 발생되는 균열의 원인과 원인별 저감방안에 대하여 설명하시오.	110
19	Deck Plate 상부에 타설한 콘크리트에 발생하는 균열의 원인 및 대책에 대하여 설명하시오.	92, 103
20	데크플레이트 슬래브의 균열발생 요인과 균열억제 대책 및 보수방법에 대하여 설명하시오.	116
21	철근콘크리트 구조물의 누수 발생원인을 열거하고 그 방지대책에 대하여 설명하시오.	43, 98
22	비벼진 굵은골재의 재료분리 원인 및 영향을 주는 요인과 방지대책에 대하여 설명하시오.	76
23	철근콘크리트 공사에서 재료분리의 종류와 특징 및 방지대책에 대하여 설명하시오.	107
24	콘크리트 타설시 발생되는 수화열이 미치는 영향과 제어공법에 대하여 설명하시오.	67
25	콘크리트 구조물 화재시 발생하는 폭열현상 및 방지대책에 대하여 설명하시오.	74, 112
26	콘크리트 표면에 발생하는 결함의 종류 및 방지대책에 대하여 설명하시오.	75
27	콘크리트 타설 후, 응결 및 경화과정에서 콘크리트의 표면에서 발생할 수 있는 결함의 종류와 원인 및 대책에 대하여 기술하시오.	88
28	건축구조물 공사에서 콘크리트 표면의 기포발생 원인과 저감대책에 대하여 설명하시오.	103
29	콘크리트 구조물표면의 손상 및 결함의 종류에 대한 원인과 방지대책에 대하여 설명하시오.	117
30	철골철근콘크리트공사시 데크플레이트(Deck Plate)를 이용한 바닥 슬래브에서의 균열 발생원인과 억제대책 및 균열보수 방법에 대하여 설명하시오	121

NO	과 년 도 문 제	출제회
31	공동주택 콘크리트 구조체 균열의 하자 판정 기준과 조사방법에 대하여 설명하시오.	103
32	콘크리트 균열의 종류별 발생원인과 보수 보강공법에 대하여 설명하시오.	86
33	콘크리트 구조물의 균열 보수 및 보강공법에 대하여 설명하시오.	55
34	콘크리트 구조물의 부위별 구조보강공법에 대하여 설명하시오.	62
35	콘크리트 구조물 보강공법의 종류와 시공방법에 대하여 설명하시오.	70, 71
36	철근콘크리트공사에서 균열발생을 방지하기 위한 시공상의 대책과 시공후에 발생된 균열의 보수, 보강방법에 대하여 설명하시오.	47
37	철근콘크리트 보의 중앙 부근에 수직방향 균열, 단부에는 경사방향 균열이 발생하였다. 이에 대한 균열의 추정원인, 손상정도, 보수보강대책에 대하여 설명하시오.	57
38	철근콘크리트공사중 콘크리트의 구조적 균열과 비구조적 균열의 주요 원인과 보수보강방법에 대하여 설명하시오.	108
39	철근콘크리트 구조의 내구성에 영향을 미치는 요인과 내구성 저하 방지대책에 대하여 설명하시오.	120

■ 콘크리트 성질

NO	과 년 도 문 제	출제회
1	콘크리트의 성질을 미경화(未硬化)콘크리트와 경화(硬化)콘크리트로 구분하여 설명하시오.	101
2	콘크리트 타설시 시공연도에 영향을 주는 요인과 시공연도 측정방법에 대하여 설명하시오.	77
3	콘크리트 시공연도(Workability)에 영향을 주는 요인과 측정방법에 대하여 설명하시오.	98
4	콘크리트 공사의 시공성에 영향을 주는 요인과 시공성 향상방안에 대하여 설명하시오.	90
5	콘크리트 타설시 온도와 습도가 거푸집 측압, 콘크리트 공기량, 크리프에 미치는 영향에 대하여 설명하시오.	104

■ 한중 콘크리트

NO	과 년 도 문 제	출제회
1	한중 콘크리트의 배합, 운반 및 타설시 유의사항에 대하여 설명하시오.	96

NO	과 년 도 문 제	출제회
2	동절기 콘크리트공사시 시공관리에 대하여 설명하시오.	62
3	한중 콘크리트 타설시 발생할 수 있는 초기 동해의 원인 및 방지대책에 대하여 설명하시오.	92, 114
4	콘크리트의 동결융해를 방지할 수 있는 대책에 대하여 설명하시오.	86
5	동절기 콘크리트의 초기동해방지대책과 소요압축강도를 확보하기 위한 현장조치에 대하여 설명하시오.	78
6	한중 콘크리트 타설시 주의사항 및 양생방법에 대하여 설명하시오.	52
7	동절기 콘크리트공사의 보양방법에 대하여 설명하시오.	72
8	한중 콘크리트를 설명하고 양생 초기에 주의하여야 할 관리내용에 대하여 설명하시오.	58
9	한중콘크리트의 품질관리방안과 양생 시 주의사항에 대하여 설명하시오.	111

■ 서중 콘크리트

NO	과 년 도 문 제	출제회
1	서중콘크리트의 시공계획에 대하여 설명하시오.	54
2	서중콘크리트 타설시 공사관리 방안에 대하여 설명하시오.	98, 113, 121
3	서중콘크리트 시공시 유의사항에 대하여 설명하시오.	73, 80
4	서중콘크리트 타설시의 주의사항 및 양생방법에 대하여 설명하시오.	48
5	하절기 철근콘크리트 공사에서 서중콘크리트 타설시 문제점 및 시공시 고려사항에 대하여 설명하시오.	60, 109
6	서중콘크리트의 배합, 설계시 유의사항, 운반 및 부어넣기 계획에 대하여 설명하시오.	86
7	서중콘크리트 시공시 발생하는 영향과 각종 재료준비, 운반, 타설, 양생과정에 대하여 설명하시오.	94
8	서중콘크리트 제조운반 타설시 운반관리사항 중 1) 콘크리트 온도 관리방안 2) 운반시 슬럼프 저하 방지대책 3) 타설시 콜드조인트 방지대책 4) 타설 후 양생시 유의사항에 대하여 설명하시오.	74
9	서중콘크리트 타설시 Cold Joint 방지대책에 대하여 설명하시오.	67, 80
10	서중콘크리트 공사에서 서중환경이 굳지 않은 콘크리트의 품질에 미치는 영향과 그 방지대책을 설명하시오.	89

■ Mass 콘크리트

NO	과 년 도 문 제	출제회
1	한중 Mass 콘크리트를 기초 Mat 적용시 콘크리트 시공계획에 대하여 설명하시오.	75
2	Mass 콘크리트의 특성과 시공시 유의사항에 대하여 설명하시오.	59
3	대형건축구조물에서 Mass 콘크리트 시공관리상 고려사항에 대하여 기술하시오.	50
4	Mass 콘크리트 타설시 현장에서 유의할 사항을 설명하시오.	49
5	Mass 콘크리트의 온도균열을 방지하기 위한 시공대책에 대하여 설명하시오.	61, 120
6	Mass 콘크리트에서 발생하는 온도균열의 특징과 방지대책에 대하여 설명하시오.	72
7	Mass 콘크리트 구조물의 온도균열 발생원인 및 대책에 대하여 설명하시오.	90, 122
8	Mass 콘크리트의 온도균열 발생원인 및 내, 외부 온도차 관리방안에 대하여 설명하시오.	101
9	매스콘크리트의 온도균열발생 메커니즘(Mechanism)과 균열방지 대책에 대하여 설명하시오.	113

■ 고강도 콘크리트

NO	과 년 도 문 제	출제회
1	고강도 콘크리트의 재료와 배합 및 시공시 유의사항에 대하여 설명하시오.	77
2	콘크리트 고강도화 방법과 현장적용을 위한 재료, 시공측면의 관리기술에 대하여 설명하시오.	72
3	고강도 콘크리트의 품질관리방안에 대해 1) 배합관리 2) 비비기 3) 운반 4) 보양에 대하여 설명하시오.	51
4	고강도 콘크리트의 특성과 시공시 유의사항에 대하여 설명하시오.	70
5	고강도 콘크리트의 내화성을 증진시키기 위한 방안에 대하여 설명하시오.	78, 82
6	고강도 콘크리트의 제조방법 및 내화성을 증진시키기 위한 방안에 대하여 기술하시오.	88, 99
7	고강도 콘크리트의 폭열현상 및 방지대책에 대하여 설명하시오.	83
8	고강도 콘크리트의 폭열현상 발생원인과 제어대책 및 내화성능관리기준에 대하여 설명하시오.	97
9	초고강도 콘크리트, 초유동화 콘크리트의 제조원리 및 적용사례에 대하여 설명하시오.	86
10	고강도, 유동화 콘크리트 성질 및 개발현황 및 건축생산에 있어 그 적용성 및 문제점을 설명하시오.	47
11	고강도 콘크리트의 자기수축(Self Shrinkage)현상과 저감방안에 대하여 설명하시오.	93

■ 고유동 콘크리트

NO	과 년 도 문 제	출제회
1	초유동(고유동)콘크리트를 Slab와 기둥에 타설시 유의사항을 일반콘크리트와 비교 설명하시오.	71
2	고유동(초유동)콘크리트의 특성과 유동성 평가방법에 대하여 설명하시오.	61
3	초유동 자기충전콘크리트의 품질관리방안 및 시공시 유의사항에 대하여 설명하시오.	109

■ 고성능 콘크리트

NO	과 년 도 문 제	출제회
1	고성능 콘크리트(High Performance) 시공시 유의사항에 대하여 설명하시오.	49
2	콘크리트 성능의 향상을 위해 사용되고 있는 고성능 콘크리트의 시공시 유의사항에 대하여 설명하시오.	94

■ 수중 콘크리트

NO	과 년 도 문 제	출제회
1	수중콘크리트의 재료와 배합 및 타설방법에 대하여 설명하시오.	68

■ 노출 콘크리트

NO	과 년 도 문 제	출제회
1	제치장 콘크리트의 시공시 고려사항에 대하여 설명하시오.	60
2	건축공사에서 노출콘크리트 구조물의 품질확보를 위한 시공계획 및 시공 시 유의사항에 대하여 설명하시오.	103
3	건축공사에서 노출콘크리트 구조물의 품질확보를 위한 시공계획 및 시공 시 유의사항에 대하여 설명하시오.	103
4	제치장 콘크리트의 특징 및 품질관리 방안에 대하여 기술하시오.	82
5	제치장 콘크리트 품질확보를 위한 거푸집 설계 및 시공시 유의사항에 대하여 설명하시오.	71
6	도심지 고층 건축공사에서 옥상 측벽용 노출콘크리트 대형 거푸집 설치의 고정 방법 및 유의사항에 대하여 설명하시오.	65
7	외부 벽체를 노출콘크리트구조로 시공할 경우, 요구성능 및 시공 시 유의사항에 대하여 설명하시오.	114
8	노출콘크리트 벽체의 시공품질 관리사항을 거푸집, 철근, 콘크리트 공사별로 기술하시오.	66
9	제치장 콘크리트(Exposed Concrete)의 거푸집 설치, 철근 배근 및 콘크리트 타설시 유의사항에 대하여 설명하시오.	95

■ 식생 콘크리트

NO	과 년 도 문 제	출제회
1	환경친화형 콘크리트(Eco-Concrete)의 정의, 분류, 특성 및 용도에 대하여 설명하시오.	89

■ 섬유보강 콘크리트

NO	과 년 도 문 제	출제회
1	강섬유 콘크리트의 재료, 배합, 시공시 단계별 관리방법에 대하여 설명하시오.	101
2	콘크리트에 사용하는 하이브리드 섬유(Hybrid Fiber 혹은 Cocktail Fiber)의 사용목적 및 실용화 실례(實例)에 대하여 설명하시오.	95

■ 프리스트레스트 콘크리트

NO	과 년 도 문 제	출제회
1	프리스트레스트 콘크리트의 특징, 긴장방법 및 시공시 유의사항에 대하여 설명하시오.	107

■ 진공배수 콘크리트

NO	과 년 도 문 제	출제회
1	대규모 바닥콘크리트 타설시 진공배수공법에 대하여 설명하시오.	65

■ 기타

NO	과 년 도 문 제	출제회
1	철근콘크리트 구조물의 표준양생 28일 강도를 설계기준강도로 정하는 이유와 압축 강도 시험의 합격 판전 기준을 설명하시오.	118
2	수밀성 콘크리트의 효율적인 품질관리를 위하여 (1) 재료 (2) 배합 (3) 타설에 대하여 설명하시오.	96
3	거푸집공사로 인하여 발생하는 콘크리트 하자에 대하여 설명하시오.	79
4	지하주차장 진출입을 위한 주차 램프(Ramp)의 시공시 유의사항에 대하여 설명하시오.	99

NO	과 년 도 문 제	출제회
5	지하주차장의 효율적인 배수를 위한 슬래브 구배시공에 대하여 설명하시오.	101
6	고층건축물 철근콘크리트 공사의 공정사이클을 제시하고 공기단축방안에 대하여 기술하시오.	80
7	철근콘크리트구조 20층 이상 고층 공동주택의 골조공기 단축방안을 설명하시오.	83, 113
8	대지가 협소한 도심지 건축공사에서 골조공사를 효율적으로 시행하기 위한 1층 바닥 작업장 구축방안에 대하여 설명하시오.	95
9	콘크리트 Column Shortening 발생원인을 요인별로 설명하시오.	74
10	Column Shortening에 있어서 탄성변형과 비탄성변형을 설명하시오.	71
11	레미콘 출하 후 발생하는 잔량 콘크리트의 효과적인 이용방법에 대하여 설명하시오.	100
12	철근콘크리트 구조물의 화재발생시 구조안전에 미치는 영향을 설명하고, 구조물 피해의 조사내용과 복구방법에 대하여 설명하시오.	93
13	콘크리트 타설 후 기둥과 벽체의 철근 피복두께가 설계기준과 다르게 시공되는 원인과 수직철근 이음위치 이탈시 조치사항에 대하여 설명하시오.	102
14	초고층건물 시공에서 사용되는 코아 후행공법에 대하여 설명하시오.	107
15	고내구성 콘크리트의 적용대상, 피복두께 및 시공시 고려해야 할 사항에 대하여 설명하시오.	110
16	팽창콘크리트의 사용목적과 성능에 영향을 미치는 요인에 대하여 설명하시오.	110
17	원전구조물 해체시 방사선에 노출된 콘크리트의 오염제거기술에 대하여 설명하시오.	110
18	경량기포콘크리트의 특성 및 시공 시 주의사항에 대하여 설명하시오.	111
19	경량기포 콘크리트의 종류 및 선정 시 고려사항에 대하여 설명하시오.	116
20	초고층 건축물의 콘크리트공사에서 타설 전 관리사항과 압송장비 선정방안에 대하여 설명하시오.	113
21	해양콘크리트의 요구성능과 시공 시 유의사항에 대하여 설명하시오.	113
22	도심지 지하구조물 공사에서 누수발생 원인 및 대책에 대하여 설명하시오.	113
23	시멘트 생산과 이산화탄소 발생의 상관관계를 제시하고, 점차 확대되는 친환경 콘크리트의 사용 전망에 대하여 설명하시오.	122
24	지붕층 콘크리트 타설 시 시공단계별 품질관리 방안에 대하여 설명하시오.	121
25	레디믹스트 콘크리트의 적절한 수급과 품질을 확보하기 위해 공장방문시 확인할 사항에 대하여 설명하시오.	122
26	콘크리트 타설 전에 현장에서 확인 및 조치할 사항에 대하여 설명하시오.	122
27	콘크리트공사에서 수직도 유지를 위한 기준 먹메김 방법과 유의사항에 대하여 설명하시오.	122
28	Flat Slab 콘크리트 타설 시 수직부재와 수평부재의 강도차이 발생 시 콘크리트 타설방법에 대하여 설명하시오.	92

Chapter 05 콘크리트공사

1 핵심정리

I. 콘크리트 구조

1. 구조

- 2相물질＝시멘트 Matrix＋굵은 골재
- 3相물질＝시멘트 Matrix＋전이지역(Transition Zone)＋굵은 골재

시멘트수화물의 생성물
(시멘트 Matrix)

hcp

전이지역
(10~50μm)

굵은골재

2. hcp(수화생성물)

$$CaO+H_2O \longrightarrow$$

수화반응

- 에트링가이트
- $Ca(OH_2)$: 수산화칼슘 20~25%
- $C-S-H$: 규산칼슘 50~60% → 토버모라이트겔
- C_4ASH_{16} : 알루민산황산염 15~20% → 모노셀페이트
  └ 에트링가이트의 6각형 − 판상
- 수화되지 않은 시멘트입자(무수클링커 입자)

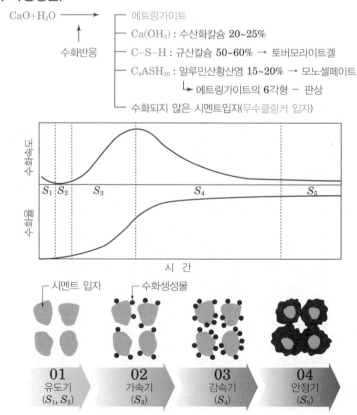

수화속도

S_1 S_2　　S_3　　　　　S_4　　　　　S_5

수화열

시 간

시멘트 입자　　수화생성물

| 01 유도기 (S_1, S_2) | 02 가속기 (S_3) | 03 감속기 (S_4) | 04 안정기 (S_5) |

3. 공극

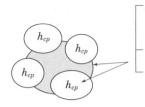

모세관공극 ── 낮은 W/B → 미세공극(10~50nm)
(불규칙) ── 높은 W/B → 거대공극(3~5μm)
C─S─H층 사이의 공간 : 18Å
공기공극 : 혼화제첨가(50~200μm)(구형)
→ 공기공극 > 모세관공극
→ 강도와 투수저항성의 영향

Ⅱ. 재료

1. 시멘트

1) P.C(포틀랜트 C)

① 보통 P.C

② 중용열 P.C : 단위 C↓ ── 초기강도↓ → 장기강도↑
　　　　　　　　　　　 ── 수화열↓　 → 건조수축↓ → 균열↓

③ 조강 P.C

④ 저열 P.C

⑤ 내황산염 P.C ── 28일 강도 → 보통 P.C의 90%
　　　　　　　　 ── 황산염 침식방지
　　　　　　　　 ── 온천지대, 항만, 하천

⑥ 백색 P.C

2) 혼합 C

① 고로 Slag C
② Fly ash C ──→ ── 단위 C↓ → 초기강도↓ → 장기강도↑
③ Silica C ──── ── 단위 C↓ → 수화열↓ → 건조수축↓ → 균열↓

3) 특수 C

① 알루미나 C : 6~8hr = 3日 강도. 1日 = 28日 강도

② 초속경 C : 1~2hr = 10MPa

③ 팽창 C : 팽창성질

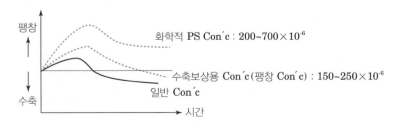

화학적 PS Con´c : $200{\sim}700{\times}10^{-6}$
수축보상용 Con´c(팽창 Con´c) : $150{\sim}250{\times}10^{-6}$
일반 Con´c

암기 point ✦

■ 혼화제
표 구 했어유! 응 응
기차타고 방 방 방
수 기 로 출 발
■ 혼화재
고 플 시

2. 혼화재료

┌ 혼화제(劑) : 표면활성제(AE제, 감수제, AE감수제), 고성능감수제, 유동
│ 1% 전후   화제, 응결지연제, 응결촉진제, 방수제, 방청제, 방동제,
│   수중불분리성혼화제, 기포제, 발포제
└ 혼화재(材) : 고로 slag, Fly ash, Silica fume
   5% 이상

1) 혼화제

① 표면활성제

ㄱ) AE제 : 기포작용

• 자연상태 → Entrapped air : 1~2%

• AE제 → Entrained air   : 3~4% ⇒ ball bearing 역할
                          4~6%   → Workability ↑

암기 point ✦

■ AE제 특징
단 내 수 시 재
B 알 발 강 부 측

*AE제 특징
• 단위수량 ↓
• 내구성 ↑
• 수밀성 ↑
• 시공성 ↑
• 재료분리 ↓
• Bleeding ↓
• 알칼리 골재 반응 ↓
• 발열량 ↓
• 강도 ↑
• 부착강도(철근) ↓
• 측압 ↑

ㄴ) 감수제 : 분산(반발)작용 → Workability ↑

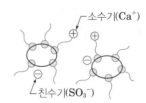
소수기(Ca^+)

친수기(SO_3^-)

ⓒ AE 감수제

  *계면활성제 용액은 물보다 표면장력이 작아 침투성이 좋음
   → 시멘트 입자의 표면을 습윤시켜 수화반응을 쉽게 한다.

② 고성능감수제 : W/B ↓

③ 유동화제 : Slump ↑

④ 응결지연제

⑤ 응결촉진제

⑥ 방수제

⑦ 방동제

⑧ 방청제

⑨ 수중불분리성 혼화제

⑩ 기포제

⑪ 발포제

2) 혼화재

$$\left.\begin{array}{l}\text{고로 slag} \\ \text{Fly ash} \\ \text{Silica fume}\end{array}\right] + \begin{array}{c} C \cdot H \\ (Ca(OH)_2) \end{array} \rightarrow \begin{array}{c} C \cdot S \cdot H \\ (CaO \cdot SiO_2 \cdot H_2O) \end{array}$$

$$\left[\begin{array}{l}\text{단위C↓} \rightarrow \text{초기강도↓} \rightarrow \text{장기강도↑} \\ \text{단위C↓} \rightarrow \text{수화열↓} \rightarrow \text{건조수축↓} \rightarrow \text{균열↓}\end{array}\right.$$

Ⅲ. 배합설계

1. 배합강도, 설계기준압축강도, 호칭강도 차이

🧭 암기 point
호 배 시 물 슬 굵 잔 단
시 현

구분	배합강도	설계기준압축강도	호칭강도
정의	콘크리트의 배합을 정하는 경우에 목표로 하는 압축강도	콘크리트 구조 설계에서 기준이 되는 콘크리트 압축강도	레디믹스트 콘크리트 주문 시 KS F 4009의 규정에 따라 사용되는 콘크리트 강도

2. 호칭강도 [KCS 14 20 10]

$$호칭강도(f_{cn}) = 품질기준강도(f_{ce}) + 기온보정강도(T_n)(MPa)$$

여기서, f_{ce} : 설계기준강도(f_{ck})와 내구성 기준 압축강도(f_{cd}) 중 큰 값
T_n : 기온보정강도(MPa)

3. 배합강도 [KCS 14 20 10]: 두 식 (①② 및 ①′②′)에 의한 값 중 큰 값

$$f_{cn} \leq 35MPa인 \; 경우$$

① $f_{cr} = f_{cn} + 1.34s \, (MPa)$
② $f_{cr} = (f_{cn} - 3.5) + 2.33s \, (MPa)$

$$f_{cn} > 35MPa인 \; 경우$$

①′ $f_{cr} = f_{cn} + 1.34s \, (MPa)$
②′ $f_{cr} = 0.9f_{cn} + 2.33s \, (MPa)$
여기서, s : 압축강도의 표준편차(MPa)

4. 물-결합재비(Water to Binder Ratio) 적정범위 [KCS 기준]

1) 경량골재 콘크리트: 60% 이하
2) 폴리머시멘트 콘크리트: 30~60%(폴리머-시멘트비: 5~30%)
3) 수밀 콘크리트: 50% 이하
4) 고강도 콘크리트
   ① 소요의 강도와 내구성을 고려하여 정함
   ② 물-결합재비와 콘크리트 강도의 관계식을 시험 배합으로부터 구함
   ③ 배합강도에 상응하는 물-결합재비는 시험에 의한 관계식을 이용하여 결정
5) 고내구성 콘크리트

구분	보통 콘크리트	경량골재 콘크리트
포틀랜드 시멘트 고로 슬래그 시멘트 특급 실리카 시멘트 A종 플라이 애시 시멘트 A종	60% 이하	55% 이하
고로 슬래그 시멘트 1급 실리카 시멘트 B종 플라이 애시 시멘트 B종	55% 이하	55% 이하

6) 방사선 차폐용 콘크리트: 50% 이하

7) 한중 콘크리트: 60% 이하

8) 수중 콘크리트

종류	일반 수중콘크리트	현장타설말뚝 및 지하연속벽에 사용되는 수중콘크리트
물-결합재비	50% 이하	55% 이하

9) 해양 콘크리트: 60% 이하

10) 프리스트레스트 콘크리트: 45% 이하(그라우트 물-결합재비 임)

11) 외장용 노출 콘크리트: 50% 이하

12) 동결융해작용을 받는 콘크리트: 45% 이하

13) 식생 콘크리트: 20~40%(물-시멘트비 임)

14) 장수명 콘크리트: 55% 이하(50% 이하가 바람직)

5. Slump

1) Slump Test [KCS 14 20 10/KS F 2402] → 반죽질기

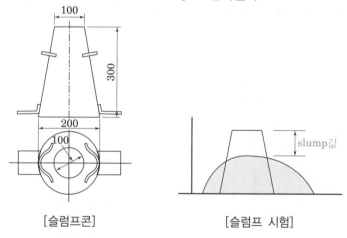

[슬럼프콘]　　　　　[슬럼프 시험]

① 슬럼프 시험

　가. 슬럼프콘을 강제판 위에 놓고 누르고, 시료를 거의 같은 양을 3층으로 나뉘서 채운다.

　나. 각 층은 다짐봉(지름 16mm, 길이 500~600mm)으로 고르게 한 후 25회씩 다진다.

　다. 각 층을 다질 때 다짐봉의 다짐 깊이는 아래층에 거의 도달할 정도로 한다.

　라. 콘크리트의 윗면을 슬럼프콘의 상단에 맞춰 고르게 한후 즉시 슬럼프콘을 가만히 연직방향으로 들어 올리고(높이 300mm에서 2~3초), 콘크리트의 중앙부에서 공시체 높이와의 차를 5mm 단위로 측정한다.

　마. 콘크리트가 슬럼프콘의 중심축에 대하여 치우치거나 무너지거나 해서 모양이 불균형이 된 경우는 다른 시료에 의해 재시험을 한다.

[슬럼프 시험]

바. 슬럼프콘에 콘크리트를 채우기 시작하고 나서 슬럼프콘을 들어 올리기를 종료할 때까지의 시간은 3분 이내로 한다.

② 슬럼프의 표준값

종류		슬럼프 값
철근콘크리트	일반적인 경우	80~150
	단면이 큰 경우	60~120
무근콘크리트	일반적인 경우	50~150
	단면이 큰 경우	50~100

③ 슬럼프의 허용오차(mm)

슬럼프	슬럼프 허용차
25	± 10
50 및 65	± 15
80 이상	± 25

2) Slump Flow [KCS 14 20 10/KS F 2594] → 유동성 측정

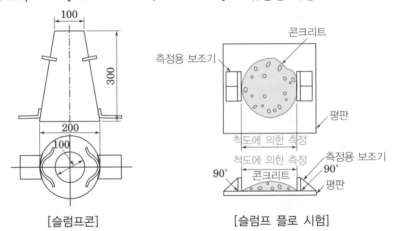

[슬럼프콘] [슬럼프 플로 시험]

① 슬럼프 플로 시험

가. 슬럼프콘을 수평으로 설치한 평판 위에 둔다.

나. 슬럼프콘에 콘크리트를 채우기 시작하고 나서 끝날 때까지의 시간은 2분 이내로 한다.

다. 고유동 콘크리트의 경우 다지거나 진동을 주지 않은 상태로 한꺼번에 채워 넣는다. 필요에 따라 3층으로 나누어 채운 후 각 층마다 다짐봉으로 5회 다짐을 한다.

라. 콘크리트의 윗면을 슬럼프콘의 상단에 맞춘 후 슬럼프콘을 연직방향으로 들어 올린다.(높이 300mm에 2~3초, 시료가 슬럼프콘과 함께 솟아오르고 낙하할 우려가 있는 경우에는 10초)

[슬럼프 플로 시험]

마. 콘크리트의 움직임이 멈춘 후에 퍼짐이 최대라고 생각된 지름과 수직한 방향의 지름을 잰다.

바. 측정 횟수는 1회로 한다.

사. 500mm 플로 도달 시간을 구하는 경우에는 슬럼프콘을 들어올리고 개시 시간으로부터 확산이 평평하게 그렸던 지름 500mm의 원에 최초에 이른 시간까지의 시간을 스톱워치로 0.1초 단위로 잰다.

아. 슬럼프를 측정하는 경우 콘크리트의 중앙부에서 내려간 부분을 재고, 슬럼프는 5mm까지 측정한다.

자. 플로의 유동 정지 시간을 구하는 경우에는 슬럼프콘을 들어올리는 시점으로부터 육안으로 정지가 확인되기까지의 시간을 스톱워치로 0.1초 단위로 잰다.

② 슬럼프 플로 허용오차(mm)

슬럼프 플로	슬럼프 플로 허용오차
500	±75
600	±100
700[1]	±100

주1) 굵은 골재의 최대치수가 15mm인 경우 적용

6. 굵은 골재 최대치수 [KCS 14 20 10]

굵은 골재란 5mm체에 다 남는 골재를 말하며, 굵은 골재 최대치수는 질량으로 90% 이상이 통과한 체 중 최소의 체 치수로 나타낸 굵은 골재의 치수를 말한다.

1) 굵은 골재의 최대 치수 선정

① 굵은 골재의 공칭 최대 치수는 다음 값을 초과 금지

가. 거푸집 양 측면 사이의 최소 거리의 1/5

나. 슬래브 두께의 1/3

다. 개별 철근, 다발철근, 긴장재 또는 덕트 사이 최소 순간격의 3/4

② 굵은 골재의 최대 치수 표준

구조물의 종류	굵은 골재의 최대 치수(mm)
일반적인 경우	20 또는 25
단면이 큰 경우	40
무근콘크리트	• 40 • 부재 최소 치수의 1/4을 초과해서는 안 됨.

2) 굵은 골재의 최대 치수가 콘크리트에 미치는 영향
① 일반 콘크리트
가. 굵은 골재 최대치수가 크면 콘크리트 강도가 약간 저하
나. 골재 표면적이 적어 단위수량이 적게 들어감
다. 균열발생이 적음

② 고강도 콘크리트
가. 굵은 골재 최대치수가 크면 콘크리트 강도가 급격히 저하
나. 가능한 굵은 골재 최대치수는 20mm 이하
다. 실험에 의하며 굵은 골재 최대치수는 16mm 이하가 가장 바람직 함

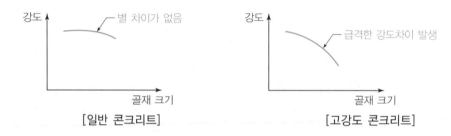

[일반 콘크리트]   [고강도 콘크리트]

7. 잔골재율 [KCS 14 20 10]

콘크리트 내의 전 골재량에 대한 잔골재량의 절대 용적비를 백분율로 나타 낸 값을 말한다.

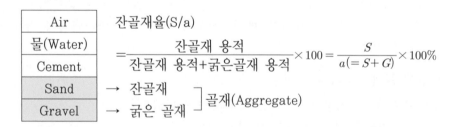

$$잔골재율(S/a) = \frac{잔골재\ 용적}{잔골재\ 용적+굵은골재\ 용적} \times 100 = \frac{S}{a(=S+G)} \times 100\%$$

① 잔골재율은 워커빌리티를 얻을 수 있는 범위 내에서 될 수 있는 한 작게 한다.
② 잔골재율이 증가하면 간극이 많아진다.
③ 잔골재율이 증가하면 단위시멘트량이 증가한다.
④ 잔골재율이 증가하면 단위수량이 증가한다.
⑤ 잔골재율이 적정범위 이하면 콘크리트는 거칠어지고, 재료분리의 발생 가능성이 커지며, 워커빌리티가 나쁘다.

8. 단위수량 [KCS 14 20 10]

① 최대 $185kg/m^3$ 이내의 작업이 가능한 범위 내에서 될 수 있는 대로 적게 사용

② 굵은 골재의 최대 치수, 골재의 입도와 입형, 혼화 재료의 종류, 콘크리트의 공기량 등에 따라 다르므로 실제의 시공에 사용되는 재료를 사용하여 시험을 실시한 다음 정하여야 한다.

9. 시방배합

10. 현장배합

배합종류	정의	골재입도	골재 함수	단위량
시방배합	시방서에 따른 시험실 배합	S : 5mm체 100% 통과 G : 5mm체 100% 잔류	표면건조 내부포화	m^3
현장배합	골재함수상태에 따른 현장배합	잔골재 중 5mm체 남는 G + 굵은골재 중 5mm 통과 S + 혼화제	기건, 습윤	Batcher

※ 배합표의 표시 방법 [KCS 14 20 10]

굵은골재의 최대치수 (mm)	슬럼프 범위 (mm)	공기량 범위 (%)	물-결합재비[1] W/B(%)	잔골재 율S/a (%)	단위질량(kg/m³)					
					물	시멘트	잔골재	굵은골재	혼화재료	
									혼화재[1]	혼화제[2]

주1) 포졸란 반응성 및 잠재수경성을 갖는 혼화재를 사용하지 않는 경우에는 물-시멘트비가 된다.

2) 같은 종류의 재료를 여러 가지 사용할 경우에는 각각의 난을 나누어 표시한다.

※ 레미콘 공장 점검 기준 [건설공사 품질관리 업무지침 제33~35조]

1. 사전점검

1) 대상

– 총 설계량 1,000㎥ 이상(아스콘 : 2,000톤 이상)인 건설공사

2) 절차

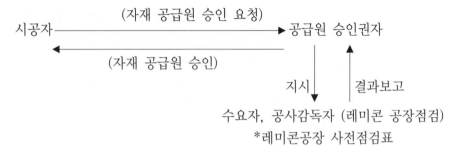

2. 정기점검

대상	공장점검 시기	합동점거
총 설계량 3,000㎥ 이상 (아스콘 : 5,000톤 이상) 인 건설공사	수요자는 반기별 1회(사용시기가 특정 반기에 집중된 경우 년 1회) → 공사감독자에게 보고 → 발주청 및 공급원 승인권자에게 보고(정기점검표)	발주청 등이 필요한 경우 년 1회 감독자 및 수요자와 합동점검

3. 특별점검

① 수요자가 불량자재 공급 등으로 사회 물의가 야기된 지역 소재 생산자로부터 자재를 공급 받아야 하는 경우로서 발주청 또는 공급원승인권자가 필요하다고 인정하는 경우

② 공급원승인권자가 감독자 또는 수요자로부터 생산자의 불량 자재 폐기 사실이 허임을 통보 받은 경우

③ 발주청이 자체공사에 한하여 시공실태 검점결과 자재의 품질에 문제가 있다고 판단되는 등 특히 필요하다고 인정되는 경우

④ 원자재 수급 곤란으로 불량자재 생산이 우려되어 특별점검이 필요하다고 인정되는 경우

Ⅳ. 시공 [KCS 14 20 10]

1. 계량

재료의 종류	측정단위	허용오차(%)
시멘트	질량	-1%, +2%
골재	질량	±3%
물	질량 또는 부피	-2%, +1%
혼화재	질량	±2%
혼화제	질량 또는 부피	±3%

2. 비빔

① 콘크리트의 재료는 반죽된 콘크리가 균질하게 될 때까지 충분히 비빔

② 비빔 시간은 시험에 의해 정하는 것을 원칙으로 한다.

③ 비빔 시간의 시험을 실시하지 않는 경우 가경성 믹서 : 90초 이상, 강제식 믹서 : 60초 이상을 표준으로 한다.

④ 비빔은 미리 정해 둔 비빔 시간의 3배 이상 계속하지 않아야 한다.

⑤ 믹서는 사용 전후에 잘 청소 하여야 한다.

⑥ 연속믹서를 사용할 경우, 비빔 시작 후 최초에 배출되는 콘크리트는 사용 되지 않아야 한다.

3. 운반

① 운반과정에서 콘크리트 품질이 변화하지 않도록 하여야 한다.

② 콘크리트는 신속하게 운반하여 즉시 타설하고, 충분히 다짐

③ 비비기로부터 타설이 끝날 때까지의 시간

KS 기준	표준시방서 [KCS 14 20 10]	
90분 이하	외기온도 25℃ 이상	1.5시간 이하
	외기온도 25℃ 미만	2.0시간 이하

④ 애지데이터 트럭으로 운반하는 경우는 90분 이상 경과 금지 [KCS 44 50 15]

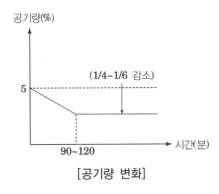

[공기량 변화]

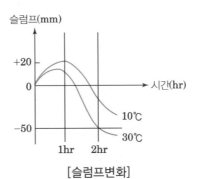

[슬럼프변화]

4. 타설

① 콘크리트를 타설 전에 철근, 거푸집이 설계에서 정해진 대로 배치되어 있는가, 운반 및 타설 설비 등이 시공계획서와 일치하는가를 확인

② 콘크리트를 타설 전에 운반차 및 운반장비, 타설설비 및 거푸집 안을 청소하여 콘크리트 속에 이물질이 혼입되는 것을 방지

③ 콘크리트의 타설은 시공계획을 따라야 한다.

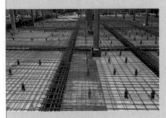

[철근배근 상태]

[거푸집 상태]

[매입물]

④ 콘크리트의 타설 작업을 할 때에는 철근 및 매설물의 배치나 거푸집이 변형 및 손상되지 않도록 주의

⑤ 타설한 콘크리트를 거푸집 안에서 횡방향으로 이동 금지

⑥ 타설 도중에 심한 재료 분리가 발생할 위험이 있는 경우에는 재료분리를 방지할 방법을 강구

⑦ 한 구획내의 콘크리트는 타설이 완료될 때까지 연속해서 타설

⑧ 콘크리트는 그 표면이 한 구획 내에서는 거의 수평이 되도록 타설

⑨ 콘크리트 타설의 1층 높이는 다짐능력을 고려하여 결정

⑩ 콘크리트를 2층 이상으로 나누어 타설할 경우, 상층의 콘크리트 타설은 원칙적으로 하층의 콘크리트가 굳기 시작하기 전에 상층과 하층이 일체가 되도록 시공

⑪ 콜드조인트가 발생하지 않도록 이어치기 허용시간간격

외기온도	허용 이어치기 시간간격
25℃ 초과	2.0 시간
25℃ 이하	2.5 시간

주) 허용 이어치기 시간간격은 하층 콘크리트 비비기 시작에서부터 콘크리트 타설 완료한 후, 상층 콘크리트가 타설되기까지의 시간

⑫ 거푸집의 높이가 높을 경우 거푸집에 투입구를 설치하거나, 연직슈트 또는 펌프배관의 배출구를 타설면 가까운 곳까지 내려서 콘크리트를 타설

⑬ 콘크리트 배출구와 타설 면까지의 높이는 1.5m 이하를 원칙

⑭ 콘크리트 타설 도중 표면에 떠올라 고인 블리딩수가 있을 경우에는 이를 제거한 후 타설

⑮ 벽 또는 기둥과 같이 높이가 높은 콘크리트를 연속해서 타설할 경우에는 콘크리트의 반죽질기 및 타설 속도를 조정

⑯ 강우, 강설 등이 콘크리트의 품질에 유해한 영향을 미칠 우려가 있는 경우에는 필요한 조치를 정하여 책임기술자의 검토 및 확인을 받을 것

5. 다짐

① 콘크리트 다지기에는 내부진동기의 사용을 원칙

② 콘크리트는 타설 직후 바로 충분히 다져서 밀실한 콘크리트가 될 것

③ 거푸집 판에 접하는 콘크리트는 되도록 평탄한 표면이 얻어지도록 타설하고 다질 것

④ 내부진동기의 사용 방법

　가. 내부진동기를 하층의 콘크리트 속으로 0.1m 정도 찔러 넣는다.

[벽체]

나. 내부진동기는 연직으로 찔러 넣는다.

다. 내부진동기 삽입간격은 0.5m 이하

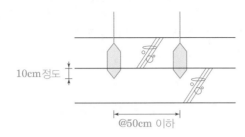

10cm정도

@50cm 이하

[기둥]

라. 1개소당 진동 시간은 다짐할 때 시멘트풀이 표면 상부로 약간 부상 하기까지로 한다.

마. 내부진동기는 콘크리트로부터 천천히 빼내어 구멍이 남지 않도록 한다.

바. 내부진동기는 콘크리트를 횡방향으로 이동시킬 목적으로 사용 금지

⑤ 재 진동을 할 경우에는 콘크리트에 나쁜 영향이 생기지 않도록 초결이 일어나기 전에 실시

6. 양생

1) 습윤 양생

① 콘크리트는 타설한 후 경화가 될 때까지 양생기간 동안 직사광선이나 바람에 의해 수분이 증발하지 않도록 보호

② 콘크리트는 타설한 후 습윤 상태로 노출면이 마르지 않도록 유지

③ 수분의 증발에 따라 살수를 하여 습윤 상태로 보호

④ 표준 습윤 양생 기간

일평균기온	보통포틀랜드 시멘트	고로 슬래그 시멘트 플라이 애시 시멘트 B종	조강포틀랜드 시멘트
15℃ 이상	5일	7일	3일
10℃ 이상	7일	9일	4일
5℃ 이상	9일	12일	5일

[표준양생]

⑤ 거푸집판이 건조될 우려가 있는 경우에는 살수

2) 피막양생

① 충분한 양의 막양생제를 적절한 시기에 균일하게 살포

② 막양생으로 수밀한 막을 만들기 위해서는 충분한 양의 막양생제를 적절한 시기에 살포

3) 온도 제어 양생

① 경화에 필요한 온도조건을 유지하여 저온, 고온, 급격한 온도 변화 등
에 의한 유해한 영향을 받지 않도록 필요에 따라 온도제어 양생을 실시

② 증기 양생, 급열 양생, 그 밖의 촉진 양생을 실시하는 경우에는 양생을 시
작하는 시기, 온도상승속도, 냉각속도, 양생온도 및 양생시간 등을 정함

4) 유해한 작용에 대한 보호

① 콘크리트는 양생 기간 중에 예상되는 진동, 충격, 하중 등의 유해한 작
용으로부터 보호

② 재령 5일이 될 때까지는 물에 씻기지 않도록 보호

V. 시험

1. 타설 전 시험

1) W(물) : 수질시험

2) C(시멘트)

① 분말도(cm²/g) [KS L 5117]

가. 표준체: 90μm

나. 시료 50g을 채취하여 체 안에 넣고, 천천히 체를 회전시키면서 미
분말을 통과시킨다.

다. 한 손으로 1분간 약 150회 속도로 체를 가볍게 두드린다.

라. 25회 두드릴 때마다 체를 체를 약 1/6회전시킨다.

마. 분말이 뭉쳐 있는 것은 손가락 끝으로 체틀에 가볍게 비벼서 부순다.

바. 1분 동안의 체 통과량이 0.1g 이하가 되었을 때 체가름을 끝낸다.

사.
$$F = \frac{W_2}{W_1} \times 100$$

F : 90μm 표준체를 통과한 시료의 분말도(%)

W_1 : 시료의 질량(g)

W_2 : 체 위에 남는 질량(g)

② 수화열 [KS L 5121]

가. 시멘트 반죽의 준비

• 150g 시멘트+60mL 증류수를 5분 동안 섞는다.(시멘트와 물의 온도:
(23±2)℃)

• 4개의 양생용 플라스틱병: 반죽 시멘트+13mm 왁스 → 완전 밀봉

나. 용해열 측정용 부분 수화 시멘트 시료의 준비

• 수화한 시멘트를 표준체 850μm를 통과하도록 분쇄

다. 건조 시멘트의 열량 측정방법
- 건조 시멘트의 용해열을 측정한다.
- 건조 시멘트 3g을 0.001g까지 질량을 측정한다.

라. 부분 수화된 시멘트의 열량 측정방법
- 수화한 시멘트의 용해열 측정은 건조 시멘트의 열량 측정방법에 따른다.
- 수화한 시멘트의 열량 측정용 시료는 (4.18±0.05)g을 사용하며 0.001g까지 질량을 측정한다.

마. 강열감량 측정

> ※ 참고사항
> - 석회석($CaCO_3$) → 용융·건조 : Clinker + 석고(Gypsum)
>   ↓
>   시멘트 주성분 : CaO, SiO_2, Al_2O_3, Fe_2O_3, Na_2K_2O
>   조성화합물 : C_3S, C_2S, C_3A, C_4AF(C : $3CaO$, S : SiO_2)
> - 수화반응(Hydration)
>   - $2C_3S + 6H \rightarrow C_3S_2H_3 + 3CH + 120cal/g$
>   - $2C_2S + 4H \rightarrow C_3S_2H_3 + CH + 64cal/g$(중용열 시멘트)
>   - $2C_3A + 4H \rightarrow C_6A_2H_4$: 3~10초에 반응이 끝남(시멘트로는 ×)
>   ↓
>   - $2C_3A + 3CSH_2 + 2H_6 \rightarrow C_9A_2S_3H_{18} + 300cal/g$
>   ↳ $CaSO_4H_2O$: 석고를 넣어 응결시간 조절

③ 강열감량[KS L 5120/KCS 44 55 05]
가. 정의

시료를 백금 도가니 15번에서 25번 또는 자기 도가니 15ml에 넣고 조금 틈을 만들어 덮개를 하고 975±25℃로 조절한 전기로에서 15분간 강열하고 데시케이터 안에서 냉각한 후 질량을 재는 과정을 15분씩 강열을 반복하여 강열 전후의 질량차가 0.5mg 이하가 되었을 때 감량을 구하며, 작열감량(灼熱減量)이라고도 한다.

나. 강열감량의 정량 방법
- 시료는 약 1g을 채취한다.
- 시료를 975±25℃에서 가열을 반복하여 항량이 되었을 때의 감량을 잰다.
- 15분간 강열을 반복한다.
- 고로 슬래그 시멘트 및 고로 슬래그의 경우는 700±25℃에서 실시 가능: 보정 불필요
- 허용차는 0.1%

3) S(골재)

① 체가름시험 [KS F 2502]

가. 체의 호칭치수: 0.08mm, 0.15mm, 0.3mm, 0.6mm 및 1.2mm, 2.5mm, 5mm, 10mm, 13mm, 15mm, 20mm, 25mm, 30mm, 40mm, 50mm, 65mm, 75mm, 100mm

나. 시료 질량은 0.1% 이상의 정밀도로 측정한다.(현장 시험 시 0.5% 이상으로 측정)

다. 골재의 체가름 시험의 목적에 맞는 망체를 선택한 뒤 체가름한다.

라. 잔골재 및 부순 잔골재는 0.08mm 체를 통과하는 양을 사전에 측정한다.

마. 잔골재 체가름 시험의 시료는 씻기 시험 후 잔류분(로건조 후)으로 시험한다.

바. 상하 운동 및 수평 운동으로 1분마다 각 체를 통과하는 것이 전 시료 질량의 0.1% 이하까지 반복한다.

사. 체 눈에 막힌 알갱이는 파쇄되지 않도록 주의하면서 되밀어내어 체 위에 남은 시료로 간주한다.

아. 호칭 치수 5mm보다 작은 체로 체가름 시험을 끝낸다.

자. 각 체에 남은 시료의 질량을 총 시료 질량의 0.1%의 정밀도로 측정한다.

차. 각 체에 남은 시료 질량과 받침 접시 안의 시료 질량의 합은 체가름 전에 측정한 시료 질량과의 차이가 1% 미만이어야 한다.

카. 전체 시료 질량에 대한 각 체에 남아 있는 시료 질량의 백분율로 소수점 이하 1자리까지 계산하여 정수로 끝맺음한다.

② 흡수율 [KS F 2503]

표면건조포화상태의 골재에 함유되어 있는 전체 수량을 절대건조상태의 골재 질량으로 나눈 백분율 말한다.

$$흡수율 = \frac{표면건조포화상태의\ 전체\ 수량}{절대건조상태의\ 골재\ 질량} \times 100$$

가. 시료를 철망태에 넣고, 수중에서 입자 표면에 부착된 공기와 입자들 사이에 갇힌 공기를 제거한 후 (20±5)℃의 물속에 24시간동안 침지 시킨다.

나. 침지된 시료의 수중 질량과 수온을 측정한다.

다. 철망태와 시료를 수중에서 꺼내고, 물기를 제거한 후 시료를 흡수천으로 보이는 수막을 제거하여 표면 건조 포화 상태의 질량(B)을 측정한다.

라. (105±5)℃에서 질량의 변화가 없을 때까지 건조시키고, 실온까지 냉각시켜 절대 건조 상태의 질량을 측정(A)한다.

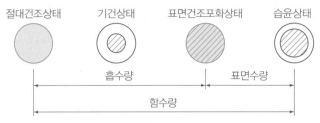

절대건조상태	기건상태	표면건조포화상태	습윤상태

흡수량 | 표면수량

함수량

마. 흡수율

$$Q = \frac{B-A}{A} \times 100$$

여기서, Q : 흡수율(%)

2. 타설 중 시험

1) 표준시방서 [KCS 14 20 10]

[압축강도 시험]

항목	시기 및 횟수	판정기준	
슬럼프	• 최초 1회 시험을 실시	• KS F 4009의 슬럼프 허용오차 이내	
슬럼프 플로	• 이후 압축강도 시험용 공시체 채취 시	• KS F 4009의 슬럼프 플로 허용오차 이내	
공기량	• 타설 중에 품질변화가 인정될 때 실시	• 허용오차 : ±1.5%	
염화물 함유량	• 바닷모래를 사용할 경우 2회/일	• KS F 4009에 따름	
압축강도 (호칭강도 배합)	• 1회/일 • 120m³ 마다 1회 • 배합이 변경될 때마다	$f_{cn} \leq$ 35MPa	$f_{cn} >$ 35MPa
		① 연속 3회 시험값의 평균이 호칭강도이상 ② 1회 시험값[1]이 (호칭강도-3.5 MPa) 이상	① 연속 3회 시험값의 평균이 호칭강도 이상 ② 1회 시험값[1]이 호칭강도의 90% 이상
그 밖의 경우		• 압축강도의 평균값이 품질기준강도[2] 이상일 것	

주 1) 1회의 시험값은 공시체 3개의 압축강도 시험값의 평균값임
   2) 현장 배치플랜트를 구비하여 생산·시공하는 경우에는 설계기준압축강도와 내구성 설계에 따른 내구성기준압축강도 중에서 큰 값으로 결정된 품질 기준강도를 기준으로 검사

2) 건설공사 품질시험기준 [건설공사 품질관리 업무지침 별표2]

항목	시기 및 횟수	판정기준	
슬럼프	• 배합이 다를 때마다 • 콘크리트 1일 타설량이 150m³ 미만인 경우 : 1일 타설량 마다 • 콘크리트 1일 타설량이 150m³ 이상인 경우 : 150m³ 마다	25mm	±10mm
		50 및 65mm	±15mm
		80 이상mm	±25mm
슬럼프 플로		500mm	±75mm
		600mm	±100mm
		700mm	±100mm
공기량		보통 콘크리트	(4.5±1.5)%
		경량 콘크리트	(5.5±1.5)%
염화물 함유량		염소이온량(Cl⁻)	0.30kg/m³ 이하
압축강도 (호칭강도 배합)	• 배합이 다를 때마다 • 레미콘은 KS F 4009, 레미콘이 아닌 콘크리트는 KCS 14 20 10	$f_{cn} \leq 35MPa$	$f_{cn} > 35MPa$
		① 연속 3회 시험값의 평균이 호칭강도품질기준 강도 이상 ② 1회 시험값[1]이 (호칭강도품질기준강도 −3.5MPa) 이상	① 연속 3회 시험값의 평균이 호칭강도품질기준강도 이상 ② 1회 시험값[1]이 호칭강도품질기준강도의 90% 이상

- 주1) 1회의 시험값은 공시체 3개의 압축강도 시험값의 평균값임
- 압축강도 시험 1로트: 3회 9개임
- 호칭강도(f_{cn})=품질기준강도(f_{ce})+기온보정강도(Tn)

3. 타설 후 시험

┌ 재하시험
├ Core 채취법
└ 비파괴 시험

1) 반발경도법(표면경도법, Schumit hammer)
① 정의
경화된 콘크리트 면에 슈미트 해머로 타격에너지를 가하여 콘크리트면의 경도에 따라 반발 경도를 측정하고, 이 측정치로부터 콘크리트의 압축강도를 추정하는 검사방법을 말한다.

② 측정위치

　가. 타격부의 두께가 10cm 이하인 곳은 피하며, 보 및 기둥의 모서리에서 최소 3~6cm 이격하여 측정

　나. 기둥의 경우: 두부, 중앙부, 각부 등

　다. 보의 경우: 단부, 중앙부 등의 양측면

　라. 벽의 경우: 기둥, 보, 슬래브 부근과 중앙부 등에서 측정

　마. 콘크리트 품질을 대표하고, 측정 작업이 쉬운 곳

③ 측정방법

　가. 타격점의 상호 간격은 3cm로 하여 종으로 4열, 횡으로 5열의 선을 그어 직교되는 20점을 타격

　나. 슈미트 해머 타격 시 콘크리트 표면과 직각 유지

　다. 타격 중 이상이 발생한 곳은 확인한 후 그 측정값은 버리고 인접 위치에서 측정값을 추가

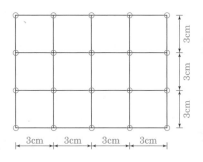

[Schumit Hammer]

④ 평가방법

　가. 강도 추정은 측정된 자료의 분석 및 보정을 통하여 평균 반발 경도를 산정하고, 현장에 적합한 강도 추정식을 산정하여 평가

　나. 측정된 자료의 평균을 구하고 평균에서 ±20%를 벗어난 값을 제외하고, 이를 재 평균한 값을 최종값(측정 경도)으로 한다.

　다. 보정 반발 경도=측정경도+타격 방향에 따른 보정값+압축응력에 따른 보정값+콘크리트 습윤 상태에 따른 보정값

　라. 최종 강도 추정

　　• 일본 재료학회(보통 콘크리트): $f_c = -18.4+13R$(MPa)

　　• 일본 건축학회 CNDT 소위원회 강도 계산식: $f_c = 7.3R+10$(MPa)

　　　여기서, R : 보정 반발 강도

2) 인발법

　철근과 콘크리트 부착효과 조사

3) 철근탐사법

　전자유도에 의해 병렬공진 회로의 진폭

4) 방사선법

　밀도, 철근위치, 크기, 내부결함

[비파괴검사 – 초음파법]

5) 초음파법

① 정의

초음파 발진자와 수진자를 측정대상 부위에 고정하여 초음파 전달시간을 기록, 분석하여 측정하는 방법

② 유의사항

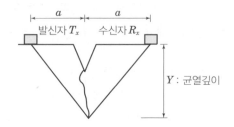

- 측정위치, 측정방법의 제한
- 콘크리트 배합조건, 양생에 따라 전파속도가 다름
- 강도 추정의 정도가 나쁨
- 두꺼운 콘크리트에는 적용 불가

6) 진동법

Core 공시체에 공기로 진동 → 공명, 진동으로 콘크리트 탄성계수 측정.

Ⅵ. Joint(이음)

1. Construction Joint(시공이음)

1) Construction Joint란 시공 시 현장의 생산능력에 따라 구조물을 분할하여 시공할 때 나타나는 Joint이다.

2) 수직처리방법 : Metal lath, Pipe발 이용, 각재, 합판

3) Joint 간격 및 위치

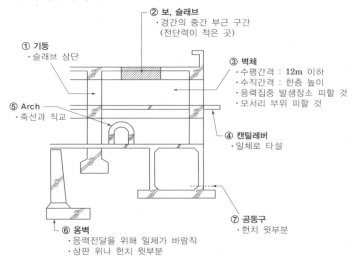

2. Cold Joint

먼저 타설한 콘크리트와 나중에 타설되는 콘크리트 사이에 완전히 일체화가
되지 않은 이음을 말한다.

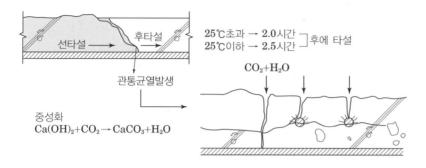

선타설 → 후타설

25℃초과 → 2.0시간
25℃이하 → 2.5시간
후에 타설

관통균열발생

CO_2+H_2O

중성화
$Ca(OH)_2+CO_2 \rightarrow CaCO_3+H_2O$

[Cold Joint]

3. Expansion Joint(신축이음)

하중 및 외력에 의한 응력과 온도변화, 경화건조수축, 부동침하 등의 변형
에 의한 응력이 과대해져서 건물에 유해한 장애가 예상될 경우 그것을 미연
에 방지하기 위해 설치하는 Joint이다.

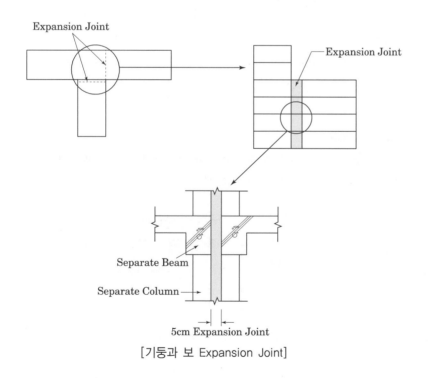

Expansion Joint

Expansion Joint

Separate Beam

Separate Column

5cm Expansion Joint

[기둥과 보 Expansion Joint]

[Expansion Joint]

4. Control Joint(수축줄눈, 조절줄눈, 맹줄눈, Dummy Joint)

1) 콘크리트 Shrinkage와 온도차로 인해 유발되는 콘크리트 인장응력에 의한 균열의 수를 경감시키거나 균열폭을 허용치 이하로 줄이는 역할을 하는 Joint이다.

· 단면치수 적을 때 : $a+b \fallingdotseq (1/5 \sim 1/4)t$
· Mass Con´c : $a+b \geqq 35\%$

수평철근은 1단 걸러 교대로 연속시키고 나머지 철근은 Joint에서 절단

2) 설치위치 및 간격

① Control Joint에 대한 명확한 규정은 없다.

② 일반적으로 Control Joint의 간격

- 벽체, Slab on Grade : 4.5~7.5m
  (첫 번째 Joint는 모서리에서 3.0~4.5m 이내 설치)
- 개구부가 많은 벽체 : 6.0m 이내
- 개구부가 없는 벽체 : 7.5m 이내
  (각 모서리에서는 1.5~4.5m 이내 설치)
- 높이 3.0~6.0m인 벽체는 높이를 Joint 간격으로 사용
- 수평, 수직 Joint비는 1 : 1(최적), 1.5 : 1(최대)

5. Sliding Joint

슬래브나 보가 자유롭게 미끄러지게 한 것으로서 슬래브나 보의 구속응력을 해제하여 균열을 방지하기 위한 Joint이다

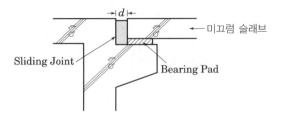

6. Slip Joint

보통 조적벽체와 콘크리트 슬래브의 접합부위는 온도, 습도 또는 환경의 차이로 인하여 각각의 움직임이 다르므로 이에 대응하기 위해 설치하는 Joint이다.

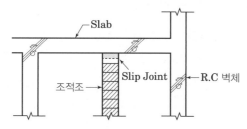

7. Delay Joint (Shrinkage Strip, 지연조인트)

1) 콘크리트 타설 후 발생하는 Shrinkage 응력과 균열을 감소시킬 목적으로 슬래브 및 벽체의 일부구간을 비워놓고 4주 후에 콘크리트를 타설하는 임시 Joint이다.

[Delay Joint]

2) 간격

- Slab : ⓐ 30~45m → 1m
- 벽체 : ⓐ 30m → 0.6m

3) 철근 처리방법

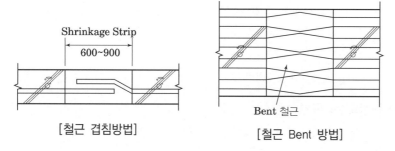

[철근 겹침방법]   [철근 Bent 방법]

Ⅶ. 콘크리트 균열

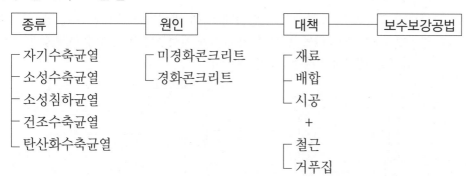

1. 균열종류

1) 자기수축균열 : 수화반응 시

$$CaO + H_2O \rightarrow Ca(OH)_2$$
$$\uparrow$$
$$\text{수화반응} \rightarrow W/B : 25\%$$

2) 소성수축균열 : 콘크리트 양생시작 전이나 마감시작 직전

표면수분증발속도 〉 Bleeding 속도

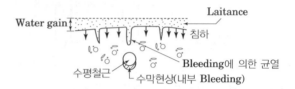

3) 소성침하균열 : 콘크리트 다짐과 마무리가 끝난 후

철근상부 종방향 균열

4) 건조수축균열 : 콘크리트타설 완료 후

발생시기
- 2~3주 : 20~25%
- 3월 : 50~60%
- 1년 : 70~80%
- 20년 : 100%

5) 탄산화수축균열 : 중성화 과정 시

$$Ca(OH)_2 + CO_2 \rightarrow CaCO_3 + H_2O$$
$$\uparrow$$
$$\text{중성화}$$

6) 사인장 균열

주로 콘크리트 구조물에서 전단력에 의해 발생되는 전단균열로 경사진 균열이며, 보통 콘크리트 부재의 인장 연단에서부터 발생하여 부재축에 대해서 약 45° 경사를 이루는 것을 말한다.

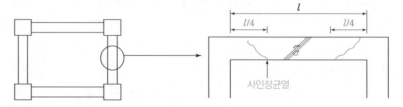

[소성수축균열]

[소성침하균열]

[사인장균열]

7) 할렬 균열

철근콘크리트 공사에서 인장철근의 철근 피복두께 및 철근 순간격이 공사
시방서 기준의 최솟값 이하가 될 때 인장철근 주위에서 콘크리트가 철근을
따라 철근배근 방향 또는 콘크리트 외부 방향으로 생기는 균열을 말한다.

① 철근 피복두께 미확보

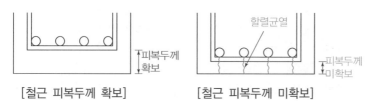

[철근 피복두께 확보]　　　　[철근 피복두께 미확보]

② 철근 순간격 미확보

[철근 순간격 확보]　　　　[철근 순간격 미확보]

[할렬균열]

2. 균열 원인

1) 미경화 콘크리트

① 거푸집 변형
② 진동, 충격
③ 소성수축균열
④ 소성침하균열
⑤ 수화열

2) 경화콘크리트

① 염해

콘크리트 중의 염화물이나 대기 중의 염화물이 침입하여 철근을 부식시
켜 구조물에 손상을 입히는 현상이다.

■ 염화물함유량한도

해　사	천연골재(잔골재) : 염분(NaCl)의 한도가 0.04% 이하
혼 합 수	염소이온량(Cl^-)으로 $0.04kg/m^3$ 이하
콘크리트	염소이온량(Cl^-)으로 $0.3kg/m^3$ 이하

암기 point

염 불을 외우는 중 의
알 동 은 온 건 철 하다.

[중성화]

② 중성화

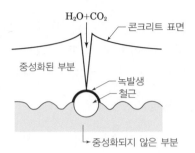

• 화학식 : $Ca(OH)_2 + CO_2 \rightarrow CaCO_3 + H_2O$
• 내구성관계 : 콘크리트 중성화 → 철근 녹발생 → 녹의 체적팽창 → 피복 콘크리트 파괴 → 물이나 공기 침입 → 내구성 저하

③ 알칼리 골재반응

알칼리와 반응성을 가지는 골재가 시멘트, 그 밖의 알칼리와 장기간에 걸쳐 반응하여 콘크리트 팽창균열, 박리(Pop Out)를 일으키는 현상이다.

■ 종류

알칼리 실리카 반응	• 시멘트의 알칼리 + 골재의 실리카 → 규산소다 ⇒ 균열 팽창압
알칼리 탄산염 반응	• 시멘트의 알칼리 + 돌로마이트질 석회암 • 실리카 반응보다 매우 서서히 발생
알칼리 실리게이트 반응	• 시멘트의 알칼리 + 암석 중의 점토성분(실리게이트)

④ 동결융해

미경화 콘크리트가 0℃ 이하의 온도가 될 때 콘크리트 중의 물이 얼게 되고 외부온도가 따뜻해지면 얼었던 물이 녹는 현상이다.

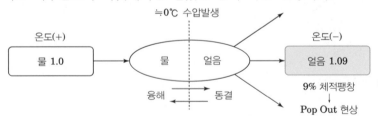

[체적팽창 Mechanism]

⑤ 온도변화

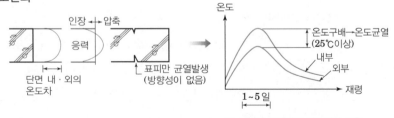

이 시기에 균열발생 가능성이 높음

⑥ 건조 수축

└─ 탄성적인장응력＞콘크리트 인장강도

⑦ 철근부식

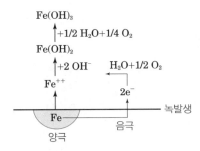

[철근부식의 Mechanism]

3. 균열대책

1) 재료적 대책

2) 배합적 대책

3) 시공적 대책

① 타설구획 철저

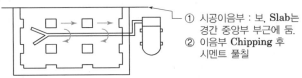

① 시공이음부 : 보, Slab는
경간 중앙부 부근에 둠.
② 이음부 Chipping 후
시멘트 풀칠

② 다짐 철저

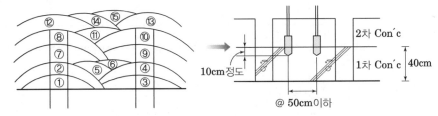

③ 이음

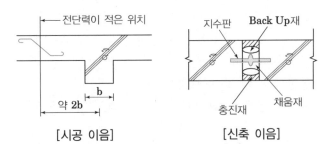

[시공 이음]　　　　[신축 이음]

[습윤양생]

[단열양생]

[강판보강]

④ 양생 관리

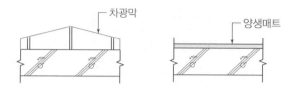

⑤ 거푸집 수밀성 및 강도 확보

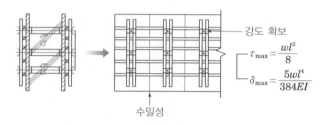

$$\tau_{max} = \frac{wl^2}{8}$$

$$\delta_{max} = \frac{5wl^4}{384EI}$$

⑥ 철근피복두께 확보

내구성, 내화성, 부착성, 시공 시 유동성 확보
→ 철근피복두께 확보

4. 균열 보수·보강 공법

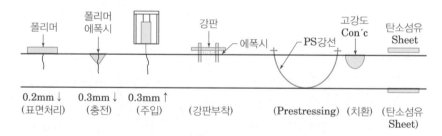

0.2mm↓	0.3mm↓	0.3mm↑			
(표면처리)	(충전)	(주입)	(강판부착)	(Prestressing) (치환)	(탄소섬유 Sheet)

※ 현장에서의 균열관리대장

① 균열보수계획서 검토 철저: 최초 관찰일 및 관찰 주기 확인
② 허용 균열폭(0.3mm)보다 큰 균열이 발생할 경우: 구조검토 등 원인
분석과 보수·보강을 위한 균열관리 철저(가능한 즉시 보강)
③ 균열폭 0.3mm 미만인 경우: 균열관리대장을 작성하고 균열의 진행
상황에 따라 보수·보강할 것
④ 현장에 균열폭, 균열길이, 균열시점, 균열종점 등을 기록할 것

5. Remodeling시 보수·보강 공법

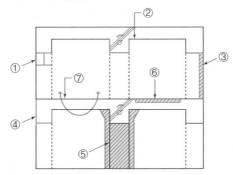

① 강재부재 증설공법   ② 보강재 접착공법(강판접착공법)
③ 부재신설공법   ④ 탄소섬유 Sheet 공법
⑤ 콘크리트 증타공법   ⑥ 보강재 매입공법
⑦ 프리스트레싱보강공법

[주입공법]

Ⅷ. 콘크리트 열화(내구성 저하)

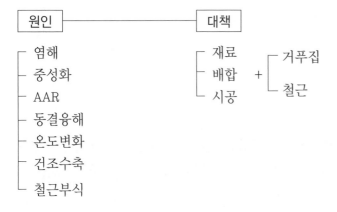

암기 point

염 불을 외우는 중 의
알 동 은 온 건 철 하다.

Ⅸ. 콘크리트 성질

1. 미경화 콘크리트

① Workability(시공성, 시공연도)
반죽 질기에 의한 작업의 난이한 정도와 균일한 질의 콘크리트를 만들기 위하여 필요한 재료의 분리에 저항하는 정도를 나타내는 굳지 않는 콘크리트의 성질

② Consistency(반죽질기)
주로 수량에 의하여 좌우되는 아직 굳지 않는 콘크리트의 변형 또는 유동에 대한 저항성

암기 point

W C / P –
P V C / F M

③ Plasticity(성형성)

거푸집에 쉽게 다져 넣을 수 있고, 거푸집을 제거하면 천천히 형상이 변하기는 하지만 허물어지거나 재료가 분리되지 않는 굳지 않은 콘크리트의 성질

④ Pumpability(압송성)

콘크리트 펌프에 의해 굳지 않은 콘크리트 또는 모르타르를 압송할 때의 운반성

⑤ Viscosity(점성)

마찰저항(전단응력)이 일어나는 성질로 찰진 정도를 표시

⑥ Compactibility(다짐성)

다짐이 용이한 정도를 나타내며, 혼화재료는 다짐성을 좋게함

⑦ Finishability(마감성)

마무리하기 쉬운 정도

⑧ Mobility(유동성)

중력이나 외력에 의해 유동하기 쉬운 정도를 나타내는 굳지 않은 콘크리트의 성질

2. 경화 콘크리트

1) 체적변화

수분, 온도

2) Creep 변형

응력을 작용시킨 상태에서 탄성변형 및 건조수축변형을 제외시킨 변형률이 시간과 더불어 증가되어가는 현상을 말한다.

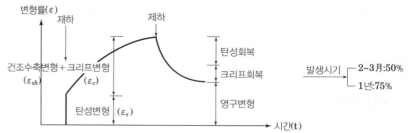

① 변형률

$$\epsilon_{\text{total}} = \epsilon_e + \epsilon_{sh} + \epsilon_c$$

② 종류

㉠ Basic Creep : $\epsilon_e + \epsilon_c (\epsilon_{sh}$ 는 무시)

㉡ Drying Creep : $\epsilon_e + \epsilon_c + \epsilon_{sh}$

X. 특수콘크리트

정의	한중콘크리트	서중콘크리트	매스콘크리트
	하루 평균 4℃ 이하	하루 평균 25℃ 초과	80cm 이상, 하단구속 벽체 50cm 이상
시공시 유의사항	재배시 + [거푸집 철근] +α	재배시 + [거푸집 철근] +α	−
시공시 유의사항과 양생방법	재배시 + [거푸집 철근] +α ① ② ③ ④ 양생	재배시 + [거푸집 철근] +α ① ② ③ ④ 양생	−
문제점과 대책	−	• 문제점 ① Cold Joint ② Slump 저하 ③ 공기량 감소 ④ 강도저하 ⑤ 균열발생 • 대책 재배시 + [거푸집 철근]	−
온도균열 제어대책	−	−	재배시 + [거푸집 철근] +α

1. 경량골재 콘크리트 [KCS 14 20 20]

골재의 전부 또는 일부를 경량골재를 사용하여 제조한 콘크리트로 기건 단위질량이 2,100kg/m³ 미만인 것을 말한다.

종류	골재 구분	재료
천연경량골재	잔골재 및 굵은골재	경석, 화산암, 응회암 가공 골재
인공경량골재	잔골재 및 굵은골재	고로슬래그, 점토, 규조토암, 석탄회, 점판암 생산 골재
바텀애시 경량골재	잔골재	화력발전소의 바텀애시를 파쇄·선별한 골재

[섬유보강 콘크리트]

2. 섬유보강 콘크리트 [KCS 14 20 22]

보강용 섬유를 혼입하여 주로 인성, 균열 억제, 내충격성 및 내마모성 등을 높인 콘크리트를 말한다.

① 무기계 섬유: 강섬유, 유리섬유, 탄소섬유 등
 - 강섬유 길이: 25~60mm, 지름: 0.3~0.9mm 정도
 - 유리섬유 길이: 25~40mm 정도
② 유기계 섬유: 아라미드섬유, 폴리프로필렌섬유, 비닐론섬유, 나일론 등

3. 폴리머 콘크리트 [KCS 14 20 23]

결합재로 시멘트를 전혀 사용하지 않고 폴리머(열경화성 수지 또는 열가소성 수지 등의 액상수지)만으로 골재를 결합시킨 콘크리트를 말한다.

	결합재	
폴리머 콘크리트 :	폴리머	+ 골재
폴리머 시멘트 콘크리트 :	폴리머+시멘트	+ 골재
폴리머 함침 콘크리트 :	콘크리트 표면	+ 폴리머 침투

4. 팽창 콘크리트 (Expansive Concrete) [KCS 14 20 24]

콘크리트의 건조수축을 경감하기 위해 팽창재 또는 팽창시멘트의 사용에 의해 팽창성이 부여된 콘크리트를 말한다.

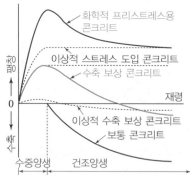

용도	팽창률
수축보상용	$150 \times 10^{-6} \sim 250 \times 10^{-6}$ 이하
화학적 프리스트레스용	$200 \times 10^{-6} \sim 700 \times 10^{-6}$ 이하
공장제품용 화학적 프리스트레스용	$200 \times 10^{-6} \sim 1,000 \times 10^{-6}$ 이하

5. 수밀 콘크리트 (Watertight Concrete) [KCS 14 20 30]

투수, 투습에 의해 구조물의 안전성, 내구성, 기능성, 유지관리 및 외관 등이 영향을 받는 저수조, 수영장, 지하실 등 압력수가 작용하는 구조물로서 콘크리트 중에서 특히 수밀성이 높은 콘크리트를 말한다.

6. 유동화 콘크리트 [KCS 14 20 31]

미리 비빈 베이스 콘크리트에 유동화제를 첨가하고 재비빔하여 유동성을 증대시킨 콘크리트를 말한다.

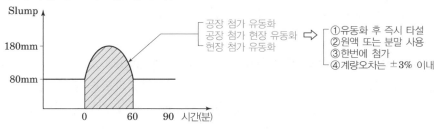

7. 고유동 콘크리트(High Fluidity Concrete) [KCS 12 20 32]

철근이 배근된 부재에 콘크리트 타설 시 현장에서 다짐을 하지 않더라도 콘크리트의 자체 유동으로 밀실하게 충전될 수 있도록 높은 유동성과 충전성 및 재료분리 저항성을 갖는 다짐이 불필요한 자기충전콘크리트를 말한다.

8. 고강도 콘크리트(High Strength Concrete) [KCS 14 20 33]

고강도 콘크리트의 설계기준압축강도는 보통 또는 중량골재 콘크리트에서 40MPa 이상, 경량골재 콘크리트에서 27MPa 이상인 경우의 콘크리트를 말한다.

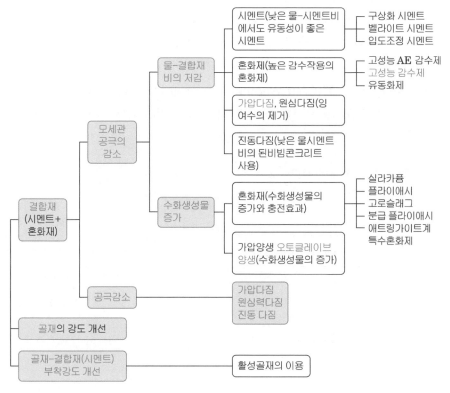

9. 고내구성 콘크리트 [KCS 41 30 03]

해풍, 해수, 황산염 및 기타 유해물질에 노출된 콘크리트로서 고내구성이 요구되는 콘크리트 공사나, 특히 높은 내구성을 필요로 하는 철근콘크리트조 건축물에 사용하는 콘크리트를 말한다.

10. 고성능 콘크리트(High Performance Concrete)

고강도, 고유동 및 고내구성을 고루 갖춘 콘크리트를 말하며, 이에 따라 콘크리트의 분체 및 골재의 충전율을 높이는 것이 기본적 메커니즘이다.

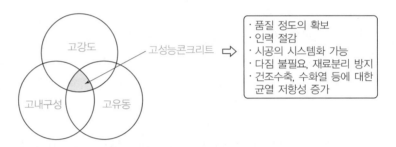

- · 품질 정도의 확보
- · 인력 절감
- · 시공의 시스템화 가능
- · 다짐 불필요, 재료분리 방지
- · 건조수축, 수화열 등에 대한 균열 저항성 증가

11. 방사선 차폐용 콘크리트(Radiation Shielding Concrete) [KCS 14 20 34]

주로 생물체의 방호를 위하여 X선, γ선 및 중성자선을 차폐할 목적으로 사용되는 콘크리트를 말한다.

※ 골재의 종류: 중정석, 갈철광, 자철광

12. 한중 콘크리트(Cold Weather Concrete) [KCS 14 20 40]

하루의 평균기온이 4℃ 이하로 되는 것이 예상되는 기상조건에서 타설하는 콘크리트를 말한다.

1) 체적팽창 Mechanism

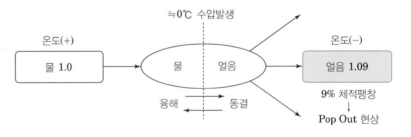

2) Pop out 현상

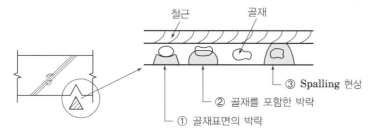

13. 서중 콘크리트(Hot Weather Concrete) [KCS 14 20 41]

높은 외부기온으로 인하여 콘크리트의 슬럼프 또는 슬럼프 플로 저하나
수분의 급격한 증발 등의 우려가 있을 경우에 시공되는 콘크리트로서 하
루평균기온이 25℃를 초과하는 경우에 타설하는 콘크리트를 말한다.

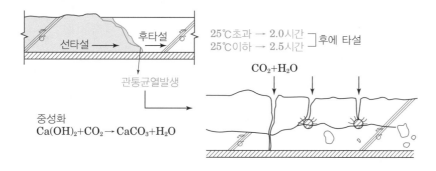

14. 매스 콘크리트 [KCS 14 20 42]

일반적인 표준으로서 넓이가 넓은 평판구조의 경우 두께 0.8m 이상, 하단
이 구속된 벽체의 경우 두께 0.5m 이상이고, 시멘트의 수화열에 의한 온
도상승으로 유해한 균열이 발생할 우려가 있는 부분의 콘크리트를 말한다.

[매스 콘크리트]

구분	발열과정	냉각과정
발생시기	재령 1~5일	재령 1~2주간
균열폭	0.2mm 이하 표면균열	1~2mm 관통균열
Graph	이 시기에 균열발생 가능성이 높음	이 시기에 균열발생 가능성이 높음

15. 수중 콘크리트(Underwater Concrete) [KCS 14 20 43]

수중 콘크리트란 담수 중이나 안정액 중 혹은 해수 중에 타설되는 콘크리트를 말한다.

$$수중 콘크리트의 종류 \begin{cases} 일반 \ 수중콘크리트 \\ 수중불분리성 \ 콘크리트 \\ 현장타설말뚝 \ 및 \ 지하연속벽의 \ 수중콘크리트 \end{cases}$$

16. 해양 콘크리트(Offshore Concrete)[KCS 14 20 44]

항만, 해안 또는 해양에 위치하여 해수 또는 바닷바람의 작용을 받는 구조물에 쓰이는 콘크리트를 말한다.

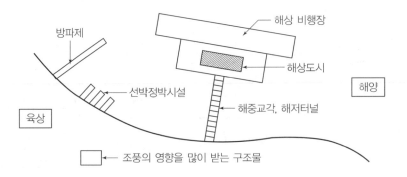

17. 프리플레이스트 콘크리트(Preplaced Concrete0 [KCS 14 20 50]

미리 거푸집 속에 특정한 입도를 가지는 굵은골재를 채워놓고, 그 간극에 모르타르를 주입하여 제조한 콘크리트를 말한다.

강도	원칙		재령 28일 또는 재령 91일 압축강도
	재령 91일 이내 건축물		재령 28일 압축강도
품질	유동성	일반	유하시간 16~20초
		고강도	유하시간 25~50초
	재료분리 저항성	일반	블리딩률 3시간에서의 3% 이하
		고강도	블리딩률 3시간에서의 1% 이하
	팽창성	일반	팽창률 3시간에서의 5~10%
		고강도	팽창률 3시간에서의 2~5%

18. 프리스트레스트 콘크리트(Prestressed Concrete) [KCS 14 20 53]

외력에 의하여 일어나는 응력을 소정의 한도까지 상쇄할 수 있도록 미리 인위적으로 그 응력의 분포와 크기를 정하여 내력(압축력)을 준 콘크리트를 말하며, PS콘크리트 또는 PSC라고 약칭하기도 한다.

1) 프리텐션 방식(Pretension)

PS 강재에 미리 인장력을 가한 상태로 콘크리트를 넣고 완전 경화 후 PS 강재를 단부에서 인장력을 풀어주는 방법

2) 포스트텐션 방식(Posttension)

시스(Sheath)를 거푸집 내에 배치하여 콘크리트를 타설하고 시스 내에 PS 강재를 넣어 잭으로 긴장 후 시스 내부에 그라우팅하여 장착하는 방법

[프리텐션 방식]

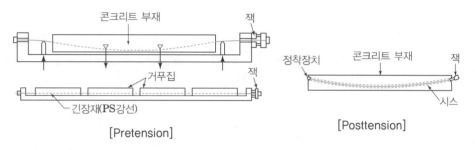

[Pretension]

[Posttension]

19. 외장용 노출 콘크리트(Architectural Formed Concrete) [KCS 14 20 60]

부재나 건물의 내외장 표면에 콘크리트 그 자체만이 나타나는 제물치장으로 마감한 콘크리트를 말한다.

[외장용 노출 콘크리트]

20. 비폭열성 콘크리트(Spalling Resistance Concrete)

콘크리트의 폭렬이란 화재발생으로 콘크리트 표면이 급격히 가열되어 순식간에 표면온도가 고온이 되면서 폭발음과 동시에 콘크리트 조각이 떨어져 나가는 현상이며, 이를 방지하기 위한 콘크리트를 말한다.

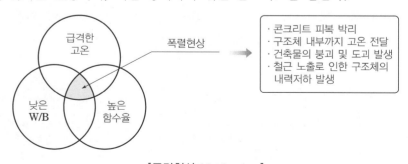

[폭렬현상 Mechanism]

21. 식생 콘크리트(Eco-Concrete, 녹화 콘크리트, 환경친화형 콘크리트)

식생 콘크리트란 다공성 콘크리트 내에 식물이 성장할 수 있는 식생기능과 콘크리트의 기본적인 역학적 성질이 공존한 환경친화적인 콘크리트이다.

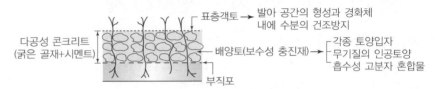

[식생콘크리트의 구성]

22. 진공탈수 콘크리트(진공배수 콘크리트, 진공 콘크리트, Vacuum Dewatering Concrete)

콘크리트를 타설한 직후 진공매트 또는 진공거푸집 패널을 사용하여 콘크리트 표면을 진공상태로 만들어 표면 근처의 콘크리트에서 수분을 제거함과 동시에 대기압에 의해 콘크리트를 가압 처리하는 공법이다.

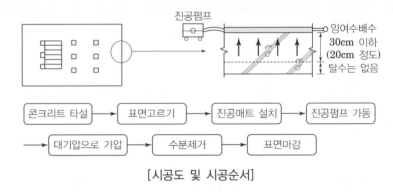

[시공도 및 시공순서]

23. 기포 콘크리트

시멘트와 물을 혼합한 슬러지에 일정량의 식물성 기포제를 혼합하여 무수히 많은 독립기포를 형성시켜 단열성, 방음성, 경량성 등의 우수한 특성을 가진 상태의 콘크리트를 말한다.

[기포 콘크리트]

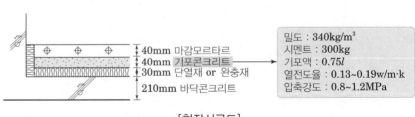

[현장시공도]

24. 균열 자기치유 콘크리트

콘크리트 구조물에 발생한 균열을 스스로 인지하고 반응 생성물을 확장시켜 균열을 치유하여 누수를 억제하고 유해 이온의 유입을 차단하는 콘크리트를 말한다.

1) 미생물 활용 기술

콘크리트 균열이 발생할 경우 휴면상태에서 깨어난 미생물이 증식함으로써 균열을 치유하는 광물을 형성

2) 마이크로캡슐 혼입 기술

콘크리트 균열이 발생할 경우 캡슐의 외피가 파괴되어 흘러나온 치료물질이 균열을 채우는 기술

3) 시멘트계 무기재료 활용 기술

팽창성 무기재료를 활용하는 것으로서 균열부에서 팽창반응과 함께 미수화(Unhydrated) 시멘트의 추가반응을 유도하는 원리

25. 자기응력 콘크리트(Self Stressed Concrete)

자기응력 콘크리트(Self-Stressed Concrete)는 스스로 신장(伸張)되는 화학에너지를 이용하여 경화 시 철근 콘크리트 구조물의 물성을 악화시키거나 파괴하지 않고 팽창시켜 구조물의 내구성을 증진시킬 수 있는 콘크리트를 말한다.

1) 비가열시멘트(NASC): Non Autoclave Stressed Cement)

상온에서 주로 거푸집으로 된 단단한 철근콘크리트에서 경화되는 자기응력 철근 콘크리트 구조물과 건축물의 콘크리트와 일체화를 위한 자기응력 시멘트

2) 가열시멘트(ASC): Autoclave Stressed Cement)

열가습 가공으로 제조 시 처해 있는 조립식 자기응력 철근콘크리트 제품의 일체화를 위한 자기 응력 시멘트

26. 루나 콘크리트

달에서 인간이 사용할 수 있는 구조물 건설을 위한 적절하고 경제적인 건설재료가 필요하게 되었고, 이로 인해 루나 콘크리트(Lunar Concrete)가 생겨나게 되었다.

2 단답형·서술형 문제 해설

1 단답형 문제 해설

74회

01 콘크리트 응결(Setting) 및 경화(Hardening)

I. 정 의

시멘트가 물과 접촉하여 수화반응에 따라 점점 굳어져 유동성을 잃기 시작하여 굳어지는 과정을 응결(Setting)이라 하고 응결과정 이후 강도발현과정을 경화라고 한다.

II. 응결 및 경화 과정

타설하는 콘크리트 온도, 타설 후 양생온도, 시멘트 분말도와 단위 시멘트량이 높을수록 응결 및 경화 속도가 증가한다.

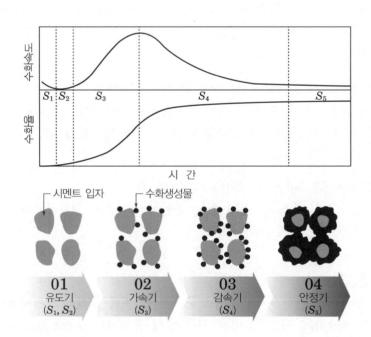

Ⅲ. 응결 및 경화에 영향을 주는 요인

(1) 시멘트의 분말도가 높을수록 빨라짐
(2) Slump가 작을수록 응결이 빠름
(3) 물−결합재비가 작을수록 응결이 빠름
(4) 장시간 비빈 콘크리트가 비빔이 정지되면 급격히 응결됨

Ⅳ. 응결 및 경화 시 유의사항

(1) 응결 진행 후 이어치기할 경우 Cold Joint가 발생가능
(2) 응결과정 중 Bleeding 수, 침하 등에 유의
(3) 응결과정 중 초기수축은 균열의 원인이 됨

02　혼화재료

Ⅰ. 정 의

콘크리트 등에 특별한 성질을 주기 위해 반죽 혼합 전 또는 반죽 혼합 중에 가해지는 시멘트, 물, 골재 이 외의 재료로서 혼화재와 혼화제로 분류한다.

Ⅱ. 혼화재료의 종류, 시험 시기 및 횟수

(1) 혼화재

① 종류: 고로 슬래그 미분말, 플라이 애시, 실리카 품, 콘크리트용 팽창재 등
② 시험 시기 및 횟수: 공사시작 전, 공사 중 1회/월 이상 및 장기간 저장한 경우

(2) 혼화제

① 종류: AE제, 감수제, AE감수제, 고성능AE 감수제, 유동화제, 수중불분리성 혼화제, 철근콘크리트용 방청제 등
② 시험 시기 및 횟수: 공사시작 전, 공사 중 1회/월 이상 및 장기간 저장한 경우

Ⅲ. 혼화재료의 조건

(1) 굳지 않은 콘크리트의 점성 저하, 재료분리, 블리딩을 지나치게 크게 하지 않을 것
(2) 응결시간에 영향을 미치지 않을 것(응결경화 조절재 제외)
(3) 수화발열이 크지 않을 것(급결제, 조강제 제외)
(4) 경화 콘크리트의 강도, 수축, 내구성 등에 나쁜 영향을 미치지 않을 것
(5) 골재와 나쁜 반응을 일으키지 않을 것
(6) 인체에 무해하며, 환경오염을 유발시키지 않을 것

Ⅳ. 혼화재료의 사용 시 유의사항

(1) 시험결과, 실적을 토대로 사용목적과 일치하는지 확인
(2) 다른 성질에 나쁜 영향을 미치지 않을 것
(3) 사용 재료와의 적합성 확인
(4) 품질의 균일성이 보증될 것
(5) 운반, 저장 중에 품질변화가 없는지 확인
(6) 혼합이 용이하고, 균등하게 분산될 것
(7) 두 종류 이상의 혼화재 사용 시 상호작용에 의한 부작용이 없을 것

03 실리카 퓸(Slica Fume)

I. 정 의
실리콘이나 페로실리콘 등의 규소합금을 전기로에서 제조할 때 배출가스에 섞여 부유하여 발생하는 초미립자 부산물로서, 이산화규소(SiO_2)가 주성분이며 고강도 콘크리트를 제조하는 데 사용된다.

II. 실리카 퓸의 구조

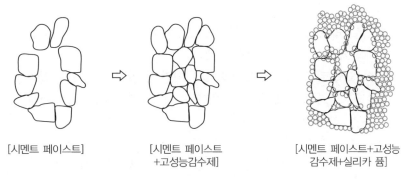

[시멘트 페이스트]　　　[시멘트 페이스트
　　　　　　　　　　　+고성능감수제]　　　[시멘트 페이스트+고성능
　　　　　　　　　　　　　　　　　　　　　감수제+실리카 퓸]

→ 90% 이상이 구형, 평균입경 : 0.1μm 정도, 비표면적 : 20m²/g 정도
　비중 : 2.1~2.2 정도, 단위용적중량 : 250~300kg/m³ 정도

III. 적용 분야
(1) 초고층 건축물 시공 시 고강도 콘크리트
(2) 터널, 댐, 교량 등의 콘크리트
(3) 해양, 지하 구조물 및 매스 콘크리트

IV. Silica Fume의 성질
(1) 굳지 않은 콘크리트의 성질
　① 배합: 시멘트 중량이 10~20%일 때 고강도 및 고내구성 콘크리트 제조
　② 안정화 효과(Stabilizing Effect) 기대: Bleeding과 재료분리 감소

(2) 경화한 콘크리트의 성질
　① 조기 재령에서 포졸란 반응 발생: 콘크리트 강도 증진
　② 동결융해 저항성 증대, 수화열 감소, 수밀성 및 내구성 향상
　③ 황산, 염산 및 유기산 등 화학저항성 향상(15% 혼합)
　④ 중성화에 대한 저항성 증대(20%: 중성화 발생하지 않음)

😕 68,81회

04 레미콘 호칭강도

[KCS 14 20 10]

Ⅰ. 정 의

레디믹스트 콘크리트 주문 시 KS F 4009의 규정에 따라 사용되는 콘크리트 강도로서, 구조물 설계에서 사용되는 설계기준압축강도나 배합 설계 시 사용되는 배합강도와는 구분되며, 기온, 습도, 양생 등 시공적인 영향에 따른 보정값을 고려하여 주문한 강도를 말한다.

Ⅱ. 강도의 기준

(1) 콘크리트의 강도는 일반적으로 표준양생(20±2℃)을 실시한 콘크리트 공시체의 재령 28일일 때 시험값을 기준

(2) 콘크리트 구조물은 일반적으로 재령 28일 콘크리트의 압축강도를 기준

(3) 레디믹스트 콘크리트 사용자는 기온보정강도(T_n)를 더하여 생산자에게 호칭강도(f_{cn})로 주문

$$호칭강도(f_{cn}) = 품질기준강도(f_{ce}) + 기온보정강도(T_n)(\text{MPa})$$

여기서, f_{ce} : 설계기준강도(f_{ck})와 내구성 기준 압축강도(f_{cd}) 중 큰 값

T_n : 기온보정강도(MPa)

(4) 콘크리트 강도의 기온에 따른 보정값(T_n)

결합재 종류	재령 (일)	콘크리트 타설일로부터 n일간의 예상평균기온의 범위(℃)		
보통포틀랜드 시멘트 플라이애시 시멘트 1종 고로슬래그 시멘트 1종	28	18 이상	8 이상~18 미만	4 이상~8 미만
플라이애시 시멘트 2종	28	18 이상	10이상~18미만	4 이상~10 미만
고로슬래그 시멘트 2종	28	18 이상	13이상~18 미만	4 이상~13 미만
콘크리트 강도의 기온에 따른 보정값(MPa)		0	3	6

Ⅲ. 압축강도에 의한 콘크리트의 품질 검사

종류	판정기준	
	$f_{cn} \leq$ 35MPa	$f_{cn} >$ 35MPa
호칭강도품질기준강도[2]부터 배합을 정한 경우	① 연속 3회 시험값의 평균이 호칭강도품질기준강도 이상 ② 1회 시험값[1]이(호칭강도품질기준강도-3.5MPa) 이상	① 연속 3회 시험값의 평균이 호칭강도품질기준강도 이상 ② 1회 시험값[1]이 호칭강도품질기준강도의 90% 이상
그 밖의 경우	압축강도의 평균치가 호칭강도품질기준강도 이상일 것	

주1) 1회의 시험값은 공시체 3개의 압축강도 시험값의 평균값임
　2) 현장 배치플랜트를 구비하여 생산·시공하는 경우에는 설계기준압축강도와 내구성 설계에 따른 내구성 기준압축강도 중에서 큰 값으로 결정된 품질기준강도를 기준으로 검사

Ⅳ. 배합강도, 설계기준압축강도, 호칭강도 차이

구분	배합강도	설계기준압축강도	호칭강도
정의	콘크리트의 배합을 정하는 경우에 목표로 하는 압축강도	콘크리트 구조 설계에서 기준이 되는 콘크리트 압축강도	레디믹스트 콘크리트 주문 시 KS F 4009의 규정에 따라 사용되는 콘크리트 강도

😊 122회

05 | 물-결합재비(Water - Binder Ratio)　　　　[KCS 14 20 10]

Ⅰ. 의 의

혼화재로 고로슬래그 미분말, 플라이 애시, 실리카 품 등 결합재를 사용한 모르타르나 콘크리트에서 골재가 표면 건조 포화상태에 있을 때에 반죽 직후 물과 결합재의 질량비로 기호를 W/B로 표시한다.

Ⅱ. 물-결합재비 선정방법

(1) 물-결합재비는 소요의 강도, 내구성, 수밀성 및 균열저항성 등을 고려하여 정함

(2) 콘크리트의 압축강도를 기준으로 물-결합재비를 정하는 경우 그 값은 다음과 같이 정함

　① 압축강도와 물-결합재비와의 관계는 시험에 의하여 정하는 것을 원칙(공시체는 재령 28일을 표준).

　② 배합에 사용할 물-결합재비는 기준 재령의 결합재-물비와 압축강도와의 관계식에서 배합강도에 해당하는 결합재-물비 값의 역수로 함

(3) 콘크리트의 탄산화 작용, 염화물 침투, 동결융해 작용, 황산염 등에 대한 내구성을 기준으로 하여 물-결합재비를 정할 경우 그 값은 다음과 같이 정함

항목	노출범주 및 등급				
	일반	EC (탄산화)	ES (해양환경, 제설염 등 염화물)	EF (동결융해)	EA (황산염)
최대 물-결합재비[1]	–	0.45~0.60%	0.4~0.45%	0.45~0.55%	0.45~0.5%

주1) 경량골재 콘크리트에는 적용하지 않음. 실적, 연구성과 등에 의하여 확증이 있을 때는 5% 더한 값으로 할 수 있음.

Ⅲ. 물-결합재비 적정범위

(1) 경량골재 콘크리트: 60% 이하

(2) 폴리머시멘트 콘크리트: 30~60%(폴리머-시멘트비: 5~30%)

(3) 수밀 콘크리트: 50% 이하

(4) 고강도 콘크리트

　① 소요의 강도와 내구성을 고려하여 정함

　② 물-결합재비와 콘크리트 강도의 관계식을 시험 배합으로부터 구함

　③ 배합강도에 상응하는 물-결합재비는 시험에 의한 관계식을 이용하여 결정

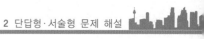

(5) 고내구성 콘크리트

구분	보통 콘크리트	경량골재 콘크리트
포틀랜드 시멘트 고로 슬래그 시멘트 특급 실리카 시멘트 A종 플라이 애시 시멘트 A종	60% 이하	55% 이하
고로 슬래그 시멘트 1급 실리카 시멘트 B종 플라이 애시 시멘트 B종	55% 이하	55% 이하

(6) 방사선 차폐용 콘크리트: 50% 이하

(7) 한중 콘크리트: 60% 이하

(8) 수중 콘크리트

종류	일반 수중콘크리트	현장타설말뚝 및 지하연속벽에 사용되는 수중콘크리트
물-결합재비	50% 이하	55% 이하

(9) 해양 콘크리트: 60% 이하

(10) 프리스트레스트 콘크리트: 45% 이하(그라우트 물-결합재비 임)

(11) 외장용 노출 콘크리트: 50% 이하

(12) 동결융해작용을 받는 콘크리트: 45% 이하

(13) 식생 콘크리트: 20~40%(물-시멘트비 임)

(14) 장수명 콘크리트: 55% 이하(50% 이하가 바람직)

06 잔골재율(Fine Aggregate Ratio) [KCS 14 20 10]

I. 정의
콘크리트 내의 전 골재량에 대한 잔골재량의 절대 용적비를 백분율로 나타낸 값을 말한다.

II. 산정식

$$잔골재율(S/a) = \frac{잔골재량의\ 절대용적}{전체\ 골재량의\ 절대용적} \times 100$$

$$= \frac{Sand의\ 절대용적}{Gravel의\ 절대용적 + Sand의\ 절대용적} \times 100$$

III. 잔골재율 선정
(1) 잔골재율은 소요의 워커빌리티를 얻을 수 있는 범위 내에서 단위수량이 최소가 되도록 시험에 의해 정함
(2) 잔골재율은 사용하는 잔골재의 입도, 콘크리트의 공기량, 단위결합재량, 혼화 재료의 종류 등에 따라 다르므로 시험에 의해 정함
(3) 공사 중에 잔골재의 입도가 변하여 조립률이 ±0.20 이상 차이가 있을 경우에는 배합의 적정성 확인 후 배합 보완 및 변경 등을 검토
(4) 콘크리트 펌프시공의 경우에는 펌프의 성능, 배관, 압송거리 등에 따라 적절한 잔골재율을 결정
(5) 유동화 콘크리트의 경우, 유동화 후 콘크리트의 워커빌리티를 고려하여 잔골재율을 결정할 필요가 있음
(6) 고성능AE감수제를 사용한 콘크리트의 경우로서 물-결합재비 및 슬럼프가 같으면, 일반적인 AE감수제를 사용한 콘크리트와 비교하여 잔골재율을 1~2% 정도 크게 한다.

IV. 잔골재율의 성질
(1) 잔골재율은 워커빌리티를 얻을 수 있는 범위 내에서 될 수 있는 한 작게 한다.
(2) 잔골재율이 증가하면 간극이 많아진다.
(3) 잔골재율이 증가하면 단위시멘트량이 증가한다.
(4) 잔골재율이 증가하면 단위수량이 증가한다.
(5) 잔골재율이 적정범위 이하면 콘크리트는 거칠어지고, 재료분리의 발생 가능성이 커지며, 워커빌리티가 나쁘다.

😊 65,84,119회

07 | CPB(Concrete Placing Boom)

Ⅰ. 정의

고층건물의 콘크리트 타설을 위한 장비로 펌프로부터 배관을 통해 압송된 콘크리트를
마스터에 연결된 붐(Boom)을 이용하여 콘크리트 타설위치에서 포설하는 장치를 말한다.

Ⅱ. 현장시공도

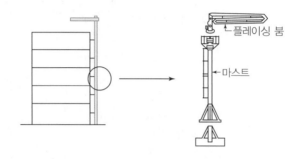

Ⅲ. 특징

(1) 초고층 건물에 적용 시 품질과 공정관리 효과가 높음
(2) 철근배근에 영향을 주지 않음
(3) 최소한의 인력으로 작업수행 가능
(4) 반경 30m 이내의 고층건물에 적합
(5) 규모가 크지 않은 현장에서는 비경제적임
(6) 붐이 27m 이상일 경우 카운트 밸러스트가 필요하므로 비경제적임
(7) 장비구입을 위한 초기투입비가 부담

Ⅳ. 사용 시 유의사항

(1) Mast 선 시공 계획 및 콘크리트 타설 가능 범위 확인
(2) 초과 범위는 주름관 연결 또는 펌프카 활용
(3) 레미콘 동선 및 대기 장소 확보
(4) 높이에 맞는 압송장치 계획 및 정기적인 점검실시
(5) 초고층 시 폐색현상 방지 대책마련
(6) Zoning 계획을 통한 분리타설 및 타설 계획 준수

V. 마스트 고정방법의 비교

구분	슬래브에 고정하는 방법	월 브래킷에 고정하는 방법	코어 월 내부에 고정하는 방법
방법	• 슬래브를 오프닝 한 후 안내 프레임 (Guide Frame)으로 지지되며, 8개의 스틸 웨지에 의해 슬래브에 고정됨	• 외부 옹벽에 월 브래킷 (Wall Bracket)을 설치하여 마스트를 고정하는 방법	• 코어 월(Core Wall)의 엘리베이터 피트에 설치 하여 월거푸집의 앵커를 이용, 크라이밍 하는 방법 • ACS 폼 적용 시 CPB의 상승방법을 분석하여 거푸집 유압기와 공유 사용 검토
장점	• 설치, 해체 간편 • 플레이싱 붐의 상승 속도가 빠름 • 공사비 저렴	• 슬래브 오프닝이 불필요 • 코어 선행일 경우 슬래브의 진행에 관계없이 타설 가능	• 코어 월의 클라이밍 시스템을 이용하므로 별도의 앵커 비용을 절약 • 작업반경이 확대되어 타설 장비를 줄일 수 있음
단점	• 모든 슬래브를 오프닝 해야 하므로 안전이나 품질에서 불리함 • 2개층 마다 클라이밍 필요	• 브래킷 설치를 위해 Embeded Plate 필요 • 공사비 추가 부담 • Embeded Plate 설치 소요 시간이 많음	• 코어 거푸집 제작과정 에서 플레이싱 붐의 설치 및 운영 방법 반영 • 코어 월의 클라이밍 시스템과 별도로 운영 시 비경제적임(클라이밍 시스템 필요)

08 콘크리트 도착 시 현장시험 [KS F 4009]

Ⅰ. 정 의

콘크리트는 출하 후 규정시간이 경과하면 기능을 상실하는 성질을 가지므로 현장도착 시 철저히 시험하여야 한다.

Ⅱ. 콘크리트 도착 시 현장시험

(1) 슬럼프 또는 슬럼프 플로의 시험(mm)

구분		허용차
슬럼프	25	± 10
	50 및 65	± 15
	80 이상	± 25
슬럼프 플로	500	± 75
	600	± 100
	700	± 100

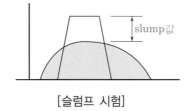

[슬럼프 시험]

[슬럼프 플로 시험]

(2) 공기량의 시험(%)

구분	공기량	공기량의 허용 오차
보통 콘크리트	4.5	±1.5
경량 콘크리트	5.5	
포장 콘크리트	4.5	
고강도 콘크리트	3.5	

(3) 염화물 함유량의 시험
① 염소 이온(Cl^-)량으로서 $0.30kg/m^3$ 이하
② 구입자의 승인을 얻은 경우에는 $0.60kg/m^3$ 이하 가능

(4) 공시체(몰드)의 제작

① 콘크리트 운반차는 트럭 믹서나 트럭 애지테이터를 사용

② 시료채취는 150m³당 지정차량 콘크리트의 1/4과 3/4의 부분에서 1회(3개)의 공시체를 제작

③ 공시체 제작 후 1일은 현장보양이므로 진동을 피할 것

④ 동절기 시 기온이나 바람에 의한 동결방지

⑤ 캐핑 시 Laitance 제거 철저(캐핑층의 두께는 공시체 지름의 2% 초과 금지)

⑥ 현장에서 공시체 양생 시 직사광선을 피하고, 수분증발방지

09 초유동화 콘크리트 유동성 평가방법(슬럼프 플로 시험)

[KCS 14 20 10]
[KS F 2594]

Ⅰ. 정 의

아직 굳지 않는 콘크리트의 유동성 정도를 나타내는 지표로서 KS F 2594에 규정된 방법에 따라 슬럼프콘을 들어올린 후에 원모양으로 퍼진 콘크리트의 직경(최대직경과 이에 직교하는 직경의 평균)을 측정하여 나타내는 것을 말한다.

Ⅱ. 현장시공도

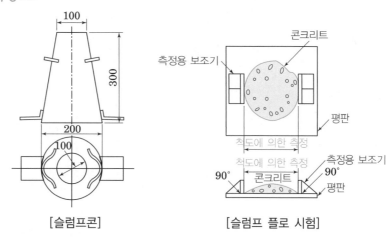

[슬럼프콘]　　　　　[슬럼프 플로 시험]

Ⅲ. 슬럼프 플로 시험

(1) 슬럼프콘을 수평으로 설치한 평판 위에 둔다.
(2) 슬럼프콘에 콘크리트를 채우기 시작하고 나서 끝날 때까지의 시간은 2분 이내로 한다.
(3) 고유동 콘크리트의 경우 다지거나 진동을 주지 않은 상태로 한꺼번에 채워 넣는다. 필요에 따라 3층으로 나누어 채운 후 각 층마다 다짐봉으로 5회 다짐을 한다.
(4) 콘크리트의 윗면을 슬럼프콘의 상단에 맞춘 후 슬럼프콘을 연직방향으로 들어 올린다.(높이 300mm에 2~3초, 시료가 슬럼프콘과 함께 솟아오르고 낙하할 우려가 있는 경우에는 10초)
(5) 콘크리트의 움직임이 멈춘 후에 퍼짐이 최대라고 생각된 지름과 수직한 방향의 지름을 잰다.
(6) 측정 횟수는 1회로 한다.
(7) 500mm 플로 도달 시간을 구하는 경우에는 슬럼프콘을 들어올리고 개시 시간으로부터 확산이 평평하게 그렸던 지름 500mm의 원에 최초에 이른 시간까지의 시간을 스톱워치로 0.1초 단위로 잰다.

⑧ 슬럼프를 측정하는 경우 콘크리트의 중앙부에서 내려간 부분을 재고, 슬럼프는 5mm까지 측정한다.

⑨ 플로의 유동 정지 시간을 구하는 경우에는 슬럼프콘을 들어올리는 시점으로부터 육안으로 정지가 확인되기까지의 시간을 스톱워치로 0.1초 단위로 잰다.

Ⅳ. 슬럼프 플로 허용오차(mm)

슬럼프 플로	슬럼프 플로 허용오차
500	±75
600	±100
700[1]	±100

주1) 굵은 골재의 최대치수가 15mm인 경우 적용

10 Schumit Hammer(반발경도법)

I. 정 의
경화된 콘크리트 면에 슈미트 해머로 타격에너지를 가하여 콘크리트면의 경도에 따라 반발 경도를 측정하고, 이 측정치로부터 콘크리트의 압축강도를 추정하는 검사방법을 말한다.

II. 측정 위치
(1) 타격부의 두께가 10cm 이하인 곳은 피하며, 보 및 기둥의 모서리에서 최소 3~6cm 이격하여 측정
(2) 기둥의 경우: 두부, 중앙부, 각부 등
(3) 보의 경우: 단부, 중앙부 등의 양측면
(4) 벽의 경우: 기둥, 보, 슬래브 부근과 중앙부 등에서 측정
(5) 콘크리트 품질을 대표하고, 측정 작업이 쉬운 곳

III. 측정 방법

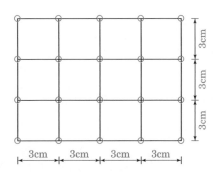

(1) 타격점의 상호 간격은 3cm로 하여 종으로 4열, 횡으로 5열의 선을 그어 직교되는 20점을 타격
(2) 슈미트 해머 타격 시 콘크리트 표면과 직각 유지
(3) 타격 중 이상이 발생한 곳은 확인한 후 그 측정값은 버리고 인접 위치에서 측정값을 추가

Ⅳ. 평가 방법

(1) 강도 추정은 측정된 자료의 분석 및 보정을 통하여 평균 반발 경도를 산정하고, 현장에 적합한 강도 추정식을 산정하여 평가

(2) 측정된 자료의 평균을 구하고 평균에서 ±20%를 벗어난 값을 제외하고, 이를 재평균한 값을 최종값(측정 경도)으로 한다.

(3) 보정 반발 경도=측정경도+타격 방향에 따른 보정값+압축응력에 따른 보정값+콘크리트 습윤 상태에 따른 보정값

(4) 최종 강도 추정
① 일본 재료학회(보통 콘크리트): $f_c = -18.4+13R$(MPa)
② 일본 건축학회 CNDT 소위원회 강도 계산식: $f_c = 7.3R+10$(MPa)
여기서, R : 보정 반발 강도

11 시공 이음(Construction Joint)

I. 정의
Construction Joint란 시공 시 현장의 생산능력에 따라 구조물을 분할하여 시공할 때 나타나는 Joint이다.

II. Joint 간격 및 위치

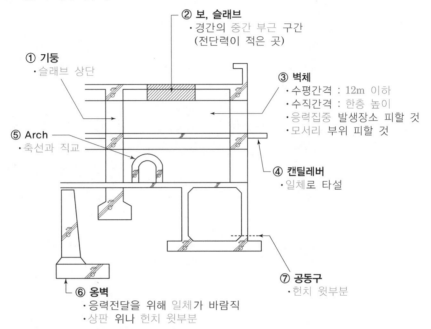

② 보, 슬래브
·경간의 중간 부근 구간
 (전단력이 적은 곳)

① 기둥
·슬래브 상단

③ 벽체
·수평간격 : 12m 이하
·수직간격 : 한층 높이
·응력집중 발생장소 피할 것
·모서리 부위 피할 것

⑤ Arch
·축선과 직교

④ 캔틸레버
·일체로 타설

⑦ 공동구
·헌치 윗부분

⑥ 옹벽
·응력전달을 위해 일체가 바람직
·상판 위나 헌치 윗부분

III. Joint 처리
(1) 수직부위
　① 일반적인 거푸집 시공
　② Metal Lath의 사용
　③ Pipe 발의 사용

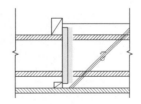
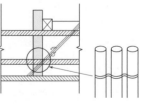

(2) 수평부위
　① Wire Brush 등으로 조면처리하고 물로 세척
　② 안쪽에서 바깥쪽으로 또는 가운데를 볼록하게 한다.

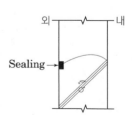

외　내
Sealing

Ⅳ. 시공 시 주의사항

  (1) 시공 시 지수판을 사용하여 누수방지 철저

  (2) 콜드조인트 방지에 유의할 것

  (3) Laitance 및 취약한 콘크리트 제거 후 신콘크리트 타설

  (4) 전단력이 적은 곳, 이음길이와 면적이 최소화되는 곳에 설치

42,53,70,89,126회

12 콜드 조인트(Cold Joint)

Ⅰ. 정 의
기계 고장, 휴식 시간 등의 여러 요인으로 인해 콘크리트 타설 작업이 중단됨으로써 다음 배치의 콘크리트를 이어치기할 때 먼저 친 콘크리트가 응결 혹은 경화함에 따라 일체화되지 않음으로 생기는 이음 줄눈을 말한다.

Ⅱ. 개념도

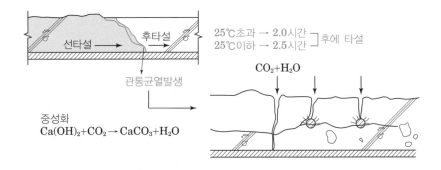

선타설 → 후타설

25℃초과 → 2.0시간 ┐
25℃이하 → 2.5시간 ┘ 후에 타설

관통균열발생

$CO_2 + H_2O$

중성화
$Ca(OH)_2 + CO_2 \rightarrow CaCO_3 + H_2O$

Ⅲ. 콜드조인트로 인한 피해
(1) 구조체의 내구성 저하
(2) 관통균열로 인한 누수 및 철근부식현상 발생
(3) 마감재의 균열

Ⅳ. 콜드조인트 원인
(1) 여름철 콘크리트 타설계획에 대한 고려가 없을 때
(2) 부득이하게 콘크리트를 끊어치고 기준시간을 초과하여 타설할 때
(3) 넓은 지역의 순환 타설 시 돌아오는 시간이 초과할 때
(4) 장시간 운반 및 대기로 재료분리가 된 콘크리트를 사용할 때
(5) 분말도가 높은 시멘트를 사용할 때

V. 방지대책

(1) 사전에 철저한 운반 및 타설계획을 수립할 것
(2) 이어치기 부분에 Laitance 및 취약한 콘크리트 제거 후 타설할 것
(3) 타설구획의 순서를 철저히 엄수하며 타설할 것
(4) 타설구획의 순서와 레미콘 배차간격을 철저히 엄수하며 타설할 것
(5) 서중콘크리트 타설 시 응결지연제 등의 혼화제 사용을 고려할 것
(6) 분말도가 낮은 시멘트를 사용할 것
(7) 콘크리트 이어치기는 가능한 60분 이내에 완료하도록 계획할 것
(8) 건식 레미콘 사용을 고려할 것

13 구조체 신축이음 또는 팽창이음(Expansion Joint)

Ⅰ. 정 의

하중 및 외력에 의한 응력과 온도변화, 경화건조수축, 부동침하 등의 변형에 의한 응력이 과대해져서 건물에 유해한 장애가 예상될 경우 그것을 미연에 방지하기 위해 설치하는 Joint이다.

Ⅱ. 시공도

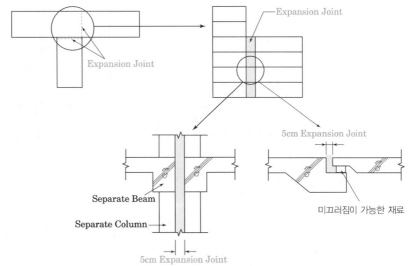

[기둥과 보 Expansion Joint]   [슬래브 Expansion Joint]

Ⅲ. 주요 기능

(1) 양생 및 사용기간 중 콘크리트의 수축과 팽창이 허용
(2) 하중에 의한 콘크리트의 치수변화를 허용
(3) 치수변화에 의해 영향 받는 부재 및 부위를 분리
(4) 수축/팽창, 기초침하, 추가하중에 의한 상대처짐 및 변위를 허용

Ⅳ. 설치위치 및 간격

(1) 온도차이가 심한 부분
(2) 동일 건물에서 고층과 저층 부위가 만나는 부분
(3) 기존 건물에 면하여 새로운 건물이 증축되는 경우
(4) 구조물의 평면, 단면형태가 사각형이 아니면서 급격히 변하는 경우
(5) 직접적인 열팽창을 고려하지 않을 경우 45~60m 정도
(6) Expansion Joint 폭은 5cm 정도이며 부재의 완전 분리

14 Control Joint(수축줄눈, Dummy Joint)

Ⅰ. 정 의

콘크리트 Shrinkage와 온도차로 인해 유발되는 콘크리트 인장응력에 의한 균열의 수를 경감시키거나 균열폭을 허용치 이하로 줄이는 역할을 하는 Joint이다.

Ⅱ. 시공도

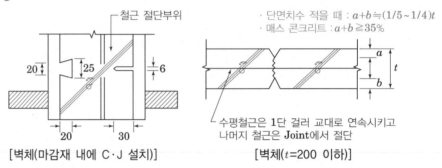

· 단면치수 적을 때 : $a+b \fallingdotseq (1/5 \sim 1/4)t$
· 매스 콘크리트 : $a+b \geqq 35\%$

철근 절단부위

수평철근은 1단 걸러 교대로 연속시키고
나머지 철근은 Joint에서 절단

[벽체(마감재 내에 C·J 설치)]

[벽체(t=200 이하)]

Ⅲ. 설치부위

(1) 단면상 취약한 평면
(2) 미관이 고려되는 부위에 단면의 변화 등으로 균열이 예상되는 곳
(3) 벽체 및 Slab on Grade
(4) 옹벽 및 도로
(5) Control Joint의 깊이는 부재 두께의 1/5~1/4보다 더 적어서는 안 된다.

Ⅳ. 설치위치 및 간격

(1) Control Joint에 대한 명확한 규정은 없다.
(2) 일반적으로 Control Joint의 간격
- 벽체, Slab on Grade: 4.5~7.5m
  (첫 번째 Joint는 모서리에서 3.0~4.5m 이내 설치)
- 개구부가 많은 벽체: 6.0m 이내
- 개구부가 없는 벽체: 7.5m 이내
  (각 모서리에서는 1.5~4.5m 이내 설치)
- 높이 3.0~6.0m인 벽체는 높이를 Joint 간격으로 사용
- 수평, 수직 Joint비는 1 : 1(최적), 1.5 : 1(최대)

15 Delay Joint(Shrinkage Strip, 지연 조인트)

Ⅰ. 정의

콘크리트 타설 후 발생하는 Shrinkage 응력과 균열을 감소시킬 목적으로 슬래브 및 벽체의 일부구간을 비워놓고 4주 후에 콘크리트를 타설하는 임시 Joint이다.

Ⅱ. 시공도

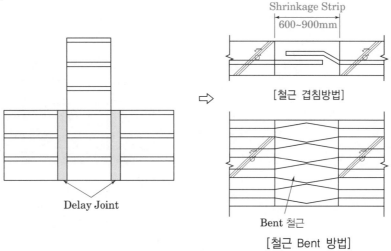

[철근 겹침방법]

[철근 Bent 방법]

Ⅲ. 설치부위

(1) Massive한 구조물
(2) 두께가 얇은 벽체 및 슬래브

Ⅳ. Joint 간격 및 위치

(1) 슬래브는 30~45m 간격에 폭 1m 정도
(2) 수직부재는 30m 간격에 폭은 60cm 정도
(3) Shrinkage Strip 폭은 60~90cm
(4) 큰 기둥이나 RC조 벽체가 Shrinkage 방향과 나란하면 간격을 좀 더 짧게 한다.
(5) Shrinkage Strip은 전체 건물을 가로질러서 설치한다.
(6) Shrinkage Strip을 가로지르는 철근은 연속되어야 한다.
(7) 타설 부위를 일정구간으로 나누어(약 7.5m 간격) 교대로 타설하는 것도 가능하다.

타설순서 : ① + ③ ⇒ ② + ④

16 콘크리트 자기수축

I. 정의

시멘트의 수화 반응에 의해 콘크리트, 모르타르 및 시멘트풀의 체적이 감소하여 수축하는 현상으로 물질의 침입이나 이탈, 온도변화, 외력, 외부구속 등에 기인하는 체적변화는 포함하지 않는다.

II. 자기수축의 Mechanism

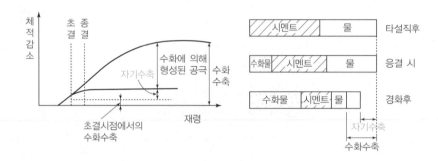

III. 자기수축에 영향을 미치는 요인

(1) 시멘트: 자기수축의 크기는 저열 시멘트 〈 중용열 시멘트 〈 보통 시멘트 〈 조강 시멘트

(2) 배합: 물-결합재비가 작을수록 자기수축이 커진다.

(3) 혼화재료: 슬래그, 실리카퓸은 자기수축이 커지나, 플라이 애시는 감소한다.

(4) 양생방법: 초기 콘크리트 온도가 높을수록 자기수축이 커진다.

IV. 자기수축의 저감대책

(1) 저열 시멘트 등 수화열이 적은 시멘트 사용

(2) 팽창재, 수축저감제 등 혼화제 사용

(3) 치환율 20~30%의 플라이 애시 사용

(4) 배합설계의 최적화

(5) 고강도 콘크리트는 Belite계 시멘트 사용

17 소성수축균열(콘크리트의 플라스틱 수축균열)

Ⅰ. 정 의

넓은 바닥 슬래브 등의 타설된 콘크리트가 건조한 바람이나 고온·저습한 외기에 노출되어 수분증발 속도가 블리딩 속도보다 빠를 때 표면의 콘크리트가 유동성을 잃어 인장강도가 적기 때문에 발생되는 균열을 말한다.

Ⅱ. 균열발생 위치

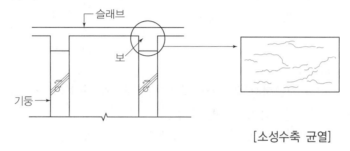

[소성수축 균열]

Ⅲ. 균열발생 시기

(1) 노출면이 넓은 슬래브와 같은 구조부재에서 타설 직후 발생
(2) 콘크리트 양생이 시작되기 전이나 마감시작 직전에 발생
(3) 콘크리트 타설 후 건조한 외기에 노출될 경우 표면의 수분증발로 수축현상으로 발생
(4) 거푸집 조기해체 후 급격한 수분증발로 발생 : 그물코 형태

Ⅳ. 균열원인

(1) 콘크리트 표면의 수분증발   (2) 거푸집의 수밀성이 부족하여 수분의 손실
(3) 상대습도가 낮을 경우   (4) 외기온도가 높을 경우
(5) 콘크리트 온도가 높을 경우   (6) 풍속이 강할 경우

Ⅴ. 방지대책

(1) 콘크리트 타설 초기에 바람에 직접 노출되지 않도록 조치한다.
(2) 콘크리트 타설 초기에 직사광선에 직접 노출되지 않도록 조치한다.
(3) PE 필름 등으로 수분의 증발을 방지한다.
(4) 부직포 등을 깔고 스프링클러를 사용하여 습윤양생을 실시한다.
(5) 표면마감 후에는 표면을 덮어서 보양한다.
(6) 풍속을 줄이기 위한 방풍설비나 표면온도를 낮추기 위한 차양설비를 설치한다.

😵 35,45,70,124회

18 블리딩(Bleeding)

Ⅰ. 정의
굳지 않은 콘크리트에서 고체 재료의 침강 또는 분리에 의하여 콘크리트에서 물과 시멘트 혹은 혼화재의 일부가 콘크리트 윗면으로 상승하는 현상을 말한다.

Ⅱ. 발생원인
(1) 과다한 물–결합재비
(2) 반죽질기가 클수록

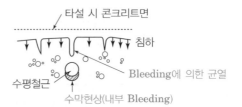

Ⅲ. 문제점
(1) 철근하부의 수막현상으로 부착력이 약하여 콘크리트의 강도 및 내구성 저하
(2) 콘크리트의 수밀성 감소
(3) 블리딩에 의한 초기침강 및 균열발생
(4) 블리딩에 의한 Water Gain 및 Laitance 발생
(5) 콘크리트 표면 마감작업의 저해 및 표면 마모성의 저하

Ⅳ. 방지대책
(1) 단위수량을 적게 하고 된비빔콘크리트로 한다.
(2) 가능한 물–결합재비를 적게 하고 적정한 혼화제를 사용한다.
(3) 거푸집의 이음부위를 철저히 하여 시멘트 페이스트의 유출을 방지한다.
(4) 1회 타설높이를 적게 하고 과도한 다짐을 피한다.

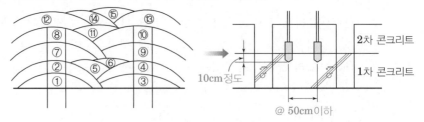

(5) 타설속도를 너무 빠르게 하지 않고 적정하게 한다.

19 콘크리트의 중성화

I. 정의

경화한 콘크리트의 수화생성물인 수산화칼슘이 시간의 경과와 함께 콘크리트의 표면으로부터 공기 중의 탄산가스의 영향을 받아 서서히 탄산칼슘으로 변화하여 알칼리성을 소실하는 현상을 말한다.

II. 중성화 콘크리트의 진행속도

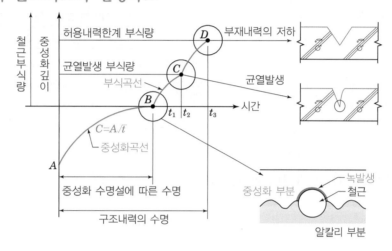

III. 중성화 속도에 영향을 미치는 요인

(1) 시멘트 및 골재의 종류
(2) 배합과 양생조건
(3) 환경조건
(4) 표면마감재의 종류

IV. 중성화 대책

(1) 비중이 크고 양질의 골재 사용
(2) 물-결합재비나 단위수량은 가급적 적게 한다.
(3) 적절한 피복두께의 확보
(4) 콘크리트 타설, 다짐, 양생을 철저히 한다.
(5) 표면마감재의 사용 및 표층부를 치밀화한다.

🌀75,99회

20 콘크리트 동해의 Pop Out 현상

Ⅰ. 정 의
Pop Out 현상이란 콘크리트 속의 수분이 동결융해, 알칼리골재반응 등으로 체적이 팽창되면서 콘크리트 표면의 골재 및 모르타르가 박락되는 현상이다.

Ⅱ. 발생현상

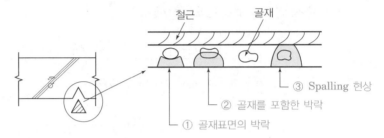

Ⅲ. 발생원인
(1) 콘크리트 동결융해

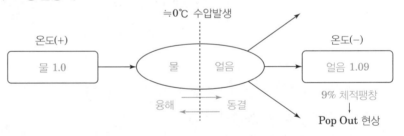

(2) 알칼리골재반응
시멘트의 알칼리 + 골재의 실리카, 탄산염 → 콘크리트 팽창, 균열

Ⅳ. 방지대책
(1) 콘크리에 적정량의 연행공기(3~4%)를 준다.
(2) 단위수량을 줄이고, 물-결합재비를 낮출 것
(3) 콘크리트의 수밀성을 좋게 하고 물의 침입을 방지할 것
(4) 적정 양생기간을 준수하고 양생온도도 유지할 것
(5) 강자갈 또는 쇄석골재를 세척하여 유해물질을 제거할 것

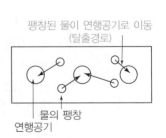

21 Creep 현상

Ⅰ. 정 의
응력을 작용시킨 상태에서 탄성변형 및 건조수축변형을 제외시킨 변형이 시간과 더불어 증가되어가는 현상을 말한다.

Ⅱ. 개념도

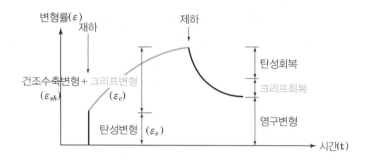

Ⅲ. 크리프의 영향

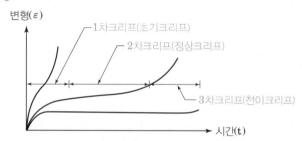

(1) 같은 콘크리트에서 응력에 대한 크리프의 진행은 동일하다.
(2) 재하기간 2~3월에 크리프 50%, 1년에 75%가 진행된다.
(3) 정상 크리프 속도가 느리면 크리프 파괴시간이 길어진다.

Ⅳ. 발생원인
(1) 재령이 짧은 콘크리트에 재하가 빠를 경우
(2) 물-결합재비가 클 경우
(3) 시멘트 페이스트양이 많을 경우
(4) 재하응력이 클 경우
(5) 재하기간 중에 대기습도가 낮은 경우
(6) 콘크리트 다짐이 나쁜 경우
(7) 콘크리트 양생정도가 나쁜 경우

22 (강)섬유보강 콘크리트((Glass) Fiber Reinforced Concrete) [KCS 14 20 22]

I. 정 의
보강용 섬유를 혼입하여 주로 인성, 균열 억제, 내충격성 및 내마모성 등을 높인 콘크리트를 말한다.

II. 종 류
(1) 무기계 섬유: 강섬유, 유리섬유, 탄소섬유 등
 ① 강섬유 길이: 25~60mm, 지름: 0.3~0.9mm 정도
 ② 유리섬유 길이: 25~40mm 정도
(2) 유기계 섬유: 아라미드섬유, 폴리프로필렌섬유, 비닐론섬유, 나일론 등

III. 재료 및 배합
(1) 초고성능 섬유보강 콘크리트(UHPFRC:Ultra-High Performance Fiber Reinforced Concrete)에 사용되는 강섬유의 인장강도는 2,000MPa 이상
(2) 단위수량을 될 수 있는 대로 적게 정함
(3) 믹서는 강제식 믹서를 사용하는 것을 원칙
(4) 섬유를 믹서에 투입할 때에는 섬유를 콘크리트 속에 균일하게 분산

IV. 시 공
(1) 비비기로부터 타설이 끝날 때까지의 시간은 외기온도가 25℃ 이상일 때는 1.5시간, 25℃ 미만일 때에는 2시간 이하
(2) 한 구획내의 콘크리트는 타설이 완료될 때까지 연속해서 타설
(3) 콜트조인트가 발생하지 않도록 이어치기 허용시간간격

외기온도	허용 이어치기 시간간격
25℃ 초과	2.0시간
25℃ 이하	2.5시간

(4) 펌프배관 등의 배출구와 타설 면까지의 높이는 1.5m 이하
(5) 내부진동기를 하층의 콘크리트 속으로 0.1m 정도 연직으로, 삽입간격은 0.5m 이하
(6) 콘크리트는 타설한 후 경화가 될 때까지 양생기간 동안 직사광선이나 바람에 의해 수분이 증발하지 않도록 보호

23 팽창 콘크리트(Expansive Concrete) [KCS 14 20 24]

Ⅰ. 정 의

콘크리트의 건조수축을 경감하기 위해 팽창재 또는 팽창시멘트의 사용에 의해 팽창성
이 부여된 콘크리트를 말한다.

Ⅱ. 팽창률

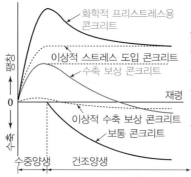

용도	팽창률
수축보상용	$150 \times 10^{-6} \sim 250 \times 10^{-6}$ 이하
화학적 프리스트레스용	$200 \times 10^{-6} \sim 700 \times 10^{-6}$ 이하
공장제품용 화학적 프리스트레스용	$200 \times 10^{-6} \sim 1,000 \times 10^{-6}$ 이하

Ⅲ. 재료(팽창재)

(1) 팽창재는 풍화되지 않도록 저장

(2) 팽창재는 습기의 침투를 막을 수 있는 사이로 또는 창고에 시멘트 등 다른 재료와
   혼입되지 않도록 구분하여 저장

(3) 포대 팽창재는 지상 0.3m 이상의 마루 위에 쌓아 운반이나 검사에 편리하도록 배
   치하여 저장

(4) 포대 팽창재는 12포대 이하로 쌓음

(5) 포대 팽창재는 사용 직전에 포대를 여는 것을 원칙으로 하며, 저장 중에 포대가 파
   손된 것은 공사에 사용 금지

(6) 3개월 이상 장기간 저장된 팽창재는 시험을 실시하여 소요의 품질을 확인한 후 사용

(7) 팽창재는 운반 또는 저장 중에 직접 비에 맞지 않도록 할 것

(8) 벌크 상태의 팽창재 및 팽창재와 시멘트를 미리 혼합한 것은 양호한 밀폐상태에 있
   는 사이로 등에 저장하여 다른 재료와 혼합되지 않도록 할 것

IV. 배합

(1) 화학적 프리스트레스용 콘크리트의 단위 시멘트량은 보통 콘크리트인 경우 260kg/m³ 이상, 경량골재 콘크리트인 경우 300kg/m³ 이상

(2) 공기량은 일반노출(노출등급 EF1)에 굵은 골재의 최대 치수 25mm인 경우 4.5±1.5% 이내

(3) 슬럼프는 일반적인 경우 대체로 80mm~210mm를 표준

(4) 팽창재는 별도로 질량으로 계량하며, 그 오차는 1회 계량분량의 1% 이내

(5) 포대 팽창재를 1포대 미만의 것을 사용하는 경우에는 반드시 질량으로 계량

(6) 믹서에 투입할 때 팽창재가 호퍼 등에 부착되지 않도록 하고, 만약 부착된 경우에는 굳기 전에 바로 제거

(7) 팽창재는 원칙적으로 다른 재료를 투입할 때 동시에 믹서에 투입

(8) 콘크리트의 비비기 시간은 강제식 믹서를 사용하는 경우는 1분 이상으로 하고, 가경식 믹서를 사용하는 경우는 1분 30초 이상

V. 시공

(1) 콘크리트를 비비고 나서 타설을 끝낼 때까지의 시간은 기온·습도 등의 기상 조건과 시공에 관한 등급에 따라 1~2시간 이내

(2) 콘크리트 타설 후 콘크리트 내부온도가 현저히 상승하거나 초기동해를 입지 않도록 유의

(3) 한중 콘크리트의 경우 타설할 때의 콘크리트 온도는 10℃ 이상 20℃ 미만

(4) 서중 콘크리트인 경우 비비기 직후의 콘크리트 온도는 30℃ 이하, 타설할 때는 35℃ 이하

(5) 내·외부 온도차에 의한 온도균열의 우려가 있으므로 팽창콘크리트에 급격하게 살수 금지

(6) 콘크리트를 타설한 후에는 습윤 상태를 유지하고, 콘크리트 온도는 2℃ 이상을 5일간 이상 유지

(7) 콘크리트 거푸집널의 존치기간은 평균기온 20℃ 미만인 경우에는 5일 이상, 20℃ 이상인 경우에는 3일 이상을 원칙(압축강도 시험을 할 경우 설계기준 강도의 2/3 이상, 또한 콘크리트 압축강도는 14MPa 이상)

😊 28,40,77,96회

24 수밀 콘크리트(Watertight Concrete) [KCS 14 20 30]

I. 정 의

투수, 투습에 의해 구조물의 안전성, 내구성, 기능성, 유지관리 및 외관 등이 영향을 받는 저수조, 수영장, 지하실 등 압력수가 작용하는 구조물로서 콘크리트 중에서 특히 수밀성이 높은 콘크리트를 말한다.

Ⅱ. 시공도

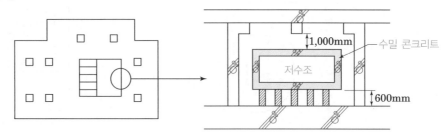

Ⅲ. 재료 및 배합

(1) 혼화 재료는 공기연행제, 감수제, 공기연행감수제, 고성능공기연행감수제 또는 포졸란 등을 사용
(2) 단위수량은 되도록 작게 함
(3) 단위 굵은 골재량은 되도록 크게 함
(4) 슬럼프는 180mm 이하, 콘크리트 타설이 용이할 때에는 120mm 이하
(5) 공기량은 4% 이하
(6) 물-결합재비는 50% 이하를 표준

Ⅳ. 시공

(1) 소요 품질의 수밀 콘크리트를 얻기 위해서는 적당한 간격으로 시공 이음을 둘 것
(2) 콘크리트는 연속으로 타설하여 콜드조인트가 발생하지 않도록 할 것
(3) 건조수축 균열의 발생이 없도록 시공
(4) 0.1mm 이상의 균열 발생이 예상되는 경우 방수를 검토
(5) 연속 타설 시간 간격은 외기온도가 25℃ 초과 시 1.5시간, 25℃ 이하 시 2시간 이하
(6) 콘크리트 다짐을 충분히 하며, 가급적 이어치기 금지
(7) 연직 시공 이음에는 지수판 등 사용
(8) 수밀 콘크리트는 충분한 습윤 양생을 실시

25 고성능 콘크리트(High Performance Concrete)

I. 정 의
고성능 콘크리트란 고강도, 고유동 및 고내구성을 고루 갖춘 콘크리트를 말하며, 이에 따라 콘크리트의 분체 및 골재의 충전율을 높이는 것이 기본적 메커니즘이다.

II. 개념도

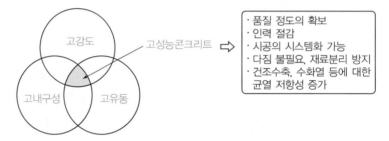

고성능콘크리트 ⇨
· 품질 정도의 확보
· 인력 절감
· 시공의 시스템화 가능
· 다짐 불필요, 재료분리 방지
· 건조수축, 수화열 등에 대한 균열 저항성 증가

고강도 / 고내구성 / 고유동

III. 고성능 콘크리트의 제조 및 유의사항
(1) 고성능 혼화제 및 분리 저감제를 적정량 혼합
(2) 미분말 혼화재인 Slag, Fly Ash, Silica Fume을 혼합제조
(3) MDF 시멘트 등 고강도 시멘트 사용
(4) 특수 혼화제의 사용에 따른 표면수의 변동, 온도변화에 유의
(5) 결합재(시멘트+Slag, Fly Ash, Silica Fume) 양의 증가로 점성이 높아 구성재료의 분산이 어려움
(6) 결합재량의 증가에 따른 믹싱의 철저

IV. 시공 시 유의사항
(1) 콘크리트 측압의 증가로 거푸집널의 계획을 철저히 할 것
(2) 거푸집널의 밀실화로 시멘트 페이스트의 유출을 방지할 것
(3) 펌프 압송 시 슬럼프 저하에 유의
(4) 타설 시 낙하고는 재료분리 방지를 위해 3m 정도로 할 것
(5) 성능평가시험 철저: 유동성 평가시험, 충전성 평가시험, 분리 저항성 평가시험

48,78,90회

26 한중콘크리트(Cold Weather Concrete) [KCS 14 20 40]

I. 정 의
하루평균기온이 4℃ 이하가 예상되는 조건일 때는 콘크리트가 동결할 우려가 있는 시기에 시공되는 콘크리트를 말한다.

II. 체적팽창 Mechanism

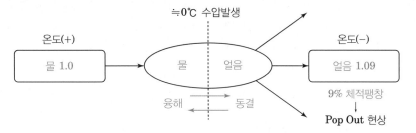

III. 재료 및 배합
(1) 포틀랜드 시멘트를 사용하는 것을 표준
(2) 골재가 동결되어 있거나 골재에 빙설이 혼입되어 있는 골재 사용 금지
(3) 재료 가열은 물 또는 골재를 가열하고, 시멘트는 직접 가열 금지
(4) 공기연행 콘크리트를 사용하는 것을 원칙
(5) 단위수량은 초기동해 저감 및 방지를 위하여 되도록 적게
(6) 물-결합재비는 원칙적으로 60% 이하
(7) 거푸집은 보온성이 좋은 것을 사용

IV. 시공
(1) 콘크리트의 운반은 열량의 손실을 가능한 한 줄이도록 시행
(2) 타설할 때의 콘크리트 온도는 5~20℃의 범위
(3) 기상 조건이 가혹한 경우나 부재 두께가 얇을 경우에는 타설 시 콘크리트의 최저온도는 10℃ 정도를 확보
(4) 콘크리트를 타설할 때에는 철근이나, 거푸집 등에 빙설 부착 금지
(5) 콘크리트를 타설할 마무리된 지반은 콘크리트 타설까지의 사이에 동결하지 않도록 시트 등으로 덮어 보양
(6) 시공이음부의 콘크리트가 동결되어 있는 경우는 적당한 방법으로 이것을 녹여 콘크리트를 이어 타설

(7) 콘크리트를 타설한 후 즉시 시트나 기타 적당한 재료로 표면을 덮어 보양

(8) 구조체 콘크리트의 압축강도 검사는 현장봉함양생으로 실시

(9) 양생기간 중에는 콘크리트의 온도, 보온된 공간의 온도 및 기온을 자기기록 온도계로 기록

V. 양생

(1) 초기 양생

① 콘크리트 타설이 종료된 후 초기동해를 받지 않도록 초기양생을 실시

② 콘크리트를 타설한 직후에 찬바람이 콘크리트 표면에 닿는 것을 방지

③ 소요 압축강도가 얻어질 때까지 콘크리트의 온도를 5℃ 이상으로 유지

④ 소요 압축강도에 도달한 후 2일간은 구조물의 어느 부분이라도 0℃ 이상이 되도록 유지

⑤ 초기양생 완료 후 2일간 이상은 콘크리트의 온도를 0℃ 이상으로 보존

(2) 보온 양생

① 급열 양생, 단열 양생, 피복양생 및 이들을 복합한 방법 중 한 가지 방법을 선택

② 콘크리트에 열을 가할 경우에는 콘크리트가 급격히 건조하거나 국부적 가열 금지

③ 급열 양생을 실시하는 경우 가열설비의 수량 및 배치는 시험가열을 실시한 후 결정

④ 단열 양생을 실시하는 경우 콘크리트가 계획된 양생온도를 유지하도록 관리하며 국부적 냉각 금지

⑤ 보온 양생 또는 급열 양생을 끝마친 후에는 콘크리트의 온도를 급격 저하 금지

⑥ 보온 양생이 끝난 후에는 양생을 계속하여 관리재령에서 예상되는 하중에 필요한 강도를 얻을 수 있게 실시

48,58,74,84,105회

27 한중 콘크리트의 적산온도

I. 정 의

적산온도란 콘크리트 타설 후 초기양생될 때까지 온도누계의 합을 말하며, 양생온도가
서로 상이하여도 그 양생기간의 온도의 합이 같다면 콘크리트의 강도는 비슷하다.

II. 적산온도

(1) 산정식

$$M(°D.D) \sum_{z=1}^{n} (\theta_z + 10)$$

z = 재령(일)

n = 필요강도를 얻기 위한 기간(일)

θ_z = 재령 z일에 의한 콘크리트의 일평균온도(℃)

(2) 적산온도(대수눈금)와 압축강도와의 관계

① 재료, 배합, 건조, 습윤의 정도에
   따라 다르므로 시험에 의해 확인함이
   좋다.

② 시험 결과 : $\boxed{f = \alpha + \beta \log M}$

③ 적산온도 적용한계

   $M > 1,000(°D.D)$ 경우 적용금지

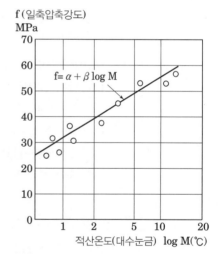

III. 적용 시 유의사항

(1) 초기양생온도가 0℃ 이하가 되지 않도록 할 것

(2) 가열양생 시에는 시험가열로 온도를 확인할 것

(3) 표준양생온도(20±2℃)의 초기강도 확보에 노력할 것

(4) 초기양생온도를 기록하여 적산온도를 구할 것

(5) 적산온도에 의한 강도시험을 실시하고 재령을 결정할 것

(6) 적산온도를 210°D.D 이상이 되도록 할 것

(7) 매스 콘크리트에는 적용 불가

28 서중 콘크리트(Hot Weather Concreting) [KCS 14 20 41]

I. 정의

높은 외부기온으로 인하여 콘크리트의 슬럼프 또는 슬럼프 플로 저하나 수분의 급격한 증발 등의 우려가 있을 경우에 시공되는 콘크리트로서 하루평균기온이 25℃를 초과하는 경우에 타설하는 콘크리트를 말한다.

II. Cold Joint

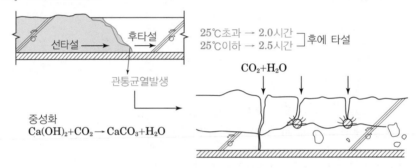

$$중성화 \quad Ca(OH)_2 + CO_2 \rightarrow CaCO_3 + H_2O$$

III. 배합

(1) 단위수량은 소요의 강도 및 워커빌리티를 얻을 수 있는 범위 내에서 가능한 작게
(2) 단위 시멘트량은 소요의 워커빌리티 및 강도를 얻을 수 있는 범위 내에서 가능한 한 적게
(3) 일반적으로는 기온 10℃의 상승에 대하여 단위수량은 2~5% 증가하므로 소요의 압축강도를 확보하기 위해서는 단위수량에 비례하여 단위 시멘트량의 증가를 검토
(4) 서중 콘크리트는 배합온도는 낮게 관리

IV. 시공

(1) 비빈 콘크리트는 가열되거나 슬럼프가 저하하지 않도록 적당한 장치를 사용하여 되도록 빨리 운송하여 타설
(2) 덤프트럭 등을 사용하여 운반할 경우에는 콘크리트의 표면을 덮어서 일광의 직사나 바람으로부터 보호
(3) 펌프로 운반할 경우에는 관을 젖은 천으로 보호
(4) 에지테이터 트럭을 햇볕에 장시간 대기시키는 일이 없도록 배차계획 관리
(5) 운반 및 대기시간의 트럭믹서 내 수분증발을 방지, 우수의 유입방지와 이물질 등의 유입을 방지할 수 있는 뚜껑을 설치

(6) 콘크리트를 타설하기 전에 지반과 거푸집 등을 습윤 상태로 유지

(7) 거푸집, 철근 등이 직사일광을 받아서 고온이 될 우려가 있는 경우에는 살수, 덮개 등의 적절한 조치

(8) 콘크리트는 비빈 후 즉시 타설

(9) 지연형 감수제를 사용하는 등의 일반적인 대책을 강구한 경우라도 1.5시간 이내에 타설

(10) 콘크리트를 타설할 때의 콘크리트의 온도는 35℃ 이하

(11) 콘크리트는 타설한 후 경화가 될 때까지 양생기간 동안 직사광선이나 바람에 의해 수분이 증발하지 않도록 보호

(12) 콘크리트는 타설한 후 습윤 상태로 노출면이 마르지 않도록 하여야 하며, 수분의 증발에 따라 살수를 하여 습윤 상태로 보호

29 매스 콘크리트(Mass Concrete)　　　　　[KCS 14 20 42]

😊 44,94회

Ⅰ. 정 의

일반적인 표준으로서 넓이가 넓은 평판구조의 경우 두께 0.8m 이상, 하단이 구속된 벽체의 경우 두께 0.5m 이상이고, 시멘트의 수화열에 의한 온도상승으로 유해한 균열이 발생할 우려가 있는 부분의 콘크리트를 말한다.

Ⅱ. 온도균열 과정

구분	발열과정	냉각과정
발생시기	재령 1~5일	재령 1~2주간
균열폭	0.2mm 이하 표면균열	1~2mm 관통균열
Graph	온도차에 의해 균열발생 / 내부 / 외부 / 1~5일 / 재령 / 이 시기에 균열발생 가능성이 높음	온도강하량만큼 콘크리트 수축 / 타설온도 / 외기온도 / 온도하강이 발생하는 시기 / 재령 / 이 시기에 균열발생 가능성이 높음

Ⅲ. 재료 및 배합

(1) 저발열형 시멘트는 91일 정도의 장기 재령을 설계기준압축강도의 기준재령으로 하는 것이 바람직 함

(2) 화학혼화제는 AE감수제 지연형, 고성능 AE감수제 지연형, 감수제 지연형을 사용

(3) 굵은 골재의 최대 치수는 되도록 큰 값을 사용

(4) 배합수는 저온의 것을 사용

(5) 얼음을 사용하는 경우에는 비빌 때 얼음덩어리가 콘크리트 속에 남아 있지 않도록 할 것

(6) 소요의 품질을 만족시키는 범위 내에서 단위 시멘트량이 적어지도록 배합을 선정

Ⅳ. 시공

(1) 비비기로부터 타설이 끝날 때까지의 시간은 외기온도가 25℃ 이상일 때는 1.5시간, 25℃ 미만일 때에는 2시간 이하

(2) 몇 개의 블록으로 나누어 타설할 경우, 타설 계획을 수립 철저

(3) 콘크리트의 타설온도는 온도균열을 제어하기 위해 가능한 한 낮게: Pre-Cooling

(4) 관로식 냉각을 시행할 경우 파이프의 재질, 지름, 간격, 길이, 냉각수의 온도, 순환 속도 및 통수 기간 등을 검토한 후 적용: Pipe-Cooling

30,41,72,120회

30 프리스트레스트 콘크리트(Prestressed Concrete) [KCS 14 20 53]

Ⅰ. 정 의

외력에 의하여 일어나는 응력을 소정의 한도까지 상쇄할 수 있도록 미리 인위적으로 그 응력의 분포와 크기를 정하여 내력을 준 콘크리트를 말하며, PS콘크리트 또는 PSC라고 약칭하기도 한다.

Ⅱ. 공법의 종류

(1) 프리텐션(Pretension) 방식

PS 강재에 미리 인장력을 가한 상태로 콘크리트를 넣고 완전 경화 후 PS 강재를 단부에서 인장력을 풀어주는 방법

(2) 포스트텐션(Posttension) 방식

시스(Sheath)를 거푸집 내에 배치하여 콘크리트를 타설하고 시스 내에 PS 강재를 넣어 잭으로 긴장 후 시스 내부에 그라우팅하여 정착하는 방법

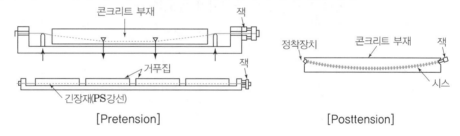

[Pretension] [Posttension]

Ⅲ. 재료 및 배합

(1) 굵은 골재 최대 치수는 보통의 경우 25mm를 표준
(2) 그라우트의 물-결합재비는 45% 이하
(3) 압축강도는 7일 재령에서 27MPa 이상 또는 28일 재령에서 30MPa 이상
(4) 염화물의 총량은 단위 시멘트량의 0.08% 이하
(5) 부착 텐던의 경우 마찰감소제는 긴장이 끝난 후 반드시 제거
(6) 덕트의 내면 지름은 긴장재 지름보다 6mm 이상
(7) 덕트의 내부 단면적은 긴장재 단면적의 2.5배 이상(30m 이하의 짧은 텐던에서는 2배 이상)

Ⅳ. 시공

(1) PS 강재가 덕트 안에서 서로 꼬이지 않도록 배치

(2) 부착시키지 않은 긴장재는 피복을 해치지 않도록 각별히 주의하여 배치

(3) 긴장재의 배치오차는 부재치수가 1m 미만일 때에는 5mm 이하, 1m 이상인 경우에는 부재치수의 1/200 이하로서 10mm 이하

(4) 덕트가 길고 큰 경우는 주입구 외에 중간 주입구를 설치하는 것이 바람직

(5) 긴장재는 각각의 PS 강재에 소정의 인장력이 주어지도록 긴장

(6) 1년에 1회 이상 인장잭의 검교정을 실시

(7) 프리스트레싱을 할 때의 콘크리트 압축강도는 최대 압축응력의 1.7배 이상

(8) 프리텐션 방식에 있어서 콘크리트의 압축강도는 30MPa 이상

(9) 그라우트 시공은 프리스트레싱이 끝나고 8시간이 경과한 다음 가능한 한 빨리 하여야 하며, 프리스트레싱이 끝난 후 7일 이내에 실시

(10) 한중에 시공을 하는 경우에는 주입 전에 덕트 주변의 온도를 5℃ 이상 상승

(11) 한중 시공 시 주입할 때 그라우트의 온도는 10~25℃를 표준

(12) 한중 시공 시 그라우트의 온도는 주입 후 적어도 5일간은 5℃ 이상을 유지

(13) 서중 시공의 경우에는 지연제를 겸한 감수제를 사용하여 그라우트 온도가 상승되거나 그라우트가 급결되지 않도록 주의

| 31 | 동결융해작용을 받는 콘크리트 | [KCS 41 30 04] |

Ⅰ. 정 의

동결융해작용을 받는 콘크리트의 설계기준강도는 30MPa 이상으로 우수에 노출되는 슬래브, 패러핏, 계단 및 지면과 접하는 외벽 부분 등으로 동결융해작용에 의해 동해를 일으킬 우려가 있는 부분에 타설하는 콘크리트를 말한다.

Ⅱ. 현장시공도

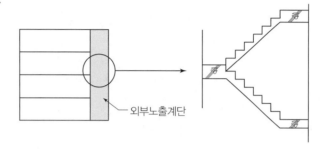

외부노출계단

Ⅲ. 재료 및 배합

(1) 골재의 흡수율은 잔골재 3.0% 이하, 굵은골재 2.0% 이하인 것을 사용
(2) 물-결합재비는 45% 이하
(3) 굵은골재 최대치수에 따른 공기량의 표준

굵은골재의 최대치수(mm)	40	25, 20
공기량(%)	5.5	6.0

(4) 목표공기량의 허용편차는 ±1.5% 이내

Ⅳ. 시공

(1) 비비기로부터 타설이 끝날 때까지의 시간은 외기온도가 25℃ 이상일 때는 1.5시간, 25℃ 미만일 때에는 2시간 이하
(2) 한 구획내의 콘크리트는 타설이 완료될 때까지 연속해서 타설
(3) 콜트조인트가 발생하지 않도록 이어치기 허용시간간격

외기온도	허용 이어치기 시간간격
25℃ 초과	2.0시간
25℃ 이하	2.5시간

(4) 내부진동기를 하층의 콘크리트 속으로 0.1m 정도 연직으로, 삽입간격은 0.5m 이하

● 64,66,75,86,95,97회

32 식생 콘크리트(ECO-Concrete, 환경친화형 콘크리트, 녹화 콘크리트)

Ⅰ. 정 의

식생 콘크리트란 다공성 콘크리트 내에 식물이 성장할 수 있는 식생기능과 콘크리트의 기본적인 역학적 성질이 공존한 환경친화적인 콘크리트이다.

Ⅱ. 식생 콘크리트의 구성

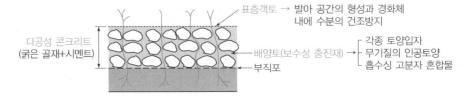

Ⅲ. 식생 콘크리트의 제조

(1) 다공성 콘크리트

① 보통 콘크리트에 잔골재 용적을 낮추어 공극을 늘린 것

② 단위 시멘트량은 $300 \sim 400 kg/m^2$

③ 최적의 물-시멘트비는 20~40% 범위

④ 다공질 콘크리트는 연속 또는 독립된 공극 구조가 공존하는 물성을 가지며 공극률은 약 5~35% 범위

⑤ 다공질 콘크리트는 콘크리트 강도 및 투수성과 같은 물리적 특성을 지님

⑥ 다공질 콘크리트는 수질 정화 및 식생에 관한 효과에 영향을 미침

(2) 보수성 충진재

① 식물이 육성, 성장하기 위해서는 적절한 수분과 비료성분의 확보가 필수적

② 다공성 콘크리트의 공극내에 보수성 재료와 비료를 충전하여 콘크리트 내부에 진입한 식물의 뿌리에 수분과 영양을 제공

③ 식생 콘크리트 하부가 토양인 경우에는 수분이 흡입되어 올라가는 기능을 부여

(3) 표층객토

발아 공간의 형성과 경화체 내에 수분의 건조방지

Ⅳ. 시공 시 유의사항

(1) 사면의 안정처리를 위한 구배는 1할 이하로 할 것

(2) 투수성이 나쁜 지반이나 암반 위 시공 시 별도의 쇄석층을 시공할 것

(3) 가급적 식물이 성장할 수 있는 기온 및 강수량 제공시기에 시공할 것

(4) 다공성 콘크리트 완료 후 1개월 정도 자연 방치(중화처리 시 예외)

(5) 콘크리트 다공성 확보를 위해 굵은 골재만 사용

(6) pH는 보통 5~8, 높을 경우는 9.5 정도

(7) 일정기간 탄산화 처리

(8) 포촐란반응으로 수산화칼슘 감소 ┐ 콘크리트의 알칼리양 감소

(9) 레진계열의 결합재 이용 ┘

😊 28,31,40,59,78,80,91,116회

33 진공탈수 콘크리트(진공배수콘크리트, 진공콘크리트, Vacuum Dewatering)

Ⅰ. 정 의
콘크리트를 타설한 직후 진공매트 또는 진공거푸집 패널을 사용하여 콘크리트 표면을
진공상태로 만들어 표면 근처의 콘크리트에서 수분을 제거함과 동시에 기압에 의해 콘
크리트를 가압 처리하는 공법이다.

Ⅱ. 시공도 및 시공순서

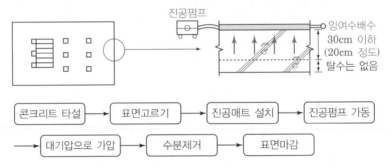

콘크리트 타설 → 표면고르기 → 진공매트 설치 → 진공펌프 가동

→ 대기압으로 가압 → 수분제거 → 표면마감

Ⅲ. 필요성
(1) 물-결합재비가 작은 치밀한 콘크리트의 제조가 가능
(2) 조기강도 증진
(3) 표면경도와 마모저항성의 증진
(4) 경화수축량의 감소
(5) 동결융해에 대한 저항성의 증진

Ⅳ. 시공 시 유의사항
(1) 진공콘크리트의 사용기준 및 두께에 따라 진공배수시간 등을 고려
(2) 수분 제거 시 콘크리트 표면침하가 4mm 정도 되므로 피복두께를 미리 고려할 것
(3) 진공처리가 유효한 두께는 30cm 정도까지이지만 흡입시간을 고려하면 20cm 정도
    가 실용적임
(4) 진공매트 설치 전에 콘크리트 면 위에 Filter를 설치하여 미립자의 통과를 방지한다.
(5) 콘크리트 밀폐상태를 유지
(6) 진공배수시간은 타설 직후부터 경화 직전까지로 한다.

34 기포 콘크리트

Ⅰ. 정 의

시멘트와 물을 혼합한 슬러지에 일정량의 식물성 기포제를 혼합하여 무수히 많은 독립 기포를 형성시켜 단열성, 방음성, 경량성 등의 우수한 특성을 가진 상태의 콘크리트를 말한다.

Ⅱ. 현장 시공도

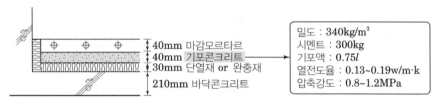

40mm 마감모르타르
40mm 기포콘크리트
30mm 단열재 or 완충재
210mm 바닥콘크리트

밀도 : 340kg/m³
시멘트 : 300kg
기포액 : 0.75l
열전도율 : 0.13~0.19w/m·k
압축강도 : 0.8~1.2MPa

Ⅲ. 장점

(1) 정확한 수평유지로 방바닥 마감 시에 정확한 수평유지가 용이함
(2) 난방파이프 시공 용이
(3) 공동주택 층간 방음, 보온효과

Ⅳ. 현장 시공 시 유의사항

(1) 부유물이 없도록 하지청소를 철저히 한다.
(2) 레벨선(먹선)은 필히 표시한다.(레벨선에 대부분 10mm 측면 완충재를 부착)
(3) 시멘트, 물, 식물성 약품을 적정비율로 혼합한다.
(4) 밑으로 새지 않도록 모든 틈새를 막는다.
(5) 가능하면 시공 전날 물을 확보한다.
(6) 수평밀대를 이용하여 정확한 수평을 유지한다.
(7) 양생시간 여름: 1일 정도, 겨울: 2~3일 정도
(8) 양생 시 표면이 급경화되지 않도록 한다.
(9) 코너부분(응력 집중되는 곳)은 라스 보강 후 실
　　시하여 균열방지
(10) 마감면에 오염되지 않도록 유의한다.

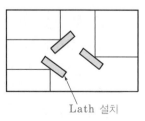

Lath 설치

35 균열 자기치유(自己治癒) 콘크리트

I. 정의
균열 자기치유 콘크리트란 콘크리트 구조물에 발생한 균열을 스스로 인지하고 반응 생성물을 확장시켜 균열을 치유하여 누수를 억제하고 유해 이온의 유입을 차단하는 콘크리트를 말한다.

II. 자기치유 콘크리트의 종류

(1) 미생물 활용 기술
① 대사 부산물로 광물을 만들어내는 미생물을 콘크리트에 활용하는 기술
② 콘크리트 균열이 발생할 경우 휴면상태에서 깨어난 미생물이 증식함으로써 균열을 치유하는 광물을 형성
③ 미생물의 생존을 극대화하고 충분한 양의 광물 형성 기술 등이 핵심

(2) 마이크로캡슐 혼입 기술
① 콘크리트 균열이 발생할 경우 캡슐의 외피가 파괴되어 흘러나온 치료물질이 균열을 채우는 기술
② 다량의 캡슐 혼입으로 비용 상승
③ 콘크리트 고유의 물성값 변동

(3) 시멘트계 무기재료 활용 기술
① 팽창성 무기재료를 활용하는 것으로서 균열부에서 팽창반응과 함께 미수화(Unhydrated) 시멘트의 추가반응을 유도하는 원리
② 무기재료의 반응성을 제어하는 기술이 핵심

III. 기대효과
(1) 구조물의 내구성 증대 및 경제성 향상 등의 효과
(2) 공해, 에너지소비, CO_2 발생 등을 줄일 수 있는 친환경적인 신기술
(3) 구조물의 유지보수비용 절감
(4) 구조물의 내구수명 향상 기대

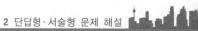

Ⅳ. 향후 전망

(1) 국내의 자기치유 콘크리트 개발의 역사가 짧고 그 효과의 정량적 검증 방법과 현장 적용을 위한 표준화된 자기치유 콘크리트 배합설계와 시공지침이 완벽히 확립되어 있지 않아 사회적 신뢰를 얻기까지 시간이 조금 더 걸릴 것으로 예상할 수 있다.

(2) 끊임없는 기술 개발과 현장 적용을 통해 우리 사회가 당면한 천문학적인 유지보수 비용을 줄이는 것은 물론 콘크리트 구조물의 장기적인 안전성과 신뢰성을 향상시킬 수 있다는 것이다.

36 Flat Slab(무량판 슬래브)

I. 정 의

보 없이 지판(Drop Panel)에 의해 하중이 기둥으로 전달되며, 2방향으로 철근이 배치된 콘크리트 슬래브를 말한다.

II. 콘크리트 타설방법

(1) 수직부재 강도 〉 1.4 × 수평부재 강도 ⇒ V·H 일체 타설

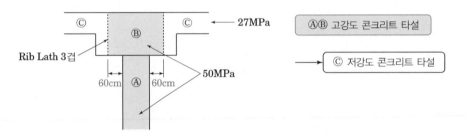

(2) 수직부재 강도 ≤ 1.4 × 수평부재 강도 ⇒ V·H 분리 타설

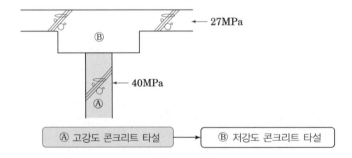

III. 특징

(1) 구조가 간단하다.
(2) 실내공간 이용률이 높다.
(3) 공사비가 저렴하고 층고를 줄일 수 있다.
(4) 주두(주열대와 주간대)의 철근량이 여러 겹이고, 바닥판이 두꺼워 고정하중이 증대된다.

Ⅳ. 시공 시 유의 사항

(1) 바닥판의 주열대와 주간대의 철근배근을 철저히 할 것(주열대와 주간대의 철근배근을 바꾸지 말 것)

(2) 수직부재와 수평부재의 강도 차이가 1.4배를 초과할 때는 반드시 내민길이 60cm를 확보할 것

(3) 콘크리트 타설 시 수직부재의 강도와 수평부재의 강도 차이 발생 시에 콘크리트 펌프를 2대 사용할 것

(4) 슬래브 두께(210mm 이상)가 두꺼우므로 하부 동바리를 철저히 설치할 것

② 서술형 문제 해설

😊 52,54,64,90,91,96,97회

01 철근콘크리트 구조물의 내구성 저하(열화) 원인과 대책
(철근콘크리트 구조물의 균열 원인과 대책)

Ⅰ. 개 요

(1) 콘크리트 구조물에서 가장 어려운 과제 중의 하나가 균열제어 문제이다.
(2) 건물이 대형화, 고강도화, 특수화되면서 균열문제로 내구성의 손상을 가져온다.
    따라서 내구성 저하요인별 분석과 적정대처방안이 사전에 마련되어야 한다.

Ⅱ. 내구성 저하에 따른 피해도

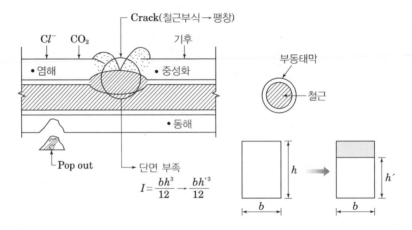

Ⅲ. 내구성 저하 원인

(1) 건조 수축

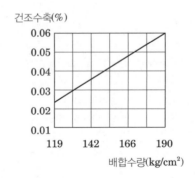

① 콘크리트는 시멘트 Paste의 1/4~1/6 정도
② 골재탄성계수가 적을수록 크다.
③ 물의 양이 증가할수록 크다.

(2) 알칼리 – 골재 반응

① 알칼리 실리카겔 주위의 수분을 흡수하고 콘크리트 팽창시켜 균열 발생
② 기둥·보 등은 재축에 평행하게 균열 발생
③ 벽은 방향성이 없는 지도형태로 균열 발생

(3) 동결융해

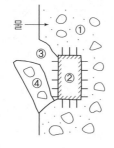

① 물을 콘크리트가 흡수
② 흡수율이 큰 쇄석이 흡수포화상태가 됨
③ 빙결하여 체적팽창압력 발생
④ 표면부분 박리

(4) 철근의 부식

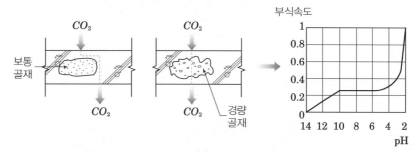

(5) 중성화에 의한 균열

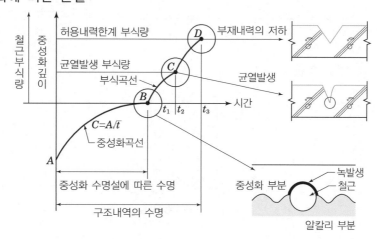

(6) 염해에 의한 균열

모 래	0.02% 이상(건조중량)
혼합수	0.04kg/m^3 이상
콘크리트	0.3kg/m^3 이상(체적)

(7) 온도응력에 의한 균열

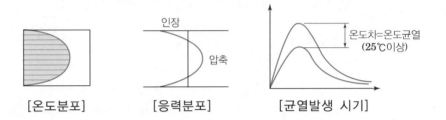

[온도분포]   [응력분포]   [균열발생 시기]

Ⅳ. 대책

(1) 타설구획 철저

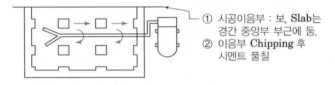

① 시공이음부 : 보, Slab는 경간 중앙부 부근에 둠.
② 이음부 Chipping 후 시멘트 풀칠

(2) 다짐 철저

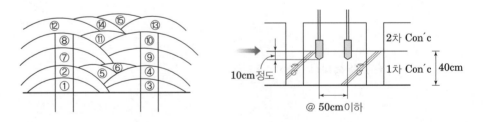

(3) 이음

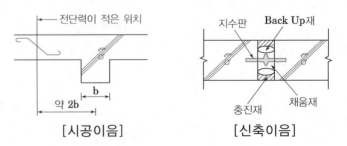

[시공이음]   [신축이음]

(4) 양생 관리

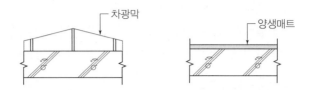

① 양생수와 콘크리트 온도차는 11℃ 이내
② 습윤양생 → 보통시멘트 : 5일, 조강시멘트 : 3일
③ 피막양생재는 콘크리트 표면의 물빛이 없어진 직후에 살포

(5) 거푸집 수밀성 및 강도 확보

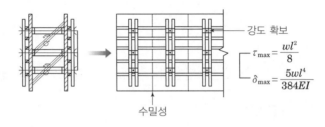

강도 확보

$$\tau_{max} = \frac{wl^2}{8}$$

$$\delta_{max} = \frac{5wl^4}{384EI}$$

수밀성

(6) 거푸집 Filler 처리

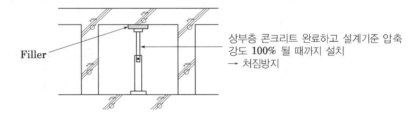

Filler

상부층 콘크리트 완료하고 설계기준 압축
강도 100% 될 때까지 설치
→ 처짐방지

(7) 철근피복두께 확보

내구성, 내화성, 부착성, 시공 시 유동성 확보
→ 철근피복두께 확보

피복두께

(8) 加水 금지
① 현장에서 레미콘 트럭 내 加水 금지
② 콘크리트 타설시 살수 금지

(9) 재료적 대책

① 내구성이 우수한 골재 사용

② 알칼리 금속이나 염화물의 함유량이 적은 재료 사용

③ 목적에 맞는 시멘트나 혼화재료 사용

(10) 배합적 대책

① 단위수량을 가능한 적게 한다.

② 물결합재비를 가능한 적게 한다.

③ 단위시멘트량의 적정성을 기한다.

④ Slump Test, 공기량, 블리딩, 강도시험 철저

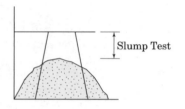

V. 보수·보강공법 및 결론

(1) 보수공법

표면처리공법, 주입공법, 충전공법, 침투성 도포 방수제

(2) 보강공법

강판접착공법, 앵커접착공법, 탄소섬유판 접착공법, 단면증가공법

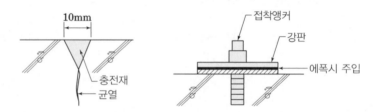

47,55,57,62,70,71,86,108회

02 Concrete 구조물의 균열 보수, 보강 공법

Ⅰ. 일반사항

(1) 균열 Mechanism

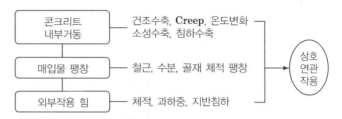

(2) Concrete의 Crack

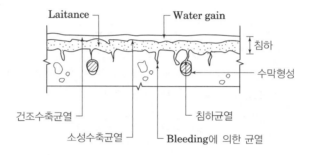

Ⅱ. 보수·보강공법

(1) 표면처리공법

① 정지성 균열

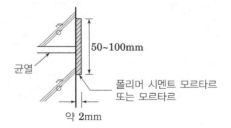

정지성 균열부위는 콘크리트 표면에 폴리머시멘트모르타르 등으로 피막을 형성

② 진행성 균열

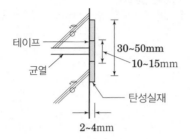

진행성 균열은 신장성이 우수한 재료 사용

(2) 충전공법

① 철근이 부식되지 않은 상태

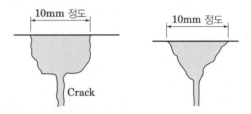

균열에 따라 약 10mm 정도 폭으로 V-cut 또는 U-cut하여 탄성형 Epoxy재 및 Polymer Cement Mortar 충전

② 철근이 부식된 상태

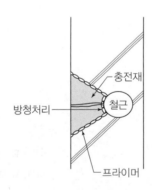

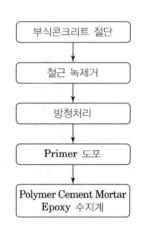

(3) 주입 공법

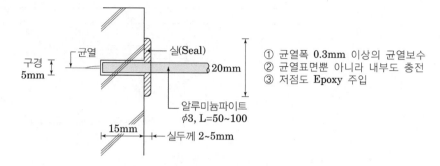

① 균열폭 0.3mm 이상의 균열보수
② 균열표면뿐 아니라 내부도 충전
③ 저점도 Epoxy 주입

(4) 강판보강공법

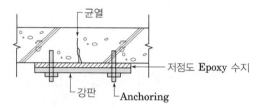

① 강판접착공법 → 저점도 Epoxy수지
② 강판압착공법 → Anchor + Epoxy수지

(5) 알씨 시스템 공법

바탕처리 → 와이어메시 설치 → 침투성 폴리머모르타르 바름 → 습윤양생

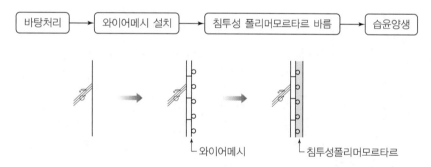

(6) 탄소섬유시트 공법

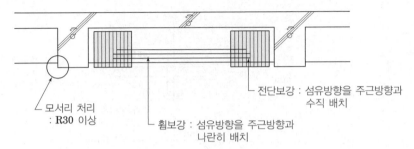

모서리 처리
: R30 이상

휨보강 : 섬유방향을 주근방향과
나란히 배치

전단보강 : 섬유방향을 주근방향과
수직 배치

① 에폭시 프라이머 시공 철저
② 에폭시 수지(하도)+탄소섬유시트+에폭시수지(상도) 도포에 엄격한 관리 실시

(7) 단면증가 공법

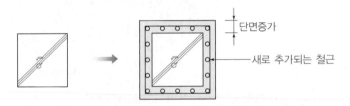

단면증가

새로 추가되는 철근

기존 건축물의 부족한 내력을 보완하기 위하여 부재단면 증가

(8) 프리스트레싱 공법

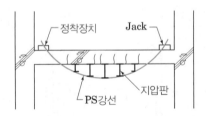

정착장치   Jack

PS강선

지압판

① 보의 균열 또는 처짐이 발생할 때 작용
② 접합면 에폭시 수지 충진

Ⅲ. 결 론

콘크리트 균열의 폭, 진행상황에 따라 원인을 규명하고 외관보수와 구조보강의 경우를
구분하여 보수시점과 공법을 결정한다.

03 한중콘크리트 타설 시 주의사항과 양생방법

I. 한중콘크리트

(1) 정 의
① 하루의 평균기온이 4℃ 이하인 경우 타설하는 콘크리트
② 3일간 연속해서 일일평균기온이 5℃ 이하일 때
③ 3일간 연속해서 24시간 중 반 이상이 10℃ 이하일 때

(2) 체적팽창 Mechanism

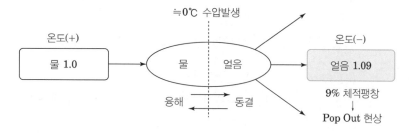

II. 타설 시 주의사항

(1) 재료관리
① 골재가 동결되어 있거나, 골재에 빙설이 혼입되지 않을 것
② 방동, 내한제 등의 혼화제 사용시 품질 확인
③ 시멘트는 절대가열 금지
④ 재료 가열시 물의 가열이 유리
⑤ 재료 가열시 균일하게 가열되어 항상 소요온도의 재료를 얻을 것

(2) 배합관리
① AE콘크리트를 사용하는 것을 원칙으로 한다.
② 단위수량은 가급적 적게 한다.
③ 초기동해방지에 필요한 압축강도가 초기양생기간 내에 얻어지도록 함
④ W/B 비는 60% 이하

(3) 타설부위 점검
① 지반동결 부위에 동바리 설치 금지
② 거푸집 내부 동결 부위 확인
③ 철근빙설 제거 철저

(4) 비비기

① 콘크리트 비빈 직후의 온도는 기상조건 등을 고려하여 소요의 콘크리트 온도를 얻어지도록 함

② 재료의 투입 순서

$$\boxed{물} + \boxed{굵은골재} + \boxed{잔골재} \longrightarrow \boxed{재료온도 \, 40 \, 이하}$$
$$+$$
$$\boxed{시멘트}$$

③ 콘크리트 비빈 직후의 온도는 각 배치마다 변동이 적을 것

(5) 운반관리

① 운반시 열량의 손실을 가능한 줄일 것

② 운반 및 타설시간은 일반적으로 1시간이 적정

(6) 타설

① 콘크리트 펌프 사용시 관로보온, 타설 전 온수에 의한 예열, 타설 종료시 청소 철저

② 타설시 콘크리트 온도는 5~20℃

③ 가혹한 기상, 부재두께 얇을 경우 최저 10℃ 확보

④ 동결지반 위 콘크리트 타설 금지

(7) 다짐

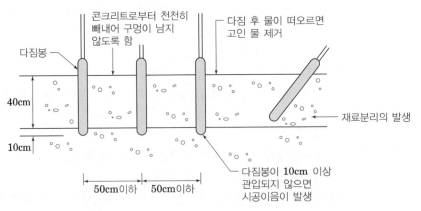

(8) 진공탈수공법 적용

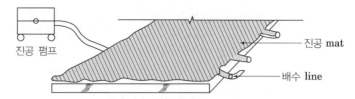

진공 펌프

진공 mat

배수 line

- 잉여수, 공기 제거 → 압축강도 휨강도 60% 증가

내마모성 2~3배 증가

(9) 거푸집 존치기간 준수

수직부재	보옆, 기둥, 벽체	압축강도 5MPa 이상
수평부재	보밑면, 슬래브 밑면	$f_{cu} \geq \dfrac{2}{3} \times f_{ck}$ 또한, 14MPa 이상

Ⅲ. 양생방법

(1) 초기 양생

① 수분증발 방지

② 심한 기상일 때 콘크리트 온도는 5 이상 유지, 특히 2일간은 구조물의 어느 부분이라도 0℃ 이상 유지

③ 추위가 심한 경우, 부재두께가 얇을 경우는 10℃ 정도

④ 단면두께가 얇고, 노출상태 콘크리트는 초기양생 완료 후 2일간 이상은 0℃ 이상 유지

(2) 보온 양생

최저기온 4~1℃	천막지덮기 등 가벼운 보온조치
최저기온 0~ -3℃	보양재 이용 보온조치와 건물 외부 보온막치기 및 급열장치 등
최저기온 -3℃ 이하	급열장치 본격 가동

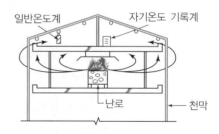

일반온도계 · 자기온도 기록계

난로 · 천막

① 종류

급열양생, 단열양생, 피복양생

② 양생관리

㉠ 초기경화시간중에 동결하지 않도록 부직포 등으로 조치

㉡ 양생중 보호막내 온도는 10~20℃ 유지

ⓒ 초기양생

양생온도	양생기간	비 고
10~15℃	96시간(4일)	양생시간은
15~20℃	72시간(3일)	타설종료 후 산정

㉣ 각 부위의 온도가 일정하게 유지

㉤ 거푸집 존치기간 준수

③ 온도관리

ⓐ 자기온도기록계 설치

ⓑ 바닥에서 1m 높이

ⓒ 3시간마다 측정하여 기록 유지

(3) 적산온도에 의한 방법

① $M(°D·D) = \sum_{Z=0}^{n} (\theta_Z + 10)$ θ_Z : 콘크리트의 일평균 양생온도

② 적산온도에 의해 배합강도를 얻기 위한 W/B비 결정

(4) 증기양생

거푸집을 조기에 제거하고 단시일 내에 소요강도를 확보하기 위해 고온의 증기로 양생하는 방법

(5) 전기양생

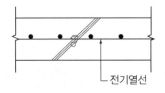

전기열선

콘크리트 속에 전기저항의 열을 이용하는 양생방법

V. 결 론

(1) 한중콘크리트는 압축강도 5MPa에 이를 때까지 어느 부분도 0℃ 이하로 되지 않도록 관리해야 한다.

(2) 현장에서는 콘크리트 타설 후 자기온도 기록계로 Check하고, 양생기간은 구조물의 소요강도가 발휘될 때까지 한다.

04 서중콘크리트 타설 시 문제점과 대책

I. 개 요

(1) 하루 평균기온이 25℃를 초과하는 것이 예상되는 경우에 타설하는 콘크리트이다.

(2) 가능한 W/B 비를 최소화하고, 혼화재 사용으로 단위시멘트량을 줄여 수화반응 시 수화열을 적게 하여 균열발생을 최대한 억제하도록 계획한다.

II. 타설 시 문제점

(1) 슬럼프 저하

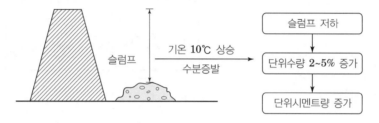

(2) 연행공기량의 감소

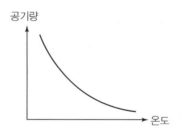

① 콘크리트 온도 10℃ 상승시 공기량 2% 감소

② 연행공기 불안정

(3) Cold Joint 발생

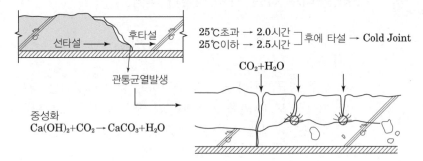

$$25℃초과 → 2.0시간$$
$$25℃이하 → 2.5시간$$
후에 타설 → Cold Joint

중성화
$$Ca(OH)_2 + CO_2 → CaCO_3 + H_2O$$

(4) 균열 및 온도균열 발생

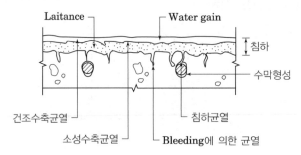

(5) 강도 및 내구성 저하

① 균열발생에 따른 강도 저하
② 단위수량 증가로 인한 내구성 저하

Ⅲ. 방지대책

(1) 운반시간관리

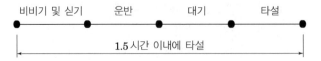

① KS 기준 : 콘크리트 비빔에서 타설종료까지 90분 이내

② 콘크리트 시방서 기준 ┌ 25℃ 이상 → 90분 이내
　　　　　　　　　　　└ 25℃ 미만 → 120분 이내

(2) 타설장비관리
① 수송관을 젖은 천으로 덮는다.
② 장시간 대기시키는 일이 없도록 사전에 배차계획 고려

(3) 혼화제 및 혼화재 사용
① Consitency 저하 방지 ⇒ AE 감수제 사용
② 응결지연제 사용 ⇒ 응결지연 효과
③ Fly Ash 등을 사용하여 수화열 저감

(4) 슬럼프 및 공기량 관리

검사항목		허용오차
슬럼프	80 이상	±25mm
	50~60mm	±15mm
공기량	보통콘크리트	4.5%±1.5%
	경량콘크리트	5%±1.5%

(5) Pre-Cooling 실시

골재 살수	−3℃ 저감
냉각수 사용	−5℃ 저감
얼음 사용	−15℃ 저감
액화질소(Liquefied Nitrogen)	−20℃ 저감

① 골재는 서늘하게
② 시멘트는 급냉시키지 않는다.

(6) 타설 철저
① 이어치기 간격을 일정하게 유지한다.
② 중단없이 연속으로 타설한다.
③ 콘크리트 타설시 콘크리트 온도는 35℃ 이하
④ Cold Joint가 생기지 않도록 적절한 계획 실시

(7) 다짐

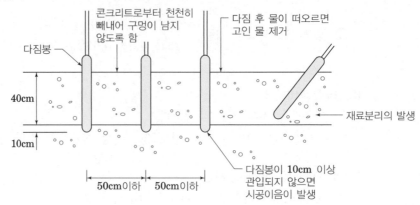

(8) 양생

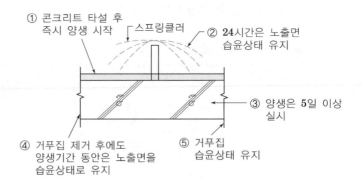

Ⅳ. 결 론

(1) 서중 콘크리트 타설 시 슬럼프 저하, 연행공기의 감소, 콜드조인트 발생, 균열 등의 문제가 발생될 수 있다.

(2) 그러므로 콘크리트 타설 시 수화열을 적게 하고, 양생 시 습윤양생을 통한 초기강도 발현 및 균열발생을 방지하는 대책이 필요하다.

05 | Mass Concrete의 온도균열을 방지하기 위한 제어대책

I. 일반사항

(1) 정 의
부재단면의 최소치수가 80cm 이상이고 하단이 구속된 경우는 두께 50cm 이상의 벽체 등에 적용되는 콘크리트

(2) 온도균열

구분	발열과정	냉각과정
발생 시기	재령 1~5일	재령 1~2주간
균열폭	0.2mm 이하 표면 균열	1~2mm 관통 균열
Graph	이 시기에 균열발생 가능성이 높음	이 시기에 균열발생 가능성이 높음
유형		

II. 제어대책

(1) 재료적 대책

Cement	중용열 Cement or 저발열 Cement
골재	굵은골재 최대치수 大, 석회석 골재 권장
물	유기불순물 無, 저온의 냉각수 사용
혼화재	Fly Ash, 고로 Slag

(2) 배합적 측면

① 단위시멘트량 적게 배합 → 발열량 감소

② W/B비를 적게 할 것

③ 잔골재율을 적게 할 것

(3) 분할타설

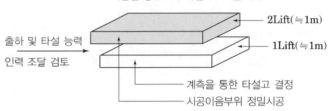

1차 타설 후 콘크리트 수화열이
저감될 경우 2차 타설 : 5~7일 이후

2Lift(≒1m)

1Lift(≒1m)

출하 및 타설 능력
인력 조달 검토

계측을 통한 타설고 결정

시공이음부위 정밀시공

(4) L/H : 1~2로 시공

1회 타설 시 구속력을 최소화하기 위해 높이와 길이의
비를 1~2가 되게 할 것

(5) 충전공법

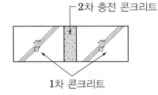

2차 충전 콘크리트

1차 콘크리트

1차 콘크리트 타설 후 초기 건조수축 후 2차 충전 콘크
리트 타설

(6) 연속타설(좌측 → 우측 타설)

① 이어치기 간격을 일정하게 유지한다.

② 장기간 타설 필요시 응결지연제 등을 이용하여 다짐에 지장이 없도록 주의한다.

③ 중단 없이 연속으로 타설한다.

(7) 온도철근보강

구속에 의해 온도 균열이 예상되는 부위에 보강하여 균열을 미연에 방지

균열제어폭	0.3m/h	0.2m/h	0.1m/h
철근보강	코너추가보강	D19@200	D19@160

(8) 균열유발줄눈시공

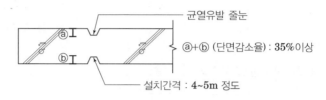

(9) 내·외부 온도차 적게

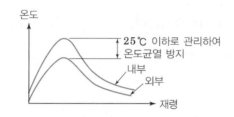

(10) 거푸집 조기해체 금지

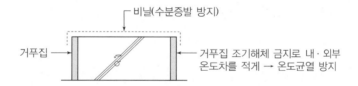

(11) Pre-Cooling 실시

골재 살수	-3℃ 저감
냉각수 사용	-5℃ 저감
얼음 사용	-15℃ 저감
액화질소(Liquefied Nitrogen)	-20℃ 저감

(12) Pipe-cooling 실시

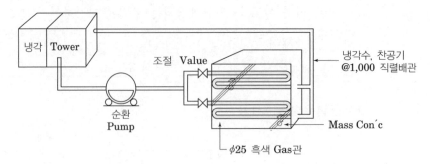

냉각 Tower

조절 Value

순환 Pump

냉각수, 찬공기 @1,000 직렬배관

Mass Con´c

$\phi25$ 흑색 Gas관

(13) 온도균열지수와 철근량

① 온도균열지수는 되도록 크게 한다.

┌ 균열방지 → Icr ≧ 1.5
├ 균열제한 → 1.2 ≦ Icr 〈 1.5
└ 유해한 균열제한 → 0.7 ≦ Icr 〈 1.2

② 적절한 양의 철근 배치

Ⅲ. 결 론

구조물의 시공과정에서 발생하는 응력, 균열발생의 여부 및 발생한 균열폭과 위치를 억제하고 구조물의 작용하중에 대한 저항성, 내구성 등 필요한 기능을 확보할 수 있도록 적절한 조치를 취하여야 한다.

51,70,77,88,99회

06 고강도 콘크리트의 제조방법과 시공 시 유의사항

I. 고강도 콘크리트 일반사항

(1) 정 의

설계기준압축강도가 일반 콘크리트에서 40MPa 이상, 경량골재콘크리트에서 27MPa 이상인 경우의 콘크리트이다.

(2) 특 징

장 점	단 점
건조수축 균열이 적다.	Consistency 변화 크다.
거푸집 조기탈형 가능	내화성 문제
부재의 경량화	수화열 발생이 크다.
부착강도 증대	휨, 인장, 전단강도 증진 작음
Creep 현상 저감	취성파괴 우려(소성력 小)

(3) 실리카퓸의 구조

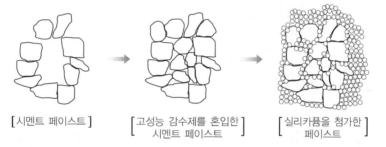

[시멘트 페이스트]   [고성능 감수제를 혼입한 시멘트 페이스트]   [실리카퓸을 첨가한 페이스트]

Ⅱ. 제조방법

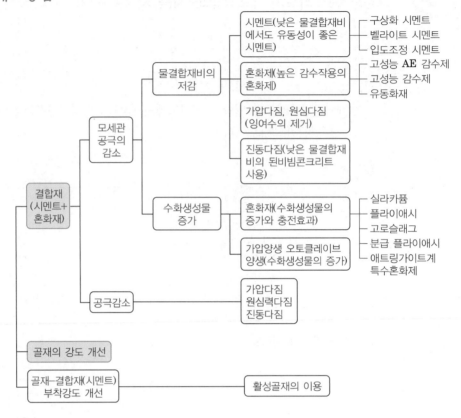

Ⅲ. 시공시 유의사항

(1) 재료관리

① 시멘트 기준 제시(분말도 3,000~3,500cm²/g 사용)

② 잔골재는 깨끗하고 내구성적인 것(조립률은 2.7~2.9)

③ 굵은골재는 콘크리트강도 및 워커빌리티 등에 미치는 영향이 크므로 선정시 주의

④ 굵은골재 입도는 공극률을 줄여 시멘트 페이스트가 최소가 되도록 할 것

⑤ 염화물량은 0.3kg/m³ 이하

(2) 배합관리

① W/B비는 소요강도와 내구성을 고려하여 결정

② 단위시멘트량은 가능한 적게 한다.

③ 단위수량은 가능한 적게 한다.

④ 잔골재율은 가능한 적게 한다.

⑤ 슬럼프값은 150mm 이하(유동화 콘크리트는 210mm 이하)

⑥ 가능한 AE제 사용금지

(3) 비비기

① 고성능 감수제는 혼합수와 동시에 투입 금지

② 배합 전 미리 믹서에 모르타르를 부착시키는 것이 원칙

③ 1회배합 후 콘크리트 완전히 토출

④ DM법 : $C \cdot W_1 \xrightarrow{\text{비빔}} W_2 \xrightarrow{\text{비빔}} S \cdot G \xrightarrow{\text{비빔}} 운반$

⑤ SEC법 : $S \cdot G \cdot W_1 \cdot AD \xrightarrow{\text{비빔}} C \xrightarrow{\text{비빔}} W_2 \cdot AD \xrightarrow{\text{비빔}} 운반$

(4) 운반시간 관리

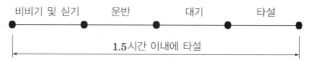

① KS 기준 : 콘크리트 비빔에서 타설종료까지 90분 이내

② 콘크리트 시방서 기준 $\begin{cases} 25℃ \text{ 이상} \rightarrow 90분 \text{ 이내} \\ 25℃ \text{ 미만} \rightarrow 120분 \text{ 이내} \end{cases}$

(5) 타설 전 점검

① 타설순서는 $\begin{bmatrix} 구조물의 \ 형상 \\ 콘크리트 \ 공급 \ 상태 \\ 거푸집의 \ 변형 \end{bmatrix}$ 을 고려하여 결정

② 철근, 거푸집의 시공 여부, 타설설비 및 장치, 거푸집 내 이물질 제거

(6) 타설

① 타설 직전 콘크리트 온도는 $\begin{cases} 하절기 : 35℃ \text{ 이상} \\ 동절기 : 10℃ \text{ 이상} \end{cases}$

② 타설 낙하고 1m 이하

③ 운반 후 신속하게 타설

④ 높은점성과 유동성을 고려하여 타설순서 계획

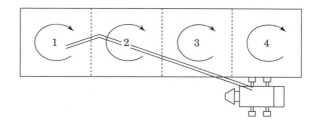

(7) 콘크리트 강도차(수직부재강도 > 1.4 × 수평부재강도)

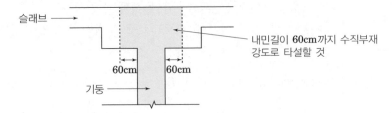

슬래브 →

내민길이 **60cm**까지 수직부재 강도로 타설할 것

60cm 60cm

기둥 →

(8) 양생

① 초기강도 발현을 위해 온도 및 습도 유지

② 습윤양생을 철저히 실시(부득이한 경우 현장봉함 양생)

③ 타설후 경화할 때까지 직사광선이나 바람차단 → 수분증발 방지

④ 거푸집 조기탈형 금지

Ⅳ. 결 론

(1) 고강도 콘크리트는 재료의 선정 및 품질관리를 통하여 최적의 배합으로 현장시공이 철저히 이루어져야 한다.

(2) 또한 골재시험, 슬럼프 플로우 시험, 공기량시험, 압축강도 시험 등을 철저히 하여 품질관리에 최선을 다하여야 한다.

😊 60,66,71,82,95,103회

07 노출(제치장) 콘크리트 시공 시 고려사항

I. 일반사항

(1) 정 의

철근콘크리트 구조물을 시공 후 콘크리트 마감면에 별도의 마감을 하지 않고 콘크리트
자체의 색상이나 질감으로 표면을 마감하는 콘크리트

(2) 요구조건

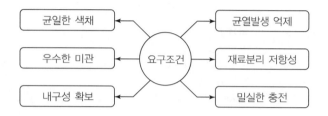

(3) 설계 시 고려사항

① 품질한계 및 공사금액 산정
② 마감면의 이미지 확인
③ 합판의 이음면 분할 계획(Form Tie 간격)
④ 균열억제 및 발수제도포 방법

II. 시공 시 유의사항

(1) 동일한 시멘트 골재 사용

① 전체구조체에 동일한 시멘트 사용 → 이질색상방지
② 골재야적장소 별도로 지정 → 다른 골재와 혼합되지 않도록 철저히 관리

(2) W/B비 적게 사용

① 가능한 W/B비를 줄여 내구성 확보
② W/B비를 적게 하여 허니컴 방지
③ 혼화재 사용하여 W/B비 줄임

(3) 슬럼프 및 콘크리트 강도 큰 것 사용

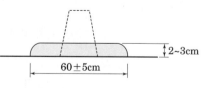

① 슬럼프 180mm 이상 유지
② 가능한 슬럼프를 크게 하여 콘크리트 충전성 향상
③ 콘크리트 강도 24MPa 이상(가능한 27MPa 사용)

(4) 레미콘 출하 및 배차시간

① 레미콘 출하를 배차플랜트에서 가장 먼저 시행

② 레미콘 배차 간격을 일정하게 유지

비비기 및 싣기   운반   대기   타설

1.5 시간 이내에 타설

㉠ KS 기준 : 콘크리트 비빔에서 타설종료까지 90분 이내

㉡ 콘크리트 시방서 기준 ⎡ 25℃ 이상 → 90분 이내
　　　　　　　　　　　⎣ 25℃ 미만 → 120분 이내

(5) 먹매김

① 기둥중심선확인
② 칼라분말 Marking → 콘크리트 오염방지
③ 수직, 수평확인
④ Joint 위치, 길이 확인

(6) 철근피복 두께

① 최소피복두께 +20mm 이상 유지
② 노출면에는 Spacer 사용 지양

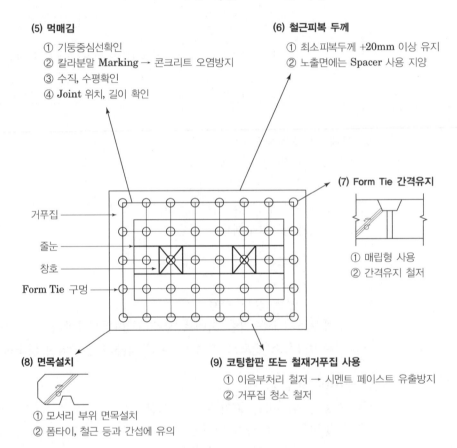

거푸집

줄눈

창호

Form Tie 구멍

(7) Form Tie 간격유지

① 매립형 사용
② 간격유지 철저

(8) 면목설치

① 모서리 부위 면목설치
② 폼타이, 철근 등과 간섭에 유의

(9) 코팅합판 또는 철재거푸집 사용

① 이음부처리 철저 → 시멘트 페이스트 유출방지
② 거푸집 청소 철저

(10) 일체형 타설

테라스, 발코니 등 돌출부위 일체 타설

(11) 다짐 철저

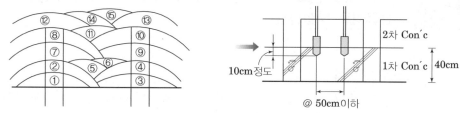

기둥, 벽 등은 콘크리트 타설시 나무망치로 두들김 실시

(12) 층 Joint 설치

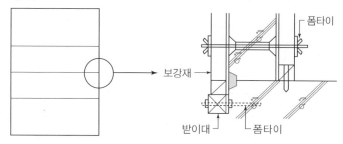

(13) 양생철저

① 수분유출이 없고 콘크리트 수화작용이 완료된 시점에서 탈형
② 표면의 긁힘, 파손에 유의
③ 양생시 급격한 건조에 주의하고, 습윤양생 실시
④ 코어부위는 보양대책 강구

(14) Form Tie 구멍보수

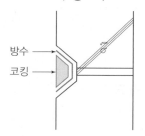

Form Tie 구멍을 경우에 따라 방수 후 코킹처리

(15) 외부면 발수제 도포

외부면에 발수제를 도포하여 빗물 등의 수분침투를 방지하여 내구성 증대 도모

Ⅲ. 결 론

(1) 노출콘크리트는 재료의 배합, 제조에서부터 품질조건을 갖추어야 하고 자재 및 인원 계획을 철저히 하여야 한다.

(2) 특히 Shop Drawing을 통하여 사전계획수립이 노출콘크리트의 품질확보에 중요하다.

08 Flat Slab 콘크리트 타설 시 수직부재와 수평부재의 강도 차이 발생 시 콘크리트 타설방법

I. 개요

(1) Flat Slab에서 기둥단면 축소, 공기단축 및 경제성 등을 고려하여 수직부재와 수평 부재의 강도 차이로 설계하고 있는 추세이다.

(2) 이에 대한 국내기술 축적의 미비로 시공상 잘못을 초래하는 경우가 많으므로 타설 방법을 철저히 하여야 한다.

II. 시공도

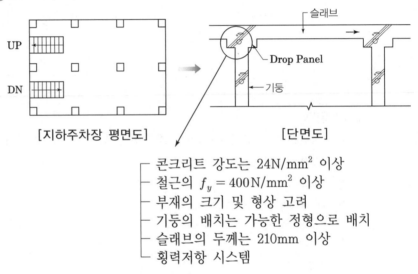

[지하주차장 평면도]　　　　　　[단면도]

- 콘크리트 강도는 24N/mm² 이상
- 철근의 $f_y = 400\,\text{N/mm}^2$ 이상
- 부재의 크기 및 형상 고려
- 기둥의 배치는 가능한 정형으로 배치
- 슬래브의 두께는 210mm 이상
- 횡력저항 시스템

III. 콘크리트 타설 방법

(1) 수직부재 강도 > 1.4×수평부재 강도

① 시공도

㉠ VH 일체 타설

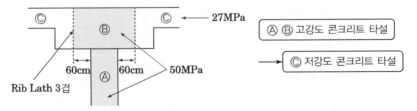

ⓛ VH 분리 타설

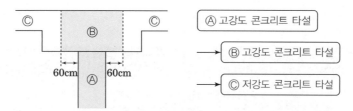

② 품질관리 Check Point
　　㉠ 시멘트 Paste 유출방지를 위해 리브라스 시공 철저
　　㉡ 고강도 콘크리트 타설레벨을 저강도 콘크리트 타설레벨보다 높게 유지
　　㉢ 레미콘 배차 간격 조정
　　㉣ 초유동화 콘크리트는 재료분리저항성, 유동성, 충전성을 철저히 관리

(2) 수직부재강도 ≦ 1.4×수평부재강도
　① 시공도

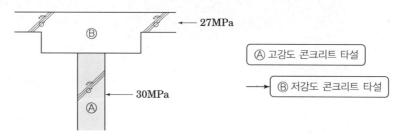

② 품질관리 Check Point
　　㉠ 콘크리트 타설계획서의 철저한 작성
　　㉡ 기둥콘크리트 타설시 슬래브 오염 방지(슬래브 철근배근 금지)
　　㉢ 기둥콘크리트 레벨관리 철저
　　㉣ 슬래브 콘크리트 타설시 기둥 상부 Laitance 제거 및 Chipping하여 부착력
　　　증대
　　㉤ 계단실은 시공상 슬래브와 벽체의 분리가 어려우므로 동일강도 콘크리트로 일체
　　　타설

Ⅳ. 결 론
(1) 수직부재와 수평부재의 강도차가 1.4배를 초과할 때는 기둥면으로부터 내민길이
　　60cm 정도 확대하여 시공하는 것에 유념한다.
(2) 품질관리에 만전을 기하여야 한다.

3 부실사례 및 개선방안

	부실 내용	개선 방안
침하균열 발생	 • 철근의 배근간격이 조밀한 경우 철근의 구속에 의해 침하균열 발생 • 과다한 슬럼프 및 타설시간 경과 • 철근 배근 방법 부적정(U-Bar 철근 설치로 4개 철근의 겹침이음) • 콘크리트 피복두께 부족 등	벽체거푸집 습윤상태유지 외부 진동기 사용 벽체철근　피복두께유지 • 철근 배근간격 적정 유지 • 시공연도에 지장이 없는 최소한의 슬럼프 유지 및 타설 시간관리 시방 준수 • 굳기 시작하는 시점에서 Tamping 실시하여 콘크리트 침강에 따른 균열 방지 • 교차부 및 보강부 철근 배근방법에 대한 Shop Drawing 작성·실시 • 콘크리트 피복두께에 대한 설계도서 내용 준수 시공 • 거푸집 습윤상태 유지
벽체 배부름 발생	지지재 미설치 • 경사 지지대 누락 또는 부적절한 설치 원인 • 다짐시 거푸집이 배부르지 않도록 무리한 진동 금지	폼타이 철선(PS강선) 보강 • 거푸집 경사 지지대 설치 간격 준수 • 무리한 진동 금지 • 모서리, 교차부 보강

부실 내용	개선 방안
 개구부 과다   현관문틀 상부 틈새 과다로 마감처리 곤란 및 결로 발생 우려	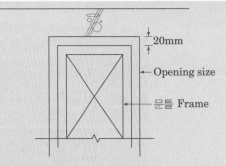 • 현관문틀 상부 틈새를 20mm 정도 유지 　※ 2450-2080(20mm 묻힘부분 제외) - 30(인조석 　　두께) - 20(상부여유치수) = 320mm
 소성수축 균열 발생	 하절기 콘크리트 타설시 급결건조에 따른 소성 수축 균열 발생	 콘크리트 노출면은 양생용 Sheet를 덮거나 살수를 하여 습윤 상태로 보호하여 소성수축균열 방지

부실 내용	개선 방안
 • 초기 동해 방지를 위한 양생시설 미시공 • 최고/최저 온도계를 설치하여 1시간 마다 양생 온도관리를 하고 있으나, 일정한 온도유지 및 온도 상승·하강 곡선의 기울기 관리가 불가능	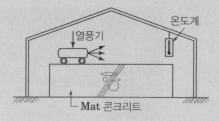 • 동절기 공사 계획서 작성 후 이행 • 양생시설 설치 후 공사 진행 • 자기온도기록계를 설치하여 양생온도 관리 실시
 • 계단 슬래브와 연결되는 벽체를 분리 시공 • 계단슬래브와 연결되는 벽체 접합부(전단력이 큰 부분)에 내부 공극이 많이 발생하는 Metal Lath를 설치하여 균열 발생 우려	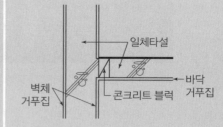 • 계단 슬래브와 연결되는 벽체는 원칙적으로 일체 시공 • 공사현장 여건 상 부득이하게 분리 시공할 경우 내부공극이 없는 철망 사용

동절기 양생 불량

벽 – 바닥 일체성 부족

	부실 내용	개선 방안
무근 콘크리트 시공불량	 • 독립기초 하부 지반의 경사면에 요철이 많이 발생 되어 있으나 무근콘크리트 시공 없이 Metal Lath를 설치하여 내부공극이 많이 발생함 • 독립기초 시공 후 내부공극 침하로 인한 기초 부위 균열 및 누수 발생	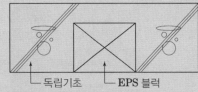 독립기초　　EPS 블럭 • 독립기초 하부 지반의 경사면은 바닥과 동일하게 무근콘크리트 시공 • EPS 공법 사용
리브라스 미제거	 • 지하주차장 보 단부 시공이음부에 내부공극이 많은 리브라스 설치 후 제거하지 않고 후속 철근 조립 실시 • 시공이음부에 전단력 작용으로 인한 균열 발생	리브라스 콘크리트 밀실하게 충전 • 보 전단력이 큰 단부에는 시공이음부를 두지 않음 • 부득이하게 보 단부에 시공이음부를 두는 경우 시 공이음부의 접착력을 증대시키고 내부공극이 발생 한 자재 설치 시는 반드시 제거 • 리브라스 시공시 콘크리트 밀실하게 충전

	부실 내용	개선 방안

재료분리 발생	
	재료분리
	
	• 콘크리트 재료 부적합
	• 콘크리트 타설시 진동다짐 기준 미준수
		
		← 거푸집 강도 확보
		Cold Joint 방지
		
		• 콘크리트 배합설계 검토
		• 반입콘크리트 품질적정 확인 철저
		  (슬럼프, 공기량, 등)
		• 콘크리트 타설시 진동다짐 기준 준수
		• Cold Joint가 발생되지 않는 범위 내에서 나누어
		  타설
		• 거푸집 강도 확보

슬래브 누수	 천장 SLAB • 철근조립시 설계 유효깊이 감소로 인한 내력저하로 균열 발생 • 균열 보수 없이 방수 시공으로 인한 방수 파단 • Cold Joint 발생→누수	 고무밴드 주사기 • 철근 조립시 설계유효깊이 준수 • 방수 전에 균열보수 철저(주입공법 등) • 균열보수 완료 후 누수여부 확인철저

부실 내용	개선 방안

콘크리트 강도 구분 시공불량

- 강도 분리 시공계획서 미작성
- 기둥 등의 수직부재의 설계기준 강도가 슬래브 등의 수평 부재 강도의 1.4배 초과한 경우지만 수직부재 주변 내민길이 만큼 리브라스 설치없이 시공
- 기둥 부재에 콘크리트 (설계기준강도 : 50MPa) 타설시 펌프카의 붐 타설 이동 경로의 슬래브 등의 수평부재에 강도 등 재료가 다른 콘크리트 혼합 시공, 고강도 콘크리트 타설하여야 하는 기둥 주두부 및 기둥 등 수직부재 주변의 슬래브 등 수평 부재에 저강도콘크리트(설계기준강도 : 27MPa)타설

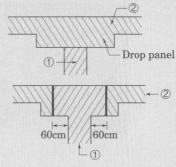

- 강도 분리 시공계획서 및 시공상세도 작성
- 수직부재 주변 600mm 까지 고강도 콘크리트 시공
- 고강도 콘크리트와 저강도 콘크리트 타설장비 구분 시공
- 양중장비 사전 검토
- 고강도, 저강도 콘크리트 배차시간 조정
- 이어치기 시간 준수로 재료분리 및 콜드조인트 발생 방지

콘크리트 공극 발생

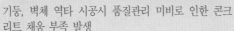

기둥, 벽체 역타 시공시 품질관리 미비로 인한 콘크리트 채움 부족 발생

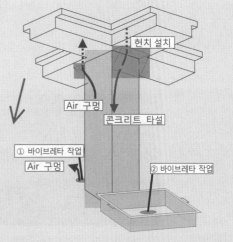

Spiral Pipe 및 Air 구멍 선배관 후 기둥 벽체상부 HUNCH 시공

	부실 내용	개선 방안
Slurry wall 철근 오시공	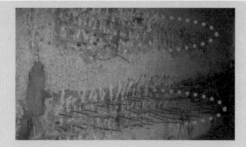 지하 연속벽 Dowel Bar 위치 오시공	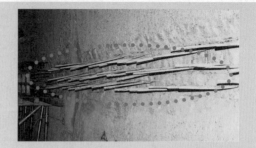 사전 설계도서 검토 철저 및 시공관리로 전단 배력근의 절단이 없도록 관리
테두리보 처짐 및 균열 발생	 테두리보 지지용 브라켓의 처짐에 대한 응력 부족으로 처짐 및 균열발생	 테두리보 지지용 브라켓과 턴버클을 사용하여 처짐 및 철골보 뒤틀림 방지
Slurry wall 철근망 노출	 • 콘크리트 타설시 트래미 파이프를 타설 심도 보다 높이 들었을 경우 • 트래미 파이프의 파손으로 인하여 트래미 파이프 내로 물이 들어온 경우 • Trench 공벽 무너짐 또는 축소현상 • 철근망 수직도 불량 • 철근망이 제 위치에서 이탈	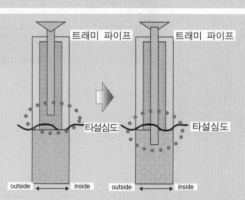 잘못된 예시 올바른 예시 상부 우측 그림과 같이 트래미 파이프배관시 콘크리트 타설 심도 이하(2m 이상)로 매립된 상태에서 콘크리트 타설

	부실 내용	개선 방안
Slurry wall 조인트 누수	 • Over Cutting 불량 • 슬러리월 선행 판넬과 후행 판넬 수직도 불량에 의한 틈새 누수 발생	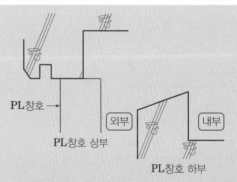 • 굴착 중 굴착 후 수직도 관리 철저 • Over Cutting 규정대로 실시 • 누수 발생시 죠인트 방수 보강
외부샤시 누수	• 도장공사 완료 후 코킹 실시함에 따라 도장재 박리에의한 코킹부 들뜸 발생 • PL창호 하부턱(골조) 경사가 수평 또는 세대 내부로 역구배	• PL 창호 설치 부위는 콘크리트표면 갈기에 의한 면처리 실시(시멘트풀칠 지양) • 코킹 실시 전 도장공사 지양 • 거푸집 설계시 콘크리트 턱 상부면 경사를 외부로 계획 및 시공 • PL 창호 설치시 물끊기 홈 안쪽에 위치하도록 시공

memo

Chapter 06

PC공사 | 단답형 과년도 문제 분석표

■ 공법종류

NO	과 년 도 문 제	출제회
1	PC공법 중 골조식 구조(Skeleton Construction System)	76
2	VH 분리타설공법	43, 63
3	합성슬래브(Half PC)	46, 48, 55, 60 , 81
4	덧침 콘크리트(Topping concrete)	113
5	Shear Connector(전단보강철물)	35, 41, 67, 85, 126
6	Lift Slab	73
7	Open System(공업화 건축)	110

■ 현장시공

NO	과 년 도 문 제	출제회
1	습식접합공법(Wet Joint Method)	64
2	건식접합(Dry Joint Method)	
3	PC접합부 방수	57

■ 기타

NO	과 년 도 문 제	출제회
1	Preflex Beam	80
2	복합화공법	82
3	이방향 중공 슬래브 공법	38, 104
4	합성슬래브의 전단 철근 배근법	118

PC공사 | 서술형 과년도 문제 분석표

■ 공법종류

NO	과 년 도 문 제	출제회
1	PC공사의 큐비클 유니트(Cubicle Unit)에 대하여 기술하시오.	73
2	Half Slab공법에서의 Slab와 보의 접합부를 그림으로 표현하고 시공시 유의사항에 대하여 기술하시오.	70
3	합성슬래브의 일체성 확보방안과 공법선정시 유의사항에 대하여 설명하시오.	109
4	공동주택 지하주차장 half-PC(Precast Concrete) 슬래브공법의 하자발생원인과 방지대책에 대하여 설명하시오.	112
5	장경간 또는 중량구조물에서 사용하는 Lift up 공법에 대하여 설명하시오.	
6	Half P.C(Precast Concrete) Slab의 유형 및 특징, 시공 시 유의사항에 대하여 설명하시오.	121

■ 특징

NO	과 년 도 문 제	출제회
1	PC공법에서 Open System과 Closed System에 대하여 설명하시오.	70

■ 현장시공

NO	과 년 도 문 제	출제회
1	건축공사에서 PC(Precast Concrete)접합공법의 종류와 방수처리 방안에 대하여 설명하시오.	99
2	PC설치공사에서 부재의 운반, 반입과정부터 설치완료시까지 공사품질관리 유의사항에 대하여 설명하시오.	68

■ 기타

NO	과 년 도 문 제	출제회
1	PC공법을 활성화하기 위한 기술적 사항을 설명하시오.	58
2	건축공사에서 PC(Precast Concrete)공법의 개요를 설명하고, 현장타설 콘크리트 공법과 비교할 때 유리한 점과 불리한 점에 대하여 설명하시오.	93
3	모듈러(Modular)건축의 부위별 소음저감방안에 대하여 설명하시오.	102
4	모듈러 공법의 장단점과 종류별 특징에 대하여 설명하시오.	111
5	압출성형 경량콘크리트 패널의 시공방법 및 시공 시 유의사항에 대하여 설명하시오.	111

CW공사 | 단답형 과년도 문제 분석표

■ 공법종류

NO	과 년 도 문 제	출제회
1	커튼월(Curtain Wall)의 스틱 월(Stick Wall)공법	100

■ 특징

NO	과 년 도 문 제	출제회
1	커튼월(Curtain Wall)의 층간변위	27, 96
2	창호의 성능평가방법	56

■ 현장시공

NO	과 년 도 문 제	출제회
1	커튼월(Curtain Wall)의 등압이론	86
2	회전식 패스널(Locking Type Fastener)	105
3	커튼월 패스너 접합방식	115

■ 시험

NO	과 년 도 문 제	출제회
1	풍동실험(Wind Tunnel Test)	66
2	커튼월의 모형시험(Mock-up Test)	72, 79
3	커튼월의 필드테스트(Field Test)	87
4	건물 기밀성능 측정방법	111

■ 하자

NO	과 년 도 문 제	출제회
1	금속커튼월의 발음현상	98
2	커튼월 공사에서 이종금속 접촉방식	107
3	커튼월 결로방지대책	

CW공사 | 서술형 과년도 문제 분석표

■ 공법종류

NO	과 년 도 문 제	출제회
1	Curtain Wall공사의 공법종류 및 시공시 고려사항에 대하여 기술하시오.	60
2	커튼월공사의 재료별, 조립공법별 특성에 대하여 기술하시오.	87
3	외장 커튼월공사에서 Stick Wall System과 Unit Wall System의 개요 설명과 1) 성능(단열, 수밀, 기밀) 2) 운반 3) 시공성 4) 경제성에 대하여 기술하시오.	64, 81
4	시공방법에 따른 커튼월 시스템의 종류(4가지)를 설명하고 커튼월의 누수원인과 대책에 대하여 기술하시오.	80

■ 특징

NO	과 년 도 문 제	출제회
1	금속제 커튼월의 요구성능 및 품질확보를 위한 시험방법에 대하여 설명하시오.	48
2	건설현장에서 시공하는 AL(Aluminium) 단열창호의 요구성능, 설치전 확인사항 및 부식방지 대책에 대하여 설명하시오.	110

■ 현장시공

NO	과 년 도 문 제	출제회
1	커튼월(Curtain Wall)공사에서 파스너(Fastener)방식에 대하여 기술하시오.	73
2	철골구조에 있어서 구조재와 알루미늄 타일, Curtain Wall 마감재와의 연결부분에 관하여 도해하고 설명하시오.	46
3	알루미늄 커튼월(AL Curtain Wall)공사에서 사용되는 패스너(Fastener)와 앵커(Anchor)의 종류 및 시공시 유의사항에 대하여 설명하시오.	96
4	건축공사에서 금속커튼월(Metal Curtain Wall) 시공시 단계별 유의사항을 설명하고, 금속커튼월의 시공 허용오차를 국토해양부제정 건축공사표준시방서기준으로 설명하시오.	97
5	강재창호의 현장설치방법에 대하여 기술하시오.	74
6	커튼월 공사시 시공단계별 검사방법 및 판정기준에 대하여 설명하시오.	107

■ 시험

NO	과 년 도 문 제	출제회
1	커튼월 공사의 품질확보를 위한 시험방법에 대하여 설명하시오.	90
2	고층건축물의 Curtain Wall에 대한 현장시험 실시 시기와 시험방법에 대하여 설명하시오.	65
3	커튼월 공사시 Mock Up Test의 종류 및 유의사항에 대하여 설명하시오.	49, 94
4	커튼월 공사에서 Mock up test 방법과 성능시험 항목에 대하여 설명하시오.	104
5	커튼월 성능시험(Mock Up) 항목 및 시험체에 대하여 설명하시오.	121
6	초고층 건축공사 시 커튼월 성능시험의 단계별 고려사항에 대하여 설명하시오.	103

■ 하자, 누수, 결로

NO	과 년 도 문 제	출제회
1	커튼월 공사의 하자발생 원인과 대책에 대하여 설명하시오.	53, 72, 86
2	외부커튼월의 우수 유입 방지대책에 대하여 논하시오.	84
3	초고층건물 Curtain Wall의 누수발생원인 및 대책에 대하여 설명하시오.	69, 98, 106

NO	과 년 도 문 제	출제회
4	고층건축물 커튼월 결로발생의 원인 및 대책에 대하여 설명하시오.	67, 83, 115
5	알루미늄 프레임(Aluminium Frame)과 복층유리를 사용한 커튼월(Curtain Wall)의 결로 방지대책에 대하여 설명하시오.	92
6	주상복합 건물에서 알루미늄 커튼월공사의 부위별 결로발생 원인 및 대책에 대하여 설명하시오.	102

■ 기타

NO	과 년 도 문 제	출제회
1	Curtain Wall을 설치하기 위한 먹매김(Line Marking)에 대하여 설명하시오.	76
2	커튼월 공사의 계획 및 관리시에 고려사항에 대하여 기술하시오.	44
3	건축물의 커튼월(Curtain Wall)부위의 층간방화구획 방법에 대하여 설명하시오.	85
4	커튼월(Curtain Wall)층간방화구획 공사시 요구성능과 시공방법에 대하여 설명하시오.	95
5	초고층 건축물에서 층간 방화구획을 위한 구법 및 재료의 종류별 특징에 대하여 설명하시오.	92
6	초고층 건물에서 화재발생시 수직확산방지를 위한 층간방화구획방법에 대하여 설명하시오.	102
7	건축물의 층간 화재확산 방지방안을 설명하시오.	114
8	건축물 커튼월의 화재확산 방지 구조기준 및 시공방법에 대하여 설명하시오.	106
9	외장공사 시 실링재의 작업전 준비사항과 조인트 부위 충전 시 유의사항에 대하여 설명하시오.	111

초고층 공사 | 단답형 과년도 문제 분석표

■ 공정계획

NO	과 년 도 문 제	출제회
1	고층건물의 지수층(Water Stop Floor)	87

■ 바닥판공법

NO	과 년 도 문 제	출제회
1	Composite Deck Plate(합성데크)	72

■ Column Shortening

NO	과 년 도 문 제	출제회
1	기둥축소량	69
2	Column Shortening	51, 80, 96, 115
3	철골조 Column Shortening의 원인 및 대책	108

■ 기타

NO	과 년 도 문 제	출제회
1	초고층건물	54
2	초고층 건물의 공진현상	98
3	Core 선행공법	61, 72
4	C.F.T(Con'c Filled Tube)	52, 56, 64, 76
5	전단벽(Shear Wall)	72
6	횡력지지 시스템(Outrigger)	72, 89, 108
7	제진에서의 동조질량 감쇠기(TLD : Tuned Liquid Damper)	109, 112
8	제진, 면진	110
9	막구조(Membrane Structure)	64
10	공기막구조	59, 70
11	Cable Dome	56
12	연돌효과(Stack Effect)	68, 99
13	초고층 건축물 시공 시 사용하는 철근의 기계적 정착	117
14	건축구조물의 내진보강공법	118
14	초고층공사에서의 GPS(Global Positioning System) 측량	121

초고층 공사 | 서술형 과년도 문제 분석표

■ 공정계획

NO	과 년 도 문 제	출제회
1	초고층 건축공사에서 공기의 영향을 미치는 요인과 공정계획방법에 대하여 설명하시오.	51, 93
2	초고층 건축의 공정운영방식 1) 병행시공방식 2) 단별시공방식 3) 연속반복방식 4) 고속궤도방식(Fast Track)에 대하여 설명하시오.	69
3	초고층 건축물 공사에서 Fast Track기법 및 적용시 유의사항에 대하여 설명하시오.	99
4	초고층 건축공사의 공정 Risk관리방안에 대하여 설명하시오.	78

■ 양중계획

NO	과 년 도 문 제	출제회
1	초고층 건축물 시공계획서를 작성할 때 자재양중계획에 대하여 설명하시오.	60
2	초고층건물의 양중방식과 양중계획에 대하여 설명하시오.	58
3	초고층 건축물의 고속 시공을 위한 양중계획에 대하여 설명하시오.	85
4	초고층 건축공사에서 자재 양중계획시 고려사항과 양중기계 선정 및 배치방법을 설명하시오.	94, 112
5	초고층 건축물의 양중계획에 대하여 설명하시오.	119
6	초고층공사의 호이스트를 이용한 양중계획 시 고려사항에 대하여 설명하시오.	121

■ 바닥판공법

NO	과 년 도 문 제	출제회
1	초고층건물의 바닥판 시공법에 대하여 설명하시오.	75
2	고층건물에서 바닥판 공법의 종류와 시공방법에 대하여 설명하시오.	61
3	플랫슬래브의 특성과 그 시공법에 대하여 설명하시오.	45
4	초고층 건축물에 있어서 바닥판 공법의 종류와 각각의 시공에 대하여 설명하시오.	44
5	고층건물 바닥시스템 중에서 보-슬래브 방식, 플랫 슬래브 방식 및 메탈데크 위 콘크리트 슬래브 방식의 개요 및 장단점을 비교하여 서술하시오.	88
6	초고층 건축에서 데크플레이트(Deck Plate)의 종류를 들고, 그 특성에 대하여 설명하시오.	89
7	철골구조물에 시공하는 테크플레이트 공법의 문제점 및 시공 시 유의사항에 대하여 설명하시오.	104
8	건축공사에서 데크플레이트(Deck Plate) 종류와 시공 시 유의사항에 대하여 설명하시오.	122

■ Column Shortening

NO	과 년 도 문 제	출제회
1	초고층 건축물 시공에서 기둥의 부등축소의 원인과 대책을 기술하시오.	56
2	고층건물의 Column Shortening에 의한 부등 축소량 발생시 커튼월 공사의 조인트 설계보정계획과 현장설치보정계획에 대하여 기술하시오.	84
3	초고층 건축공사에서 기둥부등축소현상(Column Shortening)의 발생원인, 문제점 및 대책에 대하여 설명하시오.	89, 120, 122

■ 기타

NO	과 년 도 문 제	출제회
1	도심지 초고층 건축공사의 시공계획서 작성시 주요관리항목과 내용에 대하여 설명하시오.	68
2	초고층 공사시 가설계획에 대하여 설명하시오.	75
3	도시 밀집지역의 초고층 건물 시공시 문제점과 대책에 대하여 설명하시오.	55
4	초고층 건축공사시 측량관리에 대하여 설명하시오.	86
5	고층건축물의 코어 선행공법에서 구조체(Core Wall)와 철골 접합부 시공상 유의사항을 설명하시오.	87
6	초고층건축물의 RC조(Reinforced Concrete Structure) Core Wall 선행공사의 시공계획시 주요관리 항목을 설명하시오.	92
7	고층건축물 코어 선행공법의 시공시 유의사항을 설명하시오.	67
8	초고층 건축물 코어선행공법의 접합부에 대한 공정별 관리사항에 대하여 설명하시오.	109
9	CFT(Concrete Filled Tube)공법에 대해 1) 공법개요 2) 장, 단점 3) 시공시 유의사항 4) 시공프로세스 중 하부 압입공법 및 트레미관 공법에 대하여 설명하시오.	79
10	건축물의 CFT공법에서 품질관리계획과 콘크리트 하부 압입타설시 유의사항에 대하여 설명하시오.	109
11	콘크리트충전강관(CFT)의 장단점과 시공 시 유의사항을 설명하시오.	115
12	CFT(콘크리트충전 강관기둥)공법의 장·단점과 콘크리트 충전방법 및 시공 시 유의사항에 대하여 설명하시오.	120
13	초고층 건축물의 내진성 향상 방안에 대하여 설명하시오.	79
14	초고층건물의 내진성 향상을 위한 품질향상방안을 설계상, 재료상, 시공상으로 구분하여 설명하시오.	105
15	고층건축물의 내진대책과 내진구조 부위의 시공시 유의사항에 대하여 설명하시오.	59
16	건물의 내진, 면진 및 제진 구조의 특징 및 시공시 유의사항에 대하여 설명하시오.	98
17	내진보강이 필요한 기존 건축물의 내진보강 방법과 지진안전성 표시제에 대하여 설명하시오.	113
18	초고층 건축물의 진동제어방법에 대하여 설명하시오.	96, 117
19	초고층 건물에서 횡하중(바람, 지진) 저항을 위한 구조물 진동 저감방법 및 제어방식을 설명하시오.	114
20	초고층 건축물에 적용하는 벨트트러스(Belt Truss)의 시공을 위한 사전계획과 시공시 유의사항에 대하여 설명하시오.	97
21	고층건물 연돌효과(Stack Effect)의 발생원인, 문제점, 대책을 설명하시오.	81
22	초고층 건축물의 연돌효과(Stack Effect)의 문제점과 대책을 설명하시오.	115
23	초고층 건물화재 시 연돌효과(Stack Effect)현상에 대하여 단계별(계획, 시공, 유지관리)중점관리 사항 및 개선방안에 대하여 설명하시오.	103
24	초고층 건축물 공사시 고려해야 할 요소기술을 주요공종별로 구분하여 기술하시오.	97
25	초고층 건축물 피난안전구역의 설치대상 및 설치기준에 대하여 설명하시오.	122

Chapter 06 PC·CW·초고층공사

제1절 PC공사

1 핵심정리

I. 공법분류

1. 골조식(Skeleton Construction System)

1) HPC(H형강+PC) 공법

① 기둥은 H형강을 사용하고 보, 바닥판, 내력벽 등을 PC 부재로 현장에서 조립 및 접합하여 구조체를 구축하는 공법

② H형강 기둥에는 현장콘크리트 타설

2) RPC(Rahmen+PC) 공법

① Rahmen 구조의 주요 구조부인 기둥, 보를 철골철근콘크리트(SRC) 또는 철근콘크리트(RC)로 PC 부재로 현장에서 조립 및 접합하여 구조체를 구축하는 공법

② 구조체의 공업화로 공기단축 및 시공정도 확보

[RPC-기둥]

3) 적층 공법

① 미리 공장 생산한 기둥이나 보, 바닥판, 외벽, 내벽 등을 한 층씩 쌓아 올리는 조립식으로 구체를 구축하고 이어서 마감 및 설비공사까지 포함하여 차례로 한 층씩 완성해가는 공법

② RC 적층공법, S조 적층공법, SRC 적층공법이 있다.

2. 상자식(Box Unit System)

1) Cubicle Unit

공장에서 생산된 주거 Unit을 현장에서 1~2층을 연결 또는 쌓아서 주택을 구축하는 공법

2) Space Unit

현장에 순철골조를 구축하고 공장에서 생산된 주거 Unit을 삽입하여 건물을 구축하는 공법

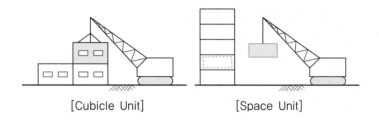

[Cubicle Unit]　　　　[Space Unit]

3. 합성 슬래브(Half PC Slab) 공법

1) 정의

하프 PC합성 바닥판이란 얇은 PC판을 바닥 거푸집용으로 설치하고 그 상부에 적절히 배근을 한 후, 현장타설 콘크리트로 타설하는 것에 의해 일체성이 확보되는 합성슬래브를 말한다.

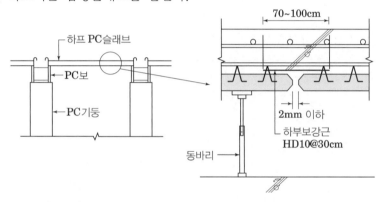

[합성슬래브공법]

2) 합성슬래브 공법 시공 시 유의사항

① Lead Time 확보
② 정도(精度)의 확보
③ 균열발생의 방지
④ 지주의 존치기간 확보
⑤ 합성구조체의 확보

3) Shear Connector(전단연결철물)

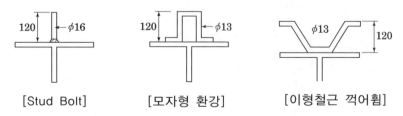

[Stud Bolt]　　　　[모자형 환강]　　　　[이형철근 꺼어휨]

[지주의 존치기간]

4) 합성슬래브 공법 접합부 시공시 유의사항

① 합성슬래브 등의 양중 및 운반

② 합성슬래브간의 접합

2mm
이하

우레탄폼 충전   무수축모르타르 충전

③ 합성슬래브의 보강

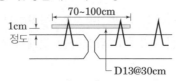

70~100cm

1cm
정도

D13@30cm

④ PC보와 합성슬래브의 접합

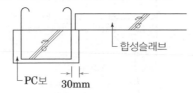

합성슬래브

PC보   30mm

⑤ PC 기둥과 PC 보의 접합

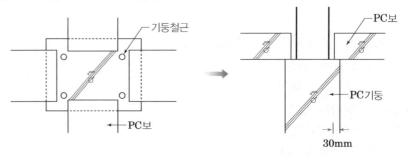

기둥철근

PC보

PC보

PC기둥

30mm

⑥ RC 벽체와 합성슬래브의 접합

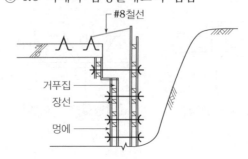

#8철선

거푸집
장선
멍에

⑦ Jack Support(PC 보 하부)

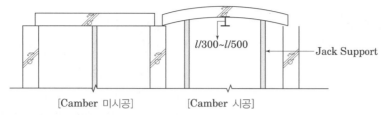

$l/300 \sim l/500$ Jack Support

[Camber 미시공]   [Camber 시공]

⑧ Pipe Support(합성슬래브 하부)

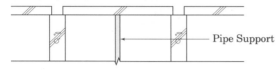

Pipe Support

⑨ 정밀도 확보
⑩ 콘크리트 타설
⑪ 콘크리트 양생

4. Lift Slab 공법

Lift 공법이란 바닥 슬래브나 지붕 슬래브를 지상에서 제작, 조립하여 설치
위치까지 달아올려 고정하는 공법이다.

Lift Slab 공법	기둥을 선행제작+지상에서 제작한 슬래브를 달아올려 고정
큰지붕 Lift 공법	지상에서 철골조를 완성(설비도장 포함)하여 달아올려 고정
Lift Up 공법	지상에서 조립하고 수직으로 달아올려 고정

[Lift Slab공법]

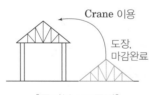

[큰지붕 Lift공법]

[Lift Up(=Full up)공법]

[큰지붕 Lift]

[Lift Slab 공법]

[Lift Up 공법]

Ⅱ. 특징

1. 특성(특징)

장점
단점
필요성 ┐ 시공계획 25EA →
도입배경
목적

1. 사전조사
2. 공법선정 : 안전성, 경제성, 시공성
3. 5요소 : 공정관리, 품질관리, 원가관리, 안전관리, 환경관리
4. 6M : Man, Material, Machine, Money, Method, Memory
5. 가설

2. PC 개발방식

1) Closed System

건물 PC의 구성 부재 및 부품들이 특정한 건물에만 사용되도록 생산하는 방식을 말한다.

2) Open System

건물 PC의 구성 부재 및 부품들이 여러 형태의 건물에 적용될 수 있도록 생산하는 방식을 말한다.

[Closed System : 특정건물]   [Open System : 호환성건물]

Ⅲ. 현장시공(접합방식)

1. 습식접합

현장에서 콘크리트 또는 모르타르 자체의 응력전달에 의하여 프리캐스트 부재 상호를 접합하는 방법이다.

1) PC Girder + Half Slab 접합(보와 슬래브 접합)

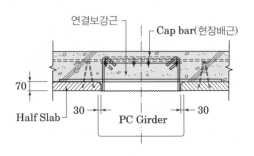

[운반]

[습식접합]

2) Slab + Wall 접합 (슬래브와 벽체 접합)

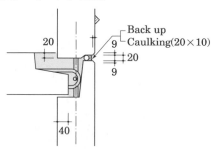

20
Back up
9   Caulking(20×10)
20
9
40

[합성슬래브간의 접합]

3) Wall + Wall 접합 (벽체와 벽체 접합)

20
9 ┃ 9
9

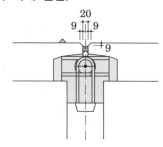

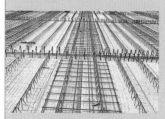

[합성슬래브 보강]

4) Slab + 패러핏 접합

Insert hole
(현장설치)
Rubber Foam
Caulking(20×10)
20
10

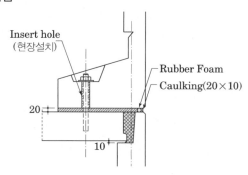

[기둥과 보의 접합]

2. 건식접합

콘크리트 또는 모르타르를 사용하지 않고 용접접합 또는 기계적 접합된 강재 등의 응력전달에 의해 프리캐스트 상호부재를 접합하는 방식이다.

[Jack Support]

1) 용접접합

접합용 철물
코킹
철근

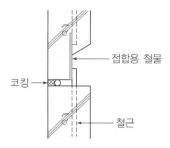

2) 슬리브 접합

충전모르타르
슬리브

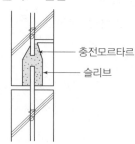

[건식접합]

3) 볼트 접합

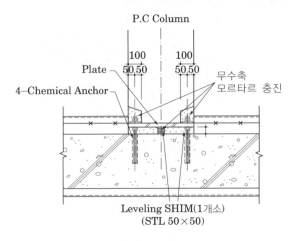

4) 나선형 주름관 접합

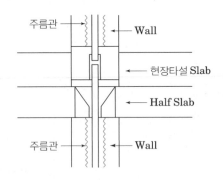

Ⅳ. 접합부 방수

1) 외벽접합부

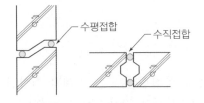

접합부 외측에서 백업재를 넣고 실링
재로 밀실하게 충전

2) 지붕 Slab

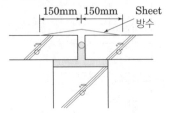

부재와의 코킹 처리 후 그 위에 시트
부착

3) Slab+Wall 접합

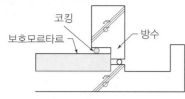

- L형으로 아스팔트 시트로 방수 후 보호모르타르와 부재 사이 실링재 충전
- 방수처리가 가장 곤란한 부분임

4) Parapet

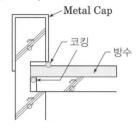

- 접합면에 아스팔트 시트로 방수 후 Parapet과 슬래브 접합부는 실링재 충전
- Parapet 상부에는 플래싱(Flashing) 설치

V. 시공 시 유의사항

1) 부재제작 철저
2) 야적 및 운반
4) 반입부재 검수 철저
4) 기초구조물의 상태
5) 부재 조립 철저
6) 접합철물 오차 교정
7) 용접 접합부 공사
8) 볼트 접합부 공사
9) 슬리브 접합부 공사
10) 충전콘크리트 공사
11) 충전모르타르 접합부 공사
12) 마감공사
13) 방수공사
14) 안전관리

VI. 복합화공법

1. 정의

복합화공법은 공기단축, 노무량 절감, 건축물의 고품질화를 목표로 재래식 공법과 PC공법의 장점을 조합한 것을 말한다.

2. 복합화공법에 사용되는 요소기술

1) 하드 요소기술

① Half PC 공법

　가. Half PC 슬래브: 거푸집이나 지보공이 불필요

　나. Half PC Beam, Half PC 기둥 등의 구조부재 적용 가능

② 시스템 거푸집(거푸집공사의 합리화)

　가. 기초, 기둥, 보, 벽 등을 대형 System 거푸집으로 제작하여 거푸집 공사의 합리화를 도모

　나. 거푸집 이동, 전용계획 등 소프트 요소기술이 중요

③ 철근 Prefab 공법(철근공사의 합리화)

　　가. 라멘조, 라멘+전단벽 구조에 적합

　　나. 적절한 철근이음 방식 선정이 중요

④ 콘크리트 관련 기술(콘크리트 고품질화)

　　가. 고강도 콘크리트: 부재단면 감소, 조기 강도발현

　　나. V · H분리타설 공법: 벽, 기둥 선행 타설 후 슬래브 타설

⑤ 기계화 시공

　　노무절감을 위한 기계 선정과 운영에 유의

2) 소프트 요소기술

① 시공 시스템화를 위한 요소기술

　　가. MAC(Multi Activity Chart) : 각 작업팀이 어떤 시간에 어느 공구에서 어떤 작업을 할 것인가를 분단위까지 나타낸 시간표를 MAC라 한다.

　　나. DOC(One Day One Cycle) 공법 : 하루에 하나의 사이클을 완성하는 시스템 공법이다.

　　다. 4D-Cycle 공법

일 공구	1	2	3	4
1공구	PC공사	거푸집 공사	철근공사	콘크리트공사
2공구	콘크리트 공사	PC공사	거푸집 공사	철근공사
3공구	철근공사	콘크리트공사	PC공사	거푸집 공사
4공구	거푸집 공사	철근공사	콘크리트공사	PC공사

② 시공관리 합리화를 위한 요소기술

　　가. 공정관리 시스템: 네트워크 공정관리 프로그램

　　나. 품질관리 시스템

　　다. 시공계획 시스템

　　라. 양중관리 시스템

　　마. 노무관리 시스템: 현장 입, 출관리 시스템

　　바. CAD/CAM(Shop Drawing 관리): 표준상세도면 정보시스템

　　사. 통신 네트워크

③ 사회적 측면의 요소기술

　　부품화, 표준화

2 단답형·서술형 문제 해설

1 단답형 문제 해설

46,48,55,60,81회

01 합성슬래브(Half PC Slab) 공법

Ⅰ. 정의

얇은 PC판을 바닥 거푸집용으로 설치하고 그 상부에 적절히 배근을 한 후, 현장타설 콘크리트로 타설하여 일체성을 확보하는 공법을 말한다.

Ⅱ. 현장시공도

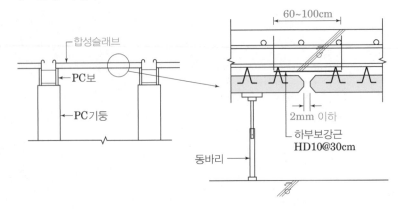

Ⅲ. 특징

(1) 보가 없는 슬래브가 가능
(2) 바닥 거푸집재가 불필요하므로 공기단축이 가능
(3) 서포트가 적게 필요하므로 작업공간의 확보가 가능
(4) 구조종별을 가리지 않고 사용될 가능성이 크다.
(5) 공사현장이 넓을 경우에는 현장에서도 제작이 가능
(6) 타설 접합면의 일체화 부족이 될 수도 있다.
(7) VH 분리 타설 시 작업공정의 증가가 초래

Ⅳ. 시공 시 유의사항

(1) Lead Time 확보

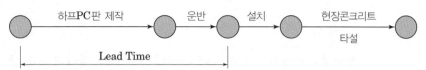

(2) 정도(精度)의 확보
(3) 균열발생의 방지
(4) 지주의 존치기간 확보
(5) 합성구조체의 확보
(6) 양중 시 Balance 유지

02 Shear Connector(전단연결재)

[KCS 14 31 20]

I. 정의

합성부재의 2가지 다른 재료사이의 전단력을 전달하도록 강재에 용접되고 콘크리트 속에 매입된 스터드, ㄷ형강, 플레이트 또는 다른 형태의 강재를 말한다.

II. 개념도

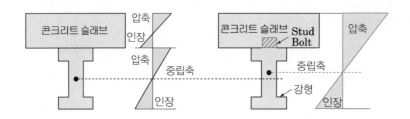

III. Shear Connector의 종류

(1) 합성 슬래브(Half PC Slab) 공법

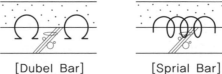

[Dubel Bar]   [Sprial Bar]   [Omnier Bar]

(2) 철골조

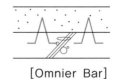

[Stud Bolt]   [모자형 환강]   [이형철근 꺾어휨]

(3) GPC 공법

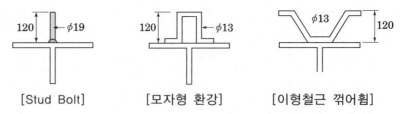

[매입앵커형]   [꺽쇠형]   [집게형]

Ⅳ. Shear Connector 역할

(1) 모재와 현장타설 콘크리트와의 일체성 확보
(2) 콘크리트와 합성구조에서 전단응력 전달
(3) 상부 철근 배근 시 구조적 연결 고리

Ⅴ. Shear Connector(스터드)의 설치

(1) 형상은 머리붙이 스터드를 원칙
(2) 스터드 전단연결재의 줄기 지름은 19mm, 22mm 및 25mm를 표준
(3) 스터드 전단연결재의 항복강도는 235MPa 이상, 인장강도는 400MPa 이상
(4) 모재의 온도가 -20℃ 미만이거나 표면에 습기, 눈 또는 비에 노출된 경우에는 용접 금지
(5) 용접살의 높이 1mm, 폭 0.5mm 이상의 더돋기(Weld Reinforcement)가 주위에 쌓이도록 한다.
(6) 스터드의 마무리 높이는 설계 치수에 대해 ±2mm 이내
(7) 스터드의 기울기는 5° 이내

03 습식접합공법(Wet Joint System)

I. 정의

현장에서 콘크리트 또는 모르타르 자체의 응력전달에 의하여 프리캐스트 부재 상호를 접합하는 방법이다.

II. 시공도

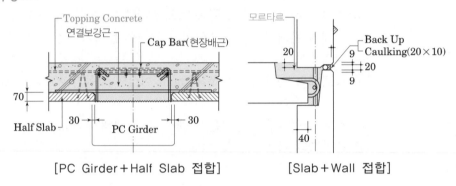

[PC Girder+Half Slab 접합] [Slab+Wall 접합]

III. 접합부 요구조건

(1) 철저한 응력전달 및 일체성 확보
(2) 수밀성과 기밀성 유지
(3) 차음성능 철저
(4) 조립 및 시공이 용이한 구조

IV. 시공 시 유의사항

(1) 부재의 수직, 수평을 철저히 체크한다.
(2) 일체성 확보를 위해 접합면의 이물질 등을 철저히 제거한다.
(3) 루프형 철근과 돌출 U자형 철근끼리 겹맞추고 철근을 수직으로 꽂고 보강을 할 수도 있다.
(4) 철근검사 후 거푸집을 설치한다.
(5) PC 부재의 접합부의 처리를 철저히 하여 시멘트 페이스트가 유출되지 않도록 한다.
(6) 접합용 콘크리트는 패널 강도 이상으로 사용한다.

04 건식접합공법(Dry Joint System)

Ⅰ. 정의

콘크리트 또는 모르타르를 사용하지 않고 용접접합 또는 기계적 접합된 강재 등의 응력전달에 의해 프리캐스트 상호부재를 접합하는 방식이다.

Ⅱ. 시공도

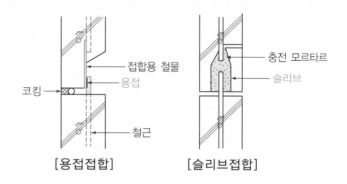

[용접접합]　　　[슬리브접합]

Ⅲ. 접합부 요구조건

(1) 철저한 응력전달 및 일체성 확보
(2) 수밀성과 기밀성 유지
(3) 차음성능 철저
(4) 조립 및 시공이 용이한 구조

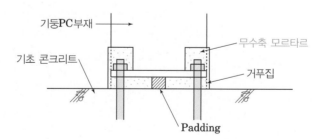

Ⅳ. 시공 시 유의사항

(1) 부재의 수직, 수평을 철저히 체크한다.

(2) 일체성 확보를 위해 접합면의 이물질 등을 철저히 제거한다.

(3) 용접접합은 조립 시 구부렸던 철근, Plate 등을 바른 위치로 수정한 후 한다.

(4) 용접접합 시 Plate와 Plate의 간격은 5mm 이하로 한다.

(5) 볼트접합 시 조임력에 주의를 한다.

(6) 볼트접합 시 콘크리트에 매입되지 않는 부분은 녹막이칠을 한다.

(7) 용접부 슬래그 제거 및 충전부분 청소를 철저히 한다.

(8) 벽과 바닥판의 접합부는 무수축 모르타르로 충전한다.

05 PC 접합부 방수

Ⅰ. 정의

PC 접합부는 응력전달, 기밀성, 내구성, 방수성 등이 요구되며 특히, 방수성능을 확보하는 것이 중요하다.

Ⅱ. 접합부 방수

(1) 외벽 접합부

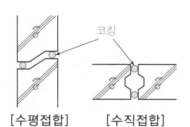

[수평접합]   [수직접합]

접합부 외측에서 백업재를 넣고 실링재로 밀실하게 충전

(2) 지붕 슬래브 접합

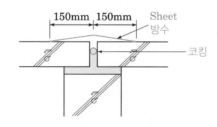

부재와의 코킹 처리 후 그 위에 시트 부착

(3) 슬래브+Wall 접합

① L형으로 아스팔트 시트로 방수 후 보호 모르타르와 부재 사이 실링재 충전

② 방수처리가 가장 곤란한 부분임

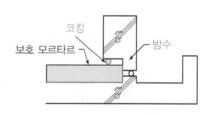

(4) Parapet 접합

① 접합면에 아스팔트 시트로 방수 후 Parapet과 슬래브 접합부는 실링재 충전

② Parapet 상부에는 플래싱(Flashing) 설치

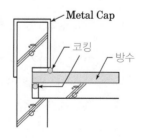

06 이방향 중공슬래브(Two-way Void Slab) 공법

Ⅰ. 정의

이방향 중공슬래브란 철근콘크리트 바닥슬래브의 단면에서 구조적 기능을 하지 않는 콘크리트 슬래브의 중앙부에 캡슐형 또는 땅콩형 경량체를 격자형 망으로 삽입함으로써 자중을 줄이는 공법을 말한다.

Ⅱ. 현장시공도 및 시공순서

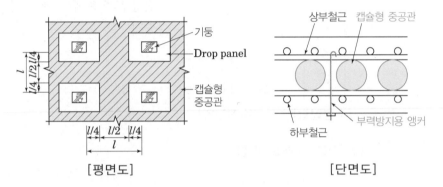

[평면도]　　　　　　　　[단면도]

슬래브 거푸집 설치 → 하부철근 배근 → 유니트 경량체 설치 → 전선관 배관 → 상부철근 배근 → 부력방지장치 설치 → 콘크리트 타설

Ⅲ. 파급 효과

(1) 층고 절감
① 1층당 30~50cm 절감 가능
② 바닥슬래브 자중의 감소로 건물 전체 중량이 줄어 지진하중이 줄고, 수직구조부재의 절감 효과

(2) 공사비 절감
① 철근콘크리트 라멘조 대비 바닥골조 공사비는 약 10~15% 정도 절감
② 층고 절감 및 지하 굴토량 절감으로 공사비 절감 효과

(3) 공사기간 단축
① 보 공정 불필요
② 보거푸집 및 철근가공조립시간을 줄여 층당 2일 정도의 공기단축이 가능

(4) 자중 절감
슬래브 자중 약 30% 절감

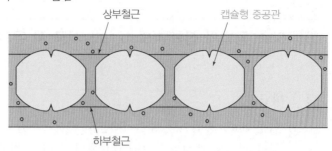

(5) 사용성 개선
① 층간소음: 경량 1등급, 중량 3등급 인정
② 진동성능: 주거 1등급 수준 확보

(6) 환경부하 저감
철근과 콘크리트 사용량을 절감하여 이산화탄소배출 가스량을 줄일 수 있어 친환경적인 효과

(7) 유지관리비 절감
① 콘크리트 내부에 완전히 매립되는 공법으로 철근콘크리트 구조와 같은 유지관리 효과
② 자중이 가벼워지게 되므로 장기 처짐이 줄어 사용성 우수
③ 강성변화가 없는 무량판구조에서 발생하는 균열을 분산 또는 억제하는 효과

② 서술형 문제 해설

💥 70,109회

01 합성 Slab 공법의 접합부(Slab, 보) 시공 시 유의사항

Ⅰ. 개요

(1) 합성 Slab 공법이란 얇은 PC판을 바닥거푸집용으로 설치하고 그 상부에 적절히 배근을 한 후, 현장타설 콘크리트로 타설하는 것에 의해 일체성이 확보되는 합성슬래브이다.

(2) 시공성, 공기 측면 등에서 유리한 점이 많으나 접합부의 일체성 확보에 결함이 발생하면 치명적인 결과를 초래하므로 유의하여야 한다.

Ⅱ. 시공도

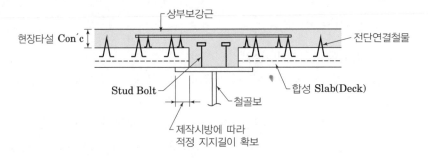

Ⅲ. 시공 시 유의사항

(1) 합성슬래브의 양중 및 운반

① 합성슬래브의 운반 및 양중 시 훼손에 주의

② 양중 시 부재변형에 유의 → Spreader Beam 사용

(2) 합성슬래브간의 접합

2mm 이상 시 무수축 모르타르로 충전할 것

(3) 합성슬래브의 보강

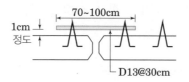

① 합성슬래브의 연결부위의 보강 철저
② 가급적 보강 철근과 합성슬래브의 간격을 줄일 것(1cm 정도)

(4) PC보와 합성슬래브의 접합

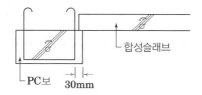

작업의 안전을 위하여 30mm 정도 걸침

(5) 기둥과 보의 접합

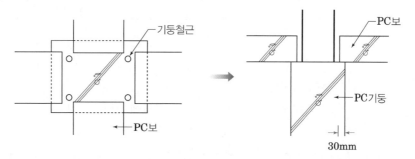

① 기둥 수직도 유지를 철저히 할 것
② PC보를 PC 기둥에 30mm 정도 걸침을 확보하여 안전에 유의할 것

(6) 지적사례(RC와 PC의 접합)

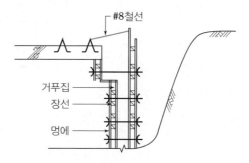

① RC보 거푸집에 30mm 이상 걸칠 것

② 수평레벨 철저

③ 수직도 유지를 위한 #8철선 시공 → 콘크리트 측압으로 합성슬래브 탈락 우려(안전사고 유발)

(7) Jack Support(PC보)

① Camber 미시공시에는 상부하중에 의한 처짐방지를 위해 중앙부에 설치할 것

② Camber 시공시에는 상부하중으로 콘크리트의 수평유지를 위하여 단부에 설치할 것

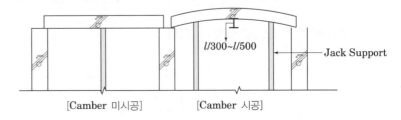

[Camber 미시공]   [Camber 시공]

(8) Pipe Support(합성슬래브)

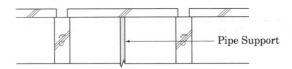

상부하중으로 처짐을 방지하기 위하여 중앙부에 설치할 것

(9) 정밀도 확보

① 합성슬래브 부재를 정확한 위치에 배치할 것

② PC보 및 합성슬래브 레벨유지 철저

③ PC기둥 수직도 확보

(10) 철골보 상부 합성슬래브

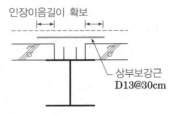

① 철골보 상부면 철근 보강

② 슬래브 철근배근 → D10 또는 와이어메시

(11) 콘크리트 타설
 ① PC보 및 합성슬래브 면의 철저한 청소와 점검
 ② 보상부 배근과 슬래브 철근의 연결 및 결속상태 점검
 ③ 콘크리트 피복 두께 확보

(12) 콘크리트 양생
 ① 7일간 습윤양생을 철저히 하고, 필요 시 보양조치
 ② 진동, 충격 금지

Ⅳ. 결론

PC보 및 합성슬래브의 품질은 일반적으로 우수하고 균질하나 현장콘크리트와의 접합부
일체성 확보 및 처짐에 유의하여 현장시공을 철저히 하여야 한다.

02 PC접합부 종류와 시공 시 품질관리방안

I. 개요

(1) Precast Concrete 공법 시공의 구조물은 다른 현장타설공법에 의한 구조물과 다르게 부재와 부재를 연결하는 구조요소인 접합부가 적용되어진다.

(2) 접합부의 시공상태가 전체 구조물의 성능을 좌우하게 되므로 접합부의 시공은 정밀성과 적정의 품질관리가 요구된다.

II. 접합부 종류

(1) 습식 접합

① PC Girder + Half Slab 접합

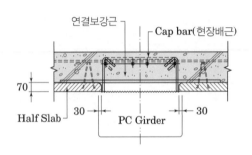

② Slab + Wall 접합

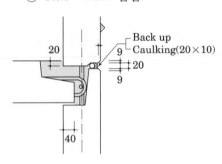

③ Wall + Wall 접합

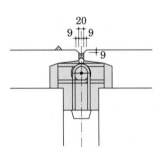

④ Slab + 패러핏 접합

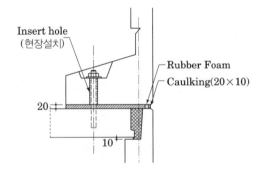

(2) 건식접합

① 용접 접합

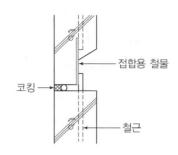

② 슬리브 접합

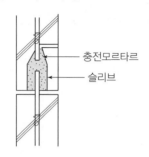

③ 볼트 접합

④ 나선형 주름관 접합

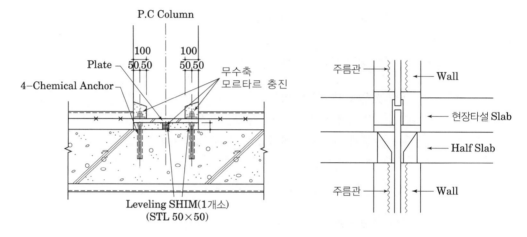

Ⅲ. 시공 시 품질관리방안

(1) 부재제작 철저

   ① 공정일수 및 생산기간을 고려한 Mould 계획 수립

   ② 콘크리트 밀실다짐으로 공극발생 억제

   ③ 매립철물 및 전단 Key Mould 배치의 철저한 검수

   ④ 접합철물 등 매립부품의 위치 및 정확도 Check

(2) 야적 및 운반

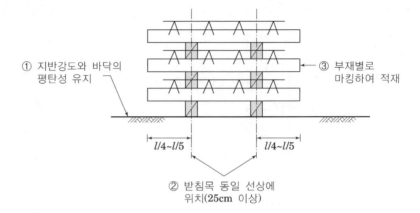

① 지반강도와 바닥의 평탄성 유지
② 받침목 동일 선상에 위치(25cm 이상)
③ 부재별로 마킹하여 적재

④ 공정에 따라 Zone 별로 운반
⑤ 조립위치에 따른 부재야적
⑥ 장비주행로 확보

(3) 반입부재 검수 철저
① 육안에 의한 Crack 유무, 파손상태 확인
② 부재 내 각종 매입물의 설치 및 위치
③ 파손방지를 위한 보양처리
④ 탈형강도 및 출하일 강도 확인

(4) 기초구조물의 상태

분 류	허용오차
기초 이음매의 줄넓이	20mm
기초부 상단의 높이	±10mm
앵커, 인서트 위치	6mm 이내
보강철근, 용접철망의 최소 피복두께	20±5mm

(5) 부재조립 철저
① Handling Hook 주변 파손 유무
② 크레인에서 먼 곳부터 가까운 곳으로 조립
③ 신호수가 없거나 풍속 10m/s 이상시 작업 중단
④ 부재 간 지지상태, 결함발생 여부, 버팀대 및 가대설치 상태
⑤ 접합부 청소 및 접합 철물 확인

(6) 접합철물 오차 교정

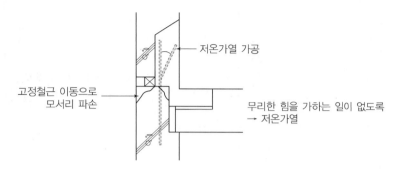

(7) 용접 접합부 공사

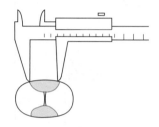

① 유해한 먼지, 흙, 녹 등을 제거
② 부재가 손상되지 않도록 예열, 바람막이 등 조치
③ −5℃ 이하일 때 작업 중지(원칙은 0℃ 이하일 때 작업중지)
④ 우천시 충분히 건조

(8) 볼트 접합부 공사

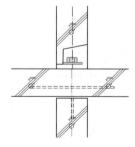

① 볼트 조임력 및 밀착상태 철저
② 플레이트 상하부판 동일선상에 위치
③ 콘크리트에 매입되지 않는 볼트는 녹막이 처리

(9) 슬리브 접합부 공사

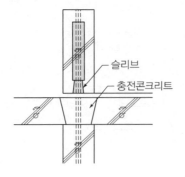

① 슬리브 인장강도는 사용철근의 인장강도 이상
② 충전용 모르타르 강도 및 무수축성 확인

(10) 충전용 콘크리트 접합부 공사

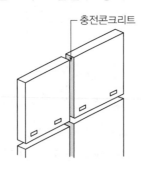

① 접합면 청소 및 습윤상태
② 접합부위 보강근 배치 및 거푸집 설치
③ 콘크리트 다짐 및 양생 철저

(11) 충전용 모르타르 접합부 공사

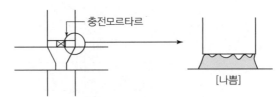
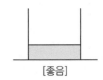

① 접합면 청소 및 습윤 상태
② 특기시방에서 정한 두께 유지
③ 접합면 모르타르 관리 상태

(12) 마감공사
   ① 조인트 부위 거동을 고려한 마감
   ② 신축을 고려한 조인트 부위 모르타르 사용 금지
   ③ 용접부위 방청 고려
   ④ 결로방지를 위한 소요두께 및 열전도율 값 확인

(13) 방수공사
   ① 바탕처리상태 확인
   ② 건조상태 확인
   ③ 부위별 사용 방수제 및 시공과정 확인

(14) 안전관리
   ① Tower Crane의 전도방지와 후크와이어 점검
   ② PC판 매달기의 적정 여부
   ③ 조립 후 임시 지지상태
   ④ 기능공의 안전장비착용 및 추락방지조치 등

Ⅳ. 결 론

(1) PC는 구조적 접합부의 안전성과 시공성을 면밀히 검토하고, 개선하려는 노력이 수반되어야 한다.

(2) 접합부에 대한 제반본질을 정확히 하여 PC 부재의 충분한 강도와 내구성 있게 제작하여 현장시공에 철저를 기하여야 한다.

Chapter 06

PC · CW · 초고층공사

제 2 절 CW공사

1 핵심정리

I. 커튼월의 개념

1) 국내 초고층 건축물

[여의도63빌딩/238m/63층]

[송도 동북아트레이드타워
/312m/68층]

[롯데월드타워/555m/123층]

2) 해외 초고층 건축물

[타이베이101/509m
/101층/대만]

[Petronas Tower/452m
/88층/콸라룸프르]

[부르즈할리파/828m
/162층/두바이]

1. 커튼월 관련 용어

1) 멀리언(Mullion)

커튼월의 수직부재 이며 주 구조재. 통상 Aluminum Extrusion 자재로써 Unit Panel의 전체 높이와 같으며, Bracket 등 Anchorage System 에 의해 건물 구조체에 구조적으로 긴결된다.

2) 트랜섬(Transom)

커튼월의 수평부재 이며 부 구조재. 통상 Aluminum Extrusion 자재로써 건축 외장 설계에 따라 Module화 된 유리, Panel 등 외장재의 수평Joint 부위에 위치하며 Mullion에 구조적으로 연결 된다.

3) 스팬드럴(Spandrel)

다층 건물에서 Window Head 상부로부터 다음 층 Window Sill 까지의 사이를 채우는 벽 Panel 부분

4) 비전(Vision)

전망할 수 있도록 투명 유리를 끼운 부분, 일반적으로 천정 하부로부터 Fan Coil Unit Box 상부까지를 일컬음.

5) 코핑(Coping)

파라펫, 기둥, 벽 등의 Cover. 커튼월에서는 최상단 마구리 덮개를 말함.

6) 파스너(Fastener)

부재를 긴결하는 데 사용하는 Bolt, Nut, Washer, Screw 등을 말함.

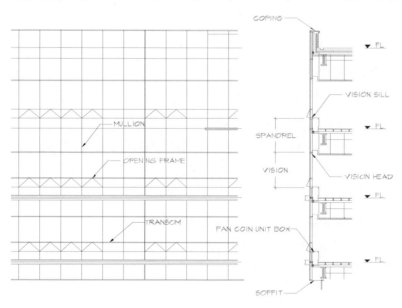

2. 유리 관련 용어

1) Emissivity(방사율)

① 장파장(2,500~40,000nm)의 적외선 에너지(열선)를 어느 정도 방사하는가를 나타내는 척도

② 방사율이 낮으면 단열성능이 우수함
  (겨울철:난방기구 적외선을 내부로 반사, 여름철:실외의 태양복사열 차단)

③ 유리별 방사율

열선 반사율

[흑체 / 방사율 : 1.0]　　[일반유리 / 방사율 : 0.84]　　[로이유리 / 방사율 : 0.1]

2) 차폐계수(Shading Coefficient : SC)

① 3mm 투명유리를 통한 일사획득에 대한 해당 창호의 일사획득 비율

② 차폐계수가 낮을 수록 실내에 들어오는 태양열량이 줄게 되고 이에 따라 냉방부하도 감소하게 됨.

③ 맑은유리 3T(1=100%)를 기준으로 한 상대평가 값(0~1 사이의 값을 갖음)
  (투명복층 24T : 0.83,　반사(파스텔) 복층 24T : 0.2~0.5 정도임.

3) 태양열 취득율(Solar Heat Gain Coefficient : SHGC, G-value, 일사획득계수)

① 창호를 통한 일사획득 정도를 나타내는 지표

② 직접 투과된 일사량 + 유리에 흡수된 후 실내로 유입된 일사량

③ 0~1까지 수치로 표현

④ SHGC가 높을수록 일사획득이 많음을 의미

4) 열관류율(K(U), U-value, W/㎡K)

열 에너지가 물체에 의해 전달(전도, 대류, 복사)되는 정도를 수치화 한 것.

5) 기밀성능(Air Tightness)

① 압력차가 발생하는 조건에서 공기의 흐름을 억제하는 성능

② 창의 내외 압력차에 따른 통기량으로 나타냄.

③ ㎥/㎡h

6) 가사광선투과율(VLT, Visible Light Transmittance)

① 380~760nm인 가시광선이 유리를 투과할 때 투과되는 비율을 표현한 값.

② 0~1까지의 무차원 수치

③ 가시광선투과율이 낮을수록 일사획득계수(SHGC)도 낮아져 많은 일사량
을 차단

④ 가시광선투과율이 낮아지면 눈부심 감소율이 높다.

7) Light to Solar Gain(LSG)

① LSG = VLT(가시광선투과율)/SHGC(태양열 취득율)

② LSG값이 높을수록 빛의 투과량(맑고 시원한 유리)은 많고 열 손실이
적은 유리임.

3. 창호성능 개선 기술

1) 공기층(건조공기) 확보

① 12mm → 14mm → 16mm

② 복층유리 → 삼중유리

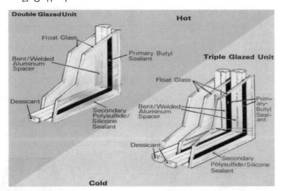

2) 비활성가스 충진

① 공기층(건조공기)에 아르곤가스 또는 크립톤가스 주입

② 복층유리의 외부유리와 내부유리의 온도차로 인한 열교환 현상을 억제

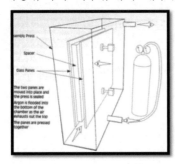
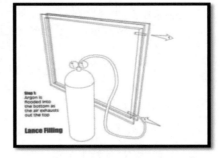

[스페이서 조립 후 압축공정에서 　　[유리에 직접 1개 이상의 주입 및
가스를 주입하는 방법]　　　　 배출구를 만들어 가스를 주입하는 방법]

3) 로이(Low-E) 코팅
  - 은 등의 투명금속피막을 코팅하여 열복사를 감소 시킴으로서 유리를 통한 열흐름을 억제

구분	도해	기대효과
여름철 냉방 시	실외 ─ Ag 코팅 ─ 실내	• 여름철 냉방이 중시되는 상업용 건축물이 유리 • 실외의 태양복사열이 실내로 들어오는 것을 차단
겨울철 난방 시	Ag 코팅 ─ 실외 실내	• 겨울 난방이 중시되는 주거용 건축물에 유리 • 실내의 난방기구에서 발생되는 적외선을 내부로 반사
사계절용	Ag 코팅 ─ 실외 실내	• 가장 양호한 단열방식

4) 스페이셔(간봉)
  ① 유리층 사이의 적절한 거리 유지
  ② 유리 모서리 부분에서 발생하는 열 손실을 감소시켜 창호 전체의 열관류율 개선
  ③ 스테인레스 스틸, 폴리우레탄 등

제품명	스위스페이서 Swispacer	아존 Warm-Light	TGI	알루이늄 스페이서 (천공)
제조사	Saint-Gobain (프랑스)	Azon(미국)	Technoform (독일)	한국마그네슘

  1. 천공 (은색)
  2. 천공 (흑색)
  3. TGI 단열 간봉 (흑색)
  4. 아존 단열 간봉 (Warm-Light)
  5. 스위스페이서 (Swispacer)

5) 창틀

① PVC, 알루미늄, 목재 등

② 알루미늄 : 강성과 내구성이 높고 가공이 용이하나 열전도율이 높다.

③ PVC : 열전도율이 낮고 마모, 부식 및 오염에 강함

6) 실링재

① 정형 실링재

　　가. 탄성이 큰 고무질계로 만들며 적절한 반발 탄성으로 커튼월의 움직임이나 물의 침투를 방지해야 함.

　　나. 유리와 새시의 접합부분, 패널의 접합부분의 줄눈에 압축 밀어 넣어 실링재의 탄력성으로 수밀성과 기밀성을 확보함.

② 부정형 실링재

　　가. 카트리지에 밀봉되어 시판되는 1성분형과 현장에서 경화제를 혼합하는 2성분형이 있음.

　　나. 줄눈 내의 백업재, 마스킹테이프, 청소재 프라이머 등의 부자재를 사용

줄눈 폭	일반 줄눈	Glazing 줄눈
15mm≤W	1/2~2/3	1/2~2/3
10mm≤W<15mm	2/3~1	2/3~1
6mm≤W<10mm		3/4~4/3
최소6mm 이상, 최대20mm 이내		

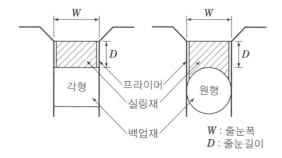

Ⅱ. 공법분류

1. 외관형태

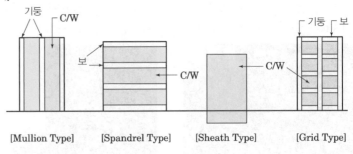

[Mullion Type]   [Spandrel Type]   [Sheath Type]   [Grid Type]

2. 재료

1) P.C(Con'c, GPC, TPC)
2) Metal(AL, ST'L, SST)

3. 구조

1) 패널(Panel Type)

벽 Unit을 하나의 Panel로 제작하여 슬래브나 보 사이에 설치하는 공법

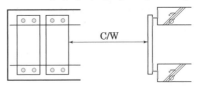

2) 샛기둥(Mullion Type)

형강의 수직부재(Mullion)를 슬래브나 보에 설치하고, 그 사이에 Panel을 설치하는 공법

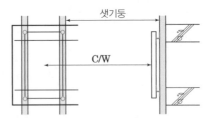

3) 커버(Cover Type)

기둥과 보를 Panel로 Cover하고, 그 사이에 C/W를 설치하는 공법

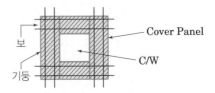

[Panel]

[샛기둥]

4. 조립

1) 유닛월(Unit-Wall) 공법

공장에서 제품 가공, 조립 및 Glazing 완료 후 유닛(Unit)화하여 현장으로 반입되어 현장에서 제품과 제품간을 연결하는 공정으로 설치를 완료하는 방식이다.

2) 스틱월(Stick-Wall) 공법=Knock Down 공법

커튼월의 각 구성 부재를 공장에서 반조립[넉다운(Knock Down)] 상태로 가공 후 현장으로 반입되어 현장에서 하나씩 완성 조립 및 설치하는 방식을 말한다.

[Unit Wall]

3) Unit-Wall과 Stick-Wall 공법 비교

구분	Stick Wall System	Unit Wall System
설계	설계가 비교적 용이한 편이고 일반적인 공사에 공사에 적용된다.	설계가 어려우며 국내에 아직 전문가가 많지 않고 대형공사에서 주로 채택한다.
품질	가공을 제외한 조립, 설치가 현장에서 이루어지며 Quality Control이 비교적 어렵고 품질이 떨어지기 쉽다.	가공 조립이 공장에서 이루어지며 형장에서는 설치만 한다. 따라서 공장의 깨끗한 곳에서 숙련된 작업자에 의해 조립되므로 품질이 우수해지고 Quality Control이 손쉽다.
성능 (수밀, 기밀, 단열)	조립 설치가 현장 기능공의 현장 작업에 의존하므로 설계 의도대로 조립, 시공되기가 어려우며 이에 따라 제 성능을 발휘하기가 어렵다.	공장에서 조립되는 관계로 품질이 우수하므로 수밀, 기밀, 단열 성능 등이 당연히 우수해진다.
운반	공장에서 가공하여 Bar의 상태로 운반하므로 운반이 용이하고 저렴하다.	공장에서 완전히 조립되어 운반되므로 운반 Volume 이 커지고 주의가 요구되며 운반비용이 비교적 많이 든다.
시공성 및 공기	모든 구성 부재가 현장에서 조립되므로 시공이 번거로우며 공사 기간은 Man Power에 의해 조절될 수 있으나 동일 Man Power일 경우 공기가 길어진다.	모든 구성부재가 공장에서 조립되므로 현장의 구체공정과 관계없이 공장에서 사전 작업이 될 수 있어 공기의 단축에 유리하며 시공성은 유리의 현장 취부에 따라 달라질 수 있다.
경제성	구성 부재의 형태, Size에 따라 좌우된다.	주요 구조재인 Mullion이 암, 수 2개로 분리되어 있어 구조적으로 비 경제적인 면이 있다.

[Stick Wall]

암기 point ✧
층용열차가
내기단수 되었다.

Ⅲ. 요구성능

1. 층간변위 추종성
층간변위란 풍압력 및 지진 등에 의해 생기는 건물구조체의 서로 인접하는 상·하 2층간의 상대변위를 말한다.

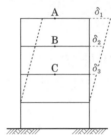

• A점의 변위 : $\delta_A = \delta_1 - \delta_2$
• B점의 변위 : $\delta_B = \delta_2 - \delta_3$

2. 열안전성(열에 의한 수축팽창)
+ 82℃ ~ -18℃ 수축팽창 흡수

3. 차음성(소음 방지)
1) 음의 평균 투과손실률이 40dB 이하
2) 유리의 소음전달 손실률보다 크게 설계

4. 내구성(구조 요구 성능)
1) 금속 커튼월 부재의 수직방향 처짐 허용치: 부재의 길이가 4,113mm 이하: L/175, 4,113mm 초과: -L/240+6.35mm
2) 유리의 처짐 허용치: 25.4mm 이하

5. 기밀성능
1) 75Pa~299Pa 압력차에서 시행
2) 공기유출량은 고정창: $18.3\ell/m^2 \cdot min$ 이하
3) 공기유출량은 개폐창: $23.2\ell/m \cdot min$ 이하

6. 수밀성능
1) 설계 풍압 중 정압의 20% 또는 299Pa 중 큰 값의 압력 차에서 수행
2) 최대 720Pa 이하
3) 살수는 $3.4\ell/m^3 \cdot min$의 분량으로 15분 동안 시행

7. 단열성능
단열성능 시험방법은 공사시방에 따른다.

Ⅳ. Fastener

- 본 건물과 커튼월을 연결하는 장치의 총칭임.
- 외력에 대한 충분한 강도, 설치의 용이성, 시공오차의 조정, 내화성, 부재의 열팽창 추종성 등이 확보되어야 함
- 역할 : 힘의 전달 기능, 변형흡수기능, 오차흡수기능

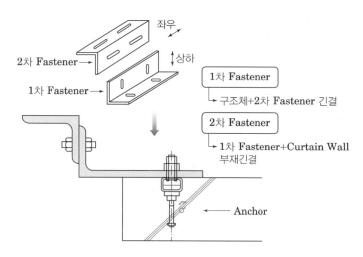

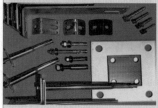

[Fastener]

1. Sliding 방식(수평이동 방식)

① 하부는 용접 등에 의해 고정하고 상부 Unit는 슬라이드 되도록 장치
② 층간변위 발생시 상·하층 커튼월 사이에 수평이동을 발생시킴.
③ 가로로 긴 패널에 적합한 방식

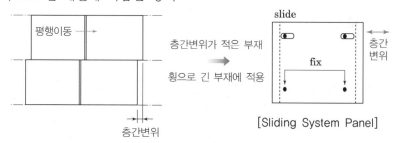

[Sliding System Panel]

[Sliding]

2. Rocking 방식(회전이동 방식)

① 상변과 하변이 상·하로 이동하면서 회전이 되도록 장치
② 층간변위의 추종성이 용이함.
③ 세로로 긴 패널에 적합한 방식

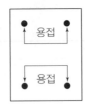

회전이동

층간변위가 큰 부재

종으로 긴 부재에 적용

층간변위

층간
변위

[Rocking System Panel]

[Fixed]

3. fixed 방식

① 상변과 하변을 용접 등으로 고정
② 고정철물의 형식이 단순하고 시공 용이함.
③ 변형하기 쉬운 금속제 커튼월 등에 주로 사용

용접

용접

V. 비처리방식

1. Closed Joint System

커튼월 접합부인 줄눈에 실재를 충전하여 밀폐시킴으로써 물의 침투를 막는 방식이다.

[Closed Joint System]

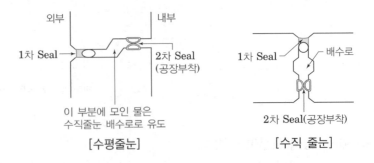

외부   내부

1차 Seal   2차 Seal
(공장부착)

1차 Seal   배수로

이 부분에 모인 물은
수직줄눈 배수로 유도   2차 Seal(공장부착)

[수평줄눈]   [수직 줄눈]

2. Open Joint System

커튼월의 외부와 내부 사이에 공간을 두어 옥외의 기압과 같은 기압을 유지시켜 등압원리를 이용하여 기압차에 의한 우수침입을 방지하는 방식이다.

1) Open Joint의 원리

① 1차측에 외기도입구를 설치하여 공기를 도입, 2차측에 기밀재를 이용
   하여 기밀성 유지

② 커튼월 내부에 공기압이 유입되도록 하여 내외부를 등압상태로 유지

③ 등압으로 인하여 외부의 빗물이 패널 내부로 유입되는 것을 방지

④ 침투한 빗물도 중력에 의하여 하부로 흐른 뒤 외부로 배수처리

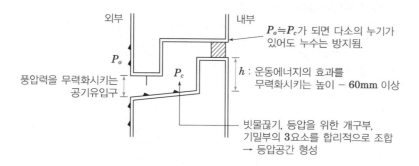

외부   내부

$P_o \fallingdotseq P_c$가 되면 다소의 누기가
있어도 누수는 방지됨.

P_o

P_c

h : 운동에너지의 효과를
무력화시키는 높이 – **60mm** 이상

풍압력을 무력화시키는
공기유입구

빗물끊기, 등압을 위한 개구부,
기밀부의 3요소를 합리적으로 조합
→ 등압공간 형성

Ⅵ. 커튼월의 시험

1. 풍동시험(Wind Tunnel Test)

건물 주변 600m(지름 1,200m)의 지반 및 건물배치를 축척 모형으로 만들
어 원형 Turn Table 풍동 속에 설치한 후 과거의(50~100년) 풍을 가하여
풍압 및 영향시험 실시

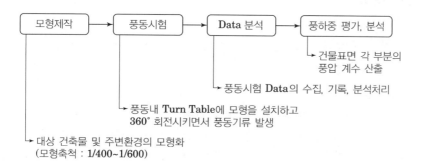

모형제작 → 풍동시험 → Data 분석 → 풍하중 평가, 분석

↳ 건물표면 각 부분의
풍압 계수 산출

↳ 풍동시험 Data의 수집, 기록, 분석처리

↳ 풍동내 Turn Table에 모형을 설치하고
360° 회전시키면서 풍동기류 발생

↳ 대상 건축물 및 주변환경의 모형화
(모형축척 : 1/400~1/600)

[풍동시험]

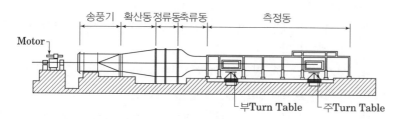

송풍기   확산동 정류동 축류동   측정동

Motor

┗부Turn Table   ┗주Turn Table

1) 시험항목

   ① 구조하중시험

   ② 외벽풍압시험

   ③ 환경변화시험

   ④ 빌딩풍시험(주변건물시험)

[실물대시험]

2. 실물대시험(Mock Up Test)

대형시험장치를 이용하여 실제와 같은 가상구체에 실물 커튼월을 실제와 같은 방법으로 설치하여 기밀성, 수밀성, 구조성능시험, 층간변위시험, 단열시험 등을 확인하는 시험이다.

1) 시험장치도

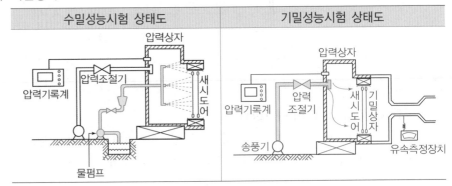

수밀성능시험 상태도	기밀성능시험 상태도

2) 시험항목

  ① 예비시험

    설계 풍압의 +50%를 최소 10초간 가압 → 시료상태 점검, 시험실시 가능 여부 판단

  ② 기밀시험

    가. 75Pa~299Pa 압력차에서 시행

    나. 공기유출량은 고정창: $18.3\ell/m^2 \cdot min$ 이하, 단위면적당 누기량 평가

    다. 공기유출량은 개폐창: $23.2\ell/m \cdot min$ 이하, 단위길이당 누기량 평가

  ③ 정압수밀시험

    가. 누수량에 대한 허용치: 15ml(1/2온스) 이하의 유입수의 경우 누수로 생각하지 않는다.

    나. 설계 풍압 중 정압의 20% 또는 299Pa 중 큰 값의 압력 차에서 수행하며 최대 720Pa를 넘지 않도록 한다.

    다. 살수는 $3.4\ell/m^3 \cdot min$의 분량으로 15분 동안 시행 → 누수상태 관찰

④ 동압수밀시험

　가. 정압수밀시험과 유사하나 가압의 방식에 차이(비행기 프로펠러와 팬 등)

　나. 누수량에 대한 허용치: 15ml(1/2온스) 이하의 유입수의 경우 누수로
　　　생각하지 않는다.

　다. 설계 풍압 중 정압의 20% 또는 299Pa 중 큰 값의 압력 차에서 수
　　　행하며 최대 720Pa를 넘지 않도록 한다.

　라. 살수는 $3.4\ell/m^3 \cdot min$의 분량으로 15분 동안 시행 → 누수상태 관찰

⑤ 구조성능시험

　가. 금속 커튼월 부재의 수직방향 처짐 허용치: 부재의 길이가 4,113mm
　　　이하: L/175, 4,113mm 초과: −L/240+6.35mm

　나. 잔류 변형의 허용치: L/500 이하

　다. 유리의 처짐: 25.4mm 이하

⑥ 층간변위시험

　수평변위를 주어 변위측정

⑦ 단열시험

　밀폐된 실을 두고 실제 발생할 수 있는 상황에 맞게 온도, 습도 조정하
　여 측정

3. Field Test

커튼월의 필드테스트는 현장에 설치된 Exterior Wall에 대해 기밀성능과
수밀성능을 확인하는 시험을 말한다.

① 기밀시험

　가. 75Pa~299Pa 압력차에서 시행

　나. 공기유출량은 고정창: $18.3\ell/m^2 \cdot min$ 이하, 단위면적당 누기량
　　　평가

　다. 공기유출량은 개폐창: $23.2\ell/m \cdot min$ 이하, 단위길이당 누기량
　　　평가

② 정압수밀시험

　가. 누수량에 대한 허용치: 15ml(1/2온스) 이하의 유입수의 경우 누수로
　　　생각하지 않는다.

[기밀시험]

　나. 설계 풍압 중 정압의 20% 또는 299Pa 중 큰 값의 압력 차에서 수
　　　행하며 최대 720Pa를 넘지 않도록 한다.

　다. 살수는 $3.4\ell/m^3 \cdot min$의 분량으로 15분 동안 시행 → 누수상태 관찰

[수밀시험]

③ 동압수밀시험
가. 정압수밀시험과 유사하나 가압의 방식에 차이(비행기 프로펠러와 팬 등)
나. 누수량에 대한 허용치: 15ml(1/2온스) 이하의 유입수의 경우 누수로 생각하지 않는다.
다. 설계 풍압 중 정압의 20% 또는 299Pa 중 큰 값의 압력 차에서 수행하며 최대 720Pa를 넘지 않도록 한다.
라. 살수는 $3.4\ell/m^3 \cdot min$의 분량으로 15분 동안 시행 → 누수상태 관찰

■ 기밀성능 측정방법
1. Tracer Gas Test(추적가스법)
일반적인 공기 중에 포함되어 있지 않거나 포함되어 있어도 그 농도가 낮은 가스를 실내에 대량으로 한 번에 또는 일정량을 정해진 시간 간격으로 분사시키고 해당 공간에서 추적가스 농도의 시간에 따라 감소량을 측정하여 건물 또는 외피 부위별 침기/누기량, 또는 실 전체의 환기량을 산정하는 방법
2. Blower Door Test(압력차법)
외기와 접해있는 개구부에 팬을 설치하고 실내로 외기를 도입하여 가압을 하거나, 반대로 실내 공기를 외부로 방출시켜 실내를 감압시킨 후 실내외 압력차가 임의의 설정 값에 도달하였을 때 팬의 풍량을 측정하여 실측대상의 침기량 또는 누기량을 산정하는 방법

VII. 커튼월의 층간방화구획

1. 내화성능기준

구분	층수/최고높이(m)		기둥	보	slab	내력법
일반시설	12/50	초과	3시간	3시간	2시간	3시간
		이하	2시간	2시간	2시간	2시간
	4/20 이하		1시간	1시간	1시간	1시간
주거시설	12/50	초과	3시간	3시간	2시간	2시간
		이하	2시간	2시간	2시간	2시간
	4/20 이하		1시간	1시간	1시간	1시간
산업시설	12/50	초과	3시간	3시간	2시간	2시간
		이하	2시간	2시간	2시간	2시간
	4/20 이하		1시간	1시간	1시간	1시간

2. 층간방화구획 방법

1) 방화스프레이 공법

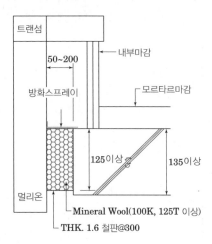

2) 내화보드재

3) 1액형 방화 실란트

4) 발포성형 방화재

5) R.T.V Form(Room Temperature Vulcanizing)

6) 모르타르 공법 : 공인시험결과 없음

⇒ 내화성능인정구조 확인(한국건설기술연구원)

VIII. 커튼월의 부실 사례

1. 커튼월의 하자 원인과 대책

(1) 하자 원인

1) 누수

2) 변형 및 탈락

3) Sealing재 파괴

4) 결로 발생

5) 발음 현상

(2) 하자대책

1) 누수대책

구분	원인	대책	구분	원인	대책
중력	하향구배	상향구배	운동에너지	→	미로
표면장력	→	물끊기	기압차		Open joint
모세관현상	0.5mm	Air pocket			

2) 적정 Fastener 사용

3) 돌개바람차단

4) Sealing 철저

줄눈 폭	일반 줄눈	Glazing 줄눈
15mm≤W	1/2~2/3	1/2~2/3
10mm≤W<15mm	2/3~1	2/3~1
6mm≤W<10mm		3/4~4/3
최소 6mm 이상, 최대 20mm 이내		

백업재 / 실링재
D / W

5) 단열철저

6) 발음방지

7) 구조검토

8) 시험실시

2. 커튼월의 결로발생 원인과 대책

(1) 커튼월의 결로발생 원인

1) 실내외 온도차

2) 실내습기의 과다발생

3) 생활습관에 의한 환기부족

4) 구조체의 열적특성

5) 시공불량

6) 시공직후의 미건조상태에 따른 결로

(2) 결로 방지대책
 1) 유리
    ① 복층유리 공기층 확보 → 12mm 이상
    ② 로이복층유리 사용 → 내부유리 금속코팅(Ag)
    ③ 비활성가스의 사용 → 아르곤가스 또는 크립톤가스
    ④ 단열간봉
    ⑤ Double skin
    ⑥ 삼중유리 사용

 2) 알루미늄바
    ① 단열바의 적용
    ② 알루미늄바 내부 배수시스템 적용
    ③ 실내표면 결로수 처리시스템 적용 → 트랜섬 홈
    ④ 실내환기 설비시스템 적용

3. 커튼월의 누수원인과 대책
(1) 커튼월의 누수원인
    ① 멀리온과 트랜섬 접합부 처리 부실
    ② 부적합한 실란트 사용
    ③ 실란트 기밀성 부족
    ④ 가스켓 기밀성 부족
    ⑤ Weep hole 설치 불량
    ⑥ 등압공간확보 미비

(2) 누수대책
    ① 가스켓, 실란트 기밀성 유지
    ② 알루미늄바와 back panel 사이의 밀실충진
    ③ Mullion과 트랜섬 접합 철저
    ④ 유리가공 시 적합한 실란트 가공
    ⑤ Weep hole 설치
    ⑥ Weep hole 배면에 Baffle 스펀지 설치
    ⑦ 방습지 설치
    ⑧ 등압이론
    ⑨ 적정 Joint 방식 선택
    ⑩ Flushing 설치
    ⑪ Unit system 시공

2 단답형·서술형 문제 해설

1 단답형 문제 해설

01 커튼월(Curtain Wall)의 층간변위

Ⅰ. 정의

층간변위란 풍압력 및 지진력 등에 의해 생기는 건물 구조체의 서로 인접하는 상부 및 하부 2층간의 상대변위를 말한다.

Ⅱ. 개념도

① A점의 변위: $\delta_A = \delta_1 - \delta_2$

② B점의 변위: $\delta_B = \delta_2 - \delta_3$

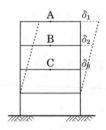

Ⅲ. 층간변위 허용치

고층 철골조(유연구조)	20mm 전후
중고층 건물(강구조)	10mm 전후

Ⅳ. 처리방식

(1) 자체 흡수 Type

① 탄성변형 Type

가. 커튼월 자체의 변위로 처리

나. 강성이 적은 금속커튼월에 적용

다. Fixed 방식에 적용

② 소성변형 Type

가. 부재의 접합부위에서 변위를 흡수하여 처리

나. 강성이 큰 PC 커튼월에 적용

다. Rocking 방식에 적용

(2) Slip 흡수 Type

① Fastener를 Slide하여 처리하는 방식

② Sliding 방식에 적용

02 커튼월 패스너 접합방식(커튼월의 고정철물, Fastener)

Ⅰ. 정의

커튼월의 고정철물은 커튼월 본체를 구조체에 체결하는 중요한 부분으로 힘의 전달 기능, 변형흡수기능 및 오차흡수기능을 가져야 한다.

Ⅱ. 개념도

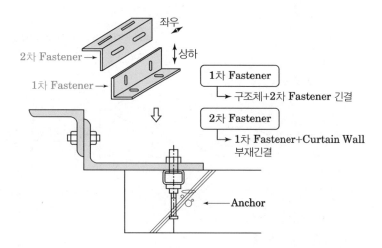

Ⅲ. 종류별 특징

(1) Sliding 방식

① 지지형태

[Sliding System Panel]

② 층간변위 추종

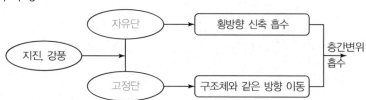

(2) Rocking 방식

① 지지형태

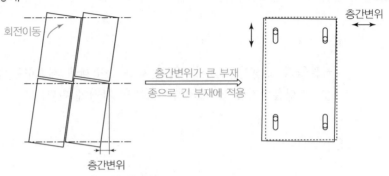

[Rocking System Panel]

② 층간변위 추종

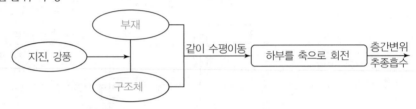

(3) Fixed 방식

① 지지형태

① RC조 등의 면내 변형이 적은 부재에 사용
② 용접으로 모든 Fastener를 상·하고정

② 층간변위 추종

지진, 강풍 ──▶ Curtain Unit이 변형함에 따라 그 변형을 흡수

03 커튼월의 결로 방지대책

I. 정의

최근 확장형 발코니 등으로 동절기에 커튼월과 유리에 결로가 발생되고 있으므로 적절한 자재 및 공법을 선정하여 결로를 방지하여야 한다.

II. 결로 방지대책

(1) 유리 결로 방지대책

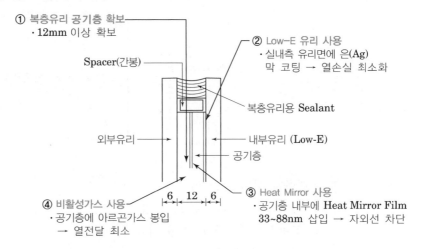

① 복층유리 공기층 확보
· 12mm 이상 확보

Spacer(간봉)

② Low-E 유리 사용
· 실내측 유리면에 은(Ag) 막 코팅 → 열손실 최소화

복층유리용 Sealant

외부유리

내부유리 (Low-E)

공기층

6 12 6

④ 비활성가스 사용
· 공기층에 아르곤가스 봉입 → 열전달 최소

③ Heat Mirror 사용
· 공기층 내부에 Heat Mirror Film 33~88nm 삽입 → 자외선 차단

(2) 알루미늄바 결로 방지대책

① 단열바의 적용

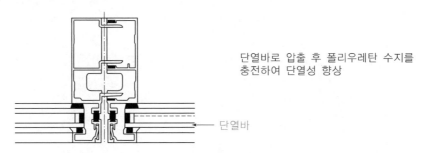

단열바로 압출 후 폴리우레탄 수지를 충전하여 단열성 향상

단열바

② 내부결로수 배수 시스템

　가. 외부 Weep Hole을 설치하여 외부로 배수

　나. 트랜섬에서 직접 배수

　다. 트랜섬에서 멀리온으로 유도하여 각층 하단에서 배수

③ 실내표면 결로수 처리 시스템

   가. 트랜섬에 홈을 설치하여 결로수의 실내유입 방지

   나. 멀리온에 Drain Hole 설치 → 단열 및 외부소음에 주의

④ Fastener 부위 단열보강

   가. Fastener 부위 결로발생이 높으므로 → 단열보강 요구

   나. 실링재 신장률 50% 확보 요구

   다. 단열바 적용

⑤ Open Joint System 사용

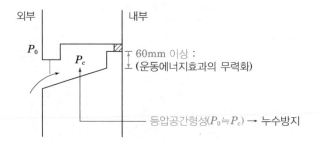

⑥ 실내환기 설비 System

   가. 실내환기 설비 System 도입

   나. 실내외 온도, 습도 조절 가능

   다. 결로의 원인 제거

04 커튼월의 모형시험(Mock-up Test, 실물대 시험)   [KCS 41 54 02]

Ⅰ. 정의

대형시험장치를 이용하여 실제와 같은 가상구체에 실물 커튼월을 실제와 같은 방법으로 설치하여 기밀성, 수밀성, 구조성능시험, 층간변위시험, 단열시험 등을 확인하는 시험이다.

Ⅱ. 시험장치도

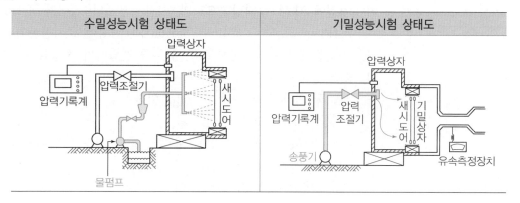

수밀성능시험 상태도	기밀성능시험 상태도

Ⅲ. 시험항목

(1) 예비시험

설계 풍압의 +50%를 최소 10초간 가압 → 시료상태 점검, 시험실시 가능 여부 판단

(2) 기밀시험

① 75Pa~299Pa 압력차에서 시행
② 공기유출량은 고정창: $18.3\ell/m^2 \cdot min$ 이하, 단위면적당 누기량 평가
③ 공기유출량은 개폐창: $23.2\ell/m \cdot min$ 이하, 단위길이당 누기량 평가

(3) 정압수밀시험

① 누수량에 대한 허용치: 15ml(1/2온스) 이하의 유입수의 경우 누수로 생각하지 않는다.
② 설계 풍압 중 정압의 20% 또는 299Pa 중 큰 값의 압력 차에서 수행하며 최대 720Pa를 넘지 않도록 한다.
③ 살수는 $3.4\ell/m^3 \cdot min$의 분량으로 15분 동안 시행 → 누수상태 관찰

(4) 동압수밀시험

① 정압수밀시험과 유사하나 가압의 방식에 차이(비행기 프로펠러와 팬 등)

② 누수량에 대한 허용치: 15ml(1/2온스) 이하의 유입수의 경우 누수로 생각하지 않는다.

③ 설계 풍압 중 정압의 20% 또는 299Pa 중 큰 값의 압력 차에서 수행하며 최대 720Pa를 넘지 않도록 한다.

④ 살수는 $3.4\ell/m^3 \cdot min$의 분량으로 15분 동안 시행 → 누수상태 관찰

(5) 구조성능시험

① 금속 커튼월 부재의 처짐 허용치

  가. 지점에 대해 수직방향으로의 처짐: 부재의 길이가 4,113mm 이하: L/175, 4,113mm 초과: -L/240+6.35mm(L은 지점에서 지점까지의 거리를 말함)

  나. 지점에 대해 수직방향으로의 처짐 중 캔틸레버 형태의 부재: 2L/175

  다. 중력 방향에 대한 처짐

  – 금속 및 기타 구조 부재: 3.2mm 이하

  – 개폐창 부위: 1.6mm 이하

  – 금속 커튼월 부재에 고정된 유리의 물림 치수는 설계도서상에 표시된 치수의 75% 미만으로 감소되어서는 안된다.

  라. 잔류 변형의 허용치: L/500 이하

② 금속 패널의 처짐 허용치

  금속패널 단변 길이는 L/60을 초과해서는 안 되며 작은 수치에 결정된 허용 처짐은 수직과 수평지지 부재와 비교하여 측정되어야 한다. 풍하중/적설하중 등 적용하중에 견주어 평활도를 유지할 수 있어야 한다.

③ 유리의 처짐 허용치

  유리의 처짐은 설계 풍하중에 대해서 25.4mm 이하

④ 실링재의 물림 치수 및 두께

  가. 구조용 실링재의 물림 치수 및 두께: 반드시 구조계산을 통한 안정성을 확인

  나. 실링재의 팽창률: 설계상 치수에서 25%를 초과 금지

(6) 층간변위시험

수평변위를 주어 변위측정

(7) 단열시험

밀폐된 실을 두고 실제 발생할 수 있는 상황에 맞게 온도, 습도 조정하여 측정

05 금속커튼월의 발음 현상

Ⅰ. 정의

다수의 Part로 조립된 금속 커튼월은 온도변화에 의한 각 부재의 신축으로 인한 마찰음을 말하며, 이에 대한 적절한 대책을 강구하여야 한다.

Ⅱ. 개념도

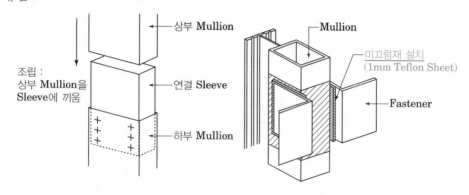

Ⅲ. 커튼월의 발음(소음) 현상

(1) 발생시기: 오전 8~10시, 오후 3~6시, 외부의 온도변화차가 클 때
(2) 위치: 동쪽 면에서 시작 일조이동과 함께 남서쪽 면으로 이동
(3) 발생부위: Mullion과 수평재의 Joint부위, 접합부

Ⅳ. 발음방지대책

(1) 열신축에 의한 팽창수축을 완전히 억제하기는 불가능함
(2) 부재의 팽창, 수축이 자유롭게 되도록 접합부 마찰면 처리를 철저
(3) Mullion의 연결부위에 소음방지 Pad(Teflon)는 Wrapping하여 연결
(4) Mullion을 고정하는 2차 Fastener와의 사이에 소음방지 Pad 설치
(5) 커튼월 부재와 Fastener의 연결부위에도 Pad 설치
(6) 검토대상 부위
  ① 열량을 많이 받는 곳: 폭이 넓은 창대, 검은색 계통으로 마감된 부위
  ② 부재가 긴 Sash
  ③ 소리가 쉽게 감지되는 곳

② 서술형 문제 해설

01   Curtain Wall 공사에서 발생하는 하자의 원인과 대책

I. 개 요

Curtain Wall의 하자에는 누수, 결로현상 등 여러 하자가 발생되고 있으나 접합부의 우수처리가 가장 중요하며, 이에 대한 Seal재의 개발 및 시공정밀도 등으로 하자를 예방하여야 한다.

II. 시공도

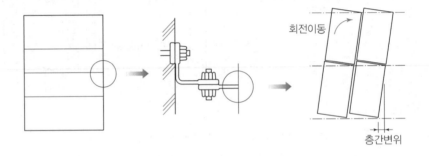

III. 하자의 원인

(1) 누수

  ① Primer, Sealing재 등의 재료 불량

  ② 접합면 바탕처리의 부실

  ③ 이음부 시공 불량

(2) 변형 및 탈락

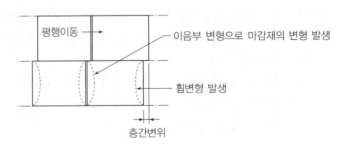

(3) Sealing재 파괴

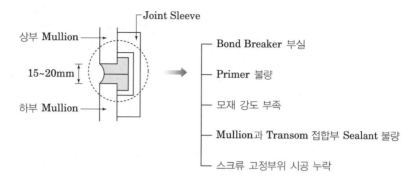

- Bond Breaker 부실
- Primer 불량
- 모재 강도 부족
- Mullion과 Transom 접합부 Sealant 불량
- 스크류 고정부위 시공 누락

(4) 결로 발생

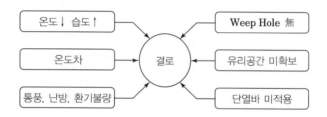

(5) 발음현상

① 외부의 온도변화가 심할 때
② Mullion과 Transom Joint 처리 미흡할 때

Ⅳ. 대책

(1) 누수대책

구 분	원 인	대 책
중력	하향구배	상향구배
표면장력		물끊기
모세관현상	0.5mm	Air pocket

운동에너지		미로
기압차		Open joint

(2) 적정 Fastener 사용

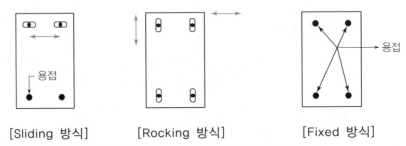

[Sliding 방식]　　　[Rocking 방식]　　　[Fixed 방식]

(3) Sealing 철저

① $w \geqq 15mm$ 경우

$$\frac{1}{2}w < D \leqq \frac{2}{3}w$$

② $10mm \leqq w < 15mm$ 경우

$$\frac{2}{3}w < D \leqq w$$

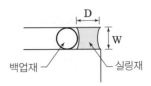

(4) 결로방지

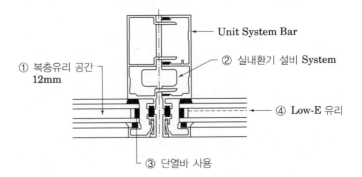

(5) 연결 Joint

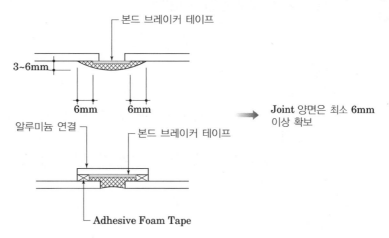

본드 브레이커 테이프

3~6mm

6mm   6mm

Joint 양면은 최소 6mm
이상 확보

알루미늄 연결

본드 브레이커 테이프

Adhesive Foam Tape

(6) 유리 고정 Sealing

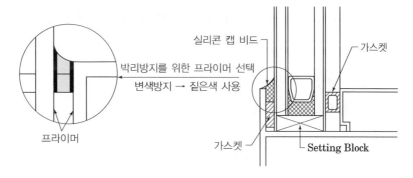

실리콘 캡 비드

가스켓

박리방지를 위한 프라이머 선택

변색방지 → 짙은색 사용

프라이머

가스켓

Setting Block

(7) 발음현상 방지

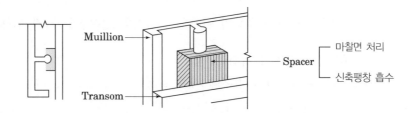

Muillion

Spacer

마찰면 처리

신축팽창 흡수

Transom

V. 결 론

(1) Curtain Wall 하자 발생의 예방을 위해서는 설계 시부터 철저한 System 비교를 통해 시공의 정밀성을 기해야 한다.

(2) 신기술, 신공법의 개발과 연구를 통해 하자발생을 줄일 필요가 있다.

😵 67,83,115회

02   Curtain Wall 결로원인과 대책

I. 일반사항

(1) 의 의

① 최근 확장형 발코니로 인하여 동절기에 알루미늄 커튼월과 유리에 결로가 발생되고 있다.

② 이에 알루미늄 커튼월과 유리의 적절한 자재 및 공법을 선정하여 결로를 방지하여야 한다.

(2) 결로발생 과정

II. 결로 원인

(1) 실내외 온도차

① 실내에서 온도가 가장 낮은 표면에 제일 먼저 발생

② 단열성능이 가장 나쁜 곳에서 발생

(2) 환기 부족

① 주거용 건물은 야간에 주로 거주 → 야간에 창문을 닫은 상태

② 주간에 방범상의 이유로 구조체의 열손실을 막기 위해 창문을 닫음

(3) 실내습기의 과다 발생

① 온난다습한 기후에 자주 발생

② 실표면의 온도상승이 느릴 때 결로 발생

③ 연도장치가 없는 등유난로는 많은 수증기 배출

④ 세탁물의 실내건조 → 실내습기 발생

(4) 단열 및 Fastener 보강 미흡

① 단열재료 및 두께 불량

② Fastener 주위 단열재 보강 미흡

(5) 접합부 Sealing 불량

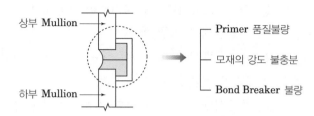

Ⅲ. 대책

(1) 유리결로 대책

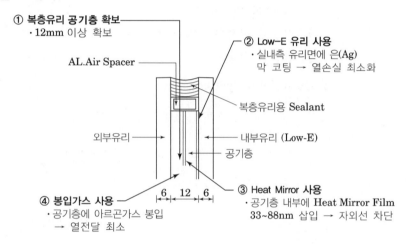

⑤ Warm Edge 기술 적용

　　단열성이 우수한 간봉을 사용하여 모서리 부위 열손실 최소화

(2) 알루미늄바 결로대책

① 단열바의 적용

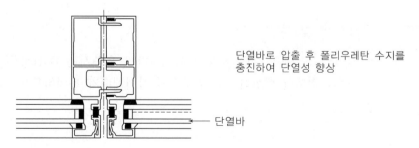

단열바로 압출 후 폴리우레탄 수지를
충진하여 단열성 향상

단열바

② 내부결로수 배수 시스템

　㉠ 외부 Weep Hole을 설치하여 외부로 배수

　㉡ 트랜섬에서 직접 배수

　㉢ 트랜섬에서 멀리온으로 유도하여 각층 하단에서 배수

③ 실내표면 결로수 처리 시스템

　㉠ 트랜섬에 홈을 설치하여 결로수의 실내유입 방지

　㉡ 멀리온에 Drain Hole 설치 → 단열 및 외부소음에 주의

④ Fastener 부위 단열보강

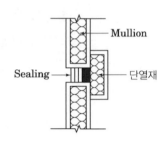

　㉠ Fastener 부위 결로발생이 높으므로

　　→ 단열보강 요구

　㉡ 실링재 신장률 50% 확보 요구

　㉢ 단열바 적용

⑤ Open Joint System 사용

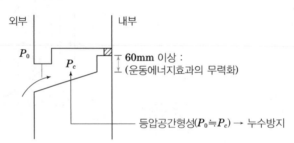

⑥ 실내환기 설비 System

　㉠ 실내환기 설비 System 도입

　㉡ 실내외 온도, 습도 조절 가능

　㉢ 결로의 원인 제거

Ⅳ. 결 론

　Curtain Wall 결로 발생을 최소화하기 위해서는 Curtain Wall 부재나 유리의 단열성능을 최대한 향상시키고 결로수의 자연배수가 용이하도록 설계 및 시공되어야 한다.

03 층간방화구획 종류별 특징

I. 개 요

(1) 층간방화구획은 건축물의 화재시 화염의 확산방지를 위해서 커튼월과 Slab 사이를 방화재료로 구획하는 것이다.

(2) 근래 주상복합 건물의 증가 추세로 인해 층간 방화구획 처리가 거주 성능을 좌우한다.

II. 시공도

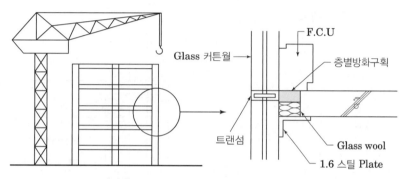

III. 층간 방화구획 종류별 특징

(1) 내화보드재

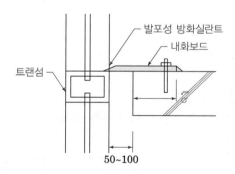

① 구성 : 9.5 내화보드+발포성 내화 실란트

② 내화시간 : 2시간

③ 건식공법으로 시공 간단, 공기단축

(2) 모르타르 시공

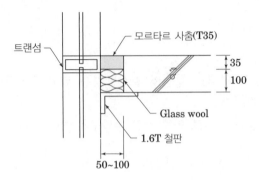

① 구성 : 1.6T 철판+Glass wool+모르타르 사춤(T35)

② 내화시간 : 공인시험결과 없음

③ 특징 : 습식공법 AL-Bar 부식, 모르타르 균열

(3) 1액형 방화 실란트

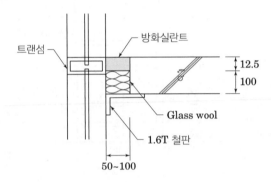

① 구성 : 1.6T 철판+Glass wool+방화 실란트(1액형)

② 내화시간 : 2시간

③ 특징 : 상시온도에서 시공 가능, 면적이 클 경우 불리, 수축팽창시 완충, 건(Gun) 타입으로 시공 간편

(4) 발포성형 방화재

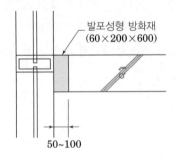

① 구성 : 발포성형 방화재

② 내화시간 : 2시간

③ 특징 : 건식공법으로 시공 간단, 공정단순, 변위추종성 양호, Pipe 충전용 사용

(5) R.T.V Form(Room Temperature Vulcanizing)

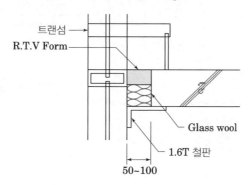

① 구성재 : 1.6T 철판+Glass wool+R.T.V Form

② 내화시간 : 2시간

③ 특징 : 팽창형(2.5~3배 부피 팽창)으로 충진성이 큼, 2액형이므로 별도의 믹싱장비 필요, 철판 설치 용이

(6) 방화스프레이 공법

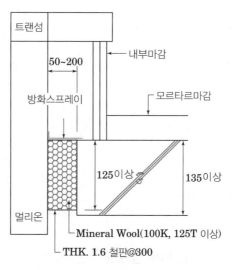

① 구성재 : 1.6T 철판+암면+방화스프레이

② 내화시간 : 2시간

③ 특징 : 기밀성 우수, 층간변위 흡수성 우수, 방수성능 우수 화재시 열팽창이 일어나 손상부위 채워주므로 밀폐성 유리

Ⅳ. 결 론

층간 방화구획은 방화, 소음전달방지, 진동차단에 대한 기술적인 처리가 설계단계에서 부터 반영하여 철저한 현장시공이 요구된다.

Chapter **06** # PC · CW · 초고층공사

제 3 절 초고층공사

1 핵심정리

I. 공정계획

1. 기본요소

- 고소작업에 적합한 공법
- 안전대책
- 고소작업시 기상조건
- 공정계획의 합리화

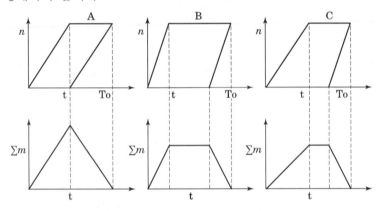

n : 층수, m : 작업량, t : 공기, T_o : 최종공기

2. 공기에 영향을 주는 요소

- 고소작업
- 도심지 교통규제
- 기능공 확보
- 건설공해

3. 공정계획방법

1) 병행시공방법

선행작업이 하층에서 상층으로 진행할 때 작업가능 상태의 시점에서 후속
작업이 하층에서 상층으로 진행하는 방법

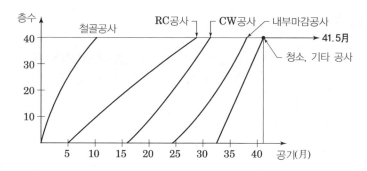

2) 단별시공방법

철골공사가 끝난 후 후속공사를 수단으로 나누어 동시에 시작하는 방법

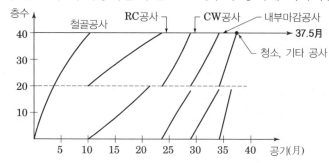

3) 연속반복방법

병행시공방법과 단별시공방법의 장점을 고려한 방법

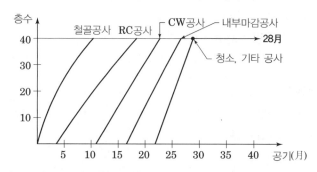

4) 고속궤도 방법(Fast Track Method)

공사진행방법	설계		시공
순차적 진행법	기본설계	실시설계	시공
고속궤도방법	기본설계	실시설계	
	시공		
			공기단축

4. 기준층 시공속도

항목	기준층 시공속도(月)		
	10층	11~20층	21~40층
철골세우기공사	0.15	0.22	0.32
철근콘크리트공사	0.50	0.65	0.70
외부벽공사	0.20	0.20	0.20
내부마감공사	0.30	0.30	0.30

Ⅱ. 양중계획

1. 양중방식(자재 분류)

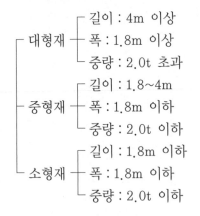

```
            ┌ 길이 : 4m 이상
    ┌ 대형재 ┼ 폭 : 1.8m 이상
    │       └ 중량 : 2.0t 초과
    │       ┌ 길이 : 1.8~4m
    ├ 중형재 ┼ 폭 : 1.8m 이하
    │       └ 중량 : 2.0t 이하
    │       ┌ 길이 : 1.8m 이하
    └ 소형재 ┼ 폭 : 1.8m 이하
            └ 중량 : 2.0t 이하
```

[양중기선정]

2. 양중계획

① Stock yard
② 운반의 System화
③ 양중기계 선정

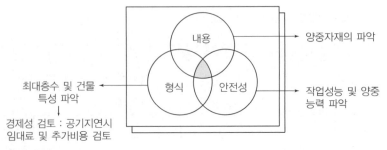

④ 최대양중량 파악

⑤ 양중량 산적도

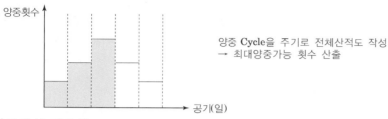

양중 Cycle을 주기로 전체산적도 작성
→ 최대양중가능 횟수 산출

⑥ 양중량의 평준화
⑦ 양중부하의 경감
⑧ 양중기계의 검사
⑨ 본설비 조기 가동
⑩ 마감공사 개시 조절

Ⅲ. 안전관리 → 총론 참조

Ⅳ. 바닥판 공법

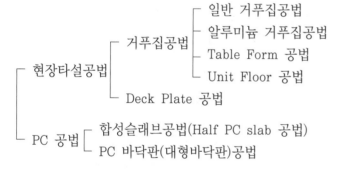

[Deck Plate 공법]

Ⅴ. 공기단축방안

- BIM 설계
- Top Down 공법/SPS 공법
- 철근 Prefab 공법
- System Form 사용
- Core 선행공법
- PC 및 half pc 공법
- 공정계획 철저
- 양중계획 철저
- 마감건식화
- Lean Construction

[Core 선행공법]

Ⅵ. Column Shortening(기둥부등축소)

Column Shortening이란 내·외부 철골기둥의 신축량의 차이와 외부철골기둥과 내부 콘크리트 코어부분의 수축에 따른 기둥높이의 차이가 발생하는 현상을 말한다.

1. 원인
① 응력차(하중분담 차이)

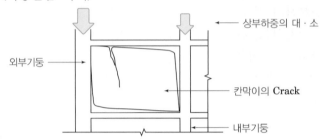

② 온도차
③ 재질 상이
④ 주각모르타르 레벨불량

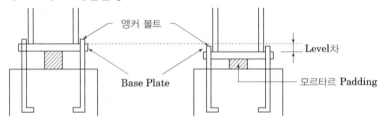

2. 대책
① 계측관리 철저
② 층별보정

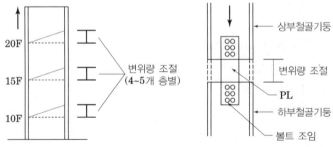

③ 기둥높이조정(주고조정)
④ 슬래브 수평유지
⑤ Core 보정
⑥ 변위 발생 후 본조립

Ⅶ. 기타

1. 코어선행공법

코어부분의 콘크리트가 먼저 시공되고 그 뒤를 따라 철골공사가 올라가는 공법으로 기존의 공법순서를 뒤바꾼 것이다.

1) 코어선행공법의 핵심기술

① 거푸집의 설치, 고정, 해체의 시스템화
② 코어와 연결되는 철근과 철골의 처리계획
③ 먼저 상승하는 코어부분의 인력과 자재반입에 대한 문제 해결

2) 코어선행공법의 철근연결 방법

① 기계이음방법
② 돌출형 키커방법
③ 벽체 매립박스방법
④ Embeded Plate 방법

[코어 선행공법]

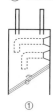 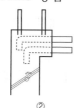 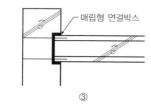 

매립형 연결박스

①　　　　②　　　　③　　　　④

2. 충전강관 콘크리트(Concrete Filled Tube)

강관의 내부에 콘크리트를 충전한 구조로서 콘크리트 충전강관구조라고 하며 고내력, 고인성을 가진 부재로 고축력에 저항하는 구조이다.

1) CFT 구조의 성능

① 구조성능
② 내화성능
③ 시공성
④ 적용성

2) 콘크리트 타설방법

① 낙하법
② 트레미관법
③ 압입법

[압입법]

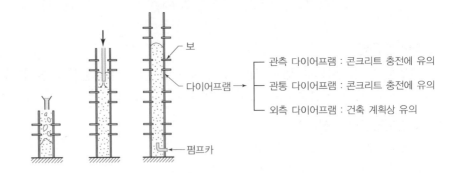

├─ 관측 다이어프램 : 콘크리트 충전에 유의
다이어프램 →├─ 관통 다이어프램 : 콘크리트 충전에 유의
└─ 외측 다이어프램 : 건축 계획상 유의

3. Outrigger System(Spine System)

초고층건물에 풍화중 및 지진 등의 횡하중을 제어할 목적으로 코어를 외부 기둥에 바로 연결시켜 횡강성을 증대시킨 공법으로 보통 코어와 외부기둥 사이에 트러스 형태로 구성되며, 등분포 Outrigger와 집중 Outrigger System이 있다.

1) 등분포 Outrigger
코어와 외부기둥을 일반보로 전 층에 걸쳐서 배치

2) 집중 Outrigger
코어와 외부기둥을 대형보(트러스)로 일부 층(4~5개 층마다)에 집중배치하고, 그 외층은 일반보로 걸쳐서 배치

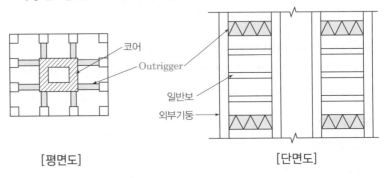

[평면도]　　　　　　　　　　　　　[단면도]

4. Belt Truss

초고층건물에 횡하중을 제어할 목적으로 Outrigger를 적용 시 Core의 힘을 분산시키기 위해 외부 기둥을 Truss로 연결시키는 공법을 말한다.

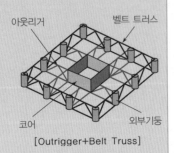

[Outrigger+Belt Truss]

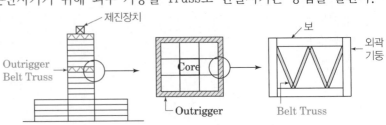

5. 면진구조

건물의 기초 부분 등에 적층 고무 또는 슬라이딩 베어링 등을 사용해서, 지진에 의한 지반의 진동이 상부 구조물에 전달되지 않도록 하는 구조를 말한다.

1) 개념도

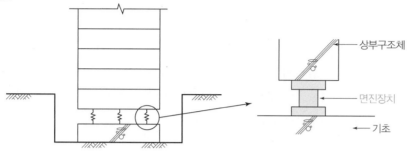

2) 종류

① LRB(Laminated Rubber Bearing)
　　가. 고무와 강판을 서로 겹쳐 놓은 베어링으로 전달에너지를 최소화
　　나. 기초와 지반사이에 상대변위가 크게 발생하고 초기 강성이 충분하
　　　　지 못함

② 납면진받침(LRB: Lead Rubber Bearing)
　　LRB의 단점을 보완하기 위해 원주형의 납을 LRB의 중심부에 설치하여
　　상대변위를 조정

③ 활동분리시스템(Sliding Isolation System)
　　기초와 지반사이에 활동 마찰판을 설치하여 상부 구조물의 진동수 이동
　　보다는 마찰로 인한 에너지 감쇄결과로 지반분리효과를 얻음

[LRB]

6. 제진구조

건축물의 최상부에 구조물의 고유주기와 일치하는 진자를 설치하여 건물이 바람 등에 의해 흔들리기 시작하면 진자의 움직임은 역방향으로 작용하여 건물의 진동을 저감시켜 주는 장치이다.

1) 개념도

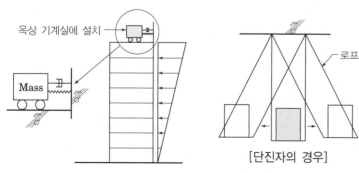

[단진자의 경우]

[고용량 TMD]

[저용량 TMD]

2) 종류
① TMD(Tuned Mass Damper)
동조된 스프링에 달린 질량과 감쇠요소로 구성되어 있으며, 바람에 의한 구조물 진동을 감소진동감쇠장치를 이용하여 휨방향의 비틀림현상 제어

② HMD(Hybrid Mass Damper)
유압식, 유공압식, 전자식, 모터식 등의 구동방법을 이용한다. 능동제어 장치의 본질적인 특성은 구동기의 작동을 위하여 외부의 전원을 이용질 량체를 이용하여 능동·수동제어의 동시 사용

③ AMD(Active Mass Damper)
질량체를 이용한 능동제어방식

④ TLD(Tuned Liquid Damper)
동조질량 댐퍼와 유사한 개념으로 유체탱크 내의 유체운동의 고유진동 수가 구조물의 진동수와 동조되도록 설계하여 구조물의 진동을 흡수집 수통에 일정량의 액체를 삽입 후 진동흡수

⑤ ABS(Active Bracing System)
브레이스의 질량체를 이용한 건물 자동제어

7. 지진
판 운동으로 변형이 축척되다가 마침내 한계에 도달하게 되면 암석 내에 급격한 파괴가 생기고 그 충격으로 생긴 파동, 즉 지진파가 지표면까지 전 해져 지반을 진동시키는 것이다.

1) 지진의 요소
① 진원시(Origin Time)
② 진원(Hypocenter)
③ 진앙(Epicenter)
④ 규모(Magnitude)
⑤ 진도(Seismic Intensity)

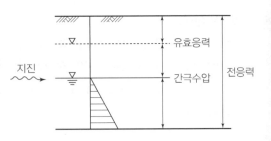

2) 내진성능 개선방향
① 벽 증설 공법
② 브레이스 증설 공법
③ 기둥보강 공법
④ 외부기구 설치공법
⑤ 면진 공법
⑥ 제진기구 설치공법

⑦ 변형능력 향상방법(철골 구조물)

⑧ 기타 공법 : 강판벽 부착, 개구부 폐쇄, 프리캐스트벽 부착

8. 연돌효과(Stack Effect)

건물 내·외부공기 밀도 차이로 인한 압력차에 의해 발생하는 공기의 흐름으로 굴뚝효과라고도 한다.

1) 개념도

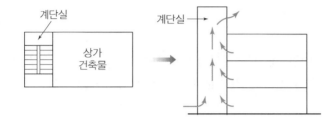

2) 원인

① 건물 내·외부 기압차

② 건물 기밀화 불량 및 개구부 과도로 인한 공기누출

③ 건축물 높이(고층화)

3) 대책

① 1층 출입구에 회전문, 방풍문 설치

② 공기의 유입을 최대한 억제

③ 계단실 및 E/V 등 수직통로에 공기유출구 설치

④ 창호 기밀성능 향상

⑤ 방화구획 철저

2 단답형·서술형 문제 해설

1 단답형 문제 해설

51,69,80,96,108,115회

01 Column Shortening(기둥축소량, 철골조 Column Shortening의 원인 및 대책)

I. 정의

Column Shortening이란 내·외부 철골기둥의 신축량의 차이와 외부철골기둥과 내부 콘크리트 코어부분의 수축에 따른 기둥높이의 차이가 발생하는 현상을 말한다.

II. 층별 보정(主高調定) 방법

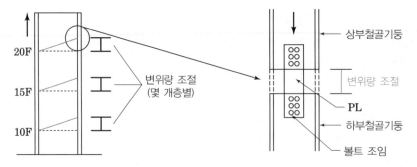

III. Column Shortening의 원인

(1) 응력차(하중분담차이)

(2) 내·외부 온도차이로 인한 변위

(3) 재질의 상이

(4) 주각부 모르타르 레벨 불량

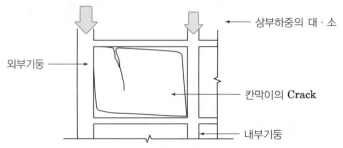

Ⅳ. 대책

(1) 설계 시 미리 예측하여 구조설계에 반영

(2) 주고조정(主高調定)에 의한 층별 보정 실시

(3) 콘크리트타설 레벨 유지를 철저히 하여 슬래브 수평유지

(4) 4~5층마다 현장 실측하여 변위량에 대해 철골기둥 수정하여 반입

(5) 건조수축을 감안하여 코어 보정

(6) 건물기둥에 Strain Gauge 설치하여 계측관리 철저

(7) 변위발생 후 본조립 실시

⊗ 61,72회

02 | Core 선행공법

Ⅰ. 정의
코어부분의 콘크리트가 먼저 시공되고 그 뒤를 따라 철골공사가 올라가는 공법으로 기존의 공법순서를 뒤바꾼 것이다.

Ⅱ. 시공도

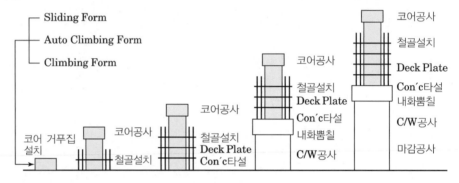

Ⅲ. Core 선행공법의 핵심기술
(1) 거푸집의 설치, 고정, 해체의 시스템화
(2) 코어와 연결되는 철근과 철골의 처리계획
(3) 먼저 상승하는 코어부분의 인력과 자재반입에 대한 문제해결

Ⅳ. Core 선행공사에서의 철근의 연결
(1) 기계이음방법
(2) 돌출형 키커방법
(3) 벽체 매립박스방법
(4) Embeded Plate 방법

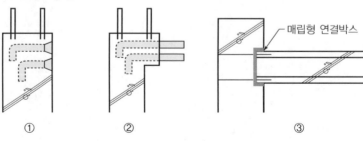

①   ②   ③

52,56,64,76회

03 충전강관 콘크리트(Concrete Filled Tube)

Ⅰ. 정의

강관의 내부에 콘크리트를 충전한 구조로서 콘크리트 충전강관구조라고 하며 고내력, 고인성을 가진 고성능 부재로 고축력에 저항하는 구조이다.

Ⅱ. 시공도

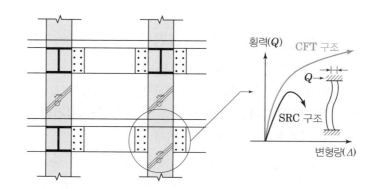

Ⅲ. CFT 구조의 성능

(1) 구조성능

강관의 국부 좌굴변형을 구속하여 좌굴에 따른 강관의 내력저하방지

(2) 내화성능

열용량이 큰 콘크리트 충전으로 표면온도를 억제

(3) 시공성

충전작업이 공정에 영향을 미치지 않고, 형틀공사가 필요 없음

(4) 적용성

외관이 돋보이는 원형기둥을 형성

Ⅳ. 콘크리트 타설방법

(1) 낙하법
(2) 트레미관법: 1회 15m 정도
(3) 압입법: 1회 30m 이상

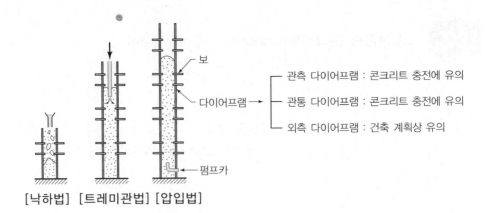

[낙하법] [트레미관법] [압입법]

V. 콘크리트 배합상 유의점

(1) 수화열이 큰 시멘트 사용금지

(2) 압입공법은 원칙적으로 AE 감수제 사용

(3) 체적변화의 지표인 침하량 및 블리딩양 철저히 관리

(4) 단위수량은 175kg/m^3 이하

(5) 공기량 억제
┌ 외측 다이어프램: 4.5% 이하
└ 내측 또는 관통 다이어프램: 2% 이하

(6) 단위 조골재 실용적: 0.5m^3/m^3 이상

VI. 시공관리상 유의점

(1) 운반시간이 1시간 이내의 공장 선정

(2) 압입공법은 기둥 1개마다 배차계획

(3) 압입속도: 1m/min

(4) 트레미관은 콘크리트에 1m 이상 삽입

(5) 콘크리트 이어치기: 강관 이음위치보다 30cm 이상 내린다.

04 횡력지지 시스템(Outrigger)

Ⅰ. 정의
초고층건물에 풍하중 및 지진 등의 횡하중을 제어할 목적으로 코어를 외부기둥에 바로 연결시켜 횡강성을 증대시킨 공법으로 보통 코어와 외부기둥 사이에 트러스 형태로 구성되며, 등분포 Outrigger와 집중 Outrigger System이 있다.

Ⅱ. 현장시공도 및 종류

(1) 등분포 Outrigger
코어와 외부기둥을 일반보로 전 층에 걸쳐서 배치

(2) 집중 Outrigger
코어와 외부기둥을 대형보(트러스)로 일부 층(4~5개 층마다)에 집중배치하고, 그 외 층은 일반보로 걸쳐서 배치

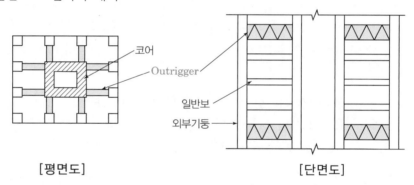

[평면도]　　　　　　　　　　　　[단면도]

Ⅲ. 코어와 Outrigger
(1) 코어: 수평전단력 지지
(2) Outrigger: 수직전단력을 코어로부터 외주부의 기둥에 전달
(3) Belt Truss: Outrigger Truss와 직접적으로 연결되지 않은 외부기둥들의 수평강성 전달 참여 유도

Ⅳ. 특징
(1) 외주부 기둥의 수평저항 능력 증가
(2) 강접이 아닌 단순접합 가능
(3) 수평변위를 감소
(4) 건물사용상의 문제를 최소화하기 위해 중간층(피난층) 기계실층에 위치
(5) 반복공사가 아니므로 공사 진행에 방해

05 제진에서의 동조질량감쇠기(TMD: Tuned Mass Damper)

I. 정의
동조된 스프링에 달린 질량과 감쇠요소로 구성되어 있으며, 바람에 의한 구조물 진동을 감소진동감쇠장치를 이용하여 휨방향의 비틀림현상을 제어하는 장치를 말한다.

II. 개념도

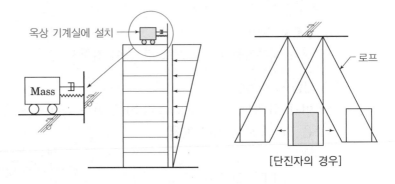

옥상 기계실에 설치
Mass
로프
[단진자의 경우]

III. 특징
(1) 내진성능 향상 및 구조물의 사용성 확보
(2) 지진 및 진동에 의한 손상레벨을 제어
(3) 건축물의 비구조재나 내부 설치물의 안전한 보호

IV. 에너지 흡수기구(Damper)
(1) 마찰댐퍼
마찰을 이용하여 건물에 입력된 진동에너지를 열에너지로 변환하여 건물의 진동을 억제하는 감쇠장치

(2) 점탄성댐퍼
① 점성체 혹은 점성체의 점성감쇠에 의해 에너지를 흡수
② 온도 의존성, 진폭의존성이 크다

(3) 납댐퍼
납의 초가소성을 이용한 댐퍼이며, 납의 이력 흡수에너지를 이용

(4) 조합댐퍼
두 가지 이상을 조합하여 만든 댐퍼

06 연돌효과(Stack Effect)

Ⅰ. 정의

건물 내·외부공기 밀도 차이로 인한 압력차에 의해 발생하는 공기의 흐름으로 굴뚝 효과라고도 한다.

Ⅱ. 개념도

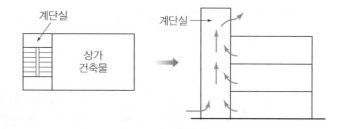

Ⅲ. 원인

(1) 건물 내·외부 기압차
(2) 건물 기밀화 불량 및 개구부 과도로 인한 공기누출
(3) 건축물 높이(고층화)

Ⅳ. 대책

(1) 1층 출입구에 회전문, 방풍문 설치

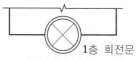

(2) 공기의 유입을 최대한 억제
(3) 계단실 및 EV 등 수직통로에 공기유출구 설치
(4) 창호 기밀성능 향상
(5) 방화구획 철저
(6) E/V Pit의 연돌효과 방지(외국시공사례)
   → 20층마다 승강기 환승하도록 설계

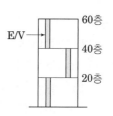

② 서술형 문제 해설

01 초고층 건축물의 공정계획

I. 개 요
(1) 초고층 건물은 수직이동의 고소작업에 대한 안전대책, 시공능률의 향상, 시공계획의 합리화, 공기단축 및 공사비 저감 등 여러 가지 어려운 문제가 많다.
(2) 이를 위해 Soft 기술인 공정계획을 철저히 수립해야 한다.

II. 기준층 시공속도

번 호	기준층 시공속도(월)		
	10층	11~20층	21~40층
철골세우기 공사	0.15	0.22	0.32
철근콘크리트 공사	0.50	0.65	0.70
외주벽 공사	0.20	0.20	0.20
내벽마감 공사	0.30	0.30	0.30

III. 공정계획
(1) 고소작업에 적합한 공법

(2) 안전대책
① 작업원의 추락, 기재의 도괴, 화재, 천후의 급변 등 우발적인 재해의 위험성이 큼
② 설계단계부터 시공계획 철저
③ 고소작업의 내용이나 능률까지 충분히 고려

(3) 고소작업의 천후 기타 조건

(4) 공사계획의 합리화

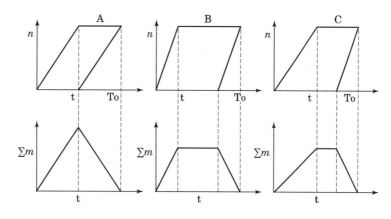

$$n : 층수, \quad m : 작업량, \quad t : 공기, \quad To : 최종공기$$

① Peak가 크면 하중설비, 동력설비, 용수량, 자재 Stock장 등 공정상 혼잡이 일어남
② 작업량의 산정을 될 수 있는 한 평행형이 되게 하고 Peak를 적게 함

(5) 병행시공방법

① 정의

선행작업이 하층에서 상층으로 진행할 때 작업가능 상태의 시점에서 후속작업이 하층에서 상층으로 진행하는 방법

② 도해

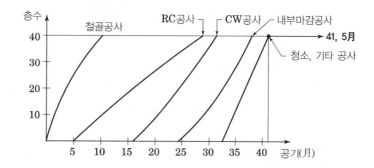

③ 특징
　　㉠ 작업의 위험도 증대
　　㉡ 양중설비가 증대
　　㉢ 중간층에 지수층이 없으면 우수 또는 작업용수 침투
　　㉣ 시공속도 조정이 없으면 중간층 작업중단 상태 초래
　　㉤ 현장 내 작업동선이 혼잡

④ 결과
　　㉠ 작업중단 기간을 방지하기 위해 시공속도 조절(41.5月)
　　㉡ 중간에 지수층(13층, 26층)을 두었을 때 공기단축 초래(36月)

(6) 단별시공방법
① 정의
　　철골공사가 끝난 후 후속공사를 수단으로 나누어 동시에 시작하는 방법

② 도해

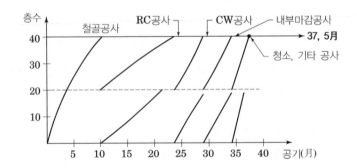

③ 특징
　　㉠ 동일작업이 n개소에서 행하므로 작업 복잡
　　㉡ 동일작업에 대한 가설, 양중설비, 시공기계 증대
　　㉢ 동일작업의 작업자수, 기술관리자 증대

④ 결과
　　㉠ 2단별시 공기 : 37.5月
　　㉡ 3단별 시공시 공기단축은 가능하나 가설, 양중설비, 작업자가 3배가 되므로 제조건을 고려하면 불가능한 계획임

(7) 연속반복방법
① 정의
　　병행시공방법과 단별시공방법의 장점을 고려한 방법

② 도해

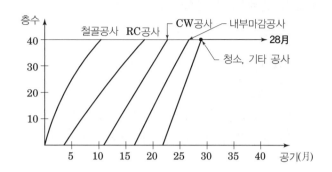

③ 특징
　　㉠ 작업자 수를 조정하여 시공속도를 균속화하는 배치가 필요
　　㉡ 재료의 부품화, 공법의 단순화, 공법의 기계화 등이 필요

④ 결과
　　공기 : 28月

(8) 고속궤도 방법(Fast Track Method)

공사진행방법	설계		시공
순차적 진행법	기본설계	실시설계	시공
고속궤도방법	기본설계	실시설계	
		시공	
			공기단축

① 시간제약과 비용증가 때문에 설계와 시공 병행
② 발주자의 능력 유무가 큰 비중
③ 건설사업관리 방식 도입 필요

Ⅳ. 결론

초고층 건물은 고소작업으로 인한 안전대책, 천후기타조건, 공사계획의 합리화 등을 고려하여 적합한 공법을 계획하여 합리적인 공정계획을 세워야 한다.

02 초고층 건축물의 양중계획

I. 일반사항

(1) 의 의

양중계획은 양중량의 파악과 양중형식을 설정하여 양중작업능률을 향상시키기 위해 최적의 양중 System이 이루어지도록 계획해야 한다.

(2) 자재의 분류

자재의 분류	길이	폭	중량
대형재	4m 이상	1.8m 이상	2.0t 초과
중형재	1.8~4m	1.8m 이하	2.0t 이하
소형재	1.8m 이하	1.8m 이하	2.0t 이하

II. 양중계획 Flow Chart

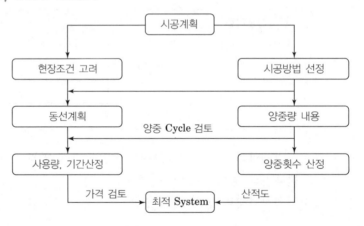

III. 양중계획

(1) 최대양중량 파악

① 양중기 기준, 설치대수 및 위치 등을 설정

② 설계가 구체화되면 양중기재의 내용을 정확히 파악

(2) 운반의 System화

② 필요한 장소에 작업원 및 자재운반 또는 운송 철저
③ 당해시공에 알맞은 양중기종 선정

(3) 양중량의 평균화

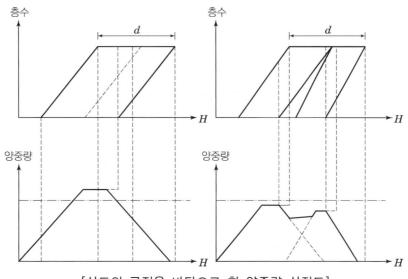

[상도의 공정을 바탕으로 한 양중량 산적도]

① 상층으로 진행되는 시공속도가 빠른 경우는 평균화가 된 것임
② 전체공사에 지장이 없는 공사(천정마감, 바닥마감 등)을 늦추어 양중량을 조정하고,
  Peak의 평균화 도모
③ 1일당 양중량을 양중기계의 능력에 맞추어 평균화 유지

(4) 양중부하의 경감

① 후속공사의 개시 시기를 선행공사에 근접시켜 진행
② 부분공사의 간격을 일정하게 유지
③ 작업이 집중되는 시기 양중시간의 분산

(5) 본설비 조기 가동

① 양중작업의 능률화와 경제화를 도모하기 위해 본설비 조기 이용
② 가설설비에 의한 양중을 조기에 본설비로 교체

(6) 양중기계 선정

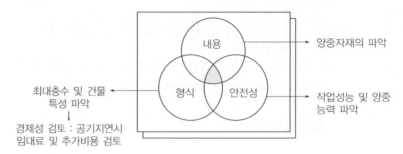

양중자재의 파악

내용

최대층수 및 건물
특성 파악

형식 안전성

작업성능 및 양중
능력 파악

경제성 검토 : 공기지연시
임대료 및 추가비용 검토

(7) 양중기계의 검사

① 대형재 양중기는 주로 구체공사 시기에 많이 사용
② 각 기종에 대한 시공실적 조사
③ 작업의 1Cycle의 소요시간을 계산하여 검토
③ 양중기계의 정기적 검사 철저

(8) 양중량 산적도

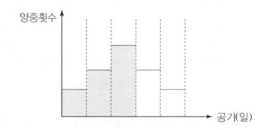

양중횟수

공기(일)

양중 Cycle을 주기로 전체산적도 작성 → 최대양중가능 횟수 산출

(9) 마감공사 개시 조절

양중부하의 경감을 통하여 공사의 간격을 조절

(10) Stock Yard

공종별, 품목별 반입·반출이 용이하도록 Stock Yard의 확보

Ⅳ. 결 론

초고층 건축물의 양중계획은 공사의 특성에 맞는 양중장비의 선정과 운반의 System화,
양중의 평균화 및 양중부하의 경감을 도모한 종합적인 양중계획을 수립해야 한다.

03 초고층 건물시공에서 기둥부등축소(Column Shortening)의 원인과 대책

I. 일반사항

(1) 정 의

초고층 건물에서 높이가 증가함에 따라 내·외부 철골기둥의 신축량의 차이와 외부철골기둥과 내부 콘크리트 코어 부분의 수축에 따른 기둥높이의 차이가 발생하는 현상을 기둥부등축소(Column Shortening)이라고 한다.

(2) 발생형태

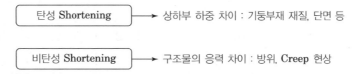

탄성 Shortening → 상하부 하중 차이 : 기둥부재 재질, 단면 등

비탄성 Shortening → 구조물의 응력 차이 : 방위, Creep 현상

II. 부등축소 원인

(1) 응력차(하중분담 차이)

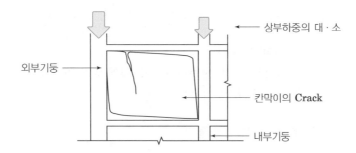

상부하중의 대·소

외부기둥

칸막이의 Crack

내부기둥

(2) 온도차 및 신축량 차이

① 내·외부 온도차로 인한 변위
② 태양 복사열 영향(철골신축은 4~6mm/100m)

(3) 재질의 상이

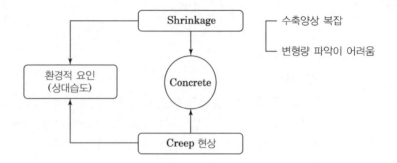

주각부 ─┤ 수축양상 복잡
 ─┤ 변형량 파악이 어려움

(4) 주각부 모르타르 레벨불량

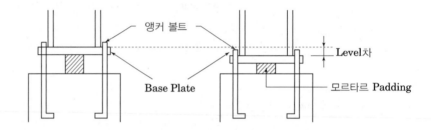

Ⅲ. 대책

(1) 상세설계 실시
 ① 설계시 미리 예측하여 구조설계에 반영
 ② 상대적 변위 허용치 이내

(2) 층별 보정(主高調定)

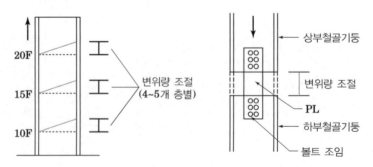

(3) 슬래브 수평유지

콘크리트타설 레벨 유지를 철저히 이행하여 슬래브 수평유지

(4) 기둥높이 조정(축소량 보정)

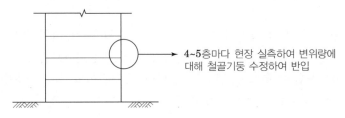

→ 4~5층마다 현장 실측하여 변위량에 대해 철골기둥 수정하여 반입

(5) 코어 보정

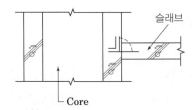

건조수축을 감안하여 코어 보정 → 철근 피복두께 유지

(6) 계측관리 철저

① 건물기둥에 Strain Gauge 설치
② 시간간격 설정 후 정밀하게 계측
③ Level 관리 철저

(7) 변위발생 후 본조립

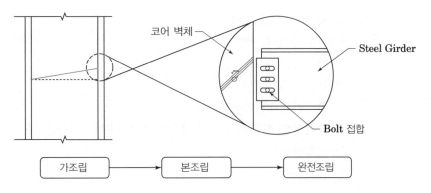

Ⅳ. 결 론

기둥부등축소로 인하여 구조체(보, 슬래브)에 부가응력 발생, 슬래브 부등변형, 부재의 파손 등 여러 가지 문제점이 발생하므로 사전에 변위량을 예측하여 이를 감안한 시공이 되어야 한다.

😀 67,87,92,109회

04 코어선행공법의 주요 공정별 점검사항(시공 시 유의사항)

I. 개 요

(1) 최근 들어 국내 건설업계에서는 골조공기 3일 주기, 4일 주기 등 구조성능과 품질 성능을 만족하면서 골조공기를 단축하는 데 관심이 많다.

(2) 코어선행공법은 초고층 건물의 원활한 공정관리와 공기단축을 위하여 코어공사를 전체 골조공사보다 선행시켜 주공정에서 제외시키는 것이다.

II. 코어선행공법 시공도

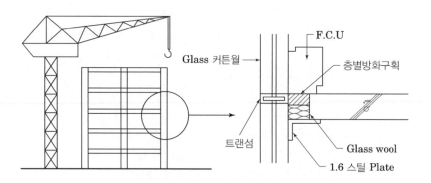

III. 주요 공정별 점검사항(시공 시 유의사항)

(1) 중점관리 시공계획

① 거푸집 상승방법

② 철근배근 철저

③ 작업자 양중계획

④ 콘크리트 타설계획

⑤ 코어선행 부분과 보, 슬래브의 연결 방법

⑥ 원가관리

⑦ 안전관리

(2) 거푸집 설치 및 수직도 유지

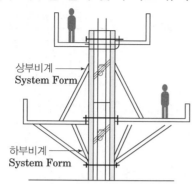

① 셀프 클라이밍 폼과 슬립 폼 사용
② 거푸집 패널 청소 및 수성박리제 도포
③ Anchor 고정
④ Tie Rod 등 거푸집 긴결 철물 고정

(3) 철근배근 철저

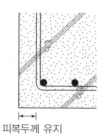

피복두께 유지

① Just in Time
② 규격별, 종류별 묶음 관리
③ 배근순서 역순으로 상차
④ 철근 프리패브화로 공기단축
⑤ 작업소요일 1.5~2일 Lead Time 확보

(4) 다월바(Dowel Bar) 처리

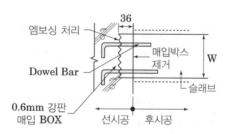

① 슬래브 두께, 철근규격 및 간격을 고려하여 매입박스 간격으로 설치
② Box 규격 = $w + 6 \sim 60$mm
③ 매입 Box의 강도는 콘크리트 강도 이상
④ D13mm 이하 Mild Bar 사용

(5) 커플러(Coupler) 사용

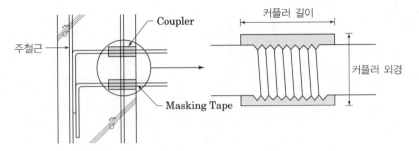

① 코어 월에 연결되는 보 철근 이음에 사용
② 커플러 연결부를 Masking Tape로 처리
③ 거푸집 탈형 후 Masking Tape로 제거 후 기매입된 커플러에 철근을 연결

(6) Embeded Plate

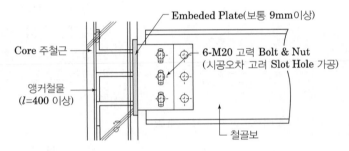

① 코어 월에 연결되는 철골보, 전기·기계 배관 브래킷, CPB(콘크리트 플레이싱 붐)
  브래킷, 호이스트 브래킷, 콘크리트 배관용 브래킷 등의 이음부위 사용
② Embeded Plate와 폼타이 등의 간섭 방지
③ 벽체의 시공오차 고려 Embeded Plate의 볼트 구멍에 Slot Hole로 가공(전층 수
  직오차 ±20mm)

(7) 콘크리트 타설

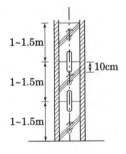

① 각종 앵커류와 매입물의 위치 점검
② 타설 장비-고압펌프, CPB 등의 사전 점검
③ 첫차 모르타르 회수 철저
④ 배관 내부 잔재 처리

(8) 양생 철저

(9) 거푸집 탈형
　① 고정 스크류 해체
　② 타이로드 등 거푸집 긴결 철물 해체
　③ 운반대의 고정 핀을 제거하여 거푸집 패널 후퇴(75cm) 슈(shoe) 고정

(10) Climbing
　① 콘크리트 양생 확인
　② 거푸집 패널 탈형 및 해체
　③ 앵커 및 서스펜션 슈 설치
　④ 프로파일을 인양하여 상부 슈(Shoe)에 삽입하여 고정
　⑤ 고정된 프로파일을 통해 비계 인양
　⑥ 클라이밍 Cone을 거푸집 패널에 고정
　⑦ 거푸집 패널 전진/세팅 → 타이로드 설치 → 콘크리트 타설

Ⅳ. 결 론

코어선행공법을 적용할 때는 거푸집 상승방법, 철근배근, 작업자 양중, 콘크리트 타설, 거더 및 슬래브의 연결방법, 원가관리, 안전관리 등 많은 문제들이 파생되므로 이러한 문제들을 집중적으로 검토해야 한다.

05 지진의 피해유형 및 내진성능 개선방법

I. 서 론

(1) 지진이란 단층에서 갑자기 미끄러짐 때문에 그 충격으로 땅이 흔들리는 것을 말한다.

(2) 판 운동으로 변형이 축척되다가 마침내 한계에 도달하게 되면, 암석 내에 급격한 파괴가 생기고 그 충격으로 생긴 파동, 즉 지진파가 지표면까지 전해져 지반을 진동시킨다.

II. 지진의 요소

(1) 진원시(Origin Time)

① 지진파가 처음 발생한 시각을 말한다.

② 관측소에서의 측정시각은 진앙거리에 따라 차이가 나지만 진원시는 모두 같은 값을 갖는다.

(2) 진원(Hypocenter)

① 지진파가 처음 발생한 지점으로 깊이의 개념이 포함되어 있다.

② 진앙의 위도, 경도와 진원 깊이로 나타낸다.

(3) 진앙(Epicenter)

진원으로부터 연직 방향에 있는 지표상의 지점

(4) 규모(Magnitude)

① 지진 자체의 크기로 지진파의 최대 진폭과 진앙거리로 산정한다.

② 아라비아 숫자로 소수점 이하 첫째자리까지 표기하며, 리히터 스케일, 리히터 규모라 한다.

③ 리히터 규모의 계산

$$M = 1.73\log A + \log B - 0.83$$

A : 진앙거리(km), B : 진폭

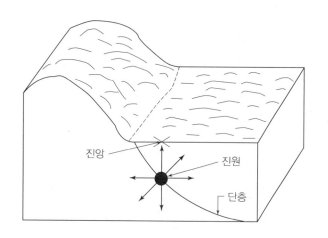

(5) 진도(Seismic Intensity)

① 어떤 지역의 지진의 세기를 나타낸 척도로 사람의 느낌이나 구조물의 흔들리는 정도

② 정수단위의 로마숫자로 표기하며 지진구조와 구조물의 형태에 따라 달리 평가될 수 있다.

Ⅲ. 지진의 피해 유형

(1) 지반 피해

① 지반의 부동침하와 경사

② 지반의 액상화

$$\tau = C + \delta\tan\theta$$

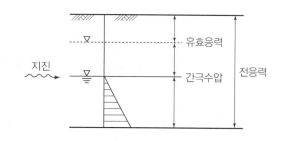

(2) RC 구조 부재의 피해

① 기둥

㉠ 띠장이 촘촘하게 있으면 취성파괴가 발생

㉡ 변형능력이 부족할 경우, 하중, 변위효과에 의해 파괴

② 보

수평력에 의해 휨균열과 전단균열 발생

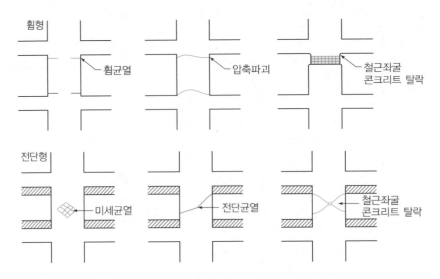

③ 기초

　1층 바닥판과 접하는 곳에서 전단파괴나 휨파괴 발생

(3) 건축물의 피해 유형

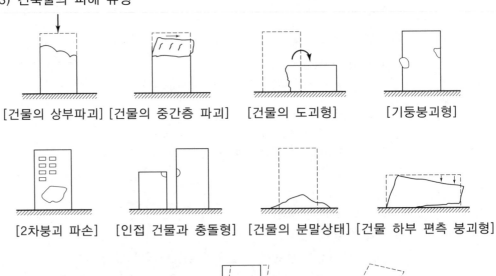

Ⅳ. 내진성능 개선방법

(1) 벽증설 공법

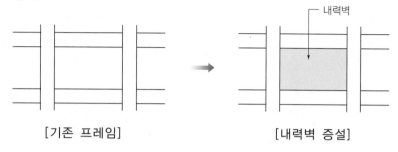

[기존 프레임]   [내력벽 증설]

(2) 브레이스 증설공법

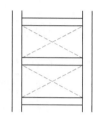

① 기둥, 보의 공간 프레임 내에 철골 브레이스 설치
② 철골 브레이스 형상

(3) 기둥보강 공법

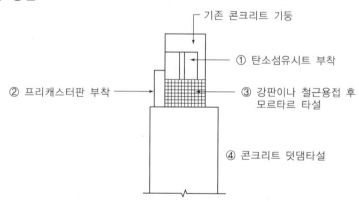

(4) 외부기구 설치공법

① 건물 외주에 고강도, 고강성 버트레스와 입체프레임 설치
② 기존 건물의 기구와 연결하여 내력과 인성 확보

(5) 면진화 공법

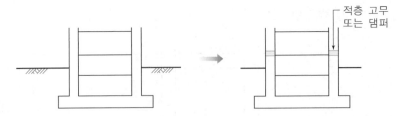

적층 고무
또는 댐퍼

① 기둥, 벽 등을 전부 절단하여 면진장치(적층고무 또는 댐퍼) 삽입
② 중·저층용 공법으로 보강효과가 큼
③ 내진 안전성 실현

(6) 제진기구 설치공법

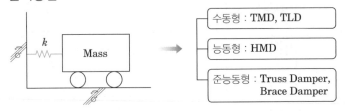

수동형 : TMD, TLD

능동형 : HMD

준능동형 : Truss Damper,
Brace Damper

(7) 변형능력 향상방법(철골 구조물)

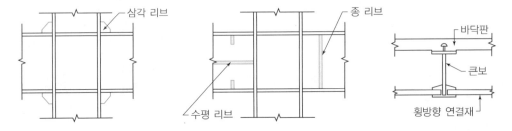

삼각 리브 / 종 리브 / 바닥판 / 큰보 / 수평 리브 / 횡방향 연결재

(8) 기타 공법

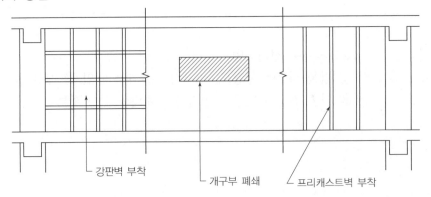

강판벽 부착 / 개구부 폐쇄 / 프리캐스트벽 부착

V. 결 론

(1) 지진피해를 최소화하기 위해 현재 사용중인 건물에 대해 내진성능을 진단하고 필요하다면 건물보강이 요구된다.

(2) 또한 내진성능 개선을 위한 산·학·연의 공동노력이 필요하다.

3 부실사례 및 개선방안

• PC공사

	부실 내용	개선 방안
작업발판 불량	 • PC부재 조립 시 가설 사다리를 사용하여 작업자의 안전성이 저하됨 • 가설사다리 사용으로 수직도 체크 등 품질 관리가 곤란함	 • 반드시 지정된 서포트를 사용함 • 시스템 서포트는 브레이싱이 연결된 제품을 사용해야함 • 수직도 체크 등 품질관리 용이
동바리 불량	 • 지정 동바리를 사용치 않으면 내력 부족으로 인한 좌굴로 구조물의 안정성이 저하됨 • PC부재 처짐현상 발생 • PC부재 균열발생	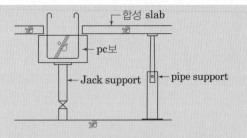 • 반드시 지정된 서포트를 사용함 • 시스템 서포트는 브레이싱이 연결된 제품을 사용해야함 • 동바리 좌굴방지 • PC부재 처짐 및 균열방지
기둥 지지대 미설치	 • PC 기둥 설치 후 후속 부재를 연결하기 전에 지지대를 설치하지 않을 경우 시공시 예기치 못한 변형으로 안전사고가 예상됨 • 수직도 불량에 따라 축선 불일치 • 기둥부재 균열 발생	 • 기둥 설치 후 2방향에서 지지대 설치 • 상부층 조립 후는 제거 가능 • 품질 향상 기대

	부실 내용	개선 방안
RC+PC 접합부위 시공 부적합	 • RC부분 선 타설 후 PC부분을 적용하여야 하나, PC 부분을 먼저 진행함 • 대형 사고로 발전할 수 있는 위험이 내포됨 • 수직, 수평불량 • RC+PC 접합부 공극 발생	 • 반드시 RC부분 선행 공사 • 구조검토하여 지정된 동바리 설치 (RC연결부에는 시스템 동바리 설치) • RC+PC 접합부 일체성 확보 • 수직, 수평 철저로 품질 확보
안전시설 미흡	 • PC 보 조립공 안전고리 미착용 • 좁고 높은 곳에서 작업 • 작업자 안전사고 우려	 • 고소 작업 시 반드시 안전고리 착용 여부 확인 • 보상부 이동용이 • 고소작업차 이용
작업순서 부적합	 • 작업순서 미준수(PC 기둥→상부층 PC 기둥→PC 보→PC 슬래브→상부층 PC 보) • 2개층을 동시에 작업하는 방식을 채택하여 공기 단축에는 효과가 있으나 안전사고 발생 우려 • 수직, 수평 등 품질 저하 • 하부콘크리트 타설시 어려움 발생	 • 작업순서 준수(PC 기둥→상부층 PC 기둥→PC 보→PC 슬래브→콘크리트 타설) • 품질관리가 철저히 이행됨 • 안전사고 예방

	부실 내용	개선 방안
정밀도 부족	 • 하중전달의 문제 발생 • 일직선 불량 • 보부재 전도 우려 • 걸침길이 부족으로 안전성 결여	 • 수직, 수평 철저 • 걸침길이 확보로 안전성 도모 • 미관 우수
교차부 철근배근 부적합	 큰보(Girder)와 작은보(Beam)의 접합에 있어 작은보 상부 철근 하부에 큰보 상부 철근을 조립하여 큰보의 유효깊이가 25mm 감소됨으로써 설계내력 저하	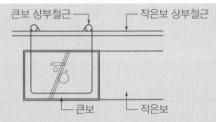 작은보 상부철근 위에 큰보 상부철근을 조립함
큰보 교차부 철근배근 부적합	 • 큰보 단부의 상부철근은 인장철근으로 교차부위에서 서로 간섭되므로 교차하는 큰보 중 인장력이 더 크게 걸리는 큰보의 상부철근을 최상부로 배근하여야 하나, 상대적으로 인장력이 작게 걸리는 큰보의 상부철근을 최상부로 배근하여 내력에 불리하게 철근 조립 • PC보에 매입된 스터럽은 현장에서 변형시키지 않아야 하며, 보철근 외부에 배근하여야 하나, 현장에서 변형시켜 보철근 내부 및 외부에 설치함	 • 철근량이 더 많은 큰보의 상부철근을 최상부에 배근 • 춤이 더 깊은 큰보의 상부철근을 최상부에 배근 • PC보의 매입된 스터럽은 현장에서 구부림 등의 변형을 하지 않음

부실 내용	개선 방안

합성 슬래브 코아 천공

- PC 슬래브 제작시 전기 Box에 대한 미검토
- 전기 매입Box 시공을 위한 현장 코아 천공

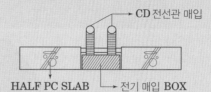

전기 매입 BOX공장 선시공후 전기배관

PC슬래브 제작시 전기매입 Box 위치 검토 후 공장 선시공

PC하부 기둥노출

- 기둥고정용 앵글의 노출로 인해 무수축 몰탈 앵글상단까지 연장 시공
- PC 공사 사전검토 미흡

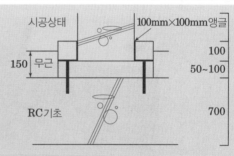

- 기둥 시공 부위 기초부 50mm 낮추어 시공
- PC 기둥길이를 50mm 연장 제작

• CW공사

	부실 내용	개선 방안
마감자재 오염	 골조공사와 외장 커튼월 공사가 동시에 진행되므로 상부 Con'c 타설시 Con'c가 흘러내려 외장 PANEL 부분에 오염 발생됨	 보양포 또는 비닐시트로 Alum. Frame 또는 Panel을 덮어 외장재 보호
Panel 고정불량	 단차 조정을 위한 Steel Plate를 각 Unit에 용접하여 좌우에 대한 Movement를 흡수하지 못하게 함	 • 각 Unit는 따로 분리되어 움직일 수 있도록 작업 • 단차 조정을 위한 STEEL Plate 사용은 현장 협의 후 이루어 져야 하며, 계획된 설계 원칙에 따라 현장 작업이 이루어지도록 함

부실 내용	개선 방안

Bolt 취부 소홀

Bolt 취부시 Locking 소홀 및 취부된 Bolt 길이 부족

- Bolt 취부시 Bolt의 길이는 Nut보다 나사선 3~4개 정도의 여유가 있도록 해야 하며, 풀림방지용 Washer 또는 Welding Washer 등이 취부 되도록 함
- 각 이질재와의 접촉부위는 격리재(Isolator)를 사용하여 분리되도록 함
- 조임 정도는 토크랜치 등의 장비를 사용하여 조임정도를 확인토록 함

용접불량

용접시 목두께가 일정하지 않고 용접작업 미숙으로 인한 Steel Frame 모재 손상이 발생됨

- 용접시 용접 목두께는 부재두께의 약 1.5배 이하가 되도록 해야 하며, 적용된 목두께 이상이 일정하게 나오도록 취부 되어야 한다.
- 또한 모재 및 부재의 손상이 일어나지 않도록 사전에 Sample 용접을 실시하여 현장 승인 후 관리되도록 해야 한다
- 용접 후 Slug 제거 및 방청처리가 즉시 이루어질 수 있도록 관리되어야 한다.

	부실 내용	개선 방안
단열재 손상	• 현장 Anchor 용접으로 인한 내부 단열재 손상 • 시공상세도 미작성	단열재 손상 방지 • 사전에 시공상세도를 작성하여 검토 철저 • 용접은 설치 전에 미리 실시하여 단열재가 손상되지 않도록 한다.
Fastener 설치불량	볼트를 용접으로 대체 시공함 계단실 커튼월 Fastener의 설치공간 부족으로 고정부 절단(2차 지지력 부족) • 구조체 선형 미흡으로 일부 구간 볼트체결 불가 부위 용접 시공 • 볼트 대체 시공 부위 용접상태 불량 • Fastener 설치공간 부족으로 고정부 절단	• 골조 선형 관리 철저 • 볼트 대체 용접 시공시 품질관리 철저

	부실 내용	개선 방안
Fastener 고정볼트 여장 부족	 커튼월 Fastener 고정볼트 여장 길이 부족	 커튼월 Fastener 고정볼트 여장 길이 나사산 3개 이상 확보
Fastener 간섭	 커튼월 파스너 공사시 팬코일 유니트 슬리브와 간섭	 • 간섭으로 인해 파스너 절단 및 기타 보강 • 커튼월 파스너와 간섭 여부 사전 검토 철저
Anchor 용접불량	 • Shop Dwg에 작성된 용접과 달리 현장 적용됨 • 용접은 구조검토 및 Shop Dwg에 제시된 용접 방법과 동일하게 용접되도록 해야 함	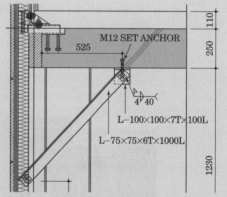 일반적으로 용접부위에 대한 용접길이 및 목두께는 Shop Dwg에 표현되어 있는 대로 적용해야 하며, 부재의 변형이 우려될 시 자재를 변경하여 현장 승인을 득한 후 Shop Dwg에 표현되어 있는 대로 작업을 진행토록 한다.

	부실 내용	개선 방안
Baffle Sponge 누락	 Stack Joint 부분에 설치되는 Baffle Sponge류 누락시공	 Stack Joint는 Unit System의 커튼월에 있어서 상하부 Unit의 Joint가 되는 부분으로서 기밀성, 수밀성이 매우 취약해질 가능성이 높으며 상부 Unit가 시공된 후에는 설치가 불가능하므로 Baffle Sponge류 시공
앵커 플레이트 시공불량	 Cast in Channel의 상부면이 슬래브보다 높이 설치되는 경우 메인 앙카에 전달되는 하중이 슬라브에 원활하게 전달되지 못하여 구조적으로 불안정한 상태	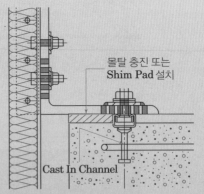 메인 앵카플레이트 하부에 모르타르를 충진하거나 Shim Pad 등으로 고여서 슬래브면과 밀착시공
기밀성 불량	 • 스팬드럴 구간에 설치되는 단열판넬 주변에 공극 발생 • 동절기 결로 발생	 • 실내의 공기가 유입되지 않도록 완벽한 기밀유지

강구조공사

Chapter 07

강구조공사 | 단답형 과년도 문제 분석표

■ 공장제작

NO	과 년 도 문 제	출제회
1	Reaming	62, 68

■ 현장시공

NO	과 년 도 문 제	출제회
1	철골공사의 앵커볼트 매입방법	90
2	철골조립 작업시 계측방법	107
3	철골공사에서 철골기둥하부의 기초상부 고름질(Padding)	122

■ 접합

NO	과 년 도 문 제	출제회
1	고장력 bolt 조임방법	76, 82
2	고장력(High Tension)Bolt	31, 40, 82, 96
3	TS Bolt, TC(Tension Control)Bolt	44, 54, 73, 119
4	고력볼트 현장반입검사	106, 120
5	고장력볼트 조임방법	76, 82
6	T/S(Torque Shear)형 고력볼트의 축회전	100
7	고장력볼트 인장체결시 1군의 볼트갯수에 따른 Torque 검사기준	81
8	Torque Control법	104
9	철골의 CO_2아크(Arc)용접	95
10	일렉트로 슬래그(Electro Slag) 용접	110
11	모살용접(Fillet Welding)	53, 120
12	철골용접에서 Weaving	103
13	(철골용접에서)Lamellar Tearing현상	72, 80, 101, 125
14	Under Cut	71
15	Blow Hole	68
16	Fish Eye 용접불량	67

강구조공사

NO	과 년 도 문 제	출제회
17	철골용접의 각장부족	92
18	철골용접 결함 중 용입부족(Incomplate Penetration)	102
19	철골공사의 엔드탭(End Tab)	94
20	용접검사방법	52
21	철골 용접의 비파괴시험(Non Destruction Test)	86
22	초음파탐상법	63, 124
23	용접부 비파괴검사중 자분탐상법의 특징	107
24	Stud 용접	90
25	철골예열온도(Preheat)	106
26	철골용접 전 예열(Preheat) 방법	108
27	Box column 현장용접순서	106
28	철골공사에서의 용접절차서(Welding Procedure Specification)	114
29	철골부재 변형교정 시 강재의 표면온도	121

■ 내화피복

NO	과 년 도 문 제	출제회
1	철골 내화피복	39, 71
2	철골피복중 건식내화피복공법	76
3	철골내화 피복검사	58, 81
4	내화피복공사의 현장품질관리 항목	81
5	내화도료(내화 페인트)	59, 82

■ 기타, 정밀도

NO	과 년 도 문 제	출제회
1	Metal Touch	57, 70, 77, 91, 119, 125
2	Scallop	62, 69, 81, 111, 120, 127
3	스티프너(Stiffener)	59, 78, 101, 122
4	철골 Stud Bolt의 정의와 역할	62, 77
5	Hybrid Beam	77
6	Hi-Beam	67, 113
7	철골 Smart Beam	86, 115
8	Taper Steel Frame, PEB(Prefabricated Engineered Build), 철골공사의 Tapered Beam	49, 75, 76, 85, 110, 127
9	Super Frame	70
10	Space Frame	66, 69, 76
11	TMCP강재	63, 109, 123
12	Mill Sheet	59
13	매립철물(Embeded Plate)	88
14	강재의 취성파괴(Brittle Failure)	88
15	강재의 기계적 성질에서 피로파괴(Fatigue Failure)	104, 121
16	좌굴(Bucking)현상	89
17	하이퍼 빔(Hyper Beam)	97
18	철골공사의 Stud 품질검사	98
19	기둥의 수직도 허용오차	51
20	탄소당량	111
21	철골공사의 트랩(Trap)	120
22	Ferro Stair(시스템 철골계단)	91, 103

강구조공사

강구조공사 | 서술형 과년도 문제 분석표

■ 공장제작

NO	과 년 도 문 제	출제회
1	공장에서 제작된 철골부재의 현장 인수검사 항목과 내용을 설명하시오.	77
2	철골공사에 있어 공장제작순서, 제작에 따른 품질확보방안에 대하여 설명하시오.	48
3	철골공사에서 철골제작시 검사계획(ITP : Inspection Test Plan)의 주요검사 및 시험에 대하여 설명하시오.	97
4	철골 공장제작시 검사계획(ITP)에 대하여 기술하시오.	80
5	철골공사의 공장제작전 철골공작도(Shop Drawing) 작성절차 및 제작승인 검토항목에 대하여 설명하시오.	95
6	철골공사의 베이스플레이트 설치방법에 대하여 설명하시오.	116
7	철골공사에서 공장제작의 품질관리사항에 대하여 설명하시오.	119

■ 현장시공

NO	과 년 도 문 제	출제회
1	철골공사에서의 단계적 시공 및 유의사항에 대하여 설명하시오.	73, 106
2	철골조 고층건축물의 현장 철골시공시 작업 순서 및 유의사항에 대하여 설명하시오.	108
3	철골공사 시 현장조립 순서별로 품질관리방안에 대하여 설명하시오.	122
4	우기시 지하 철골공사의 시공관리에 대하여 설명하시오.	69
5	대규모인 단층공장 철골세우기 및 제작운반에 대한 검토사항에 대하여 설명하시오.	65
6	건축물 코어부의 콘크리트 벽체에 철골 Beam설치를 위한 매입철물(Embeded Plate)의 설치방법에 대하여 설명하시오.	70
7	철골부재의 현장반입시 검사항목에 대하여 설명하시오.	62
8	철골공사에서 철골시공도를 작성할 때 필요한 내용과 유의사항을 설명하시오.	58
9	대공간 구조물(체육관, 격납고 등)의 지붕 철골세우기 공법을 열거하고 시공시 유의사항에 대하여 설명하시오.	56
10	철골조 건물의 세우기에 있어서 시공시 유의사항에 대해 1) 일반사항 2) 기둥 3) 보 4) 계측 및 수정 등으로 구분하여 설명하시오.	51
11	도심지에서 철골조 건축공사(사례 : 지하 5층, 지상 20층)의 사전 안전계획 수립에 대하여 설명하시오.	46
12	단층인 철골 공장의 철골세우기 및 제작 운반에 대한 검토사항을 설명하시오.	86
13	철골공사 양중장비의 선정과 설치 및 해체시 유의사항에 대하여 설명하시오.	90

NO	과 년 도 문 제	출제회
14	도심지현장 철골세우기 공사의 점검사항을 시공단계별로 구분하여 설명하시오.	96
15	도심지 초고층 현장에서 철골세우기의 단계별 유의사항에 대하여 설명하시오.	118
16	철골 세우기 공사의 주각부 시공계획에 대하여 설명하시오.	74
17	철골기둥과 기초콘크리트를 고정하는 앵커볼트의 위치와 Base Plate의 Level을 정확하게 시공하는 방법을 설명하시오.	61
18	철골공사에서 철골기초의 Anchor Bolt 매입 및 주각부 시공시 고려사항에 대하여 설명하시오.	60, 82, 94
19	철골조의 주각부 시공시 유의사항에 대하여 설명하시오.	50, 119
20	철골세우기 공사에서 주각부 고정방식과 순서를 설명하시오.	47
21	철골세우기 공사에서 세우기 공법을 열거하고 앵커볼트 주각 고정방식과 시공시 유의사항에 대하여 설명하시오.	110
22	철골세우기 공사시 수직도 관리방안에 대하여 설명하시오.	85, 111
23	철골공사에서 철골세우기 수정 작업순서와 수정 시 유의사항에 대하여 설명하시오.	113
24	철골 세우기 공사 시 철골수직도 관리방안 및 수정 시 유의사항을 설명하시오.	120

■ 접합

NO	과 년 도 문 제	출제회
1	철골구조의 접합의 종류 및 현장검사방법에 대하여 설명하시오.	76
2	철골공사에서 부재의 상호접합공법에 대하여 설명하시오.	75
3	철골공사의 현장접합 시공에서 부재간의 접합부위를 분류하고 시공시 유의사항을 설명하시오.	57
4	철골구조에서 H형 강보(Beam)를 고장력볼트로 접합시공할 때 시공순서에 따라 품질관리 방안을 기술하시오.	64
5	철골공사의 고력볼트 조임방법, 검사항목 및 방법, 조임시 유의사항에 대하여 설명하시오.	77, 99
6	철골공사에서 고장력볼트 접합시 조임순서 및 조임시 유의사항에 대하여 설명하시오.	108
7	철골공사에서 고장력볼트의 현장반입시 품질검사와 조임시공시 유의사항에 대하여 기술하시오.	88
8	고장력볼트의 접합방식과 조임 방법 및 시공 시 유의사항에 대하여 설명하시오.	117
9	고장력Bolt의 현장관리를 다음단계별로 설명하시오. 1) 반입 2) 보관 3) 사용관리	70

NO	과 년 도 문 제	출제회
10	철골공사에서 고력볼트접합과 용접접합 및 그에 따른 접합별 특징에 대하여 설명하시오.	122
11	철골공사에서 고장력볼트 체결시 유의사항에 대하여 설명하시오.	61
12	철골공사에 있어서 고력볼트 조임방법과 검사에 대하여 설명하시오.	54
13	철골부재에 쓰이고 있는 고장력볼트의 종류와 방법을 설명하시오.	44
14	철골공사에서 철골부재 접합면의 품질 확보방법을 설명하고 고력볼트 조임방법 및 조임시 유의사하에 대하여 설명하시오.	80
15	철골공사에서 용접사의 용접자세 및 기량시험에 대하여 설명하시오.	121
16	철골공사에서 용접방법의 종류 및 유의사항에 대하여 설명하시오.	78
17	철골공사 용접부의 비파괴검사방법의 종류와 특성에 대하여 설명하시오.	77
18	철골용접 결함검사 중 염색침투탐상검사의 용도 및 방법에 대하여 설명하시오.	117
19	철골조 접합부의 용접결함 종류를 나열하고 방지대책을 기술하시오.	66, 112
20	철골공사에서 용접변형의 원인 및 방지대책에 대하여 설명하시오.	119
21	철골공사 용접결함 중 라멜라테어링 현상의 원인과 방지대책에 대하여 설명하시오.	109
22	용접결함의 종류를 들고 원인 및 대책을 기술하시오.	49
23	철골공사 현장용접시 품질관리 요점을 기술하시오.	81
24	철골공사 용접결함의 원인과 방지대책에 대하여 설명하시오.	90
25	현장 철골 용접방법, 용접공 기량검사 및 합격기준에 대하여 설명하시오.	92
26	철골공사 현장용접 검사방법에 대하여 설명하시오.	116
27	철골부재의 접합시 마찰면 처리방법과 유의사항에 대하여 설명하시오.	70
28	철골공사에서 용접결함의 종류, 시공시 유의사항 및 불량용접부위 보정에 대하여 설명하시오.	103
29	철골공사에서 용접변형의 종류 및 억제대책에 대하여 설명하시오.	93
30	철골공사시 발생하는 변형에 대해 1) 원인 2) 종류 3) 대책방안에 대하여 설명하시오.	71
31	철골 용접 변형의 발생원인 및 방지대책에 대하여 설명하시오.	115
32	철골제작시 부재변형을 방지하기 위한 방안을 설명하시오.	69
33	철골부재의 온도변화에 대응하기 위한 공법 및 그 검사방법에 대하여 설명하시오.	90
34	철골공사의 스터드(Stud) 볼트 시공방법과 검사방법에 대하여 설명하시오.	122

과년도 분석표

■ 내화피복

NO	과 년 도 문 제	출제회
1	철골 내화피복공법중 습식공법에 대하여 설명하시오.	74
2	철골 내화피복의 요구성능 및 내화기준에 대하여 설명하시오.	68
3	철골 내화피복공법의 종류에 대하여 설명하시오.	62, 82
4	철골의 내화피복공법과 품질 향상방안에 대하여 설명하시오.	52
5	철골공사의 내화피복의 종류와 시공상의 유의사항에 대하여 기술하시오.	88, 108
6	철골조 건축물의 내화피복 필요성 및 공법에 대하여 설명하시오.	118
7	철골공사에서 뿜칠 내화피복의 종류 및 품질향상방안에 대하여 설명하시오.	92
8	철골 내화피복의 종류, 성능기준 및 검사방법에 대하여 설명하시오.	98
9	철골내화피복공사에서 습식뿜칠공사 시공시 두께 측정방법 및 판정기준에 대하여 설명하시오.	105
10	도심지 철골조 건축물의 내화피복 뿜칠공사 시 유의사항 및 검사방법을 설명하시오.	120
10	철골공사에서 내화페인트공사의 시공순서와 건축물 높이에 따른 내화성능기준에 대하여 설명하시오.	101
11	내화페인트 특성과 성능 확보 방안에 대하여 설명하시오.	111

■ 기타

NO	과 년 도 문 제	출제회
1	PEB(Pre-Engineered Building)시스템의 국내 활용실태 및 발전방향에 대하여 설명하시오.	103
2	철골구조물 PEB(Pre-Engineered Beam)System에 대하여 설명하시오.	66
3	철골구조물 PEB(Pre-Engineered Beam)System의 특징 및 시공시 유의사항에 대하여 설명하시오.	108
4	철골공사 적산항목을 분류하고 부위별 수량산출방법에 대하여 설명하시오.	57
5	철골조 Slab의 Deck Plate 시공시 유의사항에 대하여 설명하시오.	76
6	강구조 Slab에 사용하는 Deck Plate의 시공법을 기술하고, Deck Plate 시공상 고려사항을 설명하시오.	83
7	철골구조에서 데크플레이트(Deck Plate)를 이용한 바닥슬래브와 보의 접합방법 및 시공 시 유의사항에 대하여 설명하시오.	114
8	철골구조물의 슬래브공사에서 Deck Plate 상부 콘크리트의 균열발생원인 및 억제 대책에 대하여 설명하시오.	63, 92

NO	과 년 도 문 제	출제회
9	철골 건물의 슬래브 공법에 대해서 종류별로 설명하시오.	84
10	강재구조물의 노후화 종류 및 보수보강방법에 대하여 설명하시오.	101
11	철골부재 Mill Sheet상의 강재화학성분에 의한 탄소당량(炭素當量 Ceq : Caebon Equivalent)에 대하여 설명하시오.	102
12	철골철근콘크리트구조에서 강재의 부식방지를 위해 적용 가능한 방식(防蝕)처리 방법에 대하여 설명하시오.	97
13	강재의 가공법과 부식 및 방지대책에 대하여 설명하시오.	111
14	건축철골공사 현장에서 시공정밀도의 관리허용오차 및 한계허용오차에 대하여 설명하시오.	105
15	철골 방청도장 시공 시 유의사항 및 방청도장 금지 부분에 대하여 설명하시오.	115
16	철골공사의 시공 상세도면 주요검토 사항 및 상세도면에 포함되어야 할 안전시설을 설명하시오.	121

Chapter 07 강구조공사

1 핵심정리

I. 제작 [KCS 14 31 10]

1. 현도작업

1) 제작도를 기준으로 제작 전에 작성
2) 자동가공기(CNC) 등을 사용할 경우에는 마킹용 형판 및 띠철의 제작을 생략 가능
3) 줄자 대조는 공장 제작용 기준 줄자와 공사 현장용 기준 줄자의 대조를 실시
4) 띠철은 보 및 트러스의 현재 및 웨브재 등의 길이 방향의 세부적인 소재에 대한 마킹용으로, 형판은 연결판, 이음판, 2차 부재 등의 마킹용으로 사용

[공장제작]

2. 마킹(금긋기)

1) 강판 위에 주요부재를 마킹 할 때에는 주된 응력의 방향과 압연 방향을 일치
2) 마킹을 할 때에는 구조물이 완성된 후에 구조물의 부재로서 남을 곳에는 원칙적으로 강판에 상처를 내어서는 안 됨
3) 주요부재의 강판에 마킹할 때에는 펀치(Punch) 등을 사용하지 않을 것
4) 마킹시 용접열에 의한 수축 여유를 고려하여 최종 교정, 다듬질 후 정확한 치수를 확보할 수 있도록 조치

3. 절단 및 개선(그루브)가공

1) 주요 부재의 강판 절단은 주된 응력의 방향과 압연방향을 일치시켜 절단
2) 강재의 절단은 기계절단, 가스절단, 플라즈마절단, 레이저절단 등을 적용
3) 절단할 강재의 표면에 녹, 기름, 도료가 부착되어 있는 경우에는 제거 후 절단
4) 용접선의 교차부분 또는 한 부재를 다른 부재에 접합시킬 때 불필요한 접촉을 피하기 위하여 10mm 이상 둥글게 모퉁이따기 처리

5) 메탈 터치 부분은 페이싱 머신 또는 로터리 플래너 등의 절삭가공기를 사용하여 마감면의 정밀도를 확보

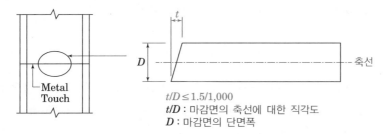

$t/D \leq 1.5/1,000$
t/D : 마감면의 축선에 대한 직각도
D : 마감면의 단면폭

6) 스캘럽 가공은 절삭 가공기 또는 부속장치가 달린 수동 가스 절단기를 사용

7) 스캘럽이 있는 경우 r_1은 35mm 이상, r_2는 10mm 이상으로 하고, 불연속부가 없도록 한다.

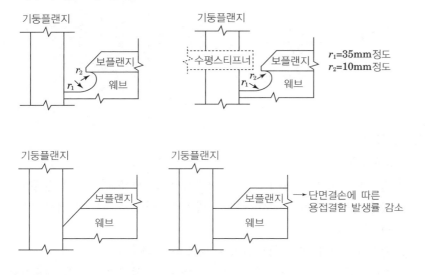

4. 구멍뚫기

1) 구멍뚫기는 드릴 및 리머 다듬질을 병용하여 마무리 처리

2) 판 두께 13mm 이하 강재에 구멍을 뚫을 때에는 눌러 뚫기 (Press Punching)에 의하여 소정의 지름으로 뚫을 수 있으나 구멍 주변에 생긴 손상부는 깎아서 제거

3) 볼트구멍의 직각도는 1/20 이하

4) 제작 시 구멍중심선 축에서 구멍의 어긋남은 ±1mm 이하

5) 볼트그룹에서 처음 볼트와 마지막 볼트의 최대연단 거리의 오차는 ±2mm 이하

6) 구멍 간 허용오차는 ±0.5mm 이하

7) 마찰이음으로 부재를 조립할 경우, 구멍의 엇갈림은 1.0mm 이하, 지압 이음으로 부재를 조립할 경우, 구멍의 엇갈림은 0.5mm 이하

8) Reaming : 수정, 최대편심 2.0mm 이하

$$\rightarrow 고장력볼트 \begin{cases} d < 27 \rightarrow d + 2.0 \\ d \geq 27 \rightarrow d + 3.0 \end{cases}$$

Reaming은 미리 드릴로 뚫은 구멍을 정확한 치수의 지름으로 넓히고, 구멍의 내면을 매끄럽게 다듬질하는 것으로 소유치수보다 0.4mm 정도 작은 치수의 드릴로 가공을 한다

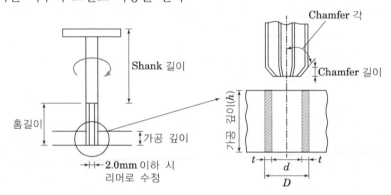

5. 휨(굽힘) 가공

1) 건축구조물

① 휨가공은 상온가공 또는 열간가공으로 한다. 열간가공의 경우에는 적열 상태 (800~900℃)에서 하고, 청열취성역(200~400℃)에서 가공해서는 안 됨

② 냉간가공에서 내측 굽힘반경은 다음과 같다.

　　가. 기둥 또는 보 및 가새단의 헌치 등 소성변형 능력을 요구하는 부재 의 내측 휨 반경은 가공재 판 두께의 4배 이상

　　나. 그 이외의 부재에서는 가공재 판 두께의 2배

2) 토목구조물(품질관리구분 '라')

① 주요부재를 휨가공 할 경우와 다음 ② 이외의 부재를 냉간 휨가공 할 경우에는 휨가공된 부재의 내측 곡률반경이 강재 두께의 15배 이상

② 토목구조물 강재의 화학성분 중 질소함유량이 0.006%를 넘지 않는 재 료로서 샤르피충격시험의 결과가 150 J 이상인 경우에는 내측 곡률반경 을 강재 께의 7배 이상, 200 J 이상인 경우에는 5배 이상

※ **구조물의 중요도에 따른 품질관리 구분** [KCS 14 31 05/KDS 41 10 05]

품질관리구분	가	나	다	라
구조물	중요도(3) 건축물[1]	중요도(3) 건축물	중요도(특), (1) 및 (2) 건축물	
		토목가설구조물[2]	토목가설구조물 임시교량	교량

주1) 이 표의 중요도는 국토교통부 고시 건축구조기준 0103 건축물의
중요도 분류에 의한 것으로, 품질관리 구분 '가'에 속하는 중요도(3)
건축물은 붕괴 시 인명피해가 없을 것으로 예상되는 일시적인
건축물에 한한다.
2) 주로 정적하중을 받는 경우이다.

※ **건축물의 중요도**

1. 중요도(특)

① 연면적 1,000m² 이상인 위험물 저장 및 처리시설

② 연면적 1,000m² 이상인 국가 또는 지방자치단체의 청사·외국공관·
소방서·발전소·방송국 전신전화국

③ 종합병원, 수술시설이나 응급시설이 있는 병원

④ 지진과 태풍 또는 다른 비상시의 긴급대피수용시설로 지정한 건축물

2. 중요도(1)

① 연면적 1,000m² 미만인 위험물 저장 및 처리시설

② 연면적 1,000m² 미만인 국가 또는 지방자치단체의 청사·외국공관·
소방서·발전소·방송국·전신전화국

③ 연면적 5,000m² 이상인 공연장·집회장·관람장·전시장·운동시설·판
매시설·운수시설(화물터미널과 집배송시설은 제외함)

④ 아동관련시설·노인복지시설·사회복지시설·근로복지시설

⑤ 5층 이상인 숙박시설·오피스텔·기숙사·아파트

⑥ 학교

⑦ 수술시설과 응급시설 모두 없는 병원, 기타 연면적 1,000m² 이상인
의료시설로서 중요도(특)에 해당하지 않는 건축물

3. 중요도(2)

① 중요도(특), (1), (3)에 해당하지 않는 건축물

4. 중요도(3)

① 농업시설물, 소규모창고

② 가설구조물

6. 지압면의 표면가공

1) 지압면의 면가공은 접지면적 2/3 이상에서 오차 0.5mm 이하
2) 오차는 부분적으로는 최대 1.0mm까지 허용

7. 부재조립

1) 용접이음에 의한 부재조립은 루트간격을 규정치에 맞추어 가급적 밀착
2) 필릿 용접부는 될 수 있는 한 밀착시켜며, 맞대기 용접부는 루트간격, 뒷댐판의 틈 및 부재의 어긋남에 주의
3) 용접에 의한 강재의 변형이나 수축에 의하여 용접응력이 발생하게 될 경우, 이를 최소화 할 수 있도록 용접순서 결정
4) 부재 조립 시 채움재는 설계도에 표시되어 있거나 특별히 공사감독자가 승인한 경우에만 사용
5) 루트면 및 홈에 녹이 발생 한 경우에는 그라인더 및 와이어 브러쉬(Wire Brush)로 녹을 제거한 후에 조립

8. 가조임(가볼트 조임)

1) 고장력 볼트 이음

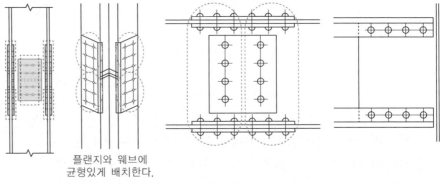

플랜지와 웨브에
균형있게 배치한다.

[기둥이음의 경우]　　　[보이음의 경우]　　　[보 가셋 접합의 경우]

① 가볼트 조임은 볼트를 이용
② 볼트 1군에 대해 1/3 이상이며 2개 이상을 웨브와 플랜지에 적절하게 배치

2) 혼용접합 및 병용접합

플랜지용접 웨브
고장력볼트 접합의 경우
보
용접부

① 가볼트 조임은 일반볼트를 이용
② 볼트 1군에 대해 1/2 이상이며 2개 이상의 가볼트를 적절하게 배치

3) 용접이음

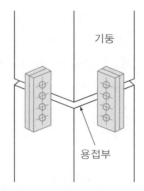

기둥
용접부

－ 일렉션피스 등에 사용하는 가볼트는 모두 고장력볼트로 조인다.

⇒ 세우기 상태 중에는 안전성이 취약한 시기이므로 가능한 한 조기에 본
조임 및 용접을 시행하여야 한다.

9. 본조임

고장력 Bolt, 용접

10. 검사

고장력 Bolt, 용접

11. 녹막이칠 제외

1) Con'c 매입 부분
2) 부재의 접합에 의해 밀착되는 면

3) 고장력볼트 마찰면

4) 용접부위 양측 100mm

12. 운반

변형방지

Ⅱ. 제작치수 허용오차 및 정밀도 [KCS 14 31 10]

허용오차 ⌈ 관리허용오차 : 95% 이상 만족 → 목표값

⌊ 한계허용오차 : 합격, 불합격 판정값

1. Mill sheet 검사 → 시험성적서

1) 역학적 시험 : 압축, 휨, 인장, 전단강도

2) 성분시험 : Fe(철), S(황), Si(규소), Pb(납), C(탄소)

3) 규격표시 : 길이, 두께, 단위중량, 크기, 제품번호

4) 시험규준의 명시 : 시방서, KS

2. 제품정밀도

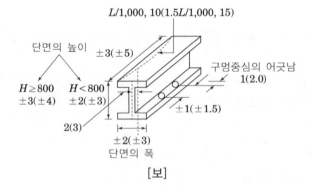

[보]

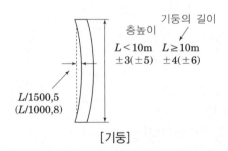

[기둥]

3. 용접부정밀도

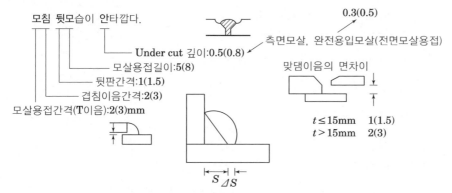

측면모살, 완전용입모살(전면모살용접) : 0.3(0.5)

모침 뒷모습이 안타깝다.

- Under cut 깊이 : 0.5(0.8)
- 모살용접길이 : 5(8)
- 뒷판간격 : 1(1.5)
- 겹침이음간격 : 2(3)
- 모살용접간격(T이음) : 2(3)mm

맞댐이음의 면차이

$t \leq 15mm$ 1(1.5)
$t > 15mm$ 2(3)

$S_{\Delta S}$

4. 조립(시공)정밀도

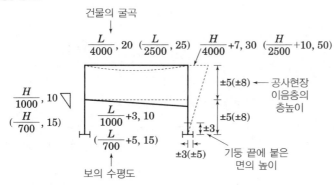

건물의 굴곡

$\dfrac{L}{4000}, 20 \ \left(\dfrac{L}{2500}, 25\right)$ $\dfrac{H}{4000}+7, 30 \ \left(\dfrac{H}{2500}+10, 50\right)$

$\dfrac{H}{1000}, 10$
$\left(\dfrac{H}{700}, 15\right)$

$\dfrac{L}{1000}+3, 10$
$\left(\dfrac{L}{700}+5, 15\right)$

보의 수평도

±5(±8) ← 공사현장
이음층의
층높이

±5(±8)

±3

±3(±5) → 기둥 끝에 붙은
면의 높이

Ⅲ. 접합 [KCS 14 30 20/ 14 30 25]

1. Bolt 접합

1) 가조립
2) 소규모
3) 임시건물

2. Rivet 접합

1) 종류

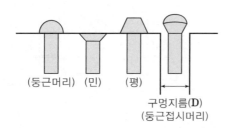

(둥근머리)   (민)   (평)

구멍지름(D)
(둥근접시머리)

2) 구멍뚫기

① Punching : 13mm 이하

② Drilling : 13mm 이상

③ Reaming : 수정, 최대편심 2mm 이하

3) 구멍지름

① d < 27 → d+2.0

② d ≥ 27 → d+3.0

4) Rivet 치기

① 기계 : Joe Riveter, Pneumatic Riveter Hammer

② 가열온도 : 900~1,000℃

③ 3人 → 1조

5) 불량리벳

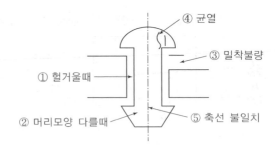

④ 균열

③ 밀착불량

① 헐거울때

② 머리모양 다를때

⑤ 축선 불일치

3. 고장력 Bolt 접합[KCS 14 31 25]

1) 종류

① 고장력(High Tension) Bolt

고장력강을 이용한 인장력이 큰 볼트로, 철골구조 부재의 마찰접합에 사용되며 리벳에 비해 시공 시의 소음이 적고, 화기를 사용하지 않으므로 안전하고 불량 부분을 쉽게 고칠 수 있다.

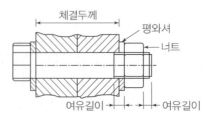

체결두께

평와셔

너트

여유길이

여유길이

[일반육각고장력볼트]

[TS볼트]

② TS(Torque Shear) Bolt, TC(Tension Control) Bolt[KS B 2819]

T.S Bolt란 볼트에 12각형 단면의 핀테일(Pintail)과 파단홈(Notch)을 가진 것으로서, 핀테일은 너트를 조일 때 전동조임기구에 생기는 반력에 의한 회전을 방지하도록 작용하며, 파단홈의 부분에서 조임토크가 적당한 값이 되었을 때 파단되는 것이다.

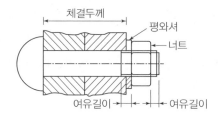

2) 고장력볼트 현장반입검사

① 검사성적표 검사

제작자 검사성적표의 제시를 요구하여 발주조건의 만족 여부 확인

② 고장력볼트 장력검사

토크관리법을 이용하여 고장력볼트의 장력 확인

③ 1차 검사

가. 1로트마다 5Set씩 임의로 선정하여 볼트장력의 평균값 산정

나. 상온(10~30℃)일 때 규정값과 상온 이외의 온도(10~60℃ 중 상온을 제외한 온도)에서 규정값과 확인

④ 2차 검사

가. 1차 확인 결과 규정값에서 벗어날 경우 동일 LOT에서 다시 10개를 채취하여 평균값 산정

나. 10Set 평균값이 규정값 이상이면 합격

다. 10Set 평균값이 규정값을 벗어난 경우는 특기시방서에 따른다.

⑤ 검사장비

가. 검사장비는 검교정된 것을 사용 : 축력계 및 조임기구

나. 정밀도 확인

다. 조임기구는 적정계수로 조일 것

[볼트 장력 검사]

3) 고장력볼트의 취급

① 고장력볼트 세트는 완전히 포장된 것을 미개봉 상태로 공사현장에 반입

② 고장력볼트는 종류, 등급, 지름, 길이, 로트번호마다 구분하여 비, 먼지 등이 부착되지 않고, 온도변화가 적은 장소에 보관

③ 운반, 조임작업에 있어서 고장력볼트는 소중히 취급하여 나사산 등이 손상 금지

④ 하루의 작업을 종료했을 때 남은 고장력볼트는 신속히 포장하여 보관하도록 하며, 미사용 고장력볼트를 현장에 방치 금지

⑤ 제작 후 6개월 이상 경과된 고장력볼트는 현장예비시험을 기준으로 하여 토크계수값을 측정

4) 고장력볼트 접합방식

① 마찰접합

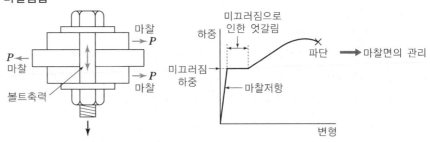

가. 마찰저항 적용 : 고력볼트로 조여진 모재와 Cover Plate 사이에 작용

나. 마찰력 ≥ 모재단면력 : 모재와 단면력은 접합면을 통하여 Cover Plate에 전달된다.

다. 마찰력 ≤ 모재단면력 : 마찰이 끊어져 미끄러짐 발생
→ 볼트의 전단력으로 지지

② 지압접합

가. 품질관리 구분 '가', '나', '다'로 분류된 구조물 및 부재의 접합에 적용할 수 있다.

나. 품질관리 구분 '가'로 분류된 구조물 및 부재에서 설계도면에 명시되어 있는 경우 일반볼트 세트를 사용할 수 있다.

다. 와셔는 볼트 머리 및 너트 쪽에 각각 한 개씩 사용한다.

라. 볼트조임은 별도의 규정이 없는 경우에는 밀착조임
(Snug Tightened Condition)을 원칙으로 한다.

마. 품질관리 구분 '나', '다'로 분류된 토목가설구조물 부재의 접합에 고장력볼트 세트를 사용하는 경우에는 마찰접합의 경우와 동일한 방법으로 볼트를 조인다.

5) 고장력볼트 접합부(마찰접합)

① 마찰면의 준비

가. 접합부 마찰면의 밀착성 유지

나. 모재접합부분의 변형, 뒤틀림 등이 있는 경우 마찰면이 손상되지 않도록 교정

다. 볼트구멍 주변은 절삭 남김, 전단 남김 등을 제거

라. 마찰면에는 도료, 기름 등 청소하며, 들뜬 녹은 와이어 브러시 등으로 제거

마. 구멍을 중심으로 지름의 2배 이상 범위의 녹, 흑피 등을 숏 블라스트(Shot Blast) 또는 샌드 블라스트(Sand Blast)로 제거

바. 품질관리 구분 '나', '다'는 마찰면에 페인트를 칠하지 않고, 미끄럼계수 0.5 이상 확보

[TS Bolt 접합]

$$R = \frac{1}{V} \cdot n \cdot \mu \cdot N$$

$\hookrightarrow$ 0.5 이상

사. 품질관리 구분 '라'는 미끄럼계수 0.4 이상 확보되도록 무기질 아연말 프라이머 도장 처리

② 접합부의 단차 수정

가. 품질관리 구분 '나', '다'에서 접합되는 부재의 표면 높이가 서로 차이가 있는 경우 다음과 같이 처리

높이 차이	처리 방법
1mm 이하	별도 처리 불필요
1mm 초과	끼움재 사용

나. 끼움재의 재질은 모재의 재질과 관계없이 사용할 수 있고, 끼움재는 양면 모두 마찰면으로 처리

③ 볼트구멍의 어긋남 수정

가. 접합부 조립 시에는 겹쳐진 판 사이에 생긴 2mm 이하의 볼트구멍의 어긋남은 리머로써 수정

나. 구멍의 어긋남이 2mm를 초과할 때의 처리는 접합부의 안전성 검토

6) 고장력볼트 조임에 관한 일반사항(마찰접합)

① 조임 시공법의 확인 : 조임기기와 축력계 확인

② 볼트는 나사를 손상시키지 않고 정확하게 구멍 속에 끼워 넣어야 하며, 볼트 끼우기 중 나사부분과 볼트머리는 손상되지 않게 보호한다.

③ 모든 볼트머리와 너트 밑에 각각 와셔 1개씩 끼우고, 너트를 회전시켜서 조인다. 다만 토크-전단형(T/S) 고장력볼트는 너트 측에만 1개의 와셔를 사용한다.

④ 와셔는 볼트머리와 너트에 평행하게 놓아야 한다.

⑤ 너트는 표시 기호가 있는 쪽이 바깥쪽이고, 와셔는 면치기가 있는 쪽이 바깥쪽으로 사용한다.

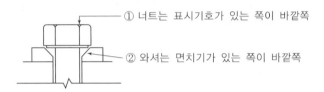

- ① 너트는 표시기호가 있는 쪽이 바깥쪽
- ② 와셔는 면치기가 있는 쪽이 바깥쪽

⑥ 토크렌치와 축력계의 정밀도는 ±3% 오차범위 이내로 한다.

⑦ 볼트의 끼움에서 본조임까지의 작업은 같은 날 이루어지는 것을 원칙으로 한다.

⑧ 볼트의 조임 작업시 본조임은 원칙적으로 강우 및 결로 등 습한 상태에서 조임해서는 안 된다.

7) 고장력볼트 조임방법(마찰접합)

① 1차조임

가. 1차조임은 프리세트형 토크렌치, 전동 임펙트렌치 등을 사용하여 토크로 너트를 회전시켜 조인다.

고장력볼트의 호칭	1차조임 토크(N·m)	
	품질관리 구분 '나', '다'	품질관리 구분 '라'
M16	100	표준볼트장력의 60%
M20, M22	150	
M24	200	
M27	300	
M30	400	

[Torgue Wrench]

나. 볼트 조임 순서

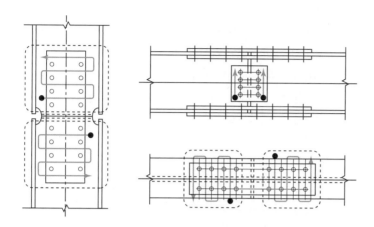

[고장력 볼트 조임]

① ----- 조임 시공용 볼트의 군(群)
② ⟶ 조이는 순서
③ 볼트 군마다 이음의 중앙부에서 판 단부쪽으로 조여진다.

② 금매김

가. 1차조임 후 반드시 금매김을 실시

나. 금매김은 볼트, 너트, 와셔, 부재에 모두 걸쳐 실시

③ 본조임

가. 본조임은 1차조임과 같은 순서로 최종목표 표준볼트장력에 도달할 수
있도록 토크로 조인다.

나. 표준볼트장력(kN)

구분	M16	M20	M22	M24
F10T	116	180	223	260

다. 조임 방식

구분	조임 방식
토크관리법	표준볼트장력을 얻을 수 있도록 조정된 조임기기 이용
너트회전법	1차조임 완료 후를 기준으로 너트를 120°(M12: 60°) 회전
조합법	토크관리법과 너트회전법을 조합
T/S 고장력볼트	핀테일이 파단 될 때까지 토크를 작용시켜 너트를 조임

[토크관리법]

8) 고장력볼트 조임 후 검사(마찰접합)

① 토크관리법

　가. 조임완료 후 각 볼트군의 10%의 볼트 개수를 표준으로 하여 토크렌치에 의하여 조임 검사를 실시

　나. 평균 토크의 ±10% 이내의 것을 합격

　다. 불합격한 볼트군은 다시 그 배수의 볼트를 선택하여 재검사하되, 재검사에서 다시 불합격한 볼트가 발생하였을 때에는 그 군의 전체를 검사

　라. 10%를 넘어서 조여진 볼트는 교체

　마. 조임을 잊어버렸거나, 조임 부족이 인정된 볼트군에 대해서는 모든 볼트를 검사하고 동시에 소요 토크까지 추가로 조임

　바. 볼트 여장은 너트면에서 돌출된 나사산이 1~6개의 범위를 합격

② 너트회전법

　가. 조임완료 후 모든 볼트에 대해서 1차조임 후에 표시한 금매김의 어긋남에 의해 동시회전의 유무, 너트회전량 및 너트여장의 과부족을 육안검사하여 이상이 없는 것을 합격

　나. 1차조임 후에 너트회전량이 120° ±30°의 범위에 있는 것을 합격

　다. 이 범위를 넘어서 조여진 고장력볼트는 교체

　라. 너트의 회전량이 부족한 너트에 대해서는 소요 너트회전량까지 추가로 조임

　마. 볼트의 여장은 너트면에서 돌출된 나사산이 1~6개의 범위를 합격

③ 조합법

　가. 조임완료 후, 모든 볼트에 대해서 1차조임 후에 표시한 금매김의 어긋남에 의한 동시 회전의 유무, 너트회전량 및 너트여장의 과부족을 육안검사하여 이상이 없는 것을 합격

　나. 1차조임 후에 너트회전량이 120° ±30°의 범위에 있는 것을 합격

　다. 너트의 회전량에 현저하게 차이가 인정되는 볼트군에 대해서는 모든 볼트를 토크렌치를 사용하여 추가 조임에 따른 조임력의 적정 여부를 검사

　라. 평균 토크의 ±10% 이내의 것을 합격

　마. 10%를 넘어서 조여진 볼트는 교체

　바. 조임을 잊어버렸거나, 조임 부족이 인정된 볼트군에 대해서는 모든 볼트를 검사하고 동시에 소요 토크까지 추가로 조임

　사. 볼트 여장은 너트면에서 돌출된 나사산이 1~6개의 범위를 합격

④ 토크-전단형(T/S) 고장력볼트

가. 검사는 토크-전단형(T/S)고장력볼트조임 후 실시

나. 너트나 와셔가 뒤집혀 끼여 있는지 확인

다. 핀테일의 파단 및 금매김의 어긋남을 육안으로 전수 검사

라. 핀테일이 정상적인 모습으로 파단되고 있으면 적절한 조임이 이루어진 것으로 판정

마. 금매김의 어긋남이 없는 토크-전단형(T/S) 고장력볼트에 대해서는 기타의 방법으로 조임을 실시하여 공회전이 확인될 경우에는 새로운 토크-전단형(T/S) 고장력볼트 세트로 교체

⑤ 고장력볼트의 교환

가. 고장력볼트, 너트, 와셔 등이 동시 회전, 축회전을 일으킨 경우

나. 너트회전량에 이상이 인정되는 경우

다. 너트면에서 돌출된 여장이 과대, 과소한 경우

라. 한 번 사용한 볼트는 재사용할 수 없다.

9) 고장력볼트 조임 후 검사(지압접합)

① 조임 완료 후 각 볼트군의 10%의 볼트 개수를 표준으로 하여 임팩트렌치 또는 일반렌치로 최대로 조여서 접합판이 완전히 접착된 상태를 합격으로 한다.

② 불합격한 볼트군에 대해서는 다시 그 배수의 볼트를 선택하여 재검사하되, 재검사에서 다시 불합격한 볼트가 발생하였을 때에는 그 군의 전체를 검사한다.

③ 잊어버리거나, 조임 부족이 인정된 볼트군에 대해서는 모든 볼트를 검사하고 동시에 임팩트렌치 또는 일반렌치를 사용하여 조임을 접합판이 완전히 접착될 때 까지 추가로 조인다.

④ 볼트의 조임 길이에 더하는 길이는 너트 면에서 돌출된 나사산이 1~6개의 범위를 합격으로 한다.

10) 고장력볼트 조임 시 유의사항

① 고장력볼트 검사

② 부재의 상태 점검

③ 기기의 정밀도

④ 조임순서

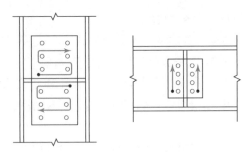

- 1차 조임 → 금매김 → 본조임 실시
- 조임 시 중앙 → 단부로 체결

⑤ 접합면처리
⑥ 틈새처리

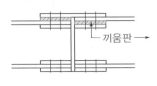

높이 크기	처리방법
1mm 이하	별도처리 불필요
1mm 초과	끼움판 삽입

⑦ 당일 작업량 준수
⑧ Nut의 위치
⑨ 검사철저

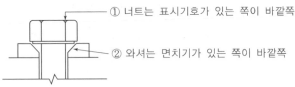

① 너트는 표시기호가 있는 쪽이 바깥쪽
② 와셔는 면치기가 있는 쪽이 바깥쪽

4. 용접 접합 [KCS 14 31 20]

1) 용접방법의 종류

① 피복 Arc 용접[KCS 14 31 20]

피복아크용접은 용접하려는 모재표면과 피복 아크용접봉의 선단과의 사이에 발생하는 아크열에 의해 모재의 일부를 용융함과 동시에 용접봉에서 녹은 용융금속에 의해 결합하는 용접 방법을 말한다.

[피복 Arc 용접]

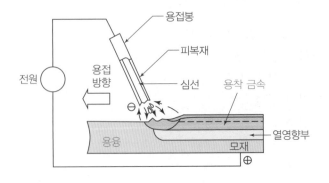

② CO₂ 아크(Arc) 용접

가스 실드 소요 전극식 아크용접법의 일종으로 MIG 용접의 불활성가스 대신에 값이 싼 CO_2 가스를 사용하는 용극식 방식의 용접방법을 말한다.

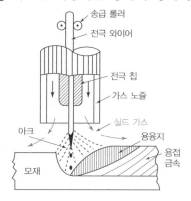

[CO₂ 아크용접]

③ Submerged 아크(Arc) 용접 [KCS 14 31 20]

입상의 플럭스 속에 전극 와이어를 묻어서 모재와의 사이에서 생기는 아크열로 용접하는 방법으로 주로 자동아크용접에 쓰여 지며, 잠호용접 이라고도 한다.

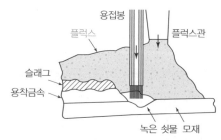

[Submerged Arc 용접]

④ 일렉트로 슬래그(Electro Slag) 용접 [KCS 14 31 20]

용융슬래그와 용융금속이 용접부에서 흘러나오지 않도록 에워싸 용융된 슬래그욕의 속에 용접 와이어를 연속적으로 공급하여, 주로 용융슬래그의 저항열에 의해 용접와이어와 모재를 용융하여, 순차상향 방향으로 용착 금속을 위로 채워 넣는 용접을 말한다.

[Electro Slag 용접]

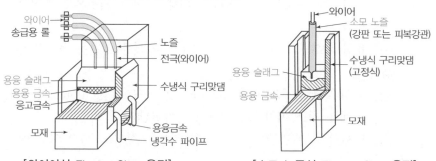

[와이어식 Electro Slag 용접]　　　　[소모 노즐식 Electro Slag 용접]

⑤ 맞댐용접(홈용접, Butt Weld) [KCS 14 31 10]

부재를 적당한 각도로 개선하여 마구리와 마구리를 맞대어 부재의 전단
면 또는 일부분만 용접하면서 루트면을 두도록 하는 용접을 말한다.

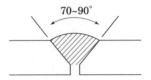

⑥ 모살용접(Fillet Welding) [KCS 14 31 10]

용접되는 부재의 교차되는 면 사이에 일반적으로 삼각형의 단면이 만들
어지는 용접을 말하며, 응력의 전달이 용착금속에 의해 이루어지므로
용접살의 목두께의 관리가 중요하다.

2) 예열 [KCS 14 31 20]

① 예열의 일반사항

가. 다음의 경우는 예열을 해야 한다.
- 강재의 밀시트에서 계산한 탄소당량이 0.44%를 초과할 때
- 최고 경도가 370을 초과 할 때
- 모재의 표면온도가 0℃ 이하일 때

나. 모재의 최소예열과 용접층간 온도는 강재의 성분과 강재의 두께 및
용접구속 조건을 기초로 하여 설정한다.

다. 최대 예열온도는 230℃ 이하로 한다.

라. 이종금속간에 용접을 할 경우는 예열과 층간온도는 상위등급을 기준
으로 하여 실시한다.

마. 두꺼운 재료나 높은 구속을 받는 이음부 및 보수용접에서는 균열방
지나 층상균열을 최소화하기 위해 규정된 최소온도 이상으로 예열
한다.

바. 용접부 부근의 대기온도가 -20℃보다 낮은 경우는 용접을 금지한다.

② 예열온도

가. 예열은 용접선의 양측 100mm 및 아크 전방 100mm의 범위 내의
모재를 최소 예열온도 이상으로 가열한다.

나. 모재의 표면온도가 0℃ 미만인 경우는 적어도 20℃ 이상 예열한다.

다. 특별한 시험자료에 의하여 균열방지가 확실히 보증될 수 있거나 강재의 용접균열 감응도 조건을 만족하는 경우는 강종, 강판두께 및 용접방법에 따라 최소예열온도 값을 조절할 수 있다.

라. 2전극과 다전극 서브머지드아크용접의 최소예열과 층간 온도는 공사감독자의 승인을 받아 조절할 수 있다.

③ 예열방법

가. 전기저항 가열법, 고정버너, 수동버너 등에서 강종에 적합한 조건과 방법을 선정한다.

나. 버너로 예열하는 경우에는 개선면에 직접 가열해서는 안 된다.

다. 온도관리는 용접선에서 75mm 떨어진 위치에서 표면온도계 또는 온도쵸크 등에 의하여 온도관리를 한다.

라. 온도저하를 고려하여 아크발생 시의 온도가 규정 온도인 것을 확인하고 이 온도를 기준으로 예열직후의 계측온도로 설정한다.

④ 철골부재 변형교정 시 강재의 표면온도

강재		강재 표면온도	냉각법
조질강(Q)		750℃ 이하	공냉 또는 공냉 후 600℃ 이하에서 수냉
열가공제어강 (TMC, HSB)	Ceq > 0.38	900℃ 이하	공냉 또는 공냉 후 500℃ 이하에서 수냉
	Ceq ≤ 0.38	900℃ 이하	가열 직후 수냉 또는 공냉
기타강재		900℃ 이하	적열상태에서의 수냉은 피한다.

3) 결함

종류

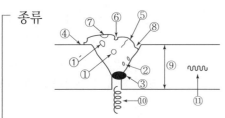

원인 : 재료＋人＋기계＋기타

방지대책 : 원인 반대말＋$\alpha1$(시공시 유의사항)＋$\alpha2$(용접변형 방지대책)

① 표면결함

종 류	형 태	원 인
Crack	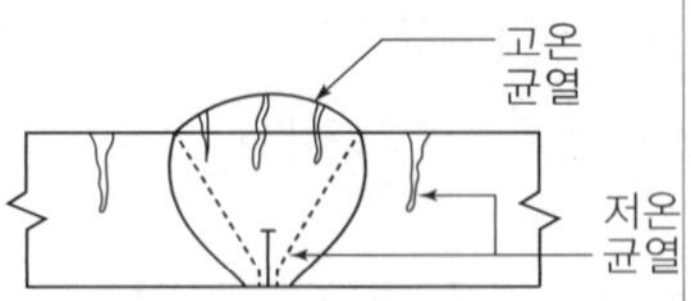 고온균열 / 저온균열	• 저온균열 : 탄소, 망간량이 증가할수록 발생, 열영양부에 주로발생 • 고온균열 : 황, 인 등 응고 직후 저융점의 불순물이 수축응력을 받을 경우 발생
Crater	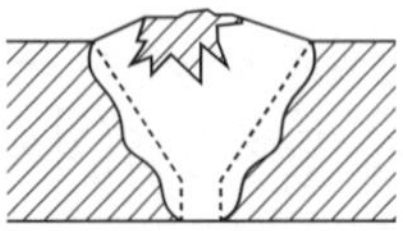	• End Tab 미설치 • 용접 중 중단 • 용접 중심부에 불순물 함유
Root	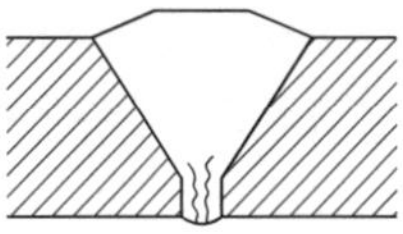	• 용접 후 수소 유입 • 모재의 예열 부족
Fish Eye	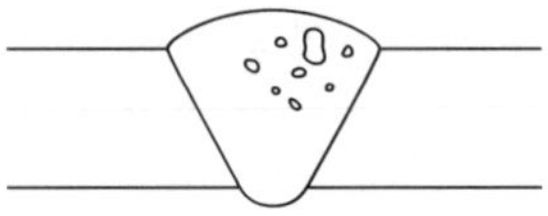	• Blow Hole 및 Slag가 모여 생긴 반점
Pit	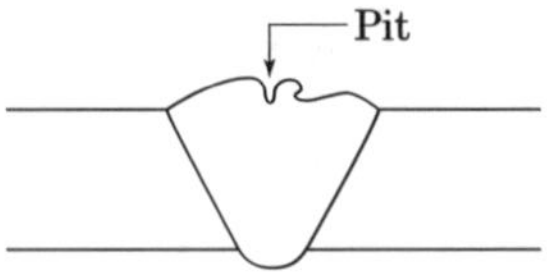 Pit	• 용융금속이 응고 수출할 때 표면에 생기는 구멍

② 내부결함

종 류	형 태	원 인
Blow Hole	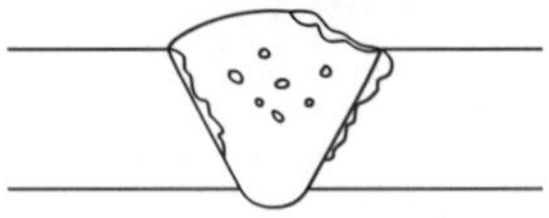	• 용접 시 잔존가스의 • 영향으로 생긴 기공
Slag Inclusion	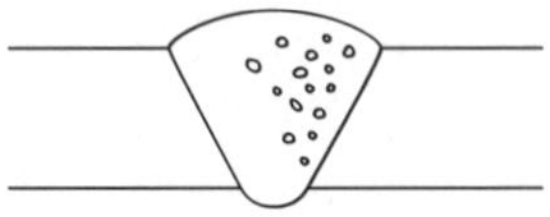	• 용접전류가 낮거나 빠를 경우 • 발생 Slag가 용착금속 내 혼입
용입불량	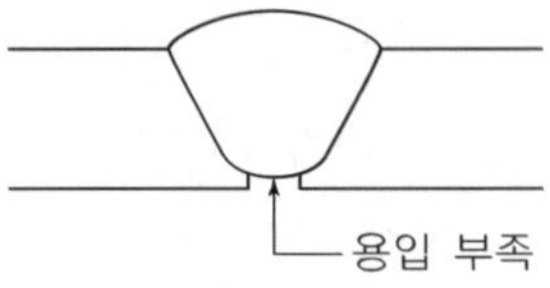 용입 부족	• 홈의 형상이 좁거나 넓을 경우 발생 • 용접속도가 빠를 경우

③ 형상결함

종 류	형 태	원 인
Under Cut	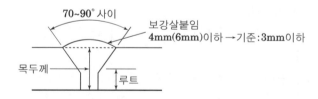	• 용접봉각도, 운봉속도 불량 • 전류가 클 때 발생
Over Lap		• 전류가 약할 때 • 모재가 융합되지 않고 겹침
Over Hung		상향 용접시 용착금속이 밑으로 흘러내림

4) 시공시 유의사항

① 예열(기상 고려)

　가. 모재의 표면온도가 0℃ 이하일 때

　나. 용접선의 양측 100mm 범위 내의 모재를 최소 예열온도 이상으로
　　　가열

② 리벳, 고장력 Bolt, 용접병용 : 고장력 Bolt 〉 용접

③ 개선정밀도 유지

　가. 용접부위를 70~90° 정도(V형)

　나. 연마기로 연마하여 평활도 유지

　다. 용접부위의 전단면을 일체화

70~90° 사이

보강살붙임
4mm(6mm) 이하 → 기준: **3mm** 이하

목두께

루트

④ 잔류응력

　가. 잔류응력은 용접품질에 악영향을 미침

　나. 적절한 용접방법 및 순서로 잔류응력 최소화

　다. 600℃±25℃ 용접부 재가열 → 잔류응력 제거

⑤ 뒤깎기(Gouging)

⑥ 돌림용접

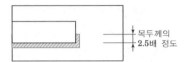

목두께의
2.5배 정도

⑦ End Tab

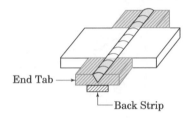

End Tab
Back Strip

⑧ 용접재료 건조

⑨ 기온, 기후

⑩ 용접순서

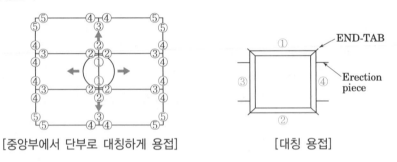

[중앙부에서 단부로 대칭하게 용접]   [대칭 용접]

⑪ 재해예방

5) 용접검사 [KCS 14 31 20]

(1) 용접검사의 종류

① 육안검사 및 비파괴시험은 구조물의 중요도 및 용접의 종류 등에 따라한다.

② 모든 용접은 전 길이에 대해 육안검사를 수행한다.

③ 표면 결함이 발견된 경우에는 필요에 따라 침투탐상시험(PT: Penertrating Test) 또는 자분탐상시험(MT : Magnetic Particle Examination) 등을 수행할 수 있다.

④ 품질관리 구분 '가'의 경우에는 용접부에 대한 비파괴시험이 요구되지 않으며, 품질관리 구분 '나', '다', '라'의 경우에는 비파괴시험을 수행해야 한다.

[용접]

(2) 육안검사

① 모든 용접부는 육안검사를 실시한다.

② 용접균열의 검사

③ 용접비드 표면의 피트 검사

④ 용접비드 표면의 요철 검사(비드길이 25mm 범위에서의 고저차)

품질관리 구분	가	나	다	라
요철 허용 값	해당 없음	4mm	4mm	3mm

⑤ 언더컷의 깊이 검사

언더컷의 위치	품질관리 구분			
	가	나	다	라
주요부재의 재편에 작용하는 1차응력에 직교하는 비드의 지단부	해당없음	0.5mm	0.5mm	0.3mm
주요부재의 재편에 작용하는 1차응력에 평행하는 비드의 지단부	해당없음	1.0mm	0.8mm	0.5mm
2차부재의 비드 지단부	해당없음	1.0mm	1.0mm	1.0mm

⑥ 오버랩 검사

⑦ 필릿용접의 크기 검사

　가. 필릿용접의 다리길이 및 목두께는 지정된 치수보다 작아서는 안된다.

　나. 용접선 양끝의 각각 50mm를 제외한 부분에서는 용접길이의 10%까지의 범위에서 −1.0mm의 오차를 인정한다.

(3) 비파괴 검사

① 방사선 투과법

　방사선 투과검사는 X−선과 감마선 등의 방사선을 시험체에 투과시켜 X−선 필름에 상을 형성시킴으로써 시험체 내부의 결함을 검출하는 검사방법이다.

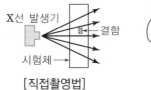

[직접촬영법]

[감마선법]

[방사선 투과법]

[초음파탐상법]

[자기분말탐상법]

[침투탐상법]

② 초음파 탐상법

초음파의 진행방향과 진동방향의 관계에서 종파, 횡파, 표면파의 3종류가 발생하며, 철골 용접부에서는 횡파에 의한 사각탐상법을 사용하여 브라운관에 나타난 영상으로 판정한다.

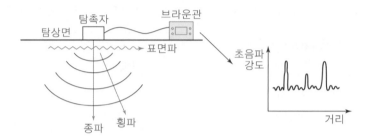

③ 자기분말탐상법

자분탐상검사는 표면 및 표면에 가까운 내부결함을 쉽게 찾아낼 수 있고 자성체의 검사에만 사용할 수 있으며 피검사체(철, 니켈, 코발트 및 이들의 합금)를 교류 또는 직류로 자화시킨 후 Magnetic Particle을 뿌리면 크랙 부위에 Particle이 밀집되어 검사하는 방법이다.

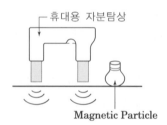

④ 침투탐상법

침투탐상검사는 부품 등의 표면결함을 아주 간단하게 검사하는 방법으로 침투액, 세척액, 현상액 3종류의 약품을 사용하여 결함의 위치, 크기 및 지시모양을 관찰하는 검사방법이다.

6) 용접변형

① 종류

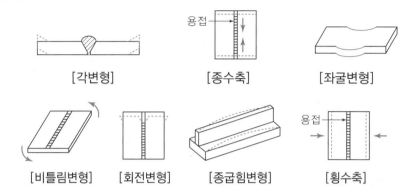

[각변형]　　　　[종수축]　　　　[좌굴변형]

[비틀림변형]　[회전변형]　[종굽힘변형]　[횡수축]

암기 point

각 종 회 비 는
기 수 에 좌 우된다.

② 원인

　　㉠ 용융금속에 의한 모재의 열팽창, 소성변형
　　㉡ 용접 열에 의한 경화과정의 온도 차이에 따른 모재의 소성변형
　　㉢ 용착금속의 냉각과정에서의 수축으로 변형
　　㉣ 선작업된 용접부의 잔류응력이 후작업에 미치는 영향으로 변형

③ 방지대책

　　㉠ 억제법 : 응력발생 예상부위에 보강재 또는 보조판 부착
　　㉡ 역변형법 : 변형발생부분을 예측하여 미리 역변형을 주어 제작
　　㉢ 냉각법 : 용접 시 냉각으로 온도를 낮추어 변형방지
　　㉣ 가열법 : 용접부재 전체를 가열하여 용접 시 변형을 흡수
　　㉤ 피닝법 : 용접부위를 두들겨 잔류응력의 분산 및 완화
　　㉥ 용접순서

암기 point

억 척 같은 역 순 이
냉 가 슴 앓고 피 가 난다.

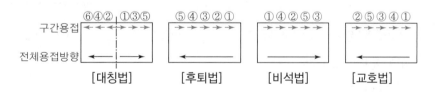

구간용접　　　　　　　　　　　　　　　　　　　　　　
전체용접방향

[대칭법]　　　[후퇴법]　　　[비석법]　　　[교호법]

암기 point

후 대 비 교

Ⅳ. 조립 및 설치 [KCS 14 30 30]

1. 준비 및 안전대책

1) 현장조립 작업준비

2) 공사용 가설물 준비 및 안전장치 설치
① 비계, 통로의 안전
② 현장용접시의 방풍대책
③ 낙하방지대책
④ 크레인의 안전

2. Anchoring(기초앵커볼트매립공법)

① 앵커볼트 설치 시 베이스플레이트 위치의 콘크리트는 설계도면 레벨보다 -30mm ~ -50mm 낮게 타설하고, 베이스플레이트 설치 후 그라우팅 처리한다.
② 앵커볼트로는 구조용 혹은 세우기용 앵커볼트가 사용되어야 하고, 고정매입 공법을 원칙으로 한다.
③ 구조용 앵커볼트를 사용하는 경우 앵커볼트 간의 중심선은 기둥중심선으로 부터 3mm이상 벗어나지 않아야 한다
④ 세우기용 앵커볼트의 경우에는 앵커볼트 간의 중심선이 기둥중심선으로 부터 5mm 이상 벗어나지 않아야 한다.

1) Anchoring(기초앵커볼트매립)공법의 종류

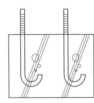
[고정매립법]

깔때기 사용
[가동매립법]

Box 매입 후 제거
[나중매립법]

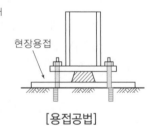
현장용접
[용접공법]

2) 시공시 유의사항
① Shop drawing 철저
② 앵커볼트 레벨, 위치 확인
㉠ 앵커볼트가 낮은 경우 : 개선 후 용접

[Anchoring]

ⓛ 앵커볼트가 높은 경우 : 와셔 넣어 조절

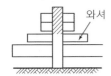

ⓒ 위치가 어긋난 경우 : 앵커 주위 파취 후 휘어서 정착하거나 베이스플
    레이트 수정
③ 앵커볼트 파손주의
④ 앵커볼트 조임방법

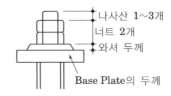

⑤ 앵커고정방법

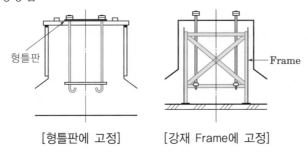

[형틀판에 고정] [강재 Frame에 고정]

3. Padding(기초상부고름질)

1) Padding(기초상부고름질) 공법의 종류

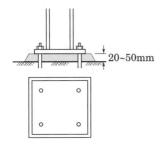

[고름모르타르 방법]
(전면마무리법)

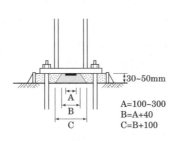

A=100~300
B=A+40
C=B+100

[부분 grouting 방법]
(나중충전중심마무리법)

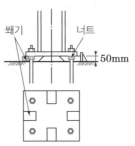

[전면 grouting 방법]
(나중충전법)

[Padding]

2) 시공시 유의사항

① 기초 상부 면처리

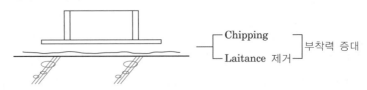

$$\begin{array}{l} \text{Chipping} \\ \text{Laitance 제거} \end{array} \Big] 부착력 증대$$

② 주각부 레벨확인

③ 밀실충전

④ 모르타르 양생

⑤ 정밀도 유지

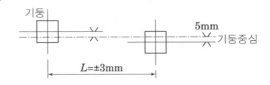

4. 부재 조립 및 설치(데크플레이트 설치 및 스터드 용접)

1) 데크플레이트 구조

① 데크합성슬래브 : 데크플레이트와 콘크리트가 일체가 되어 하중을 부담하는 구조

② 데크복합슬래브 : 데크플레이트의 홈에 철근을 배치한 철근 콘크리트와 데크플레이트가 하중을 부담하는 구조

③ 데크구조슬래브 : 데크플레이트가 연직하중, 수평가새가 수평하중을 부담하는 구조

2) 스터드용접(Stud Welding) [KCS 14 31 20]

스터드 용접은 스터드 건에 용접될 스터드를 꽂은 후 모재와 약간 사이를 두고 전류를 통하게 하면 스터드가 용접봉과 같은 역할을 하여 스터드 끝과 모재 사이에 전기 아크가 발생하면서 스터드를 모재에 눌러붙여 용접하는 방법이다.

[스터드 용접]

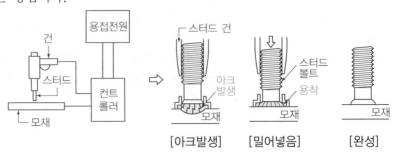

3) 스터드용접 검사 [KCS 14 31 20]

① 검사범위

가. 마감높이 및 기울기 검사는 100개 또는 부재 1개에 용접된 숫자 중 작은 쪽을 1개의 검사 단위로 하며, 검사 단위당 1개씩 검사한다.

나. 육안검사를 위해 표본 추출하는 경우에는 1개 검사단위 중에서 전체 보다 길거나 짧은 것 또는 기울기가 큰 것을 선택한다.

② 육안검사(스터드용접부의 외관검사)

결함	판정 기준
더돋기 형상의 부조화	• 더돋기는 스터드의 반지름 방향으로 균일하게 형성 • 여기에서 더돋기는 높이 1mm 폭 0.5mm 이상의 것
균열 및 슬래그 혼입	• 허용 금지
언더컷	• 날카로운 형상의 언더컷 및 깊이 0.5mm 이상의 언더컷 금지 • 다만 0.5mm 이내로 그라인드 처리할 수 있는 것은 그라인드 처리 후 합격
스터드의 마무리 높이	• 설계치에서 ±2mm 초과 금지
스터드의 기울기	• 5° 이내

③ 굽힘검사

가. 구부림 각도 15°에서 용접부의 균열, 기타 결함이 발생하지 않은 경우에는 그 검사단위는 합격

나. 굽힘검사에 의해 15°까지 구부러진 스터드는 결함이 발생하지 않았다면 그대로 콘크리트를 타설 가능

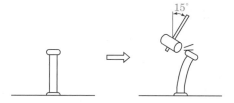

[굽힘검사]

④ 검사후의 처리

가. 검사후 합격한 검사 단위는 그대로 받아들임

나. 불합격한 경우에는 동일 검사 단위로부터 추가로 2개의 스터드를 검사하여 2개 모두 합격한 경우에는 그 검사 단위는 합격

다. 이들 2개의 검사 스터드 중에서 1개 이상이 불합격한 경우에는 그 검사단위 전체에 대해 재검사

라. 검사에서 불합격한 스터드는 50~100mm 인접부에 스터드를 재용접하여 검사

5. Plumbing 작업(수직도 관리)

1) 측정기둥의 선정

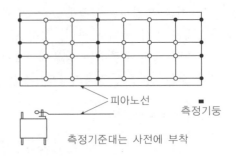

① 외주기둥 : 네 귀퉁이 기둥
② 내부기둥 : 정도가 요구되는 기둥
③ 기준기둥으로부터 나머지 기둥을 측정

2) 측정장비 : 내림추, Transit, 광파기, GPS

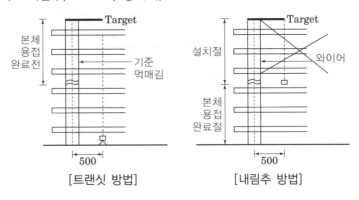

6. 볼팅(Bolting) 작업

1) 마찰면의 준비 : 지름의 2배 이상 녹 등 제거
2) 품질관리 구분 '나', '다'의 미끄럼계수 확보 : 0.5 이상
3) 품질관리 구분 '나', '다'의 단차 수정 : 1mm 초과시 끼움재 사용
4) 볼트 구멍 어긋남 수정 : 2mm 이하
5) 볼트의 조임 축력 : 표준볼트장력
6) 볼트 조임순서 : 중앙부에서 가장자리

7. 용접작업

1) 현장조건이 0℃ 이하 혹은 습도가 높은 경우 반드시 예열
2) 모재 표면 0℃ 미만인 경우 20℃ 이상 예열
3) 예열은 용접선 양측 100mm 이내
4) 최대 예열온도 230℃ 이하

[용접]

5) −20℃ 이하 용접 금지

6) 예열온도 관리는 용접선 75mm 떨어진 위치에서 실시

7) 예열은 용접선의 양측 100mm 및 아크 전방 100mm의 범위 내의 모재를 최소 예열온도 이상으로 가열

8. 그라우팅

① 0℃ 이하에서는 배합되거나 사용 금지

② 공기구멍(vent hole)은 필요한 만큼 설치

③ 그라우팅 전에 강재 베이스 플레이트 하부공간에는 물기, 얼음, 부스러기와 오염물들이 없도록 깨끗하게 청소

④ 기둥을 포함하는 포켓베이스(pocket bases)는 주변 콘크리트 보다 낮지 않은 압축강도의 콘크리트로 치밀하게 타설

⑤ 그라우팅 주입시 그라우팅 누출 방지

⑥ 그라우팅 주입시 공극이 생기지 않도록 주의

⑦ 그라우팅 후 진동, 직사광선을 피하고 양생 철저

9. 공사현장(시공)정밀도 작성

V. 도장 [KCS 14 31 40]

1. 도장 중단

① 도장하는 장소의 기온이 낮거나, 습도가 높고, 환기가 충분하지 못하여 도장건조가 부적당할 때

② 주위의 기온이 5℃ 미만, 43℃ 이상이거나 상대습도가 85% (무기질 아연말 도료는 상대습도 90%)를 초과할 때

③ 눈 또는 비가 올 때 및 안개가 끼었을 때

④ 강설우, 강풍, 지나친 통풍, 도장할 장소의 더러움 등으로 인하여 물방울, 들뜨기, 흙먼지 등이 도막에 부착되기 쉬울 때

⑤ 주위의 다른 작업으로 인해 도장작업에 지장이 있거나 도막이 손상될 우려가 있을 때

2. 시공

1) 표면처리 관리(블라스트)

① 노즐의 구경은 일반적으로 8~13mm를 사용한다.

② 연마재의 입경은 쇼트 볼(Shot Ball)에서 0.5~1.2mm를 사용하며, 강재 표면 상태에 따라 입경이 작은 0.5mm와 입경이 큰 1.2mm 범위 내에서 적절히 혼합(3:7 또는 4:6)하여 사용하며, 규사에서는 0.9~2.5mm를 사용해야 한다.

③ 분사거리는 연강판의 경우에는 150~200mm, 강판의 경우에는 300mm 정도로 유지한다

④ 연마재의 분사각도는 피도물에 대하여 50~60° 정도로 유지한다.

2) 용접부의 표면처리

① 용접부는 별도의 언급이 없는 한 반드시 블라스팅방법에 의해 표면처리한다.

② 용접과정에서 발생한 용접비드의 결함은 완전히 수정한 후에 표면처리를 한다.

③ 용접 시에 발생한 용접주위의 스패터 및 잔류물은 사전에 제거해야 한다.

④ 용접부 주위에 스패터의 부착을 방지하기 위해 처리약품 등이 사용되었을 경우에는 표면처리 작업 시에 이들을 제거해야 한다.

⑤ 용접부는 72시간 방치한 후 전처리 및 도장을 해야 한다.

3) 도장작업시의 기후 조건

① 대기온도가 5℃ 이상, 상대습도 85% 이하인 조건에서 작업해야 한다.

② 온도가 너무 높은 경우에 건조가 비정상적으로 빨라지고 핀홀이나 기포같은 결함현상이 발생할 수 있으며, 온도가 낮으면 경화가 느릴 뿐만 아니라 불완전한 경화를 유발 할 수 있다.

③ 특별한 규정이 없는 경우에는 43℃ 이상에서는 작업을 하지 않는다.

④ 소지 표면온도는 응축을 방지하기 위해 이슬점보다 3℃ 이상 높아야 한다.

⑤ 옥외에서 시공 시 강풍, 비, 눈, 이슬이 내리는 환경에서는 작업을 중지한다.

⑥ 도장작업 시 주위에서 용접작업 등 불꽃을 유발할 수 있는 작업은 금지한다.

4) 도막두께 검사 방법

① 강교도막의 검사는 마그네틱게이지로 건조도막을 측정하며, 도장된 부재 당 20~30개소를 측정한다.

② 부재의 규모는 약 10m³(또는 200~500m²)를 1개 로트(Lot)로 설정 하고 지정된 부위에 도막을 측정하며, 그 평균값이 도장사양의 도막 보다 낮아서는 안 된다.

③ 1개소(Spot)당 주변 5점을 측정하여 오차가 과도한 값을 제외한 평균값을 취해야 하며, 도장사양 두께의 80% 이상이어야 한다.

④ 기타 건조도막 두께의 측정은 SSPC PA2에 따른다.

⑤ 도막 두께가 기준에 미달되는 부위는 최상층 도료로 추가 도장하여 도장 두께 검사방법에 따라 재검사를 해야 한다.

⑥ 측정기는 사용 중에 충격을 받는 등 취급부주의로 측정밀도가 저하하는 경우가 있으므로 수시 조정을 실시하여 사용해야 한다.

VI. 내화피복[KCS 14 31 50]

1. 내화성능기준[건축물의 피난·방화 등의 기준에 관한 규칙 별표1]

[내화피복]

용도	용도구분	구성부재 용도규모 층수/최고 높이(m)		벽						보·기둥	바닥	지붕·지붕틀
				외벽			내벽					
				내력벽	비내력벽		내력벽	비내력벽				
					연소우려가 있는부분	연소우려가 없는 부분		간막이벽	승강기·계단실의 수직벽			
일반시설	제1종 근린생활시설, 제2종 근린생활시설, 문화 및 집회시설, 종교시설, 판매시설, 운수시설, 교육연구시설, 노유자시설, 수련시설, 운동시설, 업무시설, 위락시설, 자동차 관련 시설(정비공장 제외), 동물 및 식물 관련 시설, 교정 및 군사 시설, 방송통신시설, 발전시설, 묘지 관련 시설, 관광 휴게시설, 장례시설	12/50	초과	3	1	0.5	3	2	2	3	2	1
			이하	2	1	0.5	2	1.5	1.5	2	2	0.5
		4/20이하		1	1	0.5	1	1	1	1	1	0.5
주거시설	단독주택, 공동주택, 숙박시설, 의료시설	12/50	초과	2	1	0.5	2	2	2	3	2	1
			이하	2	1	0.5	2	1	1	2	2	0.5
		4/20이하		1	1	0.5	1	1	1	1	1	0.5
산업시설	공장, 창고시설, 위험물 저장 및 처리시설, 자동차 관련 시설 중 정비공장, 자연순환 관련 시설	12/50	초과	2	1.5	0.5	2	1.5	1.5	3	2	1
			이하	2	1	0.5	2	1	1	2	2	0.5
		4/20이하		1	1	0.5	1	1	1	1	1	0.5

2. 공법종류

1) 습식공법

타설공법, 조적공법, 미장공법, 뿜칠공법

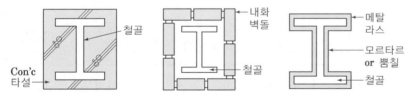

2) 건식공법

성형판 붙임공법, 휘감기 공법, 세라믹울 피복공법

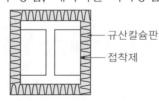

3) 도장공법

내화도료(내화페인트)공법 : 25~30배 팽창

4) 합성공법

3. 뿜칠공법 내화성능 향상 방안(현장 품질관리 항목)

1) 시공계획 수립 철저

① 대규모 플랜트가 필요하므로 철저한 계획 유지

② 동력, 용수, 저수조, 기계설비의 공간, 저장공간의 확보

③ 마감공사와 설비공사의 관계 확인

2) 바탕처리 철저

① 철골면의 들뜬 녹, 유분, 수분 등의 제거

② 방청도장 위에 뿜칠 할 경우 부착성을 확인

3) 두께 확보

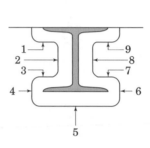

[보 두께 측정 위치]

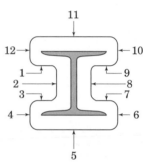

[노출된 보 또는 기둥의 두께 측정 위치]

구분	검사로트	로트선정	측정방법	판정기준
1시간 (4층/20m 이하)	매 층마다	각층 연면적 1,000m²마다	• 각 면을 모두 측정 • 각 면을 3회 측정	3회 측정값의 평균이 인정두께 이상
2시간 (4층/20m 초과) 이상	4개 층 선정	각층 연면적 1,000m²마다	• 각 면을 모두 측정 • 각 면을 3회 측정	3회 측정값의 평균이 인정두께 이상

① 상대습도가 70%를 초과하는 조건에서는 내화피복재의 내부에 있는 강재에 지속적으로 부식이 진행되므로 습도에 유의

② 분사암면공법의 경우에는 두께측정기로 두께를 확인하면서 작업

4) 밀도

구분	검사로트	로트선정	측정방법	판정기준
1시간 (4층/20m 이하)	매 층마다	각층 1로트 선정	보 또는 기둥의 플랜지 외부면에서 채취	인정밀도 이상
2시간 (4층/20m 초과) 이상	4개 층 선정	각층 1로트 선정	보 또는 기둥의 플랜지 외부면에서 채취	인정밀도 이상

[뿜칠공법 두께 검사]

[내화도료 두께 검사]

5) 부착강도

① 밀도와 동일한 방법으로 인정부착강도 이상

② 시험은 시험체가 항량에 도달한 후에 실시

③ 시험체는 충분한 기간 동안 양생

④ 시험 후 탈락 부위는 동일 재료로 마무리

6) 한랭기 동결방지

① 경화 전에 동결하면 박락한다.

② 한랭 시에는 가열, 보온 보양이 필요하다.

7) 박리의 방지

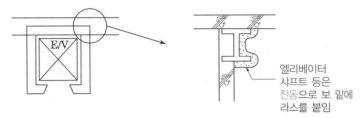

엘리베이터
샤프트 등은
진동으로 보 밑에
라스를 붙임

8) 빗물유입방지

빗물에 의해 알칼리분 유출되어 주변 오염 발생

9) 비산방지

뿜칠 시 비산되지 않도록 보호망 등을 처리할 것

10) 안전관리 철저

① 고소작업에 따른 안전교육 철저

② 이동비계 고정 철저

③ 이동비계 안전난간시설 철저

[고소작업 안전대]

4. 내화피복 검사

1) 뿜칠공법

① 표준시방서 [KCS 14 31 50]

　가. 미장공법, 뿜칠공법의 경우

　　• 시공 시에는 시공면적 $5m^2$당 1개소 단위로 핀 등을 이용하여 두께를 확인하면서 시공

　　• 뿜칠공법의 경우 시공 후 두께나 비중은 코어를 채취하여 측정

　　• 측정빈도는 각 층마다 또는 바닥면적 $1,500m^2$마다 각 부위별 1회를 원칙(1회에 5개)

　　• 연면적이 $1,500m^2$ 미만의 건물에 대해서는 2회 이상

나. 조적공법, 붙임공법, 멤브레인공법의 경우
- 재료반입 시, 재료의 두께 및 비중을 확인
- 빈도는 각 층마다 바닥면적 1,500m²마다 각 부위별 1회(1회에 3개)
- 연면적이 1,500m² 미만의 건물에 대해서는 2회 이상

다. 불합격의 경우에는 덧뿜칠 또는 재시공에 의하여 보수

라. 상대습도가 70%를 초과하는 조건에서는 내화피복재의 내부에 있는 강재에 지속적으로 부식이 진행되므로 습도에 유의

마. 분사암면공법의 경우에는 소정의 분사두께를 확보하기 위하여 두께 측정기 또는 이것에 준하는 기구로 두께를 확인하면서 작업

② 국토교통부[내화구조 인정 및 관리업무 세부운영 지침]

가. 두께

구분	검사로트	로트선정	측정방법	판정기준
1시간 (4층/20m 이하)	매 층마다	각층 연면적 1,000m²마다	• 각 면을 모두 측정 • 각 면을 3회 측정	3회 측정값의 평균이 인정두께 이상
2시간 (4층/20m 초과) 이상	4개 층 선정	각층 연면적 1,000m²마다	• 각 면을 모두 측정 • 각 면을 3회 측정	3회 측정값의 평균이 인정두께 이상

[두께 검사]

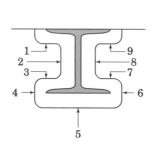

[보 두께 측정 위치]

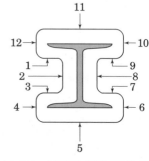

[노출된 보 또는 기둥의 두께 측정 위치]

나. 밀도

구분	검사로트	로트선정	측정방법	판정기준
1시간 (4층/20m 이하)	매 층마다	각층 1로트 선정	보 또는 기둥의 플랜지 외부면에서 채취	인정밀도 이상
2시간 (4층/20m 초과) 이상	4개 층 선정	각층 1로트 선정	보 또는 기둥의 플랜지 외부면에서 채취	인정밀도 이상

다. 부착강도

구분	검사로트	로트선정	측정방법	판정기준
1시간 (4층/20m 이하)	매 층마다	각층 1로트 선정	보 또는 기둥의 플랜지 외부면에서 채취	인정부착강도 이상
2시간 (4층/20m 초과) 이상	4개 층 선정	각층 1로트 선정	보 또는 기둥의 플랜지 외부면에서 채취	인정부착강도 이상

2) 내화도료

① 표준시방서[KCS 41 43 02]

가. 내화도료의 측정 로트는 200m²로 한다.

나. 시공면적이 200m² 미만인 경우에는 8m²에 따라 최저 1개소로 한다.

② 국토교통부[내화구조 인정 및 관리업무 세부운영 지침]

가. 두께

[두께 검사]

구분	검사로트	로트선정	측정방법	판정기준
1시간 (4층/20m 이하)	매 층마다	각층 연면적 1,000m²마다	• 각 면을 모두 측정 • 각 면을 3회 측정	3회 측정값의 평균이 인정두께 이상
2시간 (4층/20m 초과) 이상	4개 층 선정	각층 연면적 1,000m²마다	• 각 면을 모두 측정 • 각 면을 3회 측정	3회 측정값의 평균이 인정두께 이상

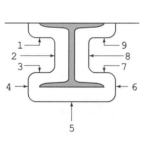

[보 두께 측정 위치]

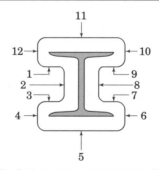

[노출된 보 또는 기둥의 두께 측정 위치]

나. 부착강도

구분	검사로트	로트선정	측정방법	판정기준
1시간 (4층/20m 이하)	매 층마다	각층 1로트 선정	보 또는 기둥의 플랜지 외부면에서 채취	인정부착강도 이상
2시간 (4층/20m 초과) 이상	4개 층 선정	각층 1로트 선정	보 또는 기둥의 플랜지 외부면에서 채취	인정부착강도 이상

2 단답형·서술형 문제 해설

1 단답형 문제 해설

01 고장력(High Tension) Bolt [KCS 14 31 25]

I. 정 의

고장력강을 이용한 인장력이 큰 볼트로, 철골구조 부재의 마찰접합에 사용되며 리벳에 비해 시공 시의 소음이 적고, 화기를 사용하지 않으므로 안전하고 불량 부분을 쉽게 고칠 수 있다.

II. 고장력볼트의 기준

(1) 고장력볼트 세트의 구성은 고장력볼트 1개, 너트 1개 및 와셔 2개로 구성
(2) 고장력볼트 세트의 종류는 1종, 2종 및 4종, 또한 토크계수값은 A(표면윤활처리)와 B(방청유 도포상태)로 분류
(3) 와셔의 경도는 침탄, 담금질, 뜨임 금지
(4) 용융아연도금 고장력볼트 재료세트는 제1종(F8T) A에 따르며, 마찰이음으로 체결할 경우 너트회전법으로 볼트를 조임
(5) 고장력볼트, 너트와 와셔의 표면은 거칠지 않고 사용상 해로운 터짐, 흠, 끝 굽음, 구부러짐, 녹, 나사산의 상처 등의 결점이 없을 것

III. 고장력볼트의 길이 산정

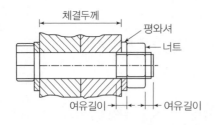

호칭	조임길이에 더하는 길이
M16	30
M20	35
M22	40
M24	45
M27	50
M30	55

$$L = G + (2 \times T) + H + (3 \times P)$$

(L : 볼트의 길이, G : 체결물의 두께, T : 와셔의 두께, H : 너트의 두께,
P : 볼트의 피치)

⇒ 볼트의 길이(L) = 체결물의 두께 + 더하는 길이

⇒ 계산된 볼트의 길이보다 더 긴 볼트를 사용할 경우 여유나사길이가 너무 짧아 볼트의 몸통에서 나사산이 시작되는 부위에 응력이 집중되어 볼트의 연성이 저하되고, 내피로강도가 급격히 저하되므로 피해야 한다.

Ⅳ. 고장력볼트의 종류와 등급

기계적 성질에 따른 세트의 종류		적용하는 구성부품의 기계적 성질에 따른 등급		
		고장력볼트	너트	와셔
1종	A	F8T	F10	F35
	B			
2종	A	F10T	F10	
	B			
4종	A	F13T	F13	
	B			

Ⅴ. 토크계수값

구분	토크계수값에 따른 세트의 종류	
	A	B
토크계수값의 평균값	0.110~0.150	0.150~0.190
토크계수값의 표준편차	0.010 이하	0.013 이하

02 TS(Torque Shear) Bolt, TC(Tension Control) Bolt [KS B 2819]

I. 정 의

T.S Bolt란 볼트에 12각형 단면의 핀테일(Pintail)과 파단홈(Notch)을 가진 것으로서, 핀테일은 너트를 조일 때 전동조임기구에 생기는 반력에 의한 회전을 방지하도록 작용하며, 파단홈의 부분에서 조임토크가 적당한 값이 되었을 때 파단되는 것이다.

II. T.S볼트 길이 선정

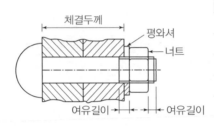

호칭	조임길이에 더하는 길이
M16	25
M20	30
M22	35
M24	40
M27	45
M30	50

$$L = G + T + H + (3 \times P)$$

⇒ 볼트의 길이(L)=체결물의 두께+추가되는 길이
⇒ 계산된 볼트의 길이보다 더 긴 볼트를 사용할 경우 여유나사길이가 너무 짧아 볼트의 몸통에서 나사산이 시작되는 부위에 응력이 집중되어 볼트의 연성이 저하되고, 내피로강도가 급격히 저하되므로 피해야 한다.

III. TS볼트의 종류와 등급

(1) 고장력볼트 세트의 구성은 T/S형 볼트 1개, 너트 1개 및 와셔 1개로 구성
(2) 고장력볼트 세트의 종류 및 등급은 1종류 1등급

세트의 구성 부품	볼트	너트	와셔
기계적 성질에 따른 등급	S10T	F10	F35

IV. 특징

(1) 숙련된 기능을 요하지 않고, 작업시간을 단축시킬 수 있다.
(2) 정확한 체결축력을 얻을 수 있다.
(3) 체결검사를 육안으로 쉽게 할 수 있다.
(4) 체결 시 소음이 적다.

03 고장력볼트 현장반입검사

106,120회

[KCS 14 31 25]

I. 정 의

고장력볼트를 반입할 경우는 완전히 포장된 것을 미개봉 상태로 반입하여야 하며, 포장 상태, 외관, 등급, 지름, 길이, LOT 번호 등을 철저히 검사하여야 한다.

II. 반입검사

(1) 검사성적표 검사

제작자 검사성적표의 제시를 요구하여 발주조건의 만족 여부 확인

(2) 고장력볼트 장력검사

토크관리법을 이용하여 고장력볼트의 장력 확인

(3) 1차 검사

① 1로트마다 5Set씩 임의로 선정하여 볼트장력의 평균값 산정
② 상온(10~30℃)일 때 규정값과 상온 이외의 온도(10~60℃ 중 상온을 제외한 온도)에서 규정값과 확인

(4) 2차 검사

① 1차 확인 결과 규정값에서 벗어날 경우 동일 LOT에서 다시 10개를 채취하여 평균값 산정
② 10Set 평균값이 규정값 이상이면 합격
③ 10Set 평균값이 규정값을 벗어난 경우는 특기시방서에 따른다.

(5) 검사장비

① 검사장비는 검교정된 것을 사용 : 축력계 및 조임기구
② 정밀도 확인
③ 조임기구는 적정계수로 조일 것

III. 고장력볼트의 장력

구분	설계볼트장력(kN)				표준볼트장력(kN)			
	M16	M20	M22	M24	M16	M20	M22	M24
F8T	84	131	163	189	92	144	179	208
F10T	105	164	203	236	116	180	223	260
F13T	136	213	264	307	150	234	290	338

😮 76,82회

| 04 | 고장력볼트 조임방법 | [KCS 14 31 25] |

I. 정 의

고장력볼트 조임방법은 1차 조임, 금매김, 2차 본조임의 순서대로 하며, 부재의 접합면이 밀접하게 접합되어 소정의 마찰력을 얻기 위해서는 중앙에서 단부로의 조임순서가 중요하다.

II. 조임방법

(1) 1차조임

① 1차조임은 프리세트형 토크렌치, 전동 임펙트렌치 등을 사용하여 토크로 너트를 회전시켜 조인다.

고장력볼트의 호칭	1차조임 토크(N·m)	
	품질관리 구분 '나', '다'	품질관리 구분 '라'
M16	100	
M20, M22	150	
M24	200	표준볼트장력의 60%
M27	300	
M30	400	

② 볼트 조임 순서

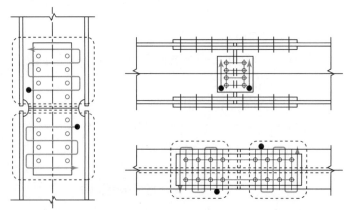

① ----- 조임 시공용 볼트의 군(群)
② ──→ 조이는 순서
③ 볼트 군마다 이음의 중앙부에서 판 단부쪽으로 조여진다.

(2) 금매김

① 1차조임 후 반드시 금매김을 실시

② 금매김은 볼트, 너트, 와셔, 부재에 모두 걸쳐 실시

(3) 본조임

① 본조임은 1차조임과 같은 순서로 최종목표 표준볼트장력에 도달할 수 있도록 토크로 조인다.

② 표준볼트장력(kN)

구분	M16	M20	M22	M24
F10T	116	180	223	260

③ 조임 방식

구분	조임 방식
토크관리법	• 표준볼트장력을 얻을 수 있도록 조정된 조임기기 이용
너트회전법	• 1차조임 완료 후를 기준으로 너트를 120°(M12: 60°) 회전
조합법	• 토크관리법과 너트회전법을 조합
T/S 고장력볼트	• 핀테일이 파단 될 때까지 토크를 작용시켜 너트를 조임

05 모살용접(Fillet Welding) [KCS 14 31 10]

🌐 53,120회

I. 정 의

용접되는 부재의 교차되는 면 사이에 일반적으로 삼각형의 단면이 만들어지는 용접을 말하며, 응력의 전달이 용착금속에 의해 이루어지므로 용접살의 목두께의 관리가 중요하다.

II. 허용오차

명칭	그림	관리허용차	한계허용차
T 이음의 틈새 (모살 용접 e		$e \leqq 2mm$	$e \leqq 3mm$ 다만, e가 2mm를 초과 하는 경우는 사이즈가 e만큼 증가한다.
모살용접의 사이즈 $\varDelta S$		$0 \leq \triangle S \leq 0.5S$ 또한 $\triangle S \leq 5mm$	$0 \leq \triangle S \leq 0.8S$ 또한 $\triangle S \leq 8mm$
모살용접의 용접 덧살 높이 $\triangle a$		$0 \leq \triangle a \leq 0.4S$ 또한 $\triangle a \leq 4mm$	$0 \leq \triangle a \leq 0.6S$ 또한 $\triangle a \leq 6mm$

Ⅲ. 응력전달 기구

(1) 겹침용접인 경우

① 앞면 모살용접: 모재1,2와 용착금속 하여 응력방향의 직각 → 인장력

② 측면 모살용접: 모재1,2와 용착금속 하여 응력방향과 평행 → 전단력

→ 용접면의 관리와 목두께의 관리가 중요

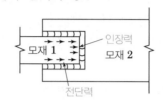

(2) T형 모살용접인 경우

인장력(P)을 가하면 목부분에서 파단이 일어남

→ 목두께의 관리가 중요

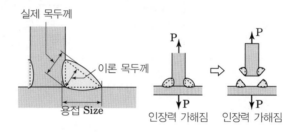

Ⅳ. 용접 시 유의사항

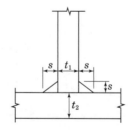

(1) 용접사이즈(S)는 용접되는 판 두께 중 얇은 판두께 이상

(2) 용접길이(L)은 요구되는 하중전달에 무리가 없도록 충분한 길이를 확보

(3) 모살용접은 가능한 한 볼록형 비드를 피할 것

(4) 한 용접선 양끝의 각 50mm 이외의 부분에서 용접길이의 10%까지 −1mm의 차를 허용하나 비드 형상이 불량한 경우에는 결함보수 기준에 따라 덧살용접으로 보수

⊗ 72,80,101,125회

06 라멜라 티어링(Lamellar Tearing) 현상

Ⅰ. 정의

T형 이음, 구석이음에서 철골부재의 용접이음에 의해 압연강판 두께방향으로 강한 인장구속력이 발생되며, 이때 용접금속의 국부적인 수축으로 압연강판의 층 사이에 계단모양의 박리균열이 생기는 현상을 말한다.

Ⅱ. Lamellar Tearing 현상

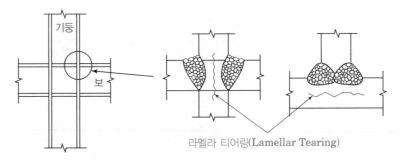

라멜라 티어링(Lamellar Tearing)

Ⅲ. 발생원인

(1) 판두께방향 구속과 압연방향으로 존재하는 강판의 층 상호작용
(2) 층 사이에 존재하는 불순물(MnS, MnSi)
(3) 다층용접에 의한 반복열

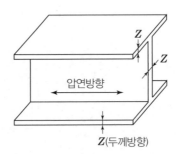

Ⅳ. 방지대책

(1) 넓은 개선각 대신 좁은 개선각(Narrow Gap Welding) 적용
(2) 시공 시 접합부에 예열과 후열시공
(3) 저강도 용접봉 사용

(4) 용접 접합부 Detail 개선

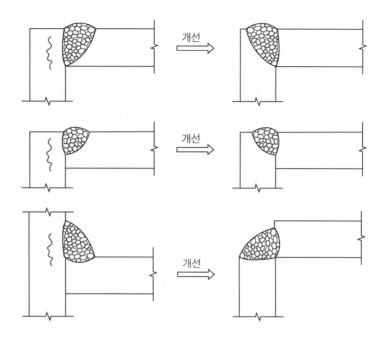

(5) 1-Path 용접이나 저층용접 적용

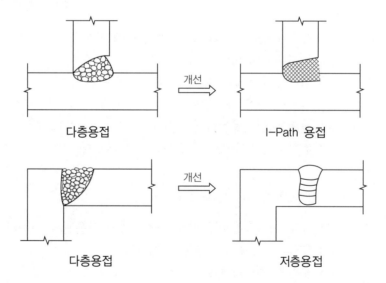

다층용접   I-Path 용접

다층용접   저층용접

07 용접부 비파괴검사 중 초음파탐상법

I. 정 의

초음파의 진행방향과 진동방향의 관계에서 종파, 횡파, 표면파의 3종류가 발생하며, 철골 용접부에서는 횡파에 의한 사각탐상법을 사용하여 브라운관에 나타난 영상으로 판정한다.

II. 개념도

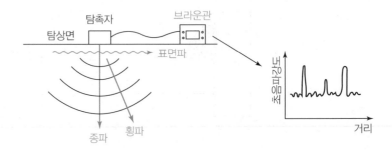

III. 특징

(1) 감도가 높아 미세한 결함의 검출에 용이
(2) 두꺼운 시험체의 검사도 가능
(3) 검사자의 폭넓은 지식과 경험이 요구
(4) 필름을 사용하지 않아 기록성이 없다.
(5) 맞댐용접, T형용접에 적용
(6) 검사장치가 소형이고 검사속도가 빠르다.

IV. 표본추출 및 검사결과

(1) 탐상작업 전에 시험편을 사용하여 브라운관의 횡축과 종축의 성능을 조정
(2) 1개의 검사로트당 표본 30개 추출
(3) 불합격 개소가 1개소 이하일 경우: 합격
(4) 불합격 개소가 2~3개소일 경우: 조건부 합격(30개 더 추출하여 검사하고 60개 중 4개소 이하일 경우)
(5) 불합격 개소가 4개소 이상일 경우: 불합격(전수검사 실시)

08 철골 내화피복 [KCS 14 31 50]

I. 정 의

내화피복이란 강구조의 건물이 화재에 따라 강성계수나 항복점 강도가 저하하여 건물이 붕괴되는 것을 방지하기 위하여 내화재료로 피복하는 것을 말한다.

II. 내화성능기준

분류	층수/최고 높이		기둥	보	Slab	내력벽
일반시설	12/50	초과	3시간	3시간	2시간	3시간
		이하	2시간	2시간	2시간	2시간
	4/20 이하		1시간	1시간	1시간	1시간
주거시설 산업시설	12/50	초과	3시간	3시간	2시간	2시간
		이하	2시간	2시간	2시간	2시간
	4/20 이하		1시간	1시간	1시간	1시간

III. 내화피복공법 및 재료의 종류

구분	공법	재료
도장공법	내화도료공법	팽창성 내화도료
습식공법	타설공법	콘크리트, 경량 콘크리트
	조적공법	콘크리트 블록, 경량 콘크리트 블록, 돌, 벽돌
	미장공법	철망 모르타르, 철망 퍼라이트 모르타르
	뿜칠공법	뿜칠 암면, 습식 뿜칠 압면, 뿜칠 모르타르 뿜칠 플라스터, 실리카, 알루미나 계열 모르타르
건식공법	성형판 붙임공법	무기섬유혼입 규산칼슘판, ALC 판, 무기섬유강화 석고보드, 석면 시멘트판, 조립식 패널, 경량콘크리트 패널, 프리캐스트 콘크리트판
	휘감기공법	
	세라믹울 피복공법	세라믹 섬유 블랭킷
합성공법	합성공법	프리캐스트 콘크리트판, ALC 판

Ⅳ. 목적

(1) 화재의 열로부터 구조체 영향을 최소화
(2) 철골부재의 변형방지
(3) 간접적인 단열 및 흡음효과와 결로방지
(4) 철골부재의 내력저하방지
(5) 기타 마감자재 및 건축물의 보호

09 내화도료(내화 페인트) [KCS 41 43 02]

Ⅰ. 정 의

내화도료 피복공법은 발포성 내화도료를 강구조 부재에 붓 또는 뿜칠로 일정 두께를 도장하여 화재 시 도료가 발포되어 고열이 철골부재에 전달하지 못하게 하는 시공방법을 말한다.

Ⅱ. 시공 시 유의사항

(1) 시공 시 온도는 5℃~40℃에서 시공
(2) 도료가 칠해지는 표면은 이슬점보다 3℃ 이상 높아야 한다.
(3) 강우, 강설을 피하여야 하며, 특히 중도시공 시 충분히 건조되기 전에는 수분이나 습기와의 접촉을 피한다.
(4) 시공 장소의 습도는 85% 이하, 풍속은 5m/sec 이하에서 시공
(5) 도료는 일반도료 등 다른 재료와 혼합사용 금지
(6) 하도용 도료가 완전히 건조된 후 중도용 도료를 에어리스 스프레이 등 도장방법으로 도장
(7) 에어리스 스프레이 도장 시 피도체와의 거리는 약 300mm 정도, 피도 면에 직각, 스프레이건의 이동속도는 500~600mm/sec 정도로 중첩되도록 도장
(8) 상도용 도료를 도장하는 경우에는 중도용 도료가 충분히 건조된 이후에 도장
(9) 작업 중에는 습도막두께 측정기구, 건조 후에는 검 교정된 건조도막두께 측정기를 사용하여 도장두께를 측정
(10) 눈 및 피부 보호를 위해 보호장구 등을 착용
(11) 도장작업을 하기 전에 MSDS를 확인
(12) 미세한 먼지 등에 대하여는 방진마스크의 착용
(13) 도료의 비산을 방지하기 위하여 방호네트 등을 실시

Ⅲ. 내화피복검사

(1) 표준시방서 [KCS 41 43 02]
  ① 내화도료의 측정 로트는 200m²로 한다.
  ② 시공면적이 200m² 미만인 경우에는 8m²에 따라 최저 1개소로 한다.

(2) 국토교통부 [내화구조 인정 및 관리업무 세부운영지침]

① 두께

구분	검사로트	로트선정	측정방법	판정기준
1시간 (4층/20m 이하)	매 층마다	각층 연면적 1,000m²마다	• 각 면을 모두 측정 • 각 면을 3회 측정	3회 측정값의 평균이 인정두께 이상
2시간 (4층/20m 초과) 이상	4개 층 선정	각층 연면적 1,000m²마다	• 각 면을 모두 측정 • 각 면을 3회 측정	3회 측정값의 평균이 인정두께 이상

② 부착강도

구분	검사로트	로트선정	측정방법	판정기준
1시간 (4층/20m 이하)	매 층마다	각층 1로트 선정	보 또는 기둥의 플랜지 외부면에서 채취	인정부착강도 이상
2시간 (4층/20m 초과) 이상	4개 층 선정	각층 1로트 선정	보 또는 기둥의 플랜지 외부면에서 채취	인정부착강도 이상

😊 58,81회

| 10 | 철골 내화피복검사 | KCS 14 31 50/내화구조 인정 및 관리업무 세부운영지침
KS F 2901,2902 |

I. 정 의

내화피복이란 강구조의 건물이 화재에 따라 강성계수나 항복점 강도가 저하하여 건물이 붕괴되는 것을 방지하기 위하여 내화재료로 피복하는 것으로 철저한 검사를 하여야한다.

II. 내화피복검사

(1) 표준시방서

① 미장공법, 뿜칠공법의 경우

ㄱ 시공 시에는 시공면적 5m²당 1개소 단위로 핀 등을 이용하여 두께를 확인하면서 시공

ㄴ 뿜칠공법의 경우 시공 후 두께나 비중은 코어를 채취하여 측정

ㄷ 측정빈도는 각 층마다 또는 바닥면적 1,500m²마다 각 부위별 1회를 원칙(1회에 5개)

ㄹ 연면적이 1,500m² 미만의 건물에 대해서는 2회 이상

② 조적공법, 붙임공법, 멤브레인공법의 경우

ㄱ 재료반입 시, 재료의 두께 및 비중을 확인

ㄴ 빈도는 각 층마다 바닥면적 1,500m²마다 각 부위별 1회(1회에 3개)

ㄷ 연면적이 1,500m² 미만의 건물에 대해서는 2회 이상

③ 불합격의 경우에는 덧뿜칠 또는 재시공에 의하여 보수

④ 상대습도가 70%를 초과하는 조건에서는 내화피복재의 내부에 있는 강재에 지속적으로 부식이 진행되므로 습도에 유의

⑤ 분사암면공법의 경우에는 소정의 분사두께를 확보하기 위하여 두께측정기 또는 이것에 준하는 기구로 두께를 확인하면서 작업

(2) 국토교통부[내화구조 인정 및 관리업무 세부운영지침]

① 두께

구분	검사로트	로트선정	측정방법	판정기준
1시간 (4층/20m 이하)	매 층마다	각층 연면적 1,000m²마다	• 각 면을 모두 측정 • 각 면을 3회 측정	3회 측정값의 평균이 인정두께 이상
2시간 (4층/20m 초과) 이상	4개 층 선정	각층 연면적 1,000m²마다	• 각 면을 모두 측정 • 각 면을 3회 측정	3회 측정값의 평균이 인정두께 이상

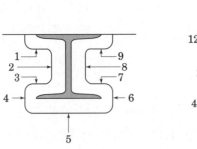 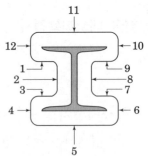

[보 두께 측정 위치]　　　[노출된 보 또는 기둥의 두께 측정 위치]

② 밀도

구분	검사로트	로트선정	측정방법	판정기준
1시간 (4층/20m 이하)	매 층마다	각층 1로트 선정	보 또는 기둥의 플랜지 외부면에서 채취	인정밀도 이상
2시간 (4층/20m 초과) 이상	4개 층 선정	각층 1로트 선정	보 또는 기둥의 플랜지 외부면에서 채취	인정밀도 이상

③ 부착강도

구분	검사로트	로트선정	측정방법	판정기준
1시간 (4층/20m 이하)	매 층마다	각층 1로트 선정	보 또는 기둥의 플랜지 외부면에서 채취	인정부착강도 이상
2시간 (4층/20m 초과) 이상	4개 층 선정	각층 1로트 선정	보 또는 기둥의 플랜지 외부면에서 채취	인정부착강도 이상

11 메탈 터치(Metal Touch) [KCS 14 31 10]

Ⅰ. 정 의

기둥 이음부에 인장응력이 발생하지 않고, 이음부분 면을 절삭가공기를 사용하여 마감하고 충분히 밀착시킨 이음을 말한다. 이러한 이음의 경우에는 밀착면으로 소요압축강도 및 소요휨강도의 일부가 전달된다고 가정하여 설계할 수 있다.

Ⅱ. 마무리면의 정밀도

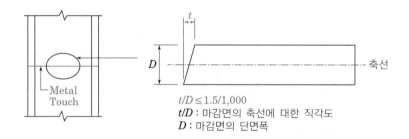

$t/D \leq 1.5/1,000$
t/D : 마감면의 축선에 대한 직각도
D : 마감면의 단면폭

Ⅲ. 국내 기준

(1) 이음부의 내력이 존재응력의 100% 이상
(2) 이음부의 내력이 부재의 허용내력의 50% 이상
(3) 접촉면을 깎아 마무리하여 응력을 직접 전달
(4) 이음 위치에 인장력이 발생하지 않을 경우, 압축력과 모멘트의 50%가 접촉면에서 직접 전달((1), (2) 중 큰 값의 50% 적용)

Ⅳ. 가공 시 유의사항

(1) 페이싱 머신 또는 로터리 플래너 등의 절삭가공기를 사용
(2) 부재 상호간 충분히 밀착하도록 가공
(3) 마무리면의 정밀도는 t/D ≤ 1.5/1,000
(4) 끼움재

4.8mm 이하	재가공 없이 사용
4.8~6.4mm	Shim Plate 삽입
6.4mm 이상	재가공

12 Scallop

[KCS 14 31 10]

I. 정의

용접접합부에 있어서 용접이음새나 받침쇠의 관통을 위해 또한 용접이음새끼리의 교차를 피하기 위해 설치하는 원호상의 구멍으로, 용접접근공이라고도 한다.

II. 개선가공

(1) 스캘럽이 있는 경우

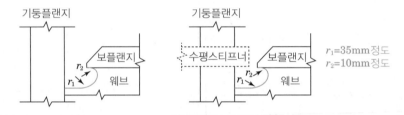

r_1=35mm정도
r_2=10mm정도

(2) 스캘럽이 없는 경우

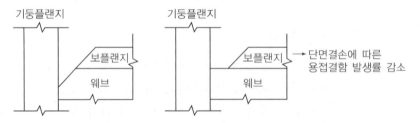

III. 스캘럽의 목적

(1) 용접균열방지
(2) 용접변형방지
(3) 슬래그 혼입물 등의 결함방지

IV. 시공 시 주의사항

(1) 스캘럽의 반지름은 일반적으로 30~35mm 정도(단면도 높이가 150mm 미만일 경우는 20mm 정도)
(2) 지진, 반복과다 재하 시 스캘럽의 보 끝 접합부 균열발생
(3) 스캘럽의 원호의 곡선은 플랜지와 팔렛 부분이 둔각이 되도록 가공
(4) 불연속부가 없도록 용접

◎ 59,78,101,122회

13 | **스티프너(Stiffener)**

I. 정 의

스티프너는 하중을 분배하거나, 전단력을 전달하거나, 좌굴을 방지하기 위해 부재에 부착하는 ㄱ형강이나 판재 같은 구조요소를 말한다.

II. 종 류

(1) 수평 Stiffener
  ① 재축에 수평으로 배치
  ② 휨 압축 좌굴방지
  ③ 보에 적용
  ④ 설치위치: 단면높이(d)의 0.2d
  ⑤ 단면적은 Web 단면적의 1/20 이상

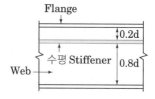

(2) 수직 Stiffener
  ① 재축에 직각으로 배치
  ② 전단좌굴방지
  ③ 집중하중이 작용하는 보에 사용
    : 하중점 Stiffener
  ④ 보의 중간에 사용: 중간 Stiffener

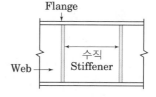

(3) 세로 Stiffener
  ① 재축에 수평으로 배치
  ② 기둥에 적용

III. 특 징

(1) Web의 전단보강
(2) 철골보의 좌굴방지
(3) Web의 단면(춤)을 높일 수 있다.

IV. 시공 시 유의사항

(1) 보의 단면(춤)이 Web판 두께의 60배 이상이면 Stiffener 간격을 1.5배 이하로 사용
(2) Stiffener는 Web판에 대하여 양면에 대칭으로 설치
(3) 하중점 Stiffener는 좌굴이 예상되므로 큰 Stiffener를 설치
(4) 수직과 수평 Stiffener 2개 사용 시 단면이 동일한 것 사용

14 | TMCP(Thermo Mechanical Control Process)강재

I. 정의

제어 압연을 기본으로 하여 그 후 공랭 또는 강제적인 제어 냉각을 하여 얻어지는 강
으로서, 탄소함유량을 낮고 우수한 용접성을 갖게 하여 취성파괴를 방지한 강재로, 열
가공제어강이라고도 한다.

II. 개념도

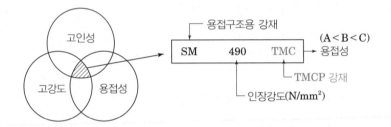

III. 특징

(1) 장점

① 탄소량을 낮출 수 있어 용접 열 영향을 최소화

② 우수한 용접성

③ 취성파괴 방지

④ 예열 없이 상온에서 용접할 수 있고 결함발생 감소

⑤ 두께 40mm 이상 후판은 항복강도가 높아 강재 사용량 절감

⑥ 소성능력이 우수하여 내진설계에 유리

(2) 단점

① 후열처리 이후 강도저하(연화현상)에 의해 조직변화

② 잔류응력으로 소절단할 때에 판이 휘어지는 Camber 현상 발생

③ 용열영향부의 모재 쪽으로 연화현상이 확대

④ 연화부에서의 피로균열 전파속도는 모재부보다 매우 빠르게 진행

IV. 도입 배경

(1) 현대 건축물의 고층화 및 장스팬화

(2) 구조체에 대한 고강도, 고성능 요구

(3) 기존 강재의 문제점 해결(강도 저하, 용접성 저하)

15 Ferro Stair(시스템 철골계단)

Ⅰ. 정 의

철근콘크리트 계단에 필요한 철근 배근, 거푸집조립, 콘크리트 타설 등의 공정을 공장에서 철골계단으로 제작하여 현장에서 설치하는 공법이다.

Ⅱ. 시공도

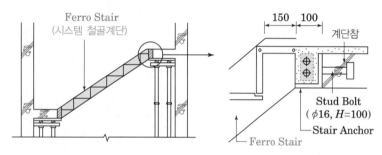

Ⅲ. 시공순서

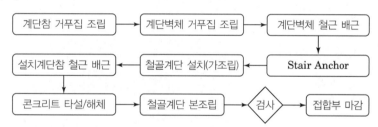

Ⅳ. 적용효과

(1) 공정의 축소로 공기단축
(2) 복잡한 공정이 대체되어 노무절감
(3) 작업의 단순화로 효율성 향상
(4) 시공성, 경제성 우수 및 안전성 확보
(5) 계단 연결 시 작업자의 숙련도를 요하지 않음

V. 설치 시 유의사항

(1) 양중장비 능력의 사전검토 철저

(2) Stair Anchor의 위치 및 레벨관리 철저

(3) Stair Anchor와 철골계단 연결부 시공오차 → ±3mm 이내

(4) 조립 시 녹막이칠 관리 철저

(5) 계단 벽체 콘크리트 타설 시 배부름 방지

(6) 벽체와 철골계단 이격부분은 Sealing 처리하여 누수방지

49,75,76,85,110,127회

16 Taper Steel Frame(Prefabricated Engineered Build, 철골공사의 Taper Beam)

I. 정의

휨모멘트가 큰 부위는 단면을 증가시키고 휨모멘트가 작은 부위는 단면을 감소시키는
등 응력분포에 따른 부재의 제작을 통해 강재의 물량을 줄일 수 있는 구조시스템이다.

II. P.E.B System의 이론적 배경

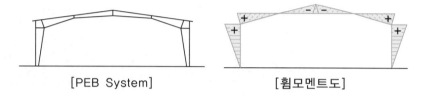

[PEB System]   [휨모멘트도]

III. 특징

(1) Roll Beam Structure에 비해 약 50%의 강재량을 절약
(2) 공장의 자동화 대량생산 및 표준화로 양질의 품질관리가 가능
(3) 다양한 형태의 건물에 사용 가능
(4) 건물의 확장성 용이

IV. 적용분야

(1) 상업 및 제조시설: 창고, 전시실, 사무실, 공장, 냉동창고 등
(2) 농업시설: 곡물창고, 동물사육장 등
(3) 군사시설: 격납고, 군수창고, 병영막사 등
(4) 체육시설: 실내체육관, 실내수영장 등

V. 문제점

(1) 돌발하중의 발생 시 횡 브레이스나 플랜지 브레이스가 취성파괴 우려
(2) 춤이 큰 래프터를 사용하기 때문에 횡하중 시 좌굴 발생
(3) 자유로운 단면형상에 따른 품질관리의 미비
(4) 마찰접합에 의한 접합부 도장 미비의 문제
(5) Built-up 부재로 웨브재의 초기변형이 발생
(6) 지지기둥 없는 스팬 50m 이상의 구조시스템에는 적용이 불가

17 Space Frame 공법

I. 정 의

스페이스 프레임공법은 선형인 부재들을 결합한 것으로, 힘의 흐름을 3차원적으로 전 달시킬 수 있도록 구성된 구조시스템이다.

II. 시공도

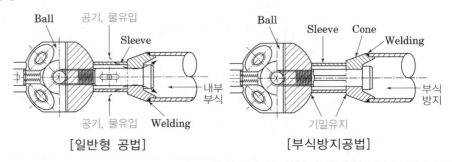

[일반형 공법]　　　　　[부식방지공법]

III. 특성

(1) 무주대공간 형성이 가능
(2) 각 부재는 선부재이므로 자재를 효율적으로 이용
(3) 공장제작이 가능하므로 정확성을 기할 수 있음
(4) 스페이스 트러스는 축력만을 전달하며 Unit의 배열이 구조물의 강성을 결정

IV. 장점

(1) 구성부재의 경량화
(2) 구성부재가 하중에 균등하게 저항하므로 충분한 강성 확보
(3) 접합방법이 간단
(4) 규칙적인 패턴으로 미적 감각 우수

V. 문제점

(1) 개개부재의 과잉강도 및 조인트의 복잡성에 따른 생산성 저하
(2) 정밀한 시공정도를 요함(1/10mm 오차)
(3) 접합부에서 느슨한 접합으로 인해 전체 변형에 미치는 영향이 큼
(4) 조립 시 가설지지대의 설치로 경제적, 시공적인 문제가 따름

2 서술형 문제 해설

51,65,69,73,86,96,106,108회

01 공장에서 가공된 철골재 현장 조립, 설치 시 고려사항(철골설치 1Cycle 시공방법)

Ⅰ. 일반사항

(1) 설치1주기 순서도

(2) 현장시공도

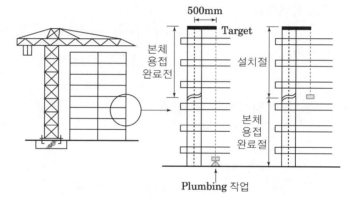

Ⅱ. 순서별 품질관리방안

(1) 앵커링(Anchoring)
　① Pad Plate 매설
　② 앵커프레임 센터 교정
　③ 앵커검측 철저 : ±3mm
　④ 앵커볼트 레벨 확인

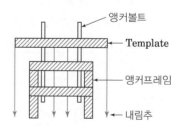

(2) 패딩(Padding) 작업

  ① 기초기둥 플레이트+4방향 100mm 넓이를 캡핑

  ② 센터라인을 마킹하고 중앙부에 무수축 모르타르 패드 형성

  ③ 패드 상단에 12T×150×150 플레이트를 안착

  ④ 무수축 모르타르 양생 철저

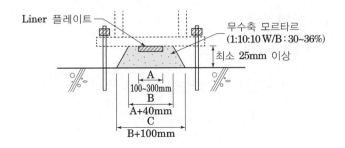

(3) 하역작업

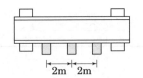

  ① 기둥 받침목은 2m 간격

  ② 거더/보 받침목은 양끝단부 2개소

(4) 기둥 양중

  ① 자동 샤클 이용(기둥 중량 15ton 이하)

  ② 기둥 세우기 전에 하부메탈 접촉 부위에 고무판(1m×1m×50t) 설치

(5) 거더/보 양중

  ① 데크 손상 방지를 위한 목재 지그(Jig) 설치

  ② 패킹 해체 시 최상단 부재부터 해체

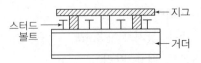

(6) 기둥 설치

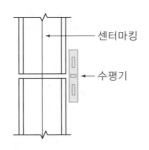

① 웨브와 플랜지의 양방향 4개소에 센터 마킹
② 기설치된 하부절 기둥의 중심선과 일치
③ 수직도 확인 : 1m 수평기

(7) 플러밍(Plumbing) 작업

① 플러밍 작업 전 기둥센터 마킹라인이 필요함
② 기둥상부에 플러밍 와이어 설치
③ 기준기둥 중심선에서 500mm 들어온 점에 Point 설치
④ Deck Plate나 콘크리트 타설 부위는 Ø100mm 슬리브 설치

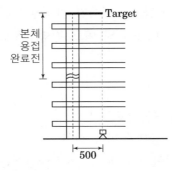 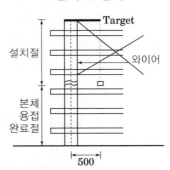

(8) 볼팅(Bolting) 작업

① 마찰면의 준비 : 지름의 2배 이상 녹 등 제거
② 품질관리 구분 '나', '다'의 미끄럼계수 확보 : 0.5 이상
③ 품질관리 구분 '나', '다'의 단차확정 : 1mm 초과시 끼움재 사용
④ 볼트 구멍 어긋남 수정 : 2mm 이하
⑤ 볼트의 조임 축력 : 표준볼트장력
⑥ 볼트 조임순서 : 중앙부에서 가장자리

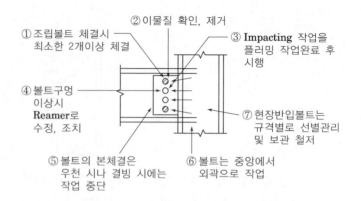

① 조립볼트 체결시 최소한 2개이상 체결
② 이물질 확인, 제거
③ **Impacting** 작업을 플러밍 작업완료 후 시행
④ 볼트구멍 이상시 **Reamer**로 수정, 조치
⑤ 볼트의 본체결은 우천 시나 결빙 시에는 작업 중단
⑥ 볼트는 중앙에서 외곽으로 작업
⑦ 현장반입볼트는 규격별로 선별관리 및 보관 철저

(9) 용접작업

① 현장조건이 0℃ 이하 혹은 습도가 높은 경우 반드시 예열
② 모재 표면 0℃ 미만인 경우 20℃ 이상 예열
③ 예열은 용접선 양측 100mm 이내
④ 최대 예열온도 230℃ 이하
⑤ −20℃ 이하 용접 금지
⑥ 예열온도 관리는 용접선 75mm 떨어진 위치에서 실시
⑦ 예열은 용접선의 양측 100mm 및 아크 전방 100mm의 범위내의 모재를 최소 예열온도 이상으로 가열

(10) 그라우팅

① 0℃ 이하에서는 배합되거나 사용금지
② 공기구멍(vent hole)은 필요한 만큼 설치
③ 그라우팅 전에 강재 베이스 플레이트 하부공간에는 물기, 얼음, 부스러기와 오염물들이 없도록 깨끗하게 청소
④ 기둥을 포함하는 포켓베이스(pocket bases)는 주변 콘크리트보다 낮지 않은 압축강도의 콘크리트로 치밀하게 타설
⑤ 그라우트 주입 시 그라우트 누출 방지
⑥ 그라우트 주입 시 공극이 생기지 않도록 주의
⑦ 그라우트 후 진동, 직사광선을 피하고 양생 철저

02 철골 주각부 시공방법과 시공 시 유의사항

Ⅰ. 개 요

(1) 앵커볼트 매립은 구조물의 성격에 맞는 적절한 공법을 설정하고, 시공 전에 반드시 Shop Drawing 확인을 철저히 한다.

(2) 또한 Padding 작업 시 베이스 플레이트 하단에 그라우팅 모르타르 두께의 규정값을 준수하고, 밀실하게 충진하여야 한다.

Ⅱ. 주각부 시공방법

앵커볼트

(1) 앵커볼트 매립방법

① 고정매립법

    ㉠ 주요 구조물에 사용

    ㉡ 기초철골과 동시에 콘크리트 타설

    ㉢ 앵커볼트 위치수정이 어렵다.

② 가동매립법

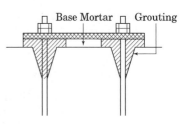

Base Mortar   Grouting

    ㉠ 앵커볼트 두부 조정 가능

    ㉡ 위치조정으로 인해 내력의 부담 능력이 적음

    ㉢ 소규모 구조물에 적용

③ 나중매립법

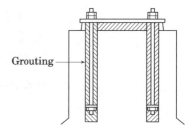

Grouting

    ㉠ 앵커볼트 위치에 거푸집을 매립 하거나 나중에 천공하여 시공

    ㉡ 경미한 건물에 이용

    ㉢ 구조물 용도로 부적당

④ 용접공법

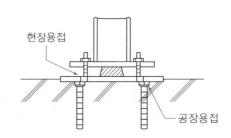

현장용접

공장용접

    ㉠ 콘크리트 선단에 앵커가 붙은 철판에 앵커볼트 용접

    ㉡ 인장력이 약함

(2) Padding 방법

① 고름 모르타르 방법

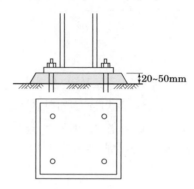

20~50mm

ㄱ Base Plate보다 약간 크게 모르타르 깔아 마감

ㄴ Base Plate의 밀착이 곤란

ㄷ 소규모 구조물

② 부분 Grouting 방법

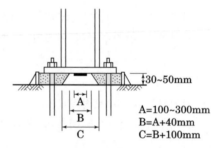

30~50mm

A=100~300mm
B=A+40mm
C=B+100mm

ㄱ 중앙부 된비빔 모르타르 위 철재라이너 시공

ㄴ 철골세우기 교정 후 앵커볼트 조임

ㄷ 레벨 조절이 쉬움

ㄹ 대규모 공사

ㅁ 모르타르 크기는 200mm 각 이상

③ 전면 Grouting 방법

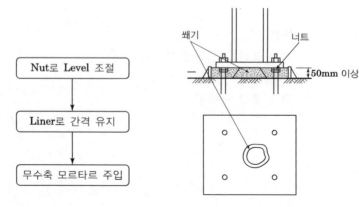

쐐기   너트

50mm 이상

```
┌─────────────────┐
│  Nut로 Level 조절  │
└─────────────────┘
        ↓
┌─────────────────┐
│  Liner로 간격 유지  │
└─────────────────┘
        ↓
┌─────────────────┐
│  무수축 모르타르 주입  │
└─────────────────┘
```

Ⅲ. 시공 시 유의사항

(1) Shop Drawing 검토

(2) 앵커볼트 레벨, 위치 확인

① 앵커볼트가 낮은 경우
· 개선 후 용접

② 앵커볼트가 높은 경우
· 와셔 넣어 조절

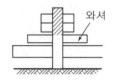

③ 위치가 어긋난 경우
앵커 주위 파취 후 휘어서 정착하거나 베이스플레이트 수정

(3) 앵커볼트 파손주의 및 조임방법

① 비닐테이프나 기름칠로 보양
② 너트조임은 장력이 균일하게 실시
③ 2중너트 사용으로 풀림방지

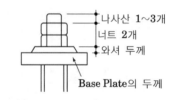

(4) 앵커고정방법

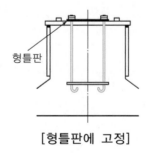

[형틀판에 고정]

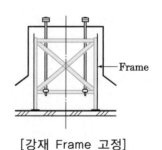

[강재 Frame 고정]

(5) 기초상부 면처리

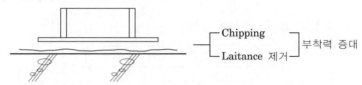

$\left[\begin{array}{l}\text{Chipping} \\ \text{Laitance 제거}\end{array}\right.$ 부착력 증대

(6) 주각부 레벨 확인

기둥 세우기 전 모르타르 바름면 확인

(7) 밀실충진 및 모르타르 양생

① 베이스플레이트 하부공극 방지를 위해 무수축 모르타르로 충진
② 3일 이상 충분한 양생 실시
③ 진동·충격 금지
④ 조립완료 후 작업 실시

(8) 정밀도 유지

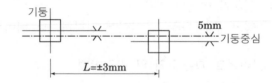

Ⅳ. 결 론

철골공사의 주각부 시공은 앵커볼트 매립에서부터 기둥 세우기 전까지의 과정에서 정밀 시공하여 철골조로부터 전달된 압축력에 견딜 수 있도록 하여야 한다.

03 철골세우기 공사 시 수직도 관리방안

I. 개 요

(1) 철골세우기 공사 시 수직도 관리의 오차로 인하여 압축력의 전달에 문제가 발생할 수 있으므로

(2) 수직도의 검측은 관리자가 직접 점검 관리하여야 한다.

II. 현장 철골 1Cycle 방법

(1) 설치 1주기 순서도

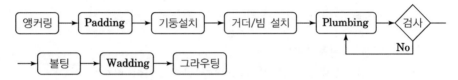

(2) 현장시공도

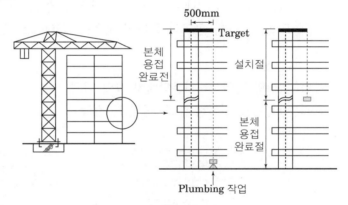

Ⅲ. 수직도 관리방안

(1) 측정기둥의 선정

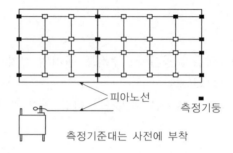

피아노선
측정기둥
측정기준대는 사전에 부착

① 외주기둥 : 네 귀퉁이 기둥
② 내부기둥 : 정도가 요구되는 기둥
③ 기준기둥으로부터 나머지 기둥을 측정

(2) 다림추 방법

① 플러밍 작업 전 기둥센터 마킹라인이 필요함
② 기둥상부에 플러밍 와이어 설치
③ 기준기둥 중심선에서 500mm 들어온 점에 Point 설치
④ Deck Plate나 콘크리트 타설 부위는 ∅100mm 슬리브 설치

(3) 트랜싯 방법

① 플러밍 작업 전 기준먹매김 작업 실시
② Target을 설치하여 트랜싯으로 검측

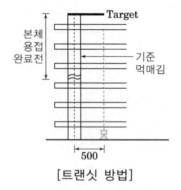

본체용접완료전 · 기준먹매김 · Target · 500
[트랜싯 방법]

설치절 · 본체용접완료절 · 와이어 · Target · 500
[다림추 방법]

(4) 레이저트랜싯 방법

레이저 광선에 의해 수직도 Check

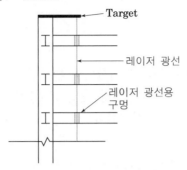

(5) GPS 방법

(6) 현장지적 사례(수직도 불량)

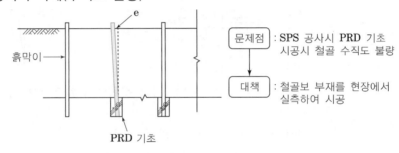

| 문제점 | : SPS 공사시 PRD 기초 시공시 철골 수직도 불량 |
| 대책 | : 철골보 부재를 현장에서 실측하여 시공 |

(7) 철골정밀도 확보

구분	도해	관리허용오차	한계허용오차
건물의 기울기		$\dfrac{H}{4,000}+7,\ 30$	$\dfrac{H}{2,500}+10,\ 50$
기둥 기울기		$\dfrac{H}{1,000},\ 10$	$\dfrac{H}{700},\ 15$

Ⅳ. 결 론

철골세우기 오차로 인하여 건물의 하자가 발생될 수 있으므로 철저한 관리가 필요하다.

61,77,88,99,108회

04 고력 Bolt 조임방법, 검사, 조임 시 유의사항

I. 개요

(1) 고력 Bolt는 부재접합면의 밀실한 접합을 위해서는 조임순서가 중요하다.

(2) 그러므로 조임기기를 매일 조임작업 전에 확인하고, 또한 검사계획을 철저히 수립하여 검사를 실시한다.

II. 마찰접합의 원리

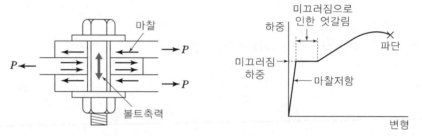

[고력볼트 마찰 접합부의 하중-변형 관계]

① 허용내력 : 마찰저항력에 의해 결정

② 마찰저항력 : 축력+마찰계수(0.5 이상)

III. 조임방법/검사

(1) 조임원칙

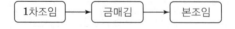

(2) 토크관리법

① 금매김에 의해 너트의 회전량을 육안검사

② Sampling 검사 : 1볼트의 10% 이상 또는 1개 이상

③ 전수검사 : 규정 토크값 ±10% → 합격

④ 조임불량 처치

　　┌ 범위를 넘어서 조여진 볼트 → 교체
　　└ 조임 부족 볼트 → 소요토크값까지 추가 조임

(3) 너트 회전법

① 금매김에 대해 소요너트 회전량을 육안검사

② 120°±30°(M12는 60°~90°) → 합격

③ 조임불량 처치

┌ 범위를 넘어서 조여진 볼트 → 교체
└ 조임 부족 볼트 → 소요너트회전량까지 추가 조임

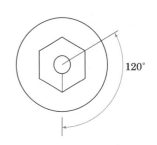

(4) 조합법

① 토크관리법으로 볼트 조임하고 너트회전법으로 조임 후 검사 실시

② 1차 조임 후 모든 볼트에 대해 금매김 실시

③ 조임기기 조정은 매일 조임작업 전에 실시

④ 너트회전각 120°±30° → 합격

(5) TS 고장력 볼트

① 너트회전량 확인

② 핀테일 탈락여부

V. 조임 시 유의사항

(1) 고력볼트 검사

① 검사성적표 확인

② 볼트장력의 확인

(2) 부재의 상태 점검

① 마찰면 처리상태 확인 철저

② 접합부의 건조상태 확인

③ 접합편끼리 구멍의 차이 여부 확인

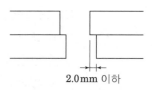

2.0mm 이하

(3) 기기의 정밀도

① 검사에 이용하는 축력계 및 검·교정된 상태의 것 사용

② 조임기구는 적정하게 조일 것

③ 조임기기의 조정은 매일 조임작업 전에 확인, 실시

④ 기기의 정밀도는 3% 오차범위 내로 정비

(4) 조임순서

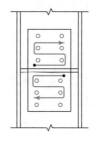
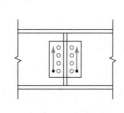

① 1차 조임 → 금매김 → 본조임 실시

② 본조임 시 중앙 → 단부로 체결

(5) 접합면처리

① 미끄럼 계수(μ =0.5 이상)확보

② Bolt 지름의 2배 이상 검정녹 등 제거

③ 자연발생적 녹 상태

④ 블라스트 처리하여 표면거칠기 확보

(6) 틈새처리

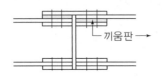

틈의 크기	처리방법
1mm 이하	처리 불필요
1mm 초과	끼움판 삽입

(7) Nut의 위치

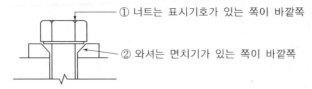

① 너트는 표시기호가 있는 쪽이 바깥쪽

② 와셔는 면치기가 있는 쪽이 바깥쪽

(8) 당일작업량 준수

① 조임기기의 조정은 매일 조임작업 전에 확인

② 당일 준비한 재료는 전량 작업을 원칙으로 함

③ 남는 것은 정해진 장소에 보관

(9) 검사 철저

① 조임완료 후 틈새, 나사산 등 외관검사 철저히 실시

② 토크관리법 : 규정 토크값 ±10%

③ 너트회전법 : 120° ±30°

④ 조합법 : 120° ±30°

⑤ TS 고장력 볼트 : 핀테일 탈락 여부

V. 결 론

(1) 고력 볼트는 반드시 2회 조임을 실시하고, 볼트의 도입 축력관리를 위해서는 중앙에서 단부로 체결하여야 한다.

(2) 또한 기기의 정밀도와 검사를 통한 철저한 현장관리가 이루어져야 한다.

05 철골공사 시공 시 용접결함의 종류와 방지대책

I. 개 요

철골공사 시 용접부의 결함은 구조체의 내력을 저하시키고, 또한 붕괴사고로 이루어질 수 있으므로 결함을 방지하여 품질관리를 철저히 해야 한다.

II. 용접결함의 종류

(1) 표면결함

종 류	형 태	원 인
Crack		• 저온균열 : 탄소, 망간량이 증가할수록 발생, 열영양부에 주로 발생 • 고온균열 : 황, 인 등 응고 직후 저융점의 불순물이 수축응력을 받을 경우 발생
Crater		• End Tab 미설치 • 용접 중 중단 • 용접 중심부에 불순물 함유
Root		• 용접 후 수소 유입 • 모재의 예열 부족
Fish Eye		• Blow Hole 및 Slag가 모여 생긴 반점
Pit		• 용융금속이 응고 수축할 때 표면에 생기는 구멍

(2) 내부결함

종 류	형 태	원 인
Blow Hole		• 용접 시 잔존가스의 영향으로 생긴 기공
Slag Inclusion		• 용접전류가 낮거나 빠를 경우 발생 • Slag가 용착금속 내 혼입
용입불량	용입 부족	• 흠의 형상이 좁거나 넓을 경우 발생 • 용접속도가 빠를 경우

(3) 형상결합

종 류	형 태	원 인
Under Cut	Under Cut	• 용접봉각도, 운봉속도 불량 • 잔류가 클 때 발생
Over Lap		• 전류가 약할 때 • 모재가 융합되지 않고 겹침
Over Hung		• 흠의 형상이 좁거나 넓을 경우 발생 • 용접속도가 빠를 경우

(4) 기타

① Lamellar Tearing

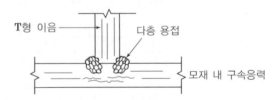

T형 이음 — 다층 용접 — 모재 내 구속응력

• 판두께 연심 문제
• 이음부 넓은 각

② 각장 부족

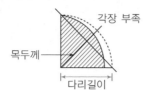

- 용접전류가 적을 때
- 용접전류가 빠를 때
- 미숙련공 작업

Ⅲ. 방지대책

(1) 예열(기상 고려)

① -20℃ 이하 용접금지

② 예열은 용접선 양측 100mm이내

(2) 개선정밀도 유지

① 용접부위를 70~90° 정도(V형)

② 연마기로 연마하여 평활도 유지

③ 용접부위의 전단면을 일체화

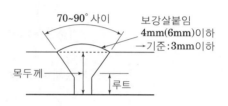

(3) 잔류응력

① 잔류응력은 용접품질에 악영향을 미침

② 적절한 용접방법 및 순서로 잔류응력 최소화

③ 600℃±25℃ 용접부 재가열 → 잔류응력 제거

(4) 돌림용접

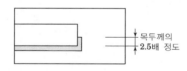

(5) End Tab

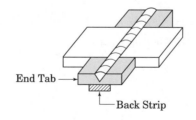

① End Tab → 용접 Bead의 처음과 끝 부위에 부착하여 용접단부의 결함방지

② Back Strip → 맞대 용접 시 루트 부위에 용입이 용이하도록 설치

(6) 용접방법, 용접속도

    ① 구조물에 적합한 공법 선정

    ② 형상에 따른 용접이음 선택

    ③ 일정한 용접속도 준수

(7) 용접순서 준수

    ① 평면일 경우   ② Box Column

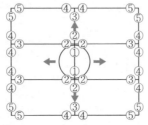

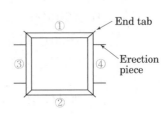

    [중앙부에서 단부로 대칭하게 용접]   [대칭 용접]

(8) 적정재료 사용

    ① 용접봉은 건조상태에서 사용하여 적정제품을 사용

    ② 모재의 특성에 맞는 재질 선택

(9) 적정전류 유지

    전류의 강, 약에 따라 일어나는 결함을 방지하기 위해 안전기 설치

(10) 청소 철저

    ① 용접부위의 Scale 및 기타 이물질 제거

    ② 건조한 상태에서 용접 실시

Ⅳ. 결 론

(1) 철골용접 접합부위 강도는 모재와 동등 이상의 강도 확보가 중요하다.

(2) 그러므로 생산의 자동화, 용접시공의 로봇화가 필요하며, 철저한 검사를 통하여 결함을 방지하여야 한다.

| 06 | 철골내화피복의 성능기준과 검사방법 및 내화성능 향상 품질관리 방안 |

Ⅰ. 개 요

내화피복이란 강구조 건물이 화재에 따라 강성계수나 항복점 강도가 저하하여 붕괴되는 것을 방지하기 위해 내화재료로 피복하는 것이므로 화재에 견딜 수 있도록 철저히 시공해야 한다.

Ⅱ. 내화성능 기준

분류	층수/최고 높이		기둥	보	Slab	내력벽
일반시설	12/50	초과	3시간	3시간	2시간	3시간
		이하	2시간	2시간	2시간	2시간
	4/20 이하		1시간	1시간	1시간	1시간
주거시설 산업시설	12/50	초과	3시간	3시간	2시간	2시간
		이하	2시간	2시간	2시간	2시간
	4/20 이하		1시간	1시간	1시간	1시간

Ⅲ. 내화피복검사

(1) 국토교통부

① 외관

육안으로 색깔, 표면상태, 균열, 박리 등 검사

② 두께

㉠ KS F 2901

㉡ 검사로트

• 내화성능 1시간(4층/20m 이하) : 매층마다, 1000m²마다 1검사로트

• 내화성능 2시간(4층/20m 초과) 이상 : 4개층을 선정하고, 각 층 1,000m² 마다 1검사로트

㉢ 검사 : 1로트당 각 면을 모두 측정 → 3회 측정

㉣ 판정기준 : 3회 측정값의 평균이 인정두께 이상

③ 밀도

㉠ KS F 2901

㉡ 검사로트

• 내화성능 1시간(4층/20m 이하) : 매층마다, 1검사로트

• 내화성능 2시간(4층/20m 초과) 이상 : 4개층을 선정하고, 각 층을 1검사로트

ⓒ 시험체 : 보 또는 기둥의 플랜지 외부면에 채취

ⓡ 판정기준 : 인정밀도 이상

④ 부착강도

ⓖ KS F 2902

ⓛ 검사로트 : "밀도" 방법과 동일

ⓒ 판정기준 : 인정부착강도 이상

(2) 건축공사 표준시방서 기준

① 뿜칠공법의 미장공법의 경우

ⓖ 시공시 5m²당 1개소로 두께를 확인하면서 시공

ⓛ 뿜칠공법의 경우 시공 후 두께 및 비중은 코어로 채취, 측정

ⓒ 측정빈도는 각 층마다 또는 바닥면적 1,500m²마다 1회 실시하고, 1회 측정개소는 5개로 한다.

ⓡ 연면이 1,500m² 미만의 건물은 2회 이상 측정

② 조적, 붙임공법, 멤브레인 공법의 경우

ⓖ 재료, 반입시 두께 및 비중을 확인

ⓛ 측정빈도는 각 층마다 또는 바닥면적 1,500m² 마다 1회 실시하고 1회에 3개로 한다.

ⓒ 연면적 1,500m² 미만의 건물은 2회 이상 측정한다.

③ 불합격의 경우는 덧뿜칠 또는 재시공에 의하여 보수한다.

Ⅳ. 내화성능향상 품질관리방안

(1) 한랭기 동결방지

① 경화 전에 동결하면 박락함

② 한랭시 → 가열, 보온, 보양 필요

(2) 두께 확보 철저

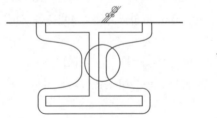

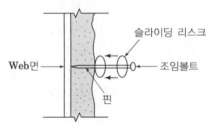

(3) 밀도 Check 철저

  ① 부위, 성능별로 측정개소는 매 층마다 1개소 이상을 측정

  ② 지름은 8cm 이상

  ③ 상대습도 50% 이하, 온도 50℃로 함량이 될 때까지 건조 후 중량을 측정

(4) 바탕처리 철저

  ① 철골면의 들뜬 녹, 유분 제거

  ② 방청도장 위를 뿜칠할 경우 부착성 확인 요망

(5) 박리의 방지

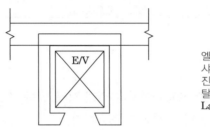
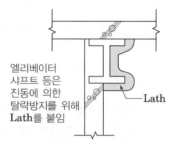

(6) 시공계획수립 철저

  ① 대규모 플랜트가 필요하므로 철저한 계획 필요

  ② 마감공사, 설비공사와의 연관관계 확인 철저

(7) 빗물유입 차단(우수유입 차단)

  빗물(우수)에 의해 알칼리분이 유입되어 주변오염 사전차단

(8) 안전관리 철저

  ① 고소작업에 의한 안전사고
    대비 → 교육 실시

  ② 이동 비계 고정 철저 및 안
    전난간시설 설치 철저

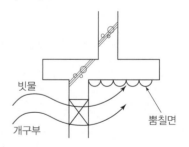

V. 나의 현장 적용사례

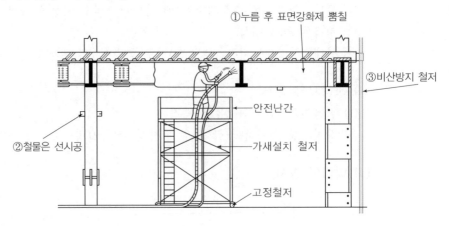

① 누름 후 표면강화제 뿜칠

③ 비산방지 철저

안전난간

② 철물은 선시공

가새설치 철저

고정철저

VI. 결 론

철골구조용 강재는 500~600℃에서 응력의 50% 저하, 800℃ 이상일 때 응력이 0% 상태가 되므로 철저한 내화피복 관리가 필요하다.

memo

3 부실사례 및 개선방안

	부실 내용	개선 방안
접합면 미보양	철골 마찰 접합면이 이물질에 의하여 오염 되거나 녹이 발생	접합부위 테이핑 처리 후 공장에서 방청도장 후 현장 반입
보양재 미 제거후 용접	보양재 미 제거 후 철골 보 용접	보양재 제거 후 현장 방청 도장
Embeded Plate 위치불량	Embeded Plate 매립위치 불량으로 인한 추가 보강 필요	Embeded Plate 매립 전 정확한 위치 선정에 의한 품질 향상

	부실 내용	개선 방안
용접결함 발생	 초음파테스트에 의한 용접 불량 판정, 가우징 실시 후 재용접	 용접 작업시 결함이 발생치 않도록 시공 전, 중, 후 관리 철저
내화피복 두께부족	  철골 내화피복 탈락 철골 내화피복 탈락 • H-Beam 단부에 내화 피복재 뿜칠 두께 부족 • 뿜칠 전 두께 Marker 미설치	 • H-Beam 내화 피복재 뿜칠 두께 부족 확보 • 뿜칠 전 두께 Marker 설치 후 시공

	부실 내용	개선 방안
H형강 FLANGE 변형	 H형강 Flange 뒤틀림 (SLAB 거푸집 설치를 정상적인 Flange Top에 맞춰야 하나 변형된 Flange Top에 맞춰 설치하였음)	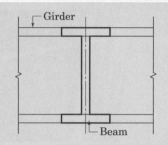 • Shop Drawing에서 제작 완료시 형상 치수 검사를 철저 • 현장 반입시 불량제품은 반입금지 또는 교정 후 설치
주각시공 불량	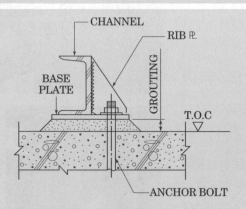 Stopper용 Channel을 바닥 슬래브에 고정하였으나 그라우팅 처리가 안되어 구조적으로 불안전	• 안전한 하중전달을 위하여 반드시 그라우팅 시공 • Shop Drawing 검토 철저

부실 내용	개선 방안

Bolt 구멍 불일치

부재의 가공 오류로 접합부의 Bolt 구멍이 일치되지 않아 고력Bolt의 체결이 불가능

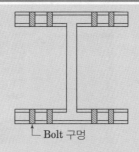

- 부재 가공시 Bolt 구멍 정밀 시공
- $d < 27 \rightarrow d+2.0mm$
- $d \geq 27 \rightarrow d+3.0mm$

Anchor Bolt 위치불량

Shop Drawing 검토 미흡으로 Anchor Bolt 시공 위치가 설계위치에서 이탈되거나 철골 기둥 위치가 설계 변경되어 Anchor Bolt와 철골부재의 간섭으로 Rib Plate를 절단함으로써 강재의 구조결함 발생

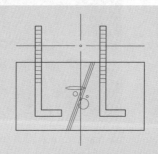

- Anchor Bolt 위치의 철저한 확인
- 설계변경 등으로 위치가 변경되어 Anchor Bolt 누락이나 위치 이격시 EXP. Bolt를 Epoxy Grouting하여 Anchor Bolt를 재시공 후, 철골 기둥에 Stud Bolt 보강 및 Hoop철근을 추가 배근하여 보강
- 공사 중 설계 변경의 최소화 및 변경 시 충분한 사전검토 실시

	부실 내용	개선 방안
체결용 Wrench 간섭	 Torque Shear Bolt의 사용 부위에 Bolt 체결용 Wrench의 작업 공간이 확보되지 않아, 수동 Wrench로 조임으로써 Bolt의 축력 값이 부족하게 시공	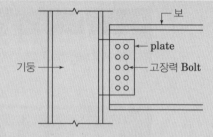 • 현장 Bolt체결의 작업 공간을 사전에 고려 • Plate 용접 후 고장력 Bolt 체결
철골접합 구조시공 불량	 철골기둥이 상층부 철골기둥과 강접합(용접)하도록 설계되어 있으나, 철골기둥(4개)을 철골보 상부 및 하부 플랜지에 두께 12mm의 Plate를 용접한 후 핀접합(고력볼트 M22 3개)으로 시공함	 • 철저한 철골 Shop Drawing 작성을 통해 Pre-Design 등 사전 검토 후 시공 시 변경 최소화 • 현장 여건상 구조적 변경이 불가피한 경우 변경안에 대해 원설계자의 구조 계산서 검증 절차를 필히 검토
Gusset plate 틈새 발생	 원형기둥과 Sub Truss가 만나는 부분에 Gusset Plate(T9mm) 접합 시 틈이 발생하여 추후 전동차 진동 등에 의해 볼트 체결이 풀릴 우려	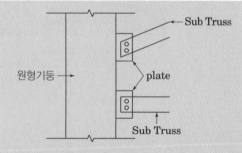 • 접합부위에 대한 Shop Drawing 작성 • 접합 시 틈새가 발생 치 않도록 정밀시공

	부실 내용	개선 방안
Deck plate 매립	 바닥슬래브에 설치된 Deck Plate 단부가 보 내부에 10~20m 정도 매입되어 있어 추후 콘크리트 타설시 내부 공극 등으로 인한 균열 발생 우려	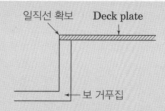 • Deck Plate와 R.C 보가 일체화 되도록 보 거푸집 설계규격 준수 조립 • 겹침길이 초과분은 Deck Plate 고정 전에 절단
Deck plate 절단미흡	 • 철골철근콘크리트 기둥에 접합되는 슬래브 데크플레이트의 절단·가공이 미흡하여 플레이트 일부(30mm)가 기둥 내부로 내밀어 시공됨 • 데크 플레이트가 R.C 콘크리트 기둥 내부에 내밀어 시공 시 해당 부위 콘크리트 충진 미비로 기둥단면 결손에 의한 구조적 결함 발생	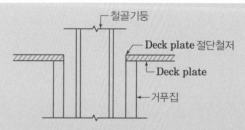 • 세부공정간 작업순위를 준수하여 하부층 기둥라인 실측 결과에 따라 데크플레이트면에 먹메김 실시 후 플레이트 커팅 작업 및 철근 보강 실시

memo

마감공사 및 기타공사

Chapter 08

마감공사 | 단답형 과년도 문제 분석표

■ 조적공사

NO	과 년 도 문 제	출제회
1	Vapor Barrier(방습층)	62
2	조적벽체의 미식쌓기	100
3	점토벽돌의 종류별 품질기준	101
4	Wall Girder	79
5	조적벽체 테두리보 설치위치	94
6	테두리보와 인방보	53
7	Bond Beam	37, 60
8	조적조의 부축벽	75
9	Bearing wall	60
10	Weeping Hole	108
11	ALC(Autoclaved Lightweight Concrete) 블럭	110

■ 석공사

NO	과 년 도 문 제	출제회
1	GPC(Granite Veneer Precast Concrete)	92
2	석공사 양생방법	49
3	석공사의 Open Joint	109, 126
4	Non-Grouting Double Fastener방식(석공사의 건식공법)	117
5	사용부위를 고려한 바닥용 석재표면 마무리 종류 및 사용상 특성	121

■ 타일공사

NO	과 년 도 문 제	출제회
1	전도성 타일(Conductive Tile)	65, 104
2	타일 유기질 접착제 공법	50
3	타일 떠붙임 공법	60
4	타일 거푸집 선부착공법	67, 86
5	타일분할도	69, 108
6	타일 시트(Sheet)공법	102
7	모르타르 Open Time	67, 74, 83, 126
8	타일의 동해방지	44
9	타일접착 검사법	88, 125
10	타일 부착력 시험	111, 122

■ 방수공사

NO	과 년 도 문 제	출제회
1	콘크리트 지붕층 슬래브의 방수의 바탕처리 방법	108
2	아스팔트 재료의 침입도(Penetration Index)	89, 107
3	합성고분자계 시트 방수	32, 53, 102
4	자착형(自着形)시트방수	102
5	도막(Membrane)방수	54, 83
6	복합방수공법	77, 91
7	벤토나이트 방수공법	58
8	Sealing 방수	44
9	Sylvester 방수법	43
10	폴리머 시멘트 모르타르(Polymer Cement Mortar)방수	92
11	금속판 방수공법	93
12	지수판(Water Stop)	78
13	방수층 시공 후 누수시험	85
14	옥상드레인 설계 및 시공시 고려사항	112
15	에폭시 도료	120

■ 미장공사

NO	과 년 도 문 제	출제회
1	단열모르타르	45, 61, 89, 113
2	내식몰탈	71
3	수지미장	61, 97
4	엷은 바름재(Thin Wall Coating)	63
5	Coner Bead	50, 70
6	바닥 배수Trench	80
7	Self Leveling 모르타르	43, 70, 89
8	콘크리트 바닥강화재 바름	48
9	마감공사에서 게이지 비드와 조인트 비드	105

■ 도장공사

NO	과 년 도 문 제	출제회
1	천연페인트	61
2	내화도료(내화페인트)	59, 82
3	건축공사의 친환경 페인트(Paint)	102
4	기능성 도장	56
5	도장재료에서 요구되는 성능	52
6	도장공사에서 발생하는 결함	48
7	도장공사의 전색제(Vehicle)	105
8	도장공사의 미스트 코트(Mist coat)	113
9	금속용사(金屬溶射) 공법	117

마감공사 | 서술형 과년도 문제 분석표

■ 조적공사

NO	과 년 도 문 제	출제회
1	조적조의 테두리보, 인방보의 상세도 도해 및 시공시 유의사항에 대하여 설명하시오.	76
2	철근콘크리트 보강블럭 노출면 쌓기에 대하여 설명하시오.	71
3	조적공사의 벽체 균열 원인과 대책에 대하여 설명하시오.	70
4	조적벽체의 균열발생 원인과 방지대책에 대하여 설명하시오.	50
5	고층벽식구조 아파트공사에서 구조물의 바닥 처짐 원인과 조적조 내외벽에 발생하는 균열원인과 사전 예방대책에 대하여 설명하시오.	46
6	조적조 벽돌벽체에서 발생하는 균열의 원인을 계획, 설계 측면과 시공측면에서 설명하시오.	93
7	조적조 벽체에 발생하는 백화현상과 관련된 특성요인도를 작성하고, 그 방지대책을 설명하시오.	89
8	외벽 점토벽돌공사의 백화원인과 방지대책을 설계, 재료, 시공으로 구분하여 설명하시오.	99
9	점토벽돌 조적공상에서 수평방향 거동에 의한 균멸방지 방법에 대하여 설명하시오.	122

NO	과 년 도 문 제	출제회
9	조적벽체 줄눈의 백화발생 원인과 방지대책에 대하여 설명하시오.	106
10	조적조 벽체에서 신축줄눈(Expansion Joint)의 설치목적, 설치위치 및 시공시 유의사항에 대하여 설명하시오.	89
11	조적 외부 벽체에서 방습층의 설치 목적과 구성 공법에 대하여 설명하시오.	86
12	ALC 블록공사에서 비내력벽 쌓기방법과 시공시 유의사항에 대하여 설명하시오.	107
13	경량벽체공사 중 ALC(Autoclaved Lightweight Concrete)블록의 물성과 시공순서별 특기사항에 대하여 설명하시오.	116

■ 석공사

NO	과 년 도 문 제	출제회
1	석재공사에서 재료선정, 표면처리방법 및 시공시 유의사항에 대하여 설명하시오.	99
2	외부석재공사에서 화강석의 물성기준 및 재래반입검수에 대하여 설명하시오.	109
3	돌붙임 공법을 열거하고 그 공법에 대하여 설명하시오.	52
4	석공사에서 습식과 건식공법의 특징을 비교하여 설명하시오.	91
5	외벽의 건식돌공사에 있어서 Anchor 긴결공법에 대하여 설명하시오.	70
6	석공사의 강재Truss(Metal Truss)공법에 대하여 설명하시오.	66
7	외부 돌공사의 건식공법에서 Pin-Hole 방식을 설명하고, 그 문제점과 품질확보 방안을 기술하시오.	58
8	건축물 외벽을 석재로 마감할 경우의 건식 붙임공법에 대하여 설명하시오.	45
9	돌공사 건식공법의 장점과 하자발생 방지를 위한 시공시 유의사항을 설명하시오.	55
10	건축물의 외벽마감공사에서 석재외장 건식공법의 종류 및 석재오염 방지대책에 대해 설명하시오.	94
11	바닥 석재공사 중 습식공법의 하자유형과 시공 시 주의사항에 대하여 설명하시오.	113
12	건축물 외부 석재면의 변색원인과 방지대책을 설명하시오.	56, 105
13	석재 가공시 석재의 결함, 원인 및 대책에 대하여 기술하시오.	80, 111
14	석재공사의 Open Joint 공법의 장단점과 시공시 유의사항에 대하여 설명하시오.	89
15	외부 석재공사에서 화강석의 물성기준 및 화스너(Fastener)의 품질관리에 대하여 설명하시오.	118

■ 타일공사

NO	과 년 도 문 제	출제회
1	타일붙임공법의 종류별 특징과 공법의 선정절차 및 품질기준에 대하여 설명하시오.	77
2	타일 붙임공법의 종류 및 시공시 유의사항을 기술하시오.	88
3	타일 붙임공법중 습식공법과 건식공법을 비교하고 시공시 유의사항을 설명하시오.	59
4	타일 거푸집 선부착 공법 및 적용사례에 대하여 설명하시오.	86
5	1) 철근선조립공법 2) 타일선부착공법을 설명하고 일반적인 공장생산방식의 현황에 대하여 설명하시오.	67
6	외벽 타일시공에 있어서 타일의 박리 및 탈락에 대해 원인과 방지대책을 설명하시오.	43
7	외벽타일의 박리 탈락에 대한 원인 및 대책을 설계, 시공, 유지관리 측면에서 기술하시오.	58
8	옥내에 시공한 타일이 박리되는 원인 및 방지대책에 대하여 설명하시오.	75
9	공동주택 화장실 벽타일의 하자발생 유형별 원인과 대책에 대하여 설명하시오.	113
10	외벽타일 붙임공법 종류 및 박리, 탈락 방지대책에 관해 시공시 고려사항을 설명하시오.	60
11	타일공사에서 내부바닥 및 벽체의 타일 줄눈나누기 방법, 박리, 박락원인 및 대책에 대하여 설명하시오.	99
12	타일의 접합방식을 제시하고 부착강도의 저해요인과 방지대책을 기술하시오.	80
13	내력벽 타일공사의 부착강도를 저해하는 요인 및 방지대책에 대하여 설명하시오.	90
14	타일공사에서 발생하는 주요 하자요인 및 방지대책을 기술하시오.	82
15	타일공사의 하자원인과 대책에 대하여 설명하시오.	93
16	건축공사에서 타일시공시 내벽타일 품질기준에 대하여 설명하시오.	102
17	외벽타일 및 벽돌 벽체의 백화발생 원인, 방지책 및 제거방법에 대하여 설명하시오.	103
18	최근 법정 근로시간 단축에 따른 공사기간 부족으로 동절기 마감공사(타일, 미장, 도장)의 시공이 증가할 것으로 예상되는 바, 이에 따른 마감공사의 품질확보를 위해 고려해야 할 사항에 대하여 설명하시오.	118

■ 방수공사

NO	과 년 도 문 제	출제회
1	지하방수 선정시 조사할 사항 및 방수의 요구성능, 발전방향에 대하여 설명하시오.	76
2	방수공법 선정시 검토사항을 설명하시오.	66
3	방수 시스템에 필요한 성능, 방수공법, 누수방지를 위한 현장관리방안에 대하여 설명하시오.	52
4	방수공사의 시행전에 방수성능향상을 위해 행해야 할 사전조치사항에 대하여 설명하시오.	91
5	방수공사에서 방수공법 선정시 고려해야 할 사항에 대하여 설명하시오.	96
6	옥상 녹화방수의 재료의 요구성능 및 시공시 고려사항에 대하여 설명하시오.	78, 99, 111
7	옥상정원을 위한 방수 · 방근공법 적용 시 시공형태별 특징과 시공환경에 따른 유의사항에 대하여 설명하시오.	116
8	방수공사시 설계 및 시공상의 품질관리 요령에 대하여 기술하시오.	82
9	방수층의 요구성능에 대하여 설명하시오.	69
10	분말형 재료를 사용한 콘크리트 구체방수의 문제점 및 대책에 대하여 설명하시오.	92
11	침투성 방수 Mechanism과 시공과정에 대하여 설명하시오.	76
12	사무소 신축공사에서 지하층 방수 시 시멘트 액체방수(안 방수)의 시공절차 및 온통기초와 벽체 연결부위의 누수 방지대책에 대하여 설명하시오.	104
13	지하실에서 외방수가 불가능할 경우 채택하는 내방수 또는 다른 방수공법에 대하여 설명하시오.	83
14	개량 아스팔트 방수 공법의 장단점과 시공 방법 및 주의 사항에 대하여 설명하시오.	86
15	개량아스팔트 시트방수에 대하여 설명하시오.	45
16	Sheet 방수공법의 재료적 특징, 시공과정, 시공시 유의사항에 대하여 설명하시오.	79
17	Sheet 방수공사에서의 하자원인과 예방책에 대하여 설명하시오.	62
18	시트(Sheet)방수 부착공법의 종류 및 하자방지 대책에 대하여 설명하시오.	113
19	합성고분자계 시트방수층에서 발생하는 부풀음 방지대책에 대하여 설명하시오.	61
20	도막방수 재료 및 시공방법에 대하여 설명하시오.	63
21	옥상 도막방수공사에서 방수하자 원인과 방지대책에 대하여 설명하시오.	63
22	도막방수 공법의 재료별 분류 및 시공 시 유의사항에 대하여 설명하시오.	103
23	옥상누수와 지하누수로 구분하여 누수 보수공사 공법에 대하여 설명하시오.	115
24	방수 바탕면으로서의 철근콘크리트 바닥(Slab) 시공시 유의사항에 대하여 설명하시오.	120
25	건축물 지붕방수 작업 전 검토사항 및 지붕누수 원인과 방지대책을 설명하시오.	120

NO	과 년 도 문 제	출제회
24	복합방수의 재료별 종류 및 시공시 유의사항에 대하여 기술하시오.	88
25	건축물 방수공사에 적용하고 있는 아스팔트(Asphalt)방수공법, 시트(Sheet)방수공법, 도막방수공법의 장, 단점을 비교설명하고, 시공시 유의사항을 설명하시오.	97
26	Membrane 방수공사의 사용재료별 시공방법에 대하여 설명하시오.	78
27	콘크리트 슬래브 지붕방수 시공계획에 대하여 설명하시오.	74
28	건축물 평지붕(Flat Roof)의 부위별 방수하자 원인 및 방지대책에 대하여 설명하시오.	103
29	지붕방수층 위에 타설한 누름콘크리트 신축줄눈에 대해 그 시공목적과 시공방법에 대하여 설명하시오.	64
30	공동주택 평지붕 옥상 신축줄눈 배치기준과 줄눈시공시 유의사항에 대하여 설명하시오.	109
31	옥상누름콘크리트의 신축줄눈(ExpansionJoint)과 조절줄눈(ControlJoint)의 단면을 도시하고, 준공 후 예상되는 하자의 원인 및 대책에 대하여 설명하시오.	102
32	공동주택의 1) 지붕 2) 욕실 및 화장실 3) 지하실의 방수공법 선정 및 시공시 유의사항에 대하여 설명하시오.	68
33	공동주택에서 지하저수조의 방수시공법을 설명하고, 시공시 유의사항에 대하여 기술하시오.	80
34	벽식구조 APT의 외벽 및 옥상 Parapet에서 발생하는 누수하자 방지대책을 설명하시오.	81
35	단열층의 방수, 방습방법의 종류와 각각의 장단점을 설명하시오.	67
36	철근콘크리트조로 시공되는 산업폐수(또는 오수)처리 구조물의 방수대책(골조공사, 방수공법 및 시공)에 대하여 설명하시오.	66
37	건축지하구조물의 방수공사시 재료선정의 유의사항, 조사대상항목, 기술개발방법을 기술하시오.	87
38	콘크리트 구조의 Construction Joint에서 구조성능 저하 및 방수결함을 방지하기 위한 기술적 처리방안에 대하여 설명하시오.	51
39	지하주차장 최하층 바닥과 외벽에서 발생되는 누수 및 결로수 처리방안에 대하여 설명하시오.	101

■ 미장공사

NO	과 년 도 문 제	출제회
1	미장공사의 하자유형과 방지대책에 대하여 설명하시오.	79
2	시멘트 몰탈계 미장공사에 있어서 발생될 수 있는 결함의 종류 및 원인과 방지대책에 대하여 설명하시오.	43
3	몰탈 미장면의 균열방지대책에 대하여 설명하시오.	62
4	콘크리트 벽체의 시멘트 모르타르 바름공사에서 발생하는 결함의 형태별 원인 및 방지대책에 대하여 설명하시오.	96
5	Mortar 바르기 미장공사에서의 보양, 바탕처리, 한냉기, 서중기 시공에 대한 유의사항을 설명하시오.	70
6	공동주택 방바닥 미장공사의 균열 발생요인과 대책에 대하여 기술하시오.	87
7	공동주택 바닥미장 공사에서 시멘트 모르타르 미장균열의 원인과 저감대책에 대하여 설명하시오.	98
8	공동주택의 미장공사에서 온돌바닥의 품질기준 및 균열저감을 위한 시공단계별 (전, 중, 후)관리방안에 대하여 설명하시오.	103
9	옥내주차장 바닥 마감재의 종류와 특징에 대하여 설명하시오.	61
10	바닥강화제(Floor Hardner)의 종류 및 시공법에 대하여 설명하시오.	71, 83
11	시멘트 모르타르 공사의 기계화 시공의 체크포인트에 대하여 설명하시오.	85
12	APT옥상 누름콘크리트 균열발생과 들뜸원인 및 방지대책, 시공시 주의사항에 대하여 설명하시오.	60
13	세골재의 입도가 시멘트몰탈 시공에 미치는 영향에 대하여 설명하시오.	69
14	건축공사에서 수지미장의 특징과 시공순서 및 시공시 유의사항에 대하여 설명하시오.	107, 112

■ 도장공사

NO	과 년 도 문 제	출제회
1	도장공사의 균열, 박리에 대한 원인 및 대책을 설명하시오.	73
2	도장공사 후 건조과정에서 발생하는 도막결함의 발생원인 및 방지대책에 대하여 설명하시오.	66
3	도료의 구성요소와 도장시에 발생하는 하자와 대책에 대하여 기술하시오.	80,104
4	도장공사에서 발생하는 하자의 원인과 방지대책에 대하여 설명하시오.	122
5	도장공사에서 발생하는 결함의 종류별 원인 및 방지대책에 대하여 설명하시오.	98, 115
6	모르타르(Mortar)부위 수성페인트 도장작업시 바탕처리, 도장방법 및 시공시 유의사항에 대하여 설명하시오.	100, 111
7	내부 도장공사시 실내공기질 향상을 위한 시공단계별 조치사항에 대하여 설명하시오.	106
8	공동주택 지하주차장 바닥 에폭시 도장의 하자유형별 원인과 대책에 대하여 설명 하시오.	113
9	오피스 계단실 도장공사 중, 무늬도장 시공순서 및 유의사항에 대하여 설명하시오.	114
10	건설현장에서 사용되는 도료의 구성요소와 도장공사 결함의 종류별 원인 및 방지대책에 대하여 설명하시오.	119
11	지하주차장 천장 뿜칠재 시공 시 중점관리항목과 시공시 유의사항, 도장공사 시 안전수칙에 대하여 설명하시오.	120

기타공사 | 단답형 과년도 문제 분석표

■ 목공사

NO	과 년 도 문 제	출제회
1	목재건조의 목적 및 방법	79
2	목재의 함수율	103
3	수장용 목재의 적정 함수율	78
4	목재 함수율과 흡수율	55, 82, 90
5	목재의 방부처리	66, 115
6	목재의 내화공법	84
7	목재의 품질검사 항목	56

■ 유리공사

NO	과 년 도 문 제	출제회
1	접합유리	97
2	복층유리(Fair Glass)	91
3	진공복층유리(Vacumn Pair Glass)	103
4	열선 반사유리(Solar Reflective Glass)	88
5	로이유리(Low-Emissivity Glass)	78
6	배강도유리	111, 125
7	이중외피(Double Skin)	84
8	유리공사에서 SSG(Structuranl Sealant Glazing System)공법과 DPG(Dot Point Glazing System)공법	77, 118
9	S.P.G(Structural Point Glazing)공법	83
10	유리의 열파손 방지대책, 유리의 자파(自破)현상	82, 92, 95, 113, 124
11	유리의 영상현상	104
12	판유리의 수량산출방법	61
13	유리공사에서의 Sealing 작업시 Bite	107
14	복층유리의 단열간봉(Spacer)	114

■ 수장공사

NO	과 년 도 문 제	출제회
1	Flashing	65
2	Access Floor	60
3	드라이월 칸막이(Dry Wall Partition)의 구성요소	87
4	방화문 구조 및 부착 창호철물	92
5	갑종방화문 시공상세도(Shop Drawing)에 표기할 사항	112
6	시스템 천장(System Ceiling)	102
7	PB(Particle Board)	111
8	창호의 지지개폐철물	116
9	거멀접기	116

■ 단열/결로

NO	과 년 도 문 제	출제회
1	열관류율과 열전도율	96
2	열관류율	116
3	건축공사의 진공(Vacumn)단열재	102
4	바닥온돌 경량기포콘크리트의 멀티폼(Multi Form)콘크리트	94
5	표면결로	66
6	Heat Bridge	67
7	공동주택 결로 방지 성능기준	103
8	열교, 냉교	117

■ 소음

NO	과 년 도 문 제	출제회
1	층간소음방지	65, 85
2	차음계수(STC), 흡음률(NRC)	55
3	Bang Machine	119

■ 공해

NO	과 년 도 문 제	출제회
1	V.O.C(Volatile Organic Conpounds)	74
2	Bake Out	75, 104

■ 해체공사

NO	과 년 도 문 제	출제회
1	해체공사의 안전대책	46

기타공사

■ 건설기계

NO	과 년 도 문 제	출제회
1	Tower Crane	46, 55
2	러핑 크레인(Luffing Crane)	92
3	타워크레인 마스트(Mast)지지방식	99
4	곤도라(Gondola)운용시 유의사항	95
5	더블데크 엘리베이터(Double Deck Elevator)	104
6	건설기계의 경제적수명	72
7	건설공사비 지수	74
8	Telescoping	87, 110
9	타워크레인의 텔레스코핑 작업 시 유의사항 및 순서	118
10	Robot화 작업분야	46
11	Robot 시공	55
12	건설기계의 작업효율과 작업능률계수	105
13	와이어로프(wire rope) 사용금지 기준	111

■ 적산

NO	과 년 도 문 제	출제회
1	개산견적	57
2	적산에서의 수량개산법	105
3	합성단가(부위별 적산내역서)	29, 96
4	실적공사비적산제도	65
5	강관비계 면적 산출방법	61
6	판유리 수량 산출방법	61

■ 기타

NO	과 년 도 문 제	출제회
1	방화재료	71
2	건축용 방화재료	87
3	Bond Breaker	63, 90, 115
4	건축자재의 연성	69
5	3D 프린팅 건축	107
6	공동주택 세대욕실의 층상배관	113
7	주방가구 상부장 추락 안정성 시험	120

기타공사 | 서술형 과년도 문제 분석표

■ 목공사

NO	과 년 도 문 제	출제회
1	목공사에 있어서 목구조 접합의 이음, 맞춤, 쪽매에 대하여 설명하시오.	71
2	목재 방부제 종류 및 방부처리법에 대하여 설명하시오.	74, 106
3	목재의 방부처리에 대하여 설명하시오.	116
4	건축용 목재의 내구성에 영향을 주는 요인과 내구성 증진방안에 대하여 설명하시오.	96

■ 유리공사

NO	과 년 도 문 제	출제회
1	유리공사 중 복층유리의 구성재료, 품질기준 및 가공시 단계별 유의사항을 설명하시오.	100
2	유리의 구성재료와 제조법에 대하여 설명하시오.	110
3	S.S.G.S(Structural Sealant Glazing System)의 설계 및 시공시 유의사항에 대하여 설명하시오.	94, 113
4	Sealing공사에 있어서 부정형 실링재의 요구성능과 시공시 유의사항에 대하여 설명하시오.	70
5	Sealing공사시 Sealant 요구성능 및 선정시 고려사항을 기술하시오.	81
6	건축물의 실링(Sealing)공사에서 실링의 파괴형태별 원인 및 방지대책에 대하여 설명하시오.	95
7	유리공사에서 로이유리(LOW-Emissivity Glass)의 코팅방법별 특징 및 적용성에 대하여 설명하시오.	118
8	건축물의 실링(Sealing)재 시공시 주의사항 및 설계검토 항목을 설명하시오.	100
9	초고층건물에서 유리의 열에 의한 깨짐현상의 요인과 방지대책에 대하여 설명하시오.	69, 106
10	유리공사에서 로이유리의 코팅방법별 특징과 적용성에 대하여 설명하시오.	109

■ 수장공사

NO	과 년 도 문 제	출제회
1	사무실 건축의 천정공사에 대해 시공도면 작성방법과 시공순서 및 유의사항에 대하여 설명하시오.	68
2	천장재의 재질과 요구성능에 대하여 설명하시오.	63
3	이중 천정공사에서의 고려사항에 대하여 설명하시오.	62
4	건축물의 바닥, 벽, 천장 마감재에서 요구되는 성능에 대하여 구분하여 설명하시오.	93
5	건축물의 층고가 높고 천정내부깊이가 큰 천정공사에서 경량철골천장틀의 시공순서와 방법, 개구부(등기구, 점검구, 환기구)보강 및 천장판 부착에 대하여 설명하시오.	102
6	경량철골 바탕 칸막이 벽체(건식경량) 설치 공법의 특징과 시공시 고려사항 및 시공순서에 대하여 설명하시오.	109
7	공동주택 마감공사에서 주방가구 설치공정과 설치 시 주의사항에 대하여 설명하시오.	114
8	철재 방화문 시공시 주요 하자 원인과 대책에 대하여 설명하시오.	115
9	금속공사에 사용되는 철강재의 부식 종류별 특성, 그리고 방식 방법에 대하여 설명하시오.	115

■ 단열/결로

NO	과 년 도 문 제	출제회
1	단열공법 적용시 고려사항과 각 부위(벽체, 바닥, 지붕)별 시공방법에 대하여 설명하시오.	72
2	건설공사 단열공법의 유형과 시공방법에 대하여 설명하시오.	56, 84
3	에너지 절약을 위한 건축물의 부위별 단열공법에 대하여 설명하시오.	54
4	건축물의 단열공사에서 고려하여야 할 사항과 단열공법의 종류에 대하여 설명하시오.	93
5	건축공사에서 단열재의 선정 및 시공시 주의사항에 대하여 설명하시오.	100
6	6층 건축물의 외단열공법으로 시공시 화재확산 방지구조에 대하여 설명하시오.	110
7	외단열 공법에 따른 열교사례 및 이에 대한 방지대책에 대하여 설명하시오.	121
8	건축물에 사용되는 반사형 단열재의 특성과 시공 시 유의사항에 대하여 설명하시오.	113
9	단열재 시공부위에 따른 공법의 종류별 특징과 단열재 재질에 따른 시공 시 유의사항에 대하여 설명하시오.	116
10	건축공사에서 시공부위별 단열공법과 단열재 선정 및 시공 시 유의사항에 대하여 설명하시오.	119
11	건축물에서 발생하는 결로의 원인과 방지대책에 대하여 기술하시오.	82, 106
12	공동주택공사에서 세대 내 부위별 결로 발생 원인과 대책에 대하여 설명하시오.	117
13	지하구조물에서 결로발생 원인과 방재대책에 대하여 설명하시오.	46
14	철근콘크리트 골조공사에서 결로방지재를 선매립하는 경우, 발생 가능한 하자 유형과 방지 대책에 대하여 설명하시오.	118

NO	과 년 도 문 제	출제회
13	공동주택 지하주차장에 하절기에 발생하는 결로원인과 대책에 대하여 설명하시오.	74
14	여름철 건축물 지하 최하층 바닥에 발생하는 결로(結露)현상의 발생원인과 방지대책에 대하여 설명하시오.	95
15	건축물에 발생하는 결로 현상을 부위별, 계절적 요인으로 구분하여 원인을 설명하고 그 해결방안을 제시하시오.	86
16	지하층 외벽과 바닥에 발생하는 결로방지의 방법과 시공상 유의사항에 대하여 설명하시오.	65
17	공동주택의 단위세대에서 부위별 결로발생 원인 및 방지대책에 대하여 설명하시오.	61, 63, 99
18	공동주택에서 세대 내 부위별 결로예방을 위한 시공방법에 대하여 설명하시오.	108

■ 소음

NO	과 년 도 문 제	출제회
1	공동주택에서 발생하는 소음의 종류와 저감대책에 대하여 설명하시오.	61,117
2	벽체의 차음공법에 대하여 설명하시오.	76
3	공동주택 바닥차음을 위한 제반기술에 대하여 설명하시오.	77
4	차음재료의 시공방법에 대해 벽체, 바닥으로 구분하여 기술하시오.	73
5	건축물의 흡음공사와 차음공사를 비교 설명하시오.	84
6	공동주택의 바닥충격음 차단성능 향상 방안을 설명하시오.	83
7	차음성능에 관한 이론으로 벽식아파트의 고체전파음에 대하여 설명하시오.	86
8	공동주택의 층간소음 원인 및 방지대책에 대하여 설명하시오.	47
9	공동주택에서 발생하는 충격소음에 대한 원인 및 대책에 대하여 설명하시오.	75, 90
10	공동주택 세대간 경계벽 시공기준을 설명하고 층간소음발생 원인 및 대책에 대하여 설명하시오.	110
11	공동주택의 층간 소음방지를 위한 시공상 고려사항에 대하여 설명하시오.	60
12	공동주택 층간소음 저감을 위한 바닥충격음 차단구조의 시공 시 유의사항을 설명하시오.	118
13	공동주택의 층간소음방지를 위한 바닥구조의 소음저감방안 및 시공시 유의사항에 대하여 설명하시오.	108
14	공동주택 바닥충격음 차단 표준바닥구조(국토해양부 기준)에서 벽식구조 및 혼합구조, 라멘구조, 무량판구조의 단면상세 구성기준과 시공시 유의사항에 대하여 설명하시오.	99
15	공동주택에서 층간소음 저감을 위한 시공관리방안을 골조, 완충재, 기포콘크리트, 방바닥 미장 측면에서 설명하고, 중량과 경량 충격음을 비교 설명하시오.	119
16	공동주택 층간소음 방지를 위한 30세대 이상 벽식구조 공동주택의 표준바닥구조(콘크리트)에 대하여 설명하시오.	115

기타공사

■ 공해

NO	과 년 도 문 제	출제회
1	건설현장에서 공사중 환경관리 업무의 종류와 내용에 대하여 기술하시오.	79
2	도심지 공사에서 현장 인근 민원문제의 대응방안에 대하여 설명하시오.	75
3	건설공해의 예방을 위한 현장환경관리의 요소별 대책 1) 소음, 진동 2) 대기오염 3) 수질오염 4) 폐기물에 대하여 설명하시오.	68
4	도심 밀집지에서 공사진행시 유의해야 할 환경공해에 대하여 설명하시오.	62
5	환경공해를 유발하는 주요공종과 공해종류를 들고 공해발생 방지대책에 대하여 설명하시오.	55, 82
6	건설사업 추진시 예상되는 소음, 진동을 저감하기 위한 방안을 사업 추진 단계별로 구분, 설명하시오.	83
7	도심지 건축물 신축공사(지하6층, 지상23층 규모) 진행과정에서 발생되는 미세먼지 저감방안에 대하여 설명하시오.	112
8	건축물 준공 후 발생되는 건축공해의 유형을 구분하고 사전방지대책을 설명하시오.	114
9	공사현장에서 발생하는 건설공해의 종류와 방지대책에 대하여 설명하시오.	119

■ 폐기물

NO	과 년 도 문 제	출제회
1	건축공사 현장에서 건설폐기물의 종류, 저감대책 및 관리방안에 대하여 설명하시오.	98, 112

■ 해체

NO	과 년 도 문 제	출제회
1	해체공사시 발생하는 공해종류 및 방지대책, 안전대책에 대하여 설명하시오.	76
2	건축구조물 해체공법에 대하여 설명하시오.	75
3	도심지 RC조 고층건축물에서 해체할 경우 고려사항을 기술하시오.	60
4	건축물 해체공법의 종류, 사전조사 내용 및 해체시 주의사항에 대하여 설명하시오.	54, 99
5	도심지 15층 사무소 건축물 해체공사 시 사전조사 및 조치사항, 안전대책에 대하여 설명하시오.	114
6	노후 공동주택 해체시 공해방지 대책과 친환경적 철거방안에 대하여 기술하시오.	87
7	도심지 철근콘크리트 구조물(지하5층, 지상19층 규모) 철거공사 추진시 문제점 및 유의사항에 대하여 설명하시오.	112
8	건축물 철거현장에서 발생하는 폐석면의 문제점 및 처리방안에 대하여 기술하시오.	88
9	석면해체 및 제거작업전 준비사항과 작업수행시 유의사항에 대하여 설명하시오.	105

■ 건설기계

NO	과 년 도 문 제	출제회
1	현장 타워크레인의 기종 선정시 고려사항과 운용시의 유의사항에 대하여 설명하시오.	59, 115
2	현장의 Tower Crane 운용시 유의사항에 대하여 설명하시오.	91
3	초고층용 타워크레인과 일반크레인의 운용상 차이점에 대하여 설명하시오.	107
4	고층건축물 시공시 타워크레인 현장배치 유의점 및 관리방안에 대하여 설명하시오.	110
5	타워크레인의 위험요소와 안전대책에 대하여 설명하시오.	109, 112
6	Tower Crane의 주요 구성요소와 재해유형, 재해원인 및 안전대책에 대해서 설명하시오.	119
7	초고층 건축물 공사현장의 리프트 카(Lift Car)의 운영관리 방안에 대하여 설명하시오.	98
8	초고층 건축물 공사에서 건설용 리프트 설치기준과 안전대책 및 장비 선정 시 유의사항에 대하여 설명하시오.	104
9	초고층공사의 호이스트를 이용한 양중계획시 고려사항에 대하여 설명하시오.	121
10	T/C(Tower Crane)에 대하여 다음을 설명하시오. 1) 양중계획 수립절차를 Flow-Chart로 작성하고 2) 수립된 절차를 구체적으로 검토할 Check List를 작성하시오.	84
11	고정식 타워크레인의 부위별 안전성 검토 및 조립, 해체시 유의사항을 설명하시오.	97
12	건축공사에서 타워크레인 설치시 주요검토사항과 기초보강방안에 대하여 설명하시오.	105
13	초고층 건축물에서 Tower Crane의 설치 및 해체시 유의사항에 대하여 설명하시오.	69, 80
14	건축공사에서 양중장비인 타워크레인의 상승방식과 브레이싱(Bracing)방식에 대하여 설명하시오.	89
15	초고층 공사시 타워크레인 장비의 단계별(설치시 및 사용시)검사 및 사고예방에 대하여 설명하시오.	100
16	최근 건설현장에서 붕괴횟수가 빈번한 타워크레인 사고방지를 위한 건설기계(타워크레인) 검사기준에 대하여 설명하시오.	114
17	건설공사에서 차량계 건설기계의 종류를 나열하고, 차량계 건설기계를 사용할 때 위험 방지대책을 설명하시오.	101

■ 적산

NO	과 년 도 문 제	출제회
1	현행 실적공사비 적산제도 시행에 따른 문제점 및 대책에 대하여 설명하시오.	92, 105

기타공사

■ 기타

NO	과 년 도 문 제	출제회
1	공동주택의 온돌공사에 관하여 그 시공순서, 유의사항, 하자유형 및 개선사항에 대하여 설명하시오.	56
2	온돌마루판 공사의 시공순서 및 시공시 유의사항에 대하여 설명하시오.	89
3	공동주택 거실 온돌마루판의 하자유형을 발생원인별로 분류하고, 솟아오름(팽창박리) 현상의 원인을 설명하시오.	102
4	강재창호의 외주관리시 유의사항과 현장설치공법에 대하여 설명하시오.	59
5	건축물 시공 후 외벽창호의 성능평가 방법에 대하여 설명하시오.	102
6	건축 창호공사에서 창호재의 요구성능, 하자유형 및 유의사항에 대하여 설명하시오.	103
7	공동주택 발코니 확장에 따른 창호공사의 요구성능 및 유의사항을 기술하시오.	81
8	외벽 창호주위의 누수방지를 위한 마감공사 시 유의사항에 대하여 설명하시오.	114
9	공동주택 확장형 발코니 새시(Sash)의 누수원인 및 방지대책에 대하여 설명하시오.	95
10	공동주택의 발코니 확장공사에 따른 문제점 및 개선방안을 설명하시오.	97
11	공동주택공사에서 기준층 화장실 공사의 시공순서와 유의사항에 대하여 설명하시오.	61
12	공동주택 주방가구 설치공사에 따른 공종별 협의사항과 시공시 유의사항에 대하여 설명하시오.	99
13	백화발생 원리와 원리분석 및 공종별(타일, 벽돌, 미장, 석재, 콘크리트 등) 방지대책에 대하여 설명하시오.	85
14	공동주택공사시 도배공사 착수전 준비사항과 도배하자의 종류 및 대책에 대하여 설명하시오.	105
15	공동주택 공사현장의 도배공사에서 정배지 시공시 유의사항에 대하여 설명하시오.	107
16	현대식으로 개량된 한옥의 공사 관리항목을 대공종과 중공종으로 분류하여 설명하시오.	105
17	공동주택에서 난간의 설치기준과 시공시 유의사항을 위치별(옥상, 계단실, 세대내 발코니)로 구분하여 설명하시오.	106
18	건축현장에서 사용되는 주요 자재의 승인요청부터 시공까지의 업무흐름 및 단계 검사방법에 대하여 설명하시오.	107
19	건축물 마감재료의 난연성능 시험항목 및 기준에 대하여 설명하시오.	114
20	수목(樹木) 자재 검수 시 고려사항과 수목의 종류에 따른 검수요령에 대하여 설명하시오.	116
21	공공주택 마감공사에서 작업 간 간섭발생 원인과 간섭저감 방안에 대하여 설명하시오.	120

Chapter 08 마감공사 및 기타공사

제 1 절 마감공사

1 핵심정리

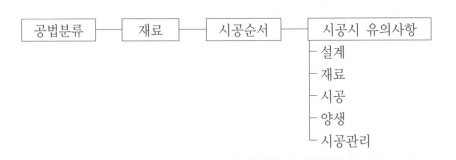

공법분류 — 재료 — 시공순서 — 시공시 유의사항
- 설계
- 재료
- 시공
- 양생
- 시공관리

I. 조적공사

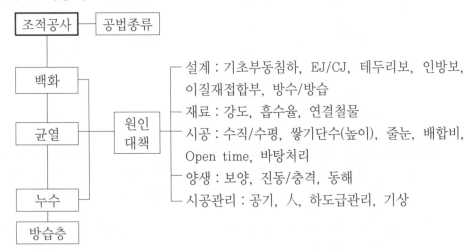

조적공사 — 공법종류

백화 ┐
     │── 원인 — 설계 : 기초부동침하, EJ/CJ, 테두리보, 인방보,
     │   대책   이질재접합부, 방수/방습
균열 ┤   - 재료 : 강도, 흡수율, 연결철물
     │   - 시공 : 수직/수평, 쌓기단수(높이), 줄눈, 배합비,
     │   Open time, 바탕처리
누수 ┘   - 양생 : 보양, 진동/충격, 동해
                - 시공관리 : 공기, 人, 하도급관리, 기상
방습층

1. 공법종류 [KCS 41 34 02]

① 영식쌓기 : 1켜길이 + 1켜마구리 + 이오토막, 반절토막
② 화란식 쌓기 : 1켜길이 + 1켜 마구리 + 칠오토막
③ 불식쌓기 : 1켜(길이 + 마구리)
④ 미식쌓기 : 5켜길이 + 1켜 마구리
⑤ 길이 쌓기 : 길이면
⑥ 마구리 쌓기 : 마구리면

[영식쌓기]

2. 백화발생 Mechanism

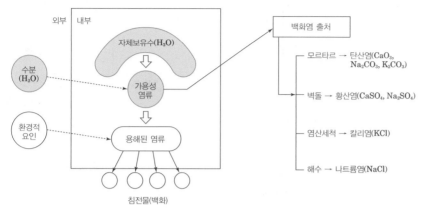

[백화]

침전물(백화)

3. item별 그림

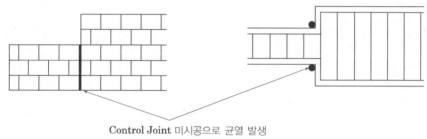

Control Joint 미시공으로 균열 발생

[Control Joint]

(KSF 4004)

구 분	압축강도(N/mm²)	흡수율(%)	비 고
1종 벽돌	13 이상	7 이하	옥외 또는 내력 구조
2종 벽돌	8 이상	13 이하	옥내의 비내력 구조

[벽돌 개체]

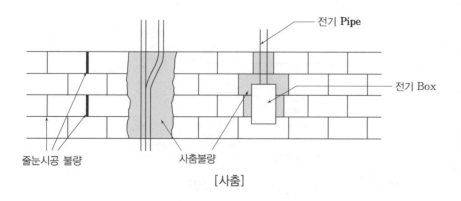

전기 Pipe

전기 Box

줄눈시공 불량   사춤불량

[사춤]

[사춤]

[테두리보]

[긴결철물]

[인방보]

[긴결철물]

1.5t 이상

t

[테두리보]

THK5

45

[홈벽돌]

200mm

L자 앵커철물

인방 연장이 곤란한 경우 : L자 형강 사용

상
단
부

하
단
부

모르타르 사춤 불가

모르타르
사춤

15~20mm

[인방보]

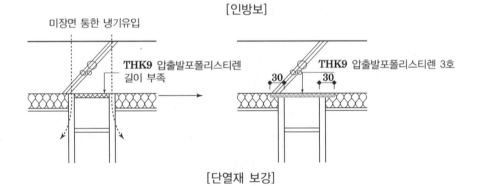

미장면 통한 냉기유입

THK9 압출발포폴리스티렌
길이 부족

THK9 압출발포폴리스티렌 3호

30   30

[단열재 보강]

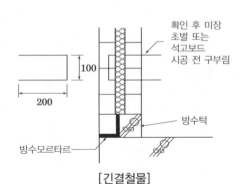

확인 후 미장
초벌 또는
석고보드
시공 전 구부림

100

200

방수턱

방수모르타르

[긴결철물]

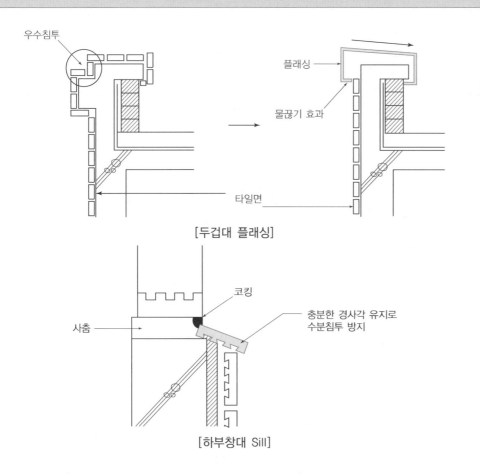

[두겁대 플래싱]

[두겁대 플래싱]

[하부창대 Sill]

4. 방습층

지면에 접하는 콘크리트, 블록벽돌 및 이와 유사한 자재로 축조된 벽체 또는 바닥판의 습기 상승을 방지하는 공사나 비 및 이슬에 노출되는 벽면의 흡수 등을 방지하기 위하여 수밀 차단재를 사용하는 것을 말한다.

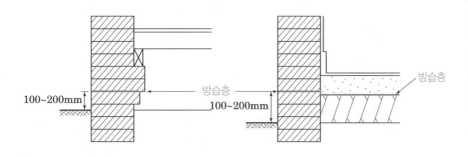

[방습층]

Ⅱ. 석공사

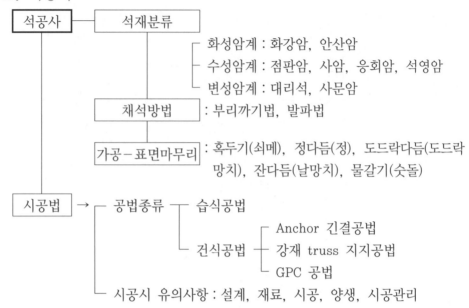

```
석공사 ─── 석재분류
              ├ 화성암계 : 화강암, 안산암
              ├ 수성암계 : 점판암, 사암, 응회암, 석영암
              └ 변성암계 : 대리석, 사문암
        ─── 채석방법 : 부리까기법, 발파법
        ─── 가공-표면마무리 : 혹두기(쇠메), 정다듬(정), 도드락다듬(도드락
                              망치), 잔다듬(날망치), 물갈기(숫돌)
        ─── 시공법 ─┬ 공법종류 ─┬ 습식공법
                    │            └ 건식공법 ─┬ Anchor 긴결공법
                    │                        ├ 강재 truss 지지공법
                    │                        └ GPC 공법
                    └ 시공시 유의사항 : 설계, 재료, 시공, 양생, 시공관리
```

1. 공법종류 [KCS 41 35 06]

1) 습식공법

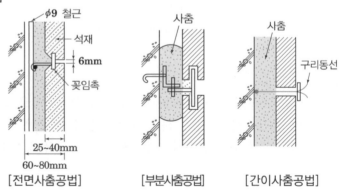

[전면사춤공법]　　　　[부분사춤공법]　　　　[간이사춤공법]

2) 건식공법

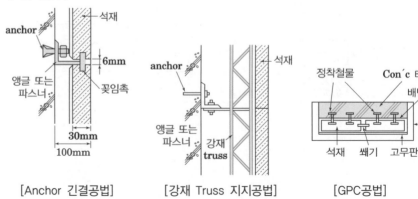

[Anchor 긴결공법]　　　[강재 Truss 지지공법]　　　[GPC공법]

[Anchor 긴결공법]

3) 반건식공법

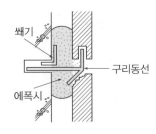

2. 시공 시 유의사항

1) 설계

Expansion Joint 처리

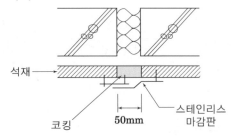

2) 재료

① 석재 재질 및 두께 확보

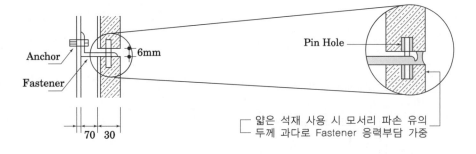

[석재 및 Fastener재질]

② Fastener 재질 및 강도 확보

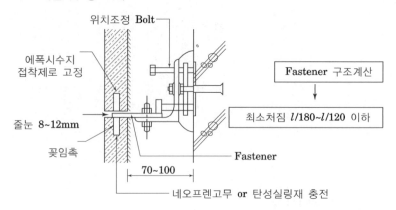

위치조정 Bolt

에폭시수지
접착제로 고정

Fastener 구조계산
↓
최소처짐 $l/180{\sim}l/120$ 이하

줄눈 8~12mm

꽂임촉

Fastener

70~100

네오프렌고무 or 탄성실링재 충전

3) 시공

① 운반 설치 시 파손주의

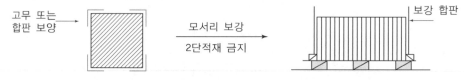

고무 또는
합판 보양

모서리 보강
2단적재 금지

보강 합판

[석재운반 및 보양]

② 돌나누기도(시공정밀도)

편심하중

→ 수직, 수평 시공관리 철저

③ 줄눈철저

④ 석재 Open Joint 도입

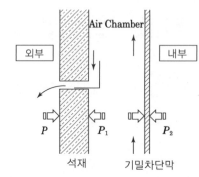

Air Chamber

외부

내부

P P_1 P_2

석재 기밀차단막

① $P = P_1 > P_2$
② 등압공간(Air Chamber)을 형성
③ 기밀차단막 설치 철저

⑤ 층간변위 추종성확보

⑥ 용접시 불똥주의

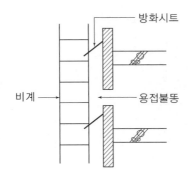

4) 양생 : 보양철저

5) 시공관리 : 기상·기후 파악

Ⅲ. 타일공사

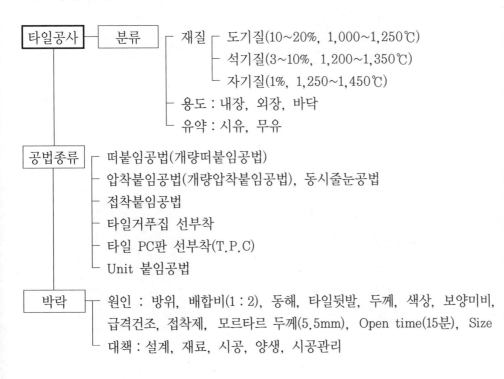

[타일 떠붙임]

[타일 압착 공법]

1. 공법종류 [KCS 41 48 01]

1) 떠붙임 공법

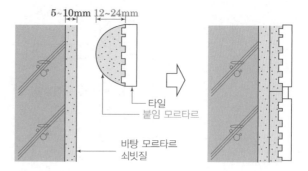

2) 개량 떠붙임 공법

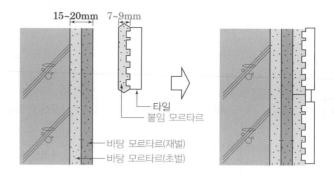

3) 압착 공법

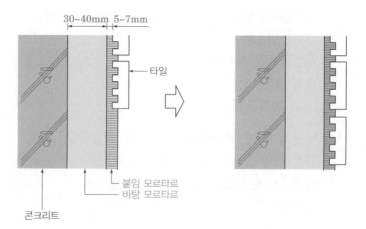

4) 개량 압착 공법

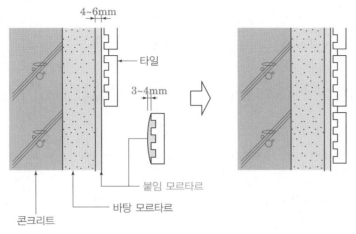

5) 동시줄눈 공법(밀착 공법)

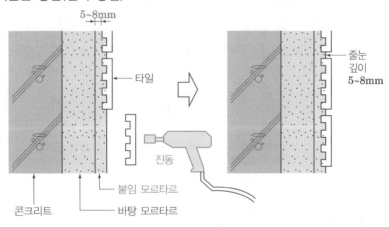

6) 접착(유기질 접착) 공법

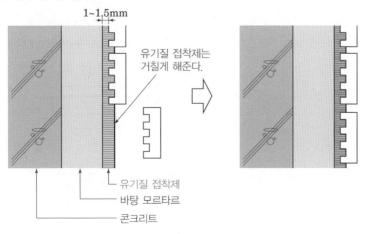

7) 거푸집 선부착 공법

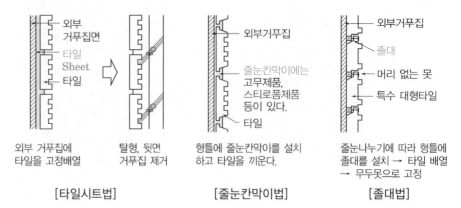

외부 거푸집에
타일을 고정배열

탈형, 뒷면
거푸집 제거

[타일시트법]

형틀에 줄눈칸막이를 설치
하고 타일을 끼운다.

[줄눈칸막이법]

줄눈나누기에 따라 형틀에
졸대를 설치 → 타일 배열
→ 무두못으로 고정

[졸대법]

8) 타일 시트(Sheet) 공법

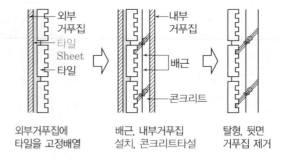

외부거푸집에
타일을 고정배열

배근, 내부거푸집
설치, 콘크리트타설

탈형, 뒷면
거푸집 제거

9) 타일 PC판 선부착 공법(TPC 공법)

① 타일시트법

② 타일단체법

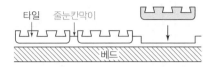

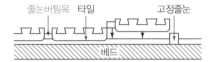

2. item별 그림

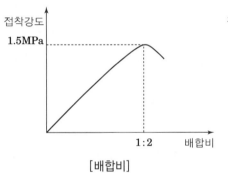

[배합비]

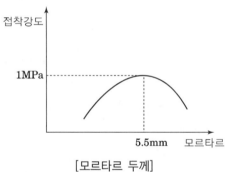

[모르타르 두께]

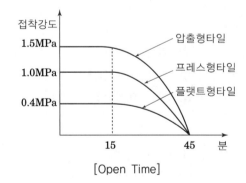

[Open Time]

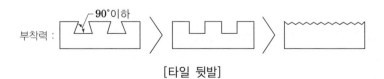

[타일 뒷발]

[타일줄눈]

[모르타르 비빔]

[떠붙임 공법]

[압착 공법]

[바닥타일 압착공법]

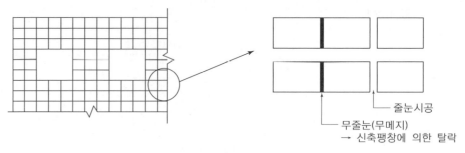

줄눈시공
무줄눈(무메지)
→ 신축팽창에 의한 탈락

[타일 줄눈]

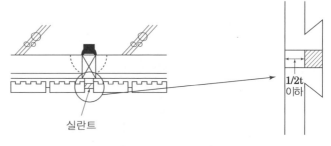

실란트

[Expansion Joint]

3. Open Time [KCS 41 48 01]

1) 벽타일

① 떠붙임 공법: 건비빔한 후 3시간 이내, 반죽 후 1시간 이내

② 개량 떠붙임 공법: 건비빔한 후 3시간 이내, 반죽 후 1시간 이내

③ 압착 공법: 15분 이내($1.2㎡$ 이하)

④ 개량 압착 공법: 30분 이내($1.5㎡$ 이하)

⑤ 판형 공법: 15분 이내

⑥ 접착 공법: 가능시간 내($2㎡$ 이하)

⑦ 동시줄눈(밀착) 공법: 20분 이내($1.5㎡$ 이하)

⑧ 모자이크 타일 공법: 30분 이내($2㎡$ 이하)

2) 바닥타일

① 압착 공법: 60분 이내($2㎡$ 이하)

② 개량 압착 공법: 60분 이내($2㎡$ 이하)

③ 접착 공법: 가능시간 내($3㎡$ 이하)

4. 타일접착 검사 [KCS 41 48 01]

1) 시공 중 검사

눈높이 이상과 무릎 이하

2) 두들김 검사

　① 경화 후 검사봉으로 전면적

　② 떠붙임 공법: 80% 이상

3) 접착력 시험

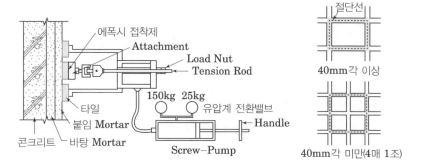

[접착력 시험]

　① 일반건축물: 200㎡ 당, 공동주택: 10호당 1호

　② 시공 후 4주 이상

　③ 0.39N/㎟ 이상

Ⅳ. 방수공사

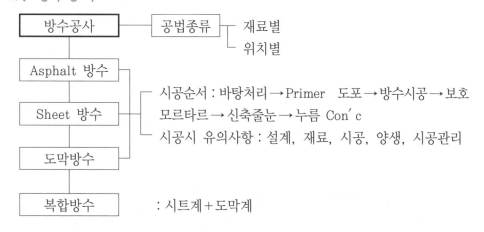

1. 공법종류

1) 시멘트 액체방수 [KCS 41 40 08]

　① 바닥용: 바탕면 정리 및 물청소 → 방수액 침투(L) → 방수시멘트 페이스트(P) → 방수 모르타르(M)

　② 벽체/천장용: 바탕면 정리 및 물청소 → 바탕접착재 도포 → 방수시멘트 페이스트(P) → 방수 모르타르(M)

[아스팔트 방수]

[개량형 아스팔트시트 방수]

[합성고분자계 시트 방수]

[자착형 시트 방수]

2) 아스팔트 방수 [KCS 41 40 02]

용융 아스팔트를 접착제로 하여 아스팔트 펠트 및 루핑 등 방수 시트를 적층하여 연속적인 방수층을 형성하는 공법을 말한다.

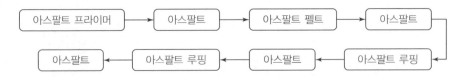

3) 개량 아스팔트시트 방수 [KCS 41 40 03]

합성고무 또는 플라스틱을 첨가하여 성질을 개량한 아스팔트로 시트 뒷면에 아스팔트를 도포하여 현장에서 토치로 구어 용융시킨 뒤 프라이머 바탕 위에 밀착시키는 공법을 말한다.

4) 합성고분자계 시트 방수 [KCS 41 40 04]

합성고무 또는 합성수지를 합성고분자 시트 상태로 성형한 1~2mm 두께의 시트를 바탕면에 접착제 혹은 고정철물로 부착하여 방수층을 형성하는 공법을 말한다.

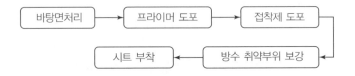

5) 자착형 시트 방수 [KCS 41 40 05]

방수층의 표면에 끈적거리는 점착층이 있는 고무아스팔트계 방수시트, 부틸고무계 방수시트, 천연고무계 방수시트로 방수층 시공 시 별도의 가열기, 접착제 등을 사용하지 않고, 방수재 자체의 접착력으로 바탕체와 부착이 가능한 공법을 말한다.

6) 도막 방수 [KCS 41 40 06]

방수용으로 제조된 우레탄고무, 아크릴고무, 고무아스팔트 등의 액상형 재료를 바탕면에 여러 번 도포하여 소정의 두께를 확보하고 이음매가 없는 방수층을 형성하는 공법을 말한다.

■ 도막재의 종류

구분	정의	적용부위
• 우레탄 고무계 • 우레탄-우레아 고무계 • 우레아수지계	이소시아네이트를 주원료에 촉매활성재 등을 배합한 방수재	지붕, 복도, 발코니, 화장실, 외벽
• 아크릴 고무계	아크릴고무를 주원료에 충전재 등을 배합한 방수재	지붕, 외벽
• 고무 아스팔트계	아스팔트와 고무를 주원료로하는 방수재	지붕, 화장실, 지하외벽

[도막 방수]

7) 복합 방수 [KCS 41 40 07]

시트계(금속시트 포함)와 도막계의 방수재를 상호 호환성을 갖도록 개선하여 2중 복합층으로 구성한 방수층을 말한다.

■ 복합방수 공법의 종류
① 우레탄 도막 방수재와 시트재 적층 복합 전면접착 방수공법(L-CoF)
② 점착유연형 도막재와 시트방수재의 전면접착 복합방수공법(L,M-CoF)
③ 시트방수재와 도막방수재의 적층 복합방수공법(M-CoMi)

[복합방수]

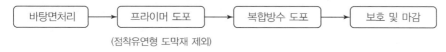

바탕면처리 → 프라이머 도포 → 복합방수 도포 → 보호 및 마감

(점착유연형 도막재 제외)

8) 규산질계 도포 방수(침투성 방수) [KCS 41 40 09]

규산질계 분말형 도포방수제(유기질계 또는 무기질계 재료)를 도포하여 콘크리트나 모르타르의 공극에 침투시켜 바탕재의 방수성을 향상시킨 공법을 말한다.

9) 금속판 방수 공법 [KCS 41 40 10]

건축물의 지붕 및 차양 등에 납판, 동판, 스테인리스 스틸 시트 등을 이용하여 바닥, 벽 등에 사용되는 공법을 말한다.

[규산질계 도포 방수]

[금속판 방수]

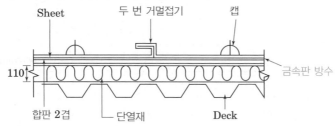

Sheet   두 번 거멀접기   캡

금속판 방수

110

합판 2겹   단열재   Deck

[벤토나이트 방수]

[신축줄눈 후 시공]

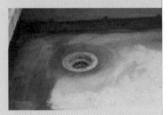

[루프드레인 주위 보강]

[코너보강]

10) 벤토나이트 방수 공법 [KCS 41 40 11]

응회암, 석영암 등의 유기질 부분이 분해해서 생성된 미세 점토질 광물로, 벤토나이트 방수는 벤토나이트가 물을 흡수하면 팽창하고 건조하면 수축하는 성질을 이용한 방수공법을 말한다.

2. 신축줄눈설치 시기

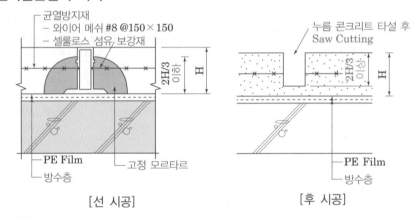

[선 시공] [후 시공]

3. item별 그림

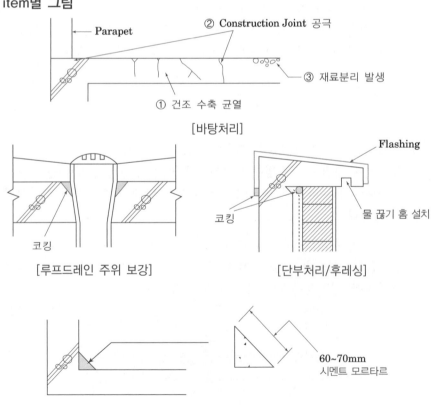

[바탕처리]

[루프드레인 주위 보강] [단부처리/후레싱]

[코너보강]

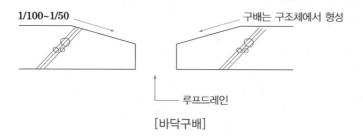

[바닥구배]

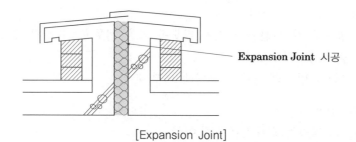

[Expansion Joint]

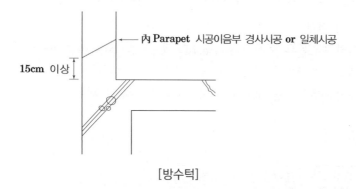

[방수턱]

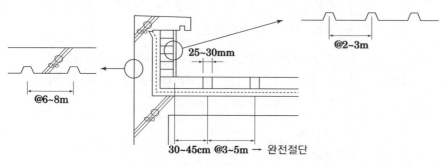

[Cuntrol & Joint와 Expansion Joint]

[담수 Test]

4. 방수 후 누수시험

1) 담수 Test

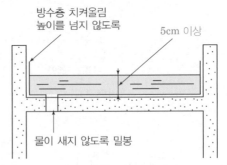

방수층 치켜올림
높이를 넘지 않도록
5cm 이상
물이 새지 않도록 밀봉

① 방수층 끝 부분이 감기지 않도록 물을 채우고, 48시간 정도 누수 여부를 확인
② Sheet 방수의 경우 기포발생 여부 확인

2) 살수 Test

① 해당지역의 최대강우강도 이상
② 모서리, 돌출부 등 하자다발부위 위주로 실시

3) 강우 시 검사

① 지하구조물은 외부 Dewatering 중단 후 누수 여부 확인
② 예상하루강우량 50mm 이상: 강우 후 누수 확인
③ 예상하루강우량 50mm 이하: 빗물을 담수로 활용

V. 미장공사

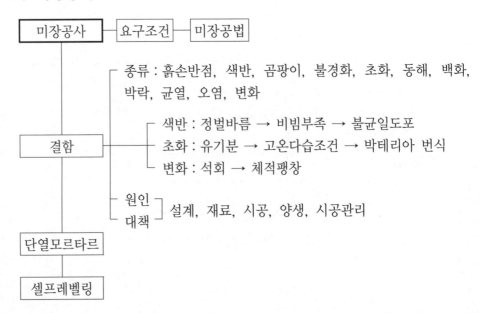

암기 point ✪

흙 색 곰 이 불 로 초 인
동 백 초 를 먹고 박 테리아
균 이 생겨 오 줌누러
변 소 갔다.

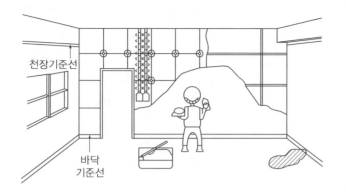

천장기준선

바닥
기준선

1. 요구조건

① 평탄성
② 균질성
③ 기능확보
④ 강도확보

⊛ 암기 point

평 균 대에서 기 강 을
확립하다.

2. item별 그림

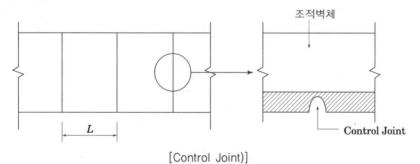

조적벽체

Control Joint

L

[Control Joint)]

[제물마감]

이질재료 접합부위 처리
(Lib **Lath**, **Bead**, 미장줄눈시공)

조적

Con´c

[이질재 접합부]

[Control Joint]

[코너 보강]

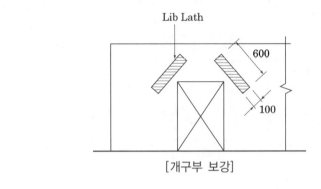

[개구부 보강]

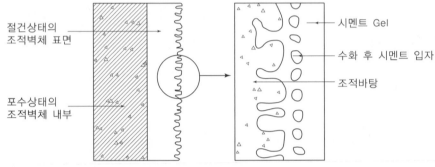

[물축임]

[코너비드]

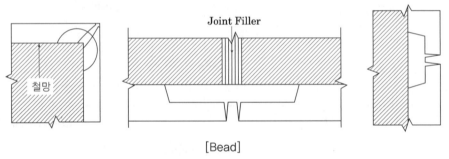

[Bead]

3. 단열모르타르 [KCS 41 46 14]

건축물의 바닥, 벽, 천장 및 지붕 등의 열손실 방지를 목적으로 외벽, 내벽, 지붕, 지하층, 바닥면의 안 또는 밖에 경량골재를 주재료로 하여 만든 단열모르타르를 바탕 또는 마감재로 흙손바름, 뿜기 등에 의해 미장하는 공사를 말한다.

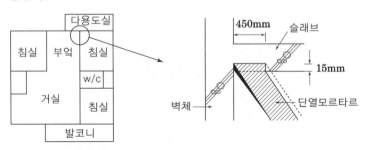

4. 수지미장(합성수지 플라스터 바름) [KCS 41 46 10]

합성수지 플라스터 바름은 합성수지 플라스터를 내벽, 천장 등에 3~5mm 정도의 두께로 바름 마감하는 것을 말한다.

[수지미장]

| 실러 바름 |: 합성수지 에멀션 실러, 1시간 이상

↓

| 초벌 바름 |: 수지 플라스터 두껍게 바름용, 24시간 이상

↓

| 연마지 갈기 |: 연마지(P180~240)

↓

| 정벌 바름 |: 수지 플라스터 얇게 바름용, 2시간 이상
(최종양생: 24시간 이상)

5. 셀프 레벨링(Self Leveling) 모르타르 [KCS 41 46 12]

자체 유동성을 가지고 있기 때문에 평탄하게 되는 성질이 있는 석고계 및 시멘트계 등의 셀프 레벨링재에 의한 바닥바름공사를 말한다.

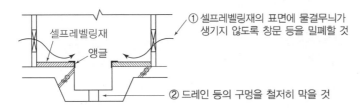

셀프레벨링재
앵글

① 셀프레벨링재의 표면에 물결무늬가 생기지 않도록 창문 등을 밀폐할 것
② 드레인 등의 구멍을 철저히 막을 것

[셀프 레벨링 모르타르]

6. 콘크리트 바닥강화재 바름 [KCS 41 46 13]

금강사, 규사, 철분, 광물성 골재, 시멘트 등을 주재료로 하여 콘크리트 등 시멘트계 바닥 바탕의 내마모성, 내화학성 및 분진방지성 등의 증진을 목적으로 바닥에 바름마감하는 것을 말한다.

■ 공법종류
① 분말형 바닥강화재
  콘크리트를 타설한 후 블리딩이 멈추고 응결(초결)이 시작될 때 바닥강화재를 손이나 분사용 기계를 이용하여 균일하게 살포
② 침투식 액상 바닥강화재
  제조업자의 시방에 따라 적당량의 물로 희석하여 사용하고, 2회 이상으로 나누어 도포

[액상 바닥강화재]

VI. 도장공사

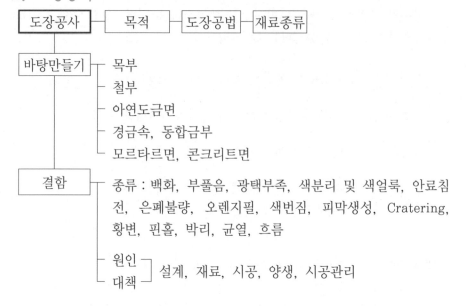

도장공사 ─ 목적 ─ 도장공법 ─ 재료종류

바탕만들기 ─ 목부
─ 철부
─ 아연도금면
─ 경금속, 동합금부
─ 모르타르면, 콘크리트면

결함 ─ 종류 : 백화, 부풀음, 광택부족, 색분리 및 색얼룩, 안료침전, 은폐불량, 오렌지필, 색번짐, 피막생성, Cratering, 황변, 핀홀, 박리, 균열, 흐름

─ 원인
─ 대책 ─ 설계, 재료, 시공, 양생, 시공관리

[로울러칠공법]

[천연페인트]

1. 목적
① 미화
② 기능확보
③ 강도확보

2. 도장공법
① 솔칠공법
② 로울러칠공법
③ 뿜칠공법

3. 재료 종류

1) 수성 페인트

물로 희석하여 사용하는 도료의 총칭

2) 천연 페인트

식물에서 추출된 재료(송진, 아마인유, 정제식품 등)를 사용하여 인체에 무해하며 정전기 방지, 항균성 등 건강과 생태학적 사이클 내에서 완전 분해되는 페인트를 말한다.

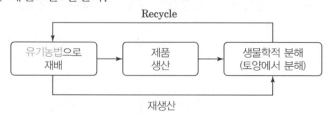

Recycle

유기농법으로 재배 → 제품 생산 → 생물학적 분해 (토양에서 분해)

재생산

3) 친환경 페인트

인체에 유해한 휘발성 유기화합물 함량이나 방출량 수치가 기준 이하로 승인받은 페인트로 목재용, 콘크리트용, 바닥용 등 페인트의 용도에 따라 기준 수치가 다를 수 있다.

4) 에폭시 도료 [KCS 41 47 00]

에폭시 수지(Epoxy Resin)를 주성분으로 한 도료로 내구성이 우수하고 미려한 외관이 가능한 바닥전용 도료를 말한다.

5) 본타일(스프레이 도장) [KCS 41 47 00]

본타일 도료 마감은 건물 외벽이나 복도, 벽 등에 사용되고 있으며, 무늬 도료 마감과는 달리 울퉁불퉁하게 타일형 입체감만을 표현하며 균일한 도포가 될 수 있도록 하여야 한다.

6) 금속용사 공법

강구조물의 부식방지를 위해 고주파 전류로 금속도장재를 녹여 강구조물 표면에 도포하는 새로운 도장 공법을 말한다.

[친환경 페인트]

[에폭시 도료]

[본타일]

4. 바탕면 처리 [KCS 41 47 00]

1) 목재면

① 못은 펀치로 박고, 녹슬 우려가 있을 때는 징크퍼티를 채운다.
② 송진은 인두로 가열하여 송진을 녹아 나오게 하여 휘발유로 닦는다.
③ 나무의 틈, 벌레구멍, 홈 등은 퍼티로 표면을 평탄하게 한다.

2) 철재면

① 일반적으로 가공장소에서 바탕재 조립 전에 실시
② 붉은 녹은 와이어 브러시나 내수연마지(P60~P80)로 제거

3) 아연도금면

① 바탕재의 설치 후에 하여도 무방하다.
② 오염, 부착물은 와이어 브러시, 내수연마지 등으로 제거
③ 황산아연처리를 할 때는 약 5%의 황산아연 수용액을 1회 도장하고, 약 5시간 정도 풍화
④ 화학처리를 하지 아니할 때는 옥외에서 1~3개월 노출해 바탕을 풍화

4) 경금속, 동합금면

철재면 바탕처리에 준하고, 금속면을 손상하지 않도록 주의

[금속용사 공법]

5) 플라스터, 모르타르, 콘크리트면

① 바탕재는 온도 20℃ 기준으로 약 28일 이상 건조(표면함수율 7% 이하), 알칼리도는 pH 9 이하

② 오염, 부착물의 제거는 바탕을 손상하지 않도록 주의

③ 바탕의 균열, 구멍 등의 주위는 물축임을 한 다음 석고퍼티로 땜질하고, 건조 후 연마지로 평면을 평활하게 닦는다.

5. 시공 시 유의사항

① 설계 : Control Joint

② 재료 : 재료보관

③ 시공 : 바탕처리, 배합비, Open Time(유성P), 마감재 보양, 두께확보, Pin Hole, 솔칠공법, 로울러칠공법, 뿜칠공법

④ 양생 : 동해, 보양

⑤ 시공관리 : 공기, 하도급관리, 기상·기후

6. 도장공사 결함 원인과 대책

결함	원인	방지대책
들뜸	• 바닥에 유지분이 있을 때 • 온도가 높을 때 도장한 경우 • 함수율이 높을 때 • 1회에 두껍게 도장한 경우	• 유류 등 유해물 제거 • 온도, 습도 등 고려하여 도장 • 나무 함수율 13~18% 유지 • 점도를 낮게 여러 번 도장
흘림, 굄, 얼룩	• 균등하지 않게 두껍게 도장한 경우 • 바탕처리가 미비된 경우	• 얇게 여러 차례 도장 • 바탕면의 녹, 흠집 등 제거하고 퍼티를 채운 후 연마
오그라듬	• 지나치게 두껍게 칠한 경우 • 초벌칠 건조가 불충분한 경우	• 얇게 여러 차례 균등하게 도장 • 건조시간 내에 겹쳐바르기 금지
거품	• 용제의 증발속도가 빠른 경우 • 솔질을 지나치게 빨리한 경우	• 도료의 선택을 적정히 하고 솔질이 뭉침, 거품이 일지 않도록 천천히 바름
백화	• 도장 시 온도가 낮을 경우 공기 중의 수증기가 도장면에 응축, 흡착되어 발생	• 기온 5℃ 이하, 습도 85% 이상일 때 도장 금지 • 환기 철저
변색	• 바탕이 충분히 건조하지 않은 경우 • 유기안료가 무기안료보다 클 때	• 바탕면을 충분히 건조: 함수율 8% 이하, pH9 이하 • 도료의 현장배합 금지

결함	원인	방지대책
부풀어오름	• 도막 중 용제가 급격하게 가열된 경우 • 도막 밑에 녹이 생긴 경우 • 하도, 상도의 도료질이 다른 경우	• 도장 후 직사광선을 피할 것 • 바탕에 녹물 등 유해물 제거 • 도료의 질이 동일회사 제품 사용 • 하도 후 바탕이 충분히 건조된 후 상도
균열	• 하도 건조가 불충분한 경우 • 하도, 중도, 상도의 재질이 다른 경우 • 바탕물체가 도료를 흡수한 경우 • 직사광선에 노출된 경우 • 저온에서 도장한 경우	• 하도 후 건조시간 준수 • 도료의 종류 및 배합률 등 도료질이 동일한 재료의 사용 • 바탕면은 퍼티 등으로 연마 후 도장 • 기온이 5℃ 이하, 습도 85% 이상, 환기가 충분하지 않은 경우 도장 금지

2 단답형·서술형 문제 해설

1 단답형 문제 해설

| 01 | 방습층(Vapor Barrier) | [KCS 41 41 00] |

Ⅰ. 정 의

지면에 접하는 콘크리트, 블록벽돌 및 이와 유사한 자재로 축조된 벽체 또는 바닥판의 습기 상승을 방지하는 공사나 비 및 이슬에 노출되는 벽면의 흡수 등을 방지하기 위하여 수밀 차단재를 사용하는 것을 말한다.

Ⅱ. 현장시공도

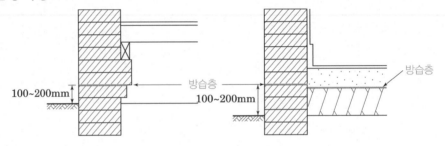

Ⅲ. 방습층 공법

(1) 아스팔트 펠트, 아스팔트 루핑 등의 방습층
(2) 비닐지의 방습층
(3) 금속판의 방습층
(4) 방수 모르타르의 방습층: 10~20mm

Ⅳ. 방습층 시공법

(1) 박판 시트계 방습공사
① 지정된 방습재를 접착제로 바탕에 접착되도록 시공
② 구멍 뚫림이 없게 세심한 주의
③ 접착제를 사용할 수 없는 곳에는 못이나 스테이플로 정착

(2) 아스팔트계 방습공사

① 돌출부 및 공사진행에 방해되는 이물질을 깨끗이 청소

② 수직 방습공사의 밑부분이 수평과 만나는 곳에는 밑변 50mm, 높이 50mm 크기의 경사끼움 스트립을 설치

③ 수직 방습공사는 지표면부터 최소한 150mm 정도 기초의 외면까지 덮는다.

④ 방습도포는 첫 번째 도포층을 24시간 동안 양생한 후에 반복

(3) 시멘트 모르타르계 방습공사

시멘트 액체방수, 폴리머 시멘트 모르타르방수, 시멘트 혼입 폴리머계 방수로 벽면, 바다면의 방습시공

(4) 신축성 시트계 방습공사

① 비닐필름 방습층은 접착제로 사용하여 완전하게 금속 바닥판에 밀착되도록 시공

② 방습층이 바닥판에 리브로 복합물이 스며들지 않게 한다.

③ 접착제를 사용하거나 못이나 스테이플로 정착

02 Bond Beam

I. 정 의

Bond Beam이란 조적조 벽체를 일체화하고 상부하중을 균등하게 분포시키기 위하여
설치하는 철근콘크리트 보로서 테두리보, 벽돌보강보, 기초보를 총칭하여 말한다.

II. Bond Beam의 설치위치

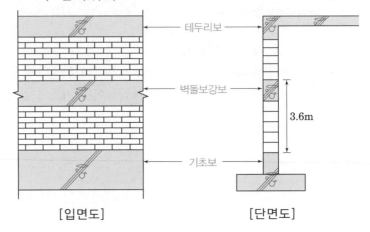

[입면도]　　　　[단면도]

(1) 테두리보

　조적벽체 상부에 설치하여 벽체를 일체화하고 상부하중을 균등하게 분포

(2) 벽돌보강보

　조적벽체 높이가 3.6m마다 설치하여 벽체의 강성확보 및 횡력에 저항

(3) 기초보

　기초판 위에 설치하여 부동침하방지 및 벽체의 강성확보

III. Bond Beam의 기능

(1) 조적벽체와 벽체 간의 일체성을 확보
(2) 횡력에 약한 조적조의 결점을 보완하여 횡력에 저항
(3) 조적벽체의 균열을 방지
(4) 상부에서 작용하는 하중을 균등하게 분포
(5) 풍하중, 지진력 등에 대한 저항성 증대
(6) 상부의 수직하중을 균등히 기초판에 전달하여 부동침하의 방지

03 석공사의 Open Joint

Ⅰ. 정 의

석재 Open Joint 공법이란 외벽에서 판재와 판재 사이에 기존까지 사용하던 Sealant 를 이용한 코킹 처리를 하지 않고, 등압이론을 이용하여 줄눈을 열어놓은 공법이다.

Ⅱ. 등압공간과 기밀막

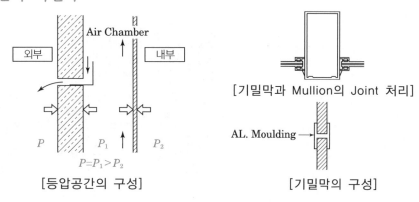

[등압공간의 구성]

[기밀막과 Mullion의 Joint 처리]

[기밀막의 구성]

Ⅲ. 주요요소기술

(1) 석재고정용 브래킷
  ① 볼트를 이용한 높이조절 가능
  ② Grip Type의 알루미늄 브래킷 사용

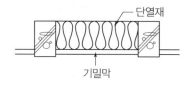

(2) 기밀막 차단
  ① 기밀막이 존재함으로써 단열재 설치 용이
  ② 등압공간을 형성하기 위하여 실내공간을 외기로부터 차단

Ⅳ. 적용효과

(1) 석재의 오염 배재
(2) 오픈조인트공법은 실란트가 없으므로 유지보수 생략 가능
(3) 석재 테두리선 표출로 외장성이 우수
(4) 내부통기구조 활용성 우수: 석재 얼룩방지
(5) 석재 패널설치 시공성 향상: 알루미늄 Runner에 간단하게 취부 가능
(6) 멀리온, Runner 등이 알루미늄 부재로 내식성 향상

04 타일 떠붙임 공법 [KCS 41 48 01]

I. 정 의

떠붙임 공법은 타일 뒤쪽에 붙임 모르타르를 올려놓고 평평하게 고른 다음 바탕모르타르에 붙이는 공법을 말한다.

II. 현장시공도

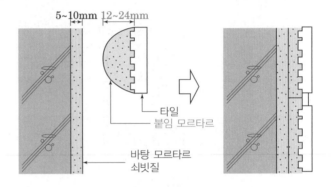

5~10mm 12~24mm

타일
붙임 모르타르

바탕 모르타르
쇠빗질

III. 특징

(1) 접착강도의 편차가 적음
(2) 타일면을 평탄하게 조정 가능
(3) 타일 시공 시 숙련도가 필요
(4) 밑에서 붙여 올라가므로 시공높이에 한도가 있음

IV. 시공 시 유의사항

(1) 모르타르는 건비빔한 후 3시간 이내, 물을 부어 반죽한 후 1시간 이내에 사용
(2) 벽체는 중앙에서 양쪽으로 타일 나누기를 한다.
(3) 타일을 붙이고, 3시간이 경과한 후 줄눈파기를 하여 줄눈부분을 충분히 청소
(4) 신축줄눈을 약 3m 간격으로 설치
(5) 벽체 코너안쪽, 창틀주변 및 설비기구와 접촉부에 신축줄눈을 넣는다.
(6) 바름두께가 10mm 이상일 때는 1회에 10mm 이하
(7) 바탕면의 평활도: ±3mm/2.4m
(8) 여름에 외장타일을 붙일 경우에는 하루 전에 바탕면에 물을 충분히 적셔둔다.
(9) 타일 뒷면에 붙임 모르타르를 바르고 모르타르가 충분히 채워져 타일이 밀착되도록 바탕에 눌러 붙인다.
(10) 붙임 모르타르의 두께는 12~24mm를 표준

05 타일 거푸집 선부착공법

Ⅰ. 정의

현장에서 콘크리트를 타설할 때 외부 거푸집의 내측면에 타일을 배열 고정시킨 후 내부거푸집을 조립하고 콘크리트를 부어 넣어 타일과 콘크리트를 일체화시키는 공법이다.

Ⅱ. 타일고정방법

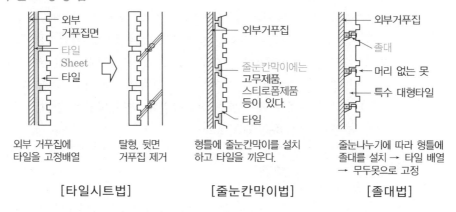

| [타일시트법] | [줄눈칸막이법] | [졸대법] |

Ⅲ. 특징

(1) 타일의 접착력이 확실하다.
(2) 백화현상의 발생이 없다.
(3) 공기단축이 가능하다.
(4) 복잡한 형태의 경우 공사원가가 상승한다.

Ⅳ. 문제점

(1) 콘크리트의 건조수축이 직접적인 영향
(2) 모자이크타일 시공에 부적합
(3) 블리딩에 의한 접착력 저하로 층고가 높은 건물에는 부적합
(4) 거푸집, 유닛타일, 보수 등의 비용으로 공사원가 상승

Ⅴ. 시공 시 유의사항

(1) 타일 나누기 검토, 유닛타일의 제조 등의 시간을 고려할 것
(2) 콘크리트 타설에 앞서 90일 이전에 사용 타일, 공법의 결정, 발주 등의 사전준비 철저
(3) 콘크리트 타설 시 시멘트 페이스트의 유출 방지
(4) 거푸집은 콘크리트의 측압에 충분히 견디도록 강도가 높은 재료를 선정

😊 67,74,83회

06 **타일분할도(타일나누기도)** [KCS 41 48 01]

I. 정 의

타일 나누기도는 타일을 미리 시공 부위에 배치하여 보는 것으로 줄눈의 형식, 줄눈폭, 절단타일의 치수 및 배치 등을 포함하는 시공도의 하나이다.

II. 타일분할도의 기준

(1) 타일 한 장의 기준치수=타일치수+줄눈치수

(2) 될 수 있는 대로 온장을 사용하도록 타일 나누기를 한다.

(3) 세로방향, 가로방향 순으로 기준치수의 정배수로 나누어지도록 배치

(4) 약간의 부족이 있을 때에는 줄눈너비를 조정하여 맞춘다.

(5) 그래도 부족한 경우에는 절단타일을 끼워 넣도록 한다.

(6) 줄눈너비의 표준 단위(mm)

타일구분	대형벽돌형(외부)	대형(내부일반)	소형	모자이크
줄눈너비	9	5~6	3	2

(7) 창문선, 문선 등 개구부 둘레와 설비기구류와의 마무리 줄눈너비는 10mm 정도

(8) 반드시 징두리벽은 온장타일이 되도록 나눈다.

(9) 벽체는 중앙에서 양쪽으로 타일 나누기가 최적의 상태가 될 수 있도록 조절한다.

(10) 모서리 부위는 코너 타일을 사용하거나, 모서리를 가공하여 측면에 직접 보이지 않도록 한다.

(11) 현장 실측 결과를 토대로 타일의 마름질 크기와 줄눈폭, 구배 및 드레인 주위, 각 종 부착물(수전류, 콘센트 등) 주위 및 주방용구 설치 부위, 문틀 주위 코킹홈, 문 양 타일이나 별도의 색상 타일을 사용할 경우 그 위치, 외장 타일의 코너 타일 시 공 상세를 작성한다.

III. 타일분할도의 실례

(1) 욕실

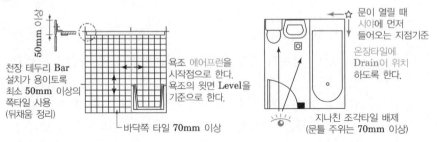

천장 테두리 Bar
설치가 용이토록
최소 50mm 이상의
쪽타일 사용
(뒤채움 정리)

욕조 에어프런을
시작점으로 한다.
욕조의 윗면 Level을
기준으로 한다.

바닥쪽 타일 70mm 이상

☆ 문이 열릴 때
시야에 먼저
들어오는 지점기준

온장타일에
Drain이 위치
하도록 한다.

지나친 조각타일 배제
(문틀 주위는 70mm 이상)

(2) 발코니

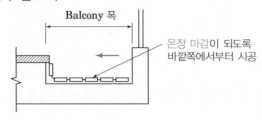

(3) 현관

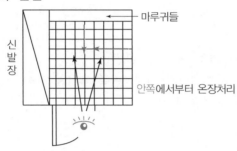

07 모르타르 Open Time [KCS 41 48 01]

I. 정 의
Open Time이란 붙임 모르타르를 바탕에 바른 후 해당 타일을 붙일 때까지의 붙임 모르타르 방치시간을 말한다.

II. 벽타일의 모르타르 Open Time

(1) 떠붙임 공법
① 붙임 모르타르의 두께는 12~24mm를 표준
② Open Time은 건비빔한 후 3시간 이내, 반죽 후 1시간 이내에 사용
③ 1시간 이상 경과한 것은 사용 금지

(2) 개량 떠붙임 공법
① 붙임 모르타르의 두께는 7~9mm 정도
② Open Time은 건비빔한 후 3시간 이내, 반죽 후 1시간 이내에 사용
③ 1시간 이상 경과한 것은 사용 금지

(3) 압착 공법
① 붙임 모르타르의 두께는 타일두께의 1/2 이상으로 하고, 5~7mm를 표준
② 타일의 1회 붙임면적은 1.2m² 이하
③ Open Time은 모르타르 배합 후 15분 이내

(4) 개량 압착 공법
① 붙임 모르타르를 바탕면에 4~6mm 정도
② 바탕면 붙임 모르타르의 1회 바름면적은 1.5m² 이하
③ Open Time은 모르타르 배합 후 30분 이내
④ 타일 뒷면에 붙임 모르타르를 3~4mm 정도 바르고, 즉시 타일을 붙임

(5) 판형 공법
① 붙임 모르타르를 바탕면에 3~5mm 정도
② Open Time은 모르타르 배합 후 15분 이내
③ 줄눈 고치기는 타일 붙인 후 15분 이내

(6) 접착 공법
① 붙임 바탕면을 여름에는 1주 이상, 기타 계절에는 2주 이상 건조
② 접착제의 1회 바름 면적은 2m² 이하
③ Open Time은 가능시간 내에 붙임

(7) 동시줄눈(밀착) 공법

　① 붙임 모르타르 두께는 5~8mm 정도

　② 1회 붙임면적은 1.5m² 이하

　③ Open Time은 20분 이내

　④ 줄눈의 수정은 타일 붙임 후 15분 이내에 실시, 붙임 후 30분 이상이 경과했을 때에는 그 부분의 모르타르를 제거하여 다시 붙임

(8) 모자이크 타일 공법

　① 붙임 모르타르를 바탕면에 초벌과 재벌로 두 번 바르고, 총 두께는 4~6mm를 표준

　② 붙임 모르타르의 1회 바름 면적은 2.0m² 이하

　③ Open Time은 모르타르 배합 후 30분 이내

　④ 줄눈 고치기는 타일을 붙인 후 15분 이내

Ⅲ. 바닥타일의 모르타르 Open Time

(1) 압착 공법

　① 붙임 모르타르의 도막붙임에는 두 번으로 하며, 그 두께는 5~7mm 정도

　② 한 번에 도막붙임 면적은 2m² 이내

　③ Open Time은 60분 이내

　④ 도막시공 시간은 여름철에는 20분, 겨울철에는 40분 이내

(2) 개량압착 공법

　① 1회 도막붙임 면적을 2m² 이내

　② Open Time은 60분 이내

　③ 도막시공 시간은 여름철에는 20분, 겨울철에는 40분 이내

(3) 접착 공법

　① 1회 도막붙임 면적은 3m² 이내

　② 건조경화형 접착제는 도막시간에 유의하여 타일을 압착

　③ 반응경화형 접착제를 사용할 경우는 가용 시간에 유의하여 타일을 압착

08 타일접착 검사(타일 부착력(접착력) 시험) [KCS 41 48 01]

I. 정 의
타일 부착 후 검사에는 시공 중 검사, 두들김 검사 및 접착력 시험이 있으며, 박리의 가능성이 높은 부위는 반드시 접착강도를 확인하여야 한다.

II. 타일 검사
(1) 시공 중 검사
    ① 하루 작업이 끝난 후 눈높이 이상이 되는 부분과 무릎 이하 부분에서 검사
    ② 타일을 임의로 떼어 뒷면에 붙임 모르타르가 충분히 채워졌는지 확인

(2) 두들김 검사
    ① 붙임 모르타르의 경화 후 검사봉으로 전면적을 두들겨 검사
    ② 들뜸, 균열 등이 발견된 부위는 줄눈 부분을 잘라내어 다시 붙임
    ③ 벽타일 붙이기 중 떠붙임 공법의 경우는 중앙부를 기준으로 밀착 정도 80% 이상이면 합격
    ④ 불합격 시는 주변 8장을 다시 떼어내 확인하여 이 중 1장이라도 불합격이 있으면 시공물량을 재시공

검사봉

(3) 접착력 시험

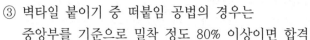
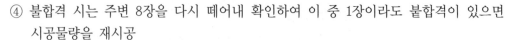
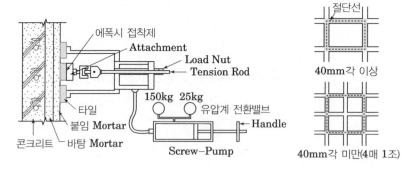

에폭시 접착제
Attachment
Load Nut
Tension Rod
150kg 25kg
유압계 전환밸브
타일
Handle
붙임 Mortar
콘크리트
바탕 Mortar
Screw-Pump

절단선
40mm각 이상
40mm각 미만(4매 1조)

    ① 타일의 접착력 시험은 일반건축물의 경우 타일면적 200m²당, 공동주택은 10호당 1호에 한 장씩 시험
    ② 시험할 타일은 먼저 줄눈 부분을 콘크리트 면까지 절단하여 주위의 타일과 분리

③ 시험할 타일은 시험기 부속 장치의 크기로 하되, 그 이상은 180mm×60mm 크기
　로 타일이 시공된 바탕면까지 절단

④ 40mm 미만의 타일은 4매를 1개조로 하여 부속 장치를 붙여 시험

⑤ 시험은 타일 시공 후 4주 이상일 때 실시

⑥ 타일 인장 부착강도가 $0.39N/mm^2$ 이상

09 합성고분자계 시트 방수 [KCS 41 40 04]

Ⅰ. 정 의

합성고분자계 시트 방수는 합성고무 또는 합성수지를 합성고분자 시트 상태로 성형한 1~2mm 두께의 시트를 바탕면에 접착제 혹은 고정철물로 부착하여 방수층을 형성하는 공법을 말한다.

Ⅱ. 재료

(1) 귀퉁이나 모서리부 보강에 사용하는 비가황고무계 시트는 두께 1.0~2.0mm, 너비 200mm 이상

(2) 고정철물은 원판형 또는 플레이트형의 것으로 두께 0.4mm 이상의 강판, 스테인리스 강

(3) 방습용 필름은 두께 약 0.1mm 정도로 100mm 겹쳐 깐다.

(4) 겹침부위는 방습테이프로 두께 0.1mm 너비 50mm 이상의 제품을 사용

Ⅲ. 시공순서

바탕면처리 → 프라이머 도포 → 접착제 도포 → 방수 취약부위 보강 → 시트 부착

Ⅳ. 시공 시 유의사항

(1) 접착제는 프라이머의 건조를 확인한 후 바탕과 시트에 균일하게 도포

(2) 시트의 접합부는 물매 위쪽의 시트가 물매 아래쪽 시트의 위에 오도록 겹친다.

(3) 시트간의 접합은 종횡으로 가황고무계 방수시트는 100mm, 비가황고무계 방수시트는 70mm, 염화비닐 수지계 방수시트는 40mm(전열용접인 경우에는 70mm)

(4) 치켜올림부와 평면부와의 접합은 가황고무계 방수시트 및 비가황고무계 방수시트는 150mm, 염화비닐 수지계 방수시트는 40mm(전열용접인 경우에는 70mm)

(5) 방수층의 치켜올림 끝부분은 누름고정판으로 고정한 다음 실링용 재료로 처리

(6) 공극 및 들뜸부위에는 시트방수재를 재시공하거나 덧대어 관리

(7) 기온이 5℃ 미만인 경우에는 방수시공 금지

(8) 강풍 및 고온, 고습의 환경일 때는 시공과 안전에 주의

(9) 방수층에 물을 채우고, 48시간 정도 누수 여부를 확인

| 10 | 도막 방수 | [KCS 41 40 06] |

I. 정 의

도막방수는 방수용으로 제조된 우레탄고무, 아크릴고무, 고무아스팔트 등의 액상형 재료를 바탕면에 여러 번 도포하여 소정의 두께를 확보하고 이음매가 없는 방수층을 형성하는 공법을 말한다.

II. 도막재의 종류

구분	정의	적용부위
• 우레탄 고무계 • 우레탄-우레아 고무계 • 우레아수지계	• 이소시아네이트를 주원료에 촉매활성재 등을 배합한 방수재	지붕, 복도, 발코니, 화장실, 외벽
• 아크릴 고무계	• 아크릴고무를 주원료에 충전재 등을 배합한 방수재	지붕, 외벽
• 고무 아스팔트계	• 아스팔트와 고무를 주원료로하는 방수재	지붕, 화장실, 지하외벽

III. 접합부, 이음타설부 및 조인트부의 처리

(1) 접합부를 절연용 테이프로 붙이고, 그 위를 두께 2mm 이상, 너비 100mm 이상으로 방수재를 덧도포한다.

(2) 접합부를 두께 1mm 이상, 너비 100mm 정도의 가황고무 또는 비가황고무 테이프로 붙인다.

(3) 접합부를 너비 100mm 이상의 보강포로 덮고, 그 위를 두께 2mm 이상, 너비 100mm 이상으로 방수재를 덧도포한다.

(4) 현장타설 RC 바탕의 타설 이음부를 덮을 수 있는 적당한 너비의 절연용 테이프를 붙이고, 절연용 테이프의 양 끝에서 각각 30mm 더한 너비 만큼 두께 2mm 이상의 방수재를 덧도포한다.

IV. 시공 시 유의사항

(1) 보강포 붙이기는 치켜올림 부위, 오목모서리, 볼록모서리, 드레인 주변 및 돌출부 주위에서부터 시작한다.

(2) 보강포의 겹침은 50mm 정도

(3) 통기완충 시트의 이음매를 맞댄이음으로 하고, 맞댄 부분 위를 너비 50mm 이상의 접착제가 붙은 폴리에스테르 부직포 또는 직포의 테이프로 붙여 연속되게 한다.

(4) 구멍 뚫린 통기완충 시트를 약 30mm의 너비로 겹치고 접착제나 우레탄 방수재 등을 사용하여 붙인다.

(5) 방수재는 핀홀이 생기지 않도록 솔, 고무주걱 및 뿜칠기구 등으로 균일 도포

(6) 치켜올림 부위를 도포한 다음, 평면 부위의 순서로 도포

(7) 보강포 위에 도포하는 경우, 침투하지 않은 부분이 생기지 않도록 주의하면서 도포

(8) 도포방향은 앞 공정에서의 도포방향과 직교하여 실시하며, 겹쳐 바르기 또는 이어 바르기의 너비는 100mm 내외

(9) 강우 후의 시공은 표면을 완전히 건조시킨 다음 이전 도포한 부분과 너비 100mm 내외로 프라이머를 도포하고 건조를 기다려 겹쳐 도포

(10) 스프레이 시공할 경우, 분사각도는 바탕면과 수직으로 하고, 바탕면과 300mm 이상 간격을 유지

(11) 외벽에 대한 스프레이 시공은 위에서부터 아래의 순서로 실시

(12) 도막두께는 원칙적으로 사용량을 중심으로 관리

(13) 도막방수층의 설계두께는 건조막 두께를 기준으로 관리

| 11 | 복합방수 공법 | [KCS 41 40 07/KCS 41 40 06/KCS 41 40 04] |

I. 정 의

복합방수 공법이란 시트계(금속시트 포함)와 도막계의 방수재를 상호 호환성을 갖도록 개선하여 2중 복합층으로 구성한 방수층을 말한다.

II. 복합방수 공법의 종류

(1) 우레탄 도막 방수재와 시트재 적층 복합 전면접착 방수공법(L-CoF)
(2) 점착유연형 도막재와 시트방수재의 전면접착 복합방수공법(L,M-CoF)
(3) 시트방수재와 도막방수재의 적층 복합방수공법(M-CoMi)

III. 특징

(1) 시트와 도막의 단점을 상호 보완
(2) 안정된 방수층 형성
(3) 바탕 거동 대응성 우수
(4) 도막방수재 교반 시 희석재 사용량 준수
(5) 공사비 과다

IV. 시공순서

바탕면처리 → 프라이머 도포 → 복합방수 도포 → 보호 및 마감
(점착유연형 도막재 제외)

V. 시공 시 유의사항

(1) 우레탄도막 방수재
① 보강포 붙이기는 치켜올림 부위, 오목모서리, 볼록모서리, 드레인 주변 및 돌출부 주위에서부터 시작한다.
② 보강포의 겹침은 50mm 정도
③ 방수재는 핀홀이 생기지 않도록 솔, 고무주걱 및 뿜칠기구 등으로 균일 도포
④ 치켜올림 부위를 도포한 다음, 평면 부위의 순서로 도포
⑤ 보강포 위에 도포하는 경우, 침투하지 않은 부분이 생기지 않도록 주의하면서 도포
④ 도포방향은 앞 공정에서의 도포방향과 직교하여 실시하며, 겹쳐 바르기 또는 이어바르기의 너비는 100mm 내외

(2) 시트 방수재

① 접착제는 프라이머의 건조를 확인한 후 바탕과 시트에 균일하게 도포

② 시트의 접합부는 물매 위쪽의 시트가 물매 아래쪽 시트의 위에 오도록 겹친다.

③ 시트간의 접합은 종횡으로 가황고무계 방수시트는 100mm, 비가황고무계 방수시트는 70mm, 염화비닐 수지계 방수시트는 40mm(전열용접인 경우에는 70mm)

④ 치켜올림부와 평면부와의 접합은 가황고무계 방수시트 및 비가황고무계 방수시트는 150mm, 염화비닐 수지계 방수시트는 40mm(전열용접인 경우에는 70mm)

⑤ 방수층의 치켜올림 끝부분은 누름고정판으로 고정한 다음 실링용 재료로 처리

⑥ 공극 및 들뜸부위에는 시트방수재를 재시공하거나 덧대어 관리

(3) 공통

① 기온이 5℃ 미만인 경우에는 방수시공 금지

② 강풍 및 고온, 고습의 환경일 때는 시공과 안전에 주의

③ 방수층 끝 부분이 감기지 않도록 물을 채우고, 48시간 정도 누수 여부를 확인

12   Bond Breaker

Ⅰ. 정 의

본드 브레이커란 실링재를 접착시키지 않기 위해 줄눈 바닥에 붙이는 테이프형의 재료로 3면 접착을 방지하기 위해 사용된다.

Ⅱ. 본드 브레이커의 원리

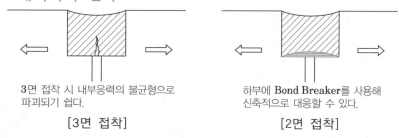

[3면 접착]	[2면 접착]
3면 접착 시 내부응력의 불균형으로 파괴되기 쉽다.	하부에 **Bond Breaker**를 사용해 신축적으로 대응할 수 있다.

Ⅲ. 필요성

(1) 실링재의 파괴 방지
(2) 누수 방지
(3) 접합부의 수밀성 및 기밀성 유지
(4) 외관 저해 방지

Ⅳ. 실링재의 시공 형태

(1) 본드 브레이커형
　① 줄눈의 깊이가 얕을 경우에 사용
　② 줄눈 바닥의 3면 접착방지로 실링재의 파괴 방지

(2) 백업형
　① 줄눈의 깊이가 깊을 경우에 사용
　② 합성수지계의 발포재로 줄눈을 얇게 하는 것이 목적

(3) 줄눈 폭과 깊이의 관계

줄눈 폭	일반 줄눈	Glazing 줄눈
15mm ≤ W	1/2~2/3	1/2~2/3
10mm ≤ W <15mm	2/3~1	2/3~1
6mm ≤ W <10mm		3/4~4/3
최소 6mm 이상, 최대 20mm 이내		

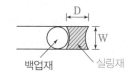

백업재　실링재

⊗ 45,61,89,113회

13 단열 모르타르

[KCS 41 46 14]

Ⅰ. 정 의

단열모르타르는 건축물의 바닥, 벽, 천장 및 지붕 등의 열손실 방지를 목적으로 외벽, 지붕, 지하층, 바닥면의 안 또는 밖에 경량골재를 주재료로 하여 만든 단열 모르타르를 바탕 또는 마감재로 흙손바름, 뿜기 등에 의해 미장하는 공사를 말한다.

Ⅱ. 현장시공도

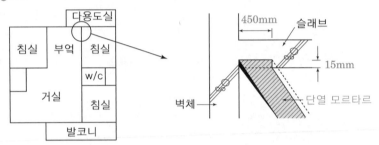

Ⅲ. 시공순서

Ⅳ. 시공 시 유의사항

(1) 바름두께는 별도의 시방이 없는 한 1회에 10mm 이하
(2) 굴곡과 요철상태를 정리하고, 유해한 부착물을 제거한 후 충분히 건조
(3) 단열 모르타르의 부착력을 증진시키기 위한 흡수조정제는 필요에 따라 솔, 롤러, 뿜칠기 등으로 균일하게 도포
(4) 재료는 충분히 숙성되도록 손비빔 또는 기계비빔하고, 그 후 1시간 이상 경과된 재료는 사용 금지
(5) 보강재는 접착재에 완전히 함침되도록 하고, 내화용 접착재를 사용
(6) 초벌바름은 10mm 이하로 기포가 생기지 않도록 바른다.
(7) 보양기간은 별도의 지정이 없는 경우 7일 이상으로 자연건조
(8) 바름이 완료된 후는 급격한 건조, 진동, 충격, 동결 등을 방지
(9) 외기온이 5℃ 이하인 경우는 작업을 중지

14 | 셀프 레벨링(Self Leveling) 모르타르

🌐 43,70,89회

[KCS 41 46 12]

Ⅰ. 정의

셀프 레벨링은 자체 유동성을 가지고 있기 때문에 평탄하게 되는 성질이 있는 석고계
및 시멘트계 등의 셀프 레벨링재에 의한 바닥바름공사를 말한다.

Ⅱ. 현장시공도

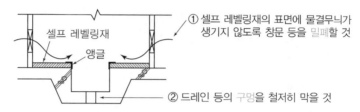

셀프 레벨링재

앵글

① 셀프 레벨링재의 표면에 물결무늬가
생기지 않도록 창문 등을 밀폐할 것

② 드레인 등의 구멍을 철저히 막을 것

Ⅲ. 셀프 레벨링재의 종류

(1) 석고계 셀프 레벨링재

석고에 모래, 경화지연제, 유동화제 등 각종 혼화제를 혼합하여 자체 평탄성이 있는 것.

(2) 시멘트계 셀프 레벨링재

시멘트에 모래, 분산제, 유동화제 등 각종 혼화제를 혼합하여 자체 평탄성이 있는 것.

Ⅳ. 시공순서

실러 바름 1회	실러 바름 2회	SL재 바름	이어치기부분
15시간 이상	1~2시간	24시간 이상	3일 이상 양생

Ⅴ. 시공 시 유의사항

(1) 바닥 콘크리트의 레이턴스, 유지류 등은 제거

(2) 크게 튀어나와 있는 부분은 미리 제거하여 바탕을 조정

(3) 합성수지 에멀션을 이용해서 1회의 실러 바르기를 하고, 건조

(4) 셀프 레벨링 바름재는 기계를 이용, 균일하게 반죽하여 사용

(5) 실러바름은 셀프 레벨링재를 바르기 2시간 전에 완료

(6) 셀프 레벨링재의 표면에 물결무늬가 생기지 않도록 창문 등은 밀폐하여 통풍과 기
류를 차단

(7) 셀프 레벨링재 시공 중이나 시공완료 후 기온이 5℃ 이하 금지

2 서술형 문제 해설

46,50,70,93회

01 조적벽체의 균열발생원인과 방지대책

I. 개 요

(1) 조적벽체의 균열은 내력벽인 상부하중을 균등히 기초로 전달시켜 주는 역할을 하는 데 문제가 발생한다.

(2) 또한 콘크리트 벽돌의 부실한 쌓기는 후속 공종인 미장의 균열과 직결되므로 품질 관리를 철저히 하여야 한다.

II. 백화발생 요인

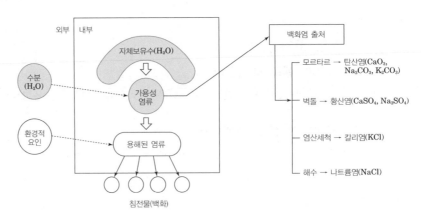

III. 균열발생 원인

(1) Control Joint 미시공

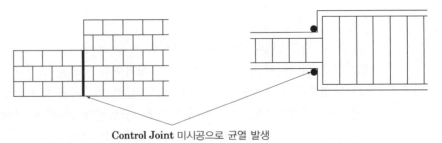

Control Joint 미시공으로 균열 발생

(2) 벽량 부족

① 벽량(cm/m²)=내력벽으로 둘러싸인 벽체의 길이/바닥면적

② 15cm/m² 이상

③ 내력벽으로 둘러싸인 바닥면적 80m² 이하

(3) 개체불량

(KSF 4004)

구 분	압축강도(N/mm²)	흡수율(%)	비 고
1종 벽돌	13 이상	7 이하	옥외 또는 내력 구조
2종 벽돌	8 이상	13 이하	옥내의 비내력 구조

(4) 줄눈시공 및 사춤 불량

① 통줄눈 시공으로 내력벽 구조 형성 불량

② 가로, 세로 줄눈이 밀실하게 충전 불량

③ 전기배관 주위 사춤 불량

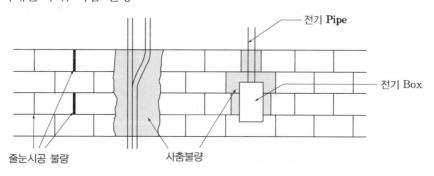

(5) 테두리보 미시공

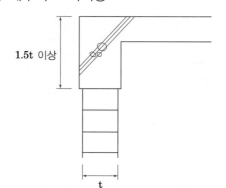

콘크리트 벽돌 상단부에 테두리보 미설치
→ 균열 발생

(6) 양생 불량

① 콘크리트 벽돌 시공 후 진동, 충격 가함

② 콘크리트 벽돌 시공 후 비 맞음

③ 직사광선에 의한 양생

Ⅳ. 방지대책

(1) 시공계획 검토

① 기계 및 전기배관 설치 적정 여부

② 창호인방의 규격 및 창호설치에 따른 마감관계 확인

③ 발코니 간막이벽을 작업통로로 이용할 경우 폐쇄시기 검토

(2) 바탕청소 철저

① 거푸집 잔재 완전 제거

② 방수턱 파손부위 보수와 슬래브 바닥 요철부위 파취 및 청소

③ 구체콘크리트 양생 정도 점검 및 균열발생부위 보수

(3) 쌓기용 모르타르 배합 철저

① 모르타르 배합은 1:3 정도

② 기둥, 벽체, 슬래브에 면한 부위는 모르타르 충진 철저

③ 기온이 4℃ 이하일 경우 모래, 물 등을 가열해 사용

④ 0℃ 이하에서는 작업 금지

⑤ 줄눈의 크기는 10mm이며 세로줄눈 모르타르 충진 철저

(4) 인방보 설치

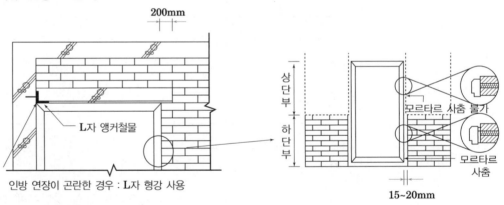

(5) 홈벽돌 사용

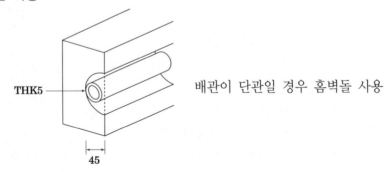

배관이 단관일 경우 홈벽돌 사용

(6) 모르타르 사춤 철저
① 문틀 주위, 세로줄눈, 배관 주위, 천장 슬래브면 등은 모르타르 건으로 틈새 충전
② 조적 후 빈 배합 모르타르로 바르는 등의 작업은 금지

(7) 보강철선

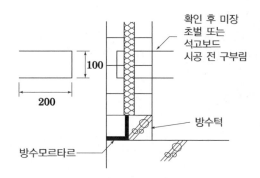

① 방수턱 후시공 시 방수모르타르 보완
② #8(4.2mm) 철선 사용
③ 설치간격 : 수직 40cm 수평 90cm 이하

(8) 외벽이나 측벽에 면한 면

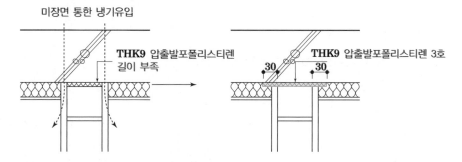

(9) Control Joint, 줄눈시공 및 양생 철저

V. 결 론
(1) 콘크리트 벽돌은 자재검수, 시공계획 및 적정시공을 통한 품질관리 여부에 따라 후속공정의 하자와 직결되어 있다.
(2) 그러므로 현장에서는 자재의 품질시험을 토대로 벽돌쌓기의 시방기준에 맞도록 철저히 시공하여 균열에 대처하여야 한다.

😊 55,58회

02 외부석공사 Pin Hole 방식의 품질확보방안

Ⅰ. 일반사항

(1) 정 의

건식공법의 Pin Hole 방식은 꽂임촉을 이용하여 석재를 연결시키고 Fastner을 이용하여 구조체에 지지하는 방식

(2) 개념도

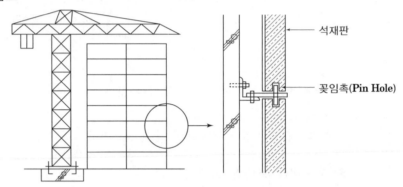

석재판

꽂임촉(Pin Hole)

Ⅱ. 품질확보방안

(1) 시공의 정밀도 확보(돌 나누기로 철저)

편심하중 → 수직, 수평 시공관리 철저

(2) Expansion Joint 처리

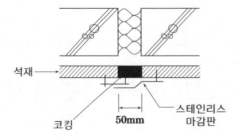

석재
코킹
50mm
스테인리스
마감판

장 Span일 경우 건물의 Expansion Joint
위치에 코킹 후 철저한 마감처리

(3) 석재의 재질 및 두께확보

① 반입되는 자재가 동일자재인지 검토

② 석재의 규격, 색상, 산지 육안검사

③ 석재두께 30mm 이상 확보

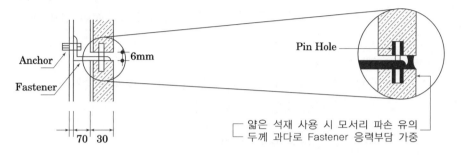

(4) Fastner 재질 및 강도 확보

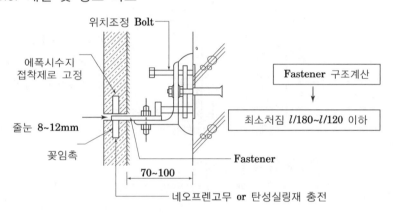

① 석재의 규격에 따른 Fastner 구조 검토 → 마감거리에 따른 Angle 규격 변화

② 구조물 본체와의 긴결을 철저히 한다.

(5) 운반 설치 시 파손 유의

① Stock Yard 야적 시 세워서 보관

② 운반 시 모서리 보관

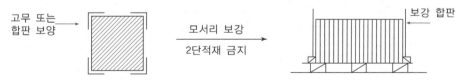

(6) 줄눈 철저

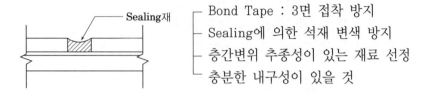

- Bond Tape : 3면 접착 방지
- Sealing에 의한 석재 변색 방지
- 층간변위 추종성이 있는 재료 선정
- 충분한 내구성이 있을 것

(7) 보양 철저
  ① 시공 후 먼지나 악천후에 대비한 보양계획 수립
  ② 타 공종 작업 중 오염방지

(8) 석재 Open Joint 도입

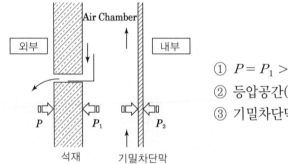

① $P = P_1 > P_2$
② 등압공간(Air Chamber)을 형성
③ 기밀차단막 설치 철저

(9) 층간변위 추종성 확보
  Fixed 방식 채택 시 층간변위 추종성 확보 연구

(10) 용접 시 주의

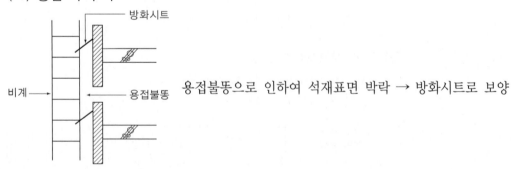

용접불똥으로 인하여 석재표면 박락 → 방화시트로 보양

Ⅲ. 결 론

Pin Hole 방식에 의해 석재 고정 시 석재하중과 외력에 의해 석재의 탈락 및 변형을 방지하기 위해 Fastner의 강도 확보와 꽂임촉과 석재의 일체성을 확보하기 위한 품질관리에 철저한 시공계획이 요구된다.

⊕ 43,58,60,75,99회

03 외장타일의 박리·박락 원인과 대책

Ⅰ. 개 요
(1) 외장타일은 자재 및 시공불량 등에 의해 탈락되는 사고가 자주 일어나고 있다.
(2) 이로 인하여 미관저해와 인명피해 등 사고가 일어날 수 있으므로 철저한 계획을 통한 시공이 될 수 있도록 하여야 한다.

Ⅱ. 시공도

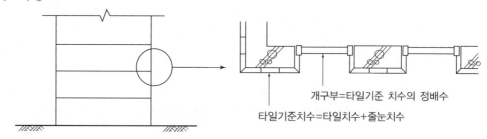

개구부=타일기준 치수의 정배수

타일기준치수=타일치수+줄눈치수

Ⅲ. 박리·박락 원인
(1) 바탕골조의 균열

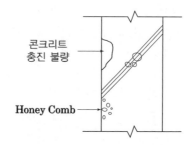

콘크리트 충진 불량

Honey Comb

① 바탕의 들뜸, 균열 등을 검사하여 불량 부분 보수
② 바탕의 불순물 제거
③ 하루 전에 바탕면 충분히 습윤상태 유지

(2) 계절과 온도
① 겨울철 시공 시 온도변화에 따라 남측이 북측보다 많이 탈락
② 동절기 시공 시 동결융해에 의한 탈락

(3) 사춤불량(붙임 모르타르의 조합불량)
① 외부에 면한 창틀 상/하 부분의 후면 사춤불량
② 사춤불량에 의한 파손 발생
③ 붙임 모르타르의 배합비 불량에 의한 박리현상

(4) 타일의 뒷굽 부족

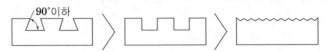

(5) 줄눈시공 불량

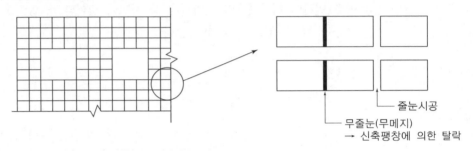

줄눈시공

무줄눈(무메지)
→ 신축팽창에 의한 탈락

(6) 접착증강제 사용 미숙

접착제의 과다, 과소 등 사용 미숙에 의한 외장타일의 박락

Ⅳ. 대 책

(1) 바탕 모르타르 철저

① 과다두께일 경우는 부분 분할미장 실시
② 분할미장(1회 10mm 이하) 시 나무흙손으로 눌러바름
③ 외벽 바탕미장 시 접착제 사용

(2) 압착붙임 모르타르 두께 철저

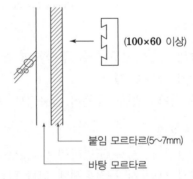

(100×60 이상)

붙임 모르타르(5~7mm)

바탕 모르타르

① 바탕모르타르는 건비빔 후 3시간 이내, 반죽 후 1시간 이내 사용
② 붙임모르타르는 압착시멘트 사용
③ 붙임모르타르는 타일두께의 1/2 이상, 5~7mm 정도

(3) 붙임용 모르타르 배합 철저

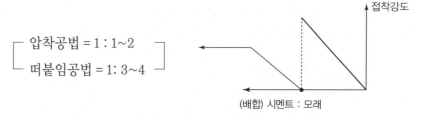

- 압착공법 = 1 : 1~2
- 떠붙임공법 = 1: 3~4

접착강도

(배합) 시멘트 : 모래

(4) Open(Setting) Time 준수

① 압착공법은 타일 1회 붙임면적 $1.2m^2$ 이하

② 붙임시간은 모르타르 배합 후 15분 이내 사용

③ 타일 붙이고 나무망치로 두들겨 줄눈 부위에 모르타르가 타일두께의 1/3 이상 올라올 것

(5) 두겁대 플래싱 설치

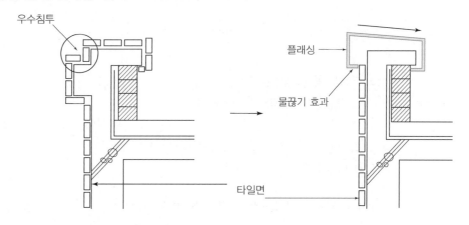

우수 침투와 정체 방지를 위하여 플래싱 설치

(6) 창틀 Sill 부분

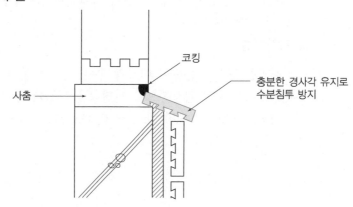

(7) 공법 변경

　① 가급적 건식공법으로 변경처리

　② 외벽마감은 원칙적으로 타일을 사용하지 않는 것이 바람직함

(8) 신축줄눈 설치

　① 골조줄눈과 타일의 신축줄눈은 가능한 일치

　② 인접한 줄눈의 색상과 유사할 것

　③ 3m 간격으로 설치

　④ 신축줄눈은 실란트로 충진

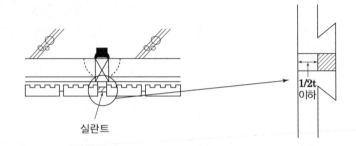

실란트

(9) 양생 및 보양 철저

　① 가능한 직사광선을 피할 것

　② 기온이 2℃ 이하일 때 작업장 내 10℃ 이상이 되도록 급열보온 양생

　③ 타일 시공 후 3일간 진동, 충격 금지

　④ 타일표면 이물질 제거

(10) 시공시기 조절 및 바탕골조 보수 철저

V. 결 론

(1) 외장타일 시공 시 자재, 구조체 바탕처리 및 시공계획을 통하여 타일의 박리, 박락 현상을 막아야 한다.

(2) 검사방법

　┌ 시공중 검사 : 눈높이 이상과 무릎 이하의 붙임모르타르의 충진 여부

　├ 두들김 검사 : 검사봉으로 전면적을 두들겨 검사

　└ 접착력 시험 : 1매/600m² → 0.39N/mm² 이상

04 지붕방수공법의 하자요인과 대책

Ⅰ. 일반사항

(1) 의 의

① 지붕방수공사의 하자는 건조수축에 의한 균열, 구배불량, Roof Drain의 배수능력 부족과 이어치기 부위에서 주로 발생하고 있다.

② 구조체의 구배 유지와 적정 방수공법의 선정을 통하여 단계별 시공관리가 무엇보다 필요하다.

(2) 지붕방수 시공도

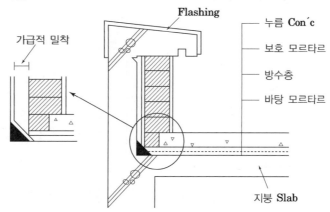

Ⅱ. 하자요인

(1) 구조체 시공 불량

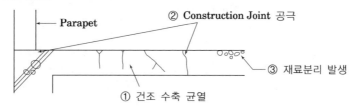

(2) 바탕처리 미흡

① 제물치장 마감 미실시

② 바탕면 습기 과다

③ 바탕모르타르 시공 시 루프드레인 주위로 구배불량

(3) Roof Drain 주위 시공불량

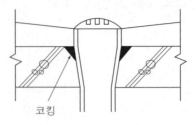

코킹

① 구조체 루프드레인 주위로 낮추어 시공하지 않음
② 코킹 미시공
③ 보강재 미시공

(4) 신축줄눈 미설치

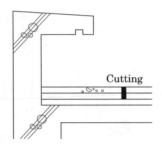

Cutting

① 신축줄눈 미설치로 인한 Crack 발생
② 신축줄눈 후 시공(Cutting) 시 깊이 및 폭 부족 → 균열 발생

(5) Parapet 마감처리 불량

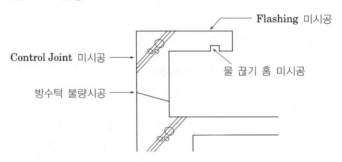

Flashing 미시공
Control Joint 미시공
물 끊기 홈 미시공
방수턱 불량시공

(6) 방수층 손상
① 누름층 Con'c 타설 시 찢김
② 들뜸

Ⅲ. 대 책

(1) 구조체 시공 철저

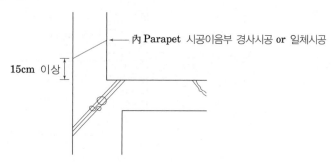

① Cold Joint 방지 　　② 재료분리, 공극 방지 　　③ 균열 제어(철근)

(2) 바탕처리 철저 및 건조

① 이물질 제거 균열 보수
② 건조상태 쇠흙손 마감
③ 바탕모르타르 시공 시 루프드레인 방향으로 구배 철저히 시공
④ 바탕면 완전 건조 후 방수 시공

(3) 구배 시공 철저

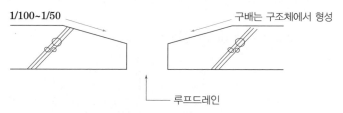

(4) Roof Drain 주위 보강

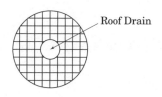

① Drain 주위 도막방수 　　② 20cm 이상

(5) Corner 부위보강

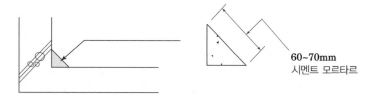

(6) Control & Joint 및 신축줄눈 설치

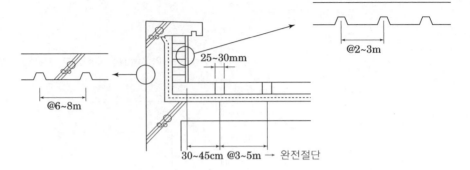

(7) Parapet 상단 Flashing 설치

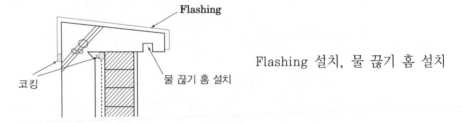

Flashing 설치, 물 끊기 홈 설치

(8) 방수층 밀실 접착

  ① 바탕처리 철저   ② Primer 균일 도포   ③ 기포, 주름방지

(9) Expansion Joint 설치

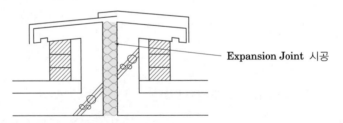

Expansion Joint 시공

(10) 보호벽돌 및 보호층 조속 시공

Ⅳ. 결 론

　지붕층 방수공사는 외기의 영향을 많이 받으므로 내열성 및 콘크리트 신축 팽창에 충분히 저항할 수 있는 재료 및 공법선정으로 하자의 요인을 줄일 수 있다.

05 미장벽체면의 균열발생원인과 대책

I. 개 요

(1) 조적벽 또는 콘크리트 벽체 균열로 인하여 단열저하와 백화 등 문제가 발생되고 있다.

(2) 그러므로 미장벽체면의 균열제어로 외관손상 등 내구성을 향상시켜야 한다.

II. 현장시공도

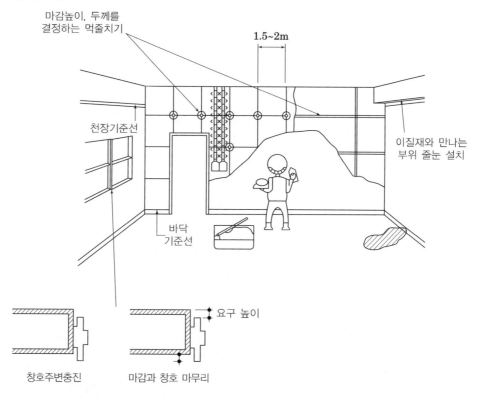

- 마감높이, 두께를 결정하는 먹줄치기
- 1.5~2m
- 천장기준선
- 이질재와 만나는 부위 줄눈 설치
- 바닥 기준선
- 요구 높이
- 창호주변충진
- 마감과 창호 마무리

III. 균열 발생 원인

(1) 이질재료 접합부의 신축

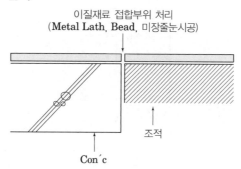

이질재료 접합부위 처리
(Metal Lath, Bead, 미장줄눈시공)

- 조적
- Con´c

(2) 조절줄눈 미설치

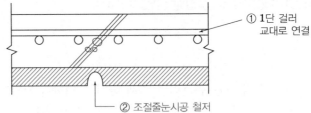

① 1단 걸러 교대로 연결

② 조절줄눈시공 철저

(3) 조절줄눈 설치간격 불량

  ① 4.5~7.5m

  ② 개구부가 있을 때 6.0m로 시공하지 않을 때 불량

  ③ 개구부구 없을 때 7.5m

(4) 개구부 주변 균열

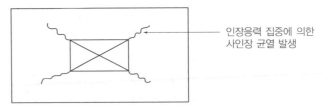

인장응력 집중에 의한 사인장 균열 발생

(5) 미장 들뜸

  ① 바탕청소

  ② 가는 시멘트 입자에 의한 미장

  ③ 미장 1회 바름 시 두께 과다

Ⅳ. 대 책

(1) 바탕처리 철저

  ① 바탕표면의 취약부를 깎아낼 것

  ② 바탕의 더러움, 기름을 물 또는 중성세제로 철저히 제거

  ③ 바탕이 방수면인 경우 접착에 대한 조치(Lath 등)

(2) 물축임 실시

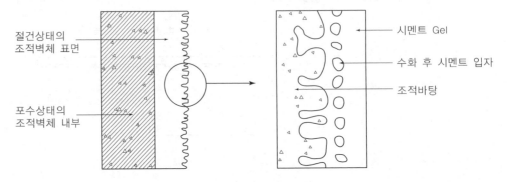

절건상태의 조적벽체 표면

포수상태의 조적벽체 내부

시멘트 Gel

수화 후 시멘트 입자

조적바탕

① 시멘트입자가 수화반응에 의해 시멘트 Gel 생성

② 시멘트 Gel의 결합력으로 조적벽에 부착

③ 내부포수로 수분은 필요 이상 흡수되지 않음

④ 물축임 후 1일 건조양생

(3) 거친 입자 사용

① 모래는 시공성이 허용하는 한 거친 입자 사용

② 보수제, 합성수지 에멀션 등을 혼입하여 흙손질

(4) 바름두께 얇게(6mm 이내)

① 부배합 → 빈배합 사용

② 수축에 의한 모르타르 바름층의 응력을 적게

③ 너무 두껍게 바르거나 급속시공하면 균열 발생

(5) 1회 바름 후 Chipping 처리

① 1회 바름 후 접착력 확보를 위해 조면처리 실시

② 1회 바름 후 충분히 방치시간을 두고 겹바름 실시

③ 1회 바름 후 건조수축 균열 후 겹바름 실시

(6) Control Joint 처리

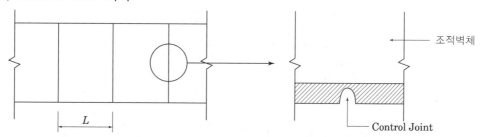

① 일정 간격으로 유도줄눈 설치($L = 4.5 \sim 7.5\text{m}$ 정도)

② 면목 설치 후 제거 또는 줄눈용 Bead 설치

(7) 코너부 Lath 보강

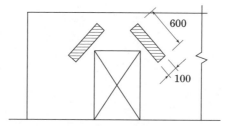

① 개구부 코너부 $W100 \times L600$ Metal Lath 보강

② 균열방지 및 접착력 증진

(8) 각종 Bead 사용

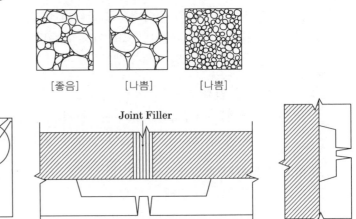

[좋음]　　　[나쁨]　　　[나쁨]

Joint Filler

철망

(9) 보양철저

① 바름 후 직사광선을 피할 것

② 양생 중 비를 맞지 않도록 덮어서 분양

③ 진동·충격 금지

V. 결 론

(1) 조적벽체 미장 접착력 확보 방안

   ┌ 바탕을 접착하기 쉽게 유지
   ├ 접착면적 증대
   └ 접착면의 적당한 흡수성 확보

(2) 바름 후 확인사항

   ┌ 평활도 확인
   ├ 바닥의 들뜸 확인
   └ 균열발생 여부, 직각, 정도, 면의 거친 정도 확인

66,73,80,98,115회

06 도장공사 결함의 종류와 그 원인 및 방지대책

I. 개 요

(1) 도장공사는 건축물의 내외장에 미관을 부여하고 보호하는 중요한 공사이다.

(2) 또한 시공정도에 따라 건물의 가치 및 품위에 큰 영향을 줄 뿐 아니라 시공사의 이미지 형성에도 영향을 주므로 철저한 시공이 요구된다.

II. 현장시공도

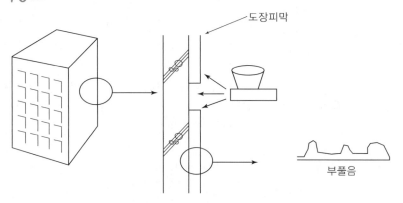

III. 결함의 종류와 그 원인 및 방지대책

종 류	발생원인	방지대책
백화	① 기온과 습도가 높을 때 증발속도가 빠른 시너 사용 ② 시너의 부적당	① Rearder 시너(건조지연제) 사용 ② 규정 시너 사용
부풀음	① 고온다습 상태에서 자기방치 ② 도막 아래의 부식 ③ 수연마 후의 수세 불충분 ④ 건조 부족으로 도막의 미건조	① 도장물의 보관상태에 유의 ② 규정의 도료 사용 ③ 충분히 희석
광택 부족	③ 안료 분산이 불충분 ④ 시너의 용해력 부족	① 규정의 도료사용 ② 규정의 시너사용
색 분리 및 색 얼룩	① 도막이 너무 두꺼울 때 ② 도막점도가 높은 도료 사용 ③ 시너의 용해력 부족	① 적정도막 두께로 도장 ② 지정된 도장점도로 도장 ③ 지정된 시너 사용
안료 침전	① 장기 저장 ② 희석도료의 장기간 방치	① 장기저장을 피한다. ② 용기를 정기적으로 뒤집어 보관

종 류	발생원인	방지대책
은폐 불량	① 상도도료의 교반 불충분 ② 도막두께가 얇은 경우 ③ 상도와 하도의 색차가 클 때	① 교반을 충분히 한다. ② 규정의 막으로 칠한다. ③ 하도색을 상도와 유사하게 한다.
오렌지필	① 시너의 증발이 빠를 때 ② 도장점도가 높을 때 ③ 스프레이 압력이 부족 ④ 스프레이 거리의 부적당 ⑤ 도장두께의 부족	① 지정 시너 사용 ② 20℃ 기준 22±2° ③ 4±0.5kg/cm² ④ 25~30cm 정도 ⑤ 적정 도막두께 유지
색 번짐	① 하도도료에 레이크 안료 사용 ② 스프레이건을 씻지 않을 때 ③ 피도면에 염료 등이 부착	① 규정의 하도 사용 ② 도장을 깨끗이 씻는다. ③ 피도면의 소지를 청결하게 조정
피막 생성	① 뚜껑의 봉합 불량 ② 용기 중 공간에 산소반응할 때	① 뚜껑을 잘 봉함 ② 사용 중의 도료는 빨리 사용
Cratering	① 그리스, 오일, 먼지 등이 소지에 존재 ② 실리콘 왁스의 부착	① 오염된 장갑이나 기구는 피한다. ② 상도 전에 용제로 제거
황변	① 가열건조 시 온도가 높거나 시간이 과도한 경우 ② 내열성이 나쁜 착색제 사용	① 규정된 조건으로 가열건조 ② 규정된 도료 사용
핀홀	① 바탕도막에 이미 핀홀 존재 ② 급격 가열 ③ 용제의 증발이 빠를 때 ④ 두꺼운 도막의 급격한 가열 ⑤ 피도물 자체의 온도가 높을 때	① 상도 전 바탕처리 철저 ② 급격한 가열 피한다. ③ 규정의 시너 사용 ④ 규정의 도막두께로 도장 ⑤ 피도물 온도는 50℃ 이하
박리	① 피도물에 왁스, 실리콘, 물이 잔존 ② 도료가 흡수성이 클 때 ③ 건조불충분 또는 과도 ④ 너무 평탄한 금속면	① 완전한 소지처리 ② 도장실 건조 개선 ③ 규정의 조건대로 건조 ④ 샌딩 등 소지 철저
균열	① 하도도료가 너무 두껍게 도장 ② 하도도막의 건조 불충분 ③ 피도물에 함수율이나 흡입이 클 때 ④ 도료와 팽창률이 상이한 소재	① 규정의 막으로 도장 ② 규정의 건조온도, 시간 지킬 것 ③ 충분한 검토 사용
흐름	① 너무 희석되었을 때 ② 두껍게 칠했을 때 ③ 시너가 증발이 낮을 때	① 지정된 적정 점도 유지 ② 2회로 나누어 도장 ③ 증발이 빠른 시너 사용

Ⅳ. 도장공사 품질관리요점

(1) 환경검사

① 온도·습도 측정

㉠ 외부온도 : 10~30℃

㉡ 외부상대습도 : 45~80%

② 온도·습도와 노점 조건확인

강재표면온도는 노점온도보다 2~3℃ 이상

(2) 바탕검사

① 목부

② 철부

③ 아연도금면

④ 경금속, 동합금부

⑤ 모르타르, 콘크리트면

(3) 도료검사

① 사내시험성적표

② 도료의 발췌검사

③ 도료의 확인

④ 도료의 조합

마감공사 및 기타공사

Chapter 08

Professional Engineer Architectural

제 2 절 기타공사

1 핵심정리

I. 목공사

```
목공사
 │
 ├─ 접합공법 ─┬─ 이음
 │            ├─ 맞춤
 │            └─ 쪽매
 │
 ├─ 함수율 ─┬─ 내장마감재 : 15% 이하
 │          └─ 한옥, 대단면 : 24% 이하
 │
 └─ 방부법 ─┬─ 도포법 : 5~6mm
            ├─ 침지법 : 상온, 2시간, 15mm
            ├─ 상압주입법 : 80~120℃, 3~6시간
            ├─ 가압주입법 : 0.7~3.1MPa
            └─ 표면탄화법 : 3~12mm
```

1. 접합공법

1) 이음

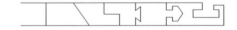

2) 맞춤

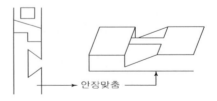

안장맞춤

3) 쪽매

2. 함수율

1) 정의

목재의 함수율은 시편을 103±2℃로 유지되는 건조기 내에서 항량에 도달할 때까지 건조시킨 후 질량 감소분을 측정하고, 이 질량 감소분을 시편의 건조 후 질량으로 나누어 백분율로 나타낸 것을 말한다.

2) 목재의 함수율

① 내장 마감재는 함수율 15% 이하로 하고, 필요에 따라서 12% 이하의 함수율을 적용한다.

② 한옥, 대단면 및 통나무 목조공사에 사용되는 구조용 목재 중에서 횡단면의 짧은 변이 900mm 이상인 목재의 함수율은 24% 이하로 한다.

[목재함수율]

3) 건축용 목재의 함수율

종별	건조재12	건조재15	건조재19	생재	
				생재24	생재30
함수율	12% 이하	15% 이하	19% 이하	19% 초과 24% 이하	24% 초과

주1) 목재의 함수율은 건량 기준 함수율을 나타낸다.

4) 목재의 수축변형과 강도

① 섬유포화점 이하에서 목재의 수축변형률이 크다

② 절건상태에서는 섬유포화점 강도의 약 3배가 된다.

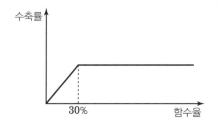

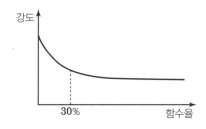

[방부처리]

암기 point ✿

성 기 가 판 착 섰다

3. 방부법

① 도포법 : 5~6mm 침투
② 침지법 : 상온, 2시간, 15mm 침투
③ 상압주입법 : 80~120℃, 3~6시간
④ 가압주입법 : 0.7~3.1MPa
⑤ 표면탄화법 : 3~12mm

Ⅱ. 유리공사

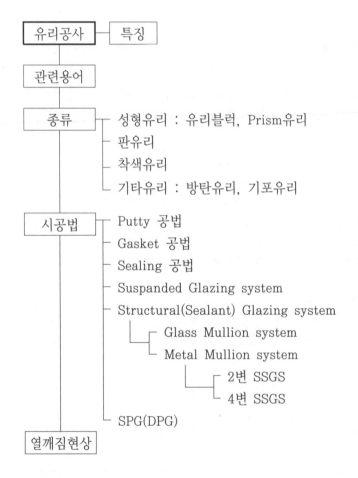

유리공사 ─ 특징

관련용어

종류 ─ 성형유리 : 유리블럭, Prism유리
─ 판유리
─ 착색유리
─ 기타유리 : 방탄유리, 기포유리

시공법 ─ Putty 공법
─ Gasket 공법
─ Sealing 공법
─ Suspanded Glazing system
─ Structural(Sealant) Glazing system
　　─ Glass Mullion system
　　─ Metal Mullion system
　　　　─ 2변 SSGS
　　　　─ 4변 SSGS
─ SPG(DPG)

열깨짐현상

1. 유리 관련 용어

1) Emissivity(방사율)

① 장파장(2,500~40,000nm)의 적외선 에너지(열선)를 어느 정도 방사하는가를 나타내는 척도

② 방사율이 낮으면 단열성능이 우수함
(겨울철 : 난방기구 적외선을 내부로 반사, 여름철 : 실외의 태양복사열 차단)

※ **열선 반사율**

[흑체/방사율 : 1.0]   [일반유리/방사율 : 0.84]   [로이유리/방사율 : 0.1]

2) **차폐계수(Shading Coefficient : SC)**

① 3mm 투명유리를 통한 일사획득에 대한 해당 창호의 일사획득 비율

② 차폐계수가 낮을 수록 실내에 들어오는 태양열량이 줄게 되고 이에 따라 냉방부하도 감소하게 됨

③ 맑은 유리 3T(1=100%)를 기준으로 한 상대평가 값(0~1 사이의 값을 갖음) [투명복층 24T 0.83, 반사(파스텔) 복층 24T 0.2~0.5 정도임]

3) **태양열 취득율(Solar Heat Gain Coefficient : SHGC, G-value, 일사획득계수)**

① 창호를 통한 일사획득 정도를 나타내는 지표

② 직접 투과된 일사량 + 유리에 흡수된 후 실내료 유입된 일사량

③ 0~1까지 수치로 표현

④ SHGC가 높을수록 일사획득이 많음을 의미

4) **열관류율(K(U), U-value, W/m^2K)**
열 에너지가 물체에 의해 전달(전도, 대류, 복사)되는 정도를 수치화한 것

5) **기밀성능(Air Tiggtness)**

① 압력차가 발생하는 조건에서 공기의 흐름을 억제하는 성능

② 창의 내외 압력차에 따른 통기량으로 나타냄

③ m^3/m^2h

6) **가사광선투과율(VLT, Visible Light Transmittance)**

① 380~760nm인 가시광선이 유리를 투과할 때 투과되는 비율을 표현한 값.

② 0~1까지의 무차원 수치

③ 가시광선투과율이 낮을수록 일사획득계수(SHGC)도 낮아져 많은 일사량을 차단

④ 가시광선투과율이 낮아지면 눈부심 감소율이 높다.

7) Light to Solar Gain(LSG, 일사량 취득대비 가시광선 투과율)

① LSG=VLT(가시광선투과율)/SHGC(태양열 취득율)

② LSG값이 높을수록 빛의 투과량(맑고 시원한 유리)은 많고 열 손실이 적은 유리임.

2. 유리 종류

1) 유리블럭

두 장의 유리를 합쳐서 고열(600℃)로 용착시키고, 내부는 0.5기압 정도의 건조공기를 주입하여 만든 중공 유리제 블록이다.

[유리블록]

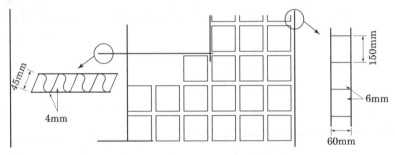

[벽체]

2) 판유리

① 접합유리(Laminated Glass) [KCS 41 55 09/KS L 2004]

가. 2장 이상의 판유리 사이에 접합 필름인 합성수지 막을 삽입하여 가열 압착한 안전유리를 말한다.

나. 5mm 강화유리 + 0.76mm(0.38mm) 필름 + 5mm 강화유리

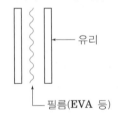

유리

필름(EVA 등)

② 복층유리(Pair Glass) [KCS 41 55 09/KS L 2003]

2장 이상의 판유리, 가공유리 또는 이들의 표면에 광학 박막을 가공한 것을 똑같은 틈새를 두고 나란히 넣고, 그 틈새에 대기압에 가까운 압력의 건조 공기 등을 채우고 그 주변을 밀봉·봉착한 유리를 말한다.

[복층유리]

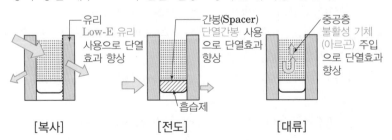

[복사] [전도] [대류]

③ 진공복층유리(Vacumn Pair Glass)

　가. 실외 측의 유리는 로이유리, 실내 측은 진공유리(두 장의 판유리 사이
　　　를 0.1~0.2mm의 진공층으로 만든 유리)로 만든 복층유리를 말하며
　　　복사, 전도 및 대류에 의한 열손실을 최소화한 유리이다.

　나. 현장시공도

[진공복층유리]

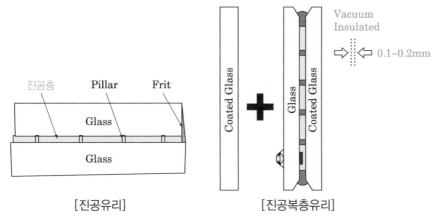

[진공유리]　　　　[진공복층유리]

④ 열선반사유리(Solar Reflective Glass) [KCS 41 55 09/KS L 2014]

　가. 태양열의 차폐를 주목적으로 하여 유리 표면에 얇은 막을 형성시킨 반
　　　사형 유리를 말한다. 그러나 반사성 합성 수지 필름을 유리에 접착시
　　　킨 것은 제외한다.

　나. 개념도

[열선반사유리]

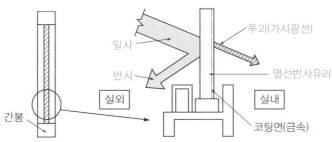

⑤ 로이유리(Low-Emissivity Glass) [KCS 41 55 09/KS L 2017]

　가. 열 적외선(Infrared)을 반사하는 은소재 도막으로 코팅하여 방사율과
　　　열관류율을 낮추고 가시광선 투과율을 높인 유리로서 일반적으로 복
　　　층 유리로 제조하여 사용하며 저방사유리라고도 한다.

[로이유리]

나. 코팅면에 따른 분류

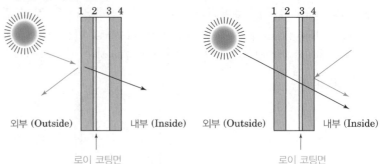

• 2면 코팅: 태양복사열 차단이 필요한 유리벽(상업시설, 냉방부하 감소)
• 3면 코팅: 실내보온 단열이 필요한 개별창호(주거시설, 난방부하 감소)

⑥ 무늬유리

Privacy 침해 방지

⑦ 강화유리(Tempered Glass)

가. 평면과 곡면의 판유리를 약 600℃까지 가열한 후, 양면을 급냉시켜 표면에 압축응력, 내부에 인장응력이 생기게 하여 강화한 유리이다.

나. 안전유리

⑧ 배강도유리 [KS L 2015]

플로트판유리를 연화점부근(약 700℃)까지 가열 후 양 표면에 냉각공기를 흡착시켜 유리의 표면에 20MN/mm^2~60MN/mm^{2}의 압축응력층을 갖도록 한 가공유리로 반강화유리라고도 한다.

3. 유리고정 방법

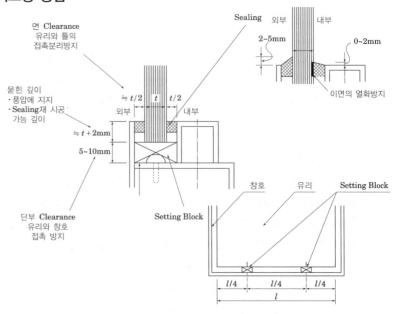

1) 세팅 블록

　① 재료는 네오프렌, 이피디엠(EPDM) 또는 실리콘 등으로 한다.

　② 길이는 유리면적 m²당 28mm이며 유리폭이 1,200mm를 초과하는 경우는 최소길이 100mm를 원칙으로 한다.

　③ 쇼어 경도가 80°~90° 정도이어야 한다.

　④ 폭은 유리두께보다 3mm 이상 넓어야 한다.

2) 측면블록

　① 재료는 50°~60° 정도의 쇼어경도를 갖는 네오프렌, 이피디엠((EPDM) 또는 실리콘이어야 한다.

　② 새시 4변에 수직방향으로 각각 1개씩 부착하고 유리 끝으로부터 3mm 안쪽에 위치하도록 하며, 품질관리를 위하여 공장에서 새시 제작 시 부착하여 출고하여야 한다.

4. 시공 시 유의사항[KCS 41 55 09]

　① 4℃ 이상의 기온에서 시공

　② 실란트 작업의 경우 상대습도 90% 이상이면 작업 중단

　③ 유리면에 습기, 먼지, 기름 등의 해로운 물질이 묻지 않도록 한다.

　④ 유리를 끼우는 새시 내에 부스러기나 기타 장애물을 제거

　⑤ 배수구멍(Weep Hole)은 5mm 이상의 직경으로 2개 이상

　⑥ 세팅 블록은 유리폭의 1/4 지점에 각각 1개씩 설치

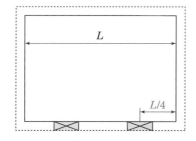

　⑦ 실란트 시공부위는 청소를 깨끗이 한 후 건조

5. 시공법

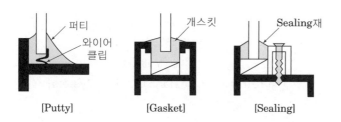

[Putty]　　　[Gasket]　　　[Sealing]

[Suspanded Glazing System]

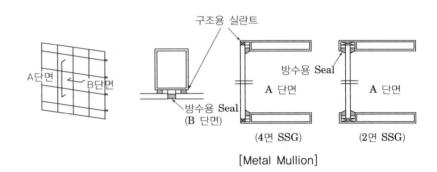

[Metal Mullion]

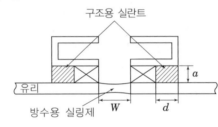

구 분	최소치	최대치
접착두께(a)mm	8	20
접착폭(d)mm	10	25

a : 접착두께

d : 접착폭

w : 방수용 실링제의 줄눈폭

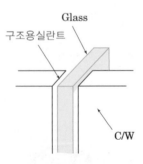

[Glass Mullion]

[Structural Sealant Glazing System]

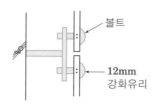

[Special Point Glazing]

[Special Point Glazing]

6. 열깨짐(열파손) 현상

1) 정의

태양의 복사열 작용에 의해 열을 받는 부분과 받지 않는 부분(끼우기홈 내)의 팽창성 차이 때문에 발생하는 응력으로 인하여 유리가 파손되는 현상

2) 개념도

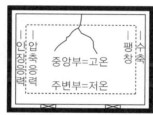

[판유리의 응력분포]

[유리 열파손]

3) 열깨짐 방지대책

① 판유리와 차양막 사이 간격유지(최소 10cm) 할 것
② 냉난방된 공기가 직접 닿지 않도록 할 것
③ 절단면을 연마재 P120 이상으로 매끄럽게 할 것
④ 유리와 프레임을 확실하게 단열 할 것
⑤ 유리에 필름, 페인트칠 등을 부착하지 말 것
⑥ 판유리와 차양막 사이의 내부공기를 순환시킬 것
⑦ Spandrel 부의 내부공기가 밖으로 유출되도록 할 것
⑧ 배강도 또는 강화유리를 사용 할 것

Ⅲ. 수장공사

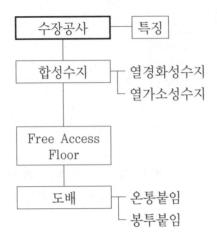

1. 합성수지의 종류

1) 열경화성 수지

보통 무색투명하며, 열에 의해 유연하게 되며 냉각하면 다시 원상태로 고체가 된다.

종류	용도
에폭시수지	구조용 접착제, 도료
멜라닌수지	호마이카 접착제
실리콘수지	방수제, 윤활제, 보색제
페놀수지	전기절연재료, 도료접착제
요소수지	기구, 합판접착제

2) 열가소성 수지

열을 가하면 연화되지 않고 용제에도 녹지 않아 화학약품 등에 안전하다.

종류	용도
ABS수지	PVS, Film
염화비닐수지	필름, 시트판, 관, 타일도료 등
폴리에틸렌수지	방수, 방습, 전선피복
폴리스틸렌수지	포장재, 천장재(스티로폼)
폴리아미드수지	내장재
아크릴수지	도료, 채광 재료

2. Free Access Floor

1) 정의

EDPS실, 통신실 등의 바닥에 전선의 배관이 자유롭게 배치할 수 있도록 일정한 공간을 두고 떠 있게 한 이중바닥 시스템을 말한다.

2) 시공도(지지각 분리 타입)

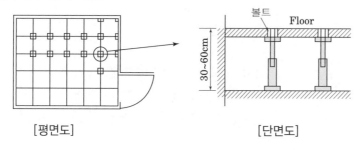

[평면도]　　　　　　　　　　　[단면도]

[Access Floor]

3. 도배

1) 일반사항

① 도배지의 보관장소의 온도는 항상 5 ℃ 이상으로 유지되도록 하여야 한다.

② 도배지는 일사광선을 피하고 습기가 많은 장소나 콘크리트 위에 직접 놓지 않으며 두루마리 종, 천은 세워서 보관한다.

③ 도배공사를 시작하기 72시간 전부터 시공 후 48시간이 경과할 때까지는 시공 장소의 온도는 적정온도를 유지하도록 한다.

④ 도배지를 완전하게 접착시키기 위하여 접착과 동시에 롤링을 하거나 솔질을 해야 한다.

2) 시공

① 종류는 온통 붙임(온통 풀칠), 봉투 붙임(갓둘레 풀칠), 비늘 붙임(한쪽 풀칠)이 있다.

② 온통붙임을 실시하는 경우는 바탕 전체에 종이 바름하여 균일한 바탕면을 만들기 때문에 전지 또는 2절지 크기로 한 한지 또는 부직포 전면에 접착제를 도포하고 바탕 전면에 붙인다. 줄눈은 약 10mm 정도로 겹친다.

③ 봉투붙임은 바탕에 요철이 있어도 간편하게 평활한 면을 얻을 수 있기 때문에 300×450mm 크기의 한지 또는 부직포의 4변 가장자리에 3mm 정도의 폭으로 접착제를 도포하고 바탕에 붙인다. 봉투바름의 횟수는 2회를 표준으로 한다.

Ⅳ. 단열공사

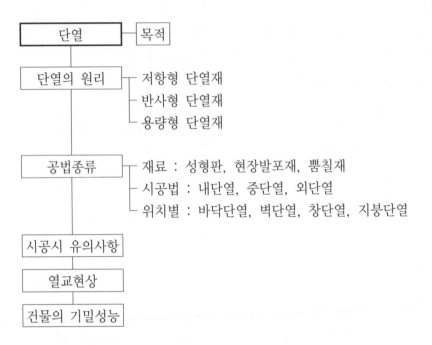

1. 건물내의 전열과정

1) 열전도율 λ(Thermal Conductivity, kcal/m·h·℃ 또는 w/m·k)

   단일재로 구성된 1m×1m×1m의 입방체에서 고온측과 저온측의 표면 온도 차가 1℃일 때 1㎡의 재료면을 통해 1시간 동안 1m 두께를 지나온 열량

2) 열전달율 α(Heat Transfer Coefficient, kcal/m²·h·℃ 또는 w/m²·k)

   벽체표면온도와 공기 온도차가 1℃일 때 1시간 동안 1㎡의 벽면을 통해 흘러가는 열량

3) 열관류율 K(Heat Transmission Coefficient, kcal/m²·h·℃ 또는 w/m²·k)

   구조체를 사이에 두고 공기 온도차가 1℃일 때 구조체 1㎡를 통해 1시간 동안 흐르는 열량

2. 단열의 원리

1) 저항형 단열재

   ① 다공질 또는 섬유질의 열전도율이 낮은 기포성 단열재이다.

   ② 열전달을 억제하는 성질이 뛰어나다.

   ③ 유리섬유(Glass Wool), 스티로폼, 폴리우레탄폼 등

[저항형 단열재]

2) 반사형 단열재

① 복사의 형태로 열이동이 이루어지는 공기층에 유효하다.

② 방사율과 흡수율이 낮은 광택성 금속박판을 사용한다.

③ 알루미늄 호일, 알루미늄 시트 등

[반사형 단열재]

3) 용량형 단열재

① 주로 중량구조체의 큰 열용량을 이용하는 단열방식이다.

② 열전달을 지연시키는 성질이 뛰어나다.

③ 두꺼운 흙벽, 콘크리트 벽 등

※ 열용량 : 어떤 물질을 1℃ 높이는데 필요량 열량(비열×질량)

[내단열]

3. 공법종류

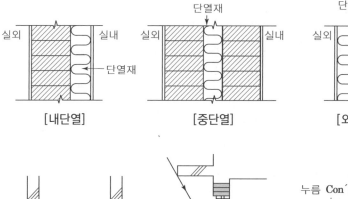

[내단열]　　　[중단열]　　　[외단열]

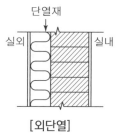

[중단열]

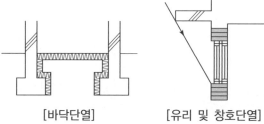

[바닥단열]　　　[유리 및 창호단열]

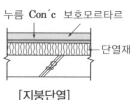

[지붕단열]

[외단열]

4. 단열재 설치위치와 결로문제

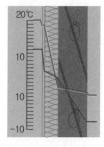

내단열

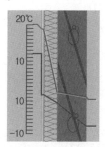

내단열(방습층 설치)

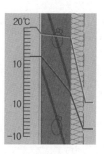

외단열

[단열재 밀착]

5. 시공시 유의사항

① 단열재는 저온부에 설치
② 상시 고온, 노출장소 단열시공 철저
③ 단열재 두께가 두꺼우면 단열효과는 좋으나 비경제적
④ 단열재 이음

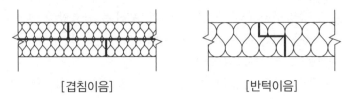

[겹침이음]　　　　　　[반턱이음]

⑤ 단열재 가공

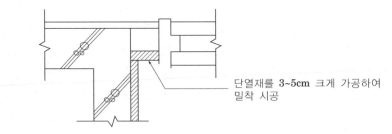

단열재를 **3~5cm** 크게 가공하여
밀착 시공

⑥ 개구부 주변 기밀화

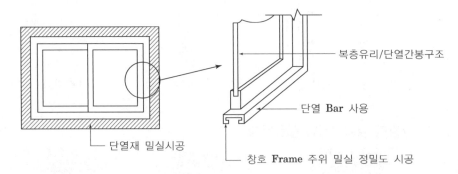

복층유리/단열간봉구조

단열 **Bar** 사용

창호 **Frame** 주위 밀실 정밀도 시공

단열재 밀실시공

⑦ 단열재 건조/밀착

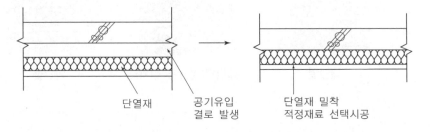

단열재　　공기유입 결로 발생　　단열재 밀착 적정재료 선택시공

⑧ 방습층은 고온다습(방습층은 단열재의 실내측)

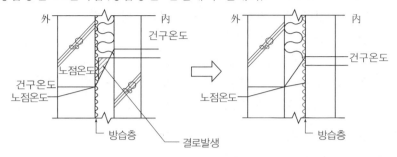

6. 열교현상

① 벽이나 바닥, 지붕 등의 건축물부위에 단열이 연속되지 않은 부분이 있을 때 이 부분이 열적 취약 부위가 되어 이 부위를 통한 열의 이동이 많아지며, 이것을 열교(Heat Bridge) 또는 냉교(Cold Bridge)라고 한다.

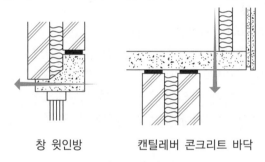

창 윗인방   캔틸레버 콘크리트 바닥

[열교현상]

② 열교현상이 발생하면 구조체의 전체 단열성이 저하된다.
③ 열교현상이 발생하는 부위는 표면온도가 낮아지며 결로가 발생되므로 쉽게 알 수 있다.
④ 열교현상을 방지하기 위해서는 접합 부위의 단열설계 및 단열재가 불연속됨이 없도록 철저한 단열시공이 이루어져야 한다.

7. 건물의 기밀성능

1) 기밀성능(Airtightness) 표현방법

① CMH50(m^3/h)

CMH50은 실내외 압력차를 50Pa로 유지하기 위해 실내에 불어 넣거나 빼주어야 할 공기량을 표현한 것.

② ACH50(회/h)

CMH50값을 실체적(측정되어지는 것으로 규정된 공간의 총 체적)로 나눈 값. 즉, 건물에 50Pa의 압력차가 작용하고 있을 때, 침기량 또는 누기량이 한 시간 동안 몇 번 교환되었는가로 표현한 것.

③ Air Permeability(m^3/hm^2)

CMH50값을 외피면적으로 나눈 것으로 외피 단위면적당 누기량을 나타내는 척도

④ ELA(cm^2/m^2) 또는 EqLA(cm^2/m^2)

설정된 압력차에서 발생하는 침기량 또는 누기량이 발생할 수 있는 구멍의 크기를 나타낸 것.

2) 기밀성능 측정방법

① Tracer Gas Test(추적가스법)

일반적인 공기 중에 포함되어 있지 않거나 포함되어 있어도 그 농도가 낮은 가스를 실내에 대량으로 한 번에 또는 일정량을 정해진 시간 간격으로 분사시키고 해당 공간에서 추적가스 농도의 시간에 따라 감소량을 측정하여 건물 또는 외피 부위별 침기/누기량, 또는 실 전체의 환기량을 산정하는 방법

② Blower Door Test(압력차법)

외기와 접해있는 개구부에 팬을 설치하고 실내로 외기를 도입하여 가압을 하거나, 반대로 실내 공기를 외부로 방출시켜 실내를 감압시킨 후 실내외 압력차가 임의의 설정 값에 도달하였을 때 팬의 풍량을 측정하여 실측대상의 침기량 또는 누기량을 산정하는 방법

V. 결로

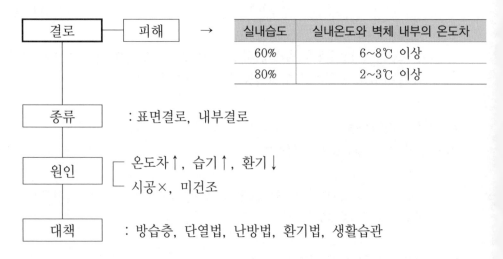

결로	피해	→	실내습도	실내온도와 벽체 내부의 온도차
			60%	6~8℃ 이상
			80%	2~3℃ 이상

종류 : 표면결로, 내부결로

원인 ⎡ 온도차↑, 습기↑, 환기↓
    ⎣ 시공×, 미건조

대책 : 방습층, 단열법, 난방법, 환기법, 생활습관

1. 결로발생 Mechanism

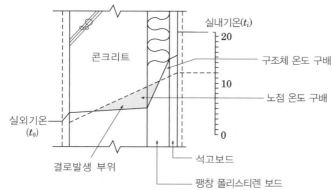

[결로발생 → 곰팡이]

$$t_{si} = t_i - \left(\frac{K}{\alpha_i}(t_i - t_o) \right)$$ 여기서, K : 열관류율, a_i : 실내측 표면 열전달율

→ 실내표면온도(t_{si})가 주위 공기의 노점온도보다 낮으면 벽체표면에 결로가
발생한다.

1) 표면결로

구조체의 표면온도가 실내공기의 노점온도보다 낮은 경우 그 표면에 발생
하는 수증기의 응결현상을 말한다.

2) 내부결로

구조체 내부에 수증기의 응축이 생겨 수증기압이 낮아지면 수증기압이 높은
곳에서 부터 수증기가 확산되어 응축이 계속되는 현상을 말한다.

2. 결로발생 원인과 대책

1) 결로발생 원인

① 실내외 온도차
② 실내 습기의 과다발생
③ 생활 습관에 의한 환기부족
④ 구조체의 열적 특성
⑤ 시공불량
⑥ 시공 직후의 미건조 상태에 따른 결로

[단열틈새처리]

2) 결로 방지 대책

① 방습층 : 고온다습(단열재의 실내측)

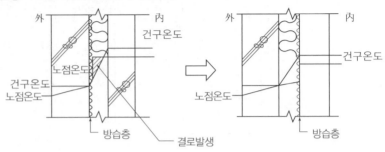

② 단열법

[천장단열 시 통기구설치]　　　[벽 내부 코너]

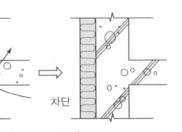

[Cold(Heat)bridge 방지]

[우각부 보강]

③ 난방법
저온 → 지속적인 난방

④ 환기법

공기순환촉진

⑤ 생활습관
수증기 발생의 최소화

3. 공동주택 결로 방지 성능기준[공동주택 결로 방지를 위한 설계기준]

1) TDR과 실내외 온습도 기준

① TDR(Temperature Difference Ratio)

$$온도차이비율(TDR) = \frac{실내온도 - 적용대상\ 부위의\ 실내표면온도}{실내온도 - 외기온도}$$

② 실내외 온습도 기준

가. 온도 25℃, 상대습도 50%의 실내조건

나. 외기온도(지역Ⅰ은 -20℃, 지역Ⅱ는 -15℃, 지역Ⅲ는 -10℃) 조건을 기준

2) 공동주택 결로 방지 성능기준

① 출입문

현관문 및 대피공간 방화문(발코니에 면하지 않고 거실과 침실 등 난방 설비가 설치된 공간에 면한 경우에 한함)

② 벽체접합부

외기에 직접 접하는 부위의 벽체와 세대 내의 천장 슬래브 및 바닥이 동 시에 만나는 접합부(발코니, 대피공간 등 난방설비가 설치되지 않는 공 간의 벽체는 제외)

③ 창

난방설비가 설치되는 공간에 설치되는 외기에 직접 접하는 창(비확장 발 코니 등 난방설비가 설치되지 않은 공간에 설치하는 창은 제외)

Ⅵ. 소음

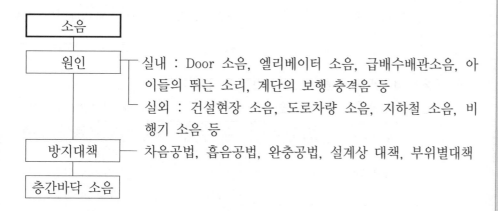

암기 point ✩

기 차 를 타려다 흡 연하고
싶어 완 강기를 타니
설 사가 부 분적으로 나왔다.

암기 point ✩

축구 공 판 다

[Glass wool]

[Bang Machine]

1. 방지대책

1) 차음공법

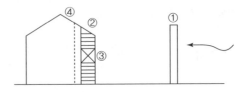

2) 흡음공법

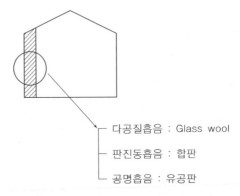

- 다공질흡음 : Glass wool
- 판진동흡음 : 합판
- 공명흡음 : 유공판

3) 완충공법

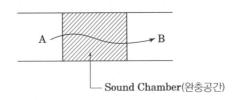

Sound Chamber(완충공간)

4) 설계상 대책

일반계획, 평면계획, 배치계획

5) 부위별 대책

Door Stop, Piano 덮개, 후렉시블배관, 바닥두께 확대, 엘리베이터 침실
과 분리 등

2. 공동주택 바닥충격음 차단구조인정 및 검사기준

1) 층간바닥 소음저감 성능기준   (2022년 12월28일 이후 적용)

구 분		기준
바닥두께	벽식 구조	210mm 이상
	무량판 구조	210mm 이상
	라멘 구조	150mm 이상
바닥충격음	경량	49dB 이하
	중량	49dB 이하

→ 바닥두께 및 바닥충격음 동시 만족

2) 모르타르 바닥용 품질기준

① 7일 압축강도: 14MPa 이상

② 28일 압축강도: 21MPa 이상(바닥충격 차단구조 인증기준 확인)

3) 품질검사성적서

① 바닥완충재 : 동탄성계수 등 7개항목(밀도 포함)

② 측면완충재 : 동탄성계수, 흡수량, 손실계수

⇒ 한국건설기술연구원 또는 LH 주택성능연구개발센터의 바닥충격음 차단구조 인정기준을 반드시 확인할 것.

4) 현장관리 사항

① 슬래브 평탄도

국토교통부 고시기준인 3m당 7mm이내 만족을 위해 콘크리트 바닥타설 시 평활도를 확보하고 미흡한 경우 그라인딩 및 모르타르 시공 등으로 평활도 확보조치를 할 것

② 측면완충재 시공

세대내 합성수지 창호 및 침실문틀 하부에도 측면완충재를 연속시공하여 시공할 것

5) 공동주택 층간바닥소음대책

① 뜬바닥 구조

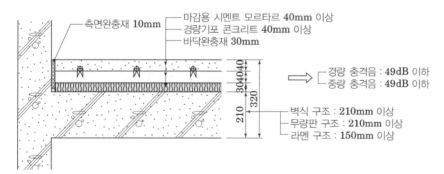

마감용 시멘트 모르타르 40mm 이상
경량기포 콘크리트 40mm 이상
바닥완충재 30mm

⇒ 경량 충격음 : 49dB 이하
중량 충격음 : 49dB 이하

벽식 구조 : 210mm 이상
무량판 구조 : 210mm 이상
라멘 구조 : 150mm 이상

측면완충재 10mm

② 바닥슬래브 강성

③ 바닥슬래브 두께 확대

④ 유연한 바닥마감재

[건식벽체 측면완충재]

[코너부 측면완충재]

[외곽부 측면완충재]

[문틀하부 측면완충재]

[바닥완충재]

⑤ 이중천장 구조

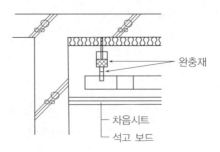

⑥ 천장 및 바닥에 단열재 설치
⑦ 개구부 밀실화
⑧ 급배수 설비음

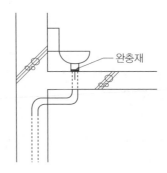

⑨ 창호 기밀화
⑩ 엘리베이터 소음 차단
⑪ AD/PD 밀실화

[바닥단열재 설치]

Ⅶ. 공해

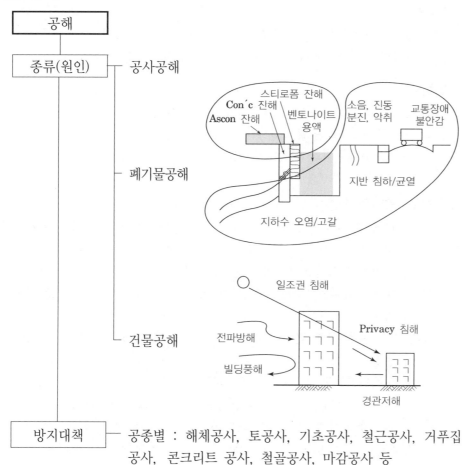

공해
— 종류(원인) ── 공사공해

— 폐기물공해

— 건물공해

방지대책 ── 공종별 : 해체공사, 토공사, 기초공사, 철근공사, 거푸집
공사, 콘크리트 공사, 철골공사, 마감공사 등

1. VOCs(Volatile Organic Compounds)의 종류별 유해성

종류	유해성	기준($\mu g/m^3$)
포름알데히드	• 0.1ppm 이상 시 눈 등에 미세한 자극, 목의 염증 유발 • 장기간 다량 노출된 근로자의 발암율 증가	210 이하
벤젠	• 마취증상, 호흡곤란, 혼수상태 유발 • 장기간 다량 노출된 근로자의 발암율 증가	30 이하
톨루엔	• 피부염, 기관지염, 두통, 현기증 등 유발	1,000 이하
에틸벤젠	• 눈, 코, 목 자극, 장기적으로 신장, 간에 영향	360 이하
자일렌	• 중추신경 계통의 기능 저하 • 호흡 곤란, 심장 이상	700 이하
스틸렌	• 코, 인후 등을 자극하여 기침, 두통, 재치기 유발	300 이하

2. Back Out의 기준

1) 사전 조치

① 외기로 통하는 모든 개구부(문, 창문, 환기구 등)을 닫음
② 수납가구의 문, 서랍 등을 모두 열고, 가구에 포장재 제거

2) 절차

① 실내온도를 33~38℃로 올리고 8시간 유지
② 문과 창문을 모두 열고 2시간 환기
③ ①, ② 순서로 3회 이상 반복 실시

3. Flush-Out의 기준

① 외기공급은 대형팬 또는 자연환기설비, 강제환기설비, 혼합형 환기설비에 따른 환기설비를 이용하되, 환기설비를 이용하는 경우에는 오염물질에 대한 효과적인 제거방안을 별도 제시
② 각 세대의 유형별로 필요한 외기공급량, 공급시간, 시행방법 등을 시방서에 명시
③ 플러쉬 아웃 시행 전에 기계환기설비의 시험조정평가(TAB)를 수행하도록 권장
④ 주방 레인지후드 및 화장실 배기팬을 이용하여 플러쉬 아웃 시행 가능
⑤ 강우(강설) 시에는 플러쉬 아웃을 실시하지 않는 것을 원칙
⑥ 플러쉬 아웃 시행 시 실내온도는 16℃ 이상, 실내 상대습도는 60% 이하
⑦ 세대별로 실내 면적 $1m^2$에 $400m^3$ 이상의 신선한 외기 공기를 지속적으로 공급

4. 라돈의 권고기준 및 관리방안

구분	다중이용시설	공동주택
권고기준	$148Bq/m^3$	$148Bq/m^3$
관리사항	실내라돈농도 1회/2년 측정	입주 개시 전 실내라돈농도
	측정결과 제출	측정결과 제출 및 게시판 등에 공고

Ⅷ. 폐기물

종류 → 공종별 : 해체공사, 토공사, 기초공사, 철근콘크리트공사,
철골공사, 마감공사

재활용 방안 → 구체적 item : 철재류, 콘크리트류, 벽돌·블럭류, 목재류,
스티로폼류, 폐 PE 필름류, 창호재, 쓰레기 섞인 매립토

Ⅸ. 해체공사

공법종류
+
안전, 공해대책 ─ 안전 : 차량적격운전자, 차량유도원배치, 구조재 접합
상태 점검, 화재방지, 기계안전성검토
└ 공해 : 소음, 진동, 분진 등 해소, 먼지 및 비산 방지,
임시대피소 마련, 인근주민 홍보

암기 point
강 압 소 대 발 팽 쇄
유 폭 전 절

1. 해체공법

① 강구타격 공법(Steel Ball 공법)
② 압쇄공법
③ 소형 Breaker
④ 대형 Breaker
⑤ 발파공법 : 화약 동시
⑥ 팽창압공법 : 비폭성파쇄재, 다루다공법
⑦ 쐐기 타입공법
⑧ 유압잭공법
⑨ 폭파공법 : 화약 시간차
⑩ 전도공법
⑪ 절단공법

[해체공사]

X. 건설기계(양중기계)

1. 타워크레인

```
┌ 설치방식 ┌ 고정식
│          └ 주행식
├ Climbing ┌ Mast Climbing(Telescoping) : Base 고정
│          └ Crane Climbing(클라이밍) : Base 이동
└ Jib      ┌ 수평 Jib
           └ 경사 Jib
```

[Telescoping]

[고정식 T/C]

[주행식 T/C]

[러핑 크레인]

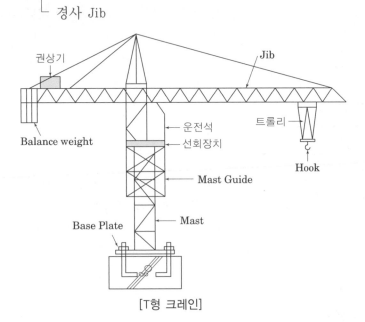

[T형 크레인]

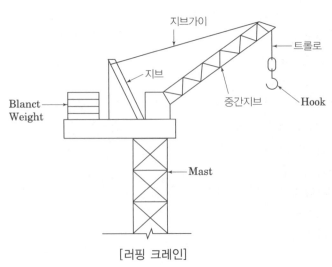

[러핑 크레인]

2. 타워크레인 설치·인상·해체 작업 시 준수사항

① 작업장소 내에는 관계자 외 출입금지 조치

② 모든 부재는 줄걸이 작업을 시행

③ 충분한 응력을 갖는 구조로 기초를 설치하고 침하 등을 방지

④ 규격품인 조립용 볼트를 사용하고 대칭되는 곳을 순차적으로 결합하고 분해

⑤ 현장 안전관리자는 설치·인상·해체작업에 대해 안전교육을 실시

⑥ 설치·인상·해체작업은 고소작업으로 추락재해방지 조치

⑦ 볼트, 너트 등을 풀거나 체결 또는 공구 등의 사용 시 낙하방지 조치

⑧ 지브에는 정격하중 및 구간별표지판을 부착

⑨ 운전원 승강용 도르래의 설치 및 사용을 금지

⑩ 기초부에는 1.8m 이상의 방호울을 설치하고 관련자 외 출입을 금지

⑪ 건물과 마스트 사이에 추락위험이 발생하는 경우에는 안전난간을 설치

3. 타워크레인 사용 중 준수사항

① 타워크레인 작업 시 신호수를 배치

② 적재하중을 초과하여 과적하거나 끌기 작업을 금지

③ 순간풍속 10m/s 이상, 강수량 1mm/hr 이상, 강설량 10mm/hr 이상 시 설치·인상·해체·점검·수리 등을 중지

④ 순간풍속 15m/s 이상 시 운전작업을 중지

⑤ 타워크레인용 전력은 다른 설비 등과 공동사용을 금지

⑥ 와이어로프의 폐기기준

    ㉠ 와이어로프 한 꼬임의 소선파단이 10% 이상인 것

    ㉡ 직경감소가 공칭지름의 7%를 초과하는 것

    ㉢ 심하게 변형 부식되거나 꼬임이 있는 것

    ㉣ 비자전로프는 끊어진 소선의 수가 와이어로프 호칭지름의 6배 길이 이내에서 4개 이상이거나 호칭지름 30배 길이 이내에서 8개 이상 인 것

[와이어로프 폐기]

⑦ 타워크레인 운전원과 신호수에게 지급하는 무전기는 별도 번호를 지급

⑧ 이상 발견 즉시 모든 작동을 중지

⑨ 긴 부재의 권상 시 안전하게 사용을 위한 유도로프를 사용

⑩ 인양 작업 시 양중마대 및 슬래브 양생용 천막 보양틀의 사용을 금지

[Telescoping]

암기 point ✕

단 비 수 적 / 체 면 설 /
가 수

4. Telescoping

1) 정의

고정식 타워크레인을 상승시키는 방법으로, 유압잭으로 1단 마스트 높이만큼 밀어올린 다음 본체크레인으로 추가 마스트를 인입하여 핀 고정하는 방법을 말한다.

2) 작업 중 주의사항

① 순간풍속 10m/s 이상, 강수량 1mm/hr 이상, 강설량 10mm/hr 이상 시 설치·인상·해체·점검·수리 등을 중지

② 작업 전에 타워크레인의 균형 유지

③ 작업 중 선회 트롤리 이동 및 권상작업 등 작동 금지

④ 마스트 안착 후 볼트 또는 핀이 체결 완료될 때까지 선회 및 주행 금지

⑤ 작업 최상층과 크레인 지브 간격이 10m 이내일 때 Telescoping 실시

⑥ 철저한 공정계획 실시

⑦ 3~5개/1회 실시, 작업시간은 7.5hr 이내

XI. 적산

1. 개산견적

```
┌ 단위기준 ┬ 단위체적 : m³
│         ├ 단위면적 : m²
│         └ 단위설비 : Bed당, 객실당, 교실당
├ 비례기준 ┬ 가격비율
│         └ 수량비율
├ 수량계산법 : 적산된 물량×공사단가=공종별 공사비 산출
└ 적상계산법 : 공종단위로 개략적 파악
```

2. 부위별 견적

합성단가개념

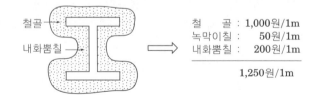

철 골 : 1,000원/1m
녹막이칠 : 50원/1m
내화뿜칠 : 200원/1m
─────────────
1,250원/1m

3. 문제점

① 표준 품셈의 경직
② 기술발전의 추종성 미흡
③ 적산능력개발 미흡
④ 정부노임단가 비현실화
⑤ 적산전문인력부족
⑥ 수량산출기준미비
⑦ 작업조건반영미비
⑧ 적산자료 및 Data 부족

4. 실적공사비 적산제도

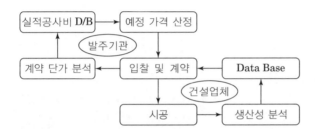

2 단답형·서술형 문제 해설

1 단답형 문제 해설

55,82,103회

01 목재의 함수율(수장용 목재의 적정 함수율) [KCS 41 33 01/KS F 2199]

I. 정의
목재의 함수율은 시편을 103±2℃로 유지되는 건조기 내에서 항량에 도달할 때까지 건조시킨 후 질량 감소분을 측정하고, 이 질량 감소분을 시편의 건조 후 질량으로 나누어 백분율로 나타낸 것을 말한다.

II. 함수율
(1) 건축용 목재의 함수율

종별	건조재12	건조재15	건조재19	생재	
				생재24	생재30
함수율	12% 이하	15% 이하	19% 이하	19% 초과 24% 이하	24% 초과

주1) 목재의 함수율은 건량 기준 함수율을 나타낸다.

(2) 내장 마감재의 목재는 함수율 15% 이하(필요 시 12% 이하 적용)
(3) 한옥, 대단면 및 통나무 목공사에 사용되는 구조용 목재 중에서 횡단면의 짧은 변이 900mm 이상인 목재의 함수율은 24% 이하

III. 함수율이 목재에 미치는 영향
(1) 섬유포화점은 목재의 함수율이 30%일 때의 점
(2) 섬유포화점 이상에서는 강도 신축율은 일정
(3) 섬유포화점 이하에서는 강도 신축변화가 급격히 이루어짐
(4) 섬유포화점 이상의 함수율에서는 변화가 없지만 그 이하가 되면 목재의 수축변형률이 크다.

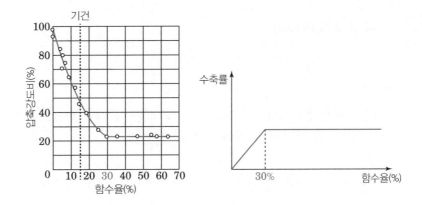

02 목재의 방부처리 [KCS 41 33 01]

Ⅰ. 정 의

목재의 방부처리는 목재 부호균에 의한 목재의 열화(劣化)를 목재방부제로 제어 시키는 효능으로 목재를 보호하는 것을 말한다.

Ⅱ. 방부처리 대상

(1) 구조내력 상 중요한 부분에 사용되는 목재로서 콘크리트, 벽돌, 돌, 흙 및 기타 이와 비슷한 투습성의 재질에 접하는 경우
(2) 목재 부재가 외기에 직접 노출되는 경우
(3) 급수 및 배수시설에 근접한 목재로서 수분으로 인한 열화의 가능성이 있는 경우
(4) 목재가 직접 우수에 맞거나 습기 차기 쉬운 부분의 모르타르 바름, 라스 붙임 등의 바탕으로 사용되는 경우
(5) 목재가 외장마감재로 사용되는 경우

Ⅲ. 방부법

(1) 도포법
① 가장 간단한 방법
② 목재를 충분히 건조시킨 다음 균열이나 이음부 등에 주의하여 솔 등으로 도포(크레오소트, 콜타르, 아스팔트, 페인트 등)
③ 5~6mm 침투

(2) 침지법
① 상온에서 크레오소트액 등에 목재를 2시간 침지하는 것으로, 액을 가열하면 더욱 깊이 침투한다.
② 15mm 침투

(3) 상압주입법
① 침지법과 유사하며 80~120℃ 크레오소트 오일액 중에 3~6시간 침지한다.
② 15mm 침투

(4) 가압주입법
원통 안에 방부제를 넣고 가압하여 0.7~3.1MPa 주입한다.

(5) 표면탄화법

표면을 3~12mm 정도 태운다.

Ⅳ. 시공 시 유의사항

(1) 목재의 방부처리는 반드시 공인된 공장에서 실시

(2) 방부처리목재를 절단이나 가공하는 경우에 노출면에 대한 약제 도포는 현장에서 실시 가능

(3) 방부처리목재를 현장에서 가공하기 위하여 절단한 경우에는 동일한 방부약제를 현장에서 절단면에 도포

(4) 방부처리 목재의 현장 보관이나 사용 중에 과도한 갈라짐이 발생하여 목재 내부가 노출된 경우에는 현장에서 도포법에 의하여 약제를 처리

(5) 목재 부재가 직접 토양에 접하거나 토양과 근접한 위치에 사용되는 경우에는 흰개미 방지를 위하여 주변 토양을 약제로 처리 가능

03 배강도유리 [KS L 2015]

I. 정 의

배강도 유리는 플로트판유리를 연화점부근(약 700℃)까지 가열 후 양 표면에 냉각공기를 흡착시켜 유리의 표면에 $20MN/mm^2 \sim 60MN/mm^2$의 압축응력층을 갖도록 한 가공유리로 반강화유리라고도 한다.

II. 특징

(1) 일반유리(Annealed Glass)에 비해 2배까지 충격강도가 높다.

(2) 약 130℃까지 열충격 및 열편차에 대한 저항성을 가진다.

(3) 파손 시 일반유리와 유사하게 큰 파편으로 깨져 창틀이나 구조물로부터 탈락을 방지한다.

(4) 파손된 파편이 뾰족하고 날카로워 안전유리로 분류되지 않는다.

(5) 강화유리에 비해 평활도가 우수하여 건축용 유리의 시각적 왜곡을 감소시킨다.

(6) 강화 공정 시 급랭과정을 거치지 않기 때문에 불순물로 인한 자연파손이 발생하지 않는다.

(7) 제품의 절단은 불가능하다.

III. 허용차

(1) 두께(mm)

두께의 종류	두께	두께의 허용차
3mm	3.0	±0.3
4mm	4.0	
5mm	5.0	
6mm	6.0	
8mm	8.0	±0.6
10mm	10.0	
12mm	12.0	±0.8

(2) 1변의 길이

두께의 종류	1변 길이(L)의 허용차		
	L≤1,000	1,000 〈 L≤2,000	2,000 〈 L≤3,000
3mm,4mm, 5mm, 6mm	+1, −2	±3	±4
8mm, 10mm, 12mm	+2, −3		

Ⅳ. 강화유리와 배강도유리의 비교

구분	강화유리	배강도유리
제조법	플로트판유리를 연화점 이상으로 재가열한 후 찬공기로 급속히 냉각하여 제조	플로트판유리를 연화점 부근 (약 700℃)까지 재가열한 후 찬공기로 서서히 냉각하여 제조
파손형태	작은 팥알 조각 모양 	충격점으로부터 삼각형 모양
안전성	고층부 사용 시 파손으로 인한 비산 낙하의 위험	파손 시 유리가 이탈하지 않아 고층 건축물 사용 시 적합
강도	일반유리의 3~5배 정도	일반유리의 2~3배 정도
열 충격저항	일반유리의 2배 정도	
용도	출입문, 쇼케이스, 수족관 등	건물 외벽 창호 등

⊗ 77,118회

04 유리공사에서의 SSG(Structural Sealant Glazing System) 공법과 DPG(Dot Point Glazing System) 공법

I. 정 의

(1) SSG(Structural Sealant Glazing System) 공법

SSG 시스템은 건물의 창과 외벽을 구성하는 유리와 패널류를 구조용 실란트 (Structural Sealant)를 사용해 실내측의 멀리온, 프레임 등에 접착 고정하는 공법을 말한다.

(2) DPG(Dot Point Glazing System) 공법

DPG시스템이란 유리에 특수 홈 가공을 한 후 볼트로 판유리와 판유리를 고정해 주는 "No Frame" 시스템으로서 프레임이나 구조용 실리콘을 사용하지 않고 판유리를 고정하는 공법을 말한다.

II. 현장시공도

(1) SSG 공법

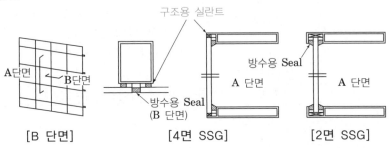

[B 단면]   [4면 SSG]   [2면 SSG]

(2) DPG 공법

Ⅲ. SSG 공법 줄눈의 단면

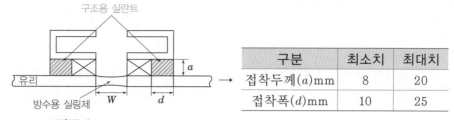

구조용 실란트

유리

방수용 실링제

a : 접착두께
d : 접착폭
W : 방수용 실링제의 줄눈폭

구분	최소치	최대치
접착두께(a)mm	8	20
접착폭(d)mm	10	25

Ⅳ. DPG 공법 적용 시 유의사항

(1) 리브유리, 로드트러스, 와이어 및 스테인리스 파이프 등으로 구조물 지탱

(2) 12mm 강화유리 사용

(3) 안전을 위해 100% 열간유리시험(Heat Soak Test)을 실시

(4) NiS 결정(Nickel Sulfide Phases)에 의한 강화유리의 자폭현상 제거 후 사용

05 유리의 열파손 방지대책(유리 열파손, 유리의 자파(自破) 현상)

I. 정의

유리의 열파손이란 태양의 복사열 작용에 의해 열을 받는 부분과 받지 않는 부분(끼우기홈 내)의 팽창성 차이 때문에 발생하는 응력으로 인하여 유리가 파손되는 현상을 말한다.

II. 개념도

유리의 중앙부와 주변부(프레임에 면하는 부위)와의 온도 차이로 인한 팽창성 차이가 응력을 발생시켜 유리가 파손

[판유리의 응력분포]

III. 열파손의 특징

(1) 색유리에 많이 발생(열흡수가 많다.)
(2) 동절기의 맑은날 오전에 많이 발생
(3) 두께가 두꺼울수록 열깨짐에 불리
(4) 프레임에 직각으로 시작하여 경사지게 진행

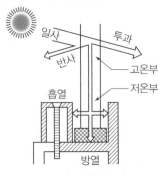

[복사열의 흡열기구]

IV. 방지대책

(1) 판유리와 차양막 사이 간격유지(최소 10cm)
(2) 냉난방된 공기가 직접 닿지 않도록 할 것
(3) 절단면을 연마재 #120 이상으로 매끄럽게 할 것
(4) 유리와 프레임을 확실히 단열
(5) 유리에 필름, 페인트 칠 등을 부착하지 말 것
(6) 판유리와 차양막 사이의 내부공기를 순환시킬 것
(7) Spandrel부의 내부공기가 밖으로 유출되도록 할 것
(8) 배강도(반강화유리) 또는 강화유리 사용

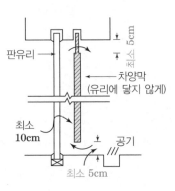

06 열교(Heat Bridge, 냉교(Cold Bridge)) 현상

Ⅰ. 정 의

벽이나 바닥, 지붕 등의 건축물부위에 단열이 연속되지 않은 부분이 있을 때, 이 부분이 열적 취약 부위가 되며 이 부위를 통한 열의 이동이 많아지며 이것을 열교(Heat Bridge, Thermal Bridge) 또는 냉교(Cold Bridge)라고 한다.

Ⅱ. 열교현상

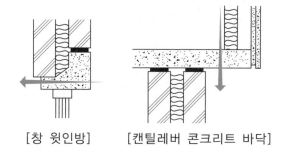

[창 윗인방]　　　[캔틸레버 콘크리트 바닥]

Ⅲ. 문제점

(1) 열교현상이 발생하면 구조체의 전체 단열성이 저하
(2) 열교현상이 발생하는 부위는 표면온도가 낮아지며 결로가 발생

Ⅳ. 원인

(1) 단열이 취약한 부분
(2) 열의 이동이 많은 곳
(3) 단열의 위치가 맞지 않은 부분
(4) 열의 손실이 발생되는 부분

Ⅴ. 대책

(1) 접합 부위의 단열설계 및 단열재가 불연속 됨이 없도록 철저한 시공
(2) 외단열공법 채택

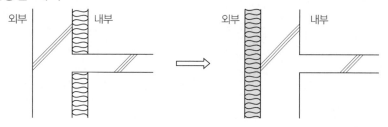

(3) 천장 결로방지 단열재 및 벽체 단열 모르타르 시공

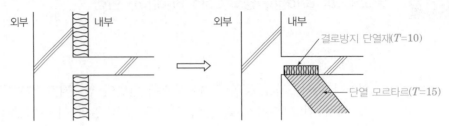

(4) 돌출부 처리

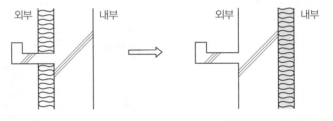

07 새집증후군 해소를 위한 베이크 아웃(Bake Out)

I. 정의
신축, 보수 등이 완료된 건물에 대해 실내온도를 높여 마감자재 등에서 방출되는 휘발성 유기화합물(VOCs)과 포름알데히드(HCHO)를 비롯한 유해오염물질의 발생량을 일시적으로 증가시킨 후 환기를 통해 이를 제거하는 방법을 말한다.

Ⅱ. Bake Out의 기준
(1) 사전 조치
① 외기로 통하는 모든 개구부(문, 창문, 환기구 등)을 닫음
② 수납가구의 문, 서랍 등을 모두 열고, 가구에 포장재(종이나 비닐 등)가 씌워진 경우 이를 제거하여야 함

(2) 절차
① 실내온도를 33~38℃로 올리고 8시간 유지
② 문과 창문을 모두 열고 2시간 환기
③ ①, ② 순서로 3회 이상 반복 실시

Ⅲ. Bake Out 시 기대효과
(1) 포름알데히드 농도 49%, 휘발성 유기화합물 71% 저감 효과
(2) 아토성 피부염 및 두통 등 새집 증후군 등으로부터 입주민 건강보호
(3) 시공사에 대한 오염물질 방출 건축자재의 사용제한 유도화

Ⅳ. Bake Out 시 유의사항
(1) 난방 System이 과열되지 않도록 조치(화재예방)
(2) 입주 15~30일 전 실시
(3) Bake Out 실시 동안 실내에 노인, 어린이, 임산부 등 출입자제
(4) Bake Out을 마친 후에도 문과 창문을 자주 열어 계속 환기 실시

08 Tower Crane [KCS 21 20 10]

I. 정 의

최근 건축물의 초고층화, 대형화 등으로 인하여 타워크레인의 소요가 증가되고 있으며, 수직타워의 상부에 위치한 지브를 탑재한 크레인으로 권상, 권하, 횡행, 선회하여 양중작업을 하는 크레인을 말한다.

II. 고정식 Tower Crane의 시공도

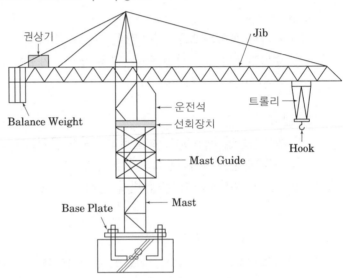

III. 타워크레인의 설치·인상·해체 작업 시 준수사항

(1) 작업장소 내에는 관계자 외 출입금지 조치
(2) 모든 부재는 줄걸이 작업을 시행
(3) 충분한 응력을 갖는 구조로 기초를 설치하고 침하 등을 방지
(4) 규격품인 조립용 볼트를 사용하고 대칭되는 곳을 순차적으로 결합하고 분해
(5) 현장 안전관리자는 설치·인상·해체작업에 대해 안전교육을 실시
(6) 설치·인상·해체작업은 고소작업으로 추락재해방지 조치
(7) 볼트, 너트 등을 풀거나 체결 또는 공구 등의 사용 시 낙하방지 조치
(8) 지브에는 정격하중 및 구간별표지판을 부착
(9) 운전원 승강용 도르래의 설치 및 사용을 금지
(10) 기초부에는 1.8m 이상의 방호울을 설치하고 관련자 외 출입을 금지
(11) 건물과 마스트 사이에 추락위험이 발생하는 경우에는 안전난간을 설치

Ⅳ. 타워크레인 사용 중 준수사항

(1) 타워크레인 작업 시 신호수를 배치

(2) 적재하중을 초과하여 과적하거나 끌기 작업을 금지

(3) 순간풍속 10m/s 이상, 강수량 1mm/hr 이상, 강설량 10mm/hr 이상 시 설치·인상·해체·점검·수리 등을 중지

(4) 순간풍속 15m/s 이상 시 운전작업을 중지

(5) 타워크레인용 전력은 다른 설비 등과 공동사용을 금지

(6) 와이어로프의 폐기기준

  ① 와이어로프 한 꼬임의 소선파단이 10% 이상인 것

  ② 직경감소가 공칭지름의 7%를 초과하는 것

  ③ 심하게 변형 부식되거나 꼬임이 있는 것

  ④ 비자전로프는 끊어진 소선의 수가 와이어로프 호칭지름의 6배 길이 이내에서 4개 이상이거나 호칭지름 30배 길이 이내에서 8개 이상인 것

(7) 타워크레인 운전원과 신호수에게 지급하는 무전기는 별도 번호를 지급

(8) 이상 발견 즉시 모든 작동을 중지

(9) 긴 부재의 권상 시 안전하게 사용을 위한 유도로프를 사용

(10) 인양 작업 시 양중마대 및 슬래브 양생용 천막 보양틀의 사용을 금지

09 Telescoping

I. 정 의
고정식 타워크레인을 상승시키는 방법으로, 유압잭으로 1단 마스트 높이만큼 밀어올린 다음 본체크레인으로 추가 마스트를 인입하여 핀 고정하는 방법을 말한다.

II. 현장시공도 및 시공순서

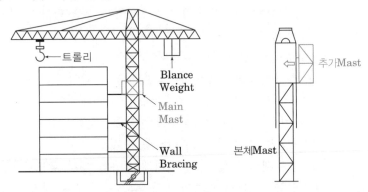

연장할 마스트 권상작업 → 마스트를 가이드레일에 안착 → 마스트로 좌우 균형 유지 → 유압상승 작업 → 마스트 조립(끼움) 작업 → 연장작업 완료(반복 실시)

III. 작업 중 주의사항
(1) 순간풍속 10m/s 이상, 강수량 1mm/hr 이상, 강설량 10mm/hr 이상 시 설치·인상·해체·점검·수리 등을 중지
(2) 작업 전에 타워크레인의 균형 유지
(3) 작업 중 선회 트롤리 이동 및 권상작업 등 작동 금지
(4) 마스트 안착 후 볼트 또는 핀이 체결 완료될 때까지 선회 및 주행 금지
(5) 작업 최상층과 크레인 지브 간격이 10m 이내일 때 Telescoping 실시
(6) 철저한 공정계획 실시
(7) 3~5개/1회 실시, 작업시간은 7.5hr 이내

Ⅳ. 벽체지지(Wall Bracing) 방식

(1) 타워크레인 제작사의 설치작업설명서에 따라 기종별·모델별 설계 및 제작기준에 맞는 자재 및 부품을 사용하여 설치할 것

(2) 콘크리트 구조물에 고정시키는 경우에는 매립하거나 관통 하는 등의 방법으로 충분히 지지되도록 할 것

(3) 건축 중인 시설물에 지지하는 경우에는 같은 시설물의 구조적 안정성에 영향이 없도록 할 것

(4) 지지 방법: 3개 지지대, A-프레임 + 1개 지지대, A-프레임 + 2개 로프, 2개 지지대 + 2개 로프

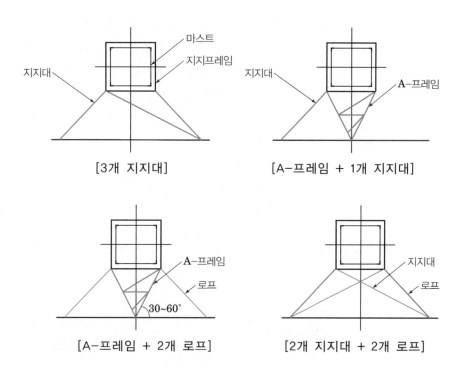

[3개 지지대]

[A-프레임 + 1개 지지대]

[A-프레임 + 2개 로프]

[2개 지지대 + 2개 로프]

😵 46,55회

10 | Robot화 작업분야(Robot 시공)

Ⅰ. 정 의
건설공사의 관리용이, 원가절감, 생산성 극대화, 성역화 등의 요구를 해결하기 위해 시공의 기계화, 건설로봇의 도입의 필요하며 이를 통해 고객만족 극대화, 부가가치 극대화를 도모할 수 있다.

Ⅱ. 대상
(1) 시공의 안전성을 위해 원격조작방식을 채택한 것
(2) 힘든 작업을 해소하기 위해 원격조작 또는 자동화방식을 채택한 것
(3) 원격조작 또는 자동화 등에 의해 시공이 가능한 것
(4) 자동화에 따른 노무절감을 꾀한 것

Ⅲ. 건설로봇의 적용
(1) 바닥미장공사용 로봇
  ① 작업인원 투입 절감
  ② 균일한 시공품질 확보
  ③ 저슬럼프 콘크리트 마감 용이
  ④ 시공성, 안전성 향상

(2) 흙막이 띠장 설치 로봇
  ① 안전성, 시공성 대폭향상
  ② 작업공정 단축
  ③ 기존방식 대비 작업인력 감소

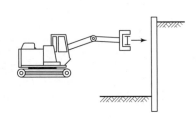

(3) 철골양중용 오토클램프
  ① 작업 안전성 향상
  ② 클램프 해체작업 불필요

(4) 철골용접 로봇
  ① 용접조건 자동설정 가능
  ② 시공정밀도 향상
  ③ 용접불량 최소화

(5) 내화피복 뿜칠 로봇

① 작업자의 비산, 분진의 노출에 대비

② 피복두께 정밀도 향상

③ 시공속도 향상

④ 고소작업 시 안전성 확보

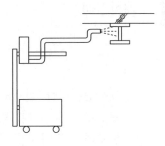

11 **개산견적**

I. 정 의
개산견적이란 설계도서가 충분하지 않고 정밀하게 견적할 시간이 없을 때 건물의 용도, 구조, 마무리 정도 등을 충분히 검토하여 과거의 유사한 건물의 통계, 실적 등을 참조하여 공사비를 개략적으로 산출하는 방법이다.

II. 목적
(1) 발주자의 자원조달의 규모를 설정하는 기준
(2) 발주자의 타당성 분석을 위한 기본자료로 활용
(3) 적정 예산에 설계가 될 수 있도록 설계자의 관리 및 지원의 기준
(4) 시공자의 입찰 시 평가의 기준
(5) 시공자가 수령할 기성금의 기본자료로 활용

III. 개산견적 방법
(1) 단위기준에 의한 방법
　① 단위설비에 의한 견적
　　㉠ 학교: 1인당 통계치 가격×학생수=총공사비
　　㉡ 호텔: 1객실당 통계치 가격×객실수=총공사비
　　㉢ 병원: 1Bed당 통계치 가격×Bed수=총공사비
　② 단위면적에 의한 견적
　　㉠ m²당으로 개략적으로 견적하는 방법
　　㉡ 비교적 정확도가 보장되고 편리하다.
　③ 단위체적에 의한 견적
　　m³당으로 개략적으로 견적하는 방법

(2) 비례기준에 의한 방법
　① 가격비율에 의한 견적
　　전체공사비에 대한 각 부분공사비의 통계치의 비율에 따라 견적하는 방법
　② 수량비율에 의한 방법
　　유사한 건축물의 면적당 또는 연면적당 콘크리트량, 철근량 등이 거의 동일한 비율을 이용하여 견적하는 방법

(3) 수량개산법에 의한 견적

적산된 물량×공사의 단가=공종별 공사비 산출을 하는 방법

(4) 적상개산법

① 공사비를 공종단위로 개략적으로 파악하고자 할 때 사용

② 공종은 부분별 내역의 대·중 공종이 사용

😊 29,96회

12 **부위별(부분별) 적산내역서(합성단가)**

Ⅰ. 정의

부위별 적산방법은 기존의 적산방법인 공종별 적산방법과 다르게 건축물을 구성하는 요소와 부분을 기능별로 분류하고, 각 부분을 집합체로서 공사비를 구하는 방법이다.

Ⅱ. 개념도

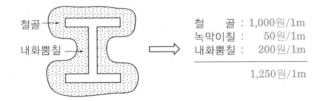

철골 → ／
내화뿜칠 → ／

⟹

철   골 : 1,000원/1m
녹막이칠 :   50원/1m
내화뿜칠 :   200원/1m
─────────────
1,250원/1m

Ⅲ. 특징

(1) 건물의 공사비를 가설, 구체, 토공 등 대분류 및 나아가 중분류로 분석하기 쉽다.
(2) 코스트를 1m²당(1m당) 합성단가로 표시할 수 있다.
(3) 공사물량 및 공사비 산출이 용이하다.
(4) 설계변경이 용이하다.
(5) 공사비 내역을 파악하기가 쉽다.
(6) 코스트 계획과 관리가 용이하다.

Ⅳ. 부위별 적산방법

(1) 간접공사비: 제 경비
(2) 기초공사: 토공사, 지정공사, 지하구체(기초, 기둥, 보, 벽체, 슬래브)
(3) 구조체공사: 지상층(기둥, 보, 슬래브)
(4) 기전공사: 전기공사, 기계설비공사, 승강기 등
(5) 소방공사: 방화셔터, 스프링클러 등

2 서술형 문제 해설

🔁 54,56,72,84,93,100회

01 건축물의 시공법에 따른 단열공법과 시공 시 유의 사항

Ⅰ. 개 요

(1) 단열공법은 열을 전달하기 어려운 재료를 외벽, 지붕, 바닥 등에 넣어 건물 외부와 주위환경의 열교환 차단을 위함

(2) 단열효과를 얻기 위해서는 단열시공법이 중요하며 현장 시공불량 시 단열성능 35~50% 감소됨

Ⅱ. 결로 발생 Mechanism

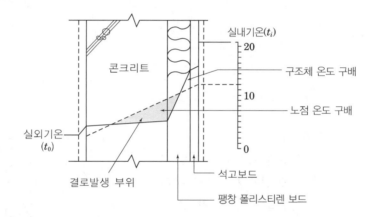

$t_{si} = t_i - \left(\dfrac{K}{\alpha_i}(t_i - t_o) \right)$ 여기서, K : 열관류율, a_i : 실내측 표면 열전달율

→ 실내표면온도(t_{si})가 주위 공기의 노점온도보다 낮으면 벽체표면에 결로가 발생한다.

실내습도	실내온도와 벽체 내부의 온도 차이
60%	6~8℃ 이상
80%	2~3℃ 이상

Ⅲ. 시공법에 따른 단열공법

(1) 내단열

① 구조체 내부에 단열재 설치
② 결로발생 우려가 있다.
③ 단열재 밀착시공 철저

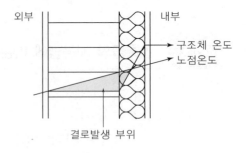

(2) 중단열

① 구조체 중간에 단열재 설치
② 결로 우려가 있다.
③ 고온다습 구간에 방습층 설치

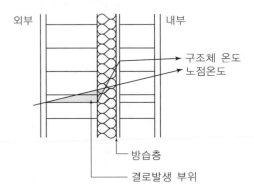

(3) 외단열

① 구조체 외부에 단열재 설치
② 건물 열용량 실내측 유리
③ 내부결로 발생하지 않음
④ 시공이 곤란, 단열성능 우수

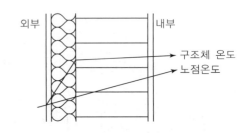

Ⅳ. 시공 시 유의사항

(1) 단열재 설치

적정 단열공법 선정

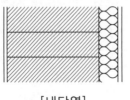

[내단열]

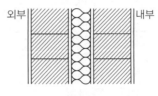

[중단열]

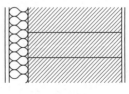

[외단열]

(2) 단열재 이음

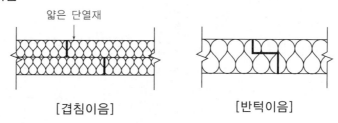

[겹침이음]   [반턱이음]

(3) 단열재 가공

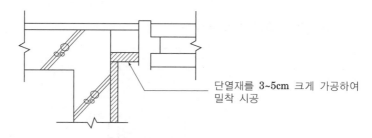

단열재를 3~5cm 크게 가공하여
밀착 시공

(4) 개구부 주변 밀실화

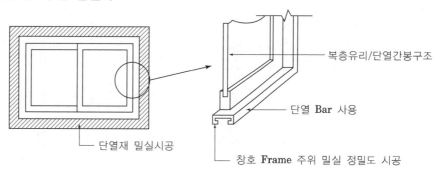

복층유리/단열간봉구조

단열 Bar 사용

단열재 밀실시공

창호 Frame 주위 밀실 정밀도 시공

(5) 단열재 재료

① 양질 자재 선정
② 비중, 흡수율 Test 실시
③ 단열재 건조 철저(습윤방지)

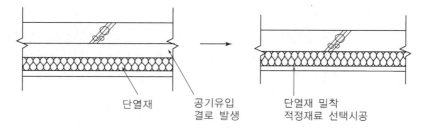

단열재   공기유입
결로 발생

단열재 밀착
적정재료 선택시공

(6) 방습층

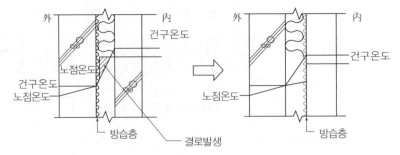

(7) 벽체 관통부 단열보강

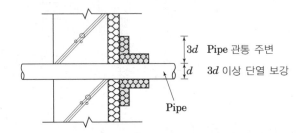

(8) Heat(Cold) Bridge 방지

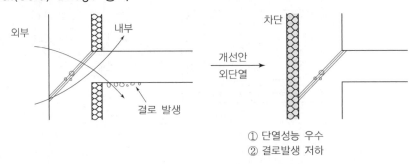

① 단열성능 우수
② 결로발생 저하

V. 결 론

(1) 건축물에서 단열은 열손실 방지, 냉·난방시간 단축, 에너지 절약 등에 매우 중요하다.

(2) 그러므로 재료에서부터 시공까지 철저한 관리를 통하여 품질관리에 만전을 기하여야
한다.

02 건축물의 결로발생원인과 방지대책

Ⅰ. 개 요
(1) 결로란 습한 공기가 온도 차이에 의하여 차가운 면에 물방울이 형성되는 것을 말한다.
(2) 실내습도와 온도 차이 관계

실내습도	실내온도와 벽체 내부의 온도 차이
60%	6~8℃ 이상
80%	2~3℃ 이상

Ⅱ. 결로 발생 Mechanism

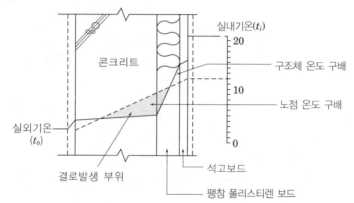

$$t_{si} = t_i - \left(\frac{K}{\alpha_i}(t_i - t_o) \right)$$ 여기서, K : 열관류율, a_i : 실내측 표면 열전달율

→ 실내표면온도(t_{si})가 주위 공기의 노점온도보다 낮으면 벽체표면에 결로가 발생한다.

Ⅲ. 발생원인
(1) 실내외 온도차
① 실내에서 온도가 가장 낮은 표면에 제일 먼저 발생
② 단열성능이 가장 나쁜 곳에서 발생

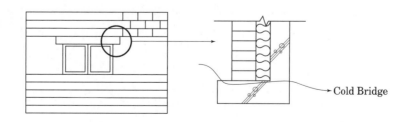

(2) 생활습관에 의한 환기부족

① 주거용 건물은 야간에 주로 거주 → 야간의 창문을 닫은 상태

② 주간에 방범상 이유, 구조체의 열손실을 막기 위해 창문 닫음

(3) 실내습기의 과다발생

① 온난다습한 기후에 자주 발생

② 실표면의 온도상승이 느릴 때 결로 발생

③ 연도장치가 없는 등유난로는 많은 수증기 배출

④ 세탁물의 실내건조 → 실내습기 발생

(4) 구조재의 열적 특성

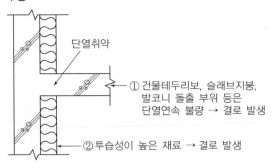

단열취약

① 건물테두리보, 슬래브지붕,
발코니 돌출 부위 등은
단열연속 불량 → 결로 발생

② 투습성이 높은 재료 → 결로 발생

(5) 시공불량

단열시공이 불완전하며 이 단열취약부로 결로 발생

(6) 시공 직후 미건조 상태에 따른 결로

조적조 주택(약 5,000kg 물이 구조체에 포함) → 건조 → 내부공기의 습도증가

└ 콘크리트 혼합 모르타르 및 회반죽에 사용된 물

Ⅳ. 방지대책

1. 환기법

① 습한 공기 제거

② 부엌이나 욕실의 환기창

→ 습기제거를 위한 자동문 설치

공기순환촉진

2. 난방법

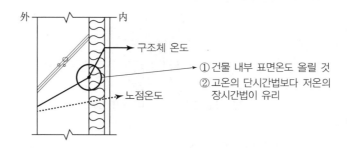

구조체 온도

① 건물 내부 표면온도 올릴 것
② 고온의 단시간법보다 저온의 장시간법이 유리

노점온도

3. 단열법
(1) 방습층 설치

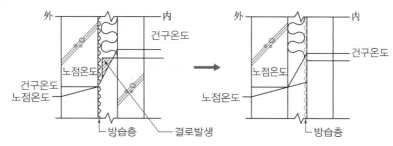

(2) 천장단열 시 환기시설

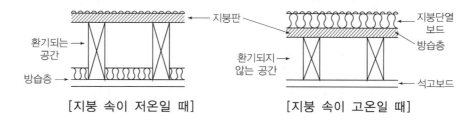

[지붕 속이 저온일 때]　　　　[지붕 속이 고온일 때]

(3) 열교(Heat Bridge)

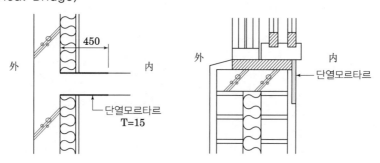

(4) 벽체관통부 단열보강

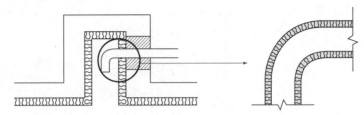

(5) 적합한 단열재의 선택

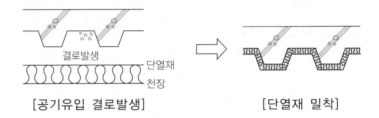

[공기유입 결로발생]　　　　　　[단열재 밀착]

V. 결론

(1) 건축물에 결로가 생기면 불투습성의 재료표면에 물방울이 맺히며, 흡수성 물질에는 습기가 차서 곰팡이류, 각종 균의 번식, 변형에 의해 건물재료와 구조체에 해를 끼치게 된다.

(2) 결로에 대한 방지계획

　　┌ 온도구배를 높게 한다.
　　├ 중공층에 환기를 한다.
　　└ 노점온도의 구배를 낮게 한다.

47,60,75,77,83,86,90,108,110회

03 공동주택에서 발생하는 층간소음 방지대책

Ⅰ. 개 요

(1) 공동주택에서 층간소음은 자기중심적인 생활로 인한 인간관계의 변화, 생활 수준향상에 따른 음원이 변화, 거주자의 요구성능변화가 있으나 근본적인 문제는 재료의 특성과 공법상의 문제를 들 수 있다.

(2) 공동주택 층간소음 저감 성능기준   (2022년 12월28일 이후 적용)

구분		기준
바닥두께	벽식 구조	210mm 이상
	무량판 구조	210mm 이상
	라멘 구조	150mm 이상
바닥충격음	경량	49dB 이하
	중량	49dB 이하

Ⅱ. 차음계수와 흡음률

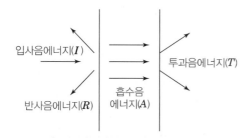

① 투과율 $(\tau) = \dfrac{T(\text{투과음 에너지})}{I(\text{입사음 에너지})}$

② 투과손실 $(T.L) = 10\log_{10}\dfrac{1}{\tau}$

③ 흡음률 $(a) = \dfrac{A + T}{I}$

Ⅲ. 층간소음 방지대책

(1) 뜬바닥 구조

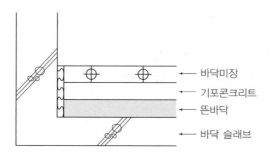

① 고체음 전달방지를 위해 바닥 자체 분리
② 바닥충격음 차단, 진동 흡수

(2) 바닥 슬래브 강성

① 콘크리트 강도는 가능한 크게 한다.

② 24MPa → 27MPa

(3) 바닥 슬래브 두께 확대

① 바닥 슬래브 두께를 크게 하여 고체전달음 차단

② 벽식구조일 때 210mm 이상

(4) 이중천장 구조

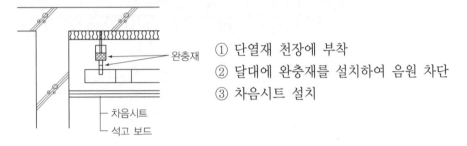

완충재

① 단열재 천장에 부착

② 달대에 완충재를 설치하여 음원 차단

③ 차음시트 설치

├ 차음시트
└ 석고 보드

(5) 바닥마감재의 변화(유연한 바닥마감재)

① 유연한 바닥마감재 사용으로 표면에 충격완충재 사용

② 전파음 저하

(6) 바닥에 단열재 설치

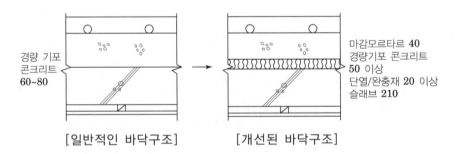

경량 기포
콘크리트
60~80

마감모르타르 40
경량기포 콘크리트
50 이상
단열/완충재 20 이상
슬래브 210

[일반적인 바닥구조]   [개선된 바닥구조]

(7) 개구부 밀실화

① 필요한 공간 이외에는 밀실하게 처리한다.

② 문틀, 창틀 주위 흡음성 재료로 밀실하게 처리

③ 창문은 이중창이나 Pair Glass로 설치

(8) 급배수 설비음

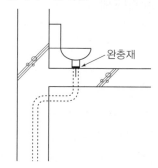

완충재

① 변기 하부와 바닥 사이에 완충재 설치
② 온수배관 콘크리트에 매입
③ 매립 배수관에 Glass Wool 커버
④ 세대 내 급수압력을 $2kg/cm^2$ 이하 유지

(9) Roof Drain Pipe

Roof Drain 주위에 흡음재 시공

(10) 창호 개폐음

① 창틀 부분에 고무패킹을 설치하여 완충효과
② 기밀성 있는 건구류 사용
③ 현관문에 Door Closer 설치

(11) Elevator 소음

① Elevator Shaft 벽의 시공오차를 최소화
② 침실 또는 거실과 격리
③ 방진고무, 방진스프링 이용

Ⅳ. 결 론

(1) 층간소음방지를 위해서는 설계단계에서부터 소음에 대한 철저한 검토가 있어야 한다.
(2) 소음과 진동의 완화대책을 위한 다양한 연구개발이 지속적으로 이루어져야 한다.

😵 55,62,68,82,83회

04 환경공해를 유발하는 공해의 종류와 방지대책

Ⅰ. 일반사항

(1) 의 의

공해에는 건축공사 현장에서 공사 진행 중에 직접 발생되는 공사공해와 폐기물공해 및 건축물 중공 후에 간접적으로 일어나는 건물공해로 인하여 주변민원이 발생하고 있는 바 시공계획에서부터 철저한 대비로 이를 최소화해야 한다.

(2) 건설공해(공사공해)의 특성

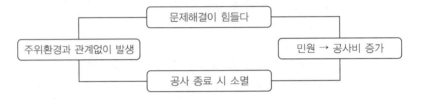

Ⅱ. 공해의 종류

(1) 공사공해

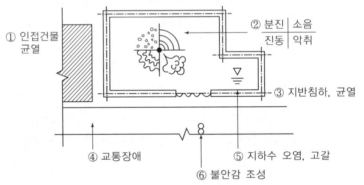

① 인접건물 균열
② 분진 | 소음 진동 | 악취
③ 지반침하, 균열
④ 교통장애
⑤ 지하수 오염, 고갈
⑥ 불안감 조성

(2) 폐기물 공해

Bentonite 폐액, Concrete 잔해, Ascon 찌꺼기, 스티로폼

(3) 건물공해

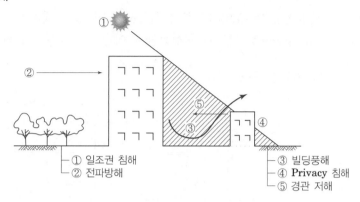

- ① 일조권 침해
- ② 전파방해
- ③ 빌딩풍해
- ④ **Privacy** 침해
- ⑤ 경관 저해

Ⅲ. 방지대책

(1) 해체공사

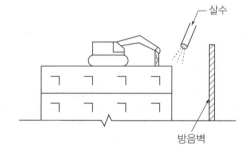

① 방음벽 설치하여 소음 차단
② 살수하여 분진 제거
③ 신호수 배치 → 교통장애 해소
④ 진동 최소화 → 인접건물 균열 방지

(2) 토공사

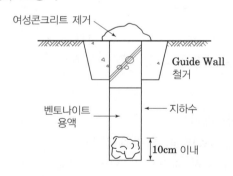

① 저소음 장비로 소음 제거
② 세륜시설 설치로 오염방지
③ 적정 흙막이공법으로 침하균열방지
④ 벤토나이트 관리로 오염방지

(3) 기초공사

① 파일잔재 가설골재로 활용
② PS 강선 재생철근으로 활용

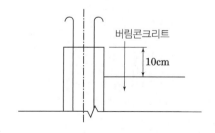

(4) 철근공사

① 철근 Prefab로 인하여 현장시공 시 소음 제거

② 철근공장 가공과 중형화물차 이용으로 교통장애 해소

(5) 거푸집공사

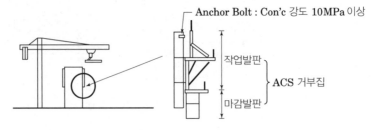

① System 거푸집을 통하여 소음, 분진 제거

② System 거푸집으로 인하여 불안감 해소

(6) 콘크리트 공사

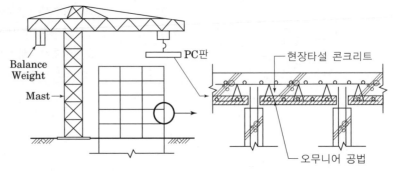

① 가능한 PC 공법으로 현장 소음, 진동, 분진 제거

② PC 공법에 따른 레미콘 차량이 적어 교통장애 해소

(7) 철골공사

① 현장용접 시공으로 소음 제거

② 철골공사 시공으로 공기단축에 따른 민원 감소

③ 철골공사 시공으로 물체 낙하 저감으로 불안감 해소

(8) 마감공사

① 마감건식화로 공해발생 해소

② 바닥, 천장의 Unit화로 공해발생 최소화

③ System 창호 사용으로 소음전달 방지

④ 생태계 파괴방지로 지하수 오염, 고갈 방지

Ⅳ. 결 론

건축공사 현장에서 공해에 대한 대책은 반드시 공종별 공사시공 계획서 작성으로 사전에
공해가 발생되지 않도록 최선을 다하여야 한다.

05 건설폐기물의 종류와 재활용 방안

Ⅰ. 머리말

(1) 최근 들어 공해에 대한 인식도가 좋아짐으로써 폐기물의 재활용방안이 모색되고 있으며, 정부의 정책적인 방안이 강력한 규제를 동반하여 관리를 하고 있으므로 활발한 홍보가 필요하다.

(2) 활용화 필요성

Ⅱ. 재활용 상황도

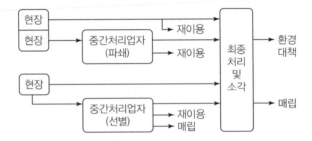

Ⅲ. 폐기물의 종류

(1) 해체공사

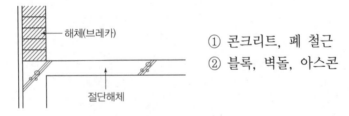

① 콘크리트, 폐 철근
② 블록, 벽돌, 아스콘

(2) 토공사

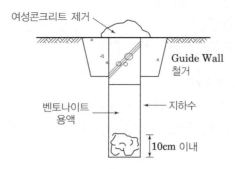

① 벤토나이트 용액
② 슬라임, 폐콘크리트
③ 쓰레기 섞인 매립토

(3) 기초공사

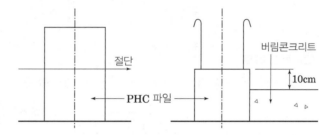

① 파일 잔재
② 폐콘크리트
③ PS 강선

(4) 철근콘크리트 공사

① 훼손된 유로폼, 합판 등 잔재
② 절단된 철근 잔재
③ 폐색용 모르타르, 시멘트 페이스트, 콘크리트 잔여물량, 파손된 비계파이프 등 가설재

(5) 철골공사

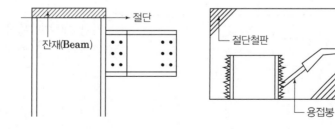

① 절단된 Beam

② 용접봉

③ 가공후 잔여 철판 조각

(6) 마감공사

① 외단열재, 타일, 스티로폼

② 도배, 장판, 포장 Box, 페인트 자재 깡통

Ⅳ. 재활용 방안

(1) 철재류

① 100% 재사용 가능

(2) 콘크리트

① 파쇄 후 분쇄기로 분쇄하여 옹벽 뒷채움재 활용

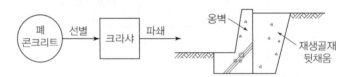

② 지반개량재(잡석대용), 가설도로

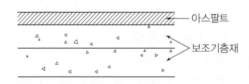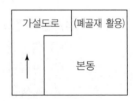

(3) 벽돌, 블록류

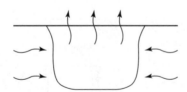

① 지반 개량재 활용

② 기초시공 시 잡석 대체 사용

(4) 목재류

　① 동절기 공사 가열 보온 시 난방용으로 사용

　② 규준틀 시공 시 사용

(5) 스티로폼류, 폐 PE 필름류

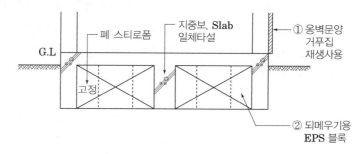

(6) 쓰레기 섞인 매립토

　① 조경 복토용으로 사용

　② 분류하여 되메우기 토사로 사용

(7) 창호재

　① 목재 창호, 강재 창호는 임시 건물에 사용

　② 유리는 재이용

V. 폐기물 재활용 실례

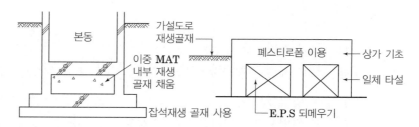

VI. 맺음말

(1) 폐기물의 재활용은 자원활용 및 공해예방에도 일익을 담당하는 것이며 지속적 활용 방안을 연구 적용하여야 한다.

(2) 정부의 의식변화와 지원, 홍보가 최우선 과제이다.

😣 59,91,110,115회

06 Tower Crane의 기종 선정 시 고려사항과 운영 시 유의사항

I. 개 요
(1) 타워크레인 기종 선정 시는 양중장비 효율, 대수 및 설치기간 등이 고려되어야 하며, 기초과정과 Mast 고정 시 견고하지 않으면 대형사고가 유발된다.
(2) 그러므로 안전성, 경제성, 양중능력 등을 고려하여 가장 적절한 가종선정과 운영에 유의하여야 한다.

II. 현장배치도

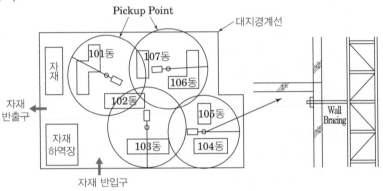

III. 기종 선정 시 고려사항
(1) **장비효율 검토**
① 장비의 1일, 1년 가동시간 체크
② 단위부재별 1주기 검토
③ 단위부재별 전체수량×단위부재별 1주기=총양중시간 산출

(2) **대수 및 설치기간**
① 1일 작업시간 : 10시간, 장비가동효율 : 70%
② 각종 거푸집 및 커튼월의 초기양중은 리프트카를 최대한 이용
③ 현장조건과 크기를 고려하여 수량화할 것

(3) **타워크레인 선정 흐름**

① 철골구조 : 기둥이나 보의 중량으로 산정
② 철근콘크리트 구조 : 거푸집 중량, 콘크리트 호퍼의 중량으로 산정

(4) 붐이 담당하는 범위(붐의 최대길이)
  ① 크롤러크레인은 반경이 가장 긴 붐에 의한 하중표 기준
  ② 작업반경과 양중무게를 검토 후 장비제원표 확인
  ③ 크레인의 가장 가까운 거리에서 가장 짧은 붐으로 들어올릴 수 있는 수치가 최대
    하중임

(5) 양중능력 고려
  ① 양중자재의 최대중량과 주요자재의 중량 파악
  ② 붐의 속도 및 선회장치
  ③ 타워크레인이 감당할 수 있는 면적 고려

(6) 안전성 고려
  ① 작업자와 운전자의 안전확보 고려
  ② 구조체의 큰 보강 없이도 타워크레인을 지지할 수 있을 것
  ③ 전도등 안전조건의 검토

(7) 경제성, 구조 및 시공의 용이성
  ① 용량, 공사규모, 운용계획에 따른 경제성 고려
  ② 지지 및 보강이 간단한 구조
  ③ 운행속도 및 시공의 용이성 고려

Ⅳ. 운영 시 유의사항

(1) 적정 양중 중량 준수
  ① 양중무게 검토 후 장비제원표 확보
  ② 작업반경 확인

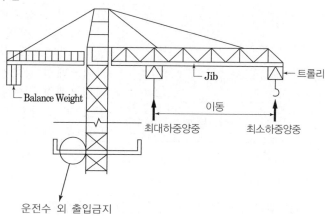

(2) 운영계획

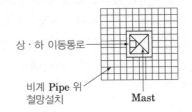

상·하 이동통로

비계 Pipe 위
철망설치

Mast

① 공종별 시간대 운영계획에 따라 작업실시
② 운전수 외 출입금지(점거농성자 출입금지)
③ 적정운영속도 준수(권상속도 : 15~30m/분)
④ 타워크레인 상호 충돌 방지

(3) 신호체계 일원화

① 운전수와 신호수와의 신호체계 통일
② 신호수(형틀공, 철근공, 콘크리트공 등) 교육 실시
③ 신호수 고정 배치(이중신호 금지)

(4) 기상·기후 조건 고려

① 순간풍속 20m/sec 초과 시 운전작업 중지(순간풍속 10m/sec 초과 시 설치, 수리, 점검, 해체작업 중지)
② 악천후 시 작업중단

(5) 정기안전점검 실시

① 철저한 장비점검 실시
② 트롤리에 부착된 와이어로프, Mast 지지로프 등은 매일 점검

(6) 안전관리 유의

전 도	•안전장치 고장으로 인한 과하중 •기초의 강도 부족 •Mast 지지로프 절단
붐의 절손	•타워크레인 상호간의 충돌 •타워크레인 장애물과의 충돌
Crane 본체 낙하	•권상 및 승강용 와이어로프 절단 •Joint부 Pin의 탈락

V. 결 론

(1) 최근 건축물 시공 시에 타워크레인의 활용이 점차 증가하고 있는 추세이다.
(2) 타워크레인 기종 선정과 운영에 있어 많은 것들이 있지만 안전확보를 최우선으로 하여야 한다.

07 실적공사비 적산제도

Ⅰ. 일반사항

(1) 정 의

실적공사비 제도는 과거 시행된 건설공사로부터 산출된 공종별 계약단가를 기초로 하여, 공사규모, 지역차 등에 대한 보정을 실시하여 새로운 건설공사의 예정가격 산출에 활용하는 제도

(2) 도입배경

Ⅱ. 실적공사비

(1) 개념도

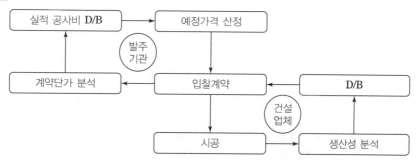

(2) 특징 비교

구 분	품셈제도	실적공사비제도
내역서 작성방식	설계자 및 발주기관에 따라 상이	표준분류체계인 수량산출기준에 의해 내역서 작성 통일
단가산출 방법	품셈을 기초로 원가계산	계약단가를 기초로 축적한 공종별실적단가에 의해 계산
직접공사비	재·노·경 단가 분리	재·노·경 단가 분리
간접공사비 (제경비)	비목(노무비 등)별 기준	직접공사비 기준
설계변경	품목조정방식, 지수조정방식	지수조정방식(공사비지수 적용)

Ⅲ. 기대효과

(1) 자재 및 노임 현실화
① 시중 실제 노임단가 적용
② 표준품셈 적용이 아닌 거래 단위당 시공단가
③ 검증된 수량산출 기준에 따른 원가 산출

(2) 공사특성 반영

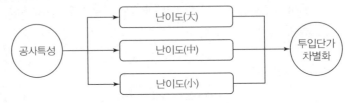

(3) 현장여건 반영
목적물의 품질상태를 중심으로 공사비 산정

(4) 적산업무의 간소화
① D/B에서 차후 예정공사의 단가 산정
② 품셈에서의 절차 생략

(5) 가격의 투명성 확보
① 기수행된 공사의 단가를 비교 분석
② 단가분석자료 Data Base 및 공유
③ 공사여건, 현장여건 등을 감안한 단가 분석

(6) 기술 위주의 가격경쟁 유도
① 실제노임단가 적용에 따라 기술위주의 경쟁 유도
② 기술개발 보상제도 활성화
③ 신기술, 신공법의 적용

(7) 적산 System 활성화

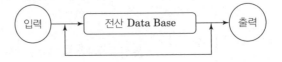

(8) 시공기술의 발전
단가의 현실화에 따른 공사품질 위주의 시공전략
→ 시공기술의 발전 도모

(9) 사무업무의 표준화

(10) Quantity Surveyor 운영
① 적산업무의 전문화 도모 → 분쟁해결
② 공사의 LCC 분석 및 Risk 관리

Ⅳ. 효율적인 운영방안

(1) 실적단가 축적

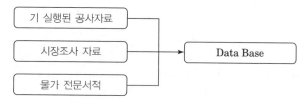

(2) 건설 정보체계 구축

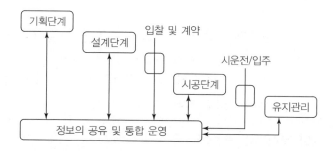

(3) 내역서 공종체계 수립

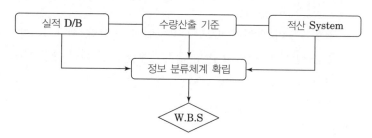

(4) 공종 분류체계의 표준화
① 시방서 공종분류
② 각 기업의 공종분류

(5) 관련제도 및 관행개선

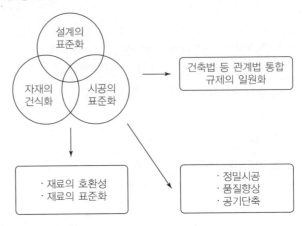

(6) 전문 적산서적 발간
① 정기적 시장조사, 정보의 정기적 공급
② 정보의 공유

(7) 계약단가 변동요인 관리
① 수량증감에 의한 계약금액 조정방법 등을 검토하여 전략적 입찰단가의 투찰 방지
② 낙찰률에 따른 실적단가 보정방안 검토
③ 건설공사비 지수에 의한 시간차에 대한 보정 등을 통하여 시간변화에 따른 실적 단가의 적정성 확보

(8) 작성방법 표준화

V. 결론
건설기술의 발전에 따른 시공방법의 변화와 시장가격에 유연하게 대처하기 위한 객관성 있는 공사비 산정기준의 관리체계를 정비해서 공정하고 일관성 있는 관리체계가 필요하다.

memo

3 부실사례 및 개선방안

• 도장공사

	부실 내용	개선 방안
도장피막 불량	• 목부 일부분 도장공사 시공 미흡 • 도장 피막이 피도면의 전처리 불량으로 벗겨짐	• 도장공정시 피도면의 전처리 및 재료의 성능 테스트 • 업체 책임시공의 철저한 확인(입주전 사전점검 철저)
녹막이 페인트 불량	• 녹막이 페인트칠 불량으로 외기에 노출된 철재 핸드레일 부식(녹발생) 발생	• 반드시 지정된 서포트를 사용 • 시스템 서포트는 브레이싱이 연결된 제품을 사용 • 취약부위(절단, 용접, 절곡 등)에 대한 철저한 마감 작업 • 외기에 노출되는 철물은 녹방지 효과가 있는 재질로 설계 변경
touch up 페인트 시공 불량	 • 보수작업 이후의 상태를 고려하지 않은 무성의한 시공 • 異色으로 인한 전체 도장요구 민원 발생	 도장면의 이색을 최소화 할 수 있도록 구간별로 구획하여 도장공사 실시

	부실 내용	개선 방안

지하
주차장
천장
곰팡이
발생

	• 제품사양 확인 미흡(석고 펄라이트계)
	• 환기시설 미흡(시공 후 입주시까지)
	• 지하주차장의 환기가 원활하지 않아 결로에
	  따른 곰팡이 발생
		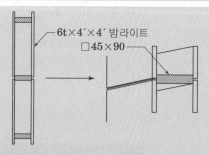
		• KS F 3701(펄라이트), 3702(질석)의 규정에
		  적합한 원재료에 석고, 시멘트, 무기접착제,
		  기포제, 발수제 및 특수첨가제 등을 첨가
		• 열전도율, 밀도, 부착강도의 규정준수여부 확인
		• 발수성능이 뛰어난 안정화제 및 발수제 사용

조인트
부위 이색

	• 밤라이트 천장 조인트 코킹 부위 이색
	• 조인트 코킹 시공시 테이프 미시공으로 선형
	  미흡
		6t×4′×4′ 밤라이트
		□45×90
		• 밤라이트 조인트 줄눈 시공계획서 작성 실시
		• 줄눈의 폭은 시공 편의상 밤라이트 두께로 하
		  면 편리하고 미관 또한 양호함

• 미장공사

	부실 내용	개선 방안
걸레받이 미장선 불량	견출작업 후 바닥방수 작업을 실시하여 견출면이 오염, 걸레받이 마감면의 품질확보 미흡	걸레받이 부분을 10mm 들임 시공하고 방수작업 후 미장 처리함
신축 테이프 설치불량	바닥미장 신축테이프 부착 시 바닥미장 레벨 수평불량	벽면에 바닥마감 기준선 먹줄 놓기 1차경량기포 → 방바닥미장(측면완충재선) 등의 먹선을 놓아 수평 확인이 용이하도록 함
보양불량	• 보양 미설치로 발코니 파손, 손상 • 상부층 견출 잔재물 낙하로 인한 하부층 높은 발코니 오염	• 높은 발코니 턱에 보양지로 보양 • 오염 및 파손 되지 않도록 보양재 사용하여 보양

	부실 내용	개선 방안
초벌미장 불량	 욕실 측벽 상부는 천장 속으로 매립되는 부위로 마감미장처리에 소홀하여 소음 및 악취 전달 등의 문제 발생함	 측벽 부위 상부를 밀실하게 미장하여 소음전달 방지 및 악취전달 방지효과를 기대 할 수 있음
모서리 보강불량	 방바닥미장 타설 전 평면상 벽체의 모서리 부위, 온수분배기함 주변 등 크랙 발생	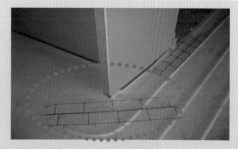 • 기포콘크리트 타설 후 최단 기간내에 방바닥 미장 공사를 시행 • 평면상 벽체의 각진 부위, 온수분배기함 주변에 대각선으로 Wire-Mesh등의 철물을 매립 시공하여 보강 • 온도에 의한 수축팽창 및 부배합의 시멘트 모르타르 등에 의한 균열발생 방지 대책수립
이질재 접합부 처리부실	  • 이질재간 접합부위 균열발생 • 미장, 도배, 타일 등 마감 품질 저하	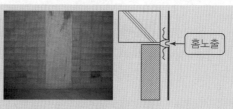 • 콘크리트와 조적 접하는 미장면은 균열 유도를 위한 사전계획 수립 • 이질재와 접합부 Control Joint 처리 후 코킹 시공

	부실 내용	개선 방안
구배불량	 • 신축줄눈 구간내 구배 미장 미흡 • 추후 옥상층(세대) 누수로 인한 민원 발생 우려	 • 옥상 누름콘크리트 타설시 구배 계획 수립 • 드레인 주위 구배 계획 수립 • 신축줄눈 및 Level Post 등을 이용한 구배 확보 • 누름콘크리트 마감시 평활도 확보

문틀상부
균열
	
	• 구조체 개구부 크기 과다 시공
	• 문틀(Head) 고정 Anchor 미 시공으로 문 개폐
	  시 충격에 의한 균열
		
		• 골조 시공시 문틀과의 간격 20mm 준수
		• 문틀의 폭이 넓은 경우 600mm 간격으로 고정
		  Anchor 철저 시공
		• 문틀 주위의 미장면에 10mm 폭의 Groove 시공
		  (또는 Groove 후 코킹)

벽체
미장균열
발생
	
	• 벽체 미장 작업절차 미 준수
	• 모르타르 배합 부적합 / Open time 초과 모르타
	  르 사용
	• 미장 작업 후 양생 전 외부 충격
		
		• 벽 미장 작업절차 준수(바탕면 처리+물 축임+
		  초벌미장+정벌미장)
		• 모르타르 배합비 및 모르타르 Open time 준수
		• 양생 및 보양관리 철저

• 방수공사

	부실 내용	개선 방안
Pinhole 발생	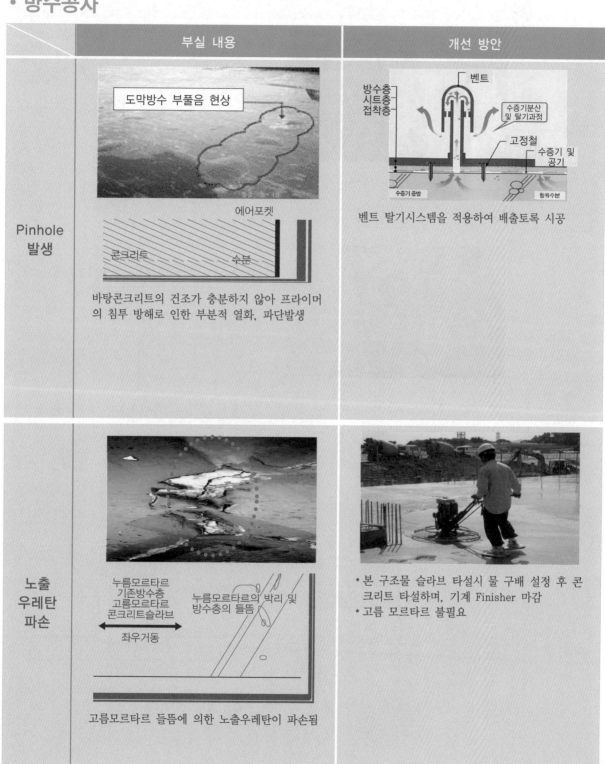	

	부실 내용	개선 방안

도막방수 부풀음 현상

에어포켓

콘크리트

수분

바탕콘크리트의 건조가 충분하지 않아 프라이머의 침투 방해로 인한 부분적 열화, 파단발생

벤트

방수층
시트층
접착층

수증기분산 및 탈기과정

고정철

수증기 및 공기

수증기 증발

함유수분

벤트 탈기시스템을 적용하여 배출토록 시공

누름모르타르
기존방수층
고름모르타르
콘크리트슬라브

좌우거동

누름모르타르의 박리 및 방수층의 들뜸

고름모르타르 들뜸에 의한 노출우레탄이 파손됨

• 본 구조물 슬라브 타설시 물 구배 설정 후 콘크리트 타설하며, 기계 Finisher 마감
• 고름 모르타르 불필요

노출 우레탄 파손

	부실 내용	개선 방안
구배불량	 트렌치 내 물흘림 경사 불량으로 인한 물고임 등으로 누수 등의 하자발생 및 트렌치 내 돌출물 설치 시 누수 예상	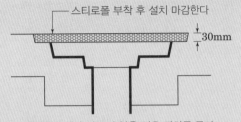 스티로폴 부착 후 설치 마감한다 30mm SLAB 두께가 나오지 않을 경우 단차를 둔다. • 트렌치 내 바닥 물흘림 경사 시공 • 트렌치 내 돌출물 설치시 누수에 취약하게 되므로 가능한 트렌치 외부에 설치
배관 스리브 주위방수 불량	 콘크리트 타설 후 배관 스리브 천공 작업으로 인한 주변 방수 파손 및 보수 미비	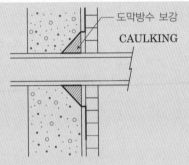 도막방수 보강 CAULKING • Pipe 주위 도막방수 보강 • 연관되는 공종 연계 검토 • Caulking으로 충격, 열팽창흡수
방수층 파손	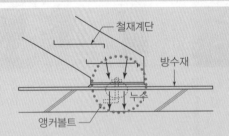 철재계단 방수재 누수 앵커볼트 지붕층 방수 상부에 철골계단을 설치하여 앵커볼트 등으로 방수층을 파손시켜 누수	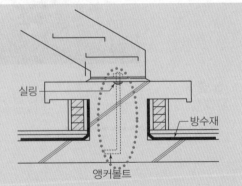 실링 방수재 앵커볼트 방수층 상부에 구조물을 설치할 경우 콘크리트 턱을 만든 후 구조물을 설치

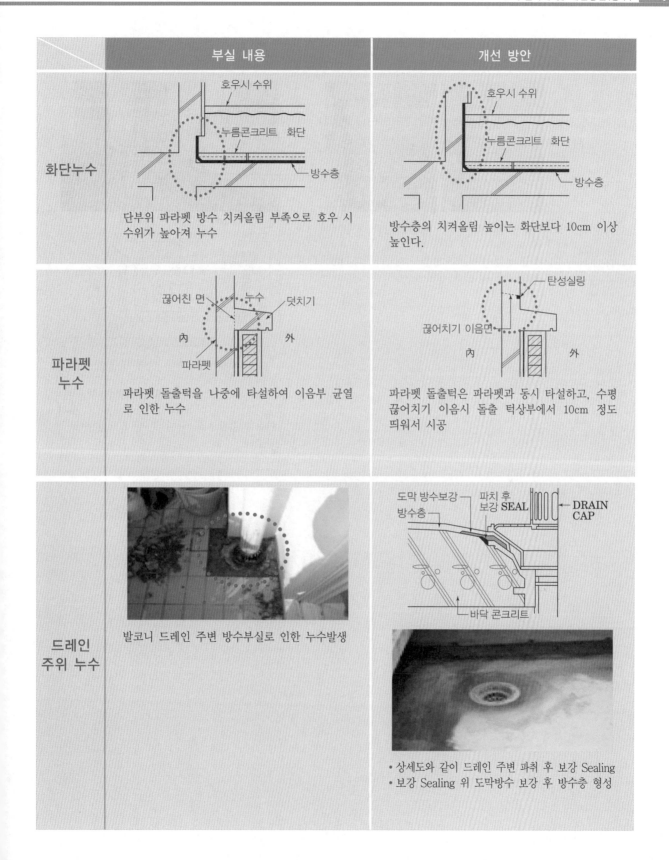

부실 내용	개선 방안
화단누수 단부위 파라펫 방수 치켜올림 부족으로 호우 시 수위가 높아져 누수	방수층의 치켜올림 높이는 화단보다 10cm 이상 높인다.
파라펫 누수 파라펫 돌출턱을 나중에 타설하여 이음부 균열로 인한 누수	파라펫 돌출턱은 파라펫과 동시 타설하고, 수평 끊어치기 이음시 돌출 턱상부에서 10cm 정도 띄워서 시공
드레인 주위 누수 발코니 드레인 주변 방수부실로 인한 누수발생	• 상세도와 같이 드레인 주변 파취 후 보강 Sealing • 보강 Sealing 위 도막방수 보강 후 방수층 형성

	부실 내용	개선 방안
코너부 도막방수 보강	 • 욕실벽 콘크리트+조적 접합부 균열 다발 부위에 도막방수 보강 누락 • 욕실 문틀 주위 도막방수 보강 누락으로 문틀 주위 누수 및 문틀 변형	 1,200　1,800 문틀주의 도막방수덧보강 ($H=150, L=150$) • 욕실 : 바닥 4면, 욕조 주위벽, 문틀 주위(폭 300) 보완 시공 • 기타 : 콘크트벽과 조적벽 접합 부위, 변기 슬리브, 욕실에 돌출되는 각종 파이프 주위, 이질재 접합부위, 균열 부위, 드레인 주위 정밀 시공

• 석공사

	부실 내용	개선 방안
석재고정 불량	 벽체의 석재 붙임을 앙카철물 시공없이 직경 3mm 정도 구리선을 벽체에 콘크리트 못으로 고정하고, 화강석 고정은 꽂임촉 시공없이 구리선을 석재에 에폭시본드 만으로 고정 시공	 건식 돌붙임공사의 경우 벽체에 앙커용 구멍을 뚫어 앙카철물을 설치하고, 앙카 철물에 연결철물 (파스너 등)을 연결하여 석재의 상하 및 양단에 설치하여 하부는 지지용으로 상부는 고정용으로 하는 것으로 설계 및 시공
석재변색 현상	 • 대리석의 성분중 비산화철(FeO)이 함유된 것의 습식공사시 Cement Mortar 및 Cement Paste 에 의하여 오염발생 (황변) • 석재의 임시고정을 위한 목재쐐기로 인한 황변 발생 • 석재 고정을 위한 Epoxy Bond로 인한 황변발생 • 석재설치를 위한 Metal Frame 설치시 Frame 표면 녹발생으로 석재표면 변색	 • 시공부위에 따른 석재의 성분 및 특성을 고려한 선택 • 백색계열의 대리석은 습식공법 지양 • 대리석의 배면 및 마구리면에 발수제 도포 • 석재의 임시고정 및 줄눈폭 유지를 위한 목재쐐기 사용지양 및 사용이 불가피할 경우 줄눈마감전 반드시 제거 • 석재 고정을 위해 Metal Truss 설치시 용접부위 녹막이 철저 • Epoxy Bond 사용시 주제와 경화제의 정확한 배합비율 유지 및 무황변제품 사용

	부실 내용	개선 방안
석재오염	 철제 Band에 의한 녹발생 • 석재의 운반시 부적합한 Packing으로 석재표면이 오염됨 • 철제 Band를 사용하여 Band에 발생된 녹이 석재표면에 흡착되어 발생 • 목재 Pallet와 석재 사이에 이격재가 없어 목재의 흡습으로 석재표면 오염	 양호사례 • 석재 Packing시 철재 Band 사용지양(PVC 또는 연질고무계 사용) • 목재와 석재사이에는 완충제의 역할을 할 수 있는 이격재를 반드시 사용하여 목재의 흡습에 의해 발생된 진액이 석재표면에 흡착되지 않도록 관리
바닥석재 박락	 • 동절기 외부바닥 습식공사시 시멘트모르타르의 동결로 수축, 팽창을 반복하여 석재의 균열, 들뜸, 줄눈의 탈락이 발생됨	 • 석재 시공시 소정의 줄눈폭 유지(외부바닥 : 최소 5mm 이상)로 부실한 줄눈 충전 예방 • 줄눈시공시 줄눈사이 이물질의 완벽한 제거 후 줄눈시공 • 충분한 양생 • 동절기 습식공사 지양 • 매 6m 간격으로 신축줄눈을 시공하여 외기 온도차이에 의한 신축에 대비 • 바닥석재 습식공사시 석재의 고정을 위한 Cement Paste의 완전 경화 후 줄눈을 시공하여 시멘트 페이스트의 양생으로 발생하는 수분의 증발로 인한 표면백화 방지

	부실 내용	개선 방안
두겁석 시공불량	 • 석재의 두겁석 시공시 긴결철물을 사용하지 않아 처짐발생 • Metal Truss 설치위치의 오류로 부적합한 상부 석재 시공	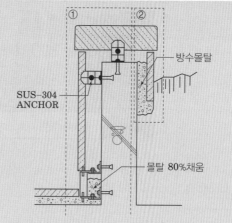 • 두겁석 설치시 반드시 긴결철물 사용 • 화단 두겁석의 경우엔 방수 Mortar로 뒷 채움 철저 • Metal Truss 설치시 Metal Frame로 Shop Drawing을 작성하여 적정한 위치에 설치될 수 있도록 함
앵글긴결 공법 시공불량	 • 앵글긴결공법 시공시 촉 (Pin)을 사용하지 않고, Epoxy Bond로 고정하여 밀림 및 Epoxy Bond 시공부위의 변색 등 하자발생 우려 • 긴결철물(파스너)은 석재 규격에 따른 중량 및 마감거리에 따라 구조검토 후 적정한 규격의 것을 사용하여야 하나 부적정한 규격의 긴결철물 사용으로 처짐 및 탈락 우려 • 1차 Fastener의 길이는 석재 배면에서 약 20mm 떨어진 길이의 것이 적정하나 과소한 길이의 앵글사용으로 처짐 및 탈락 우려 • 앵글긴결철물은 상부의 석재의 하중만을 부담하도록 구조검토되어 하부의 석재와는 반드시 이격시켜야 하나 밀착시공으로 상부석재의 하중전달로 구조적인 문제발생	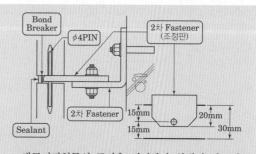 • 앵글긴결철물의 규격을 결정하기 위해서 반드시 구조검토 실시 • 앵글긴결공법 시공기준 준수

	부실 내용	개선 방안
단차발생	대리석-마루 joint 단차 2002/07/09 Joint부위 단차 발생, 방바닥 수평 불량, 선·후 공정고려 검토미흡, 이질재 접합부위 재료분리대 미설치로 단차발생	온돌마루 마감두께　대리석 마감두께 "목재" 재료분리대 검토(면치기)　재료 분리대 • Project 木材 재료분리대 사용 검토(면치기) • 이질(異質) 마감재에 재료분리대 시공 (한쪽의 처짐방지, 재료의 단차 발생 억제, Joint 틈새 최소화)

• 조적공사

	부실 내용	개선 방안
균열발생	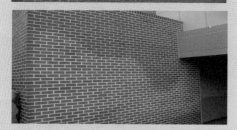 • 벽돌 및 모르타르의 소요강도 부족 • 기초 부동침하, 불합리한 벽 배치 • 온도, 습도, 하중에 의한 탄성 변형 • 신축줄눈 미시공	수축줄눈 : 일정길이(4.5m 이내) 구간에 스치로폼이나 아이소핑크로 조인트 설치 • 이질재와 접합부위에 보강재 및 수축줄눈 설치 • 고정용 보강철물 시공
백화발생	• 벽돌 자체의 강도가 부족하거나 흡수율이 너무 클 때 백화 발생 • 모르타르의 강도나 배합의 불량 • 파라펫 상부, 창대 등 우수처리 미흡 • 양생중에 빗물이 침투되는 경우	 • 우천시 작업 중지, 공간쌓기시 통풍구 및 배수구 설치 • 백화방지용 발수제 시공 • 발수성능이 함유된 벽돌 사용 • 재료의 소요강도와 흡수율 등 품질이 확보될 것 • 모르타르는 적정한 배합강도 유지를 위해 비빔 후 1시간 이내에 사용

	부실 내용	개선 방안
인방보 시공불량	 • 인방 설치규격 미달 • 인방 위치 선정 부적정 • 인방 양쪽 물림 길이 부족(200mm)	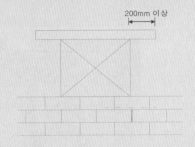 200mm 이상 • 인방 양쪽 각각 200mm 물리는 것으로 산정 • 인방이 콘크리트 벽면에 접할 경우 Anchor나 부자재로 고정 • 인방 규격 및 위치 정확한 시공(문틀 + 20mm) • 인방 콘크리트 현장 타설시 철근배근 및 콘크리트 배합상태 확인
사춤 및 줄눈불량	 • 줄눈 모르타르 두께 시공 미흡 • 가로, 세로 줄눈 모르타르 충진 불량 • 조적 벽체 최상부 몰탈 사춤 누락 • 사춤 누락 부위로 열손실, 소음, 악취 발생 우려	 • 시공중 정확한 벽돌나누기 • 수평, 수직 줄눈 및 기둥, 보 또는 슬래브와 접하는 부위는 줄눈몰탈을 빈틈없이 충진
사춤불량	 • 전선관 관통부위 긴결 철선 누락으로 강도저하 및 균열 발생 우려 • 조적 매립 부위 시공계획 미흡	이형 홈벽돌 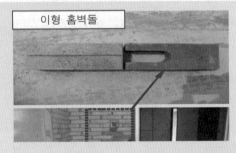 • 전기 배관 관통 부위 기계 홈파기 또는 배관 주위 매 3단마다 긴결철선(#8)을 매립하고, 몰탈로 벽돌면과 같은 두께로 밀실하게 충진 • 설비, 전기 배관이 있는 부위는 홈벽돌로 시공

부실 내용	개선 방안
벽돌쌓기 불량 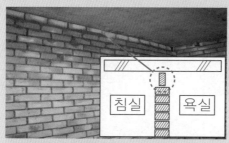  • 벽돌 쌓기 방법 불량 (2~3켜 연속 마구리 또는 길이 쌓기) • 벽체 수평, 수직불량 • 최상단 벽돌 옆세워 쌓기로 인한 단면 결손	 • 쌓기 방법 시방 준수 (영식 또는 화란식) • 1켜 마구리 다음켜 길이 쌓기 • 벽체 수평 및 수직 유지
긴결철물 미시공  공간벽 단열재 시공시 긴결철물 미설치로 벽돌 및 단열재가 고정이 되지 않아 벽체 변형 및 단열재 탈락	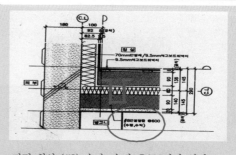 • 긴결 철선 (#8) 수직, 수평 @600마다 설치 • 시공순서는 한쪽을 먼저 쌓고 어느정도 경화 후 단열재 설치와 나머지 부분 조적 • 단열재 사이는 틈이 생기지 않게 밀실하게 충전

• 타일공사

	부실 내용	개선 방안
나누기 불량	• 발코니 재료분리대 앞에 조각타일 시공 • 엘리베이터 홀의 줄눈 계획 미흡	타일 시공전 바닥타일나누기 계획 수립 및 검토
타일색상 상이	• 계단실 바닥타일 이색 • 발코니 바닥타일 이색	• 동일장소는 반드시 동일 LOT 자재로 시공 • 본 시공전 자재 검수로 이색타일 시공 예방 　(자재검수 시기는 재반입기간를 고려하여 사 　전에 계획 반영)

	부실 내용	개선 방안
구배불량	• 발코니의 구배 미흡으로 물청소 후 물고임 • 장방형으로 긴 평면의 경우 구배 시공이 어려움	• 구배지침 준수로 물고임 사전 예방 • 평면계획시 구배 계획 및 드레인 배치 사전 검토
위생 기구류 마감불량	• 세면기 및 양변기 배관 주위 타일 마감 미흡 • 백시멘트 시공면적 과다로 미관 저해	배관 규격을 고려한 타일 정밀 시공

	부실 내용	개선 방안
줄눈과다	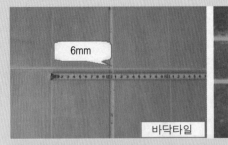 6mm 바닥타일  6mm 벽 모자이크타일 바닥타일 및 벽타일 두께의 기준 초과로 미관 저해	 • 줄눈 폭에 대한 시공지침 준수 (참조 : 건축공사표준시방서 – 소형타일 : 3mm, 모자이크타일 : 2mm)
이질재 접합부 줄눈코킹 누락	 코킹누락  Con'c 조적 욕실 이질재 타일 시공부위 코킹 누락으로 인한 크랙 발생	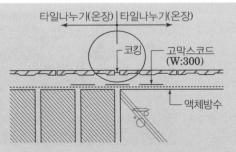 타일나누기(온장) 타일나누기(온장) 코킹 고막스코드 (W:300) 액체방수 • 콘크리트와 조적조 등 이질재 부분을 경계로 온장타일 나누기 시공 • 이질재 경계구간 줄눈 부위 코킹 시공

• 단열공사

	부실 내용	개선 방안

현관주위 결로발생	
	
	석고보드 후면 압출스치로폴 길이부족
	
	• 문틀 단열재 부족 시공 및 코킹 홈 누락 시공
	• 현관문 결로 발생
		外 / 内
		단열철저
		사춤
		천장마감선
		현관출입문
		단열사춤
		
		– 현관문틀 주위 전면 밀착 가능한 방법 검토
		– 전면밀착 어려울 경우
		  • 콘크리트면과 단열재가 밀착되도록 미장보완
		  • 콘크리트 벽체와 합지판에 공간이 발생된 경우 합지판을 천공 후 발포 우레탄폼으로 보완
		– 세대 현관문 문틀 내부 단열재 밀실 충진
		– 석고보드 접합면 실링 밀실 시공

단열재 시공 누락	측세대 단면도 측세대 평면도 • 1층 반자 상부 외벽부위(비노출면)에 단열재 누락 시공 • 외벽과 교차되는 벽체 중 냉교현상이 발생되는 면 방습층 누락 시공 • 육안으로 노출되지 않는 면에 대한 품질관리 미흡 • 천장 상부에서 결로가 발생하여 벽지 등에 곰팡이 발생	벽체단열재 완충재 아이소핑크 • 결로가 발생되는 위치에 대한 방습층 설치 설계반영 여부 확인 • 외기에 면한 벽체 전체면에 단열재 정밀 압착 시공(내부 공기 유입 방지)

	부실 내용	개선 방안
외기 접합면 곰팡이 발생	 • 외기에 면하는 벽체에 설치된 단열재 손상 등으로 내부공기 유입 • 외기에 면하는 벽체와 교차되는 벽체 내측면에 방습층 미설치 • 방습층 미설치로 결로에 의한 곰팡이 발생	 • 설치된 단열재 손상부위 보완 (발포우레탄폼 등) • 단열재 이음부위 Taping 처리 • 외기에 면하는 벽체와 교차되는 벽체 내측면에 방습층(결로방지) 설치 ※ 방습층 : 투습도가 24시간당 30g/㎡ 이하 또는 투습계수 0.28g/㎡·h·mmHg 이하
단열재 이음불량	 최상층 천정 단열재 설치시 이음부 Taping 미실시에 따라 시멘트 페이스트가 유입되어 틈새 부위에서 결로로 인한 곰팡이 발생	 틈새없이 밀착시공 • 단열재를 깔고 Con'c 타설시 단열재 이음매 부위 테이핑 처리 철저 • 단열재 이음매 부위로 Con'c 유입시 이음매 부위에 판상단열재 등으로 결로방지용 단열재 보강 • 단열재의 이음이 발생되지 않도록 시공

	부실 내용	개선 방안
측벽 단열재 시공 불량	단열재와 콘크리트 사이 이격 • 측벽 설치시 이음부 Taping 미실시, 단열재 손상(각재 사용고정), 단열재 내부 공간 발생 등으로 내부 공기가 유입되어 결로 및 곰팡이 발생	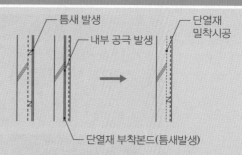틈새 발생 단열재 밀착시공 내부 공극 발생 단열재 부착본드(틈새발생) • 단열재를 손상시키는 공법 사용 지양 (각재 또는 각목 사용으로 단열재 절단 등) • 벽체 단열재 설치 시 콘크리트 벽체와 단열재 사이가 이격되지 않도록 단열재 밀착시공 • 내부 습기가 측벽으로 전달되지 않도록 제습지 설치
단열재 틈새발생	 • 배관 주위 단열재 충진 누락 • 세대 소음 및 악취 유입	우레탄폼 충진 • 배관 주위 및 스티로폴 누락부위에 발포 우레탄폼 충진 • 타일 시공전 틈새 충진 확인

	부실 내용	개선 방안
방통미장 균열	 방통미장 균열로 인해 난방시 바닥 장판이 균열을 따라서 부풀어 오름	 • 벽체 모서리 부분에서 45°로 균열 발생 비율이 많으므로 모서리 부분에 메탈라스로 바닥 보강 • 방통미장 몰탈이 Non-Crack 방지제 혼합하여 타설 • 방통 타설 후 충분한 양생이 될 때까지 출입금지 • 방통 미장 위 중량물 적재 금지

• 수장공사

	부실 내용	개선 방안
틈새과다	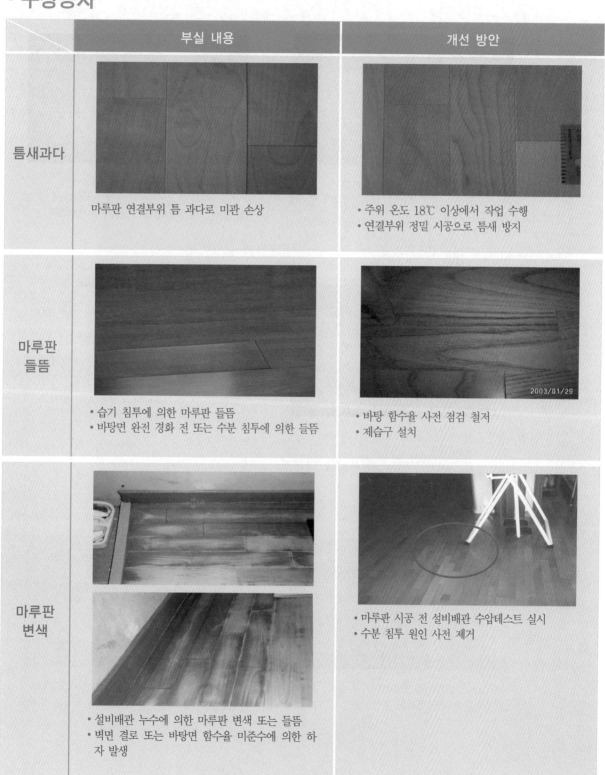마루판 연결부위 틈 과다로 미관 손상	• 주위 온도 18℃ 이상에서 작업 수행 • 연결부위 정밀 시공으로 틈새 방지
마루판 들뜸	• 습기 침투에 의한 마루판 들뜸 • 바탕면 완전 경화 전 또는 수분 침투에 의한 들뜸	• 바탕 함수율 사전 점검 철저 • 제습구 설치
마루판 변색	• 설비배관 누수에 의한 마루판 변색 또는 들뜸 • 벽면 결로 또는 바탕면 함수율 미준수에 의한 하자 발생	• 마루판 시공 전 설비배관 수압테스트 실시 • 수분 침투 원인 사전 제거

	부실 내용	개선 방안
마루판 틈새 발생	 2003/01/29 • 방통 미장 균열에 의한 마루판 벌어짐 • 마루판 자체의 변형 또는 양생 전 작업자 출입에 의한 하자 발생	 • 마루판 시공 전 방통 미장 균열 보수 완료 • 마루판 자재 선정 시 수축/팽창성 검토 • 양생 전 작업자 출입 또는 재하가 되지 않도록 관리
천장처짐	 천정처짐 • 경량 철골 천정틀 끝부분 클립에서 천정판이 탈락되어 천정판 처짐 • 화장실 문 개폐시 일시적 압력 작용으로 점검구 들썩거림	 경량천정틀 (M–BAR) 클립 천정부착형 등기구 PVC천정재 • 벽에 견고하게 고정하여 천정틀 처짐 방지 • 점검구 중량 검토하여 들썩거림 방지
천장단차 발생	 • M-Bar 고정간격 불량으로 이음부 틈새 발생 • 레벨불량에 따른 평활도 불량	 • 사전계획 철저로 이음부 틈새 및 평활도 유지 • 천정틀 수평 점검 후 천정판 부착으로 평활도 유지

• 창호 및 유리공사

	부실 내용	개선 방안
창호 기밀재 누락	 • 창문 교차부 상·하에 기밀재가 시공되지 않아 바람, 외부 소음등 유입	  • 창틀 폭 중앙의 상·하부에 기밀재를 부착
창틀 중앙 상·하부 기밀재 누락	 현관 문틀 단열모르타르 사춤이 일부 탈락	 현장 선정 시험시 양생과정, 운반과정, 보관과 정에서 문틀에 사춤되는 단열 모르타르가 탈락 되지 않도록 유의
이중창 외부 유리 교체 난이	 각 실 유리창을 실내에서 끼워 넣는 방식으로 시공하여 (외부에 창문 쫄대가 없음) 확장공사 로 인해 이중창을 시공한 세대의 경우, 외부 유 리가 파손되면 교체가 어려움	 외부 유리 교체 시 세대 밖에서 작업이 가능하 도록, 세대 내부 유리는 밖에서 끼워 넣는 방식 으로 시공

	부실 내용	개선 방안
열깨짐 현상	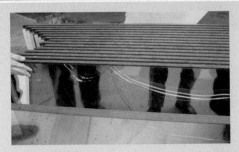 직사광선에 노출된 현장 야적으로 열깨짐 현상 발생	 자재 반입 및 적재 시 직사광선 노출 방지
창호결로 발생	 실내 습도 및 온도 저하로 내부 결로 발생	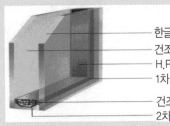 한글라스 판유리 건조공기층 H.P스페이서 1차 접착제 건조제 2차 접착제(흡습제) 실내 습도 및 온도를 예측하여 열관류율 고려 적합한 유리 사용 (복층유리, 로이복층유리, 접합유리를 사용하여 단창 및 이중창으로 구성)

Professional Engineer
Architectural Execution

계약제도

Chapter 09

계약제도 | 단답형 과년도 문제 분석표

■ 계약제도

NO	과 년 도 문 제	출제회
1	정액도급(Lump-Sum Contract)	69
2	실비정산식 계약제도	49
3	정액보수가산 실비계약	51
4	공동도급(Joint Venture)	44
5	공동이행방식과 분담이행방식	64
6	주계약자형 공동도급제도	83, 95
7	CM	47
8	프리콘(Pre Construction) 서비스	115
9	CM의 주요업무	60
10	CM 계약의 유형	52
11	XCM(Extended Construction Management)계약방식	91
12	CM at Risk의 프리컨스트럭션(Pre-construction) 서비스	120
13	CM at Risk에서의 GMP(Guaranteed Maximum Price)	121
14	CM방식과 Turnkey방식의 차이점	43
15	BOO와 BTO	51
16	BOT와 BTL	119
17	B.T.L	76
18	BTO-rs(Build Transfer Operate-risk sharing)	112
19	Partnering	56, 66

■ 입찰, 낙찰 제도

NO	과 년 도 문 제	출제회
1	제한경쟁입찰	82
2	순수내역입찰제도	85, 92, 110
3	물량내역 수정입찰제도	94
4	최고가치(Best Value)낙찰제도	78, 87, 96

NO	과 년 도 문 제	출제회
5	기술제안입찰제도	98
6	입찰제도중 TES	75
7	적격심사제도	57
8	건설공사 입찰제도 중에서 종합심사제도	101
9	전자입찰제	73
10	Fast Track Construction(턴키방식)	59, 61
11	입찰참가자격사전심사(PQ)제도	43
12	성능발주 방식	63
13	Cost Plus Time 계약	67
14	Lane Rental 계약방식	74

■ 기타

NO	과 년 도 문 제	출제회
1	직할 시공제	94
2	시공능력평가제도	71, 77, 89
3	건설공사 직접시공 의무제	103
4	NSC(NominatedSub-Contractor)방식 -지명하도자발주방식	99
5	계약 의향서(Letter Of Intent)	80, 99
6	제안요청서(RFP : Request For Proposal)	100
7	통합 발주방식(IPD : Integrated Project Delivery)	93, 103
8	표준시장단가제도	106, 111
9	총사업비관리제도	112
10	추정가격과 예상가격	114
11	건설산업기본법 상 현장대리인 배치기준	114
12	물가변동(Escalation)	117, 122
13	건설공사비지수(Construction Cost Index)	74, 119

■ 계약제도

NO	과 년 도 문 제	출제회
1	공동도급계약시 공동이행방식에 의한 현장운영현황(목적, 장단점, 현실태, 문제점, 개선방안 등)에 대하여 설명하시오.	58, 65
2	공동도급방식의 기본사항과 특징을 설명하고 조인트벤처(joint venture)와 컨소시엄(consortium)방식을 비교 설명하시오.	91
3	공동도급공사에서 Paper Joint의 문제점 및 대책에 대하여 설명하시오.	110
4	계약형식 중 공동도급(Joint Venture)에 대하여 설명하시오.	119
5	설계시공일괄입찰방식(Turn-Key Base Contract System)의 문제점 및 개선방안에 대하여 설명하시오.	52
6	Turn Key Base 발주자와 시공자의 측면에서 특성을 설명, 현행제도의 문제점과 개선방향에 대하여 설명하시오.	52
7	설계시공분리방식과 설계시공일괄방식(일명 턴키방식)의 차이점을 설명, 각각 장단점에 대하여 설명하시오.	48
8	설계 시공 일괄 발주방식(Design Build Turn Key)과 설계 시공 분리 발주방식(Design-Bid-Build)의 특징 및 장단점을 비교하여 설명하시오.	86
9	건설사업관리(CM)의 계약방식을 설명하고 향후 발전방향에 대하여 기술하시오.	88
10	건설프로젝트 단계별 CM에 대하여 설명하시오.	80
11	CM의 필요성, 현황 및 발전방향에 대하여 설명하시오.	54
12	건축현장의 책임감리와 CM의 유사점 및 차이점에 대하여 설명하시오.	59
13	PM의 업무 영역에 대하여 설명하시오.	55
14	시공책임형 사업관리(CM at Risk) 계약방식의 특징과 국내 도입시 기대효과에 대하여 설명하시오.	90
15	시공책임형 건설사업관리(CM at Risk) 발주형식의 특징과 공공부문 도입시 선결조건 및 기대효과에 대하여 설명하시오.	110
16	건설사업 발주방식에서 BTL(Built-Transfer-Lease)과 BTO(Built-Transfer-Operate)사업의 구조를 설명하고 특성을 비교하여 설명하시오.	82
17	건설공사 project의 partnering 계약방식의 문제점 및 활성화 방안에 대하여 설명하시오.	102
18	종합심사낙찰제에서 일반공사의 심사항목 및 배점기준에 대하여 설명하시오.	122

■ 기타

NO	과 년 도 문 제	출제회
1	물가변동에 의한 계약금의 조정방법에 대하여 설명하시오.	64
2	건축공사에서 설계변경 및 계약금액 조정업무의 업무흐름도와 처리절차에 대하여 설명하시오.	107
3	전문건설업체의 적정 수익률 확보와 기술력 발전을 위한 계약제도의 종류와 특성에 대하여 설명하시오.	100
4	감리제도의 문제점 및 개선방안에 대하여 설명하시오.	48
5	책임감리자의 역할과 책임에 대하여 설명하시오.	43
6	관급공사에서 하도급업체 선정시 유의사항에 대하여 설명하시오.	107
7	국내 건설 발주체계의 문제점 및 개선방안에 대하여 설명하시오.	117

Chapter **09**

계약제도

1 핵심정리

I. 계약제도

```
┌ 전통적인    ┌ 직영방식
│  계약방식   ├ 도급계약 ─┬ 공사실시방식 ─┬ 일식도급계약
│            │            │               ├ 분할도급계약
│            │            │               └ 공사별(직종별) 도급계약
│            │            │
│            │            └ 공사비지불방식 ─┬ 단가계약
│            │                              ├ 정액계약
│            │                              └ 실비정산보수가산계약
│            │                                      ├ 실비정산비율보수가산식
│            │                                      ├ 실비한정비율보수가산식
│            │                                      ├ 실비정산정액보수가산식
│            │                                      └ 실비정산준동률보수가산식
│            │
│            └ 공동도급계약
│
└ 변화된     ┌ Turn – key 계약방식 ─┬ Design – Build
   계약방식  │                       └ Design – Manage
             ├ 공사관리계약방식(Construction Management Contract)
             │     ├ CM for Fee(용역형 CM)
             │     ├ CM at Risk(위험부담형 CM)
             │     │
             │     ├ ACM(Agency CM)
             │     ├ XCM(Extended CM)
             │     ├ OCM(Owner CM)
             │     └ GMPCM(Guaranteed Maximum Price CM)
             ├ 프로젝트 관리방식(Project Management)
             ├ BOT(SOC 사업)
             └ Partnering
```

1. 도급형태

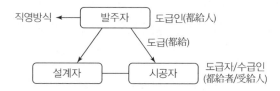

2. 분할도급계약

종류	설명
전문공종별 분할도급	기전공사(기계, 전기 등)를 분리하여 전문공사업체와 직접 계약
직종별 분할도급	전문직종별로 도급을 주는 방식
공정별 분할도급	공정별로 나누어 도급을 주는 방식
공구별 분할도급	일정 구간별로 분할하여 발주하는 방식

3. 실비정산 보수가산식 도급

① 실비·비율보수가산식(A+Af) : 110억+110억×5%

② 실비한정·비율보수가산식(A′+A′f) : 100억+100억×5%

③ 실비·정액보수가산식(A+B) : 110억+5억

④ 실비·준동률보수가산식(A+Af′) $\begin{cases} 110억+110억×3% \\ 100억+100억×5% \\ 90억+90억×7% \end{cases}$

A : 실비, A′ : 한정된 실비, f : 비율,

f′ : 변화된 비율, B : 정액보수

4. 공동도급 [건설공사 공동도급 운영규정]

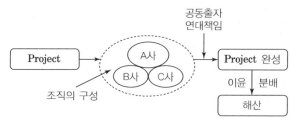

① 공동이행방식 : 새로운 조직

② 분담이행방식 : 공정, 공종, 공구별 분담

③ 주계약자형 공동도급 : 종합적인 계획, 관리 및 조정, 의무이행 실적 100%(50%) 추가인정

일반건설업자(A)	전문건설업자(B)	일반건설업자(A)	일반건설업자(B)
100억	60억	100억	60억

ⓐ 주계약자 : 일반건설업자(A), 공사금액이 큰 업자(A)

ⓑ 선금은 주계약자(A)의 계좌로 일괄 입금(기성청구금액은 공동수급체 구성원 각자에게 지급)

ⓒ A가 중도 탈퇴하는 경우 B가 주계약자의 의무이행을 하거나, 새로운 주계약자를 선정

ⓓ 실적산정
 • 일반건설업체+전문건설업체인 경우 : 100억+60억=160억
 • 일반건설업체+일반건설업체인 경우 : 100억+60억/2=130억

ⓔ 이 기준은 민간공사에 한해 적용

5. Turn – key

1) 업무영역

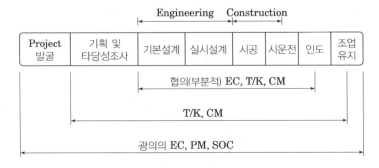

2) Turn – key 방식

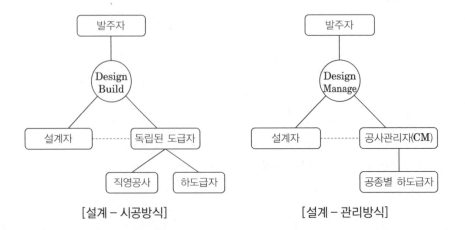

[설계 – 시공방식]　　　　[설계 – 관리방식]

6. CM(Construction Management, 건설사업관리)[건설기술진흥법 시행령 제59조]

1) CM의 일반적 유형

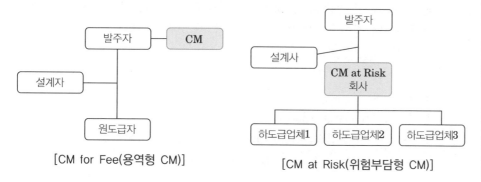

[CM for Fee(용역형 CM)]

[CM at Risk(위험부담형 CM)]

2) CM의 계약유형

① ACM(Agency CM = CM for Fee): 대리인 역할
② XCM(Extended CM): 이중역할: 발주자 대리인 역할+CM의 고유 업무
수행
③ OCM(Owner CM): 발주자가 CM
④ GMPCM(Guaranteed Maximum Price CM = CM at Risk): 공사금액
일부 부담

3) CM의 단계별 업무범위

① 설계 전 단계
② 기본설계 단계
③ 실시설계 단계
④ 구매조달 단계
⑤ 시공 단계
⑥ 시공 후 단계

4) 단계별 업무내용

① 건설공사의 계획, 운영 및 조정 등 사업관리 일반
② 건설공사의 계약관리
③ 건설공사의 사업비 관리
④ 건설공사의 공정관리
⑤ 건설공사의 품질관리
⑥ 건설공사의 안전관리
⑦ 건설공사의 환경관리
⑧ 건설공사의 사업정보 관리
⑨ 건설공사의 사업비, 공정, 품질, 안전 등에 관련되는 위험요소 관리
⑩ 그 밖에 건설공사의 원활한 관리를 위하여 필요한 사항

7. 프리콘(Pre Construction) 서비스

발주자, 설계자, 시공자가 프로젝트 기획, 설계 단계에서 하나의 팀을 구성해 각 주체의 담당 분야 노하우를 공유하며 3D 설계도 기법을 통해 시공상의 불확실성이나 설계변경 리스크를 사전에 제거함으로써 프로젝트 운영을 최적화시킨 방식을 말한다.

1) 종류

① 턴키방식(Design-Build)

② CM at Risk 방식(=Guaranteed Maximum Price CM)

③ IPD(Integrated Project Delivery, 프로젝트 통합발주) 방식

2) 통합 발주방식(IPD: Integrated Project Delivery)

발주자, 설계자, 시공자, 컨설턴트가 하나의 팀으로 구성되어 사업구조 및 업무를 하나의 프로세스로 통합하여 프로젝트를 수행하며, 모든 참여자가 책임 및 성과를 공동으로 나누는 발주방식을 말한다.

3) CM at Risk에서의 GMP(Guaranteed Maximum Price)

책임형 CM 계약자가 총 공사비를 예측하여 발주자에게 그 금액을 제시하고 시공과정에서 실제 공사비가 상호 동의한 GMP를 초과할 경우 책임형 CM 사업자가 이를 부담하게 되는 계약방식이다.

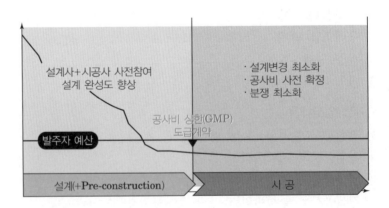

설계사+시공사 사전참여
설계 완성도 향상

· 설계변경 최소화
· 공사비 사전 확정
· 분쟁 최소화

공사비 상한(GMP)
도급계약

발주자 예산

설계(+Pre-construction)   시 공

8. SOC(Social Overhead Capital) 사업

분류	운영방식	적용대상
BOO (Build Own Operate)	설계시공 → 소유권획득 → 운영	전원, 가스, 전산망, …
BOT (Build Operate Transfer)	설계시공 → 운영 → 소유권이전	도로, 철도, 항만, 공항, …
BTO (Build Transfer Operate)	설계시공 → 소유권이전 → 운영	
BTL (Build Transfer Lease)	설계시공 → 소유권이전 → 임대	

9. Partnering

발주자, 수급자 엔지니어의 이해관계인 신뢰를 바탕으로 서로 협동하고 공동노력하여 가장 경제적인 프로젝트를 완성하는 계약방식이다.

적극성	참여주체, 경영진의 적극 참여
형평성	모든 구성원의 이익을 보장
신뢰성	서로를 믿고 정보를 공유
공동목표	Win-Win의 유연한 관계로 공동목표의 개발 및 수집
이행	공동목표 달성을 위한 전략 수립 및 이행
지속적 평가	목표를 위해 측정과 평가가 공동 점검되도록 시행
적절한 조치	의사 교류, 정보 공유 문제점에 대한 조치

Ⅱ. 입찰 및 낙찰제도

1. 입찰방식

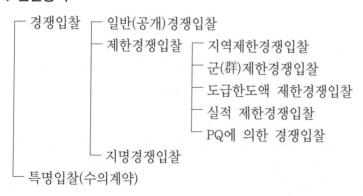

- 경쟁입찰
  - 일반(공개)경쟁입찰
  - 제한경쟁입찰
    - 지역제한경쟁입찰
    - 군(群)제한경쟁입찰
    - 도급한도액 제한경쟁입찰
    - 실적 제한경쟁입찰
    - PQ에 의한 경쟁입찰
  - 지명경쟁입찰
- 특명입찰(수의계약)

2. 입찰순서

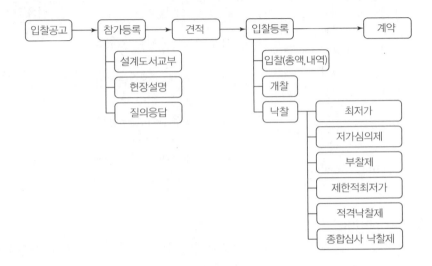

3. 입찰제도 [(계약예규) 정부 입찰·계약 집행기준]

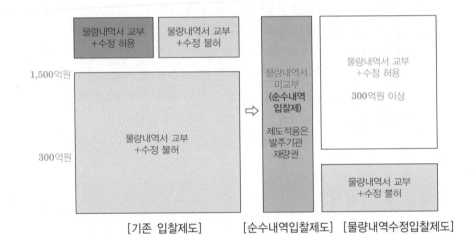

[기존 입찰제도]　　　[순수내역입찰제도] [물량내역수정입찰제도]

1) 총액 입찰제도

입찰자가 제시한 설계도서에 따라 수량·단가 등 모든 내역을 입찰자 책임하에 계산하고, 입찰서를 총액으로 작성하는 입찰제도

2) 내역 입찰제도

추정가격이 100억원 이상의 건축 및 토목공사에서 내역입찰을 실시할 때에는 입찰자로 하여금 단가 등 필요한 사항을 기입한 산출내역서(각 공종, 경비, 일반관리비, 이윤, 부가가치세 등)를 제출하는 입찰제도를 말한다.

3) 순수내역 입찰제도

공사 입찰 시 발주자가 물량내역서를 교부하지 않은 채, 입찰자가 직접 물량
내역을 뽑고, 시공법 등을 결정하여 물량내역서를 작성하고, 여기에 단가
를 산출하여 입찰하는 방식을 말한다.

4) 물량내역 수정입찰제도

2012년부터 300억원 이상 공사에 대해 발주자가 교부한 물량내역서를 참고
하여 입찰자가 직접 물량내역을 수정하여 입찰하는 제도를 말한다.

5) 최고가치(Best Value) 입찰제도

총생애비용의 견지에서 발주자에게 최고의 투자효율성을 가져다주는 입찰
자를 선별하는 조달 프로세스 및 시스템을 말한다.

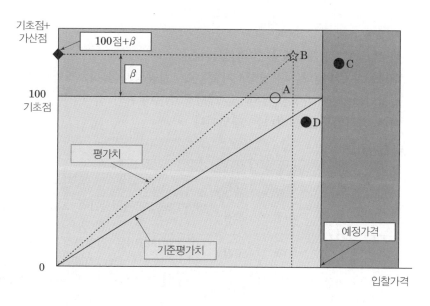

요건을 만족하지 않는 영역(입찰공사가격이 예정가격을 초과)

예를 들면, C는 예정가격을 초과하며, D는 표준점의 상태를 충족하고 있지 않다.
A는 기준 평가치를 상회하나, 평가치가 B를 밑돈다. 따라서 B가 낙찰자가 됨.

6) 기술제안입찰제도(기술형 입찰제도) [국가를 당사자로 하는 계약에 관한 법률]

공사입찰 시 낙찰자를 선정함에 있어 가격뿐만 아니라 건설기술, 공사기
간, 가격 등 여러 가지 요소를 고려하여 선정하는 입찰제도를 말한다.

① 실시설계 기술제안입찰

발주기관이 교부한 실시설계서 및 입찰안내서에 따라 입찰자가 기술제안
서를 작성하여 입찰서와 함께 제출하는 입찰

② 기본설계 기술제안입찰

발주기관이 작성하여 교부한 기본설계서와 입찰안내서에 따라 입찰자가 기술제안서를 작성하여 입찰서와 함께 제출하는 입찰

4. 낙찰제도

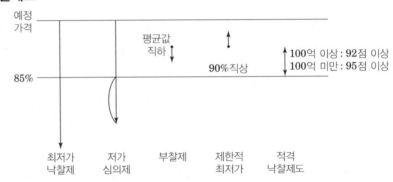

1) 적격심사제도 [(계약예규) 적격심사기준]

해당공사수행능력(시공경험, 기술능력, 시공평가 실적, 경영상태, 신인도), 입찰가격, 일자리창출 우대 및 해당공사 수행관련 결격여부 등을 종합심사하여 적격업체를 선정하는 제도이다.

① 심사기준

추정가격	해당공사 수행능력	입찰 가격	입찰가격 평점산식
100억 이상	70점	30점	$30-[\{88/100-(입찰가격-A)/(예정가격-A) \times 100\}]$
50억 이상 100억 미만	50점	50점	$50-2\times[\{88/100-(입찰가격-A)/(예정가격-A)\times100\}]$
10억 이상 50억 미만	30점	70점	$70-4\times[\{88/100-(입찰가격-A)/(예정가격-A)\times100\}]$
3억 이상 10억 미만	20점	80점	$80-20\times[\{88/100-(입찰가격-A)/(예정가격-A)\times100\}]$
2억 이상 3억 미만	10점	90점	$90-20\times[\{88/100-(입찰가격-A)/(예정가격-A)\times100\}]$
2억 미만	10점	90점	$90-20\times[\{88/100-(입찰가격-A)/(예정가격-A)\times100\}]$

② 낙찰자 결정

가. 종합평점이 92점 이상

나. 추정가격이 100억 원 미만인 공사의 경우에는 종합평점이 95점 이상

다. 최저가 입찰자의 종합평점이 낙찰자로 결정될 수 있는 점수 미만일 때에는 차순위 최저가 입찰자 순으로 심사하여 ①,②의 낙찰자 결정에 필요한 점수이상이 되면 낙찰자로 결정

2) 종합심사제도 [(계약예규 공사계약 종합심사낙찰제 심사기준)

300억 이상의 일반공사 및 고난이도공사, 300억 미만의 간이형공사의 정부 발주공사의 획일적 낙찰제 폐해 개선을 목적으로 입찰자의 공사수행능력과 입찰금액에 기업의 사회적 책임점수를 가미하여 낙찰자를 결정하는 제도를 말한다.

① 심사기준

구분	공사수행능력	입찰가격	사회적 책임	계약신뢰도
일반 공사	40~50점	50~60점	가점 2점	감점
고난이도 공사	40~50점	50~60점	가점 2점	감점
간이형 공사	40점	60점	가점 2점	감점

② 낙찰자 결정

가. 종합심사 점수가 최고점인 자를 낙찰자로 결정

나. 종합심사 점수가 최고점인 자가 둘 이상인 경우에는 다음 각 호의 순으로 낙찰자를 결정

- 공사수행능력점수와 사회적 책임점수의 합산점수가 높은 자
- 입찰금액이 낮은 자
- 입찰공고일을 기준으로 최근 1년간 종합심사낙찰제로 낙찰 받은 계약금액이 적은 자
- 추첨

Ⅲ. 계약제도 문제점

1. 예정가격 미비
2. 기술능력향상방안 미흡
3. 저가심의제 미비
4. 기술경쟁체제 미흡
5. 가격위주 입찰제도
6. 경쟁제한요소

Ⅳ. 계약제도 대책

1. 표준품셈, 노임단가 현실화
2. 기술능력향상방안 개발
3. 저가심의기준 확립
4. 기술경쟁체제 개발
5. 능력위주 입찰제도
6. 경쟁제한요소 배제

(✪) 암기 point

여(예)기 저 기 서
가 격 경 쟁 이 붙었다.

(✪) 암기 point

문제점 반대+변화된 계약
방식 + 기 신 한테
감 전 되면 패 가 망신하니
대 피 하라

7. Turn Key ─┐
8. CM
9. PM   변화된 계약방식
10. SOC
11. 파트너링 방식 ─┘
12. 기술개발보상제도 활성화
13. 신기술지정제도 활성화
14. 감리제도 활성화
15. 전자입찰제도 활성화
16. Fast Track Method 활성화
17. 대안입찰제도 활성화
18. PQ제도 활성화
19. 성능 발주방식

1. 기술개발 보상제도

계약체결 후 공사진행 중에 시공자가 신기술 및 신공법을 개발 및 적용하여 공사비 및 공기를 단축할 때 공사비 절감액의 일부(70%)를 시공자에게 보상하는 제도이다.

2. 신기술 지정제도 [신기술의 평가기준 및 평가절차 등에 관한 규정]

건설업체가 기술개발을 통하여 신기술, 신공법을 개발하였을 경우 그 신기술 및 공법을 법적으로 보호해 주는 제도를 말한다.

1) 신기술 보호기간
   ① 신기술의 지정·고시일부터 8년의 범위
   ② 신기술의 활용실적 등을 검증하여 신기술의 보호기간을 7년의 범위에서 연장 가능
   ③ 신기술 보호기간의 연장을 하려면 보호기간이 만료되기 150일 전에 국토교통부장관에게 제출

2) 보호기간 연장의 평가기준
   ① 종합평가점수에 따른 등급 및 보호기간

종합 평가점수	80 이상 ~ 100	70 이상 ~ 80 미만	60 이상 ~ 70 미만	50 이상 ~ 60 미만	40 이상 ~ 50 미만
등급	가	나	다	라	마
보호기간	7년	6년	5년	4년	3년

※ 종합점수 40점 미만인 경우 등급 미부여 및 보호기간 연장 불인정

② 평가항목별 배점기준

항목	배점
활용실적	30점
기술의 우수성	70점
가점	(10점)
종합점수	100점

3) 신기술 지정기준

구분	설명
신규성	새롭게 개발되었거나 개량된 기술
진보성	기존의 기술과 비교 검토하여 공사비, 공사기간, 품질 등에서 향상이 이루어진 기술
현장 적용성	시공성, 안전성, 경제성, 환경친화성, 유지관리 편리성이 우수하여 건설현장에 적용할 가치가 있는 기술

3. 전자입찰제도

공사입찰 시 전자입찰시스템으로 인터넷상에서 입찰공고, 견적서 제출, 낙찰, 계약 등이 이루어지는 제도

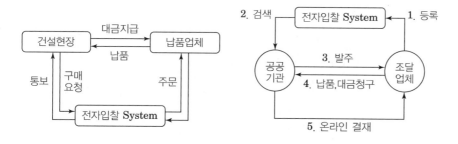

4. Fast Track Method(고속궤도방식)

공기단축을 목적으로 기본설계에 의해 공사를 진행하면서 다음 단계에 작성된 설계도 서로 계속 공사를 진행하는 방식이다.

5. 대안입찰제도

발주기관이 제시하는 원안의 기본설계에 대하여 기본방침의 변경 없이 원안과 동등 이상의 기능과 효과가 반영된 설계로 공사비의 절감, 공기단축이 가능한 대안을 제시하여 입찰하는 방식이다.

6. 입찰참가자격사전심사(PQ: Pre-qualification)제도 [(계약예규) 입찰참가자격사전심사요령]

200억 이상의 해당공사에 대하여 공사의 시공품질을 높여 부실시공으로 인한 사회적 피해를 최소화하기 위하여 시공경험, 기술능력 등이 풍부하고 경영상태가 건전한 업체에 입찰참가자격을 부여하기 위한 제도를 말한다.

1) 사전심사신청 자격제한

추정가격이 200억원 이상인 공사로서 에너지저장시설공사, 간척공사, 준설공사, 항만공사, 전시시설공사, 송전공사, 변전공사

2) 심사기준

① 경영상태의 신용평가등급

구분	추정가격이 500억원 이상	추정가격이 500억원 미만
회사채	BB+ 이상	BB- 이상
기업어음	B+ 이상	B0 이상
기업신용평가등급	BB+에 준하는 등급 이상	BB-에 준하는 등급 이상

② 기술적 공사이행능력부분 배점기준

분야별	배점한도
시공경험	40점
기술능력	45점
시공평가 결과	10점
지역업체 참여도	5점
신인도	+3, -7

3) 심사기준 요령

① 경영상태부문과 기술적 공사이행능력부문으로 구분하여 심사
② 경영상태부문의 적격요건을 충족한 자를 대상으로 기술적 공사이행능력부문을 심사
③ 기술적 공사이행능력부문은 시공경험분야, 기술능력분야, 시공평가결과분야, 지역업체참여도분야, 신인도분야를 종합적으로 심사하며, 적격요건은 평점 90점 이상

7. 성능발주방식

발주자가 설계를 확정하지 않고 설계조건 및 성능을 제시하여 건설업자로
부터 제출서류를 받은 다음 가장 좋은 안을 제안한 업체에게 실시설계와
시공을 맡기는 방식이다.

종류	설명
전체발주방식	설계, 시공에 대하여 시공자와 제조업자의 제안을 대폭 채택하는 방식
부분발주방식	공사의 일부분 또는 설비의 한 부분만의 성능을 요구하는 발주방식
대안발주방식	도급자가 대안을 제시하여 발주하는 방식
형식발주방식	카탈로그를 구비한 부품에 대하여 그 형식을 나타내는 것만으로 발주하는 방식

8. NSC(Nominated Sub-Contractor) 방식(발주자 지명하도급 발주방식)

영국 및 영연방국가들에서 발전된 하도급제도로서 발주자가 하도급 공사
를 위하여 직접 전문 업체를 지명하거나, 설계사를 통하여 전문 업체를 지
명하도록 하는 제도로 이렇게 지명된 전문 업체를 지명하도급(NSC)이라
부른다.

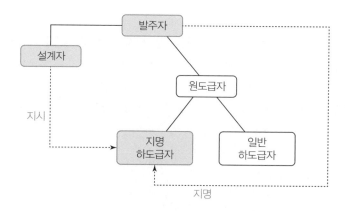

9. 직할시공제

발주자, 원도급자, 하도급자의 구성된 종전의 전통적인 3단계 시공 생산
구조를 발주자와 시공사의 2단계 구조로 전환하여 발주자가 공종별 전문
시공업자와 직접 계약을 체결하고 공사를 수행하며, 기존 원도급자가 수행
해 왔던 전체적인 공사 계획, 관리, 조정의 기능을 발주가가 담당하는 방
식을 말한다.

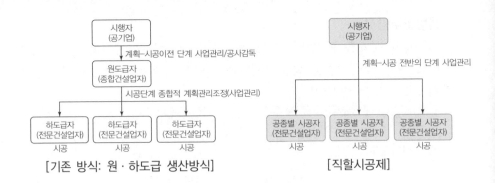

[기존 방식: 원·하도급 생산방식]   [직할시공제]

10. 건설공사 직접시공 의무제 [건설산업기본법 시행령 제30조의2]

건설사업자가 1건 공사의 금액이 100억원 이하로서 70억 미만인 건설공사를 도급받은 경우에는 그 건설공사의 도급금액 산출내역서에 기재된 총 노무비 중 일정비율에 따른 노무비 이상에 해당하는 공사를 직접 시공하는 제도를 말한다.

도급금액	직접시공 비율
3억 미만	50%
3억 이상 10억 미만	30%
10억원 이상 30억원 미만	20%
30억원 이상 70억원 미만	10%

11. 시공능력평가제도 [건설산업기본법 시행규칙 제23조]

1) 시공능력평가제도란 발주자가 적정한 건설사업자를 선정할 수 있도록 건설사업자의 건설공사 실적, 자본금, 건설공사의 안전·환경 및 품질관리 수준 등에 따라 시공능력을 평가하여 공시하는 제도를 말한다.

2) 시공능력평가액은 매년 7월 31일까지 공시되며 이 시공능력평가의 적용 기간은 다음 해 공시일 이전까지이다.

① 시공능력평가액 산정

> 시공능력평가액 = 공사실적평가액 + 경영평가액 + 기술능력평가액
> + 신인도평가액

가. 공사실적평가액: 최근 3년간 건설공사 실적의 연차별 가중평균액×70%

나. 경영평가액: 실질자본금×경영평점×80%

다. 기술능력 평가액: 기술능력생산액+(퇴직공제불입금×10)+최근 3년간 기술개발 투자액

라. 신인도 평가액: 신기술지정, 협력관계평가, 부도, 영업정지, 산업재해율 등을 감안하여 감점 또는 가점

② 시공능력 평가방법

　가. 업종별 및 주력분야별로 평가한다.

　나. 최근 3년간 공사실적을 평가한다.

　다. 건설업양도신고를 한 경우 양수인의 시공능력은 새로이 평가한다.

　라. 상속인, 양수인은 종전 법인의 시공능력과 동일한 것으로 본다.

12. 총사업비관리제도 [국가재정법/총사업비관리지침]

국가의 예산 또는 기금으로 시행하는 대규모 재정사업에 대해 기본설계, 실시설계, 계약, 시공 등 사업추진 단계별로 변경 요인이 발생한 경우 사업시행 부처와 기획재정부가 협의해 총사업비를 조정하는 제도를 말한다.

13. 추정가격과 예정가격 [국가를 당사자로 하는 계약에 관한 법률 시행령 제7조~제9조]

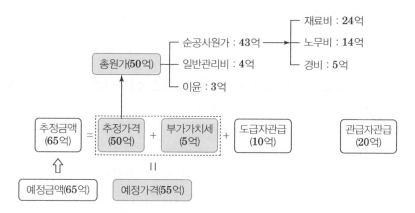

14. 표준시장단가제도 [국가계약법 시행령/(계약예규) 예정가격작성기준]

공사를 구성하는 일부 또는 모든 공종에 대하여 품셈을 이용하지 않고 재료비, 노무비, 경비를 포함한 공종별 단가를 이미 수행한 동일공사 혹은 유사공사의 단가로 공사 특성을 고려하여 가격을 산정하는 방식을 말한다.

1) 예정가격의 결정기준

　① 적정한 거래가 형성된 경우에는 그 거래실례가격

　② 신규개발품이거나 특수규격품 등의 적정한 거래실례가격이 없는 경우에는 원가계산에 의한 가격

　③ 공사의 경우 이미 수행한 공사의 종류별 시장거래가격 등을 토대로 산정한 표준시장단가

　④ ① 내지 ③의 규정에 의한 가격에 의할 수 없는 경우에는 감정가격, 유사한 물품·공사·용역 등의 거래실례가격 또는 견적가격

2) 표준시장단가에 의한 예정가격작성

① 직접공사비, 간접공사비, 일반관리비, 이윤, 공사손해보험료 및 부가가
치세의 합계액으로 한다.

② 추정가격이 100억원 미만인 공사에는 표준시장단가를 적용하지 아니한다.

③ 직접공사비=공종별 단가×수량

④ 간접공사비=직접공사비 총액×비용별 일정요율

⑤ 일반관리비=(직접공사비+간접공사비)×일반관리비율

⑥ 일반관리비율은 공사규모별로 정한 비율을 초과 금지

종합공사		전문 전기·정보통신·소방 및 기타공사	
직접공사비 +간접공사비	일반관리비율 (%)	직접공사비 +간접공사비	일반관리비율 (%)
50억원 미만	6.0	5억원 미만	6.0
50억원~300억원 미만	5.5	5억원~30억원 미만	5.5
300억원 이상	5.0	30억원 이상	5.0

⑦ 이윤=(직접공사비+간접공사비+일반관리비)×이윤율

⑧ 공사손해보험료=공사손해보험가입 비용

15. 물가변동(Escalation)에 의한 계약금액조정 [국가계약법 시행령/시행규칙]

① 계약을 체결한 날부터 90일 이상 경과하고 다음의 어느 하나에 해당되
는 때에는 계약금액을 조정한다.

– 입찰일을 기준일로 하여 산출된 품목조정률이 3/100 이상 증감된 때

– 입찰일을 기준일로 하여 산출된 지수조정률이 3/100 이상 증감된 때

② 조정기준일부터 90일 이내에는 이를 다시 조정하지 못한다.

③ 선금을 지급한 것이 있는 때에는 공제한다.

④ 최고판매가격이 고시되는 물품을 구매하는 경우 계약체결 시에 계약금
액의 조정에 규정과 달리 정할 수 있다.

⑤ 천재·지변 또는 원자재의 가격급등 하는 경우 90일 이내에 계약금액을
조정할 수 있다.

⑥ 특정규격 자재의 가격증감률이 15/100 이상인 때에는 그 자재에 한하
여 계약금액을 조정한다.

⑦ 환율변동으로 계약금액 조정요건이 성립된 경우에는 계약금액을 조정
한다.

⑧ 단순한 노무에 의한 용역으로서 예정가격 작성 이후 노임단가가 변동
된 경우 노무비에 한정하여 계약금액을 조정한다.

2 단답형·서술형 문제 해설

1 단답형 문제 해설

🌐 28,44,64회

01 공동도급(Joint Venture)   [건설공사 공동도급운영규정]

I. 정의

공동도급이란 2개 이상의 사업자가 공동으로 어떤 일을 도급받아 공동계산하에 계약을 이행하는 도급형태를 말한다.

II. 종류

종류	설명
공동이행방식	공동출자 또는 파견하여 공사 수행
분담이행방식	분담하여 공사 수행
주계약자형 공동도급	주계약자가 종합계획, 관리 및 조정하여 수행

III. 계약이행의 책임

(1) 공동이행방식은 연대하여 계약이행 및 안전·품질이행의 책임을 진다.
(2) 분담이행방식은 자신이 분담한 부분에 대하여만 계약이행 및 안전·품질이행책임을 진다.
(3) 주계약자관리방식 중 주계약자는 자신이 분담한 부분과 다른 구성원의 계약이행 및 안전·품질이행책임에 대하여 연대책임을 진다.
(4) 주계약자관리방식 중 주계약자 이외의 구성원은 자신이 분담한 부분에 대하여만 계약이행 및 안전·품질이행 책임을 진다.

IV. 특징

(1) 융자력 증대
(2) 기술력 확충 및 위험분산
(3) 시공의 확실성
(4) 경비증대 및 책임한계 불분명
(5) 기술력 및 보수에 대한 차이로 갈등
(6) 현장관리의 곤란 및 현장경비의 증가

V. 정책방안

(1) 중소건설업 공동기업체 장려제도 도입

(2) 공동수급체에 대한 사업자 인정

(3) 건설업의 EC화 및 전문화

(4) 지방자치제도의 정착 시 지역조건을 고려한 제도의 정비

(5) 각 회사의 시공능력평가액 범위 내에서 지분율 구성

❸ 83,95회

02 주계약자형 공동도급제도

I. 정의

(1) 주계약자형 공동도급이란 공동수급체구성원 중 주계약자를 선정하고, 주계약자가 전체건설공사의 수행에 관하여 종합적인 계획·관리 및 조정을 하는 공동도급계약을 말한다.

(2) 다만, 일반건설업자와 전문건설업자가 공동으로 도급받은 경우에는 일반건설업자가 주계약자가 된다.

II. 개념도

일반건설업자(A)	전문건설업자(B)	일반건설업자(A)	일반건설업자(B)
100억	60억	100억	60억

(1) 주계약자: 일반건설업자(A), 공사금액이 큰 업자(A)

(2) 선금은 주계약자(A)의 계좌로 일괄 입금(기성청구금액은 공동수급체 구성원 각자에게 지급)

(3) A가 중도 탈퇴하는 경우 B가 주계약자의 의무이행을 하거나, 새로운 주계약자를 선정

(4) 실적산정(주계약자)

① 일반건설업체+전문건설업체인 경우: 100억+60억=160억

② 일반건설업체+일반건설업체인 경우: 100억+60억/2=130억

(5) 이 기준은 민간공사에 한해 적용

III. 도입배경

(1) 향후 건설산업의 상생 및 협력체계 구축

(2) 글로벌 기준에 맞는 대외경쟁력 강화

(3) 건설 활동의 가치를 창조

(4) 생산성과 기술경쟁력을 갖춘 유연한 생산시스템 확보

(5) 업체 간 협력체계 구축

(6) 대기업과 중소기업 간 양극화 해소

IV. 도입효과

(1) 하도급 선정과정의 부정부패 차단

(2) 공정성 확보

(3) 저가하도급 행위방지

(4) 공사비 절감

(5) 일반 및 전문건설사의 육성

03 CM(Construction Management)

[건설기술진흥법 시행령]

I. 정의

CM이란 건설공사에 관한 기획, 타당성조사, 분석, 설계, 조달, 계약, 시공관리, 감리, 평가, 사후관리 등에 관한 업무의 전부 또는 일부를 수행하는 제도를 말한다.

II. CM의 계약유형

(1) ACM(Agency CM = CM for Fee): 대리인 역할
(2) XCM(Extended CM): 이중역할: 발주자 대리인 역할+CM의 고유 업무 수행
(3) OCM(Owner CM): 발주자가 CM
(4) GMPCM(Guaranteed Maximum Price CM = CM at Risk): 공사금액 일부 부담

III. CM의 기대효과

(1) 건설사업 비용의 최소화 및 품질확보
(2) 프로젝트참여자간 이해상충 최소화
(3) 프로젝트 수행상의 상승효과 극대화
(4) 수요자 중심의 건설산업 발전
(5) 건설산업 참여주체의 기술력 확보 등 경쟁력 강화

IV. CM의 단계별 업무내용

(1) 건설공사의 계획, 운영 및 조정 등 사업관리 일반
(2) 건설공사의 계약관리
(3) 건설공사의 사업비 관리
(4) 건설공사의 공정관리
(5) 건설공사의 품질관리
(6) 건설공사의 안전관리
(7) 건설공사의 환경관리
(8) 건설공사의 사업정보 관리
(9) 건설공사의 사업비, 공정, 품질, 안전 등에 관련되는 위험요소 관리
(10) 그 밖에 건설공사의 원활한 관리를 위하여 필요한 사항

04 통합 발주방식(IPD: Integrated Project Delivery)

Ⅰ. 정의

IPD란 발주자, 설계자, 시공자, 컨설턴트가 하나의 팀으로 구성되어 사업구조 및 업무를 하나의 프로세스로 통합하여 프로젝트를 수행하며, 모든 참여자가 책임 및 성과를 공동으로 나누는 발주방식을 말한다.

Ⅱ. IPD의 원칙

(1) Mutual Respect: 프로젝트 참여자간의 상호 존중

(2) Mutual Benefits: 프로젝트 참여자간 IPD로부터 얻어지는 혜택의 공유

(3) Early Goal Definition: 프로젝트 목표의 조기 설정

(4) Enhanced Communication: 의사소통의 효율성 제고

(5) Clearly Defined Standards & Procedures: 프로젝트와 관련된 각종 기준 및 절차의 명확화

(6) Applied Technology: 첨단기술의 활용

(7) Team's Commitment for High Performance: 성과향상을 위한 팀 기여

(8) Innovative Project Leaders-Management Team: 프로젝트 리더의 혁신적인 관리 능력

Ⅲ. IPD 실현을 위한 과제

(1) BIM의 효과 인지

① 커뮤니케이션과 상호 신뢰도 향상

② BIM 적용을 통해 입체화된 엔지니어링 작업수행 가능

(2) BIM 활용을 통한 설계 품질 평가

BIM을 에너지효율등급 판정을 위한 객관적 데이터를 적극 활용

Ⅳ. IPD의 국내 적용방안

(1) 통합화 및 협업을 통해 효율성을 극대화

(2) 기존 발주방식들의 문제점을 개선할 수 있는 방안

(3) 국내 발주방식에 IPD를 부분적으로 적용한 후, 그에 대한 평가를 기반으로 한국형 IPD로 발전

(4) BIM을 IPD의 핵심도구로 활용하여 프로젝트 초기단계부터 적용

05 순수내역입찰제도

Ⅰ. 정의

순수내역입찰제는 공사 입찰 시 발주자가 물량내역서를 교부하지 않은 채, 입찰자가 직접 물량 내역을 뽑고, 시공법 등을 결정하여 물량내역서를 작성하고, 여기에 단가를 산출하여 입찰하는 방식을 말한다.

Ⅱ. 입찰제도의 현황

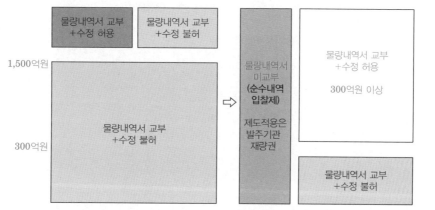

Ⅲ. 문제점

(1) 거래비용(Transaction Cost)을 증가시켜 건설업체의 부담 증가
(2) 입찰자의 책임이 증가
(3) 발주처에서도 입찰내역서의 심의 등에 상당한 부담이 증가
(4) 발주기관에 일방적으로 유리한 제도
(5) 시공업체의 피해가 확산 우려

Ⅳ. 총액입찰과 순수내역입찰 비교

구분	총액입찰	순수내역입찰
공사품질	품질 저하	품질 향상
설계변경	곤란	용이
공기단축	곤란	양호
공사비 조정	복잡	양호
기성고 지불	불명확	명확
수량산출	과다 시간 소요	내역산출 오차 적음
원가절감	시공자에 따라 복잡	시공자에 따라 용이
Claim처리	복잡	양호

06 최고가치(Best Value) 낙찰제도(입찰방식)

I. 정의

최고가치 낙찰제도는 총생애비용의 견지에서 발주자에게 최고의 투자효율성을 가져다 주는 입찰자를 선별하는 조달 프로세스 및 시스템을 말한다.

II. 낙찰자 선정의 개념도

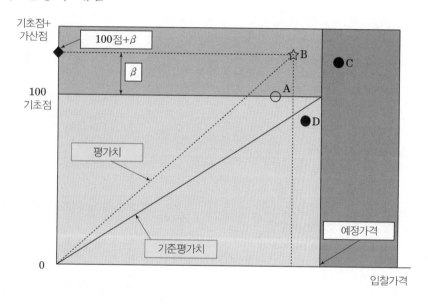

요건을 만족하지 않는 영역(입찰공사가격이 예정가격을 초과)

예를 들면, C는 예정가격을 초과하며, D는 표준점의 상태를 충족하고 있지 않다.

A는 기준 평가치를 상회하나, 평가치가 B를 밑돈다. 따라서 B가 낙찰자가 됨.

III. 도입의 필요성

(1) 건설산업의 국제 경쟁력 강화

(2) 비용(Cost)에 대한 인식의 전환

(3) 시공비용의 최소화가 아니라 총생애주기비용의 최소화

(4) 입찰자에게 인센티브를 제공하거나, 협상을 통한 계약체결

(5) 총생애주기비용의 최소화를 통해 투자효율성을 극대화

(6) 적격심사제도와 최저가 낙찰제도의 문제점 해결

(7) 입찰제도의 다양화와 발주기관의 기술능력 제고

(8) 공사비만이 아니라 공기, 품질, 기술개발 측면 등을 고려

(9) 덤핑 방지효과 및 수익성 향상

07 적격심사제도

Ⅰ. 정의

적격심사제도란 해당공사수행능력(시공경험, 기술능력, 시공평가 실적, 경영상태, 신인도), 입찰가격, 일자리창출 우대 및 해당공사 수행관련 결격여부 등을 종합심사하여 적격업체를 선정하는 제도이다.

Ⅱ. 심사기준

추정가격	해당공사 수행능력	입찰 가격	입찰가격 평점산식
100억 이상	70점	30점	30−[{88/100−(입찰가격−A)/(예정가격−A)×100}]
50억 이상 100억 미만	50점	50점	50−2×[{88/100−(입찰가격−A)/(예정가격−A) ×100}]
10억 이상 50억 미만	30점	70점	70−4×[{88/100−(입찰가격−A)/(예정가격−A) ×100}]
3억 이상 10억 미만	20점	80점	80−20×[{88/100−(입찰가격−A)/(예정가격−A) ×100}]
2억 이상 3억 미만	10점	90점	90−20×[{88/100−(입찰가격−A)/(예정가격−A) ×100}]
2억 미만	10점	90점	90−20×[{88/100−(입찰가격−A)/(예정가격−A) ×100}]

Ⅲ. 심사방법

(1) 예정가격 이하로서 최저가로 입찰한 자 순으로 심사
(2) 제출된 서류를 그 제출마감일 또는 보완일부터 7일 이내에 심사
(3) 재난이나 경기침체, 대량실업 등으로 기획재정부장관이 기간을 정하여 고시한 경우에는 심사서류의 제출마감일 또는 보완일로부터 4일 이내에 심사

Ⅳ. 낙찰자 결정

(1) 종합평점이 92점 이상
(2) 추정가격이 100억 원 미만인 공사의 경우에는 종합평점이 95점 이상
(3) 최저가 입찰자의 종합평점이 낙찰자로 결정될 수 있는 점수 미만일 때에는 차순위 최저가 입찰자 순으로 심사하여 (1),(2)의 낙찰자 결정에 필요한 점수이상이 되면 낙찰자로 결정

08 | 건설공사 입찰제도 중에서 종합심사제도 [(계약예규) 공사계약 종합심사낙찰제 심사기준]

I. 정의

종합심사제도는 300억 이상의 일반공사 및 고난이도공사, 300억 미만의 간이형공사의 정부발주공사의 획일적 낙찰제 폐해 개선을 목적으로 입찰자의 공사수행능력과 입찰금액에 기업의 사회적 책임점수를 가미하여 낙찰자를 결정하는 제도를 말한다.

II. 심사기준

구분	공사수행능력	입찰가격	사회적 책임	계약신뢰도
일반 공사	40~50점	50~60점	가점 2점	감점
고난이도 공사	40~50점	50~60점	가점 2점	감점
간이형 공사	40점	60점	가점 2점	감점

III. 낙찰자 결정

(1) 종합심사 점수가 최고점인 자를 낙찰자로 결정
(2) 종합심사 점수가 최고점인 자가 둘 이상인 경우에는 다음 각 호의 순으로 낙찰자를 결정
　① 공사수행능력점수와 사회적 책임점수의 합산점수가 높은 자
　② 입찰금액이 낮은 자
　③ 입찰공고일을 기준으로 최근 1년간 종합심사낙찰제로 낙찰 받은 계약금액이 적은 자
　④ 추첨
(3) (1) 및 (2)에도 불구하고 예정가격이 100억원 미만인 공사의 경우에는 입찰가격을 예정가격 중 다음 각 호에 해당하는 금액의 합계액의 98/100 미만으로 입찰한 자는 낙찰자에서 제외한다.
　① 재료비·노무비·경비
　② 가호에 대한 부가가치세
(4) 낙찰자를 결정한 경우 해당자에게 지체 없이 통보

IV. 기대효과

(1) 공사품질 향상
(2) 생애주기비용 측면의 재정효율성 증대
(3) 하도급 관행 등 건설산업의 생태계 개선
(4) 기술경쟁력 촉진
(5) 건설산업 경쟁력 강화

😣 58,61회

09 Fast Track Construction

I. 정의
공기단축을 목적으로 기본설계에 의해 공사를 진행하면서 다음 단계에 작성된 설계도서로 계속 공사를 진행하는 방식이다.

II. 개념도

III. 도입배경
(1) 공기단축
(2) 공사관리의 용이
(3) 공사비 절감
(4) 건설자재 절약

IV. 특징
(1) 실시설계를 작성할 시간 부여
(2) 공기단축 및 공사비 절감
(3) 한 업체가 설계, 시공을 일괄할 경우 상호의견 교환이 우수
(4) 목적물의 조기 완공으로 인한 영업이익 증대로 경제성 확보
(5) 설계조건에 따라 문제발생 우려 → 건설비 증가 가능
(6) 발주자, 설계자, 시공자의 협조가 필요
(7) 설계도 작성 지연 시 전체 공정에 지장을 초래
(8) 세부공종 세분화로 관리능력 부재 시 품질저하요인 발생

10 시공능력평가제도 [건설산업기본법 시행규칙]

I. 정의

(1) 시공능력평가제도란 발주자가 적정한 건설사업자를 선정할 수 있도록 건설사업자의 건설공사 실적, 자본금, 건설공사의 안전·환경 및 품질관리 수준 등에 따라 시공능력을 평가하여 공시하는 제도를 말한다.

(2) 시공능력평가액은 매년 7월 31일까지 공시되며 이 시공능력평가의 적용기간은 다음 해 공시일 이전까지이다.

II. 시공능력평가액 산정

> 시공능력평가액 = 공사실적평가액 + 경영평가액 + 기술능력평가액 + 신인도평가액

(1) 공사실적평가액: 최근 3년간 건설공사 실적의 연차별 가중평균액×70%

(2) 경영평가액: 실질자본금×경영평점×80%

(3) 기술능력 평가액: 기술능력생산액+(퇴직공제불입금×10)+최근 3년간 기술개발 투자액

(4) 신인도 평가액: 신기술지정, 협력관계평가, 부도, 영업정지, 산업재해율 등을 감안하여 감점 또는 가점

III. 시공능력의 평가방법

(1) 업종별 및 주력분야별로 평가한다.

(2) 최근 3년간 공사실적을 평가한다.

(3) 건설업양도신고를 한 경우 양수인의 시공능력은 새로이 평가한다.

(4) 상속인, 양수인은 종전 법인의 시공능력과 동일한 것으로 본다.

(5) 시공능력을 새로이 평가하는 경우 합산한다.

(6) 건설사업자의 경영평가액은 0에서 공사실적평가액의 20/100에 해당하는 금액을 뺀 금액으로 한다.

Ⅳ. 문제점

(1) 평가를 연간 경영 현황을 위주로 평가
(2) 평가항목을 금액으로 단일 계량화하여 개별 평가 결과를 왜곡
(3) PQ나 적격심사와의 연계성 부족하고 중복 평가 실시

Ⅳ. 개선방향

(1) 맞춤형 정보 제공 체계 구축
(2) 평가 방법의 Tool 마련
(3) 체계적 평가 시스템 구축

11 표준시장단가제도

[국가계약법 시행령/(계약예규) 예정가격작성기준]

I. 정의

표준시장단가제도는 공사를 구성하는 일부 또는 모든 공종에 대하여 품셈을 이용하지 않고 재료비, 노무비, 경비를 포함한 공종별 단가를 이미 수행한 동일공사 혹은 유사공사의 단가로 공사 특성을 고려하여 가격을 산정하는 방식을 말한다.

II. 표준시장단가 원가 산정 절차

실적단가 추출 대상 선정 → 세부 공정별 실적단가의 적정성 평가 → 실적단가 건수 검토 → 과거 실적단가 설계 시점의 가치로 환산 → 실적단가의 대푯값 산정 → 순공사비 & 제잡비 산정

III. 예정가격의 결정기준

(1) 적정한 거래가 형성된 경우에는 그 거래실례가격
(2) 신규개발품이거나 특수규격품 등의 적정한 거래실례가격이 없는 경우에는 원가계산에 의한 가격
(3) 공사의 경우 이미 수행한 공사의 종류별 시장거래가격 등을 토대로 산정한 표준시장단가
(4) (1) 내지 (3)의 규정에 의한 가격에 의할 수 없는 경우에는 감정가격, 유사한 물품·공사·용역 등의 거래실례가격 또는 견적가격

IV. 표준시장단가에 의한 예정가격작성

(1) 직접공사비, 간접공사비, 일반관리비, 이윤, 공사손해보험료 및 부가가치세의 합계액으로 한다.
(2) 추정가격이 100억원 미만인 공사에는 표준시장단가를 적용하지 아니한다.
(3) 직접공사비=공종별 단가×수량
(4) 간접공사비=직접공사비 총액×비용별 일정요율
(5) 일반관리비=(직접공사비+간접공사비)×일반관리비율

(6) 일반관리비율은 공사규모별로 정한 비율을 초과 금지

종합공사		전문 전기·정보통신·소방 및 기타공사	
직접공사비 +간접공사비	일반관리비율(%)	직접공사비 +간접공사비	일반관리비율(%)
50억원 미만	6.0	5억원 미만	6.0
50억원~300억원 미만	5.5	5억원~30억원 미만	5.5
300억원 이상	5.0	30억원 이상	5.0

(7) 이윤=(직접공사비+간접공사비+일반관리비)×이윤율

(8) 공사손해보험료=공사손해보험가입 비용

12 건설공사비지수(Construction Cost Index)

I. 정의

건설공사비지수란 건설공사에 투입되는 재료, 노무, 장비 등의 자원 등의 직접공사비를 대상으로 한국은행의 산업연관표와 생산자물가지수, 대한건설협회의 공사부문 시중노임 자료 등을 이용하여 작성된 가공통계로 건설공사 직접공사비의 가격변동을 측정하는 지수를 말한다.

II. 활용목적

(1) 기존 공사비 자료의 현가화를 위한 기초자료

기존 공사비자료에 대한 시차 보정에 건설공사비지수를 활용할 수 있음

(2) 계약금액 조정을 위한 기초자료의 개선

물가변동으로 인한 계약금액 조정에 있어서 투명하고 간편하게 가격 등락을 측정하는데 활용할 수 있음

III. 건설공사비지수의 작성방법

(1) 지수작성을 위한 기초자료

① 가중치자료: 한국은행의 2015년 기준연도 산업연관표 투입산출표(기초가격 기준)와 생산자물가지수(2015년=100)

② 가격자료

가. 한국은행의 생산자물가지수를 기본으로 함

나. 노무비 부문은 대한건설협회의 일반공사 직종 평균임금을 활용

(2) 기준연도(2015년도를 기준연도로 설정)

① 현행 지수의 기준년도는 2015년이며, 경제구조의 변화가 지수에 반영되도록 5년마다 기준년도를 개편하여 조사대상품목과 가중치구조를 개선

② 2015년 연평균 100인 생산자물가지수 품목별지수를 토대로 산출 (2009년 12월 이전 지수는 기존 지수의 등락률에 따라 역산하여 접속)

(3) 분류체계

① 산업연관표상의 건설부문 기본부문 15가지 시설물별을 부분별로 상향집계하여 총 25개(중복지수 제외 시 총 21개)의 지수가 산출되는데, 최종적으로 산출되는 최상위 지수가 건설공사비지수임

가. 15개의 기본 시설물지수(소분류지수)와 7개의 중분류지수, 2개의 대분류지수, 최종적인 건설공사비지수로 분류됨

나. 주거용건물, 비주거용건물, 건축보수, 기타건설은 중분류 지수로 하위분류가 없으며, 소분류와 중분류 지수로 2중 계산됨

13 **물가변동(Escalation, 물가변동으로 인한 계약금액조정)** [국가계약법 시행령/시행규칙]

I. 정의

Escalation이란 입찰 후 계약금액을 구성하는 각종 품목 또는 비목의 가격 상승 또는 하락된 경우 그에 따라 계약금액을 조정함으로써 계약당사자의 원활한 계약이행을 도모하고자 하는 것을 말한다.

II. 물가변동으로 인한 계약금액조정 기준

(1) 계약을 체결한 날부터 90일 이상 경과하고 다음의 어느 하나에 해당되는 때에는 계약금액을 조정한다.
   ① 입찰일을 기준일로 하여 산출된 품목조정률이 3/100 이상 증감된 때
   ② 입찰일을 기준일로 하여 산출된 지수조정률이 3/100 이상 증감된 때
(2) 조정기준일부터 90일 이내에는 이를 다시 조정하지 못한다.
(3) 선금을 지급한 것이 있는 때에는 공제한다.
(4) 최고판매가격이 고시되는 물품을 구매하는 경우 계약체결 시에 계약금액의 조정에 규정과 달리 정할 수 있다.
(5) 천재·지변 또는 원자재의 가격급등 하는 경우 90일 이내에 계약금액을 조정할 수 있다.
(6) 특정규격 자재의 가격증감률이 15/100 이상인 때에는 그 자재에 한하여 계약금액을 조정한다.
(7) 환율변동으로 계약금액 조정요건이 성립된 경우에는 계약금액을 조정한다.
(8) 단순한 노무에 의한 용역으로서 예정가격 작성 이후 노임단가가 변동된 경우 노무비에 한정하여 계약금액을 조정한다.

III. 물가변동으로 인한 계약금액의 조정 방법

(1) 품목조정률, 등락폭 및 등락률

$$품목조정률 = \frac{각\ 품목\ 또는\ 비목의\ 수량에\ 등락폭을\ 곱하여\ 산출한\ 금액의\ 합계액}{계약금액}$$

$$등락폭 = 계약단가 \times 등락률$$

$$등락률 = \frac{물가변동당시가격 - 입찰당시가격}{입찰당시가격}$$

(2) 예정가격으로 계약한 경우에는 일반관리비 및 이윤 등을 포함하여야 한다.

(3) 등락폭을 산정함에 있어서는 다음의 기준에 의한다.

　① 물가변동당시가격이 계약단가보다 높고 동 계약단가가 입찰당시가격보다 높을 경우의 등락폭은 물가변동당시가격에서 계약단가를 뺀 금액으로 한다.

　② 물가변동당시가격이 입찰당시가격보다 높고 계약단가보다 낮을 경우의 등락폭은 영으로 한다.

(4) 지수조정률은 계약금액의 산출내역을 구성하는 비목군 및 다음의 지수 등의 변동률에 따라 산출한다.

　① 생산자물가기본분류지수 또는 수입물가지수

　② 정부·지방자치단체 또는 공공기관이 결정·허가 또는 인가하는 노임·가격 또는 요금의 평균지수

　③ 조사·공표된 가격의 평균지수

(5) 조정금액은 계약금액 중 조정기준일 이후에 이행되는 부분의 대가에 품목조정률 또는 지수조정률을 곱하여 산출한다.

(6) 계약상 조정기준일전에 이행이 완료되어야 할 부분은 물가변동적용대가에서 제외한다. 다만, 정부에 책임이 있는 사유 또는 천재·지변 등 불가항력의 사유로 이행이 지연된 경우에는 물가변동적용대가에 이를 포함한다.

(7) 선금을 지급한 경우의 공제금액의 산출은 다음 산식에 의한다.

> 공제금액 = 물가변동적용대가 × (품목조정률 또는 지수조정률) × 선금급률

(8) 물가변동당시가격을 산정하는 경우에는 입찰당시가격을 산정한 때에 적용한 기준과 방법을 동일하게 적용하여야 한다.

(9) 등락률을 산정함에 있어 용역계약의 노무비의 등락률은 최저임금을 적용하여 산정한다.

(10) 계약상대자로부터 계약금액의 조정을 청구받은 날부터 30일 이내에 계약금액을 조정하여야 한다.

2 서술형 문제 해설

◑ 58,65회

01 공동도급(Joint Venture)의 활성화 방안

I. 개 요

(1) 2개 이상의 사업자가 공동으로 어떤 일을 도급받아 공동계산하에 계약을 이행하는 도급형태이다.

(2) 공동도급의 특성

- 공동 목적성
- 손익 분담성
- 일시성 및 임의성

(3) 계약이행방식에 의한 구분

공동이행방식	공동출자 또는 파견하여 공사 수행
분담이행방식	분담하여 공사 수행
주계약자형 공동도급	주계약자가 종합계획, 관리 및 조정하여 수행

II. 활성화방안

(1) 중소건설업 공동기업체 장려제도 도입

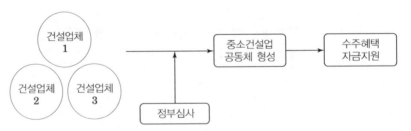

(2) 수급체의 단일회계 체제(공동수급체에 대한 사업자 인정)

공동이행방식 → 공동수급체 사업자 인정

(3) 건설업의 EC화

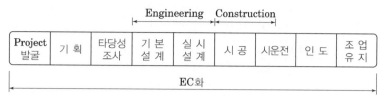

(4) 건설업의 전문화

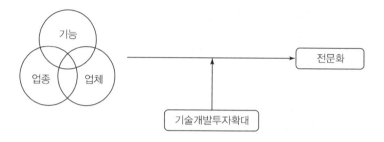

(5) 공동도급 내용 심사
① 구성원의 자격
② 상호보완 가능성 심사
③ 목적 달성 여부

(6) 표준계약서 보완
① 권한과 책임을 명확히 배분
② 조직 및 기능체계 확립

(7) 하자보수 이행 문서화
① 공동도급계약의 구분 명확히 할 것
② 공동부분 하자보수 이행을 문서화 시행
③ 하자보수 분쟁 해결

(8) 업체의 기술개발
① 해외연수 및 기술교류 → 전문인력 육성
② 전문연구소 건립

(9) 주계약자형 공동도급 확대
① 비율이 가장 큰 업체를 주계약자로 선정
② 공사 전체에 대한 연대 책임
③ 실적 → 나머지 업체(일반건설업체) 실적의 1/2 포함
④ 종합계획, 관리 및 조정 역할

(10) CM 도입

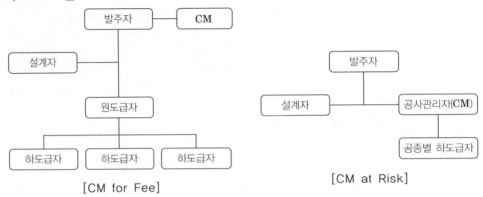

[CM for Fee]

[CM at Risk]

(11) 제도개선
　① Paper Joint 방지를 위한 법적 강화
　② 지역업체와의 공동의무화 활성화하여 중소건설업체의 보호
　③ 발주자의 심사체계 개선

Ⅲ. 결 론

(1) 사무업무의 표준화를 통한 제도의 개선 및 산학연관의 공동연구 및 노력이 필요하다.
(2) 공동도급의 상호 임무 유지

　　┌ 인사관리 공정성 유지
　　├ 주구성원 상호의견 존중
　　└ 특정회사의 성격을 배제

02 | Turn Key 방식의 문제점과 개선방안

I. 개 요
(1) Turn Key 방식은 시공업자가 건설공사에 대한 재원조달, 토지구매, 설계 및 시공, 시운전 등의 모든 서비스를 발주자를 위해 제공하는 방식이다.

(2) Turn Key 업무영역

II. Turn Key 방식

(1) Design Build 방식

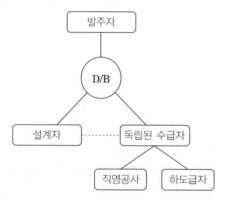

(2) Design Manage 방식

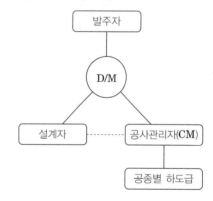

III. 문제점

(1) 설계심의제도 미흡
① 설계도서 및 제한서를 객관적으로 평가할 수 있는 기준 및 평가 미흡
② 심사자와 평가자의 부조리 발생 우려
③ 전문가로 구성된 심사기준의 미정립

(2) 선정기준 미흡
① 제한경쟁으로 참여를 제한
② 대상 공사 선정에 합리적 기준 미흡

(3) 발주자 의견 미반영
  ① 발주자측 전문인력 부족으로 심사 미참여
  ② 발주자 의도와 상이한 설계의 선정 우려
  ③ 발주자 의견을 무시한 Turn Key 단독성 우려

(4) 입찰준비일수 부족

(5) 과다경비 지출
  입찰에 탈락시 설계비용 등 경비과다 부담

(6) 실적위주경쟁 및 저가입찰의 우려
  ① 시공능력과 무관한 경쟁
  ② 실적 보유를 위한 Dumping 경쟁 우려
  ③ 신규업체 참가 제한 및 중소업체 육성 저해

Ⅳ. 개선방안

(1) EC화 능력 배양

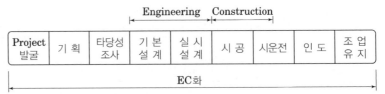

(2) 객관적 심사기준 및 설계평가기준 마련
  ① 객관성 유지를 위한 제도적 장치 마련
  ② 신기술 신공법 채택의 배려가 필요
  ③ 대안제시 등 공기단축, 원가절감, 안전성 등 우선 선택

(3) 탈락업체 실비보상(설계비)
  ① 비용절감을 위해 기본설계로 입찰참여 제도 개선
  ② 등록서류의 간소화 및 전산화

(4) 낙찰자 선정방식 개선
   ① 공사규모에 맞는 적정입찰기준 선정
   ② 발주자측 전문인력 양성 및 참여
   ③ 우수전문기관 및 전문인력에 의한 적정낙찰자 선정

(5) 신기술 지정 및 보호제도
신기술 개발한 업체에게 수의계약 가능

(6) 입찰업체에 대한 심사
   ① 경영상태, 시공경험, 기술능력, 신인도 등을 정확하게 파악
   ② 기술자 보유능력, Project 수행능력 파악
   ③ 산·학·연·관에 의한 정확한 파악

(7) 업체의 기술개발
   ① 해외연수 및 기술교류 → 전문인력 양성
   ② Engineering 능력 강화
   ③ 기술연구소 설립

V. 결 론
(1) 신뢰성 있는 평가와 평가에 대한 객관성을 부여하고 신기술 신공법에 따른 변화된 Turn Key 제도를 마련한다.
(2) 건설업의 EC화 배양 및 종합건설업 제도가 빨리 이루어져야 한다.

03 CM(건설사업관리)의 문제점과 개선방안

I. 개 요

(1) 건설공사에 관한 기획, 타당성 조사, 분석, 설계, 조달, 계약, 시공관리, 감리, 평가, 사후관리 등에 관한 업무의 전부 또는 일부를 수행하는 제도이다.

(2) 이에 대한 문제점과 개선방안에 대해 검토하고자 한다.

II. CM의 목적

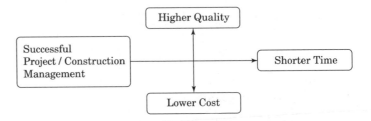

III. 문제점

(1) CM 인식의 문제점
① CM의 위상 및 중요성에 대한 최고 경영층의 인식 부족
② 설계영역에 대한 침해 우려
③ 건설회사의 시공부문에 대한 집착
④ 자체기술력 부족으로 CM에 대처

(2) Software 기술에 관한 인식 부족
① 계획, 운영, 관리 및 감리 등에 대한 소홀한 인식
② CM 방식 채택의 장점과 배경 확산시킬 것

(3) 제도 미흡
① CM 공사를 위한 계약서, 계약조건 미비
② 독립된 CM 용역비에 대한 기준 미흡

(4) 전문업체 및 인력 부족
① 대학교육의 부실과 취업 후 현장경험을 통한 실무 습득 수준
② CM 전문인력 양성을 위한 교육 부족

(5) 역할과 업무범위 미비

① CM 기대효과에 대한 확신 미흡

② 제도활용에 대한 위험

③ CM 발주의 활성화 미흡

④ 특정공사에 편중

(6) CM 용역비 과소 책정

① 사업관리에 대한 업무가 추가됨에도 용역비의 책정이 잘못됨

② 감리자 역할 외에 CM 환경이 마련되지 못함

Ⅳ. 개선방안

(1) 제도적 장치 마련

① 공사관리에 대한 관련 법규 마련

② CM 전문회사의 등록기준, 평가기준 및 전문인력 보유에 대한 규정 마련 → 외국 업체들과 동등하게 비교

(2) 종합건설업 제도의 도입

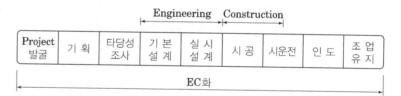

(3) 고급 Construction Manager의 육성

① 장기간의 집중적인 전문 CM 교육

② 해외 CM 프로젝트 현장 연수

③ 기술자들의 전문화

④ 해외 CM 관련 자격증 취득

⑤ 학교와 기업이 적극 참여하는 공동의 산학교육

(4) CM 전문회사의 육성

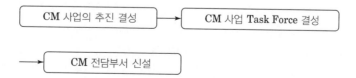

(5) 부분별 CM 체계의 구축(CM의 인프라 구축)

① 공정관리 시스템 구축

② 원가관리체계의 표준화, 공종별 Code of Account 개발

③ 통합건설시스템(CIC) 개발

④ 품질보증 시스템 구축

(6) 기술개발

① 기술연구소 설립

② 경영진의 지원 확대

③ CM 교육프로그램 개발

(7) 적정금액의 용역비 보장

공사비의 3~8%를 보장함으로써 CM의 활성화 도모

V. 결 론

(1) 정부는 제반법규, 규정 등 절차적인 분야에 대한 개선노력이 필요하다.

(2) 기업은 경영전략의 선진화와 기술개발 및 전문인력육성에 관한 산·학·관의 공동노력
을 하여야 한다.

총론(공정·품질·원가·안전·총론)

Chapter 10

공정관리 | 단답형 과년도 문제 분석표

■ 공정표

NO	과 년 도 문 제	출제회
1	바나나형 S-Curve를 이용한 진도관리 방안	43
2	PERT/CPM의 차이	45
3	PDM(Precedence Diagram Method)	58
4	공정관리의 Overlapping기법	75
5	LOB(Line of Balance), LSM(Linear Scheduling Method)	66, 78, 104, 114
6	TACT 공정관리기법	76, 85, 92
7	공정갱신에서 Progress Override기법	94

■ Net Work

NO	과 년 도 문 제	출제회
1	Critical Path(주공정선)	44, 68, 78, 95
2	Network공정표에서의 간섭여유(Dependent Float or Interfering Float)	93

■ 공기단축

NO	과 년 도 문 제	출제회
1	절대공기	78
2	Cost Slope(비용구배)	44, 58, 61, 77, 99
3	공정관리의 급속점(Crash Point, 특급점)	88, 62
4	MCX(Minimum Cost Expeding)	62

■ 자원배당

NO	과 년 도 문 제	출제회
1	자원분배(Resource Allocation)	57, 65, 107
2	인력부하도와 균배도	57

■ 진도관리

NO	과 년 도 문 제	출제회
1	건설공사의 진도관리방법	60, 67
2	SPI(Schdule Performance Index)	90
3	CPI(Cost Performance Index)	84
4	EVMS(Earned Value Management System)	63, 117
5	EVM에서의 Cost Baseline	82
6	EVMS 주체별 역할	109

■ 공기와 시공속도

NO	과 년 도 문 제	출제회
1	최적공기	44
2	시공속도	45
3	최적시공속도	47, 81
4	경제속도	51
5	공기단축과 공사비 관계	53

■ 기타

NO	과 년 도 문 제	출제회
1	Lead Time	58
2	Milestone(중간관리시점)	65, 78, 95
3	동시지연(Concurrent Delay)	87
4	공정관리의 Last Planner System	102
5	초고층공사의 Phased Occupancy	91
6	Fast Track Construction	59, 61
7	건설공사 공기지연 중에서 보상가능지연(Compensable Delay)	101

공정관리 | 서술형 과년도 문제 분석표

■ 공정표

NO	과 년 도 문 제	출제회
1	Net Work공정표와 Bar-Chart를 실례를 들어 그 장단점을 기술하시오.	51
2	CPM과 PERT에 대해 비교하여 설명하시오.	75
3	PERT-CPM공정표의 현장 활용실태를 설명하고 적용 활성화를 위한 방안을 설명하시오.	58
4	PDM(Precedence Diagramming Method)공정관리기법의 중복관계를 설명하고 중복관계의 표현상 한계점에 대하여 설명하시오.	94
5	CPM공정표 작성기법중 ADM기법과 PDM기법의 장단점을 비교 설명하시오.	61
6	네트워크 공정관리 기법중 화살형기법(AOA : Activity On Arrow)과 노드형기법(AON : Activity On Node)을 설명하고 특징을 비교분석하여 설명하시오.	76
7	공정관리기법이 전통적인 ADM기법에서 Overlapping Relationship를 갖는 PDM기법으로 변화하는 원인과 이에 대한 건설현장의 대책에 대하여 기술하시오.	87
8	TACT공정관리의 특성과 공기단축 효과에 대하여 설명하시오.	76, 98

▪ 공기단축

NO	과 년 도 문 제	출제회
1	공기단축 기법 사례와 방법에 대하여 설명하시오.	43
2	사이클 타임(Cycle time)을 정의하고, 이를 단축함으로서 얻을 수 있는 기대효과에 대하여 기술하시오.	79
3	네트워크 공정표의 공기단축에서 MCX(Minimum Cost Expediting)나 SAM(Siemens Approximation Method)기법 등에 의한 공기단축에 앞서 실시하는 네트워크 조정 기법에 대하여 설명하시오.	89

▪ 자원배당

NO	과 년 도 문 제	출제회
1	공정관리에서 자원량이 한정되었을 때와 공사기간이 한정되었을 때를 구분하여 자원관리방법을 설명하시오.	90
2	공사관리시의 자원배당(Resource Allocation)의 정의와 방법 및 순서에 대하여 설명하시오.	48, 101

▪ 진도관리

NO	과 년 도 문 제	출제회
1	공기와 비용의 관점에서 공사지연의 유형을 분류하여 설명하시오.	91
2	공기 지연의 유형별 발생원인과 대책에 대하여 설명하시오.	67
3	건축공사 시 단계별 공기지연 발생원인과 방지대책에 대하여 설명하시오.	116
4	공기지연 유형을 발생원인(발주, 설계, 시공) 별로 구분하여 설명하시오.	71
5	공정-공사비 통합관리체계의 구체적 기법인 EVM 개념 및 적용절차에 대하여 설명하시오.	72, 109, 117
6	공정-원가 통합관리의 저해요인과 해결방안에 대하여 설명하시오.	66
7	건설공사 공정관리에서 밀접한 관계를 갖고 있는 시간(Time)과 비용(Cost)의 통합관리 방안에 대하여 설명하시오.	56
8	EVMS(Earned Value Management System)의 현장 운용상 문제점 및 활성화 방안에 대하여 설명하시오.	101
9	아래와 같은 가정에서, 5일차를 기준으로 계획공사비(BCWS), 달성공사비(BCWP), 실투입비(ACWP), 공정수행지수(SPI) 및 공사비수행지수(CPI)를 계산하고, SPI와 CPI를 이용하여 공사의 진행상황을 분석하여 설명하시오. 〈가정〉 1000000원 예산으로 100m^{3}의 터파기 작업을 10일 동안 수행하도록 계획하였으며, 이때 계획진도는 작업 기간에 정비례하는 것으로 가정한다. 5일차까지 달성한 시점을 기준으로 40m^{3}의 물량이 완료되었으며, 5일차까지 실제로 투입된 원가는 단위 물량 당 15000원/m^{3}으로 가정한다.	115

■ 기타

NO	과 년 도 문 제	출제회
1	공동주택현장에서 한 개층 공사의 Cycle 공정순서(Flow Chart)와 중점관리사항에 대하여 설명하시오.	64
2	공정관리를 계획단계, 계획실시, 통제단계를 구분하여 예시하고, 각각에 대해 설명하시오.	51
3	공정계획시 공사가동율 산정방법에 대하여 설명하시오.	84
4	공정마찰(또는 공정간섭)의 발생원인과 사례, 공사에 미치는 영향과 해소방안에 대하여 설명하시오.	50, 64, 83
5	굴착공사의 Strut흙막이 지보공과 지하 철골철근콘크리트공사의 공정마찰로 시공성이 저하되는바, 개선방안에 대하여 설명하시오.	102
6	초고층건축물의 신축공사에서 공정마찰이 공사에 미치는 영향과 그 해소기법에 대하여 설명하시오.	60
7	사이클타임(CT)을 정의하고, 이를 단축함으로서 얻을 수 있는 기대효과에 대하여 설명하시오.	79
8	공정관리절차서 작성의 필요성과 절차 및 담당자별 주요업무사항에 대하여 설명하시오.	105
9	건축공사 예정공정표의 현장공정관리 활용도가 저하되는 이유와 개선방안에 대하여 설명하시오.	112

품질관리 | 단답형 과년도 문제 분석표

■ 7가지 Tool

NO	과 년 도 문 제	출제회
1	품질관리 7가지 관리도구	50, 127
2	히스토그램	84
3	Pareto도	62
4	품질특성	51
5	산포도(산점도, Scatter Diagram)	63

■기타

NO	과 년 도 문 제	출제회
1	품질비용(Quality Cost)	72, 82
2	Quality Assurance	65
3	TQM(Total Quality Management)	54

품질관리 | 서술형 과년도 문제 분석표

■7가지 Tool

NO	과 년 도 문 제	출제회
1	건축공사 품질관리에 대해 1) 생산성에 미치는 효과 2) 품질관리 Tool에 대하여 설명하시오.	71
2	건축공사의 품질관리방법을 순서대로 기술하시오.	44

■기타

NO	과 년 도 문 제	출제회
1	건설공사 품질보증 중에서 1) 도급계약서상의 품질보증 2) TQC에 의한 품질보증 3) ISO9000 규격에 의한 품질보증에 대하여 설명하시오.	68
2	설계품질과 시공품질에 대하여 설명하시오.	65
3	국내공사현장에서 설계품질이 시공품질에 미치는 영향에 대해 현장관리자의 입장에서 설명하시오.	46
4	건축현장에서 수행하는 품질시험과 시험관리 업무에 대하여 설명하시오.	59
5	품질경영(Quality Management)을 구성하는 3단계 활동에 대하여 설명하시오.	57
6	품질관리가 건축공사비에 미치는 영향에 대하여 설명하시오.	56
7	건설기술법상에서 요구하고 있는 현장에서 해야 할 품질시험의 종류와 특성, 현장수행업무 수행과정에서의 문제점과 개선방향에 대하여 설명하시오.	52
8	공사현장 책임자로서 시공품질을 보증하기 위한 운영계획에 대하여 설명하시오.	46
9	건축공사에서 품질 경영기법으로 활용되는 품질비용의 구성 및 품질개선과 비용의 연계성에 대하여 설명하시오.	101

원가관리 | 단답형 과년도 문제 분석표

■ 개론

NO	과 년 도 문 제	출제회
1	건설원가 구성체계	38, 116
2	물가변동으로 인한 계약금액조정	122

■ VE

NO	과 년 도 문 제	출제회
1	VE(Value Engineering)	38, 44, 47, 93
2	VECP(Value Engineering Change Proposal)제도	63
3	브레인스토밍(Brain Storming)	115

■ LCC

NO	과 년 도 문 제	출제회
1	LCC(Life Cycle Cost)	44, 64

■ 기타

NO	과 년 도 문 제	출제회
1	건축공사 원가계산서	112

원가관리 | 서술형 과년도 문제 분석표

■ 개론

NO	과 년 도 문 제	출제회
1	건설공사에서 원가구성 요소를 설명하고 원가관리의 문제점 및 대책을 기술하시오.	88, 96
2	건축공사비 산정을 위한 내역서 작성 시 원가계산에 반영하여야 할 항목과 제반 비율 및 개선방안에 대하여 설명하시오.(현행 국가계약법 및 조달청 원가계산 제 비율 적용기준)	99
3	건축공사현장 개설시 시공사의 실행예산서 편성요령, 구성 및 특성에 대하여 설명하시오.	100
4	건설프로젝트의 기획 및 설계단계별 공사비 예측 방법에 대하여 기술하시오.	84
5	설계단계에서 적정공사비 예측방법에 대하여 설명하시오.	80
6	현장공사 경비 절감방안에 대하여 설명하시오.	53
7	현장관리비 구성 항목과 운영상 유의사항에 대하여 설명하시오.	49
8	건축공사에서 설계변경 및 계약금액 조정의 업무흐름과 처리절차를 설명하시오.	120

■ 원가절감방안

NO	과 년 도 문 제	출제회
1	공사원가관리의 필요성 및 원가절감방안에 대하여 설명하시오.	79
2	공사원가관리의 MBO(Management By Objective)기법에 대하여 설명하시오.	60, 75
3	원가관리의 이점과 MBO(Management By Objective)기법의 필요성에 대하여 설명하시오.	50
4	공사원가 관리에서 MBO 기법의 실행단계 및 평가방법에 대하여 설명하시오.	107

■ VE

NO	과 년 도 문 제	출제회
1	공동주택 건축 설계단계에서의 VE적용방법과 절차에 대하여 설명하시오.	78
2	VE의 개념, VE활동의 필요성과 건축현장의 시공단계에서의 파급효과에 대하여 설명하시오.	73
3	건설 VE(Value Engineering)의 개념과 적용시기 및 그 효과에 대하여 설명하시오.	64
4	VE(Value Engineering)의 수행단계 및 수행방안에 대하여 설명하시오.	118
5	설계 및 시공과정에서 VE 적용상 문제점 및 활성화 방안에 대하여 설명하시오.	60
6	국내 건설공사에서 VE(Value Engineering)의 법적요건과 적용상의 문제점 및 개선방향에 대하여 설명하시오.	100
7	LCC측면에서 효과적인 VE활동기법을 설명하시오.	81
8	VE적용 대상에 대하여 설명하시오.	54

■ LCC

NO	과 년 도 문 제	출제회
1	건설프로젝트의 진행단계별 LCC(Life Cycle Cost)분석방안에 대하여 설명하시오.	67
2	시멘트 액체방수공법의 문제점과 LCC(Life Cycle Cost)관점에서의 대책에 대하여 설명하시오.	58
3	건축물 LCC(Life Cycle Cost)를 설명하고, LCC분석 전(全)단계의 VE(Value Engineering)효과에 대하여 설명하시오.	89
4	건축물의 효과적인 유지관리를 위한 방법을 Life Cycle 단계별(설계, 시공, 사용단계)로 설명하시오.	92
5	건축물의 생애주기비용(LCC) 산정절차에 대하여 설명하시오	106
6	건축물 생애주기비용(LCC) 분석방법 중 확정적 및 확률적 분석방법의 적용조건과 적용방법에 대하여 설명하시오.	108

안전관리 | 단답형 과년도 문제 분석표

■ 개론

NO	과 년 도 문 제	출제회
1	재해율	49
2	안전관리의 MSDS(Material Safety Data Sheet)	106, 118
3	지하 안전 영향 평가	114
4	건설업 기초 안전 보건 교육	116
5	건축공사 설계의 안전성검토 수립대상	75, 104, 122
6	건설기술진흥법 상 안전관리비	127
7	건설기술진흥법 상 가설구조물의 구조적 안전성 확인 대상	55, 64, 67
8	산업안전보건관리비	
9	밀폐공간보건작업 프로그램	75, 91, 104

■ 재해요인 및 대책

NO	과 년 도 문 제	출제회
1	낙하물방지망 설치방법	101
2	Tool Box Meeting	63

안전관리 | 서술형 과년도 문제 분석표

■ 개론

NO	과 년 도 문 제	출제회
1	일반건설공사의 안전관리비 구성항목과 사용내역에 대하여 설명하시오.	63
2	안전사고 발생의 유형과 예방대책에 대하여 설명하시오.	68, 72
3	우기(雨期)철 건축공사 현장에서 집중호우, 토사의 붕괴, 폭풍으로 인한 낙하, 비래(飛來)에 대한 안전사고 예방대책을 설명하시오.	95
4	혹서기 건축공사현장의 안전보건 관리방안과 밀폐공간 및 집중호우 관리방안에 대하여 설명하시오.	110
5	건설기술진흥법시행령 제75조의 2(설계의 안전성 검토)에 따른 건설공사 안전관리 업무 수행 지침(국토교통부 고시 제2018-532호)상 시공자의 안전관리업무를 설명하시오.	118
6	산업안전보건법령에 의한 안전보건교육 교육대상별 다음 항목에 대하여 설명하시오.	122

■ 재해요인 및 대책

NO	과 년 도 문 제	출제회
1	초고층 건축공사시 산재 발생요인과 그 개선방향에 대하여 설명하시오.	48
2	유해위험방지계획서의 작성요령에 대하여 설명하시오.	59
3	유해위험방지계획서 제출서류 및 세부내용(높이 31m 이상인 건축공사)에 대하여 설명하시오.	63
4	산업안전보건법령에 규정하고 있는 유해위험방지계획서 제출대상과 구비서류 및 작성시 유의사항에 대하여 설명하시오.	101
5	현장 안전관리비 사용계획서 작성 및 집행에 따른 문제점 및 개선방향에 대하여 설명하시오.	72
6	건축공사에서 표준안전관리비의 적정 사용 방안에 대하여 설명하시오.	85
7	일반건설공사의 규모별 산업안전보건관리비의 계상기준과 운영상 문제점 및 대책에 대하여 설명하시오.	113
8	안전검검 및 정밀안전진단에 대하여 설명하시오.	113
9	근접공사의 인접시설물 및 매설물의 안전대책에 대하여 설명하시오.	63
10	건축물 안전진단의 절차 및 보강공법에 대하여 설명하시오.	117

총론 | 단답형 과년도 문제 분석표

■ 신기술

NO	과 년 도 문 제	출제회
1	건축산업의 정보통합화 생산(CIC)	46, 55
2	PMIS(PMDB)	60, 64
3	WBS	60, 107
4	건설사업관리에서의 RAM(Responsibility Assignment Matrix)	114
5	건설 CALS	51, 60

■ 환경성, 경영성, 생산성

NO	과 년 도 문 제	출제회
1	제로에너지빌딩(Zero Energy Building)	114
2	환경친화건축(Green Building)	64, 71
3	친환경 건축물 인증대상과 평가항목	81
4	Project Financing	74

NO	과 년 도 문 제	출제회
5	건설위험관리에서 위험약화전략(Risk Mitigation Stategy)	89, 113
6	경영혁신기법으로서의 벤치마킹	52
7	시공성(Constructability)	55, 64, 67
8	MC(Modular Coordination)	90
9	린 건설(Lean Construction)	80
10	적시생산(Just In Time)	55
11	건설공사의 생산성(Productivity)관리	97
12	생태면적	73
13	건설기술진흥법에서 규정하고 있는 환경관리비	119
14	건설공사비지수	119
15	사물인터넷(IoT : Internet of Things)	122
16	건설클레임	126

■ 기타

NO	과 년 도 문 제	출제회
1	건축표준시방서상의 현장관리 항목	79
2	시방서의 종류 및 포함되어야 할 주요사항	93
3	성능시방과 공법시방	47
4	부실공사(不實工事)와 하자(瑕疵)의 차이점	79, 95
5	재개발과 재건축의 구분	86, 119
6	주택성능평가제도	75, 78
7	아파트 성능등급	87
8	새집증후군 해소를 위한 Bake Out	75, 104
9	베이크아웃(Bake-Out), 플러쉬아웃(Flush-Out) 실시 방법과 기준	121
10	공동주택 라돈 저감방안	120
11	VOCs(휘발성유기화합물)저감방법	98
12	CO_2발생량 분석기법(LCA-Life Cycle Assesment)	98
13	탄소포인트제	100
14	환경영향평가제도	77
15	ISO14000	62
16	무선인식기술(RFID)을 활용한 현장관리	75, 91, 104

NO	과 년 도 문 제	출제회
15	작업표준	66
16	건설자재 표준화의 필요성	95
17	BIM(Building Information Modeling)	90, 117
18	BIM LOD	119
19	시공실명제	53
20	UBC(Universal Building Code)	54, 46
21	6-시그마(Sigma)	83
22	데이터 마이닝(Data Minig)	83
23	단품 슬라이딩 제도	86
24	Passive House	93
25	BIPV(Building Integrated Photovoltaic) 건물일체형 태양광발전	90
26	벽면녹화(壁面綠化)	95
27	도심지공사의 착공 전 사전조사(事前調査)	95
28	강도의 단위로서 Pa(Pascal)	95
29	GPS(Global Positioning System)측량	96, 112
30	건설근로자 노무비 구분관리 및 지급확인제도	97
31	청정건강주택 건설기준	97
32	건강친환경주택 건설기준(대형챔버법)	109, 112
33	건축현장에서 시험(Sample)시공	99
34	건설기술관리법의 부실벌점 부과항목(건설업자, 건설기술자 대상)	100
35	건설공사대장 통보제도	102
36	준공공(準公共)임대주택	102
37	건축물 에너지 효율등급 인증제도	101
38	건축물 에너지 관리시스템(BEMS, Building Energy Manangement System)	103
39	관리적 감독 및 감리적 감독	71
40	PL(제작물 책임법)	70
41	FM(Facility Management)	67
42	건축물에너지 성능지표(EPI)	109
43	Smart Construction 요소기술	117, 120

NO	과 년 도 문 제	출제회
42	복합화공법	82
43	현장관리비	66
44	석면지도	104
45	석면건축물의 위해성 평가	114
46	장수명 주택 인증기준	105
47	5D BIM 요소기술	108
48	개방형BIM(Open BIM)과 IFC(Industry Foundation Class)	115
49	SCM(Supply Chain Management)	112, 119
50	지능형 건축물(IB)	38, 47, 119

총론 | 서술형 과년도 문제 분석표

■ 시공계획

NO	과 년 도 문 제	출제회
1	건축공사현장에서 공무담당자의 역할과 주요업무에 대하여 설명하시오.	93
2	건축현장 시공계획에 포함되어야 할 내용에 대하여 설명하시오.	87
3	시공계획서 작성시 기본방향과 계획에 포함되는 내용에 대하여 설명하시오.	73
4	건축공사의 시공계획시 작성의 목적, 내용과 작성시 고려사항에 대하여 설명하시오.	83
5	건축공사 착공전 현장책임자로서 공사계획의 준비항목과 내용에 대하여 설명하시오.	80
6	공사 착수전 현장대리인으로서 수행해야 할 대관 인·허가업무(공통, 건축, 안전, 환경관리)에 대하여 설명하시오.	73
7	건설현장의 계약부터 준공시까지 단계별 현장 대리인으로서 하여야 할 대관인허가 업무에 대하여 설명하시오.	104
8	우기에 건설공사현장에서 점검해야 할 사항을 열거하고 설명하시오.	83
9	품질관리, 공정관리, 원가관리 및 안전관리의 상호 연관관계에 대하여 설명하시오.	77
10	건설사업시 환경보존계획에 대해 계획 및 설계시, 시공시로 구분하여 설명하시오.	74
11	주5일 근무제의 문제점과 대책을 생산성 및 공정관리로 구분하여 설명하시오.	74
12	2018년 7월부터 시행되는 근로기준법에서의 근로시간 단축에 따른 건설현장에 미치는 영향과 대응 방안에 대하여 설명하시오.	115

NO	과 년 도 문 제	출제회
13	건축현장의 시공계획서 작성 항목을 열거하고 시공관리 측면에서 기술하시오.	58
14	RC조 아파트 문제점 중 설계와 관련사항과 설계도서 검토시 유의사항에 대하여 기술하시오.	57
15	도심지 공사에서 현장인근 민원문제의 대응방안에 대하여 설명하시오.	75
16	건축시공 현장의 환경관리에 대하여 기술하시오.	53
17	아파트 분양가 자율화가 건설업체에 미치는 영향에 대하여 기술하시오.	49
18	건설현장에 신공법을 적용할 경우 사전검토사항을 설명하시오.	66
19	석면해체·제거작업 작업절차(조사 및 신고) 및 감리인지정 기준에 대하여 설명하시오.	119

■ 신기술

NO	과 년 도 문 제	출제회
1	건축시공의 지식관리 시스템 추진방안에 대하여 설명하시오.	67
2	Web 기반 PMIS의 내용, 장점 및 문제점에 대하여 기술하시오.	82
3	공사관리를 위한 Web 기반체결의 필요성, 초기도입시 문제점, 공사관리의 범위와 대상 및 현장준비사항에 대하여 설명하시오.	70
4	WBS와 CBS의 연계방안에 대하여 설명하시오.	78
5	WBS 목적, 방법, 활용방안과 범위에 대하여 설명하시오.	67
6	건설신기술지정제도에 대하여 설명하시오.	119

■ 환경성, 경영성, 생산성

NO	과 년 도 문 제	출제회
1	도심지 건축물에서 옥상녹화 시스템의 필요성 및 시공방안에 대하여 기술하시오.	88
2	환경친화적 주거환경을 조성하기 위한 대책을 5가지 이상 기술하시오.	66
3	공동주택에서 친환경 인증기준에 의한 부문별 평가범주 및 인증등급(인증절차 포함)에 대하여 설명하시오.	90
4	친환경 건축물(Green Building)의 정의와 구성요소에 대하여 설명하시오.	89
5	녹색건축물 조성지원법상의 녹색건축인증 의무 대상 건축물 및 평가분야에 대하여 설명하시오.	117
6	친환경 건축물 인증제도의 적용대상과 인증절차에 대하여 설명하시오.	94
7	정부의 저탄소 녹색성장 정책에 따른 친환경 건설(Green Construction)의 활성화 방안에 대하여 설명하시오.	92
8	콘크리트 구조물공사에서 탄산가스(CO_2) 발생저감방안에 대하여 설명하시오.	93
9	온실가스 배출원과 건설시공과정에서의 저감 대책을 설명하시오.	117
10	열섬(Heat Island) 현상의 원인 및 완화대책에 대하여 설명하시오.	110
11	지속가능건설(Sustainable Construction)에 대하여 설명하시오.	93
12	최근 건축공사 프로젝트 파이낸싱(Project Financing)사업이 사회 및 건설업계에 미치는 문제점과 대책에 대하여 설명하시오.	95
13	건축공사의 시공단계에서 발생할 수 있는 위험(RISK)요인(要因)별 대응방안에 대하여 설명하시오.	96
14	건설 리스크관리(Risk Management)의 대응전략과 건설분쟁(클레임, Claim) 발생 시 해결방안에 대하여 설명하시오.	118
15	건설사업 단계별(기획, 입찰 및 계약, 시공)위험관리 중점사항에 대하여 기술하시오.	87
16	기획, 설계, 시공시 예상되는 리스크의 요인별 대응방안에 대하여 설명하시오.	71
17	건설공사 시공단계에 잠재된 위험요인(Risk)들을 인지, 분석, 대응하는 방법에 대하여 설명하시오.	101
18	건설프로젝트 리스크관리에 대하여 설명하시오.	116
19	건설공사 공기지연 Claim의 원인별 대응방안을 기술하시오.	78
20	건설 Claim의 유형, 해결방안과 예방대책을 설명하시오.	56, 64, 72, 77, 118

NO	과 년 도 문 제	출제회
21	건축공사 분쟁에 있어서 클레임의 유형과 발생요인 및 분쟁해결반안에 대하여 설명하시오.	117
22	공기지연 유발원인을 열거, 클레임 제기에 필요한 사전 조치사항을 설명하시오.	63
23	건축시공자의 입장에서 클레임 추진절차 및 방법에 대하여 기술하시오.	80
24	공동주택에서 하자로 인한 분쟁발생의 저감방안에 대하여 설명하시오.	91
25	현장시공시 클레임 발생의 직접요인들을 설명하고 클레임 예방 및 최소화 방안에 대하여 기술하시오.	88, 97
26	건설현장 공사분쟁의 정의와 분쟁해결 방안을 단계별로 설명하시오.	113
27	원가절감의 이점과 MBO 기법의 필요성에 대하여 설명하시오.	50
28	MBO 기법의 적용상 유의사항에 대하여 설명하시오.	60
29	공사 원가관리의 MBO 기법에 대하여 설명하시오.	75
30	Business Reengineering에 의한 건설경영 혁신방안에 대하여 설명하시오.	69
31	공업화건축의 척도조정(Modular Cordination)에 대하여 설명하시오.	73
32	Lean Construction의 기본개념, 목표, 적용요건, 활용방안에 대하여 설명하시오.	72
33	린 건설(Lean Construction)생산방식의 개념, 특징에 대하여 설명하시오.	93
34	Lean Construetion의 개념, 특징 및 활용방안에 대하여 설명하시오.	109
35	현장에서 소운반을 최소화하기 위한 적시생산방식(Just in Time) 기술에 대하여 설명하시오.	79
36	건축시공에 있어 Robot화에 대하여 설명하시오.	77
37	건설로봇의 활용 전망에 대하여 설명하시오.	62
38	건축의 생산성 향상을 위한 1) 계획설계의 합리화 2) 생산기술의 공업화 3) 생산관리의 과학화에 대하여 설명하시오.	57
39	건축물의 인허가기관인 지방자치단체에 건물(도심지역 업무시설로 연면적 50,000m², 지하 5층, 지상 20층 규모) 사용승인 신청 시 선행 조치사항(각종 증명서, 필증, 신고 등)과 절차에 대하여 설명하시오.	120
40	대기환경보전법령에 의한 토사 수송시 비산먼지 발생을 억제하기 위한 시설의 설치 및 필요한 조치사항에 대하여 설명하시오.	122
41	정부에서 발주하는 공공사업에서의 건설공사 사후평가제도(건설기술진흥법 제52조)에 대하여 설명하시오.	121

NO	과 년 도 문 제	출제회
42	BIM(Building Information Modeling)기술의 시공분야 활용에 대하여 4D, 5D를 중심으로 설명하시오.	121
43	건설기술진흥법령에 따른 건설공사 등의 벌점관리기준에서 벌점의 정의와 벌점의 산정방법 및 시공단계에서 건설사업관리기술인의 주요 부실내용에 따른 벌점 부과기준에 대하여 설명하시오.	122

■ 기타

NO	과 년 도 문 제	출제회
1	실내공기질 권고기준 및 유해물질대상의 관리방안에 대하여 설명하시오.	78
2	신축 공동주택의 새집증후군을 설명하고 실내공기질 향상방안을 기술하시오.	86
3	공동주택에서 발생하는 실내 공기오염물질 및 그에 대한 대책에 대하여 설명하시오.	72
4	실내공기질 개선방안에 대하여 다음 각 시점에서의 조치사항을 설명하시오. 1) 시공시 2) 마감공사 후 3) 입주 전 4) 입주 후	81
5	건설 표준화에 대해 설명, 시공에 미치는 영향을 기술하시오.	53, 64
6	품질관리시에 표준이 지켜지지 않는 원인과 대책에 대하여 기술하시오.	45
7	건설기술 표준화 방법과 그 예상효과에 대해 1) 기술표준화의 정의, 목적, 종류 2) 표준화의 방안 3) 기술표준화의 효과에 대하여 설명하시오.	51
8	건축생산의 특수성을 약술하고 건축생산을 근대화하기 위한 방안에 대하여 설명하시오.	47
9	건축산업의 총생산성 향상방안에 대하여 설명하시오.	50
10	외국인 건설근로자 유입에 따른 문제점 및 건설생산성 향상 방안에 대하여 설명하시오.	113
11	근로자의 생산성 향상을 위한 동기부여이론에 대하여 설명하시오.	106
12	환경변화에 따른 건설업의 경쟁력향상을 위한 방안에 대하여 설명하시오.	73
13	건축생산성 향상 3과제를 설명하시오.(계획, 설계합리화/생산기술의 공업화/생산관리 과학화)	57
14	건설업의 기술경쟁력강화를 위한 기술개발전략방안에 대하여 설명하시오.	57
15	건설산업의 위기극복을 위한 대처방안에 대하여 설명하시오.	54
16	건설산업 경쟁력 강화를 위한 기술개발의 필요성과 추진방안을 설명하시오.	79
17	최근 국내 건설경기 부진에 따른 건설경기 침체원인, 사회에 미치는 영향 및 활성화를 위한 방안을 설명하시오.	99
18	해외건설 진출을 위한 경쟁력 확보차원에서 전문업체(하도급업체)육성방안에 대하여 설명하시오.	102

NO	과 년 도 문 제	출제회
19	해외건설의 침체원인과 활성화방안에 대하여 설명하시오.	63
20	복합화공법을 설명하고 Hard 요소기술과 Soft 요소기술에 대하여 설명하시오.	57
21	복합화공법의 최적 System 선정방법에 대하여 설명하시오.	69
22	PC(Precast Concrete)복합화 공법을 적용할 경우 시공시 유의사항에 대하여 설명하시오.	116
23	복합공법 적용현장의 효율적인 공정관리 System에 대하여 설명하시오.	61
24	복합화공법의 목적과 적용사례에 대하여 설명하시오.	55
25	고층아파트 골조공사의 4-Cycle System에 대하여 설명하시오.	104
26	고층아파트 골조공사를 4일 공정으로 시공시 작업순서에 대하여 설명하시오.	110
27	건축공사에서 적용되고 있는 공업화건축의 현황과 문제점 및 활성화 방안에 대하여 설명하시오.	97
28	공동주택 Remodeling공사의 시공계획에 대하여 설명하시오.	68
29	Remodeling 공사의 성능개선 종류와 파급효과에 대하여 설명하시오.	73
30	도심지 고층사무실 건물의 리모델링시 검토사항 및 시공시 유의점을 설명하시오.	67
31	건축물의 Remodeling 사업의 개요와 향후 발전전망에 대하여 설명하시오.	61
32	건축물 리모델링 공사시 보수 및 보강공사의 종류를 들고 각각에 대하여 기술하시오.	84
33	주택 시설물의 노후부위에 따른 리모델링 공사범위를 유형별로 분류하고 세부공사 대상항목 및 개선내용을 기술하시오.	88
34	공동주택에서 수직 증축 리모델링(Remodeling)의 문제점과 대책에 대하여 설명하시오.	100
35	수직증축 리모델링(Remodeling)시 부분해체공사 및 석면처리방법에 대하여 설명하시오.	102
36	콘크리트 리모델링(Remodeling)공사별 유형 및 특징에 대하여 설명하시오.	94
37	기존 건축물에서 지열시스템을 적용하여 리모델링하고자 한다. 검토하여야 할 사항을 건축, 기계실 및 지열시스템 설치부분으로 구분하여 설명하시오. -조건- 1) 도심지 건축물(지하4층, 지상20층)로 여유 부지는 없음 2) 지하 4층에 기계실 있음 3) 지하에 지열시스템 설치 예정	99

NO	과 년 도 문 제	출제회
38	공동주택에서 신재생 에너지 적용방안에 대하여 설명하시오.	90
39	Clean Room의 종류 및 요구조건과 시공시 유의사항에 대하여 기술하시오.	77, 112
40	건축물의 유지관리에 있어서 사후보전과 예방보전을 설명하시오.	67
41	건물시설물 통합관리시스템(FMS)에 대하여 다음을 설명하시오. 1. 개요 및 목적 2. 구성요소	84
42	노후화된 건축물에 대한 안전진단의 필요성 및 절차에 대하여 설명하시오.	75
43	건축 시공분야에서의 BIM(Building Information Modeling) 적용방안에 대하여 설명하시오.	93
44	건축시공 및 원가관리 중심의 BIM현장 적용방안에 대하여 설명하시오.	109
45	유비쿼터스(Ubiguitous)에 대응하기 위한 건설업계의 전략에 대하여 기술하시오.	87
46	현장 하도급업체의 부도발생시 효율적 대처방안을 단계별로 설명하시오.	100
47	건설현장에서 하도급 부도발생시 중점관리 대상 업무 및 부도예상 징후내용을 설명하시오.	105
48	하도급업체의 선정 및 관리 시 점검사항에 대하여 설명하시오.	62, 75
49	원도급업체가 전문협력업체를 선정하는 방법과 관리하는 기법에 대하여 설명하시오.	108
50	건축물 골조공사 시 도급수량 대비 시공수량 초과현상이 자주 발생되는 바, 철근과 콘크리트 수량부족의 원인 및 대책에 대하여 설명하시오.	102
51	학교 신축공사에서 직종별 기능인력 투입계획 및 문제점에 대하여 설명하시오.	65
52	건설 기능인력난의 원인과 대책에 대하여 기술하시오.	67
53	부실공사의 원인과 방지대책에 대하여 기술하시오.	75
54	시설물을 발주자에게 인도할 때 유의사항에 대하여 설명하시오.	49
55	공사 완료 후 시설물을 발주자에게 인도 시 준비사항과 제반 구비사항에 대하여 설명하시오.	69
56	해외건설의 침체원인과 활성화방안에 대하여 설명하시오.	63
57	공법이 우선시 되는 공종의 특성에 대하여 설명하시오.	55

NO	과 년 도 문 제	출제회
58	시공도면의 의의와 역할에 대하여 설명하시오.	43
59	시공도면의 문제점과 대책에 대하여 설명하시오.	43
60	건설업에서 공사관리의 중요성에 대하여 기술하시오.	44
61	최근 건설현장에서 발생하고 있는 화재원인 및 방지대책에 대하여 설명하시오.	104
62	건설기술진흥법령에 따라 발주청이 시행한 건설공사의 사후평가에 대하여 설명하시오.	107
63	제로에너지빌딩의 요소기술을 Passive 기술과 Active기술로 구분하여 설명하시오.	108
64	패시브하우스(Passive house)의 요소기술 및 활성화 방안에 대하여 설명하시오.	117
65	건축물 사용승인 신청시 선행사항(각종 증명서, 필증, 신고 등)과 절차에 대하여 설명하시오.	112
66	최근 국토교통부에서 '국토교통 4차 산업혁명 대응전략' 을 제시하는 등, 우리 사회·경제 전반에 지능화, 고도화가 요구되고 있다. 건설안전 및 현장시공 효율성 제고에 적용할 수 있는 방안을 설명하시오.	112
67	장수명주택의 보급 저해요인 및 활성화 방안에 대하여 설명하시오.	114
68	건축물의 석면 조사 및 석면 제거 작업 시 유의사항에 대하여 설명하시오.	115

총론(공정·품질·원가·안전·총론)

제1절 공정관리

1 핵심정리

I. 공정표의 종류

1. 횡선식(Bar Chart)

제1차 세계대전 중에 미육군 병기국에서 병기생산작업을 계획하고 통제하기 위해 창안된 가장 직접적이고 쉽게 이해할 수 있는 공정관리기법

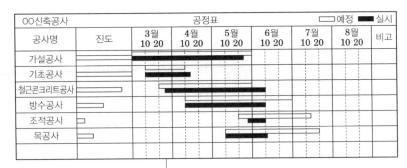

└─▶ 횡선식 막대 그래프를 이용하여 작업의 특정한 시점과 기간을 표시하고 계획과 진행을 비교할 수 있음

2. 사선식(S-Curve)

바나나 형 S-Curve를 이용한 진도관리 방안은 공정계획선의 상하에 허용한계선을 표시하여 공사를 수행하는 실제의 과정이 그 한계선내에 들어가도록 공정을 조정하고, 공정의 진척정도를 표시하는데 활용된다.

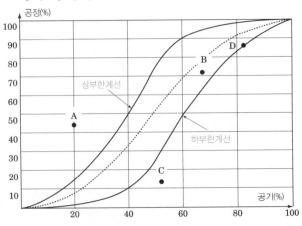

① A: 공기는 빠르나, 부실공사우려가 있으니 충분히 검토할 사항
② B: 적정한 공사진행으로 그 속도로 계속 진행 요망
③ C: 공정이 늦은 상태로 공기단축 요망
④ D: 하부한계선 안에 있으나 공기촉진 요망
  ⇒ 바나나 형 S-Curve(사선식) 공정표는 횡선식 공정표의 결점을 보완하고 정확한 진도관리를 위해 사용하는 것으로 공사의 진도를 파악하는데 적합하다.

3. PERT(Program Evaluation and Review Technique)

프로젝트를 서로 연관된 소작업(Activity)으로 구분하고 이들의 시작부터 끝나는 관계를 망(Network)형태로 분석하는 기법이다.

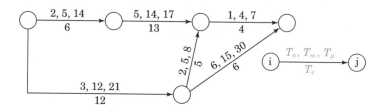

기대치: Te(Expected Time)
낙관치: To(Optimistic Time)
최빈치: Tm(Most Likely Time)
비관치: Tp(Pessimistic Time)

$$Te = \frac{T_o + 4T_m + T_p}{6}$$

표준편차 $St = \frac{T_p - T_o}{6}$

분산 $Vt = \left(\frac{T_p - T_o}{6}\right)^2$

4. CPM(Critical Path Method)

네트워크(Network) 상에 작업간의 관계, 작업소요시간 등을 표현하여 일정계산하고 전체공사기간을 산정하며, 공사수행에서 발생하는 공정상의 제문제를 도해나 수리적 모델로 해결하고 관리하는 기법

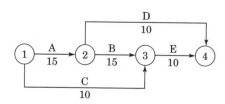

암기 point ✦

배 목 수 일 시 킬 때
대 여 료가 M ax

• PERT와 CPM의 비교표

구분	PERT	CPM
배경	해군	Dupont
목적	공기단축	공사비 절감
일정계산	Event 중심	Activity 중심
시간견적	3점 추정	1점 추정
대상	신규사업	반복사업
여유시간	Slack	Float
MCX(공기단축)	무	유

5. PDM(Precedence Diagraming Method)

상호의존적인 병행활동을 허용하는 특성으로 반복적이고 많은 작업이 동시에 필요한 경우에 유용한 네트워크 공정기법

1) 표기방법

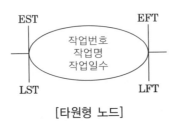

[타원형 노드] [네모형 노드]

2) 작업간의 연결(중첩) 관계

① 개시-개시(STS)

② 종료-종료(FTF)

③ 개시-종료(STF)

④ 종료-개시(FTS)

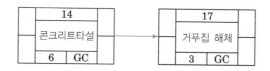

6. Overlapping 기법

PDM기법을 응용발전시킨 것으로 지연시간(Lag)을 갖는 작업관계를 간단하게 표시하여 실제 공사의 흐름을 잘 파악할 수 있도록 표기하는 기법

1) 작업간의 연결(중첩) 관계

① 개시와 개시관계(STS : Start to Start)
② 종료와 개시관계(FTS : Finish to Start)
③ 종료와 종료관계(FTF : Finish to Finish)
④ 개시와 종료관계(STF : Start to Finish)

2) 실례

① 횡선식 :

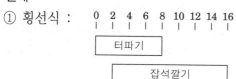

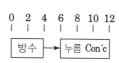

② PDM :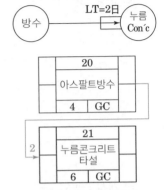

③ Overlapping :

[개시-개시관계에서
2일의 lag를 갖는 경우]

[종료-개시관계에서
2일의 lag를 갖는 경우]

7. LOB(Line of Balance, Linear Scheduling Method)

반복작업에서 각 작업조의 생산성을 유지시키면서 그 생산성을 기울기로 하는 직선으로 각 반복작업의 진행을 표시하여 전체공사를 도식화하는 기법

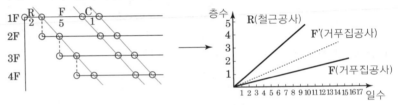

거푸집 공사를 생산성 향상을 위해 F로 할 것인가를 결정
→ F′로 생산성 향상을 하면 공기는 단축되나 그에 따른 공사비가 증가된다.

$$UPRI = \frac{Ui}{Ti}$$

┌ UPRI : 단위작업 생산성
├ Ui : 작업 I에 의해 완성된 단위작업의 수
└ Ti : 단위작업의 수를 완성하는데 필요한 시간

8. TACT 공정관리

① 작업부위를 일정하게 구획하고 작업시간을 일정하게 통일시켜 선후행 작업의 흐름을 연속적으로 만드는 기법

② 다공구동기화(多工區同期化)

• 각 작업을 층별, 공종별로 세분화 → 다공구
• 각 액티비티 작업기간이 같아지게 인원, 장비배치 → 동기화
• 같은 층내의 작업들의 선후행 관계를 조정한 후 층별작업이 순차적으로 진행되도록 계획

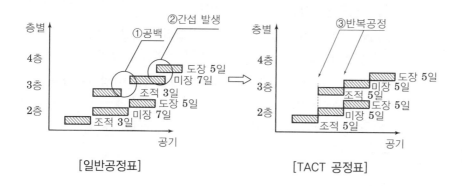

[일반공정표]　　　　　　　　[TACT 공정표]

Ⅱ. Network

1. 기본원칙

① 공정원칙 : 모든 작업은 순서에 따라 배열 및 완료
② 단계원칙 : 작업의 개시와 종료는 Event로 연결, 완료 전 후속작업 불가
③ 활동원칙 : Event 사이에는 1개 Activity만 존재, Dummy 설치
④ 연결원칙 : 각 작업은 화살표를 한쪽 방향으로만 표시, 일방통행 원칙

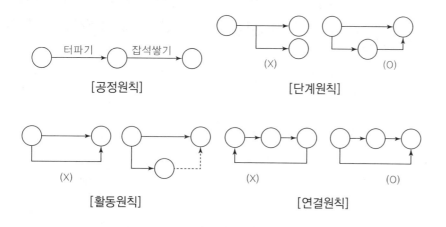

[공정원칙]　　　　　　　　　[단계원칙]

[활동원칙]　　　　　　　　　[연결원칙]

2. 구성요소

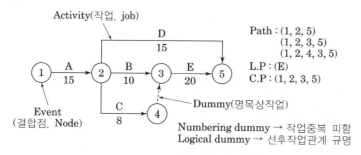

Activity(작업, job)

Path : (1, 2, 5)
　　　　(1, 2, 3, 5)
　　　　(1, 2, 4, 3, 5)
L.P : (E)
C.P : (1, 2, 3, 5)

Event
(결합점, Node)

Dummy(명목상작업)

Numbering dummy → 작업중복 피함
Logical dummy → 선후작업관계 규명

① Event(단계, 결합점, Node) : 작업의 개시와 종료점

② Activity(작업, 활동, Job) : 단위작업

③ Dummy ┌ Numbering dummy : 작업의 중복을 피함
         └ Logical dummy : 작업의 선후관계 규명

④ Path(경로) : 2개 이상의 Activity가 연결되는 작업진행경로

⑤ L.P(Longest Path) : 임의의 두 결합점에서 가장 긴 Path

⑥ C.P(Critical Path) : 최초 개시점에서 마지막 종료점까지의 가장 긴 Path

3. 일정계산

① EST(Earliest Starting Time) : 전진계산 → 최대값

② EFT(Earliest Finishing Time) : EST+D

③ LST(Latest Starting Time) : LFT−D

④ LFT(Latest Finishing Time) : 후진계산 → 최소값

⑤ TF(Total Float, 전체여유) : 한 작업이 가질 수 있는 최대여유시간

⑥ FF(Free Float, 자유여유) : 후속작업 EST에도 영향을 미치지 않는 범위 내에서 가질 수 있는 여유시간

⑦ DF(Dependent Float, IF, 독립여유) : 후속작업의 EST에는 영향을 미치지만 전체공사기간에는 영향을 미치지 않는 범위 내에서 가질 수 있는 여유시간

⑧ Float의 계산방법

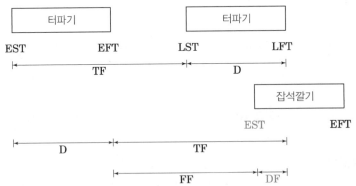

가. TF(Total Float, 전체여유)
  • 그 작업의 LFT − 그 작업의 EFT
  • 그 작업의 LST − 그 작업의 EST

나. FF(Free Float, 자유여유)
  • 후속작업의 EST − 그 작업의 EFT
  • 후속작업의 EST − 그 작업의 (EST+D)

다. DF(Dependent Float, 간섭여유)
  • TF(Total Float) − FF(Free Float)

Ⅲ. 공기단축(MCX : Minimum Cost Expediting → 최소비용으로 공기단축하는 기법)

1. 비용구배(Cost Slope)

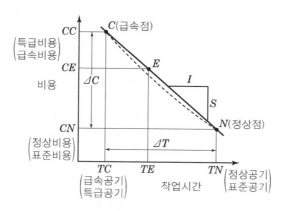

$$S(비용구배)= \frac{\Delta C}{\Delta T}= \frac{CC- CN}{TN- TC}$$

$$비용구배 = \frac{특급비용 - 표준비용}{표준공기 - 특급공기}(원/일)$$

2. 공기단축순서

① 주공정선(Critical Path) 상의 작업을 선택한다.
② 단축 가능한 작업이어야 한다.
③ 우선 비용구배가 최소인 작업을 단축한다.
④ 단축한계까지 단축한다.
⑤ 보조주공정선(Sub−critical Path)의 발생을 확인한다.
⑥ 보조주공정선의 동시 단축 경로를 고려한다.
⑦ 앞의 순서를 반복한다.

Ⅳ. 자원배당

1. 목적

① 소요자원의 급격한 변동을 줄일 것
② 일일 동원자원을 최소로 할 것
③ 유휴시간을 줄일 것
④ 공기 내에 자원을 균등하게 할 것

암기 point
변 자 시 공

2. 방법

① 자원이 제한된 경우(Limited Resource)

　　자원할당은 그 제한수준 내에서 공사기간의 연장이 최소가 되게 하는 것

② 자원의 제한이 없는 경우(Unlimited Resource)

　　자원평준화는 지정된 공기 내에서 일일 최대자원동원 수준을 최소로 낮추어 자원의 이용률을 높이는 것

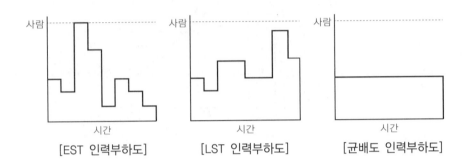

[EST 인력부하도]　　　　[LST 인력부하도]　　　　[균배도 인력부하도]

3. 순서

4. 실례

1) 공정표

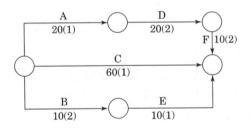

2) 일정계산

작업	공기	EST	EFT	LST	LFT
A	20	0	20	10	30
B	10	0	10	40	50
C	60	0	60	0	60
D	20	20	40	30	50
E	10	10	20	50	60
F	10	40	50	50	60

3) EST에 의한 인력부하도

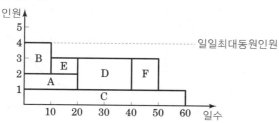

4) LST에 의한 인력부하도

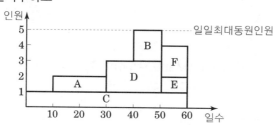

5) 균배도에 의한 인력부하도

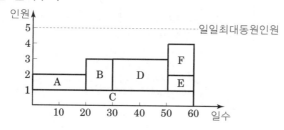

6) 자원배당방법

① 자원 제한 : 최대동원인원을 3명으로 제한하면 F작업이 공기 연장이 될 수 있음 → 공기연장이 되지 않도록 최대한 노력할 것

② 자원 미제한 : 공기 내에 공사가 완료될 수 있으나 1일 최대동원인원이 증가될 수 있음 → 1일 최대동원인원의 증가가 최소화가 될 수 있도록 노력할 것

V. 진도관리

1. 공기지연형태

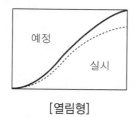

[열림형]

① 초기~말기까지 지연 증가

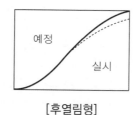

[후열림형]

① 후기 심하게 지연

② 시공자 小, 노동력 小, 자재반입 小   ② 후기 기후적 요인

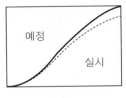

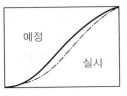

[평행형]   [닫힘형]

① 공사초기에 예측 못한 상황 발생   ① 전반에 공기지연, 후반에 만회
② 공사 만회 不   ② 양호한 진도관리

2. EVMS(Earned Value Management System)

1) EVMS의 구성

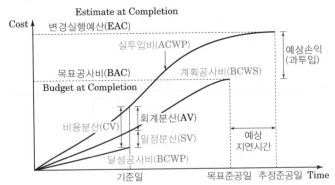

2) EVMS의 측정요소 및 분석요소

구분	약어	용어	내용	비고
측정요소	BCWS	Budget Cost for Work Schedule (=PV, Planned Value)	계획공사비 Σ(계약단가×계약물량) +예비비	예산
	BCWP	Budget Cost for Work Performed (=EV, Earned Value)	달성공사비 Σ(계약단가×기성물량)	기성
	ACWP	Actual Cost for Work Performed (=AC, Actual Cost)	실투입비 Σ(실행단가×기성물량)	
분석요소	SV	Schedule Variance	일정분산	BCWP- BCWS
	CV	Cost Variance	비용분산	BCWP- ACWP
	SPI	Schedule Performance Index	일정 수행 지수	BCWP/ BCWS
	CPI	Cost Performance Index	비용 수행 지수	BCWP/ ACWP

3) EVMS의 검토결과

CV	SV	평가	비고
+	+	비용 절감 일정 단축	• 가장 이상적인 진행
+	−	비용 절감 일정 지연	• 일정 지연으로 인해 계획 대비 기성금액이 적은 경우 → 일정 단축 및 생산성 향상 필요 • 일정 지연과는 무관하게 생산성 및 기술력 향상으로 인해 실제로 비용 절감이 이루어진 상태 → 일정 단축 필요
−	+	비용 증가 일정 단축	• 일정 단축으로 인해 계획 대비 기성금액이 많은 경우 → 계획 대비 현금 흐름 확인 필요 • 일정 단축과는 무관하게 실제 투입비용이 계획 보다 증가한 경우 → 생산성 향상 필요
−	−	비용 증가 일정 지연	• 일정 단축 및 생산성 향상 대책 필요

VI. 공기와 시공속도

1. 공기와 매일 기성고(시공속도)

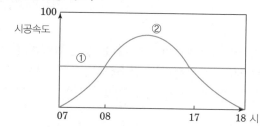

1) 그림 ①은 일일 시공속도를 매일 동일한 시공속도로 공사를 진행할 때는 직선

2) 그림 ②는 초기에는 안전회의, 작업준비 등으로 작업이 더디고, 중기에는 활발하게 작업을 하며, 후기에는 자재정리 등으로 작업이 느려 일반적으로 산형(山形)

3) ①, ② 선의 하부면적은 전체 공사량을 나타내며, 모두 동일한 면적

2. 공기와 누계 기성고

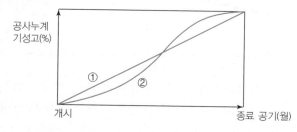

1) 그림 ①은 동일한 시공속도로 공사를 진행할 때의 공사누계 기성고
2) 그림 ②는 일반적인 공사현장에서 공사를 진행할 때의 공사누계 기성고

3. 최적시공속도(경제속도, 최적공기)

최적공기란 직접비와 간접비의 합인 총공사비가 최소가 되는 가장 경제적인 공기를 말한다.

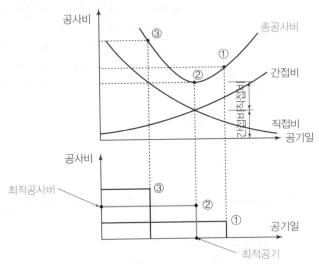

1) 총공사비는 직접비와 간접비의 합
2) 공기단축 시(③) 직접비는 증가하나, 간접비는 감소
3) 공기연장 시(①) 직접비는 감소하나, 간접비는 증가
4) 총공사비가 최소인 지점(②)이 최적공기 및 최적공사비

4. 채산시공속도

매일기성고가 손익분기점(BEP, 수입과 직접비가 일치하는 곳) 이상되는 시공량

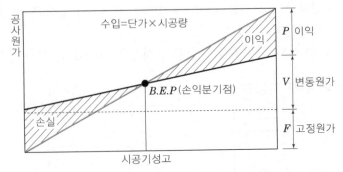

공사원가 [고정비 : 시공량의 증감에 따라서 영향이 없는 비용
         변동비 : 시공량의 증감에 따라 변동하는 비용

Ⅶ. Milestone(중간관리일, 이정표)

전체 공사과정 중 관리상 특히 중요한 몇몇 작업의 시작과 종료를 의미하는 특정시점(Event)

1. **한계착수일(Not Earlier Than Data)**
   : 지정된 날짜보다 일찍 작업에 착수할 수 없는 날짜

2. **한계완료일(Not Later Than Data)**
   : 지정된 날짜보다 늦게 완료되어서는 안되는 날짜

3. **절대완료일(Not Later & Not Earlier Than Data)**
   : 정확한 날짜에 완성되어야 하는 날짜

Ⅷ. Lag

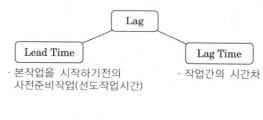

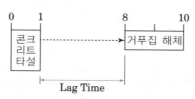

Chapter 10

총론(공정 · 품질 · 원가 · 안전 · 총론)

제 2 절 품질관리

1 핵심정리

I. 품질관리의 7가지 도구(Tool)

암기 point

괜 히 파 와 특 산 물을
먹고 체 중(층)이 늘었다.

No	수법	내용	형상	특징
1	관리도	중심선 주위에 적절한 관리한계선을 두어 일의 성과를 관리하며 공정이 안정된 상태에 있는지 확인하는 일종의 꺾은선 그래프	상부관리한계선 / 중심선 / 하부관리한계선	• 건설공사에서 주로 사용 • 공정관리나 분석이 용이
2	히스토그램	길이, 무게, 시간 등의 계량값을 나타내는 데이터가 어떤 분포를 하고 있는지 알기 쉽게 나타낸 그림	규격 / 하한 제품 상한	• 분포의 모습, 평균값, 분산, 최대값, 최소값 등을 일목요연하게 알 수 있다.
3	파레토	불량, 결점, 고장, 손실금액 등 개선하고자 하는 것을 상황별이나 원인별 등의 항목으로 분류하여 가장 큰 항목부터 차례로 나열한 막대그래프	율 100% / 항목	• 개선해야 할 부분을 명확히 보여주며, 개선 전후의 비교를 용이하게 보여줌
4	특성요인도	어떤 제품의 품질특성을 개선하고자 할 경우, 그 특성에 관련된 여러 가지 요인들의 상호관련 상태를 찾아내어, 그 관계를 명확히 밝혀 품질개선에 이용	대요인 대요인 / 소요인 소요인 특성 / 소요인 / 대요인	• 문제에 대한 원인을 여러 각도에서 검토하는 기법 • 문제에 미숙한 사람에게 교육시키기에 좋은 도구
5	산포도	상호관계가 있는 두 변수(예로 신장과 체중, 연령과 혈압 등) 사이의 관계를 파악하고자 할 때 사용하며, 원인과 결과가 되는 변수일 경우 더욱 의미가 있다.	특성값A / 특성값B	• 상관관계를 쉽게 파악하는 것이 가능 • 관리하기 위한 최적의 범위를 정할 때 사용
6	그래프	동일한 데이터라도 표시하는 방법에 따라 보는 사람에게 관점이 달리 해석될 수 있다.	11 12 1 / 10 2 / 9 0·5·10 3 / 8 4 / 7 6 5	• 추세나 항목별 비교가 용이하다.
7	층별	원인과 결과를 분류해본 것	특성값A / 기계 H / 기계 I / 특성값B	• 2 이상의 원인과 2 이상의 결과에서 데이터처리를 하는 데 필요

Ⅱ. 품질관리비 [건설기술진흥법 시행규칙 별표6]

1. 품질시험비

① 공공요금: 정부고시 공공요금

② 재료비: 인건비 및 공공요금의 1/100

③ 장비손료: $\dfrac{(상각률+수리율)\times 기계가격}{연간표준장비가동시간\times 내용연수}\times 장비가동시간$

또는 품질시험 인건비의 1/100

④ 품질시험에 필요한 시설비용, 시험 및 검사기구의 검정 · 교정비: 품질시험비의 3/100

⑤ 각종 경비: 실비 계상

⑥ 외부의뢰 시험: 품질시험비의 한도 내, 건설사업관리용역업자와 협의

2. 품질관리활동비

① 품질관리 업무를 수행하는 건설기술인 인건비: 대한건설협회 및 한국엔지니어링진흥협회 노임단가, 시험관리인 인건비 제외

② 품질관련 문서 작성 및 관리에 관련한 비용: 인건비의 1/100

③ 품질관련 교육 · 훈련비: 인건비의 1/100

④ 품질검사비: 품질시험비의 1/100

⑤ 그 밖의 비용: ①+②+③+④의 1/100 이내

Ⅲ. 품질관리(시험)계획 수립대상 공사 [건설기술진흥법 시행령 제89조]

1. 품질관리계획 대상

① 감독 권한대행 등 건설사업관리 대상인 건설공사로서 총공사비가 500억원 이상인 건설공사

② 다중이용 건축물의 건설공사로서 연면적이 30,000m² 이상인 건축물의 건설공사

③ 해당 건설공사의 계약에 품질관리계획을 수립하도록 되어 있는 건설공사

2. 품질시험계획 대상

① 총공사비가 5억원 이상인 토목공사

② 연면적이 660m² 이상인 건축물의 건축공사

③ 총공사비가 2억원 이상인 전문공사

Ⅳ. 품질시험계획

1. 시설 및 건설기술인 배치기준 [건설기술진흥법 시행규칙 별표5]

대상공사 구분	공사규모	시험·검사 장비	시험실 규모	건설기술인
특급 품질관리 대상공사	총공사비 1,000억원 이상 또는 연면적 5만 m² 이상인 다중이용건축물의 건설공사	영 제91조제1항에 따른 품질시험 검사에 필요한 장비	50m² 이상	특급1명 이상 중급1명 이상 초급1명 이상
고급 품질관리 대상공사	총공사비 500억원이상~1,000억원 미만, 또는 연면적 3만 m² 이상 ~5만 m² 미만인 다중이용건축물의 건설공사		50m² 이상	고급1명 이상 중급1명 이상 초급1명 이상
중급 품질관리 대상공사	총공사비 100억 이상~500억 미만, 또는 연면적 5천 m² 이상 ~3만 m²미만인 다중이용건축물의 건설공사		20m² 이상	중급1명 이상 초급1명 이상
초급 품질관리 대상공사	총공사비 5억 이상 토목공사 연면적 660 m² 이상 건축공사 총공사비 2억 이상 전문공사		20m² 이상	초급1명 이상

① 건설공사 품질관리를 위해 배치할 수 있는 건설기술인은 신고를 마치고 품질관리 업무를 수행하는 사람으로 한정한다.
② 발주청 또는 인·허가기관의 장이 특히 필요하다고 인정하는 경우에는 공사의 종류·규모 및 현지 실정과 국립·공립 시험기관 또는 건설엔지니어링사업자의 시험·검사대행의 정도 등을 고려하여 시험실 규모 또는 품질관리 인력을 조정할 수 있다.

2. 건설기술인 교육·훈련의 대상, 시간 및 이수시기 [건설기술진흥법 시행령 별표3]

1) 기본교육

교육·훈련 대상	교육·훈련 시간	교육·훈련 이수시기
건설기술 업무를 수행하려는 건설기술인	35시간 이상	최초로 건설기술 업무를 수행하기 전

2) 전문교육(품질관리 업무를 수행하는 건설기술인)

교육 · 훈련 종류	교육 · 훈련 대상	교육 · 훈련 시간	교육 · 훈련 이수시기
최초교육	초급 · 중급 · 고급 · 특급 건설기술인	35시간 이상	건설엔지니어링사업자, 건설사업자 또는 주택건설등록업자에 소속되어 최초로 품질관리 업무를 수행하기 전
계속교육	초급 · 중급 · 고급 · 특급 건설기술인	35시간 이상	품질관리 업무를 수행한 기간이 매 3년을 경과하기 전. 다만, 최근에 승급교육을 이수한 경우에는 그 이수일을 기준으로 업무수행 기간을 계산한다.
승급교육	초급 · 중급 · 고급 건설기술인	35시간 이상	현재 등급보다 높은 등급으로 승급하기 전

3. 품질관리 업무를 수행하는 건설기술인의 업무 [건설기술진흥법 시행령 제91조]

① 품질관리계획 또는 품질시험계획의 수립 및 시행
② 건설자재·부재 등 주요 사용자재의 적격품 사용 여부 확인
③ 공사현장에 설치된 시험실 및 시험·검사 장비의 관리
④ 공사현장 근로자에 대한 품질교육
⑤ 공사현장에 대한 자체 품질점검 및 조치
⑥ 부적합한 제품 및 공정에 대한 지도·관리

총론(공정·품질·원가·안전·총론)

제 3 절 원가관리

1 핵심정리

I. 원가구성요소

1. 재료비: 규격별 재료량×단위당 가격
2. 노무비: 공종별 노무량×노임단가
3. 외주비: 공사재료, 반제품, 제품의 제작공사의 일부를 따로 위탁하고 그 비용을 지급하는 것
4. 경비: 비목별 경비의 합계액
5. 간접공사비
   ① 시공을 위하여 공통적으로 소요되는 법정경비 및 기타 부수적인 비용
   ② 간접노무비, 산재보험료, 고용보험료, 국민건강보험료, 국민연금보험료, 건설근로자퇴직공제부금비, 산업안전보건관리비, 환경보전비, 법정경비
   ③ 기타간접공사경비: 수도광열비, 복리후생비, 소모품비, 여비, 교통비, 통신비, 세금과 공과, 도서인쇄비 및 지급수수료
6. 현장경비
   ① 전력비, 복리후생비, 세금 및 공과금 등 공사 현장에서 현장 관리에 투입되는 경비.
   ② 현장 경비와 일반 관리 경비 등을 합한 제경비
7. 일반관리비: (재료비+노무비+경비)×일반관리비율
8. 이윤: (노무비+경비+일반관리비)×이윤율
9. 공사손해보험료: (총공사원가+관급자재대)×요율

2. 실행예산

공사의 목적물을 계약된 공기 내에 완성하기 위하여 공사현장의 여건 및 시공상의 조건 등을 조사, 검토, 분석한 후 계약내역과는 별도로 작성한 실제 소요공사비를 말한다.

종류	내용
가 실행예산	계약의 일반조건, 특수조건, 시방서, 공사물량, 설계도서 등을 재검토하여 본 실행예산 편성 시까지의 공사에 대한 가 소요예산
본 실행예산	공사계약 체결 후 당해 공사의 현장여건 등을 분석 후 공사 수행을 위하여 세부적으로 작성한 예산
변경 실행예산	설계변경, 추가공사 발생, 또는 기타 사유로 인하여 본 실행예산을 변경 수정하는 실행예산

Ⅱ. Cost down 기법

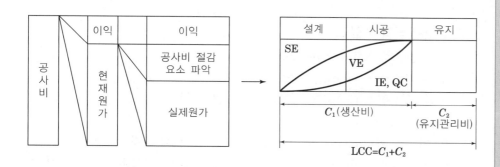

관리기법	Cost down
SE	최적공법
VE	=Function/Cost
IE	노무절감
QC	품질관리

Ⅲ. VE(Value Engineering)

1. 정의

최소의 생애주기비용으로 시설물의 기능 및 성능, 품질을 향상시키기 위하여 여러 분야의 전문가로 설계VE 검토조직을 구성하고 워크숍을 통하여 설계에 대한 경제성 및 현장 적용의 타당성을 기능별, 대안별로 검토하는 것을 말한다.

2. VE 분석기준

$$V(\text{가치}) = \frac{F(\text{기능/성능/품질})}{C(\text{비용/LCC})}$$

성능 향상형				성능 강조형
동일한 비용으로 기능개선 및 향상을 위하여	↗ ➡		↗ ↗	효율적 업무환경을 위한 필요 기능을 얻기 위하여
비용 절감형				가치 혁신형
보다 적은 비용으로 동일한 기능을 얻기 위하여	➡ ⬎		↗ ⬎	개선 또는 경제적 대안을 개발하기 위하여

3. 기능분석의 핵심요소

1) 기능정의(Define Functions)
   ① 기능정의(Identify): 명사+동사
   ② 기능분류(Classify): 기본기능과 보조기능
   ③ 기능정리(Organize) FAST: How-Why 로직, 기능중심
2) 자원할당(Allocate Resources): 자원을 기능에 할당
3) 우선순위 결정(Prioritize Functions): 가장 큰 기회를 가진 기능을 선택

4. 설계 VE 검토업무 절차 및 내용

1) 준비단계(Pre-Study)

검토조직의 편성, 설계VE대상 선정, 설계VE기간 결정, 오리엔테이션 및 현장답사 수행, 워크숍 계획수립, 사전정보분석, 관련자료의 수집 등을 실시

2) 분석단계(VE-Study)

선정한 대상의 정보수집, 기능분석, 아이디어의 창출, 아이디어의 평가, 대안의 구체화, 제안서의 작성 및 발표

3) 실행단계(Post-Study)

설계VE 검토에 따른 비용절감액과 검토과정에서 도출된 모든 관련자료를 발주청에 제출하여야 하며, 발주청은 제안이 기술적으로 곤란하거나 비용을 증가시키는 등 특별한 사유가 없는 한 설계에 반영

5. 설계 VE의 실시대상공사 [건설기술진흥법 시행령 제75조]

① 총공사비 100억 원 이상인 건설공사의 기본설계, 실시설계

② 총공사비 100억 원 이상인 건설공사로서 실시설계 완료 후 3년 이상 지난 뒤 발주하는 건설공사

③ 총공사비 100억 원 이상인 건설공사로서 공사시행 중 총공사비 또는 공종별 공사비 증가가 10% 이상 조정하여 설계를 변경하는 사항

④ 그 밖에 발주청이 설계단계 또는 시공단계에서 설계VE가 필요하다고 인정하는 건설공사

6. 설계 VE 실시시기 및 횟수 [설계공모, 기본설계 등의 시행 및 설계의 경제성 등 검토에 관한 지침]

① 기본설계, 실시설계에 대하여 각각 1회 이상(기본설계 및 실시설계를 1건의 용역으로 발주한 경우1회 이상)

② 일괄입찰공사의 경우 실시설계적격자선정 후에 실시설계 단계에서 1회 이상

③ 민간투자사업의 경우 우선협상자 선정 후에 기본설계에 대한 설계VE, 실시계획승인 이전에 실시설계에 대한 설계VE를 각각 1회 이상

④ 기본설계기술제안입찰공사의 경우 입찰 전 기본설계, 실시설계적격자 선정 후 실시설계에 대하여 각각 1회 이상 실시

⑤ 실시설계기술제안입찰공사의 경우 입찰 전 기본설계 및 실시설계에 대하여 설계VE를 각각 1회 이상

⑥ 실시설계 완료 후 3년 이상 경과한 뒤 발주하는 건설공사의 경우 공사 발주 전에 설계VE를 실시하고, 그 결과를 반영한 수정설계로 발주

⑦ 시공단계에서의 설계의 경제성 등 검토는 발주청이나 시공자가 필요하다고 인정하는 시점에 실시

7. FAST(Function Analysis System Technique)

1) 전통적(Classical) FAST Diagram

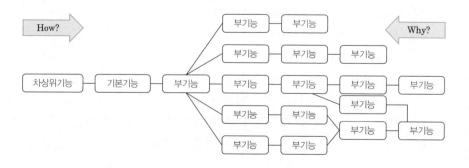

2) 기술적(Technical) FAST Diagram

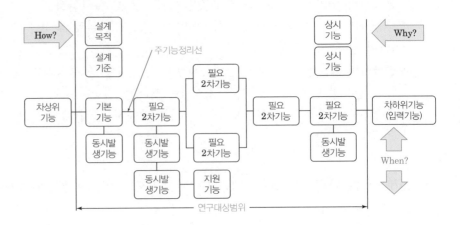

3) 고객중심(Customer Oriented) FAST Diagram

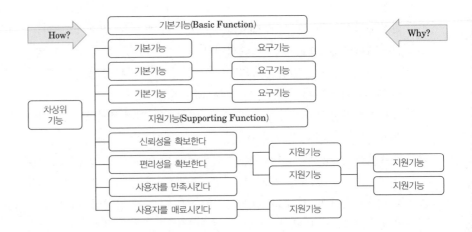

8. 브레인스토밍(Brain Storming)의 원칙(행동규범)

① 모든 아이디어나 제안을 기록한다.
② 현재 프로젝트와 자신을 분리한다.
③ 기존의 지식이나 경험을 무시한다.
④ 엉뚱한 방법을 제안한다.
⑤ 표준과 전통을 무시한다.
⑥ 다른 사람의 아이디어에 편승한다.
⑦ 다른 사람들의 아이디어나 제안에 대한 비평을 금지한다.
⑧ 제안된 아이디어를 개선하기 위해 지속적으로 노력한다.
⑨ 당신이 생각하는 기능의 다른 역할을 유추해본다.

⑩ 가능하다면, 그룹에서 분위기를 흐리는 사람은 제외시킨다.

⑪ 물리학과 생명과학이 어떻게 그 기능을 수행하는지 생각해본다.

⑫ 원초적인 방법과 대량생산의 방법을 고려한다.

Ⅳ. LCC(Life Cycle Cost)

1. 정의

시설물의 내구연한 동안 투입되는 총비용을 말한다. 여기에는 기획, 조사, 설계, 조달, 시공, 운영, 유지관리, 철거 등의 비용 및 잔존가치가 포함된다.

2. LCC 구성

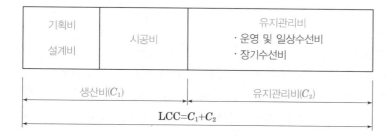

① 운영 및 일상수선비: 일반관리비, 청소비(오물수거비), 일상수선비, 전기료, 수도료, 난방비 등

② 장기수선비: 건축·토목·조경공사수선비, 전기설비공사수선비, 기계설비공사수선비, 통신공사수선비

3. LCC 기법의 진행절차

① LCC 분석: 분석목표확인, 구성항목별 비용산정, 자료축척 및 Feed Back

② LCC 계획: Total Cost 계산, 초기공사비와 유지관리비 비교 후 최적안 선택

③ LCC 관리: LCC 분석에 유지관리비 절감 후 Data화 → 다음 Project에 적용

4. 할인율

① LCC 분석에는 미래의 발생비용을 현재의 가치로 환산하는 과정도 포함한다.

② 환산 시에는 돈의 시간가치의 계산을 위하여 할인율이 이용된다.

③ 이때의 할인율은 대개 은행의 이자율을 사용한다.

5. 실례

LCC 분석을 실시하여 대안과 원안의 비용 차이값을 계산하시오. (단, 사용 수명은 20년, 실질할인율을 7%를 사용)

PW(할인율 현재가치계수) → 10년 : 0.503349, 20년 : 0.255419)

PWA(할인율 연금현재가치계수) → 20년 : 10.594014

	경과년수	원안(카페타일)		대안(비닐타일)	
		추정비용	현재가치	추정비용	현재가치
초기비용		600,000원	600,000원	1,000,000원	1,000,000원
타일교체	10년	100,000원	50,335원		
잔존가치	20년	50,000원	12,771원	200,000원	51,084원
연간유지비용		80,000원	847,521원	30,000원	317,820원
총현재가치			1,485,085원		1,266,736원

해설

1. 원안 : 600,000원 + 50,335원 − 12,771원 + 847,521원 = 1,485,085원
2. 대안 : 1,000,000원 − 51,084원 + 317,820원 = 1,266,736원

   그러므로 비닐타일이 카페타일보다 218,349원이 절감되므로 비닐타일로 시공하는 것이 바람직함

총론(공정·품질·원가·안전·총론)

제 4 절 안전관리

1 핵심정리

Ⅰ. 안전시설공법
제1장 가설공사의 안전시설공법 참조

Ⅱ. 법령

1. MSDS(Material Safety Data Sheet)[산업안전보건법 시행규칙 제156조]
방수재 등 화학물질을 안전하게 사용하고 관리하기 위하여 필요한 정보를 기재하고 근로자가 쉽게 볼 수 있도록 현장에 작성 및 비치하는 것을 말한다.

1) MSDS의 작성 및 제출
① 제품명
② 품질안전보건자료대상물질을 구성하는 화학물질 중 유해인자의 분류기준에 해당하는 화학물질의 명칭 및 함유량
③ 안전 및 보건상의 취급주의사항
④ 건강 및 환경에 대한 유해성, 물리적 위험성
⑤ 물리·화학적 특성 등 고용노동부령으로 정하는 사항

2) MSDS에 대한 교육의 시기·내용·방법
① 근로자 교육
  - 물질안전보건자료대상물질을 제조·사용·운반 또는 저장하는 작업에 근로자를 배치하게 된 경우
  - 새로운 물질안전보건자료대상물질이 도입된 경우
  - 유해성·위험성 정보가 변경된 경우
② 사업주는 교육을 하는 경우에 유해성·위험성이 유사한 물질안전보건자료대상물질을 그룹별로 분류하여 교육 가능
③ 사업주는 교육시간 및 내용 등을 기록하여 보존

2. 지하안전평가 [지하안전관리에 관한 특별법 시행령]

지하안전에 영향을 미치는 사업의 실시계획·시행계획 등의 허가·인가·승인·면허 또는 결정 등을 할 때에 해당 사업이 지하안전에 미치는 영향을 미리 조사·예측·평가하여 지반침하를 예방하거나 감소시킬 수 있는 방안을 마련하는 것을 말한다.

1) 지하안전평가 대상사업의 규모

① 굴착깊이(최대 굴착깊이−집수정(물저장고), 엘리베이터 피트 및 정화조 등의 굴착부분은 제외) 20m 이상인 굴착공사를 수반하는 사업

② 터널(산악터널 또는 수저(水底)터널은 제외) 공사를 수반하는 사업

③ 소규모 지하안전평가 대상사업: 굴착깊이가 10m 이상 20m 미만인 굴착공사를 수반하는 사업

2) 지하안전평가의 평가항목 및 방법

평가항목	평가방법
지반 및 지질 현황	• 지하정보통합체계를 통한 정보분석 • 시추조사 • 투수(透水)시험 • 지하물리탐사(지표레이더탐사, 전기비저항탐사, 탄성파탐사 등)
지하수 변화에 의한 영향	• 관측망을 통한 지하수 조사(흐름방향, 유출량 등) • 지하수 조사시험(양수시험, 순간충격시험 등) • 광역 지하수 흐름 분석
지반안전성	• 굴착공사에 따른 지반안전성 분석 • 주변 시설물의 안전성 분석

3. 설계의 안전성 검토(Design For Safety) [건설기술진흥법 시행령 제75조의2]

발주청은 안전관리계획을 수립해야 하는 건설공사의 실시설계를 할 때에는 시공과정의 안전성 확보 여부를 확인하기 위해 설계의 안전성 검토를 국토안전관리원에 의뢰해야 한다.

① 1종시설물 및 2종시설물의 건설공사(유지관리를 위한 건설공사는 제외)

② 지하 10m 이상을 굴착하는 건설공사

③ 폭발물을 사용하는 건설공사로서 20m 안에 시설물이 있거나 100m 안에 사육하는 가축이 있어 해당 건설공사로 인한 영향을 받을 것이 예상되는 건설공사

④ 10층 이상 16층 미만인 건축물의 건설공사

⑤ 10층 이상인 건축물의 리모델링 또는 해체공사

⑥ 수직증축형 리모델링

⑦ 높이가 31m 이상인 비계

⑧ 브라켓(bracket) 비계

⑨ 작업발판 일체형 거푸집 또는 높이가 5m 이상인 거푸집 및 동바리

⑩ 터널의 지보공(支保工) 또는 높이가 2m 이상인 흙막이 지보공

⑪ 동력을 이용하여 움직이는 가설구조물

⑫ 높이 10m 이상에서 외부작업을 하기 위하여 작업발판 및 안전시설물을 일체화하여 설치하는 가설구조물

⑬ 공사현장에서 제작하여 조립·설치하는 복합형 가설구조물

⑭ 발주자가 안전관리가 특히 필요하다고 인정하는 건설공사

⑮ 인·허가기관의 장이 안전관리가 특히 필요하다고 인정하는 건설공사

4. 밀폐공간보건작업 프로그램 [산업안전보건기준에 관한 규칙 제619조]

산소결핍, 유해가스로 인한 질식·화재·폭발 등의 위험이 있는 장소로서 사업주는 밀폐공간에서 근로자에게 작업을 하도록 하는 경우 밀폐공간 작업 프로그램을 수립하여 시행하여야 한다.

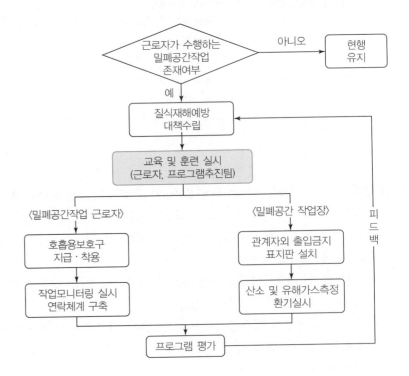

Ⅲ. 안전관리계획서

1. 안전관리계획서 수립대상 공사 [건설기술진흥법 시행령 제98조]

① 1종시설물 및 2종시설물의 건설공사(유지관리를 위한 건설공사는 제외)
② 지하 10m 이상을 굴착하는 건설공사
③ 폭발물을 사용하는 건설공사로서 20m 안에 시설물이 있거나 100m 안에 사육하는 가축이 있어 해당 건설공사로 인한 영향을 받을 것이 예상되는 건설공사
④ 10층 이상 16층 미만인 건축물의 건설공사
⑤ 10층 이상인 건축물의 리모델링 또는 해체공사
⑥ 수직증축형 리모델링
⑦ 천공기(높이가 10m 이상인 것만 해당)
⑧ 항타 및 항발기
⑨ 타워크레인
⑩ 높이가 31m 이상인 비계
⑪ 브라켓(bracket) 비계
⑫ 작업발판 일체형 거푸집 또는 높이가 5m 이상인 거푸집 및 동바리
⑬ 터널의 지보공(支保工) 또는 높이가 2m 이상인 흙막이 지보공
⑭ 동력을 이용하여 움직이는 가설구조물
⑮ 높이 10m 이상에서 외부작업을 하기 위하여 작업발판 및 안전시설물을 일체화하여 설치하는 가설구조물
⑯ 공사현장에서 제작하여 조립·설치하는 복합형 가설구조물
⑰ 발주자가 안전관리가 특히 필요하다고 인정하는 건설공사
⑱ 해당 지방자치단체의 조례로 정하는 건설공사 중에서 인·허가기관의 장이 안전관리가 특히 필요하다고 인정하는 건설공사

2. 안전관리계획 수립 [건설기술진흥법 제62조/ 동법 시행령 제98조]

① 건설사업자 또는 주택건설등록업자는 안전관리계획을 수립하여 미리 공사감독자 또는 건설사업관리기술인의 검토·확인을 받아 착공 전에 이를 발주청이 또는 인·허가기관의 장에게 제출하여 승인을 받아야 한다.
② 안전관리계획을 제출받은 발주청 또는 인·허가기관의 장은 안전관리계획의 내용을 검토하여 안전관리계획을 제출 받은 날부터 20일 이내에 건설사업자 또는 주택건설등록업자에게 그 결과를 통보해야 한다.
③ 안전점검에 대해서는 발주청 또는 인·허가기관의 장이 안전점검을 수행할 기관을 지정하여 그 업무를 수행하여야 한다.
④ 건설사업자 또는 주택건설등록업자는 가설구조물의 구조적 안전성을 확인하기 위에 관계전문가에게 확인을 받아야 한다.

3. 안전관리비 [건설기술진흥법 시행규칙 제60조]

① 안전관리계획의 작성 및 검토 비용 또는 소규모안전관리계획의 작성 비용
② 안전점검 비용
③ 발파·굴착 등의 건설공사로 인한 주변 건축물 등의 피해방지대책 비용
④ 공사장 주변의 통행안전관리대책 비용
⑤ 계측장비, 폐쇄회로 텔레비전 등 안전 모니터링 장치의 설치·운용 비용
⑥ 가설구조물의 구조적 안전성 확인에 필요한 비용
⑦ 무선설비 및 무선통신을 이용한 건설공사 현장의 안전관리체계 구축·운용 비용

4. 가설구조물의 구조적 안전성 확인 [건설기술진흥법 시행령 제101조의2]

1) 가설구조물의 구조적 안전성 확인 대상

① 높이가 31m 이상인 비계
② 브라켓(bracket) 비계
③ 작업발판 일체형 거푸집 또는 높이가 5m 이상인 거푸집 및 동바리
④ 터널의 지보공(支保工) 또는 높이가 2m 이상인 흙막이 지보공
⑤ 동력을 이용하여 움직이는 가설구조물
⑥ 높이 10m 이상에서 외부작업을 하기 위하여 작업발판 및 안전시설물을 일체화하여 설치하는 가설구조물
⑦ 공사현장에서 제작하여 조립·설치하는 복합형 가설구조물
⑧ 그 밖에 발주자 또는 인·허가기관의 장이 필요하다고 인정하는 가설구조물

2) 관계전문가의 요건

① 건축구조, 토목구조, 토질 및 기초와 건설기계 직무 범위 중 공사감독자 또는 건설사업관리기술인이 해당 가설구조물의 구조적 안전성을 확인하기에 적합하다고 인정하는 직무 범위의 기술사일 것
② 해당 가설구조물을 설치하기 위한 공사의 건설사업자나 주택건설등록업자에게 고용되지 않은 기술사일 것

5. 안전교육 [건설기술진흥법 시행령 제103조]

① 분야별 안전관리책임자 또는 안전관리담당자는 안전교육을 당일 공사작업자를 대상으로 매일 공사 착수 전에 실시하여야 한다.
② 안전교육은 당일 작업의 공법 이해, 시공상세도면에 따른 세부 시공순서 및 시공기술상의 주의사항 등을 포함하여야 한다.
③ 건설사업자와 주택건설등록업자는 안전교육 내용을 기록·관리해야 하며, 공사 준공 후 발주청에 관계 서류와 함께 제출해야 한다.

6. 안전점검의 종류 및 실시시기 [건설공사 안전관리 업무수행 지침 제18조]

안전점검의 종류	실시시기
자체안전점검	• 건설공사의 공사기간동안 매일 공종별 실시
정기안전점검	• 정기안전점검 실시시기를 기준으로 실시
정밀안전점검	• 정기안전점검결과 건설공사의 물리적·기능적 결함 등이 발견되어 보수·보강 등의 조치를 취하기 위하여 필요한 경우에 실시
초기점검	• 건설공사를 준공하기 전에 실시
공사재개 전 안전점검	• 건설공사를 시행하는 도중 그 공사의 중단으로 1년 이상 방치된 시설물이 있는 경우 그 공사를 재개하기 전에 실시

Ⅳ. 유해위험방지계획서

1. 유해위험방지계획서 수립대상 공사 [산업안전보건법 시행령 제42조]

1) 지상높이가 31m 이상인 건축물 또는 인공구조물
2) 연면적 30,000m² 이상인 건축물
3) 연면적 5,000m² 이상인 시설로서 다음에 해당하는 시설
   ① 문화 및 집회시설(전시장 및 동물원·식물원은 제외)
   ② 판매시설, 운수시설(고속철도의 역사 및 집배송시설은 제외)
   ③ 종교시설
   ④ 의료시설 중 종합병원
   ⑤ 숙박시설 중 관광숙박시설
   ⑥ 지하도상가
   ⑦ 냉동·냉장 창고시설
4) 연면적 5,000m² 이상인 냉동·냉장 창고시설의 설비공사 및 단열공사
5) 최대 지간(支間)길이가 50m 이상인 다리의 건설 등 공사
6) 터널의 건설 등 공사
7) 다목적댐, 발전용댐, 저수용량 2천만톤 이상의 용수 전용 댐 및 지방상수도 전용 댐의 건설 등 공사
8) 깊이 10m 이상인 굴착공사

2. 안전관리자 선임 [산업안전보건법 시행령 별표3]

사업장의 근로자 수	안전관리자 수	안전관리자 선임방법
50억 이상(관계수급인 : 100억 이상) ~ 120억 미만(토목 : 150억 미만)	1명 이상	유해위험방지계획서 대상
120억 이상(토목 : 150억 이상) ~ 800억 미만	1명 이상	
800억 이상~1,500억 미만	2명 이상	산업안전지도사/산업안전산업기사/건설안전산업기사
1,500억 이상~2,200억 미만	3명 이상	산업안전지도사 1명 포함 (건설안전기술사/기사+7년 /산업기사+10년)
2,200억 이상~3,000억 미만	4명 이상	
3,000억 이상~3,900억 미만	5명 이상	산업안전지도사 2명 포함
3,900억 이상~4,900억 미만	6명 이상	
4,900억 이상~6,000억 미만	7명 이상	산업안전지도사 2명 포함
6,000억 이상~7,200억 미만	8명 이상	
7,200억 이상~8,500억 미만	9명 이상	
8,500억 이상~1조 미만	10명 이상	
1조 이상	11명 이상 [매 2천억원 (2조원 이상은 매 3천억원)]마다 1명 추가	산업안전지도사 3명 포함

3. 근로자 안전보건교육대상 및 시간 [산업안전보건법 시행규칙 별표4]

교육과정	교육대상		교육시간
정기교육	사무직 종사 근로자		매분기3시간 이상
	사무직 종사 근로자 외의 근로자	판매업 근로자	매분기3시간 이상
		판매업 외의 근로자	매분기6시간 이상
	관리감독자의 지위에 있는 사람		연간 16시간 이상
채용시 교육	일용근로자		1시간 이상
	일용근로자 외의 근로자		8시간 이상
작업내용 변경시 교육	일용근로자		1시간 이상
	일용근로자 외의 근로자		2시간 이상

특별교육	타워크레인 신호작업의 일용근로자	8시간 이상
	타워크레인 외의 일용근로자	2시간 이상
	일용근로자외의 근로자	16시간 이상 (4시간+12시간(3개월 이내) 단기 또는 간헐작업 : 2시간 이상
건설업 기초 안전·보건교육	건설일용근로자	4시간 이상

4. 안전관리자 등에 대한 교육 [산업안전보건법 시행규칙 별표4]

교육대상	교육시간	
	신규교육	보수교육
안전보건관리책임자	6시간 이상	6시간 이상
안전관리자, 안전관리전문기관 종사자	34시간 이상	24시간 이상
보건관리자, 보건관리전문기관 종사자	34시간 이상	24시간 이상
건설재해예방전문지도기관의 종사자	34시간 이상	24시간 이상
석면조사기관의 종사자	34시간 이상	24시간 이상
안전보건관리담당자	–	8시간 이상

※ 산업안전보건법 시행규칙 제29조(안전보건관리책임자, 안전관리자 등)

① 신규교육은 채용된 후 3개월 이내

② 보수교육은 신규교육 이수 후 매 2년±3개월

5. 산업안전보건관리비 [산업안전보건법 시행규칙 제89조]

(원)

종류 \ 대상액	5억 미만	5억 이상~50억 미만		50억 이상	보건관리자 선임대상 건설공사의 적용비율(%)
		비율	기초액		
일반건설공사(갑)	2.93%	1.86%	5,349,000	1.97%	2.15%
일반건설공사(을)	3.09%	1.99%	5,499,000	2.10%	2.29%
중건설공사	3.43%	2.35%	5,400,000	2.44%	2.66%
철도, 궤도 신설공사	2.45%	1.57%	4,411,000	1.66%	1.81%
특수 및 기타건설공사	1.85%	1.20%	3,250,000	1.27%	1.38%

※ 일반건설공사(을) : 각종의 기계·기구장치 등을 설치하는 공사

※ 중건설공사: 고제방(대), 수력발전시설, 터널 등을 신설하는 공사

※ 철도·궤도신설공사 : 철도 또는 궤도 등을 신설하는 공사

※ 특수 및 기타건설공사 : 준설, 조경, 택지조성, 포장, 전기, 정보통신공사

총론(공정·품질·원가·안전·총론)

제5절 총론

1 핵심정리

I. 시공관리/계획

1. 사전검토항목

① 설계도서검토, 계약조건검토, 입지조건검토
② 지반조사검토, 공해 및 기상, 관계법규

2. 공법채택

안전성, 경제성, 시공성

3. 공사관리 5요소

공정관리, 품질관리, 원가관리, 안전관리, 환경관리

4. 생산수단 6M

Man, Material, Machine, Money, Method, Memory

5. 가설

동력, 용수, 수송, 양중

※ ┌ Man : 노무절감, 전문인력, 인력 Pool, 노무생산성, 현장원편성, 숙
　　련도, 적정인원배치, 작업조건
　├ Material : 자재건식화, 자재관리, 자재선정조달, 적기적정량반입, 표
　　준화, 유니트화, 자재규격, 수급계획
　├ Machine : 기계화, 초기투자비, 양중관리, 경제적 수명, 로봇시공,
　　장비가동률, T/C, 자동화, 무인화
　├ Money : 자금, 실적공사비, 달성가치, 원가절감, 실행예산, VE,
　　LCC, 기성고관리
　├ Method : 시공법, 공법선정, 요구성능, PC공법, 복합화공법, 신공법,
　　최적공법
　└ Memory : 기술축적

Ⅱ. 건축시공의 발전추세(환경변화, 생산성 향상, 나아갈 방향)

1. 계약제도

변화된 계약방식(T/K, CM, PM, SOC(BOT), partnering)
(기술개발보상, 신기술지정, 감리제도, 전자입찰, Fast track method, 대안입찰, P.Q)

암기 point
기 신 한테 감 전 되면
패 가망신하니 대 피 하라

2. 설계

골조 P.C화, 마감 건식화

3. 재료

MC화, 마감 Unit화

4. 시공관리

- 4요소
  - 공정 : CPM, PDM, MCX, EVMS, TACT 공정관리
  - 품질 : 7가지 Tool
  - 원가 : VE, LCC
  - 안전 : 안전시설공법, 설계안전성 검토, 안전관리계획서, 유해위험방지계획서, 산업안전보건관리비
- 4M
  - Man : 성력화, 전문인력양성
  - Material : 자재건식화, MC화
  - Machine : 기계화, Robot화
  - Money : 원가절감

5. 신기술

① EC
② CM
③ CIC
④ IB
⑤ PMIS(=PMDB)
⑥ CALS, CITIS
⑦ WBS
⑧ Expert System

암기 point
프 리 쿨(클)링 M B C

6. 기타

① 환경관리 : 환경친화(ECO, 녹화, 식생) Con´c, 환경친화적 건축물
② 경영관리 : Project Financing, Risk Management, Claim, MBO, Bench Marking, Constructability
③ 생산성관리 : MC화, Lean construction, Just in time, Robot화

Ⅲ. 신기술

암기 point
E C 화
H i – P C W E

1. EC(Engineering+Construction, 종합건설업 제도)

→ 계약제도 참조

2. CIC(Computer Integrated Construction)

CIC는 건설프로젝트에 관여하는 모든 참여자들로 하여금 프로젝트 수행의 모든 과정에 걸쳐 서로 협조할 수 있는 하나의 팀으로 엮어주고자 하는 목적으로 제안된 개념이다.

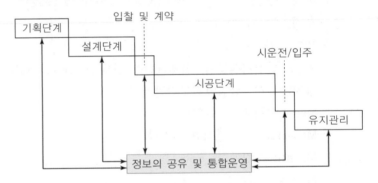

3. IB(Intelligent Building, 지능형 빌딩)

IBS는 필요한 도구(OA 기기, 정보기기 등)를 갖추고 쾌적한 환경(조명, 온열환경, 공조 등)을 조성하기 위해 통합관리를 통하여 빌딩의 안전성과 보완성을 확보하고 절약적인 운용을 함으로써 최대의 부가가치 창출을 유도하고자 하는 빌딩시스템이다.

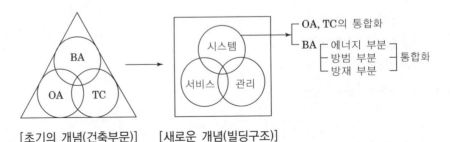

[초기의 개념(건축부문)]   [새로운 개념(빌딩구조)]

→ BA, OA, TC간의 기술적인 기능만을 중요시하던 개념에서 상호보완작용의 기능으로 가야 됨

4. PMIS(Project Management Information System Project Management Data Base)

건설공사를 효과적으로 관리하기 위하여 활용하는 것으로 발주자, 시공자, 감리자 등 참여자들의 원활한 의사소통을 촉진하며, 내부의 각기 다른 관리 기능들을 유기적으로 연결시키는 구심적 역할을 하는 것을 말한다.

1) 수직적 시스템
발주자의 현장정보관리시스템

2) 수평적 시스템
건설회사 내부의 개별시스템(견적, 공정관리, 원가관리, 품질관리 등)

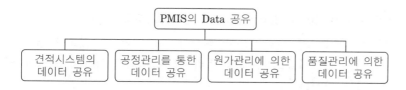

5. CALS(Continuous Acquisition and Life Cycle Support)

CALS란 건설공사의 기획, 설계, 시공, 유지관리, 철거에 이르기까지 전과정의 정보를 전자화, 네트워크화를 통하여 데이터베이스에 저장하고 저장된 정보는 전산망으로 연결되어 발주자, 설계자, 시공자, 하수급자 등이 공유하는 통합정보시스템을 말한다.

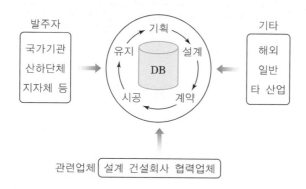

6. 건설 CITIS

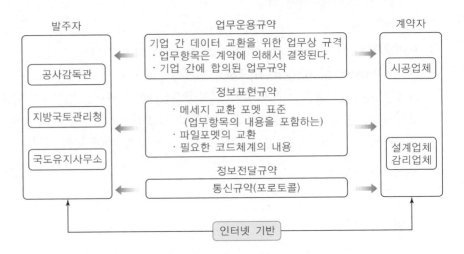

7. WBS(Work Breakdown Structure, 작업분류체계)

WBS란 공정표를 효율적으로 작성하고 운영할 수 있도록 공사 및 공정에 관련되는 기초자료의 명백한 범위 및 종류를 정의하고 공정별 위계구조를 분할하는 것이다.

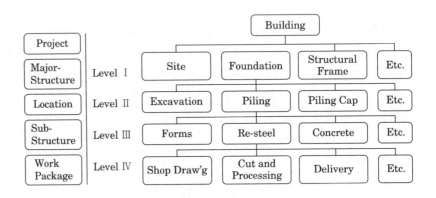

8. Expert System(전문가 시스템)

전문가 시스템이란 전문가들의 전문지식 및 문제해결 과정(Process)을 인공지능기법으로 체계화, 기호화하여 컴퓨터 시스템에 입력한 것을 말한다.

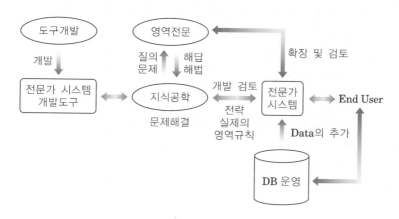

Ⅳ. 환경관리

1. 환경친화형(ECO, 녹화, 식생) 콘크리트

녹화콘크리트는 경량콘크리트의 일종으로 콘크리트에서 식물이 자랄 수 있는 콘크리트

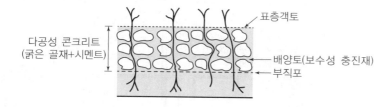

2. 환경친화적 건축물

환경친화적 건축물은 환경오염을 최소화하고 에너지 및 자원의 소비를 최소화하면서 쾌적한 실내환경을 구현하고, 자연경관과의 유기적 연계를 도모하여 자연환경을 보전하면서 인간의 건강과 쾌적성 향상을 가능하게 하는 건축물을 말한다.

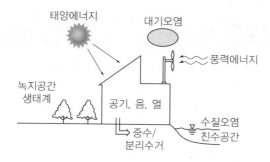

3. Passive House

1) Passive House 인증 성능기준

① 난방에너지 요구량

15 kWh/m^2yr 이하 또는 최대난방부하 : 10W/m^2 이하

② 냉방에너지 요구량

15 kWh/m^2yr 이하

③ 기밀성능 테스트

n50 조건에서 0.6ACH 이하

④ 급탕, 난방, 냉방, 전열, 조명 등 전체 에너지 소비에 대한 1차 에너지 소요량

120 kWh/m^2yr 이하

⑤ 전열교환기 효율

75% 이상

2) Passive House 요소기술

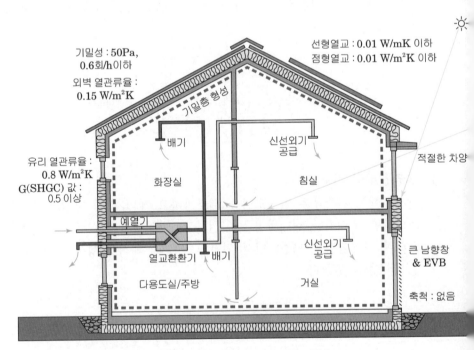

Passive House 요소기술 개념도

4. Zero Energy Building 기술

1) 건물부하 저감기술

　① 건물의 향, 건물형태

　② 고단열, 고기밀, 고효율 창호, 고효율 전열교환

2) 시스템 효율향상기술

　－ 각종 설비시스템들의 효율향상

3) 신재생에너지 활용기술

　－ 태양열, 태양광, 지열, 풍력, 바이오 에너지 활용

4) 통합 유지관리기술

　－ 설비별 작동시간 최적제어, 종합적인 유지관리

V. 경영관리

1. Project Financing

- 자본집중적이며, 단일목적적인 경제적 단위(Project)에 대한 투자를 위한
  금융으로 은행 등의 금융기관이 사회간접자본시설 설비 등과 같은 특정
  사업의 사업성이나 장래의 현금흐름을 보고 자금을 지원하는 금융기법이다.

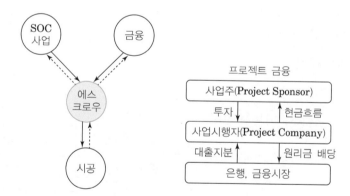

2. Risk Management

리스크관리란, 사업이나 프로젝트가 당면한 모든 리스크에 대해서 그 리스
크를 어떻게 관리할 것인가에 대한 신중한 의사결정이 가능하도록 리스크
를 규정하고 정량화하는 것이다.

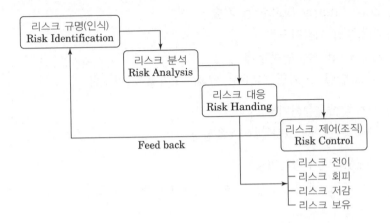

3. Claim

계약 당사자가 그 계약상의 조건에 대하여 계약서의 조정 또는 해석이나 금액의 지급, 공기의 연장 또는 계약서와 관계되는 기타의 구제를 권리로서 요구하는 것 또는 주장하는 것이며 분쟁(Dispute)의 이전단계를 클레임(Claim)이라고 말하고 있다.

1) 클레임의 유형
　① 공사 지연 클레임
　② 공사 범위 클레임
　③ 공기 촉진 클레임
　④ 법률상 클레임

2) 분쟁해결방안

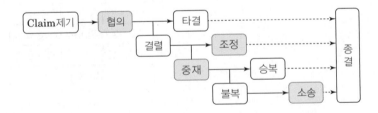

4. MBO(Management By Objective)

스스로 목표를 설정하고 그것을 이루기 위해 노력하도록 분위기를 조성하는 기법

필요성 ─ 경영의 계획성 부여
　　　　├ 동기부여
　　　　├ 자기 통제의 능력부여
　　　　├ 조직, 사원 간의 Communication 증대
　　　　└ 원가관리 목적달성

5. Bench Marking

벤치마킹은 초우량기업으로 성장하기 위해 특정 분야에서 뛰어난 업체를 선정하여 그 경쟁력의 차이를 확인하고 그들의 뛰어난 업무 운영 프로세스를 지속적으로 배우면서 자기 혁신을 추구하는 경영기법이다.
① 내부 벤치마킹
② 경쟁적인 벤치마킹
③ 기능적인 벤치마킹

6. Constructability(시공성 분석프로그램, 시공성 향상프로그램, 성능 향상 프로그램, 최적화건설)

시공성이란 프로젝트 전체의 목적을 달성하기 위해 기획, 설계, 조달 및 현장작업에 대해서 시공상의 지식과 경험을 최대한으로 이용하는 것이나, 초기단계에 이용하는 것이 바람직하다.

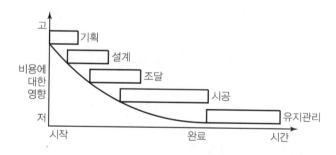

Ⅵ. 생산성 관리

1. MC(Modular Coordination, 모듈정합)

MC란 건축산업의 생산성과 효율성을 제고하기 위해 건축생산 전반에 걸쳐 적용될 수 있는 기준을 설정하는 작업을 말하며, 건축산업에 공업화를 정착시키기 위한 기본수단으로 활용된다.

 암기 point

Ⓜ Ⓛ, Ⓙ Ⓡ

• 기준 치수 체계

1) 기본모듈(Basic Module)

① 건축물의 전반적인 치수조정 확립에 가장 기본이 되는 치수단위이다.

② 기본단위치수 : 10cm → 1M

③ 건물높이(수직방향) : 20cm → 2M

④ 건물의 평면치수 : 30cm → 3M

2) 증대모듈(Multi – Module)

① 기본모듈(M)의 정배수가 되는 모듈

② MC 설계의 치수 종류를 단순화시키고 치수를 조정하는 수단으로 활용

③ 주로 3M, 6M, 9M, 12M, 15M, 30M, 60M 등을 사용

3) 보조모듈 증분 값(Sub – Module Increments)

① 기본모듈보다 작은 치수체계, 상세부 및 접합부 등에 활용되는 모듈

② M/2, M/4, M/5 등을 사용

2. Lean Construction(린 건설)

린 건설이란 생산과정에서의 작업단계를 운반, 대기, 처리, 검사의 4단계로 나누어 비가치창출작업인 운반, 대기, 검사 과정을 최소화하고 가치창출작업인 처리과정은 그 효용성을 극대화하여 건설생산 시스템의 효용성을 증가시킬 수 있는 관리기법으로서 최소비용, 최소기간, 무결점, 무사고를 지향하는 것이다.

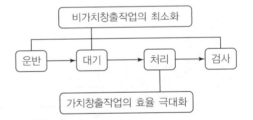

3. Just in Time(적시생산방식)

JIT System은 재고가 없는 것을 목표로 하는 생산 시스템으로서 작업에 필요한 자재와 인력을 적재적소 및 적시에 공급하므로써 자재의 운반 및 작업대기 과정에서의 효율을 높일 수 있는 생산방식이다.

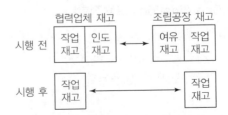

4. 건설로봇

- 건설공사의 관리용이, 원가절감, 생산성 극대화, 성역화 등의 요구를 해결하기 위해 시공의 기계화, 건설로봇의 도입이 필요하며 이를 통해 고객만족 극대화, 부가가치 극대화를 추구하는 것

1) 대상
① 시공의 안전성을 위해 원격조작방식을 채택한 것
② 원격조작 또는 자동화 등에 의해 시공이 가능한 것
③ 자동화에 따른 노무절감을 꾀한 것

2) 건설로봇의 적용
① 바닥미장공사용 로봇
② 흙막이띠장설치 로봇
③ 철골양중용 오토클램프
④ 철골용접로봇
⑤ 내화피복뿜칠로봇

Ⅶ. 기타

1. 시방서의 종류 및 특징

구분	종류	특징
내용	기술시방서	공사전반에 걸친 기술적인 사항을 규정한 시방서
	일반시방서	비기술적인 사항을 규정한 시방서
사용목적	표준시방서	모든 공사의 공통적인 사항을 규정한 시방서
	특기시방서	공사의 특징에 따라 특기사항 등을 규정한 시방서
	공사시방서	특정공사를 위해 작성되는 시방서
	가이드시방서	공사시방서를 작성하는데 지침이 되는 시방서
	개요시방서	설계자가 사업주에게 설명용으로 작성하는 시방서
	자재생산업자 시방서	시방서 작성 시 또는 자재구입 시 자재의 사용 및 시공지식에 대한 정보자료로 활용토록 자재생산업자가 작성하는 시방서
작성방법	서술시방서	자재의 성능이나 설치방법을 규정하는 시방서
	성능시방서	제품자체보다는 제품의 성능을 설명하는 시방서
	참조규격	자재 및 시공방법에 대한 표준규격으로서 시방서 작성 시 활용토록 하는 시방서
명세제한	폐쇄형시방서	재료, 공법 또는 공정에 대해 제한된 몇 가지 항목을 기술한 시방서
	개방형시방서	일정한 요구기준을 만족하면 이를 허용하는 시방서

2. SCM(Suppy Chain Management)

고객(발주자, 설계자), 협력업체 및 공급업체와 같은 모든 공급사슬 참여자의 생산활동 전체를 하나의 생산 시스템으로 보고, 이 시스템에서 자원, 정보, 자금의 흐름을 활성화하여 통합 및 최적화함으로써 시스템의 효율성을 향상시키는 것을 말한다.

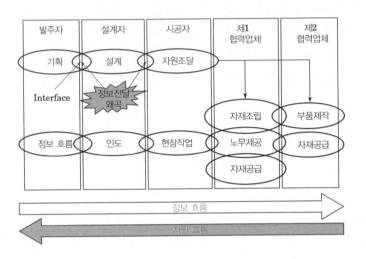

3. BIM(Building Information Modeling)

건축, 토목, 플랜트를 포함한 건설 전 분야에서 시설물 객체의 물리적 또는 기능적 특성에 의하여 시설물 수명주기 동안 의사결정을 하는데 신뢰할 수 있는 근거를 제공하는 디지털 모델을 말한다.

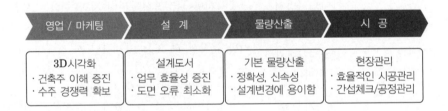

4. 재개발과 재건축 [도시 및 주거환경정비법]

구분	재개발	재건축
근거법령	• 도시 및 주거환경정비법	• 도시 및 주거환경정비법
안전진단	–	• 건축물 및 그 부속토지의 소유자 1/10 이상
추진위원회	• 토지등소유자 과반수	• 토지등소유자 과반수
조합설립	• 토지등소유자의 3/4 이상 • 토지면적의 1/2 이상의 토지소유자	• 공동주택의 각 동별 구분소유자의 과반수 • 주택단지의 전체 구분소유자의 3/4 이상 • 토지면적의 3/4 이상의 토지소유자
조합인가사항의 변경	• 총회에서 조합원의 2/3 이상의 찬성	• 총회에서 조합원의 2/3 이상의 찬성
조합임원의 임기	• 3년 이하	• 3년 이하
대의원	• 조합원의 1/10 이상	• 조합원의 1/10 이상
공급대상	• 토지등소유자 • 세입자: 임대주택 • 잔여분: 일반분양	• 토지등소유자 • 잔여분: 일반분양
미동의자 토지	• 수용(사업시행인가 이후)	• 매도청구(조합설립 이후)

5. 공동주택성능등급제도 [주택건설기준 등에 관한 규칙/규정/주택법]

사업주체가 공동주택 500세대 이상을 공급할 때에는 주택의 성능 및 품질을 입주자가 알 수 있도록 공동주택성능에 대한 등급을 발급받아 입주자모집공고에 표시하는 것을 말한다.

성능등급	성능항목
소음 관련 등급	• 경량충격음 차단성능, 중량충격음 차단성능, 세대 간 경계벽의 차단성능, 화장실 급배수 소음 등
구조 관련 등급	• 리모델링 등에 대비한 가변성 및 수리 용이성 등
환경 관련 등급	• 조경·일조확보율·실내공기질·에너지절약, 저탄소 자재, 생태면적률 등
생활환경 관련 등급	• 커뮤니티시설, 사회적 약자 배려, 홈네트워크, 방범안전 등
화재·소방 관련 등급	• 화재·소방·피난안전 등

6. 건축물 에너지효율등급 인증제도 [건축물 에너지효율등급 인증 및 제로에너지 건축물 인증 기준]

① ISO 52016 등 국제규격에 따라 난방, 냉방, 급탕, 조명, 환기 등에 대해 종합적으로 평가하도록 제작된 프로그램으로 산출된 연간 단위면적당 1차 에너지소요량

등급	주거용 건축물		주거용 이외의 건축물	
	연간 단위면적당 1차에너지소요량 (kWh/m² · 년)		연간 단위면적당 1차에너지소요량 (kWh/m² · 년)	
1+++	60 미만		80 미만	
1++	60 이상	90 미만	80 이상	140 미만
1+	90 이상	120 미만	140 이상	200 미만
1	120 이상	150 미만	200 이상	260 미만
2	150 이상	190 미만	260 이상	320 미만
3	190 이상	230 미만	320 이상	380 미만
4	230 이상	270 미만	380 이상	450 미만
5	270 이상	320 미만	450 이상	520 미만
6	320 이상	370 미만	520 이상	610 미만
7	370 이상	420 미만	610 이상	700 미만

※ 주거용 건축물: 단독주택 및 공동주택(기숙사 제외)

※ 비주거용 건축물: 주거용 건축물을 제외한 건축물

※ 등외 등급을 받은 건축물의 인증은 등외로 표기한다.

② 하나의 대지에 둘 이상의 건축물이 있는 경우에 각각의 건축물에 대하여 별도로 인증 가능

③ 건축물 에너지효율등급 인증 유효기간: 10년

7. BEMS(Building Energy Management System) [공공기관 에너지이용 합리화 추진에 관한 규정]

건물의 쾌적한 실내환경 유지와 효율적인 에너지 관리를 위하여 에너지 사용내역을 모니터링하여 최적화된 건물에너지 관리방안을 제공하는 계측·제어·관리·운영 등이 통합된 시스템을 말한다.

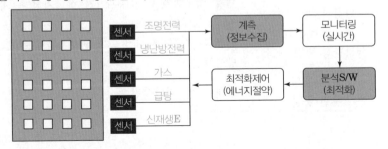

8. 건강친화형 주택 건설기준(대형챔버법) [건강친화형 주택 건설기준]

건강친화형 주택이란 오염물질이 적게 방출되는 건축자재를 사용하고 환기 등을 실시하여 새집증후군 문제를 개선함으로써 거주자에게 건강하고 쾌적한 실내환경을 제공할 수 있도록 일정수준 이상의 실내공기질과 환기성능을 확보한 주택을 말한다.

① 500세대 이상의 주택건설사업을 시행하거나 500세대 이상의 리모델링을 하는 주택
② 의무기준을 모두 충족하고
③ 권장기준 1호 중 2개 이상, 2호 중 1개 이상의 항목에 적합한 주택

9. 무선인식기술(RFID: Radio Frequency Identification)

전자태그에 내장된 정보를 전파를 이용하여 안테나와 리더를 통해 먼 거리에서 비(非)접촉 방식으로 정보를 인식하는 기술을 말한다.

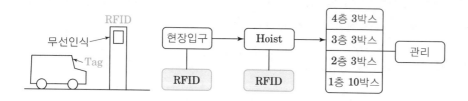

2 단답형·서술형 문제 해설

---

① 단답형 문제 해설

01 PERT와 CPM의 차이점

Ⅰ. 정의

(1) PERT(Program Evaluation and Review Technique)

　　PERT란 프로젝트를 서로 연관된 소작업(Activity)으로 구분하고 이들의 시작부터 끝나는 관계를 망(Network)형태로 분석하는 기법이다.

(2) CPM(Critical Path Method)

　　CPM은 네트워크(Network)상에 작업 간의 관계, 작업소요시간 등을 표현하여 일정계산을 하고 전체공사기간을 산정하며, 공사수행에서 발생하는 공정상의 제 문제를 도해나 수리적 모델로 해결하고 관리하는 것이다.

Ⅱ. PERT와 CPM의 차이점

	PERT	CPM
개발배경	1958년 미해군 폴라리스미사일 개발계획	1956년 미 Dupont사
주목적	공기단축	원가절감
일정계산	•Event 중심의 일정계산 •일정계산이 복잡	•Activity 중심의 일정계산 •일정계산이 자세하고 작업간의 조정이 용이
시간추정	•3점시간 추정 $Te = \dfrac{To+4Tm+Tp}{6}$ •To = Optimistic 낙관치 Tm = Most Likely Time 정상치 Tp = Pessimistic Time 비관치	•1점 시간 추정 •Te = Tm Te = Expected Time 기대치
대상 프로젝트	•신규사업 •비반복사업 •경험이 없는 사업	•반복사업 •경험이 있는 사업
여유시간	Slack	Float
공기단축(MCX)	특별한 이론이 없다.	CPM의 핵심이론
주공정	TL-TE=0	TF=FF=0

02 | PDM(Precedence Diagram Method, CPM—AON)

I. 정의

(1) PERT/CPM 분석기법의 일종으로 상호의존적인 병행활동을 허용하는 특성으로 반복적이고 많은 작업이 동시에 필요한 경우에 유용한 네트워크 공정기법이다.

(2) 더미의 사용이 불필요하므로 네트워크가 화살형보다 더 간명하고 작성이 용이하다.

II. PDM 표기방법

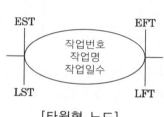

[타원형 노드]

[네모형 노드]

III. 작업 간의 연결(중첩)관계

(1) 개시 – 개시(STS)

(2) 종료 – 종료(FTF)

(3) 개시 – 종료(STF)

(4) 종료 – 개시(FTS)

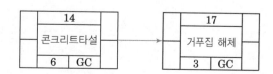

Ⅳ. 지연시간(Lag)을 갖는 기본작업

(1) 개시 – 개시관계에서 2일의 Lag를 갖는 경우

터파기가 시작되고 2일 지난 후 잡석깔기를 시작할 수 있다는 의미

(2) 종료 – 종료관계에서 1일의 Lag를 갖는 경우

아스팔트방수가 종료되고 1일 지난 후 누름콘크리트 타설을 종료할 수 있다는 의미

[개시–개시관계에서
2일의 Lag를 갖는 경우]

[종료–종료관계에서
1일의 Lag를 갖는 경우]

Ⅴ. PDM의 특징

(1) 더미의 사용이 불필요하다.

(2) 네트워크의 작성이 화살선형보다 더 간명하고 작성이 용이하다.

(3) 한 작업이 하나의 숫자로 표기되므로 컴퓨터에 적용하는 것이 화살선형보다 더 용이하다.

(4) PDM 네트워크의 기본법칙은 화살선형 네트워크와 거의 동일하다.

03 공정관리의 Overlapping 기법

Ⅰ. 정의

Overlapping 기법은 PDM기법을 응용발전시킨 것으로, 지연시간(Lag)을 갖는 작업관계를 간단하게 표시하여 실제 공사의 흐름을 잘 파악할 수 있도록 표기하는 기법을 말한다.

Ⅱ. 개념도

(1) 개시 – 개시관계에서 2일의 Lag를 갖는 경우

터파기가 시작되고 2일이 지난 후 잡석깔기를 시작할 수 있다는 의미

(2) 종료 – 종료관계에서 1일의 Lag를 갖는 경우

아스팔트방수가 종료되고 1일이 지난 후 누름콘크리트타설을 종료할 수 있다는 의미

[개시–개시관계에서   [종료–종료관계에서
2일의 Lag를 갖는 경우]   1일의 Lag를 갖는 경우]

Ⅲ. 작업간의 연결(중첩)관계

(1) 개시 – 개시(STS)

(2) 종료 – 종료(FTF)

(3) 개시 – 종료(STF)

(4) 종료 – 개시(FTS)

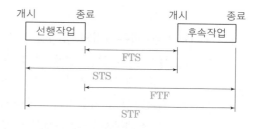

Ⅳ. 특징

(1) 공사의 시간절약이 가능하다.

(2) Overlapping 기법으로 실제 공사의 흐름을 잘 파악할 수 있다.

(3) 네트워크의 작성이 화살선형보다 더 간명하고 작성이 용이하다.

(4) 한 작업이 하나의 숫자로 표기되므로 컴퓨터에 적용하는 것이 화살선형보다 더 용이하다.

04 LOB(Line Of Balance, Linear Scheduling Method)

I. 정의

(1) LOB 기법은 반복작업에서 각 작업조의 생산성을 유지시키면서 그 생산성을 기울기로 하는 직선으로 각 반복작업의 진행을 표시하여 전체공사를 도식화하는 기법이다.

(2) 최초의 단위작업에 투입되는 자원은 후속단위작업의 동일한 작업에 재투입된다는 가정을 해야 한다.

II. 개념도

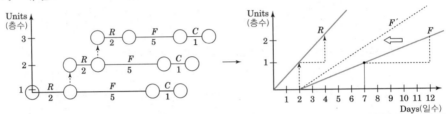

(1) $UPRI = \dfrac{Ui}{Ti}$

UPPi = 단위작업생산성

Ui = 작업 i에 의해 완성된 단위작업의 수

Ti = 단위작업의 수를 완성하는 데 필요한 시간

(2) Form 작업의 생산성에 의해 Rebar 작업은 경우에 따라 중단이 불가피하므로 F′로 생산성을 높일지 여부 결정

→ F′에 의해 공기단축은 가능하나 공사비의 증가가 초래됨

III. 특징

(1) 모든 반복작업의 공정을 도식화가 가능

(2) 전체공사기간을 쉽게 구할 수 있다.

(3) 후속작업의 기울기가 선행작업의 기울기보다 작을 때: 발산(Diverge)

(4) 후속작업의 기울기가 선행작업의 기울기보다 클 때: 수렴(Converge)

→ 전체공사의 주공정성은 생산성 기울기가 작은 작업에 의존한다.

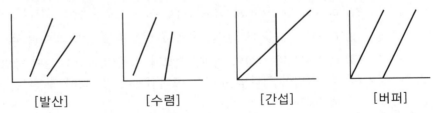

[발산]   [수렴]   [간섭]   [버퍼]

76,85,92회

05 TACT 공정관리기법

I. 정의

(1) 작업 부위를 일정하게 구획하고 작업시간을 일정하게 통일시켜 선후행 작업의 흐름을 연속적으로 만드는 것이다.

(2) TACT 공정계획은 다공구동기화(多工區同期化)
  ① 다공구 : 작업을 층별, 공종별로 세분화
  ② 동기화 : 각 액티비티 작업기간이 같아지게 인원, 장비 배치
  ③ 같은 층내 작업들의 선후행 관계를 조정한 후 층별작업이 순차적으로 진행될 수 있도록 계획할 것

II. 개념도

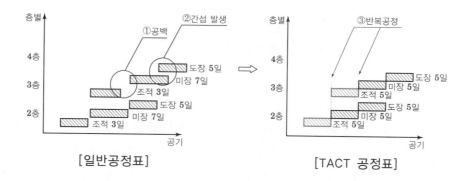

[일반공정표]　　　　　　[TACT 공정표]

III. 특징

(1) 일정기간에 일정한 작업진도가 규칙적으로 진행되도록 작업 평준화가 가능
(2) 협력사의 적극적인 참여가 필수
(3) Just in Time에 의한 모든 자재의 재고를 감소
(4) 불필요한 작업요소 제거
(5) 공기단축의 효과
(6) 기능공의 장기적 일자리의 안정화
(7) 반복적인 작업을 통하여 품질 확보
(8) 안전사고의 예방

06 Critical Path(주공정선, 절대공기)

I. 정의

네트워크 공정표에서 공사의 소요시간을 결정할 수 있는 경로로, 최초작업 개시점으로 부터 최종작업 종료점까지 연결되는 여러 개의 경로 중에서 가장 긴 경로의 소요일수를 말한다.

II. 실례

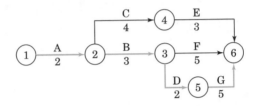

(1) 일정계산

① A → C → E: 9일

② A → B → F: 10일

③ A → B → D → G: 12일 ⇒ Critical Path

(2) 표시방법

① Critical Path를 굵은 선 또는 2줄로 표시한다.

② 소요일수가 가장 긴 경로로써 Total Float = 0인 작업을 찾는다.

III. 특징

(1) 여유시간이 전혀 없다.(Total Float = 0)

(2) 최초 개시에서 최종 종료의 여러 경로 중에서 가장 긴 경로

(3) 더미도 Critical Path가 될 수 있다.

(4) Critical Path는 2개 이상 있을 수도 있다.

(5) Critical Path는 공사 일정계획을 수립하는 기준이 된다.

(6) Critical Path에 의해 전체공기가 결정된다.

(7) Critical Path상의 Activity가 늦어지면 공기가 지연된다.

07 Cost Slope(비용구배)

I. 정의

Cost Slope이란 단위시간을 단축하는 데 드는 비용으로 공기단축 시 제일 먼저 고려해야 할 사항이다.

II. 작업시간과 비용의 관계

(1) ΔT만큼 단축할 경우 비용의 증가는 ΔC 만큼 발생한다.

(2) C점과 N점을 이은 직선과 큰 차이가 없는 경우는 직선의 관계에 있는 것으로 가정하여 계산한다.

(3) S(비용구배) $= \dfrac{\Delta C}{\Delta T} = \dfrac{CC - CN}{TN - TC}$

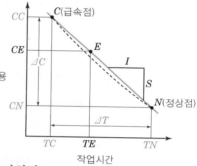

(4) 비용구배 $= \dfrac{특급비용 - 표준비용}{표준공기 - 특급공기}$ (원/일)

III. 비용구배의 영향

(1) 비용구배가 클수록 공기단축 시 총공사비는 증가한다.

(2) 정상공기에서 공기단축 시 간접비는 감소되나 직접비는 증가한다.

(3) 표준시간으로 공사 시 공기는 최장시간이나 비용은 최소가 된다.

IV. 비용구배를 이용한 공기단축 순서

(1) 주공정선(Critical Path)상의 작업을 선택한다.

(2) 단축 가능한 작업이어야 한다.

(3) 우선 비용구배가 최소인 작업을 단축한다.

(4) 단축한계까지 단축한다.

(5) 보조주공정선(Sub-critical Path)의 발생을 확인한다.

(6) 보조주공정선의 동시 단축 경로를 고려한다.

(7) 앞의 순서를 반복한다.

08 자원배분(Resource Allocation,자원배당)

Ⅰ. 정의

자원배분이란 주공정이 아닌 작업의 착수일을 변화시킴으로써 각 프로젝트 시점별 자원의 소요량을 감소시키는 것이다.

Ⅱ. 자원배분의 목적

(1) 소요자원의 급격한 변동을 줄일 것
(2) 일일 동원자원을 최소로 할 것
(3) 유휴시간을 줄일 것
(4) 공기 내에 자원을 균등하게 할 것

Ⅲ. 자원배분의 방식

(1) 자원이 제한된 경우(Limited Resource)
   자원할당은 그 제한수준 내에서 공사기간의 연장이 최소가 되게 하는 것

(2) 자원의 제한이 없는 경우(Unlimited Resource)
   자원평준화는 지정된 공기 내에서 일일 최대자원동원 수준을 최소로 낮추어 자원의 이용률을 높이는 것

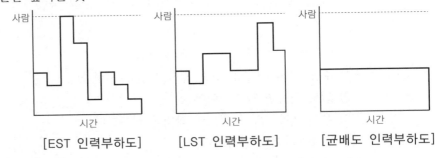

[EST 인력부하도]   [LST 인력부하도]   [균배도 인력부하도]

Ⅳ. 배분 대상 자원

(1) 제한된 인력
(2) 고가장비 사용
(3) 현장 저장이 곤란한 주요자재 수급

Ⅴ. 자원배분의 순서

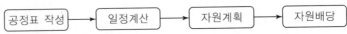

공정표 작성 → 일정계산 → 자원계획 → 자원배당

09 EVMS(Earned Value Management System)

Ⅰ. 정의

EVMS는 Project 사업의 실행예산이 초과되는 것을 방지하기 위하여 사업비용과 일정의 계획대비실적을 통합된 기준으로 관리하며, 이를 통하여 현재문제의 분석, 만회대책의 수립, 그리고 향후 예측을 가능하게 한다.

Ⅱ. EVMS의 운용절차 및 구성

(1) 운용절차

WBS 설정 → 자원 및 예산 배분 → 일정 계획수립 → 관리기준선의 설정 → 실적데이터의 입력 → 성과측정 → 경영분석

(2) 구성

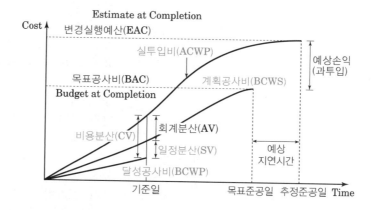

Ⅲ. EVMS의 측정요소

구분	약어	용어	내용	비고
측정요소	BCWS	Budget Cost for Work Schedule (=PV, Planned Value)	계획공사비 Σ(계약단가×계약물량) +예비비	예산
	BCWP	Budget Cost for Work Performed (=EV, Earned Value)	달성공사비 Σ(계약단가×기성물량)	기성
	ACWP	Actual Cost for Work Performed (=AC, Actual Cost)	실투입비 Σ(실행단가×기성물량)	

구분	약어	용어	내용	비고
분석요소	SV	Schedule Variance	일정분산	BCWP−BCWS
	CV	Cost Variance	비용분산	BCWP−ACWP
	SPI	Schedule Performance Index	일정 수행 지수	BCWP/BCWS
	CPI	Cost Performance Index	비용 수행 지수	BCWP/ACWP

Ⅳ. EVMS의 검토결과

CV	SV	평가	비고
+	+	비용 절감 일정 단축	• 가장 이상적인 진행
+	−	비용 절감 일정 지연	• 일정 지연으로 인해 계획 대비 기성금액이 적은 경우 → 일정 단축 및 생산성 향상 필요 • 일정 지연과는 무관하게 생산성 및 기술력 향상 으로 인해 실제로 비용 절감이 이루어진 상태 → 일정 단축 필요
−	+	비용 증가 일정 단축	• 일정 단축으로 인해 계획 대비 기성금액이 많은 경우 → 계획 대비 현금 흐름 확인 필요 • 일정 단축과는 무관하게 실제 투입비용이 계획 보다 증가한 경우 → 생산성 향상 필요
−	−	비용 증가 일정 지연	• 일정 단축 및 생산성 향상 대책 필요

10 최적시공속도(경제속도, 최적공기)

Ⅰ. 정의
(1) 공기는 작업의 연계성을 갖는 네트워크 관계 속에서 주공정선상의 작업시간의 합으로 나타내고, 공사비는 모든 작업들에 소요되는 비용의 합으로 나타낼 수 있다.
(2) 최적공기란 직접비와 간접비의 합인 총공사비가 최소가 되는 가장 경제적인 공기를 말한다.

Ⅱ. 공기와 공사비 곡선

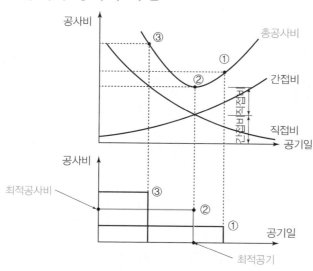

(1) 총공사비는 직접비와 간접비의 합
(2) 공기단축 시(③) 직접비는 증가하나, 간접비는 감소
(3) 공기연장 시(①) 직접비는 감소하나, 간접비는 증가
(4) 총공사비가 최소인 지점(②)이 최적공기 및 최적공사비

Ⅲ. 공사기간과 비용의 관계
(1) 공사비는 크게 직접비와 간접비로 나누어진다.
(2) 직접비는 노무비, 재료비, 장비비로 구성
(3) 간접비는 설치비, 공사에 필요한 일시적인 사무비, 설치용 기구의 연료 및 본사요원의 급료 등으로 공사 전반에 걸쳐 사용되는 경비
(4) 직접비는 공사기간에 반비례
(5) 간접비는 전 공사기간에 걸쳐 비례적으로 배분되는 것으로 계상하므로 공사기간에 비례

11 공정관리의 Milestone(중간관리일, 중간관리시점)

Ⅰ. 정의
(1) 중간관리일이란 전체 공사과정 중 관리상 특히 중요한 몇몇 작업의 시작과 종료를 의미하는 특정시점(Event)을 의미한다.
(1) 중간관리일은 공사 전체에 영향을 미칠 수 있는 작업을 중심으로 관리 목적상 반드시 지켜야 하는 몇 개의 주요 시점을 지정하여 단계별 목표로 이용된다.

Ⅱ. 중간관리일의 종류

| 2022.6.19 | 2023.7.20 | 2025.10.15 |
| [한계 착수일] | [한계 완료일] | [절대 완료일] |

(1) 한계착수일
지정된 날짜보다 일찍 작업에 착수할 수 없는 일자

(2) 한계완료일
지정된 날짜보다 늦게 완료되어서는 안 되는 일자

(3) 절대완료일
정확한 날짜에 완성되어야 하는 일자

(4) 표기방법

마일스톤 코드	작업명	마일스톤 일자

Ⅲ. 중간관리의 대상
(1) 보통 토목과 건축공사 같은 직종 간의 교차부분
(2) 후속작업의 착수에 크게 영향을 미치는 어떤 작업의 완료시점
(3) 사업관리상 제한된 날짜에 완료되어야 하는 시점
(4) 부분 네트워크 간의 접합점

12 | 품질관리 7가지 관리도구

Ⅰ. 정의

품질관리의 7가지 도구는 데이터의 기초적 정리방법으로 널리 쓰이는 것들로서 품질관리활동을 수행하는 데 있어서 가장 필수적인 통계적 방법들이다.

Ⅱ. 품질관리의 7가지 도구

No	수법	내용	형상	특징
1	파레토 그림	불량, 결점, 고장, 손실금액 등 개선하고자 하는 것을 상황별이나 원인별 등의 항목으로 분류하여 가장 큰 항목부터 차례로 나열한 막대그래프		개선해야 할 부분을 명확히 보여주며, 개선 전후의 비교를 용이하게 보여줌
2	특성 요인도	어떤 제품의 품질특성을 개선하고자 할 경우, 그 특성에 관련된 여러 가지 요인들의 상호관련 상태를 찾아내어, 그 관계를 명확히 밝혀 품질개선에 이용		문제에 대한 원인을 여러 각도에서 검토 하는 기법 문제에 미숙한 사람에게 교육시키기에 좋은 도구
3	히스토 그램	길이, 무게, 시간 등의 계량값을 나타내는 데이터가 어떤 분포를 하고 있는지 알기 쉽게 나타낸 그림		분포의 모습, 평균값, 분산, 최대값, 최소값 등을 일목요연하게 알 수 있다.
4	산포도	상호관계가 있는 두 변수(예로 신장과 체중, 연령과 혈압 등) 사이의 관계를 파악하고자 할 때 사용하며, 원인과 결과가 되는 변수일 경우 더욱 의미가 있다.		상관관계를 쉽게 파악 하는 것이 가능 관리하기 위한 최적의 범위를 정할 때 사용

No	수법	내용	형상	특징
5	층별	원인과 결과를 분류해 본 것	특성값 A / 특성값 B / ×기계 H / •기계 I	2 이상의 원인과 2 이상의 결과에서 데이터처리를 하는 데 필요
6	그래프	동일한 데이터라도 표시하는 방법에 따라 보는 사람에게 관점이 달리 해석될 수 있다.		추세나 항목별 비교가 용이하다.
7	관리도	중심선 주위에 적절한 관리한계선을 두어 일의 성과를 관리하며 공정이 안정된 상태에 있는지 확인하는 일종의 꺾은선 그래프	상부 관리 한계 / 중심선 / 하부 관리 한계 / ①우연 원인 들쑥 날쑥 / ②관리를 벗어난 이상 원인이 들쑥날쑥	건설공사에서 주로 사용 공정관리나 분석이 용이

⊗ 72,82회

13 품질비용(Quality Cost)

I. 정의

품질의 유지 및 개선 그리고 품질의 실패에 따라 야기되는 모든 비용을 말하며, 좋은 품질의 제품을 보다 경제적으로 만들어가기 위한 방법을 도모하고, 품질관리 활동의 효과와 경제성을 평가하기 위한 방법이 품질비용이다.

II. 품질비용의 종류와 내용

구분		내용
적합 품질	예방비용	• 하자방지를 위한 수단에 소요되는 비용 • 교육, 진단 및 지도, 제안 등의 비용
	평가비용	• 시험, 검사에 소요되는 비용 • 검사, 실험실 실험, 현장실험 등의 비용
부적합 품질	내부실패 비용	• 제품을 고객에게 전달하기 전에 문제를 발견하여 수정, 조치하는 데 소요되는 비용 • 폐기, 재생산, 품질미달로 염가판매 등의 비용
	외부실패 비용	• 제품을 고객에게 전달한 후에 문제를 발견하여 수정, 조치하는데 소요되는 비용 • A/S, 교환, 환불 등의 비용

III. 품질비용의 측정 목적

(1) 경제성평가 척도를 통해 품질을 경제적이고 종합적으로 관리하는 것
(2) 품질문제를 돈으로 환산 제시하여 관련부서 또는 관련자에게 품질개선에 대한 동기부여를 하는 것
(3) 내외부 실패비용과 평가비용을 예방비용을 통해 품질비용을 절감하는 것
(4) 품질향상과 원가절감을 도모

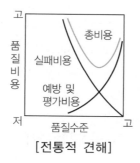

[전통적 견해]

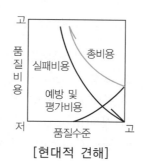

[현대적 견해]

14   6-시그마(Sigma)

I. 정의

(1) 6-시그마란 불량을 통계적으로 측정, 분석하고 그 원인을 제거함으로써 6-시그마 수준의 품질을 확보하려는 전사차원의 활동을 의미한다.

(2) 6-시그마 품질수준은 제품100만 개당 불량품이 3.4개 발생하는 경우를 의미하며 기존 품질개선활동이 제조과정에 한정되어 이루어졌던데 반해 6-시그마 경영은 R&D, 마케팅, 관리 등 경영 프로세스 전반을 대상으로 하고 있다.

II. 3-시그마와 6-시그마의 DPMO(PPM)

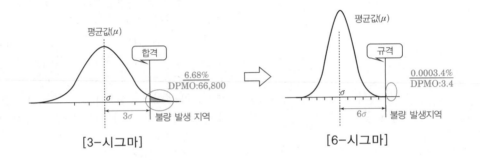

[3-시그마]   [6-시그마]

III. 6-시그마 경영의 특징

(1) 통계 데이터에 근거한 철저한 분석
(2) 불필요한 핵심품질특성(Critical to Quality)을 발견하고 제거
(3) 프로세스 중심
(4) 6-시그마 경영의 성과는 재무성과로 연결
(5) 6-시그마 활동은 전문인력이 주도
(6) 하향식(Top-Down) 전개방식

IV. 6-시그마 프로젝트의 수행절차(DMAIC)

(1) 프로젝트 선정(Define): 고객의 요구파악
(2) 측정(Measure): 문제의 현상과 수준을 파악
(3) 분석(Analyze): 문제의 원인을 분석
(4) 개선(Improve): 문제의 해결
(5) 관리(Control): 개선내용의 지속적인 관리

15 건설원가 구성체계(원가계산방식에 의한 공사비 구성요소) [(계약예규) 예정가격작성기준]

Ⅰ. 정의

건설원가 구성체계란 원가계산에 의한 가격으로 예정가격을 결정하기 위해서는 원가계산서를 작성하여야 한다.

Ⅱ. 건설원가 구성체계

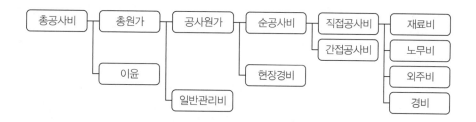

Ⅲ. 원가계산방식에 의한 공사비 구성요소

(1) 재료비: 규격별 재료량×단위당 가격
(2) 노무비: 공종별 노무량×노임단가
(3) 외주비: 공사재료, 반제품, 제품의 제작공사의 일부를 따로 위탁하고 그 비용을 지급하는 것
(4) 경비: 비목별 경비의 합계액
(5) 간접공사비
  ① 시공을 위하여 공통적으로 소요되는 법정경비 및 기타 부수적인 비용
  ② 간접노무비, 산재보험료, 고용보험료, 국민건강보험료, 국민연금보험료, 건설근로자퇴직공제부금비, 산업안전보건관리비, 환경보전비, 법정경비
  ③ 기타간접공사경비: 수도광열비, 복리후생비, 소모품비, 여비, 교통비, 통신비, 세금과 공과, 도서인쇄비 및 지급수수료
(6) 현장경비
  ① 전력비, 복리후생비, 세금 및 공과금 등 공사 현장에서 현장 관리에 투입되는 경비
  ② 현장 경비와 일반 관리 경비 등을 합한 제경비
(7) 일반관리비: (재료비+노무비+경비)×일반관리비율
(8) 이윤: (노무비+경비+일반관리비)×이윤율
(9) 공사손해보험료: (총공사원가+관급자재대)×요율

Ⅳ. 원가계산 시 단위당 가격의 기준

(1) 거래실례가격 또는 지정기관이 조사하여 공표한 가격

(2) 감정가격

(3) 유사한 거래실례가격

(4) 견적가격

16	VE(Value Engineering)	건설기술 진흥법 시행령/ 설계공모, 기본설계 등의 시행 및 설계의 경제성 등 검토에 관한 지침

I. 정의

VE란 최소의 생애주기비용으로 시설물의 기능 및 성능, 품질을 향상시키기 위하여 여러 분야의 전문가로 설계VE 검토조직을 구성하고 워크숍을 통하여 설계에 대한 경제성 및 현장 적용의타당성을 기능별, 대안별로 검토하는 것을 말한다.

II. VE 분석기준

$$V(가치) = \frac{F(기능/성능/품질)}{C(비용/LCC)}$$

성능 향상형	성능 강조형
동일한 비용으로 기능개선 및 향상을 위하여 ↗ →	↗ ↗ 효율적 업무환경을 위한 필요 기능을 얻기 위하여
비용 절감형	가치 혁신형
보다 적은 비용으로 동일한 기능을 얻기 위하여 → ↓	↗ ↓ 개선 또는 경제적 대안을 개발하기 위하여

III. 기능분석의 핵심요소

(1) 기능정의(Define Functions)
  ① 기능정의(Identify): 명사+동사
  ② 기능분류(Classify): 기본기능과 보조기능
  ③ 기능정리(Organize) FAST: How–Why 로직, 기능중심
(2) 자원할당(Allocate Resources): 자원을 기능에 할당
(3) 우선순위 결정(Prioritize Functions): 가장 큰 기회를 가진 기능을 선택

Ⅳ. 설계VE 검토업무 절차 및 내용

(1) 준비단계(Pre-Study)

검토조직의 편성, 설계VE대상 선정, 설계VE기간 결정, 오리엔테이션 및 현장답사 수행, 워크숍 계획수립, 사전정보분석, 관련자료의 수집 등을 실시

(2) 분석단계(VE-Study)

선정한 대상의 정보수집, 기능분석, 아이디어의 창출, 아이디어의 평가, 대안의 구체화, 제안서의 작성 및 발표

(3) 실행단계(Post-Study)

설계VE 검토에 따른 비용절감액과 검토과정에서 도출된 모든 관련자료를 발주청에 제출하여야 하며, 발주청은 제안이 기술적으로 곤란하거나 비용을 증가시키는 등 특별한 사유가 없는 한 설계에 반영

Ⅴ. 설계VE의 실시대상공사

- (1) 총공사비 100억 원 이상인 건설공사의 기본설계, 실시설계
- (2) 총공사비 100억 원 이상인 건설공사로서 실시설계 완료 후 3년 이상 지난 뒤 발주하는 건설공사
- (3) 총공사비 100억 원 이상인 건설공사로서 공사시행 중 총공사비 또는 공종별 공사비 증가가 10% 이상 조정하여 설계를 변경하는 사항
- (4) 그 밖에 발주청이 설계단계 또는 시공단계에서 설계VE가 필요하다고 인정하는 건설공사

Ⅵ. 설계VE 실시시기 및 횟수

- (1) 기본설계, 실시설계에 대하여 각각 1회 이상(기본설계 및 실시설계를 1건의 용역으로 발주한 경우1회 이상)
- (2) 일괄입찰공사의 경우 실시설계적격자선정 후에 실시설계 단계에서 1회 이상
- (3) 민간투자사업의 경우 우선협상자 선정 후에 기본설계에 대한 설계VE, 실시계획승인 이전에 실시설계에 대한 설계VE를 각각 1회 이상
- (4) 기본설계기술제안입찰공사의 경우 입찰 전 기본설계, 실시설계적격자 선정 후 실시설계에 대하여 각각 1회 이상 실시
- (5) 실시설계기술제안입찰공사의 경우 입찰 전 기본설계 및 실시설계에 대하여 설계VE를 각각 1회 이상
- (6) 실시설계 완료 후 3년 이상 경과한 뒤 발주하는 건설공사의 경우 공사 발주 전에 설계VE를 실시하고, 그 결과를 반영한 수정설계로 발주
- (7) 시공단계에서의 설계의 경제성 등 검토는 발주청이나 시공자가 필요하다고 인정하는 시점에 실시

17   LCC(Life Cycle Cost)

I. 정의

LCC란 시설물의 내구연한 동안 투입되는 총비용을 말한다. 여기에는 기획, 조사, 설계, 조달, 시공, 운영, 유지관리, 철거 등의 비용 및 잔존가치가 포함된다.

II. LCC 구성

(1) 운영 및 일상수선비: 일반관리비, 청소비(오물수거비), 일상수선비, 전기료, 수도료, 난방비 등
(2) 장기수선비: 건축·토목·조경공사수선비, 전기설비공사수선비, 기계설비공사수선비, 통신공사수선비

III. 시설물/시설부품의 내용년수의 종류

(1) 물리적 내용년수: 물리적인 노후화에 의해 결정
(2) 기능적 내용년수: 원래의 기능을 충분히 달성하지 못하게 되는 것에 의해 결정
(3) 사회적 내용년수: 기술의 발달로 사용가치가 현저히 떨어지는 것에 의해 결정
(4) 경제적 내용년수: 지가의 상승, 기술의 발달 등으로 인해 경제성이 현저히 떨어지는 것에 의해 결정
(5) 법적 내용년수: 공공의 안전등을 위해 법에 의해 결정

IV. LCC 기법의 진행절차

(1) LCC 분석: 분석목표확인, 구성항목별 비용산정, 자료축척 및 Feed Back
(2) LCC 계획: Total Cost 계산, 초기공사비와 유지관리비 비교 후 최적안 선택
(3) LCC 관리: LCC 분석에 유지관리비 절감 후 Data화 → 다음 Project에 적용

V. 할인율

(1) LCC 분석에는 미래의 발생비용을 현재의 가치로 환산하는 과정도 포함한다.

(2) 환산 시에는 돈의 시간가치의 계산을 위하여 할인율이 이용된다.

(3) 이때의 할인율은 대개 은행의 이자율을 사용한다.

(4) 정확한 분석을 위해서는 물가상승률을 고려한 실질 할인율을 이용해야 하지만 그 계산과정이 복잡한 관계로 실무에서는 적용하기에는 힘들 것이라 판단된다.

(5) 따라서 LCC 분석기법에서는 물가상승률을 고려하지 않은 할인율을 사용한다.

18 안전관리의 MSDS(Material Safety Data Sheet) [산업안전보건법 시행규칙]

I. 정의

MSDS란 방수재 등 화학물질을 안전하게 사용하고 관리하기 위하여 필요한 정보를 기재하고 근로자가 쉽게 볼 수 있도록 현장에 작성 및 비치하는 것을 말한다.

II. MSDS의 작성 및 제출

(1) 제품명
(2) 품질안전보건자료대상물질을 구성하는 화학물질 중 유해인자의 분류기준에 해당하는 화학물질의 명칭 및 함유량
(3) 안전 및 보건상의 취급주의사항
(4) 건강 및 환경에 대한 유해성, 물리적 위험성
(5) 물리·화학적 특성 등 고용노동부령으로 정하는 사항

III. MSDS의 게시·비치 방법

(1) 물질안전보건자료대상물질을 취급하는 작업공정이 있는 장소
(2) 작업장 내 근로자가 가장 보기 쉬운 장소
(3) 근로자가 작업 중 쉽게 접근할 수 있는 장소에 설치된 전산장비

IV. MSDS의 관리 요령 게시

(1) 제품
(2) 건강 및 환경에 대한 유해성, 물리적 위험성
(3) 안전 및 보건상의 취급주의 사항
(4) 적절한 보호구
(5) 응급조치 요령 및 사고 시 대처방법

V. MSDS에 관한 교육의 시기·내용·방법

(1) 근로자 교육
  ① 물질안전보건자료대상물질을 제조·사용·운반 또는 저장하는 작업에 근로자를 배치하게 된 경우
  ② 새로운 물질안전보건자료대상물질이 도입된 경우
  ③ 유해성·위험성 정보가 변경된 경우
(2) 사업주는 교육을 하는 경우에 유해성·위험성이 유사한 물질안전보건자료대상물질을 그룹별로 분류하여 교육 가능
(3) 사업주는 교육시간 및 내용 등을 기록하여 보존

19 건설기술진흥법상 안전관리비 [건설기술진흥법 시행규칙]

I. 정의

(1) 안전관리비란 건설공사의 발주자는 건설공사 계약을 체결할 때에 건설공사의 안전 관리에 필요한 비용을 국토교통부령으로 정하는 공사금액에 계상하여야 한다.

(2) 시공사는 안전관리비를 해당 목적에만 사용해야 하며, 발주자 또는 건설사업관리용 역사업자가 확인한 안전관리 활동실적에 따라 정산해야 한다.

II. 안전관리비

구분	공사금액 계상 기준
1. 안전관리계획의 작성 및 검토 비용 또는 소규모안전관리계획의 작성 비용	• 엔지니어링사업 대가기준을 적용하여 계상
2. 안전점검 비용	• 안전점검 대가의 세부 산출기준을 적용하여 계상
3. 발파·굴착 등의 건설공사로 인한 주변 건축물 등의 피해방지대책 비용	• 사전보강, 보수, 임시이전 등에 필요한 비용을 계상
4. 공사장 주변의 통행안전관리대책 비용	• 토목·건축 등 관련 분야의 설계기준 및 인건비기준을 적용하여 계상
5. 계측장비, 폐쇄회로 텔레비전 등 안전 모니터링 장치의 설치·운용 비용	• 안전 모니터링 장치의 설치 및 운용에 필요한 비용을 계상
6. 가설구조물의 구조적 안전성 확인에 필요한 비용	• 관계전문가의 확인에 필요한 비용을 계상
7. 무선설비 및 무선통신을 이용한 건설 공사 현장의 안전관리체계 구축·운용 비용	• 무선설비의 구입·대여·유지 등에 필요한 비용과 무선통신의 구축·사용 등에 필요한 비용을 계상

III. 추가 안전관리비 계상(발주자 요구 또는 귀책사유)

(1) 공사기간의 연장

(2) 설계변경 등으로 인한 건설공사 내용의 추가

(3) 안전점검의 추가편성 등 안전관리계획의 변경

(4) 그 밖에 발주자가 안전관리비의 증액이 필요하다고 인정하는 사유

20 | 건설기술진흥법상 가설구조물의 구조적 안전성 확인 대상 [건설기술진흥법시행령]

I. 정의

건설사업자 또는 주택건설등록업자는 동바리, 거푸집, 비계 등 가설구조물 설치를 위한 공사를 할 때 가설구조물의 구조적 안전성을 확인하기에 적합한 분야의 기술사(관계전문가)에게 확인을 받아야 한다.

II. 가설구조물의 구조적 안전성 확인 대상

(1) 높이가 31m 이상인 비계

(2) 브라켓(bracket) 비계

(3) 작업발판 일체형 거푸집 또는 높이가 5m 이상인 거푸집 및 동바리

(4) 터널의 지보공(支保工) 또는 높이가 2m 이상인 흙막이 지보공

(5) 동력을 이용하여 움직이는 가설구조물

(6) 높이 10m 이상에서 외부작업을 하기 위하여 작업발판 및 안전시설물을 일체화하여 설치하는 가설구조물

(7) 공사현장에서 제작하여 조립·설치하는 복합형 가설구조물

(8) 그 밖에 발주자 또는 인·허가기관의 장이 필요하다고 인정하는 가설구조물

III. 관계전문가의 요건

(1) 건축구조, 토목구조, 토질 및 기초와 건설기계 직무 범위 중 공사감독자 또는 건설사업관리기술인이 해당 가설구조물의 구조적 안전성을 확인하기에 적합하다고 인정하는 직무 범위의 기술사일 것

(2) 해당 가설구조물을 설치하기 위한 공사의 건설사업자나 주택건설등록업자에게 고용되지 않은 기술사일 것

IV. 제출서류

건설사업자 또는 주택건설등록업자는 가설구조물을 시공하기 전에 공사감독자 또는 건설사업관리기술인에게 제출서류

(1) 시공상세도면

(2) 관계전문가가 서명 또는 기명날인한 구조계산서

21 **산업안전보건관리비** [산업안전보건법 시행규칙/건설업 산업안전보건관리비 계상 및 사용기준]

Ⅰ. 정의

산업안전보건관리비란 건설사업장과 본사 안전전담부서에서 산업재해의 예방을 위하여 법령에 규정된 사항의 이행에 필요한 비용을 말한다.

Ⅱ. 공사종류 및 규모별 산업안전보건관리비의 계상기준

구분	5억원 미만인 경우 적용 비율(%)	5억원 이상 50억원 미만인 경우		50억원 이상인 경우 적용 비율(%)	보건관리자 선임대상 건설공사의 적용비율(%)
		적용비율(%)	기초액		
일반건설 공사(갑)	2.93%	1.86%	5,349,000원	1.97%	2.15%
일반건설 공사(을)	3.09%	1.99%	5,499,000원	2.10%	2.29%
중건설공사	3.43%	2.35%	5,400,000원	2.44%	2.66%
철도· 궤도신설공사	2.45%	1.57%	4,411,000원	1.66%	1.81%
특수및기타건설 공사	1.85%	1.20%	3,250,000원	1.27%	1.38%

(1) 하나의 사업장 내에 건설공사 종류가 둘 이상인 경우에는 공사금액이 가장 큰 공사 종류를 적용한다.
(2) 발주자 또는 자기공사자는 설계변경 등으로 대상액의 변동이 있는 경우에 지체 없이 안전보건관리비를 조정 계상하여야 한다.

Ⅲ. 산업안전보건관리비의 계상방법

(1) 발주자는 원가계산에 의한 예정가격 작성 시 안전관리비를 계상하여야 한다.
(2) 자기공사자는 원가계산에 의한 예정가격을 작성하거나 자체 사업계획을 수립하는 경우에 안전보건관리비를 계상하여야 한다.
(3) 대상액이 구분되어 있지 않은 공사는 도급계약 또는 자체사업계획 상의 총공사금액의 70%를 대상액으로 하여 안전보건관리비를 계상하여야 한다.

Ⅳ. 산업안전보건관리비의 사용

(1) 도급금액 또는 사업비에 계상(計上)된 산업안전보건관리비의 범위에서 산업안전보건관리비를 사용

(2) 산업안전보건관리비를 사용하는 해당 건설공사의 금액이 4천만원 이상인 때에는 매월 사용명세서를 작성하고, 건설공사 종료 후 1년 동안 보존

22 설계의 안전성 검토(Design For Safety, 건축공사 설계의 안전성검토 수립대상)
[건설기술진흥법 시행령]

Ⅰ. 정의

발주청은 안전관리계획을 수립해야 하는 건설공사의 실시설계를 할 때에는 시공과정의 안전성 확보 여부를 확인하기 위해 설계의 안전성 검토를 국토안전관리원에 의뢰해야 한다.

Ⅱ. 설계의 안전성 검토가 필요한 안전관리계획 수립대상공사

(1) 1종시설물 및 2종시설물의 건설공사(유지관리를 위한 건설공사는 제외)

(2) 지하 10m 이상을 굴착하는 건설공사

(3) 폭발물을 사용하는 건설공사로서 20m 안에 시설물이 있거나 100m 안에 사육하는 가축이 있어 해당 건설공사로 인한 영향을 받을 것이 예상되는 건설공사

(4) 10층 이상 16층 미만인 건축물의 건설공사

(5) 10층 이상인 건축물의 리모델링 또는 해체공사

(6) 수직증축형 리모델링

(7) 높이가 31m 이상인 비계

(8) 브라켓(bracket) 비계

(9) 작업발판 일체형 거푸집 또는 높이가 5m 이상인 거푸집 및 동바리

(10) 터널의 지보공(支保工) 또는 높이가 2m 이상인 흙막이 지보공

(11) 동력을 이용하여 움직이는 가설구조물

(12) 높이 10m 이상에서 외부작업을 하기 위하여 작업발판 및 안전시설물을 일체화하여 설치하는 가설구조물

(13) 공사현장에서 제작하여 조립·설치하는 복합형 가설구조물

(14) 발주자가 안전관리가 특히 필요하다고 인정하는 건설공사

(15) 인·허가기관의 장이 안전관리가 특히 필요하다고 인정하는 건설공사

Ⅲ. 국토안전관리원 제출 보고서

(1) 시공단계에서 반드시 고려해야 하는 위험 요소, 위험성 및 그에 대한 저감대책에 관한 사항

(2) 설계에 포함된 각종 시공법과 절차에 관한 사항

(3) 그 밖에 시공과정의 안전성 확보를 위하여 국토교통부장관이 정하여 고시하는 사항

Ⅳ. 기타사항

(1) 국토안전관리원은 의뢰 받은 날부터 20일 이내에 설계안전검토보고서의 내용을 검토하여 발주청에 그 결과를 통보해야 한다.

(2) 발주청은 개선이 필요하다고 인정하는 경우에는 설계도서의 보완·변경 등 필요한 조치를 하여야 한다.

(3) 발주청은 검토 결과를 건설공사를 착공하기 전에 국토교통부장관에게 제출하여야 한다.

23 **밀폐공간보건작업 프로그램** [산업안전보건기준에 관한 규칙/KOSHA GUIDE H-80-2012]

I. 정의

밀폐공간이란 산소결핍, 유해가스로 인한 질식·화재·폭발 등의 위험이 있는 장소로서 사업주는 밀폐공간에서 근로자에게 작업을 하도록 하는 경우 밀폐공간 작업 프로그램을 수립하여 시행하여야 한다.

II. 밀폐공간보건작업 프로그램 흐름도

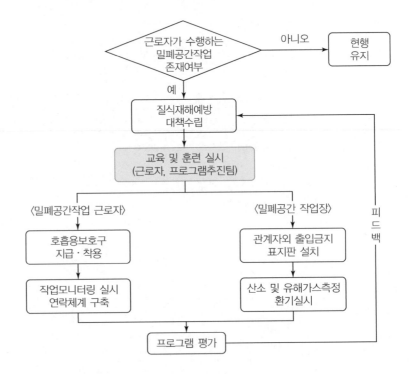

III. 밀폐공간 작업 프로그램의 수립·시행

(1) 포함될 내용
① 사업장 내 밀폐공간의 위치 파악 및 관리 방안
② 밀폐공간 내 질식·중독 등을 일으킬 수 있는 유해·위험 요인의 파악 및 관리 방안
③ 밀폐공간 작업 시 사전 확인이 필요한 사항에 대한 확인 절차
④ 안전보건교육 및 훈련
⑤ 그 밖에 밀폐공간 작업 근로자의 건강장해 예방에 관한 사항

(2) 밀폐공간에서 작업을 시작하기 전 확인사항

① 작업 일시, 기간, 장소 및 내용 등 작업 정보

② 관리감독자, 근로자, 감시인 등 작업자 정보

③ 산소 및 유해가스 농도의 측정결과 및 후속조치 사항

④ 작업 중 불활성가스 또는 유해가스의 누출·유입·발생 가능성 검토 및 후속조치 사항

⑤ 작업 시 착용하여야 할 보호구의 종류

⑥ 비상연락체계

(3) 사업주는 밀폐공간에서의 작업이 종료될 때까지 내용을 해당 작업장 출입구에 게시하여야 한다.

Ⅳ. 작업장 내 유해공기의 기준

(1) 산소농도 범위가 18% 미만, 23.5% 이상인 공기

(2) 탄산가스 농도가 1.5% 이상인 공기

(3) 황화수소농도가 10ppm 이상인 공기

(4) 폭발하한농도의 10%를 초과하는 가연성가스, 증기 및 미스트를 포함하는 공기

(5) 폭발하한농도에 근접하거나 초과하는 공기와 혼합된 가연성분진을 포함하는 공기

Ⅴ. 산소 및 유해가스 농도의 측정 및 환기

(1) 산소 및 유해가스 농도의 측정

① 당일의 작업을 개시하기 전

② 교대제로 작업을 하는 경우, 작업 당일 최초 교대 후 작업이 시작되기 전

③ 작업에 종사하는 전체 근로자가 작업을 하고 있던 장소를 떠난 후 다시 돌아와 작업을 시작하기 전

④ 근로자의 건강, 환기장치 등에 이상이 있을 때

⑤ 측정자: 관리감독자, 안전관리자 또는 보건관리자, 안전관리전문기관 또는 보건관리전문기관, 건설재해예방전문지도기관, 작업환경측정기관, 교육을 이수한 자

(2) 환기

① 작업 전에는 유해공기의 농도가 기준농도를 넘어가지 않도록 충분한 환기를 실시

② 정전 등에 의하여 환기가 중단되는 경우에는 즉시 외부로 대피

③ 밀폐공간의 환기 시에는 급기구와 배기구를 적절하게 배치하여 작업장 내 환기가 효과적으로 이루어질 것

④ 급기구는 작업자 가까이 설치할 것

24 | SCM(Supply Chain Management, 공급망 관리)

I. 정의

SCM은 고객(발주자, 설계자), 협력업체 및 공급업체와 같은 모든 공급사슬 참여자의 생산활동 전체를 하나의 생산 시스템으로 보고, 이 시스템에서 자원, 정보, 자금의 흐름을 활성화하여 통합 및 최적화함으로써 시스템의 효율성을 향상시키는 것을 말한다.

II. 개념도

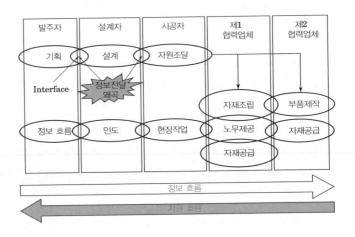

III. SCM의 효과

(1) 재고의 감소
(2) 각 주체의 역할 분담과 중복 누락 작업 배제로 업무 처리시간의 단축
(3) 전략적인 제휴를 통한 관계형성은 상호간 안정된 공급망 구축에 기반
(4) 공급망의 네트워크 형성으로 원활한 자금 흐름
(5) Supply Chain 형성으로 전체적인 최적화를 통해 추가적인 이익 발생

IV. 건설산업에 적용 시 고려사항

구분	도급업체 중심의 SCM 적용 시 고려사항
수행주체	• 도급업체가 중심
제반사항	• 업무현황분석 철저, 참여주체 간 정보공유 고려, 최고경영자의 확고한 의지
요소기술	• CAO, VMI, CPER, QR
환경변화	• 아웃소싱화, 정보지식화, 품질기준의 변화, 글로벌화에 의한 경영력 확대
불확실성	• 인력중심사업, 외부여건의 영향, 잦은 설계변경, 업무순서의 불명확

25 | BIM LOD(Level of Development)

Ⅰ. 정의

BIM LOD란 BIM의 상세수준을 정의하는 것으로 LOD는 미국건축가협회(AIA)의 건설 단계에 따른 모델수준 측정에서 시작되었으며 일반적으로 LOD(Level of Development, Level of Detail) 또는 BIL(Building Information Level, 조달청 정보표현수준)로 표현한다.

Ⅱ. BIM 업무범위 비교

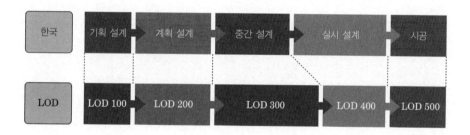

Ⅲ. LOD 상세수준별 적용단계 및 내용

LOD 레벨	적용단계	적용내용
LOD 100	기본계획단계	• 개략면적, 길이, 볼륨 표현 등 개념매스 수준 적용
LOD 200	기본설계단계	• 기본설계의 전체적인 형상을 표현
LOD 300	실시설계단계	• 실시설계(낮음)단계의 외부 및 내부 형상을 모두 모델링
LOD 350	실시설계단계	• 실시설계(높음)단계의 외부 및 내부 형상을 모두 모델링
LOD 400	시공단계	• 시공상세도 수준으로 현장 Shop 도면에 준하여 표현
LOD 500	유지관리단계	• 실제 시공이 발생한 모든 객체를 모델링 (설계 및 시공 관련한 모든 데이터를 포함)

Ⅳ. 조달청 BIL 상세수준별 적용단계 및 내용

BIL 레벨	적용단계	적용내용
BIL 10	기획단계	• 면적, 높이, 볼륨, 위치 및 방향표현 • 지형 및 주변건물 표현
BIL 20	계획설계단계	• 주요 구조부재 표현(기둥, 벽, 슬래브, 지붕) • 간략화 된 계단 및 슬로프
BIL 30	기본설계단계	• 모든 구조부재 표현 • 공간모델 표현
BIL 40	실시설계단계	• 모든 구조, 건축부재 규격 반영
BIL 50	시공단계	• 시공도면 활용 가능한 수준 • 공정관리, 비용관리에 필요한 정보 반영
BIL 60	유지관리단계	• 클라이언트 요구수준에 따라 표현수준이 　다양함

26 재개발과 재건축의 구분

Ⅰ. 정의

(1) 재개발이란 정비기반시설이 열악하고 노후·불량건축물이 밀집한 지역에서 주거환경을 개선하거나 상업지역·공업지역 등에서 도시기능의 회복 및 상권활성화 등을 위하여 도시환경을 개선하기 위한 사업을 말한다.

(2) 재건축이란 정비기반시설은 양호하나 노후·불량건축물에 해당하는 공동주택이 밀집한 지역에서 주거환경을 개선하기 위한 사업을 말한다.

Ⅱ. 사업 추진절차

(1) 재개발

기본계획 수립 → 구역지정 고시 → 조합설립인가 → 사업시행인가 → 분양신청 → 관리처분계획인가 → 철거 및 착공 → 준공 및 입주 → 청산

(2) 재건축

기본계획수립 → 안전진단 실시 → 정비구역지정 고시 → 조합설립추진위원회 승인 → 조합설립인가 → 사업시행인가 → 관리처분계획인가 → 공사착수 → 분양 → 준공인가 → 이전고시 → 청산

Ⅲ. 재개발과 재건축의 구분

구분	재개발	재건축
근거법령	• 도시 및 주거환경정비법	• 도시 및 주거환경정비법
안전진단	–	• 건축물 및 그 부속토지의 소유자 1/10 이상
추진위원회	• 토지등소유자 과반수	• 토지등소유자 과반수
조합설립	• 토지등소유자의 3/4 이상 • 토지면적의 1/2 이상의 토지소유자	• 공동주택의 각 동별 구분소유자의 과반수 • 주택단지의 전체 구분소유자의 3/4 이상 • 토지면적의 3/4 이상의 토지소유자
조합인가사항의 변경	• 총회에서 조합원의 2/3 이상의 찬성	• 총회에서 조합원의 2/3 이상의 찬성
조합임원의 임기	• 3년 이하	• 3년 이하
대의원	• 조합원의 1/10 이상	• 조합원의 1/10 이상
공급대상	• 토지등소유자 • 세입자: 임대주택 • 잔여분: 일반분양	• 토지등소유자 • 잔여분: 일반분양
미동의자 토지	• 수용(사업시행인가 이후)	• 매도청구(조합설립 이후)

27 공동주택성능등급제도(주택성능평가제도(주택성능표시제도))

[주택건설기준 등에 관한 규칙/규정/주택법]

I. 정의

공동주택성능등급제도란 사업주체가 공동주택 500세대 이상을 공급할 때에는 주택의 성능 및 품질을 입주자가 알 수 있도록 공동주택성능에 대한 등급을 발급받아 입주자 모집공고에 표시하는 것을 말한다.

II. 공동주택성능등급표시의 위치

공동주택성능등급 인증서는 쉽게 알아볼 수 있는 위치에 쉽게 읽을 수 있는 글자 크기로 표시해야 한다.

III. 도입배경

(1) 국민의 공동주택 선택기회 및 권익보호
(2) 국민의 공동주택품질 향상요구에 부응
(3) 공동주택 건설기술 및 주택부품산업 발전기여
(4) 공동주택 장수명화 및 국가에너지 절약 기여
(5) 객관적 성능인증으로 하자 및 분쟁예방

IV. 공동주택성능등급의 표시

성능등급	성능항목
소음 관련 등급	• 경량충격음 차단성능, 중량충격음 차단성능, 세대 간 경계벽의 차단성능, 화장실 급배수 소음 등
구조 관련 등급	• 리모델링 등에 대비한 가변성 및 수리 용이성 등
환경 관련 등급	• 조경 · 일조확보율 · 실내공기질 · 에너지절약, 저탄소 자재, 생태면적률 등
생활환경 관련 등급	• 커뮤니티시설, 사회적 약자 배려, 홈네트워크, 방범안전 등
화재 · 소방 관련 등급	• 화재 · 소방 · 피난안전 등

V. 공동주택성능등급 표시의 설정

(1) 성능표시 설정 원칙

① 평가를 위한 기술이 확립되어 널리 이용될 것

② 설계단계에서 평가가 가능한 것

③ 외견상 용이하게 판단할 수 없는 사항 우선

④ 거주자가 용이하게 변경할 수 있는 설비기기는 원칙적으로 대상 제외

⑤ 객관적으로 평가하기 어려운 사항은 제외

⑥ 국내 실정을 고려한 수준의 설정

⑦ 상황에 따라 변화하는 요소 배제

(2) 성능등급 표시

① 성능등급은 평가분야별/항목(사항)별 3~4단계

② 각 항목별 성능등급의 표시

　－ 성능규정-수치표시: 음, 열, 실내공기질, 내구성, 가변성 등

　－ 시방규정-나열형식: 수리용이성, 고령자 등 사회적 약자 배려, 화재·소방

28 건강친화형 주택 건설기준(대형챔버법, 청정건강주택 건설기준)

[건강친화형 주택 건설기준]

Ⅰ. 정의

건강친화형 주택이란 오염물질이 적게 방출되는 건축자재를 사용하고 환기 등을 실시하여 새집증후군 문제를 개선함으로써 거주자에게 건강하고 쾌적한 실내환경을 제공할 수 있도록 일정수준 이상의 실내공기질과 환기성능을 확보한 주택을 말한다.

Ⅱ. 적용대상 및 기준

(1) 500세대 이상의 주택건설사업을 시행하거나 500세대 이상의 리모델링을 하는 주택
(2) 의무기준을 모두 충족하고
(3) 권장기준 1호 중 2개 이상, 2호 중 1개 이상의 항목에 적합한 주택

Ⅲ. 적용기준

(1) 의무기준

구분	평가내용
1. 친환경 건축 자재의 적용	• 실내공기 오염물질 저방출자재 기준에 적합할 것 • 실내마감용 도료에 함유된 납(pb), 카드뮴(Cd), 수은(Hg) 및 6가크롬(Cr+6) 등의 유해원소는 환경표지 인증기준에 적합할 것
2. 각종 공사를 완료한 후 사용검사 신청 전까지 플러쉬아웃(Flush-out) 또는 베이크아웃(Bake-out)을 실시할 것	
3. 적합한 단위세대의 환기성능을 확보할 것	
4. 설치된 환기설비의 성능검증을 시행할 것	
5. 입주 전에 설치하는 친환경 생활제품의 적용	• 빌트-인(Built-in) 가전제품의 성능평가에 적합할 것 • 붙박이가구 등의 성능평가에 적합할 것
6. 일반 시공·관리기준	• 실내공기 오염물질을 실외로 충분히 배기할 수 있는 환기계획을 수립할 것 • 실내마감용 건축 자재는 품질 변화가 없고 오염물질 관리가 가능하도록 보관할 것 • 건설폐기물은 적치장을 확보하고 반출계획을 작성하여 유지관리 계획을 수립할 것

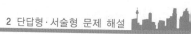

구분	평가내용
7. 접착제의 시공·관리기준	• 바닥 등 수분함수율은 4.5% 미만이 되도록 할 것 • 접착제 시공면의 평활도는 2m마다 3mm 이하로 유지할 것 • 실내온도는 5℃ 이상으로 유지할 것 • 접착제를 시공할 때에 발생하는 오염물질의 적절한 외부배출 대책을 수립할 것
8. 유해화학물질 확산방지를 위한 도장공사 시공·관리기준	• 도장재의 운반·보관·저장 및 시공은 제조자 지침을 준수할 것 • 외부 도장공사 시 도료의 비산과 실내로의 유입을 방지할 수 있는 대책을 수립할 것 • 실내 도장공사를 실시할 때에 발생하는 오염물질의 적절한 외부배출 대책을 수립할 것 • 뿜칠 도장공사 시 오일리스 방식 컴프레서, 오일필터 또는 저오염오일 등 오염물질 저방출 장비를 사용할 것

(2) 권장기준

구분	평가내용
1. 오염물질, 유해 미생물 제거	• 흡방습 건축자재는 모든 세대에 거실과 침실 벽체 총면적의 10% 이상을 적용할 것 • 흡착 건축자재는 모든 세대에 거실과 침실 벽체 총 면적의 10% 이상을 적용할 것 • 항곰팡이 건축자재는 모든 세대에 발코니·화장실·부엌 등과 같이 곰팡이 발생이 우려되는 부위에 총 외피면적의 5% 이상을 적용할 것 • 항균 건축자재는 모든 세대에 발코니·화장실·부엌 등과 같이 세균 발생이 우려되는 부위에 총 외피면적의 5% 이상을 적용할 것
2. 실내발생 미세 먼지 제거	• 주방에 설치되는 레인지후드의 성능을 확보할 것 • 레인지후드는 기계환기설비 또는 보조급기와의 연동제어가 가능할 것

😕 46,55회

29 건축산업의 정보통합화생산(CIC, Computer Integration Construction)

Ⅰ. 정의

CIC는 건설프로젝트에 관여하는 모든 참여자들로 하여금 프로젝트 수행의 모든 과정에 걸쳐 서로 협조할 수 있는 하나의 팀으로 엮어주고자 하는 목적으로 제안된 개념이다.

Ⅱ. 실무단계 간 정보의 공유(통합 데이터베이스)

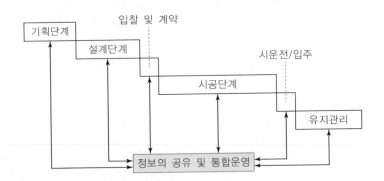

Ⅲ. CIC 구현방안

(1) 경영주의 적극적인 지원의지 확보
(2) CIC의 팀 구성 및 기본계획 수립
  ① 개념 설정단계
  ② 기능별 요소 설정단계
  ③ 기능별 요소 구현방안 설정단계

Ⅳ. CIC 기반 컴퓨터 기술

(1) 컴퓨터 이용 디자인/엔지니어링(CAD/CAE)
(2) 인공지능(Artificial Intelligence)
(3) 전문가 시스템(Expert System)
(4) 시각 시뮬레이션(Visual Simulation)
(5) 객체지향형 데이터베이스 관리 시스템(Object-Oriented Database Management System)
(6) 원거리 데이터 통신

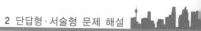

V. CIC의 기대효과

(1) 높은 품질수준의 설계를 신속하게 생성
(2) 프로젝트의 신속하고 저렴한 건설
(3) 프로젝트의 효율적 관리

30 지능형 건축물(IB, Intelligent Building)

Ⅰ. 정의

IBS는 필요한 도구(OA 기기, 정보기기 등)를 갖추고 쾌적한 환경(조명, 온열환경, 공조 등)을 조성하기 위해 통합관리를 통하여 빌딩의 안전성과 보완성을 확보하고 절약적인 운용을 함으로써 최대의 부가가치 창출을 유도하고자 하는 빌딩시스템이다.

Ⅱ. 개념도

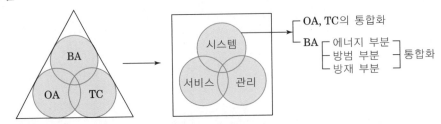

[초기의 개념(건축부분)]   [새로운 개념(빌딩구조)]

→ BA, OA, TC 간의 기술적인 기능만을 중요시하던 개념에서 상호보완작용의 기능으로 가야 됨

(1) BA(Building Automation)
  ① 빌딩관리 시스템
    가. 공조, 전력, 조명, 엘리베이터 등의 원격감시 및 제어
    나. 컴퓨터에 의한 유지보수, 자료관리 및 전반적인 빌딩운용의 최적화
  ② Security 시스템
    가. 빌딩의 안전성 확보
    나. 방범, 방재, 방화 등의 감시 및 제어, CCTV 등
  ③ 에너지 절약 시스템
    가. 냉·난방, 조명, 엘리베이터 운전 등을 최적 제어
    나. 에너지 관리에 효율성 제고
(2) OA(Office Automation): PC와 인터넷 등
(3) TC(Tele-Communication): Data의 LAN과 Voice의 교환기 등

Ⅲ. 도입효과

(1) 경제적인 운전관리에 의한 에너지 및 인력 절감
(2) TC 및 OA와의 Network를 통한 정보통신비용 절감
(3) 쾌적한 사무환경 제공 및 생산성 극대화
(4) 기업 이미지 제고 및 임대성의 제고

31 😵 60,64회

PMIS(Project Management Information System, PMDB: Project Management Data Base)

I. 정의

건설공사를 효과적으로 관리하기 위하여 활용하는 것으로 발주자, 시공자, 감리자 등 참여자들의 원활한 의사소통을 촉진하며, 내부의 각기 다른 관리 기능들을 유기적으로 연결시키는 구심적 역할을 하는 것을 말한다.

II. PMIS의 개념도

(1) 수직적 시스템

발주자의 현장정보관리 시스템

(2) 수평적 시스템

건설회사 내부의 개별 시스템(견적, 공정관리, 원가관리, 품질관리 등)

III. 문제점

(1) 수직적 시스템

① 발주자 측 비용 위주와 현장의 공정관리를 위한 기성항목 간의 차이 발생
   → 공사현황보고서의 이중적인 작업 발생
② 각 발주처별 물량내역서의 기본항목 차이 발생
③ 각 발주처별 물량내역서의 표준화 미비
④ 표준화된 분류체계의 부재

(2) 수평적 시스템

① 설계도면과 시방서의 차이 발생
   → 디자인과 견적, 견적과 일정계획, 일정계획과 원가관리 간에 기능적인 단절을 야기
② 축척된 정보의 미비
③ 정보 재활용의 미비

IV. 대책

  (1) 표준분류체계를 활용한 분류체계의 도입

  (2) 데이터 통합모델의 구축

  (3) 정보의 재활용과 공유의 활성화

  (4) 디자인요소중심의 Assembly와 자원중심의 단위작업을 연결

  (5) 발주자, 시공자, 하도급자의 협력 모색

  (6) 설계, 견적, 일정계획, 원가관리 등의 기능을 통합 운영하는 조직구성

32 | 건설 CALS(Continuous Acquisition & Life Cycle Support)

Ⅰ. 정의

CALS란 건설공사의 기획, 설계, 시공, 유지관리, 철거에 이르기까지 전 과정의 정보를 전자화, 네트워크화를 통하여 데이터베이스에 저장하고 저장된 정보는 전산망으로 연결되어 발주처, 설계자, 시공자, 하수급자 등이 공유하는 통합정보시스템을 말한다.

Ⅱ. 개념도

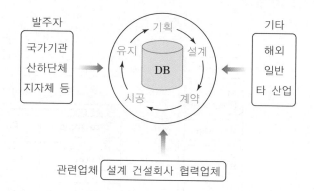

Ⅲ. 필요성

(1) 입찰, 인·허가 업무 투명성 및 업체의 경쟁우위 확보
(2) 발주처, 설계자, 시공자, 하수급자 등이 각종 정보 공유
(3) 국제경쟁력 확보
(4) 업무의 효율적 운영
(5) 건설업의 생산성 향상

Ⅳ. 효과

(1) 유사공사의 실적자료 재사용으로 공기단축(15~20%) 및 예산절감(10~20%)
(2) 종이 없는 문서체계 구축 및 예산절감
(3) 입찰, 인·허가 등의 업무시간 단축
(4) 정확한 정보교환으로 품질향상

Ⅴ. 추진방향

(1) CALS 체계의 각종 표준에 맞게 CIC 시스템을 개발
(2) PMIS 등 다른 정보시스템과 연계를 통해 다양한 정보의 효율성을 향상
(3) 지속적인 업데이트를 통한 시스템 활용 폭의 확대

33 WBS(Work Breakdown Structure, 작업분류체계)

Ⅰ. 정의

WBS란 공정표를 효율적으로 작성하고 운영할 수 있도록 공사 및 공정에 관련되는 기초자료의 명백한 범위 및 종류를 정의하고 공정별 위계구조를 분할하는 것이다.

Ⅱ. 개념도

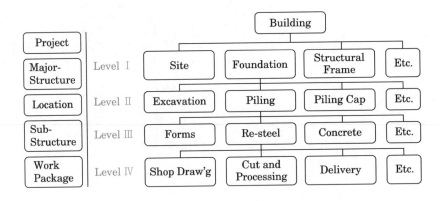

Ⅲ. 작업분할의 방법

(1) 공정표의 사용목적, 사용자, 관리수준 등을 고려하여 결정
(2) 생산단계에서는 매우 상세한 분할이 필요
(3) 상위관리 단계에서는 집약된 형태의 분할이 필요
(4) 인원과 장비를 적절히 조합하여 분할

Ⅳ. 작업분할을 위한 기준

(1) 관리자들에 의해 관리되는 실질적인 단위로 할 것
(2) 각 공사마다 상황에 따라 그 관리목적에 맞도록 구축할 것
(3) 적정관리 단계(Level)에서 표준화할 것
(4) 하위단위에서는 각 현장의 특수성을 반영할 것

34 환경친화건축(Green Building)

[녹색건축 인증 기준]

I. 정의

환경친화건축이란 환경오염을 최소화하고 에너지 및 자원의 소비를 최소화하면서 쾌적한 실내환경을 구현하고, 자연경관과의 유기적 연계를 도모하여 자연환경을 보전하면서 인간의 건강과 쾌적성 향상을 가능하게 하는 건축물을 말한다.

II. 개념도

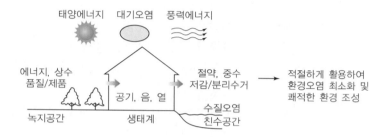

III. 환경친화건축의 목표

(1) 에너지 절약 및 순환 활용
(2) 자원의 절약 및 순환 활용
(3) 주변 환경과의 유기적 연계: 기후 및 지형에의 순응
(4) 쾌적성 향상과 주민 참여

IV. 녹색건축(환경친화건축) 인증심사 기준

전문분야	인증항목
토지이용 및 교통	• 기존대지의 생태학적 가치, 과도한 지하개발 지양, 토공사 절성토량 최소화, 일조권 간섭방지 대책의 타당성, 대중교통의 근접성 등
에너지 및 환경오염	• 에너지 성능, 신·재생에너지 이용, 저탄소 에너지원 기술의 적용 등
재료 및 자원	• 저탄소 자재의 사용, 자원순환 자재의 사용, 유해물질 저감 자재의 사용 등
물순환 관리	• 빗물관리, 빗물 및 유출지하수 이용, 절수형 기기 사용, 물 사용량 모니터링
유지관리	• 건설현장의 환경관리 계획, 운영·유지관리 문서 및 매뉴얼 제공 등
생태환경	• 연계된 녹지축 조성, 자연지반 녹지율, 생태면적률, 비오톱 조성
실내환경	• 실내공기 오염물질 저방출 제품의 사용, 자연 환기성능 확보, 경량 및 중량충격음 차단성능 등
혁신적인 설계	• 제로에너지건축물, 외피 열교방지 등

😊 87,113회

35 건설위험관리에서 위험약화전략(Risk Mitigation Strategy)

I. 정의
위험약화전략(리스크관리)란, 사업이나 프로젝트가 당면한 모든 리스크에 대해서 그 리스크를 어떻게 관리할 것인가에 대한 신중한 의사결정이 가능하도록 리스크를 규정하고 정량화하는 것이다.

II. 리스크관리 절차

(1) 리스크 규정(식별)
① 리스크의 원인과 효과를 명확히 구분한다.

단계	원인(Source)	사건(Event)	효과(Effect)
예	• 안전장치의 미비 • 안전점검의 부적합 • 결함 있는 장비 등	• 현장 작업자의 부상	• 작업자의 사망 • 작업자의 중상 • 작업의 지연 등

② 특정사업과 관련된 리스크인자의 근원을 파악
③ 조사, 체크리스트 작성
④ 일정한 기준에 따라 체계적으로 분류
⑤ 해당리스크 발생결과의 중요도 판단
⑥ 리스크 분석단계에서 중점적으로 고려할 변수를 산출

(2) 리스크 분석
리스크 인자의 결과적 중요도를 파악하여 불확실성을 제거하거나 감소시키는 데 있는 것이 아니라, 리스크를 보다 명확하게 이해하고 대응하기 위한 대안설정이나 전략수립 여부를 판단하는 데 있다.

(3) 리스크 대응
① 리스크 전이(Risk Transfer): 다른 집단이나 조직에 리스크를 전이시킨다.
② 리스크 회피(Risk Avoidance): 계획 자체를 포기함으로써 리스크를 회피한다.
③ 리스크 저감(Risk Reduction): 여러 가지 대책을 수립하여 리스크를 저감시킨다.
④ 리스크 보유(Risk Retention): 다소간의 리스크를 감수하는 대신 그에 따른 투기적 효과 즉, 혜택과 기회 등을 기대하며 리스크를 보유한 채 계획을 진행한다.

36 시공성(Constructability, 시공성 분석)

Ⅰ. 정의
시공성이란 프로젝트 전체의 목적을 달성하기 위해 기획, 설계, 조달 및 현장작업에 대해서 시공상의 지식과 경험을 최대한으로 이용하는 것이나, 초기단계에 이용하는 것이 바람직하다.

Ⅱ. 개념도

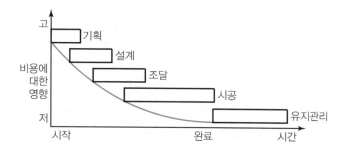

Ⅲ. 시공성의 목표
(1) 시공요소를 설계에 통합: 설계의 단순화 및 표준화
(2) 설계의 모듈화
(3) 공장생산을 통한 현장 조립화

Ⅳ. 시공성 확보방안
(1) 기획단계
① 프로젝트 집행계획의 필수부분이 되어야 한다.
② 시공성을 책임지는 프로젝트팀 참여자들은 초기에 확인되어야 한다.
③ 향상된 정보기술은 프로젝트를 통하여 적용되어야 한다.

(2) 설계 및 조달단계
① 설계와 조달일정 등은 시공 지향적이어야 한다.
② 설계의 기본원리는 표준화에 맞추어야 한다.
③ 모듈화에 의한 설계로 제작, 운송 및 설치를 용이하게 할 수 있도록 한다.
④ 인원, 자재 및 장비 등의 현장 접근성을 촉진시키는 설계가 되어야 한다.
⑤ 불리한 날씨조건에서도 시공을 할 수 있는 설계가 되어야 한다.

(3) 현장작업 단계
시공성은 혁신적인 시공방법 등이 활용될 때 향상된다.

37 건설클레임

I. 정의

계약 당사자가 그 계약상의 조건에 대하여 계약서의 조정 또는 해석이나 금액의 지급, 공기의 연장 또는 계약서와 관계되는 기타의 구제를 권리로서 요구하는 것 또는 주장하는 것이며, 분쟁(Dispute)의 이전단계를 클레임(Claim)이라고 말하고 있다.

II. 건설공사 클레임 처리절차

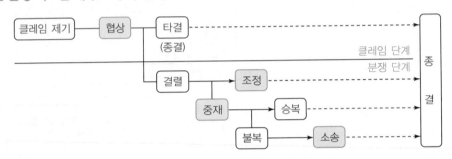

III. 클레임 단계

(1) 클레임 이전 단계

① 계약내용의 면밀한 검토
② 이행단계에 따른 규정 등을 충분히 검토
③ 단계별 발생 사안에 대한 문서화
④ 클레임 사안에 대한 요구사항의 입증책임 철저
⑤ 발생사안의 발주자에 대한 통지는 반드시 문서로 이행

(2) 클레임 단계

① 사전평가 단계   ② 근거자료 확보 단계
③ 자료분석 단계   ④ 클레임문서 작성 단계
⑤ 청구금액 산출 단계   ⑥ 문서제출 단계

(3) 클레임 이후 분쟁단계

① 가능한 계약당사자간의 상호이해와 협상에 의해 해결
② 상설 중재기관의 활용
③ 발주자의 계약관련 규정 등의 충분한 이해와 시공사를 계약파트너로 생각
④ 명문화된 계약관련 규정으로 발주자나 감리자를 설득시킬 수 있고 풍부한 지식과 의욕을 가질 것

38   Smart Construction 요소기술

I. 정의

Smart Construction 요소기술이란 전통적인 건설기술에 4차산업 혁명기술인 BIM, IoT, Big Data, Drone 등 첨단기술을 융합한 기술혁신으로 인력의 한계를 극복하여 생산성, 안전성을 획기적으로 개선할 수 있는 새로운 건설기술을 말한다.

II. Smart Construction 적용

구 분	패러다임 변화	스마트 건설기술 적용
설계 분야	· **2D** 설계 · 단계별 정보 분절 ↓ · **nD BIM** 설계 · 전 단계 정보 융합	· Drone을 활용한 예정지 정보 수집 · Big Data 활용 시설물 계획 · VR기반 대안 검토 · BIM기반 설계자동화
시공 분야	· 현장 생산 · 인력 의존 ↓ · 모듈화, 제조업화 · 자동화, 현장관제	· Drone을 활용한 현장 모니터링 · IoT기반 현장 안전관리 · 장비 로봇화 & 로봇 시공 · 3D프린터를 활용한 급속시공
유지관리 분야	· 정보단정 · 현장방문 · 주관적 ↓ · 정보 피드백 · 원격제어 · 과학적	· 센서활용 예방적 유지관리 · Drone을 활용한 시설물 모니터링 · AI기반 시설물 운영

III. 국내 건설현장의 문제점

(1) 건설 산업의 생산성 저하

(2) 노령인구의 증가

(3) 외국 인력의 증가

(4) 스마트 건설기술 정책의 미비

IV. 건설현장의 스마트 건설기술 확산방안

(1) 제도적 개선방안: 정부의 지원

(2) 교육방식의 개선

(3) 신기술의 적용

(4) 드론을 통한 정보취득 및 설계 자동화

(5) AI 자율주행 및 ICT를 통한 안전관리

(6) IoT 센서를 활용한 점검 및 시설물 관리 시스템

39 무선인식기술(RFID: Radio Frequency Identification, 무선인식기술(RFID)을 활용한 현장관리)

I. 정의

무선인식기술이란 전자태그에 내장된 정보를 전파를 이용하여 안테나와 리더를 통해 먼 거리에서 비(非)접촉 방식으로 정보를 인식하는 기술을 말한다.

II. 개념도

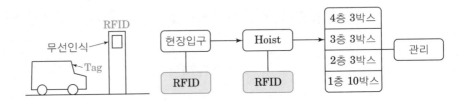

III. 특징

(1) 실시간 정보 파악 가능
(2) 이동 중 및 원거리 인식 가능
(3) 공간 제약 없음
(4) 반복적이고 반영구적 사용 가능
(5) 식별에 걸리는 시간이 짧음
(6) 뛰어난 보안성
(7) 다수 태그, 라벨을 동시에 인식 가능
(8) 판독기 감지 범위 안에서는 여러 각도 상황에서도 인식 가능
(9) 바코드, 마그네틱 카드에 비해 비싼 가격 및 RFID 설치비용 고가

IV. 무선인식기술을 활용한 현장관리

(1) 출역인원관리: 체계적인 생산성 관리
(2) 노무안전관리: 교육인원파악 및 관리용이
(3) 레미콘 물류관리: 운반시간관리
(4) 자재물류관리: 재고, 사용부위 확인
(5) 진도관리: 실시간 공정관리
(6) 시설물관리: 정확한 하자위치 파악, 주차장 점유상태 모니터링
(7) 홈 네트워크 서비스: 감지 센서는 24시간 실시간으로 외부인의 침입, 움직임을 감지 등

② 서술형 문제 해설

48,101회

01 공정관리 시 자원배당의 정의와 방법 및 순서

I. 일반사항

(1) 자원배당의 정의

자원소요량과 투입가능한 자원량을 상호조정하고 자원의 허비시간을 제거함으로써 "자원의 효율화"를 기하고 아울러 비용의 증가를 최소화하는 방법이다.

(2) 자원배당의 기준

① 인력 변동의 회피   ② 한정된 자원의 선용
③ 자원의 고정수준 유지   ④ 자원 일정계획의 효율화

(3) 자원배당의 목적

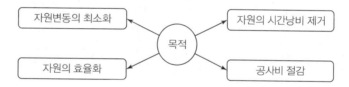

II. 자원배당의 방법 분류

(1) 자원이 무제한인 상태(자원 평준화 문제)

자원보다 시간 일정에 맞추는 경우

(2) 자원이 제한된 상태(자원 배당 문제)

① 무제한 자원공급하의 자원배당

충분한 자원으로 작업완료예정일 안에 작업완료를 목표로 자원의 분배계획을 수립하는 것이다.

② 자원 제약하의 자원배당

제한된 자원을 가지고 최대한도로 작업을 빨리 완료하려고 자원을 적절히 분배하며 계획을 세우는 것이다.

③ 장기자원계획

총작업시간과 자원의 분배로써 총비용을 최소한으로 하는 계획을 수립하는 것이다.

Ⅲ. 자원배당 순서

(1) 공정표 작성

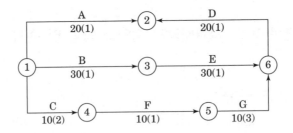

(2) 일정계산

작업	공기	EST	EFT	LST	LFT	TF	FF	DF	CP
A	20	0	20	20	40	20	0	20	
B	30	0	30	0	30	0	0	0	*
C	10	0	10	30	40	30	0	30	
D	20	20	40	40	60	20	20	0	
E	30	30	60	30	60	0	0	0	*
F	10	10	20	40	50	30	0	30	
G	10	20	30	50	60	30	30	0	

(3) 자원계획

① EST에 의한 자원계획

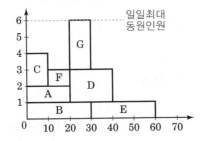

② LST에 의한 자원계획

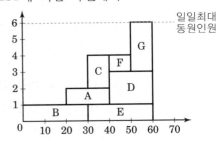

③ 균배도에 의한 자원계획

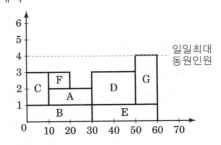

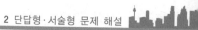

(4) 자원배당

① 자원이 무제한인 상태

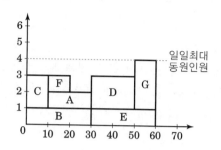

시간 일정에 맞추어 자원 평준화하므로 일일 최대동원 인원이 4명까지 투입됨

② 자원이 제한된 상태(일일 최대동원인원 : 3명)

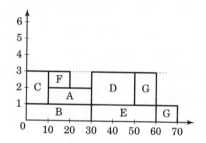

일일 최대동원을 제한하는 관계로 부득이 G작업이 공기연장될 수밖에 없음

V. 결 론

(1) 자원배당은 자원의 효율화, 자원변동의 최소화 및 자원의 시간낭비 제거를 통하여 자원배당이 이루어져야 한다.

(2) 가장 적합한 자원배당으로 비용증가를 최소로 하여야 한다.

⊕ 56,66,77,101,109,117회

02 EVMS(Earned Value Management System)

I. 개 요

EVMS는 Project 사업의 실행예산이 초과되는 것을 방지하기 위하여 사업비용과 일정의 "계획대비실적"을 통합된 기준으로 관리하며, 이를 통하여 현재문제의 분석, 만회대책의 수립, 그리고 향후 예측을 가능하게 한다.

II. EVMS 활용의 효과

(1) 단일화된 관리기법의 활용을 통한 정확성, 일관성, 적시성 유지
(2) 일정, 비용, 그리고 업무범위의 통합된 성과 측정
(3) 축적된 실적자료의 활용을 통한 프로젝트 성과 예측
(4) 사업비 효율의 지속적 관리
(5) 예정공정과 실제 작업공정의 비교 관리
(6) 비용지수를 활용한 프로젝트 총사업비의 예측 관리
(7) 비용지수와 일정지수를 함께 고려한 총사업비의 예측과 통계적 관리
(8) 잔여 사업관리의 체계적 목표 설정
(9) 계획된 사업비 목표달성을 위한 주간 또는 정기적 비용관리
(10) 중점관리 항목의 설정과 조직

III. EVMS의 개념

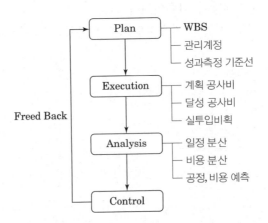

Ⅳ. EVMS의 구성

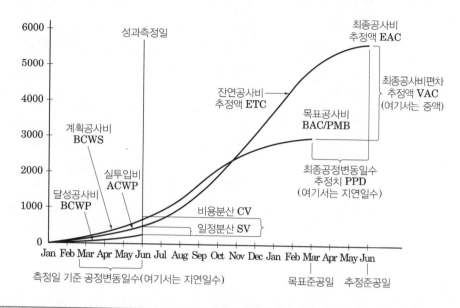

구분	약어	용어	내용	비고
계획요소	WBS	Work Breakdown Structure	작업분류체계	성과 측정 및 분석의 기본 단위
	CAP	Control Account	관리 계정	
	PMB	Performance Measurement Baseline	성과측정 기준선	
	CBS	Cost Breakdown Structure	비용분류체계	
	OBS	Organization Breakdown Structure	조직분류체계	
측정요소	BAC	Budget at Completion	목표공사비	
	BCWS	Budget Cost for Work Schedule (=PV, Planned Value)	계획공사비 Σ(계약단가 × 계약물량) + 예비비	예산
	BCWP	Budget Cost for Work Performed (=EV, Earned Value)	달성공사비 Σ(계약단가 × 기성물량)	기성
	ACWP	Actual Cost for Work Performed (=AC, Actual Cost)	실투입비 Σ(실행단가 × 기성물량)	

구분	약어	용어	내용	비고
분석요소	SV	Schedule Variance	일정분산	BCWP − BCWS
	CV	Cost Variance	비용분산	BCWP − ACWP
	SPI	Schedule Performance Index	일정 수행 지수	BCWP / BCWS
	CPI	Cost Performance Index	비용 수행 지수	BCWP / ACWP
	ETC	Estimate to Complete	잔여 소요비용 추정액	
	EAC	Estimate at Complete	최종 소요비용 추정액	BAC / CPI
	VAC	Variance at Completion	최종 비용편차 추정액	BAC − EAC

V. EVMS의 검토 결과

CV	SV	평가	비고
+	+	비용 절감 일정 단축	• 가장 이상적인 진행
+	−	비용 절감 일정 지연	• 일정 지연으로 인해 계획 대비 기성금액이 적은 경우 → 일정 단축 및 생산성 향상 필요 • 일정 지연과는 무관하게 생산성 및 기술력 향상으로 인해 실제로 비용 절감이 이루어진 상태 → 일정 단축 필요
−	+	비용 증가 일정 단축	• 일정 단축으로 인해 계획 대비 기성금액이 많은 경우 → 계획 대비 현금 흐름 확인 필요 • 일정 단축과는 무관하게 실제 투입비용이 계획보다 증가한 경우 → 생산성 향상 필요
−	−	비용 증가 일정 지연	• 일정 단축 및 생산성 향상 대책 필요

Ⅵ. EVMS의 문제점

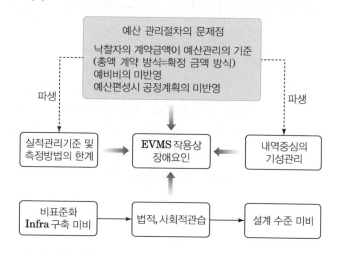

Ⅶ. 결 론

EVMS 기법의 적용을 위해 공정 및 공사비를 과학적으로 계획하고, 관리할 수 있는 Infrastructure 구축과 EVMS 기법을 운영할 수 있는 건설업무 Prosess의 정비가 우선되어야 한다.

03 공정간섭이 공사에 미치는 영향과 해소기법

I. 일반사항

(1) 의 의

① 공정간섭은 공정계획의 착오, 설계변경, 인원, 무리한 공정진행 등 예기치 않은 상황에서 발생될 수 있다.

② 그러므로 사전에 철저한 공정계획과 수시로 상호연관된 공종끼리 공정회의를 실시하여 미연에 방지하여야 한다.

(2) 공정간섭 개념도

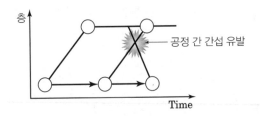

II. 공정간섭 원인

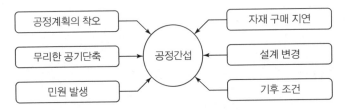

III. 공사에 미치는 영향

(1) 공기지연

① Critical Path의 공종인 경우

② 공정 간섭에 의한 타공정 간 조정작업으로 공기 지연

③ 작업원 투입 증대

(2) 품질 저하

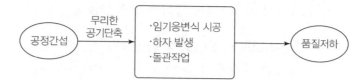

(3) 안전사고 및 위험성 증대

- 공정 간의 동선 교체에 따른 위험요소 증가
- 협소한 작업공간 내 사고 발생 우려
- 야간작업에 따른 위험요소 증가

(4) 공사비 증가

(5) 작업능률 저하

불필요한 작업 및 공정간섭으로 작업진행의 능률저하 초래

(6) 관리 미비

공정간섭 및 공사관리의 미비로 부실시공 우려

Ⅳ. 해소기법

(1) 분쟁의 해결 방법

① 법적 구속력 있는 중재/소송 시도
② 자율적 해결 가능한 협상, 중재, 조정 시도
③ 상호 입장에서 대화로서 타협유도

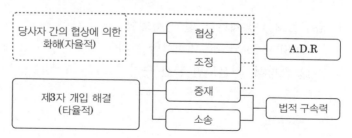

(2) 공정계획 수립

① 작업간의 선·후 관계 및 일정을 정확히 파악

② 선·후 작업을 고려하여 각 공종의 착수시기 결정

③ 수시로 공정회의를 통하여 공정 Check

(3) 적재적소의 자재반입 및 장비투입

① 필요한 시기에 자재반입

② 적정장비 배치로 자재운반에 따른 공정 간 마찰 최소화

(4) 자원배당

자원의 비효율성을 제거 → 적절한 인원 및 비용의 최소화

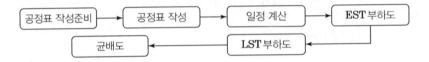

(5) 단위공종의 공기엄수

각 단위 공종의 공기를 준수하여 공정간섭 및 선·후작업의 영향을 최소화한다.

(6) 진도관리

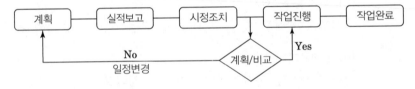

(7) Milestone 실시

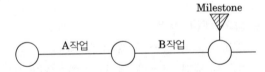

전체 공사의 흐름 및 순서 명확히 파악하여 관리

(8) 철저한 설계검토 및 공사계획

① Shop Drawing 미비사항 보완

② 시방서, 기본도면 완전 숙지

Ⅶ. 맺음말

공정간섭은 공기지연, 품질저하, 공사비 증가 등 공사진행상 막대한 지장을 초래하므로, 공정계획 단계에서부터 적절한 공사관리 기법의 도입과 협력업체 간의 긴밀한 유대 관계 조성이 필요하다.

60,64,73,78,100,118회

04 VE(Value Engineering)

I. 일반사항

(1) VE의 정의

최저의 생애주기비용(LCC : Life Cycle Cost)으로 필요한 기능을 확실하게 달성하기 위하여 제품이나 서비스의 기능분석에 쏟는 조직적인 노력

$$
가치(Value) = \frac{기능(Function) + 품질(Quality)}{비용(Cost)}
$$

(2) VE의 기본원리

구 분	①	②	③	④	⑤	⑥	⑦
F	→	↗	↗	↗	↘	↘	→
C	↘	→	↘	↗	↘	↗	↗
적용범위	VE 적용대상				VE 적용에서 제외		

II. VE 대상 및 선정기준

(1) VE 대상

(2) 대상 선정 기준

① 고가 프로젝트

② 복합 프로젝트

③ 반복, 동시다발 프로젝트

④ 신규적용 프로젝트

⑤ 공공 프로젝트

Ⅲ. VE 적용시기와 효과

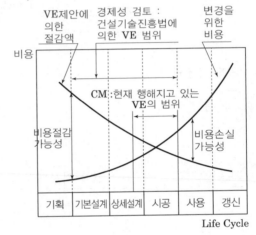

(1) 성능향상과 비용 절감

(2) 효율적인 건설공사

(3) 건설기술력 향상

(4) 건설공정의 생산성 향상

(5) 원가의식 및 개선의식의 제고

(6) 지속적인 업무개선

Ⅳ. 추진절차

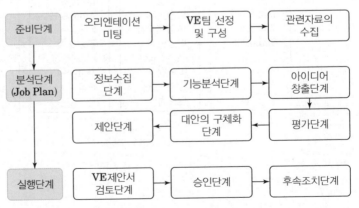

V. 활동영역

(1) 설계 V.E
① 설계의 단순화, 규격화
② 기성재료의 Module에 의한 설계
③ 경험이 풍부한 기술자의 자문

(2) 시공 V.E
① 입찰 전 사업 검토
② 경제적인 공법 및 장비 활용
③ 실질적인 안전대책 확립

VI. VE 문제점

(1) VE에 대한 인식 부족
① 하도급업체의 낮은 기술 수준
② VE지식부족과 참여 부족
③ 차후 위험부담에 대한 책임으로 거부반응
④ 부서장급 이상의 VE에 대한 인식 부족

(2) 업무과다
① 설계 및 시공시 VE 활동시간 부족
② 본업무 이외에도 QC 활동에 많은 시간 할애

(3) 습관적 사고
① 과거의 경험 답습
② 기술변화 미고려

(4) 불충분한 의사소통
① 설계자와 시공자 의사소통 부족
② 설계자의 주관적인 결정

(5) 정보 부족
설계에 반영된 신기술정보 및 System 부족

(6) 잘못된 신념
① 신기술에 대한 편견
② 경험에 의존

(7) 부정적 태도
변화에 대한 두려움

(8) 조언을 구하지 않음
① 고정된 사고방식
② 조언을 구하지 않음

Ⅶ. 개선대책(사고방식)

(1) 고정관념 제거
① 창조적 사고 필요
② 문제의식, 목적의식과 지속력을 갖춰서 창조력이 왕성한 생활태도 지향

(2) LCC
① 건축물의 전 생애주기를 고려한 LCC를 고려
② 건설비보다 운영유지비의 중요성 인식

(3) 사용자 중심의 사고
사용자, 입주자의 판단에 의해 결정

(4) 기능중심의 접근
① 비용보다는 기능중심으로 접근
② 기능을 향상시키지 못하는 것은 VE의 방법이 아니다.

(5) 조직적 노력
① 개인 또는 한 부문의 노력보다는 팀으로서의 노력 강조
② 조직적 활동에 의한 조정 기능의 발휘로서 나무와 숲을 동시에 보고자 하는 활동
강도

(6) 동기 부여
① 설계 및 시공단계에서 명확히 원가절감 목표를 설정하고 이에 따라 VE 활동
② 수당제를 신설하거나 인사고과 등에 반영

(7) 설계시 적용
① 계획, 기본설계 및 상세설계 단계에서 설계 VE 추진
② 공사계약 후 시공단계에서 시방서의 검토를 통한 VE 요소 파악

(8) 지원기능 강화
VE 전담 부서, 공무, 자재, 업무 등을 전사적 지원

(9) VE 교육 강화

　　① 산·학·연을 연계하여 VE 교육 강화

　　② 자사 실정에 맞는 VE 기술의 정비를 목표로 설정

Ⅷ. 결 론

(1) VE 기법은 전 작업과정에서 실시되어야 하며 전 직원이 참여하여 VE 기법을 이해하고 인식전환을 해야 한다.

(2) VE 기법을 활성화하기 위해서는 발주자, 설계자, 시공자가 지속적인 협력과 노력을 해야 될 것이다.

05 건설 클레임과 분쟁해결 방안

I. 정 의

(1) 건설 클레임

건설 클레임이란 계약의 양 당사자 중 어느 일방의 법률상 권리로서, 계약하에서 발생하는 제반분쟁에 대하여 금전적 지급 및 계약조건의 조정 등을 요구하는 서면청구 또는 주장을 말한다.

(2) 건설 분규

건설 분규란 발주자와 계약당사자 상호간의 이견 발생시 상호협의에 의한 해결이 되지 못했을 경우를 말한다.

II. 사업초기단계의 Risk Management

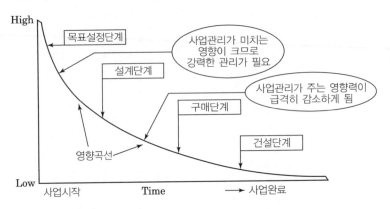

초기단계에서의 Risk 노력이 절실하다.

III. 클레임 발생 요인

(1) 계약문서 불비와 관련한 도면과 시방서의 오류, 누락, 해석의 모호 등 불완전한 점이 있는 경우
(2) 계약문서와 실제 상황이 일치하지 않거나 변동이 있는 경우
(3) 발주자와 도급자의 불가항력의 서로 다른 해석
(4) 물가변동에 따른 에스컬레이션(Escalation)
(5) 시공사의 시공지연
(6) 설계와 시공의 책임소재
(7) 설계, 승인, 감독 등의 하자
(8) 계약내용 이해부족 등

Ⅳ. 클레임 유형

(1) Delay Claim(지연에 의한 Claim) : 가장 높은 빈도로 발생하는 Claim
  ① 자재 및 인력의 조달지연
  ② 공사진행의 방해
  ③ 과다한 설계변경
  ④ 작업지시 또는 작업진행상 필요한 정보의 지연
  ⑤ 각종 허가취득의 지연
  ⑥ 토지매입 또는 보상지연

(2) Scope of Work Claim(작업범위관련 Claim)
  ① 명확한 정의가 없어 입찰시 내역서에 미포함된 업무의 수행
  ② 계약시 수행하기로 한 범위 이외의 작업 요구

(3) 작업시간 단축 Claim(Acceleration Claim)
  예상치 못했던 지하구조물의 출현이나 지반형태로 인해 시공자가 작업수행을 하여
  입찰시 책정된 예정가격 초과금액을 부담하여 발생하는 Claim

(4) 법률상 Claim(Claim in Tort)
  ① 계약 상대방이 사법상의 의무위반으로 손해를 입었을 경우 그에 대한 보상을 청
    구하는 것
  ② 대표적인 경우는 과실(Negligence)
  ③ Engineering 업체에서 가장 흔히 제기될 수 있는 것은 시공단계의 감리업무에 이어
    시공자의 작위(Commission) 및 부작위(Omission)에 대한 감독 및 시정 불찰
  ④ 이를 없애기 위해서는 현장방문, 시공상세도면, 시공수단 및 방법, 공사 중단권
    및 기성인 증명이 고려되어야 한다.

Ⅴ. 분쟁 해결 방안

(1) 협상(Negotiation)
  ① 목표의 설정
  ② 자료의 신중한 준비
  ③ 협상단 구성
  ④ 전략 개발
  ⑤ 신뢰와 성실한 마음자세로 상대방 파악

(2) 조정(Mediation)

① 위원회의 분쟁 조정 신청접수 및 조정안 작성

② 각 당사자에게 조정안 제시

③ 15일 이내에 조정안에 대한 수락 여부 통보

④ 통보된 결과에 대해 의견청취 후 합의여부 결정, 이 경우 비용은 신청인이 부담함

(3) 중재(Arbitration)

우리나라는 대한상사중재원의 중재에 의해 처리되며 중재의 경우에는 직소금지되고 최종해결시 대법원 판결과 같은 효력

(4) 소송(Litigation)

Claim 해결방안으로 소송을 선택한 경우 해결기간이 길고 비싼 비용이 들지만 구속력 있고 상소가 가능한 방법임

(5) 철회

VI. 결 론

건설현장에서 Claim이 발생하면 유형별로 분류하여 원인조사 및 분석을 통해 중재조정, 소송 등에 의해 해결한다. 특히 조정이나 중재에 의해 Claim을 해결하여 성공적인 준공을 요함이 서로를 위해 좋을 것이다.

06 신축공동주택의 실내공기질 권고기준 및 유해물질 대상의 관리방안

I. 개 요

(1) 신축공동주택에서 새집증후군의 주요원인 물질인 포름알데히드, 휘발성 유기화합물 등이 각종 건자재에 의해 배출되고 있다.

(2) 이에 대한 입주민의 건강보호가 최우선이라는 관점에서 실내공기질 권고기준 이하로 유해물질을 철저히 관리하여야 한다.

II. 권고기준

(1) 2007년 1월부터 시행

(2) 100세대 이상의 공동주택

오염물질	권고기준
포름알데히드	$210 \mu g / \mathrm{m}^3$
벤젠	$30 \mu g / \mathrm{m}^3$
톨루엔	$1000 \mu g / \mathrm{m}^3$
에틸벤젠	$360 \mu g / \mathrm{m}^3$
자일렌	$700 \mu g / \mathrm{m}^3$
스티렌	$300 \mu g / \mathrm{m}^3$

III. 관리방안

(1) Bake Out 실시

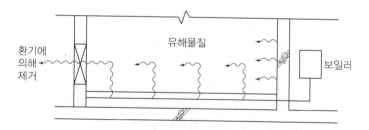

① 30~40℃ 가열 → 휘발성 유기물질 발생 → 창문 열고 환기
② 8시간 정도 가열 → 창문 열고 환기
③ 5회 정도 반복

(2) 광 촉매제 뿌림

① 화학물질 분해 → ┌ 공기정화작용
└ 항균, 탈취기능 ┐ ⇒ 새집증후군 퇴치

② 광 촉매제와 Bake Out 병행시 효과가 큼

(3) 환기 철저
① 창문을 열어 실내공기를 자주 교환
② 1~2시간 내외로 환기

(4) 바이오세라믹 시공

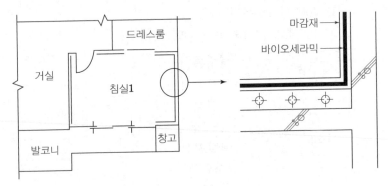

구조체 완료 → 바이오세라믹 시공 → 마감재 부착

(5) 친환경 건축물계획 및 시공
① 마감자재 친환경 자재 사용
② 거주자를 위한 쾌적한 실내환경 조성
③ 실내정원 설계 반영
④ 실내공기 정화 System 적용

(6) 친환경 자재 사용
① 내장용 접착제 친환경 재질로 사용 → 그린등급제 활용
② 천연페인트 등 친환경자재 사용
③ 마감자재 등 가구 친환경 선택 적용

(7) 자동 환기 System 적용
① 실내공기질에 따라 자동환기 System 적용
② 환기시 열보전대책 필요

(8) 주변환경과 교감확대

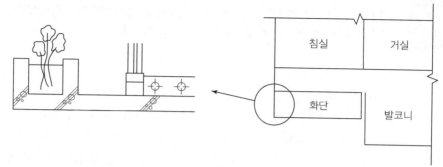

① 자연환경과 양호한 관계 유지
② 아파트 내부 화단, 정원 설치
③ 산세베리아 등 식물로 실내공기 정화

(9) 실내공기 시험실시

① 신축공동주택 실내공기질 측정방법에 따른 시험 시행
② 상업이익을 배제한 공정한 시험을 실시하여 측정
③ 공인기관에 시험을 의뢰하여 측정

(10) 적극적인 홍보

① 새집증후군, 휘발성 유기화합물 등에 대한 홍보 철저
② 환기에 대한 입주자 홍보 실시
③ 분양시 Bake Out 교육실시하여 스스로 관리 철저

(11) Sunken Garden식 자연환기 설계 도입

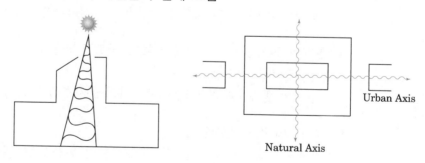

Ⅳ. 결 론

(1) 최근 들어 새집증후군, 말라카이트그린 등 유기화학물질로 인한 건강피해 우려가 급증하고 있다.
(2) 쾌적한 환경에 대한 국민요구에 적극 부응하기 위해서는 권고기준 이하로 유기물질을 철저히 관리하여야 한다.

47,50,73,79,99회

07 건축생산의 특수성과 국내건설업체의 문제점 및 근대화방안(건설업의 환경변화에 따른 대응방안, 건설업의 생산성 향상방안, 건설업의 나아갈 방향, 건설업의 발전추세, 건축물 부실시공 방지대책)

1. 개 요

(1) 건설업은 인간의 생활환경을 창조하는 종합산업으로서 기초공학은 물론이고, 응용공학, 공해, 환경, 미술, 심리학 등의 다양한 학문의 조화로 이루어진다.

(2) 따라서 일반제조업과는 다른 특수성과 문제점을 가지고 있다.

Ⅱ. 건축생산의 특수성

(1) 개별수주에 의한 일품생산

주문생산 위주의 도급업으로 발주자의 요구에 따라야 하므로 경기예측이나 수요예측이 어렵다.

(2) 타 산업에 미치는 광범위한 파급효과

① 건설프로젝트의 발주는 정부 등 공공기관과 민간기업 및 개인에 이르기까지 광범위하다.

② 따라서 정치, 경제, 사회적 변화에 민감하며, 투자규모가 비교적 크고 제조업의 생산유발효과를 가져온다.

(3) 건설업은 공사현장에서 이루어지는 경영

① 공사현장에서 원가발생의 근원지로 건설업 이윤의 중심이 된다.

② 공사현장마다 그에 적합한 생산방식을 계획하여 실행해야 한다.

(4) 통일된 원가산정의 어려움과 높은 하도급 의존도

① 공사단위로 원가관리 요구

② 관리의 반복효과가 적고, 하도급자의 공사추진 능력이 전체 공정을 좌우

(5) 장기간에 걸친 생산활동

가격변동에 대비한 구매관리와 공기단축 및 원가절감을 위한 시공관리가 중요

(6) 옥외생산 및 동시다발적 생산

① 환경의 영향을 받기가 쉽다.

② 시간적으로 지속적인 생산활동이 어렵고, 고효율 생산설비의 설치가 매우 어렵다.

③ 일률적인 성과를 기대하기 어렵다.

Ⅲ. 국내 건설업체의 문제점

(1) 국가의 건설산업 정책
① 고용효과가 커 정부의 경기부양 수단으로 활용
② 경기의 좋고 나쁨에 가장 큰 영향을 받는 산업 중 하나가 되었음

(2) 가격 경쟁위주 입찰(최저가 낙찰제)
기술력, 경쟁력, 품질보다는 가격에 위주의 입찰제도

(3) 구조적 모순과 잘못된 관행
① 수요와 공급의 불균형 고착화
② 도급 계약과 불평등한 주종관계
③ 정치권과 유착, 분식회계, 가격덤핑 수주로 건축의 질 저하
④ 법률, 계약서보다 인간관계를 더욱 중시하는 관행으로 합리성 저하

(4) 건설 산업에 대한 부정적 인식
① 건설 산업의 불투명성, 누구나 할 수 있는 사업이란 인식
② 환경을 파괴하고 주변 생활에 불편을 주는 사업으로 인식

(5) 건설 기술연구 개발 투자 미비
① 정부 제도적 지원 미비
② 금융지원 미비
③ 중소업체의 외면

```
              미비 ── 중소지역업체 ── 미비
               │                    │
            금융지원            제도적 지원
```

(6) 건설인력 교육 부실
① 설계와 기술 일변도의 공학교육에 치중
② 건설관리 분야교육 미흡

(7) 건설사업에 대한 경영마인드 부족
질을 무시한 양의 경영 중시

Ⅳ. 근대화 방안

(1) CM, PM 제도의 활성화

① CM이란 건설공사에 관한 기획, 타당성 조사, 분석, 설계, 조달, 계약, 시공관리, 감리, 평가, 사후관리 등에 관한 관리업무의 전부 또는 일부를 수행하는 것

② 전통적인 공사계약과 CM방식 체계

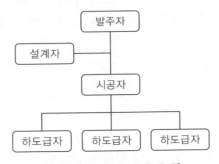

[전통적인 공사계약체계]

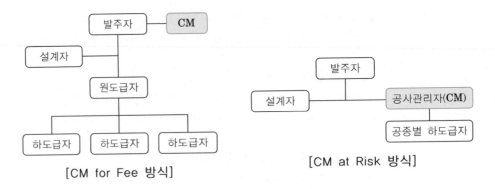

[CM for Fee 방식]

[CM at Risk 방식]

(2) 골조의 PC화

① 골조의 일부(기둥, 보, Slab 등) 또는 전부를 PC화

② 공장생산으로 공기단축, 품질향상 및 안전사고 예방에 효과가 크다.

(3) MC화

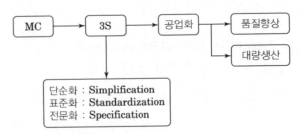

① 모든 치수는 10cm 또는 1M의 배수

② 건물높이 20cm 또는 2M의 배수

③ 평면치수 30cm 또는 3M의 배수

(4) VE, LCC 활성화

① VE 및 LCC 활성화로 인하여 최저의
생애주기비용으로 필요한 기능을 확실히 달성

② VE 및 LCC는 기획 및 설계단계에서
실시해야 효과가 크다.

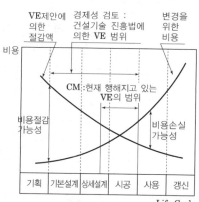

(5) Robt화

기계화, 자동화, 로봇화의 개념

기계화	자동화	로봇화
노동력을 대체하기 위해 자연의 에너지나 힘을 이용한 도구로 대체하는 것(일반 건설장비, 기계)	기존의 건설기계 또는 공법에 자동제어장치, 센서장치를 장착하여 작업효율을 개선하는 것	기계화 및 자동화 장비에 지능을 부여하는 인간과 같은 판단기능을 가지고 스스로 작업을 하는 것

(6) EC화

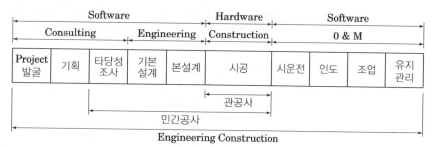

→ 설계, 시공을 포함한 종합건설업 제도

(7) PMIS(=PMDB) → MIS

건설프로젝트의 Life Cycle인 기획단계에서부터 유지관리 단계까지의 프로젝트 전반에
대한 과학적이고 체계적인 관리 절차시스템

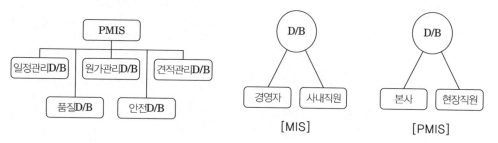

(8) 환경친화건축

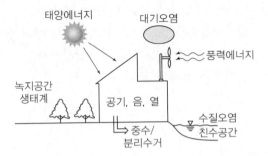

(9) 기타

① CIC System 구축

② Lean Construction

③ Just in Time 적용

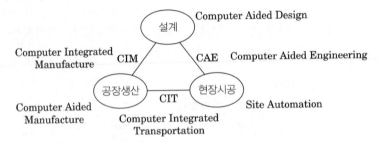

08 복합화 공법

I. 개요

(1) 건설 수요가 다양화·고급화되는데, 3D 업종으로서의 부정적인 인식, 노동인력의 고령화에 따라 노동력 확보가 어려워지고 있다.

(2) 복합공법은 공업화 PC 공업과 재래식 공법의 장점만을 조합시켜 건설환경의 변화에 대응하려는 공법이다.

II. 복합공법의 효과

(1) 현장작업의 노동생산성 향상

① Critical Path 상의 작업의 현장에서 분리 외부에서 제작 후 반입

② 부재의 프리패브화, 공장생산 및 기계화 및 기계화 등에 의해 현장인력 절감 가능

(2) 공기단축

① 재래식 공사의 공기는 거의 모든 공정이 Critical Path 상에 위치

② 따라서 공사는 모든 공정의 영향을 받아 공기가 길어진다.

③ 복합공법은 각 요소기술들을 Critical Path 상의 작업에 적용하여 공기 단축

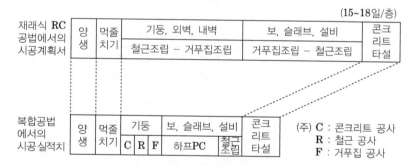

(3) 안전성 증대

① 복합공법은 건축물의 각 구성부분을 공장에서 제작한 후 현장 조립

② 거푸집 공사 생략, 외부비계 생략과 고소작업의 감소 등으로 안전성 증대

(4) 설계의 자유도 확보

① 다품종 소량 생산을 기본개념으로 한 Open System 가능

② 복잡한 부분은 재래식 공법 혼용 가능

Ⅲ. 복합화 공법 유형(개발현황)

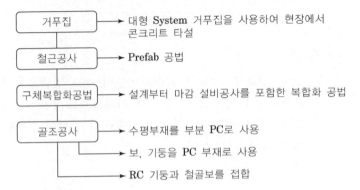

거푸집 → 대형 System 거푸집을 사용하여 현장에서 콘크리트 타설

철근공사 → Prefab 공법

구체복합화공법 → 설계부터 마감 설비공사를 포함한 복합화 공법

골조공사 → 수평부재를 부분 PC로 사용

→ 보, 기둥을 PC 부재로 사용

→ RC 기둥과 철골보를 접합

Ⅳ. 복합공법에 사용되는 요소기술

(1) 하드 요소기술

① Half PC 공법

㉠ 하프 슬래브

공기단축, 시공성 향상을 목적으로 개발된 합성 바닥판의 일종

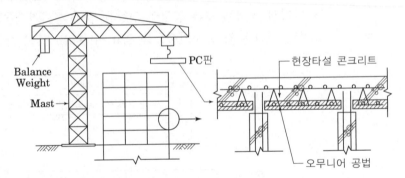

㉡ 하프 피씨 빔

• 슬래브와 연결되는 보 부재를 PC화시킨 것

• 하프 피씨 빔은 PC 부재를 거푸집으로만 사용하는 경우와 구조체의 일부분으로 사용하는 경우가 있다.

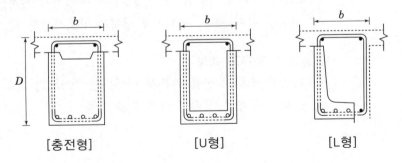

[충전형] [U형] [L형]

ⓒ 하프 피씨 기둥

하프 피씨 기둥을 거푸집으로만 가정하는 경우와 구조체의 일부분으로 가정하는
경우가 있다.

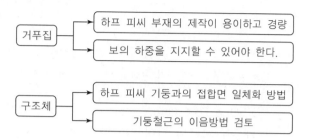

② 시스템 거푸집

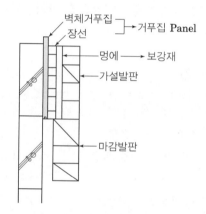

㉠ 거푸집 Panel, 멍에, 가설발판 등을 일체화시킨 거푸집
㉡ 라스를 이용한 것 또한 마감재 선 부착 거푸집 등이 있다.
㉢ 거푸집 이동, 전용계획 등 소프트 요소 기술이 중요하다.

③ 철근 프리패브 공법
  ㉠ 철근을 기둥, 보, 바닥, 벽 등의 부위별로 작업장에서 미리 조립해 두고 현장에서
     크레인을 이용하여 조립하는 공법
  ㉡ 시공정도가 높으며, 철근이음기술이 매우 중요하다.

(2) 소프트 요소기술
  ① MAC(Multi Activity Chart)
    ㉠ 각 작업팀이 어떤 시간에 어느 공구에서 어떤 작업을 할 것인가를 분단위까지
       나타낸 시간표를 MAC라 한다.
    ㉡ 일정한 패턴에 따라 공사가 이루어지는 경우에 유효한 방식

② 4D-Cycle 공법

공구 \ 일	1	2	3	4
1공구	PC공사	거푸집공사	철근공사	콘크리트공사
2공구	콘크리트공사	PC공사	거푸집공사	철근공사
3공구	철근공사	콘크리트공사	PC공사	거푸집공사
4공구	거푸집공사	철근공사	콘크리트공사	PC공사

③ DOC(One Day-One Cycle)

　　㉠ 하루에 하나의 사이클을 완성하는 시스템 공법이다.

　　㉡ 구체시공에 요하는 각 작업의 항목수와 작업 공구수를 동일하게 분할

　　㉢ 1일에 완료할 수 있도록 작업팀의 인원수를 결정, 작업팀은 매일 1개 공구 완성

V. 개발방향

구 분	내 용
설계단계의 검토	기획단계부터 검토하여 생산성 향상
다양한 요소 기술개발	Hardware or Software 요소기술 겸비
자재개발	건식화 마감재의 기생제품화, 설비의 Unit화 확보
다기능공 육성	최소 인력 투입으로 고품질
표준화	대량생산 System化
전문업체 육성	기술력 향상

IV. 결 론

(1) 복잡화 공법이 발전하기 위해서는 건설업체의 EC화가 필요하고 발주방식의 선진화가 필요하다.

(2) 또한 하드 요소기술 및 소프트 요소기술의 개발이 이루어져야 한다.

09 Remodeling

I. 개 요

(1) 건물의 기능과 성능을 고도화하는 대규모의 개·보수 공사를 말한다.
(2) 노후화된 건축물에 성능개선을 통해 부동산 가치의 극대화는 물론 사회적, 환경적, 물리적 기능성을 부여하는 일체의 활동영역을 포괄하는 것이다.

II. 개념도

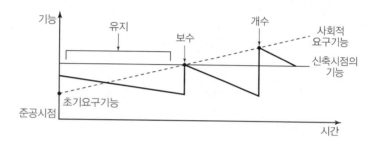

(1) 유지(Maintanance)
  ① 건축물의 기능 저하 속도를 늦추는 활동
  ② 사용중에도 지속적으로 추진되는 활동

(2) 보수(Repair)
  ① 특정시점의 진행된 기능을 준공시점까지의 수준으로 회복시키는 수리, 수선 활동
  ② 일정기간 경과 후 반드시 실시

(3) 개수(Renovation)
  ① 새로운 기능을 부가하여 준공시점보다 수준을 향상
  ② 개축, 대수선 등

III. 발생원인

(1) 물리적
  ① 구조체의 노후화
  ② 마감재(내, 외부) 및 설비, 전기 시설물의 노후화

(2) 사회적

① 신건축문화의 조류 및 사회구성의 변화

② 교육수준의 변화

③ 경제수준의 향상

(3) 시대적

① 과학기술의 발달(정보화, 인텔리전트화 등)

② 환경친화

③ 사회구조의 변화

(4) 경제적

① 건물가치의 향상

② 임대료 및 임대수입 감소

③ 이용 요구자 감소

④ 유지관리비의 과다

(5) 심리적

① 주변의 변화

② 건축미의 대중적 변화

Ⅳ. 효과

(1) 자원의 절약(Resource Conservation)

① 국가에너지소비의 약 1/4을 차지하는 건물 부분의 에너지 절감

② 수입에 의존하는 석유자원 절약

③ 건물의 수명 연장

(2) 환경의 보전(Environmental Conservation)

① 탄산가스, CO_2의 배출 억제

② 건축물의 폐기물 발생 억제

(3) 건축시장의 확대(Expansion of Construction Market)

① 신축 위주의 건축시장에서 기존건축물까지 사업 영역을 확장

② 건설경제 활성화 기여

(4) 신고용창출(Creation of New Employment)

① 건축시장 확대 → 건설고용 창출

② 새로운 지식과 기술을 필요로 하는 고용 창출

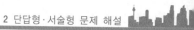

V. 목적

(1) 건설경기 위축 해소
① 노후화된 건축물의 사회적 요구 기능 증가
② 사회변화 속도가 빠를수록 건축물에 대한 요구기능도 다양화

(2) 에너지 절감
① 수입에너지 자원의 효율화 → 국가 경제 낭비 최소화
② CO_2, 탄산가스 배출 억제
③ 기후변화협약에 대응 → 지구 온난화문제 해결

(3) 사회의 다양한 요구 충족
① 구조보강, 방재, 방범 System 향상
② 정보화, 쾌적성 향상, 이미지 향상 등

(4) 고비용 억제
노후화된 건물 → 해체 → 신축 → 국가적인 낭비 초래

(5) 단기간 공사 완료
작은 규모의 공사를 단기간 내에 시행

(6) 자금의 유동성 원활
재건축 및 신축에 비해 1/3 정도의 적은 비용투입으로 신축과 같은 효과

(7) 질적 개선 요구
① 주택 보급률 증가와 이에 대한 질적 개선 요구
② 리모델링에 대한 정책지원강화

VI. 리모델링 시장 전략 방향

(1) 인식 전환
① 신축시장만이 건설시장이라는 고정관념 탈피
② 건물을 보는 유연한 사고
③ 건설업체 임직원에 대한 지속적인 교육, 훈련 필요

(2) 상품유형별 특화전략
① 향후 건설시장은 전문화된 업체만이 살아남을 것
② 리모델링 시장은 민간부분 중심의 시장원리에 입각한 시장
③ 경쟁력 확보가 성공의 비결
④ 건물소유자 또는 발주자에게 전문화 이미지 부각

(3) 라이프 사이클 매니지먼트 능력의 확보
  ① 기획, 설계 능력이 리모델링 분야 경쟁력의 핵심
  ② 건물에 대한 라이프 사이클 매니지먼트 능력 확보 필수
  ③ 리모델링의 경제적 타당성 분석을 통상의 분석기법에 리모델링의 특성을 반영한 것

(4) 영업능력의 확보
  ① 기존 건설업 영업방식에서 제조업의 영업방식으로 전환
  ② 전문위탁유지관리업체와의 전략적 제휴
  ③ On-line 정보 서비스 활용
  ④ Multi-media 자료 등을 활용한 시각효과 제고

(5) 조직의 슬림화와 전략적 제휴 및 아웃소싱 전략
  ① 핵심능력 중심의 조직 슬림화가 필수
  ② 일반업체는 기획, 설계능력 중심으로 내부 인력화 추진
  ③ 경영진은 전략적 제휴 및 아웃소싱과 내외부의 유기적 협력관계 구축에 주력

(6) 부동산 금융시스템과 연계한 리모델링 시장 개발
  ① 금융서비스 제공능력의 확보는 시장개척의 필수 요건
  ② 민간 또는 공공의 제도권 금융서비스 연계 제공
  ③ 향후 정부의 공적 금융 및 조세지원 등 리모델링과 관련된 제도적 지원책 확대
     예상
  ④ 자산유동화, 부동산 투자신탁제도 등을 활용한 적극적 리모델링 사업추진 또는
     전략적 제휴 방안 모색

Ⅶ. 결 론

(1) 전략 수립과 역량 집중 노력 필요
  ① 기업체질 변화
  ② 정보수집과 전략 수립
  ③ 핵심역량 또는 강점 고려

(2) 기업, 정부, 단체의 공동 노력이 필요
  ① 시장개척을 위한 공동의 노력도 중요
  ② 제도개선, 홍보, 시장 신뢰 확보를 위해 노력

제1장 가설공사

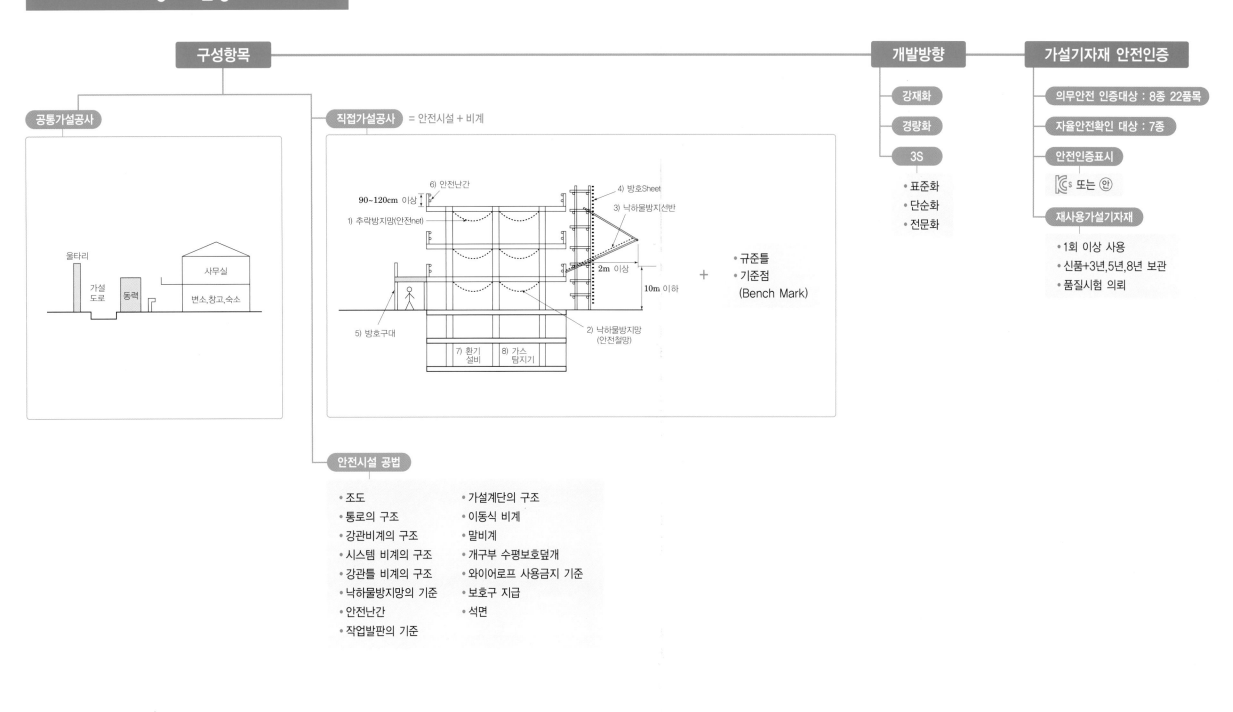

구성항목

공통가설공사

- 울타리
- 가설도로
- 동력
- 사무실
- 변소,창고,숙소

직접가설공사 = 안전시설 + 비계

- 90~120cm 이상
- 6) 안전난간
- 1) 추락방지망(안전net)
- 4) 방호Sheet
- 3) 낙하물방지선반
- 2m 이상
- 10m 이하
- 5) 방호구대
- 2) 낙하물방지망 (안전철망)
- 7) 환기설비
- 8) 가스탐지기

- 규준틀
- 기준점 (Bench Mark)

안전시설 공법

- 조도
- 통로의 구조
- 강관비계의 구조
- 시스템 비계의 구조
- 강관틀 비계의 구조
- 낙하물방지망의 기준
- 안전난간
- 작업발판의 기준
- 가설계단의 구조
- 이동식 비계
- 말비계
- 개구부 수평보호덮개
- 와이어로프 사용금지 기준
- 보호구 지급
- 석면

개발방향

- 강재화
- 경량화
- 3S
  - 표준화
  - 단순화
  - 전문화

가설기자재 안전인증

- 의무안전 인증대상 : 8종 22품목
- 자율안전확인 대상 : 7종
- 안전인증표시
  - KCs 또는 안
- 재사용가설기자재
  - 1회 이상 사용
  - 신품+3년,5년,8년 보관
  - 품질시험 의뢰

제2장 토공사

사전조사
- 설계도서
- 계약조건
- 입지조건
- 지반조사 $+ \alpha$
- 공해
- 기상
- 관계법규

  - 지하수
  - 유적지
  - 지하매설물
  - 사토장

지반조사

Sounding
- 표준관입시험(S.P.T)
- Vane Test
- 스웨덴식 사운딩 시험

Boring → 토질주상도
- 오거식, 수세식, 회전식, 충격식

Sampling → 예민비(St)

지하탐사법
- 터파보기, 짚어보기, 물리적 탐사법

지내력시험
- 평판재하시험(P.B.T)
- 말뚝재하시험
  - 정재하시험
  - 동재하시험(P.D.A)
- 말뚝박기시험

토질시험 → 간극비, 함수비
- 물리적시험 : 간극비, 함수비
- 역학적시험 : $\tau = C + \delta \tan \phi$

지반개량공법

사질토 N ≤ 10
- 진동다짐공법
- 모래다짐말뚝공법
- 전기충격공법
- 폭파다짐공법 ── JSP
- 약액주공법 ── L/W
- 동다짐공법 ── SGR

점성토 N ≤ 4
- 치환공법
- 압밀공법 ── Sand Drain
- 탈수공법 ── Paper Drain
- 배수공법 ── Pack Drain
- 고결공법
- 동치환공법
- 전기침투공법
- 대기압공법(진공배수공법)

사질토 + 점성토
- 입도조정공법
- Soil Cement 공법

토 공

터파기
- Open Cut(경사, 흙막이)
- Island Cut
- Trench cut

흙막이

지지방식
- 자립식
- 버팀대식(수평, 경사)
- 당김줄식
- Earth Anchor식

구조방식
- H-PILE 토류벽
- Sheet Pile
- Slurry Wall
- Top Down
- SPS
- Soil Nailing
- IPS

배수공법
- 중력배수 : 집수정, Deep Well공법
- 강제배수 : 진공식 Deep Well공법, Well Point공법
- 복수공법 : 주수공법, 담수공법
- 기타 : 영구배수공법(De-Watering공법), 배수판공법

침하, 균열

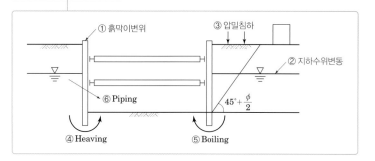

계측관리(정보화시공)

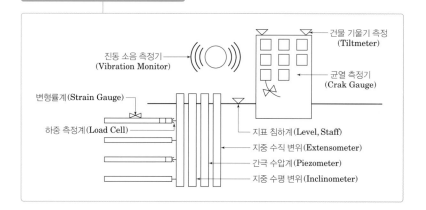

지하수 대책
- 차수 : 흙막이 공법, 약액주입공법
- 배수 : 중력, 강제, 복수공법, 기타

근접시공
- 침하, 균열 + 공해

Under-pinning
- 시멘트 밀크 그라우팅
- Compaction 그라우팅
- 현장콘크리트 파일(바로받이 공법)
- 보받이 공법
- 바닥판받이 공법

공 해
- 공사공해
- 폐기물공해
- 건물공해

제3장 기초공사

형 식		종 류
기초판		독립기초, 복합기초, 줄(연속)기초, 온통기초
지 정	직접기초	모래지정, 자갈지정, 밑창Con´c지정, 잡석지정
	말뚝기초	기능상 : 지지P, 마찰P, 다짐P
		재료상 : 나무 P 기성Con´c P 현장Con´c P 강재 P
		말뚝중심간격 : 2.5d↑, 기초측면과 말뚝중심 : 1.25d↑
	케이슨기초	Open C, Pneumatic C

기성 Con´c Pile

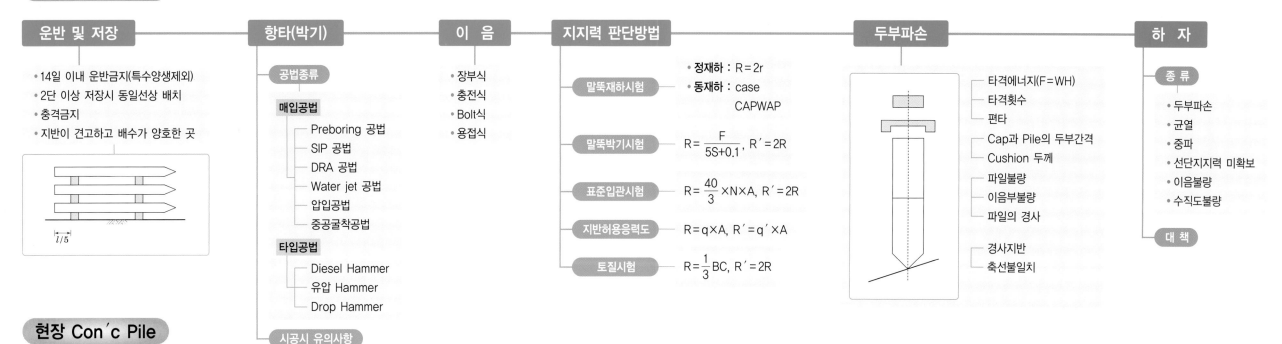

운반 및 저장

- 14일 이내 운반금지(특수양생제외)
- 2단 이상 저장시 동일선상 배치
- 충격금지
- 지반이 견고하고 배수가 양호한 곳

l/5

항타(박기)

공법종류

매입공법
- Preboring 공법
- SIP 공법
- DRA 공법
- Water jet 공법
- 압입공법
- 중공굴착공법

타입공법
- Diesel Hammer
- 유압 Hammer
- Drop Hammer

시공시 유의사항

이 음
- 장부식
- 충전식
- Bolt식
- 용접식

지지력 판단방법

- 정재하 : R = 2r
- 동재하 : case CAPWAP

말뚝재하시험

말뚝박기시험 $R = \dfrac{F}{5S+0.1}$, $R´ = 2R$

표준입관시험 $R = \dfrac{40}{3} \times N \times A$, $R´ = 2R$

지반허용응력도 $R = q \times A$, $R´ = q´ \times A$

토질시험 $R = \dfrac{1}{3} BC$, $R´ = 2R$

두부파손

- 타격에너지(F = WH)
- 타격횟수
- 편타
- Cap과 Pile의 두부간격
- Cushion 두께
- 파일불량
- 이음부불량
- 파일의 경사
- 경사지반
- 축선불일치

하 자

종 류
- 두부파손
- 균열
- 중파
- 선단지지력 미확보
- 이음불량
- 수직도불량

대 책

현장 Con´c Pile

종 류

관입공법

	공법	설명	추가
	Compressol P	3개추(원뿔추, 둥근, 평평)	+ 추
	Franky P	외관(원추형의 마개)	+ 추
	Simplex P	외관(철제쇄신)	+ 추
	Pedestal P	외관 + 내관	+ 내관, 구근
	Raymond P	외관 + 내관(심대)	. 유각

굴착공법

공 법	굴착기계	공벽보호
Earth drill 공법	Drilling Bucket	안정액(Bentonite)
Benoto 공법	Hammer Grab	Casing
R·C·D 공법	특수Bit + Suction Pump	정수압(0.02MPa)

Prepacked Con´c pile
- CIP(Cast in Place Pile)
- PIP(Packed in Place Pile)
- MIP(Mixed in Place Pile)

시공순서

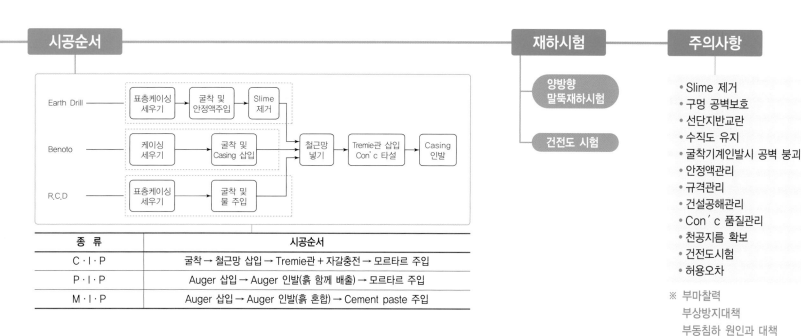

종 류	시공순서
C·I·P	굴착 → 철근망 삽입 → Tremie관 + 자갈충전 → 모르타르 주입
P·I·P	Auger 삽입 → Auger 인발(흙 함께 배출) → 모르타르 주입
M·I·P	Auger 삽입 → Auger 인발(흙 혼합) → Cement paste 주입

재하시험
- 양방향 말뚝재하시험
- 건전도 시험

주의사항
- Slime 제거
- 구멍 공벽보호
- 선단지반교란
- 수직도 유지
- 굴착기계인발시 공벽 붕괴
- 안정액관리
- 규격관리
- 건설공해관리
- Con´c 품질관리
- 천공지름 확보
- 건전도시험
- 허용오차

※ 부마찰력
부상방지대책
부동침하 원인과 대책

제4장 1절 철근공사

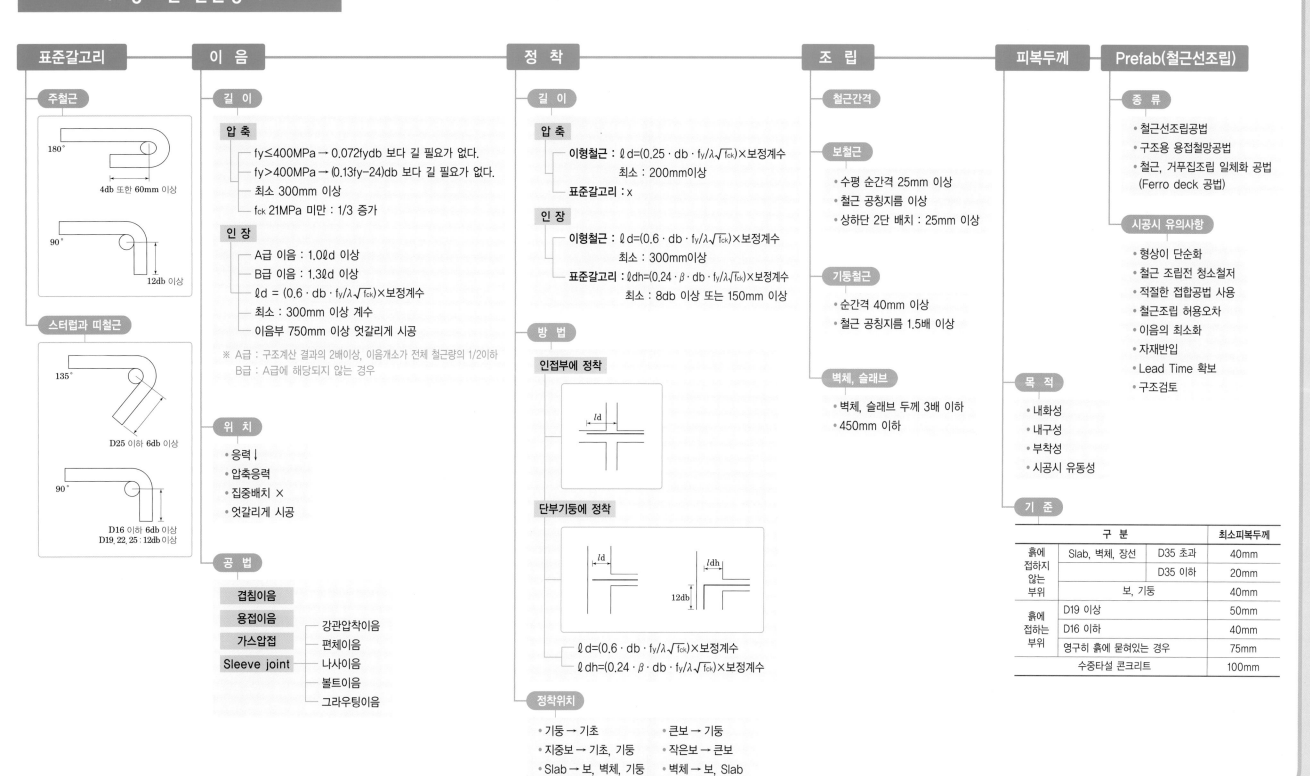

표준갈고리

주철근
- 180° : 4db 또한 60mm 이상
- 90° : 12db 이상

스터럽과 띠철근
- 135° : D25 이하 6db 이상
- 90° : D16 이하 6db 이상 / D19, 22, 25 : 12db 이상

이음

길이

압축
- fy≤400MPa → 0.072fydb 보다 길 필요가 없다.
- fy>400MPa → (0.13fy-24)db 보다 길 필요가 없다.
- 최소 300mm 이상
- fck 21MPa 미만 : 1/3 증가

인장
- A급 이음 : 1.0ℓd 이상
- B급 이음 : 1.3ℓd 이상
- ℓd = (0.6 · db · fy/λ√fck)×보정계수
- 최소 : 300mm 이상 계수
- 이음부 750mm 이상 엇갈리게 시공

※ A급 : 구조계산 결과의 2배이상, 이음개소가 전체 철근량의 1/2이하
  B급 : A급에 해당되지 않는 경우

위치
- 응력↓
- 압축응력
- 집중배치 ×
- 엇갈리게 시공

공법
- 겹침이음
- 용접이음
- 가스압접
- Sleeve joint
  - 강관압착이음
  - 편체이음
  - 나사이음
  - 볼트이음
  - 그라우팅이음

정착

길이

압축
- 이형철근 : ℓd=(0.25 · db · fy/λ√fck)×보정계수
  - 최소 : 200mm이상
- 표준갈고리 : x

인장
- 이형철근 : ℓd=(0.6 · db · fy/λ√fck)×보정계수
  - 최소 : 300mm이상
- 표준갈고리 : ℓdh=(0.24 · β · db · fy/λ√fck)×보정계수
  - 최소 : 8db 이상 또는 150mm 이상

방법

인접부에 정착

단부기둥에 정착

- ℓd=(0.6 · db · fy/λ√fck)×보정계수
- ℓdh=(0.24 · β · db · fy/λ√fck)×보정계수

정착위치
- 기둥 → 기초
- 지중보 → 기초, 기둥
- Slab → 보, 벽체, 기둥
- 큰보 → 기둥
- 작은보 → 큰보
- 벽체 → 보, Slab

조립

철근간격

보철근
- 수평 순간격 25mm 이상
- 철근 공칭지름 이상
- 상하단 2단 배치 : 25mm 이상

기둥철근
- 순간격 40mm 이상
- 철근 공칭지름 1.5배 이상

벽체, 슬래브
- 벽체, 슬래브 두께 3배 이하
- 450mm 이하

피복두께

목적
- 내화성
- 내구성
- 부착성
- 시공시 유동성

기준

구 분			최소피복두께
흙에 접하지 않는 부위	Slab, 벽체, 장선	D35 초과	40mm
		D35 이하	20mm
	보, 기둥		40mm
흙에 접하는 부위	D19 이상		50mm
	D16 이하		40mm
	영구히 흙에 묻혀있는 경우		75mm
수중타설 콘크리트			100mm

Prefab(철근선조립)

종류
- 철근선조립공법
- 구조용 용접철망공법
- 철근, 거푸집조립 일체화 공법 (Ferro deck 공법)

시공시 유의사항
- 형상이 단순화
- 철근 조립전 청소철저
- 적절한 접합공법 사용
- 철근조립 허용오차
- 이음의 최소화
- 자재반입
- Lead Time 확보
- 구조검토

제10장 4절 안전관리

법 령

MSDS
- 근로자 배치
- 대상물질 도입
- 정보 변경

지하안전평가
- 20m↑ 굴착
- 터널
- 소규모 : 10m↑~20m⇓ 굴착

설계안전성검토
- 1, 2종 시설물
- 10m↑ 굴착
- 폭발물
- 10층↑~16층⇓ 건축물
- 16층↑ 리모델링/해체공사
- 수직증축형 리모델링
- 31m↑ 비계/브라켓 비계
- 작업발판일체형 거푸집
- 5m↑ 거푸집 및 동바리
- 터널지보공/2m↑ 흙막이 지보공
- 동력이용 가설구조물
- 10m↑ 외부작업 작업발판
- 복합형 가설구조물

밀폐공간 보건작업 프로그램
- 산소결핍, 유해가스

안전관리계획서

수립대상공사
- 1, 2종 시설물
- 폭발물
- 10층↑ 리모델링/해체공사
- 천공기(10층↑)
- 타워크레인
- 작업발판일체형 거푸집
- 터널지보공/2m↑ 흙막이지보공
- 10m↑ 외부작업 작업발판
- 10m↑ 굴착
- 10층↑~16층⇓ 건축물
- 수직증축형 리모델링
- 항타/항발기
- 31m↑ 비계/브라켓 비계
- 5m↑ 거푸집 및 동바리
- 동력이용 가설구조물
- 복합형 가설구조물

안전관리비

가설구조물의 구조적 안전성 확인
- 31m↑ 비계/브라켓 비계
- 작업발판일체형 거푸집
- 5m↑ 거푸집 및 동바리
- 터널지보공/2m↑ 흙막이 지보공
- 동력이용 가설구조물
- 10m↑ 외부작업 작업발판
- 복합형 가설구조물

안전교육
- 매일 공사 착수 전
- 공법이해, 시공순서, 시공기술상 주의사항
- 기록·관리

정기안전 점검
- 건설공사 안전관리 업무수행지침 별표1

유해위험방지계획서

수립대상공사
- 31m↑ 건축물/인공구조물
- 30,000㎡↑ 건축물
- 5,000㎡↑
  (문화 및 집회/판매/운수/종교/종합병원/관광숙박/지하도상가/냉동·냉장창고)
- 5,000㎡↑ 냉동·냉장 창고 설비/단열
- 50m↑ 다리
- 터널
- 다목적댐/발전용댐/2천만톤 이상 용수댐/지방상수도댐
- 10m↑ 굴착

안전관리자 선임
- 120억(토목150억)↑~800억⇓ : 1명
  (유해위험 : 50억↑~120억(토목150억)⇓ : 1명)
- 800억+700(2)+800+1,000→1명씩 추가

교육
- 정기 : 매분기 6시간↑
- 채용 : 1시간↑
- 작업변경 : 1시간↑
- 특별 : 24시간↑(T/C:8시간↑)
- 기초 : 4시간↑
- 안전관리자 : 신규 34시간↑(보수 24시간↑)

산업안전보건관리비

종 류 \ 대상액	5억 미만	5억 이상~50억 미만 비 율	5억 이상~50억 미만 기초액	50억 이상
일반건설공사(갑)	2.93%	1.86%	5,349,000	1.97%
일반건설공사(을)	3.09%	1.99%	5,499,000	2.10%
중건설공사	3.43%	2.35%	5,400,000	2.44%
철도, 궤도 신설공사	2.45%	1.57%	4,411,000	1.66%
특수 및 기타건설공사	1.85%	1.20%	3,250,000	1.27%

제10장 5절 총론

시공관리/계획

사전검토항목

설계도서 검토, 계약조건 검토, 입지조건 검토, 지반조사, 공해 및 기상, 관계법규

공법채택

안전성, 경제성, 시공성

공사관리 5요소

공정관리, 품질관리, 원가관리, 안전관리, 환경관리

생산수단 6M

Man, Material, Machine, Money, Method, Memory

가 설

동력, 용수, 수송, 양중

※ Man
노무절감, 전문인력, 인력 Pool, 노무생산성, 현장원편성, 숙련도, 적정인원배치, 작업조건

※ Material
자재건식화, 자재관리, 자재선정조달, 적기적정량반입, 표준화, 유니트화, 자재규격, 수급계획

※ Machine
기계화, 초기투자비, 양중관리, 경제적수명, 로봇시공, 장비가동률, T/C, 자동화, 무인화

※ Money
자금, 실적공사비, 달성가치, 원가절감, 실행예산, VE, LCC, 기성고관리

※ Method
시공법, 공법선정, 요구성능, PC공법, 복합화공법, 신공법, 최적공법

※ Memory
기술축적

건축시공의 발전추세 (환경변화, 생산성향상, 나아갈방향)

계약제도

변화된 계약방식(T/K, CM, PM, BOT, Partnering)

$+$

기술개발보상, 신기술지정, 감리제도, 전자입찰, Fast track method, 대안입찰, P.Q

설계

골조 P.C화, 마감 건식화

재료

MC화, 마감 Unit화

시공관리

4요소
- 공정 : CPM, PDM, MCX, EVMS, TACT 공정관리
- 품질 : 7가지 Tool
- 원가 : VE, LCC
- 안전 : 안전시설공법, 설계안전성검토, 안전관리계획서, 산업안전보건관리비

4M
- Man : 성력화, 전문인력양성
- Material : 자재건식화, MC화
- Machine : 기계화, Robot화

신기술
- EC
- CM
- CIC
- IB
- PMIS(=PMDB)
- CALS, CITIS
- WBS
- Expert System

기 타
- 환경관리 : 환경친화(ECO, 녹화, 식생) Con´c, 환경친화적 건축물, Passive House, Zero Energy Building
- 경영관리 : Project financing, Risk management, Claim, MBO, Bench marking, Constructability
- 생산성관리 : MC화, Lean construction, Just in time, Robot화
- 시방서, SCM, BIM, 재개발과재건축, 공동주택성능등급제도, 건축물에너지효율등급, BEMS, 건강친화형주택, RFID

제9장 계약제도

계약제도

- **전통적인 계약방식**
  - **직영방식**
  - **도급계약**
    - 공사실시방식
      - 일식도급계약
      - 분할도급계약
      - 공사별(직종별)도급계약
    - 공사비지불방식
      - 단가계약
      - 정액계약
      - 실비정산보수가산계약
        - 실비정산비율보수가산식
        - 실비한정비율보수가산식
        - 실비정산정액보수가산식
        - 실비정산준동율보수가산식
  - **공동도급계약**

- **변화된 계약방식**
  - **Turn-Key계약방식**
    - Design-Build
    - Design-Manage
  - **공사관리계약방식(Consruction Management Contract)**
    - CM for Fee(용역형 CM)
    - CM at Risk(위험부담형 CM)
    - ACM(Agency CM)
    - XCM(Extended CM)
    - OCM(Owner CM)
    - GMPCM(Guarnteed Maximum Price CM)
  - **프로젝트관리방식(Project Management)**
  - **BOT(SOC사업)**
  - **Partnering**

입찰제도 및 낙찰제도

- **입찰방식**
  - **경쟁입찰**
    - 일반(공개)경쟁입찰
    - 제한경쟁입찰
      - 지역제한경쟁입찰
      - 군 제한경쟁입찰
      - 도급한도액 제한경쟁입찰
      - 실적 제한경쟁입찰
      - PQ에 의한 경쟁입찰
    - 지명경쟁입찰
  - **특명입찰(수의계약)**

입찰공고 → 참가등록 → 견 적 → 입찰등록 → 계 약

- 참가등록
  - 설계도서교부
  - 현장설명
  - 질의응답
- 입찰등록
  - 입찰(총액, 내역)
  - 개찰
  - 낙찰
    - 최저가
    - 저가심의제
    - 부찰제
    - 제한적최저가
    - 적격낙찰제도

문제점

1. 예정가격 미비
2. 기술능력향상방안미흡
3. 저가심의제 미비
4. 기술경쟁체제 미흡
5. 가격위주 입찰제도
6. 경쟁제한요소

대 책

1. 표준품셈, 노임단가 현실화
2. 기술능력향상방안 개발
3. 저가심의기준 확립
4. 기술경쟁체제 개발
5. 능력위주 입찰제도
6. 경쟁제한요소 배제
7.
8.
9. 변화된 계약방식
10.
11.
12. 기술개발보상제도 활성화
13. 신기술지정제도 활성화
14. 감리제도 활성화
15. 전자입찰제도 활성화
16. Fast track Method 활성화
17. 대안입찰제도 활성화
18. PQ제도 활성화
19. 성능발주방식

기타제도

1. NSC 방식
   (발주자 지명하도급 발주방식)
2. 직할시공제
3. 건설공사 직접시공 의무제
4. 시공능력평가제도
5. 총사업비관리제도
6. 표준시장단가제도
7. 물가변동

제10장 1절 공정관리

공정표

종류
① 횡선식(Bar chart)
② 사선식
③ PERT
④ CPM
⑤ PDM
⑥ Overlapping
⑦ LOB(LSM)
⑧ TACT공정관리

PERT와 CPM의 비교

구 분	PERT	CPM
배 경	해 군	Dupont
목 적	공기단축	공사비 절감
일정계산	Event 중심	Activity중심
시간견적	3점 추정	1점 추정
대 상	신규사업	반복사업
여유시간	Slack	Float
M C X	무	유

PERT
낙관치 (to：Optimistic time)
정상치 (tm：Most likely time)
비관치 (tp：Pessimistic time)

$$기대공기(te) = \frac{to+4tm+tp}{6}$$

(Expected time)

$$분산(\sigma^2) = \left(\frac{tp-to}{6}\right)^2$$

Network

기본원칙
① 공정원칙
② 단계원칙
③ 활동원칙
④ 연결원칙

구성요소
① Event
② Activity
③ Dummy
④ Path
⑤ Critical Path

일정계산
① EST
② EFT
① LST
② LFT
③ TF
④ FF
⑤ DF(IF)

공기단축

MCX(최소비용계획)

① Cost Slope = $\dfrac{\Delta C}{\Delta T}$

② 공기단축순서
• C.P 상
• 단축가능작업
• C.S 小
• 단축한계까지
• Sub C.P 확인
• Sub C.P 동시단축고려
• 앞의 순서 반복

자원배당

목 적
① 자원변동의 최소화
② 일일 동원자원 최소화
③ 유휴시간 제거
④ 공사비(자원) 균등

순 서
① 공정표 작성
② 일정계산
③ EST 부하도
④ LST 부하도
⑤ 균배도(산봉도, 평준화, leveling)

방 법
① 자원이 제한된 경우
② 자원의 제한이 없는 경우

진도관리

공기지연
지연형태

EVMS
① 계획공사비
② 달성공사비
③ 실투입비
④ 일정분산
⑤ 비용분산
⑥ 일정수행지수
⑦ 비용수행지수

공기와 시공속도

공기와 기성고
① 공기와 매일기성고
② 공기와 누계기성고

최적시공속도
• = 경제적 시공속도
• = 최적공기

채산시공속도
손익분기점(B.E.P)

※ Mile stone(중간관리일)
Lag

제10장 2절 품질관리

7가지 Tool

- 관리도
- 히스토그램
- 파레토
- 특성요인도
- 산포도
- 그래프(Check List)
- 층별

품질관리비

- 품질시험비
- 품질관리활동비

수립대상

품질관리 계획

- 500억↑
- 30,000㎡↑
- 계약

품질시험 계획

- 5억↑ 토목
- 660㎡↑ 건축
- 2억↑ 전문

품질시험 계획

시설 및 건설기술인 배치기준

- 특급 : 1,000억↑, 50,000㎡↑, 50㎡↑, 특1, 중1, 초1
- 고급 : 500억↑~1,000억⇊, 50㎡↑, 고1, 중1, 초1
  30,000↑~50,000㎡⇊
- 중급 : 100억↑~500억⇊, 20㎡↑, 중1, 초1
  5,000↑~30,000㎡⇊
- 초급 : 5억↑토목, 660㎡↑건축, 20㎡↑, 초1
  2억↑전문

교 육

- 기본 : 최초→35시간↑
- 전문 : 최초, 계속, 승급→35시간↑

품질관리자 업무

제10장 3절 원가관리

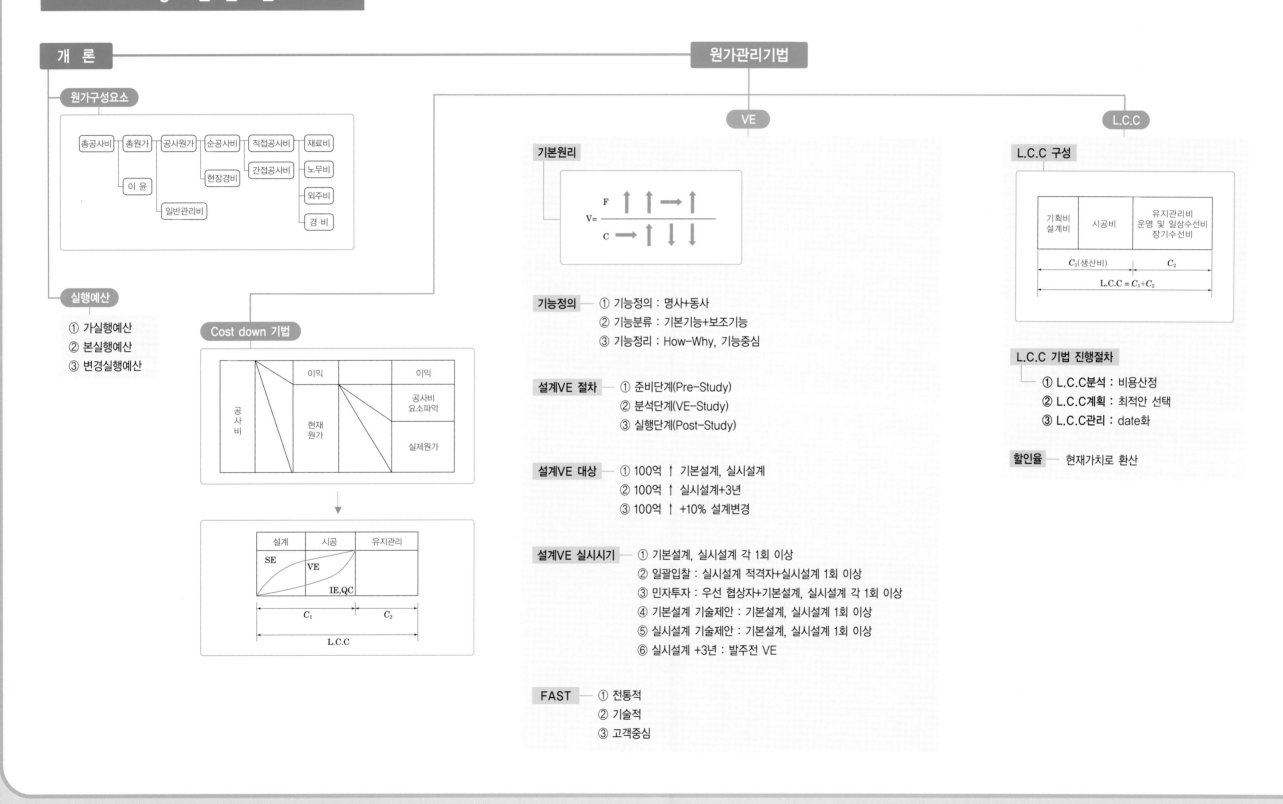

개 론

원가구성요소

총공사비	총원가	공사원가	순공사비	직접공사비	재료비
					노무비
	이 윤		현장경비	간접공사비	외주비
	일반관리비				경 비

실행예산

① 가실행예산
② 본실행예산
③ 변경실행예산

Cost down 기법

원가관리기법

VE

기본원리

$$V = \dfrac{F \quad \uparrow \quad \uparrow \quad \rightarrow \quad \uparrow}{C \quad \rightarrow \quad \uparrow \quad \downarrow \quad \downarrow}$$

기능정의 ── ① 기능정의 : 명사+동사
② 기능분류 : 기본기능+보조기능
③ 기능정리 : How-Why, 기능중심

설계VE 절차 ── ① 준비단계(Pre-Study)
② 분석단계(VE-Study)
③ 실행단계(Post-Study)

설계VE 대상 ── ① 100억 ↑ 기본설계, 실시설계
② 100억 ↑ 실시설계+3년
③ 100억 ↑ +10% 설계변경

설계VE 실시시기 ── ① 기본설계, 실시설계 각 1회 이상
② 일괄입찰 : 실시설계 적격자+실시설계 1회 이상
③ 민자투자 : 우선 협상자+기본설계, 실시설계 각 1회 이상
④ 기본설계 기술제안 : 기본설계, 실시설계 1회 이상
⑤ 실시설계 기술제안 : 기본설계, 실시설계 1회 이상
⑥ 실시설계 +3년 : 발주전 VE

FAST ── ① 전통적
② 기술적
③ 고객중심

L.C.C

L.C.C 구성

기획비 설계비	시공비	유지관리비 운영 및 일상수선비 장기수선비
C_1(생산비)		C_2
L.C.C = C_1 + C_2		

L.C.C 기법 진행절차
── ① L.C.C분석 : 비용산정
② L.C.C계획 : 최적안 선택
③ L.C.C관리 : date화

할인율 ── 현재가치로 환산

제7장 강구조공사

제 작 | 접 합 | 조립 및 설치 | 도 장 | 내화피복

제 작

시공순서
- 현도작업
- 마킹(금긋기)
- 절단 및 개선가공
- 구멍뚫기
- 휨(굽힘)가공
- 지압면의 표면가공
- 부재조립
- 가조임
- 본조임
- 검사
- 녹막이칠 제외
- 운반

허용오차 및 정밀도
- 허용오차
- Mill Sheet
- 제품 정밀도
- 용접부 정밀도
- 시공 정밀도

접 합

고장력볼트

종 류 : 육각고장력볼트, TS(=TC)

취급 및 보관
- 반입
- 공사현장의 반입검사
- 공사현장에서의 취급

접합방식 : 마찰접합, 지압접합

시 공
- 마찰면의 준비 : 0.5 이상
- 접합부의 단차수정 : 1mm 초과
- 볼트 구멍의 어긋남 수정 : 2mm 이하
- **볼트조임**
  - 토크관리법 : $T = k \cdot d \cdot N$
  - 너트회전법 : $120° \pm 30°$
  - 조합법 : 토크관리법+너트회전법
  - T/S고장력 볼트 조임 : Pin Tail 절단여부
- **검사**
  - 토크관리법 : 평균토크±10%
  - 너트회전법 : 1차 조임 후 너트회전량 $120° \pm 30°$
  - 조합법 : 1차 조임 후 너트회전량 $120° \pm 30°$ 평균토크±10%
  - T/S고장력 볼트 조임 : Pin Tail 탈락여부

시공시 유의사항
- 고장력볼트 검사 · 틈새처리
- 부재의 상태 점검 · 당일작업량 준수
- 기기의 정밀도 · Nut의 위치
- 조임순서 · 검사철저
- 접합면처리

용 접

방 법
- 용접기구

용접방법(재료)	Torch(운봉)	봉내밀기	Flux(shield)
수동(피복 Arc W′)	인력	인력	피복
반자동(CO₂ Arc W′)	인력	기계(Coil)	CO₂ gas
자동(Submerged Arc W′)	기계(Rail)	기계(Coil)	분말

- 용접형식 : 맞댐용접(Butt W′), 모살용접(Fillet W′)

예 열
- 일반사항 : -20℃ X, 230℃ 이하
- 예열온도 : 양측 100mm, 20℃ 이상
- 예열방법 : 75mm

결 함
- 종류 : blow hole, fish eye, slag 감싸들기, 용입불량, over lap, pit, crack, crater, Under cut, 각장부족, 목두께 부족, over hung, lamellar Tearing
- 원인 : 人 + 재료 + 기계 + 기타
- 대책 : 원인반대 + $\alpha 1$ + $\alpha 2$

시공시 유의사항
예열, 고력볼트와 용접 병용, 개선정밀도, 청소, 잔류응력과 변형, 뒤깍기, 돌림용접/End Tab, 용접재료 건조, 기온, 기후, 용접순서, 재해예방

검 사
- 육안검사 : 균열, 피트, 요철, 언더컷깊이, 오버랩, 필립용접 크기
- 비파괴검사 : 방사선 투과법(RT), 초음파탐상법(UT), 자분 탐상법(MT), 침투 탐상법(PT)

용접변형
- 종류 : 각변형, 종급힘 변형, 회전 변형, 비틀림 변형, 종수축, 횡수축, 좌굴
- 원인 : 人 + 재료 + 기계 + 기타
- 종류 : 억제법, 역변형법, 냉각법, 가열법, 피닝법, 용접순서 : 후퇴법, 대칭법, 비석법, 교호법

조립 및 설치

준비 및 안전대책
- 현장조립 작업준비
- 공사용 가시설 안전장치

Anchoring
- 고정매립법
- 가동매립법
- 나중매립법
- 용접공법

Padding
- 고름모르타르방법
- 부분 grouting 방법
- 전면 grouting 방법

Liner Plate
Mortar
A=100~300
B=A+40
C=B+100

부재 조립 및 설치

데크플레이트 구조
- 합성, 복합, 구조

스터디 용접
- 100개
- 육안 : 5°, ±2mm
- 타격 : 15°

Plumbing 작업 | 볼팅 작업 | 용접 작업 | 그라우팅 작업

도 장

도장중단
- 5℃ 미만, 43℃ 이상
- 85% 초과

시 공

표면처리관리(블라스트)
- 연강판 분사거리 : 150~200mm
- 강판 분사거리 : 300mm
- 분사각도 : 50~60°

용접부의 표면처리
- 블라스팅 방법
- 72시간 방치 후 전처리 및 도장

기후조건
- 5℃ 이상 85% 이하
- 43℃ 이상 : 작업중단
- 소지표면온도 : 이슬점보다 3℃ 이상

도막두께 검사
- 강교도막 : 마그네틱게이지, 20~30개소
- 10m²(200~500m²) 1개 로트
- 1개소당 5점 측정한 평균값 →도장사양 두께의 80% 이상
- 건조도막두께 : SSPC PA2

내화피복

내화성능기준

구 분	층수/최고높이		기둥	보	slab	내력벽
일반시설	12/50	초과	3시간	3시간	2시간	3시간
		이하	2시간	2시간	2시간	2시간
	4/20 이하		1시간	1시간	1시간	1시간
주거시설	12/50	초과	3시간	3시간	2시간	3시간
		이하	2시간	2시간	2시간	2시간
	4/20 이하		1시간	1시간	1시간	1시간
산업시설	12/50	초과	3시간	3시간	2시간	3시간
		이하	2시간	2시간	2시간	2시간
	4/20 이하		1시간	1시간	1시간	1시간

공법종류
- 습식 : 타설, 뿜칠, 미장, 조적
- 건식 : 성형판 붙임공법, 휘감기공법, 세라믹울 피복공법
- 도장 : 내화페인트 – 25~30배 발포
- 합성 : 이종재료 적층공법 이질재료 접합공법

뿜칠공법 내화성능 향상방안
- 시공계획 수립 · 바탕처리 · 두께확보
- 밀도 Check · 한랭기 동결방지 · 박리방지
- 빗물유입 방지 · 비산방지 · 안전관리

검 사
- 외관
- 두께 :
  - 내화 1시간 : 매층, 1,000m²마다 1검사로트
  - 내화 2시간 : 4개층 선정, 각 층 1,000m²마다 1검사로트 → 3회 측정 평균값이 기준치 이상
- 부착강도 :
  - 1시간 : 매층, 1검사로트
  - 2시간 : 4개층 선정, 각 층 1검사로트 → 인정부착강도 이상
- 밀도 : 부착강도의 빈도 따른다.

제8장 2절 기타공사 ②

건설기계(타워크레인)

종류
- 설치방식
  - 고정식
  - 주행식
- Climbing
  - Mast Climbing(Telescoping) : Base 고정
  - Crame Climbing(클라이밍) : Base 이동

설치 · 인상 · 해체
- 풍속 : 10m/s
- 강수량 : 1mm/h
- 강설량 : 10mm/h
- 방호물 : 1.8m

사용
- 풍속 : 15m/s
- 와이어로프 × : 파단 10%↑, 직경 7%⇑, 변형, 부식, 꼬임

Telescoping
- 10m/s, 1mm/h, 10mm/h ↓
- 3~5EA/1회
- 7.5hr

적산

개산견적

단위기준
- 단위체적 : m³
- 단위면적 : m²
- 단위설비 : Bed당, 객실당, 교실당

비례기준
- 가격비율
- 수량비율

수량계산법
적산된 물량 × 공사단가 = 공종별 공사비 산출

적상계산법
공종단위로 개략적 파악

부위별 견적 — 합성단가개념

문제점
- 표준품셈의 경직
- 기술발전의 추종성 미흡
- 적산능력개발 미흡
- 정부노임단가 비현실화
- 적산 전문인력 부족
- 수량 산출기준 미비
- 작업조건 반영 미비
- 적산자료 및 Data 부족

실적공사비 적산제도

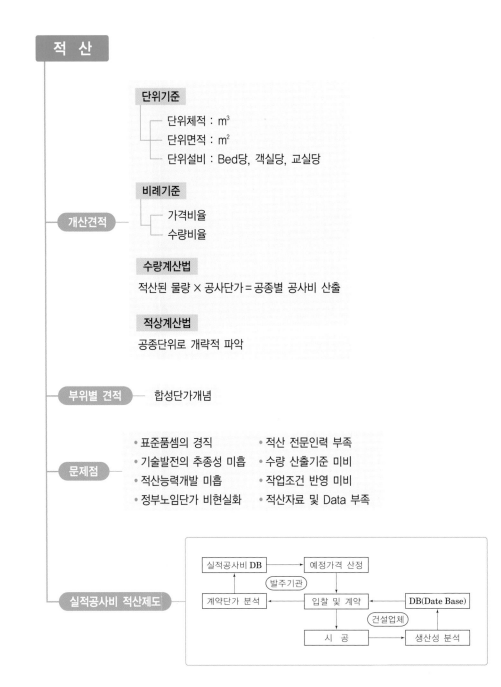

제4장 2절 거푸집공사

요구조건

① 외력에 변형이 없을 것
② 치수 및 형상 정확
③ 수밀성
④ 가격이 저렴할 것
⑤ 가공 및 조립 해체 용이
⑥ 내구성, 반복사용
⑦ 구성재 종류 간단
⑧ 경량화, 운반 및 취급 용이
⑨ 소재 청소, 보수 용이

종 류

일반거푸집

• Wood Form(합판거푸집)
• Metal Form(철재거푸집)

특수거푸집 =전용거푸집, =System form

• **벽** : 대형 panel F(Gang F)+가설/마감 발판=Climbing F
• **바닥** : Table F(수평), Flying shore F(수평, 수직)
• **벽+바닥** : Tunnel F(모노쉘형, 트윈쉘형)
• **연속** : ┌ **수직** : Sliding F, Slip F
　　　　　 └ **수평** : Traveling F
• **무지주** : Bow beam, Pecco beam
• **바닥판** : Deck plate, Waffle F, Half pc slab

기타거푸집

• W식 거푸집
• Stay in place 거푸집
• Lath 거푸집
• 무폼타이 거푸집
• 무보강재 거푸집
• 고무풍선 거푸집
• 투수 거푸집
• 제물치장 거푸집
• RSC Form
• ACS Form
• Aluminum Form
• 철제비탈형 거푸집

거푸집 및 동바리 구조계산

구조계산

연직하중+수평하중+측압

연직하중

• 고정하중=철근콘크리트 중량+거푸집 중량
　　　　　　 (24kN/m³)　(0.4kN/m²)
• 활하중=2.5kN/m²
　(전동식카드 : 3.75kN/m²)
• 고정하중+활하중=5kN/m²
　(전동식카트 : 6.25kN/m²)

수평하중

• 동바리 수평하중=고정하중×2% 이상
　동바리 단위길이당 1.5kN/m 이상 중 큰 값
• 벽체거푸집 : 0.5kN/m²
• 풍압, 유수압, 지진 등 하중 고려

측 압

설계하중

• 연직하중+수평하중+측압+풍화중+특수하중
• 연직하중=고정하중+작업하중
　　　　　=5kN/m²(전동식 : 6.25kN/m²)
• 고정하중=철근콘크리트하중+거푸집하중
• 작업하중=시공하중+충격하중

측 압

con´c Head(H)　con´c 타설 윗면으로부터 최대측압까지의 거리

con´c 측압의 변화

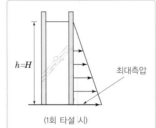

(1회 타설 시)

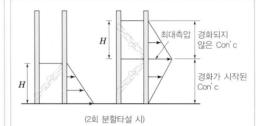

(2회 분할타설 시)

con´c 측압산정기준

• 일반콘크리트 P=W×H
• Slump 175mm 이하, 깊이 1.2m 이하, 내부진동기 다짐
　┌ 기둥(2m 미만) $p = C_w \cdot C_c (7.2 + \frac{790R}{T+18})$
　└ 벽체(2m 이상)

구 분	타설속도	2.1m/h 이하	2.1~4.5m/h
타설 높이	4.2m미만 벽체	$p = C_w \cdot C_c(7.2 + \frac{790R}{T+18})$	
	4.2m초과 벽체	$p = C_w \cdot C_c(7.2 + \frac{1160+240R}{T+18})$	
모든 벽체			$p = C_w \cdot C_c(7.2 + \frac{1160+240R}{T+18})$

단, Cw ≤ P ≤ WH

측압에 영향을 주는 요인

• Slump 大
• 타설속도 大
• con´c 비중 大
• 부재단면 大
• 거푸집 수밀도 大
• 다질수록
• 거푸집강도 大
• 응결시간 늦은 시멘트
• 기온 小
• 철근량 小

측압 측정방법

• 수압판에 의한 방법
• 수압계를 이용하는 방법
• 조임철물의 변형에 의한 방법
• OK식 측압계

존치기간 (KCS 14 20 12)

콘크리트 압축강도를 시험할 경우

부 재		콘크리트 압축강도
기초, 보, 기둥, 벽 등의 측면		5MPa 이상
슬래브 및 보의 밑면, 아치내면	단층 구조	$f_{cu} \geq \frac{2}{3} \times f_{ck}$ 이상, 또한 최소 14MPa 이상
	다층 구조	설계 기준 압축강도 이상 (필러동바리구조→기간단축가능 단, 최소강도는 14MPa 이상)

콘크리트 압축강도를 시험하지 않을 경우

평균온도 \ 시멘트	조강 P.C	보통 P.C	포틀랜드 포졸란 C(2종)
20℃ 이상	2일	4일	5일
10℃ 이상	3일	6일	8일

거푸집 시공시 유의사항

1. 벽체
수평시공철저, 하부틈새 처리, 벽체의 개구부 보강, 수밀성 유지, 청소 소재구 설치, 수평·수직간격

2. 슬래브
벽체 끝선과 슬래브 끝선의 맞춤, 슬래브 합판 들뜸 방지, 슬래브·보 중앙부 올림시공, 중간보조판

동바리 시공시 유의사항

• 적정규격제품 사용
• 동바리 간격 준수
• 장대동바리 수평연결재 시공
• 진동, 충격 금지
• 동바리 해체시기 준수
• 동바리 전도방지
• 동바리 교체순서 준수
• Filler 처리
• 이동동바리 이용

제5장 콘크리트공사

구 조
- 구조
- hcp
- 공극

재 료

- Water
- Cement
  - P.C :
    - 보통 P·C
    - 중용열 P·C
    - 조강 P·C
    - 저열 P·C
    - 내황산염 P·C
    - 백색 C
  - 혼합 C :
    - 고로 slag C
    - Fly ash C
    - Silica C
  - 특수 C :
    - Alumina C
    - 초속경 C
    - 팽창 C

  → 타설전
    - 분말도
    - 수화열
    - 강열감량
    - 체가름시험
    - 흡수율

- 골 재
  - Sand
  - Gravel
- 혼화재료
  - **혼화제(劑)** : 표면활성제(AE제, 감수제, AE감수제), 고성능감수제, 유동화제, 응결지연제, 응결촉진제, 방수제, 방청제, 방동제, 수중불분리성혼화제, 기포제, 발포제
    (1% 전후)
  - **혼화재(材)** : 고로 Slag, Fly ash, Silica fume
    (5% 이상)

배합설계

1. 설계기준압축강도(호칭강도)-f_{ck}
2. 배합강도 f_{cr}
3. W/B비
4. Slump치
5. 굵은골재의 최대치수(Gmax)
6. 잔골재율(S/a)
7. 단위수량
8. 시방배합
9. 현장배합

시 공

- 계량
- 비빔
- 운반
- 타설
- 다짐
- 이음
- 양생

- **타설중** →
  - 압축강도시험
  - Slump 시험
  - 공기량 시험
  - 염화물 시험

- **타설후** →
  - 재하시험
  - Core 채취법
  - 비파괴시험 →
    - 반발경도법
    - 인발법
    - 철근탐사법
    - 방사선법
    - 초음파탐상법
    - 진동법

Joint(이음,줄눈)

- Construction Joint → Cold joint
- Movement Joint
  - Expansion Joint
  - Control Joint(=Dummy Joint)
  - Sliding Joint
  - Slip Joint
  - Delay Joint

균 열

종 류
- 자기수축균열 : 수화반응 시
- 소성수축균열 : 콘크리트 양생 시작 전, 마감시작 전
- 소성침하균열 : 콘크리트다짐과 마무리가 끝난 후
- 건조수축균열 : 콘크리트 타설 완료 후
- 탄산화수축균열 : 중성화 과정 시

원 인
- 미경화 con´c (경화전) : 거푸집의 변형, 진동, 충격, 소성수축, 소성침하, 수화열
- 경화 con´c (경화후) : 염해, 중성화, AAR, 동결융해, 온도변화, 건조수축, 철근부식

대 책
- 재료
- 배합   + 거푸집
- 시공   철근

보수보강공법

표면처리공법(단면복구공법), 충전공법, 주입공법, 강판부착공법, Prestress공법, 치환공법, 탄소섬유시트, 단면증가공법

내구성(열화)

원 인

균열 원인 중 경화 con´c와 동일

대 책

균열 대책과 동일

---

con´c 성질

미경화 con´c
- W (시공연도)
- Co (반죽질기)
- P (성형성)
- P (압송성)
- V (점성)
- C (다짐성)
- F (마감성)
- M (유동성)

경화 con´c
- Creep 변형
- **체적변화** : 수분, 온도

※ 특수 con´c

- 한중 콘크리트
- 서중 콘크리트
- Mass 콘크리트
- 고강도 콘크리트

  → 시공시 유의사항
  - 양생방법
  - 균열제어 방법

제6장 1절 P.C, 2절 Curtain Wall 공사

P.C 공사

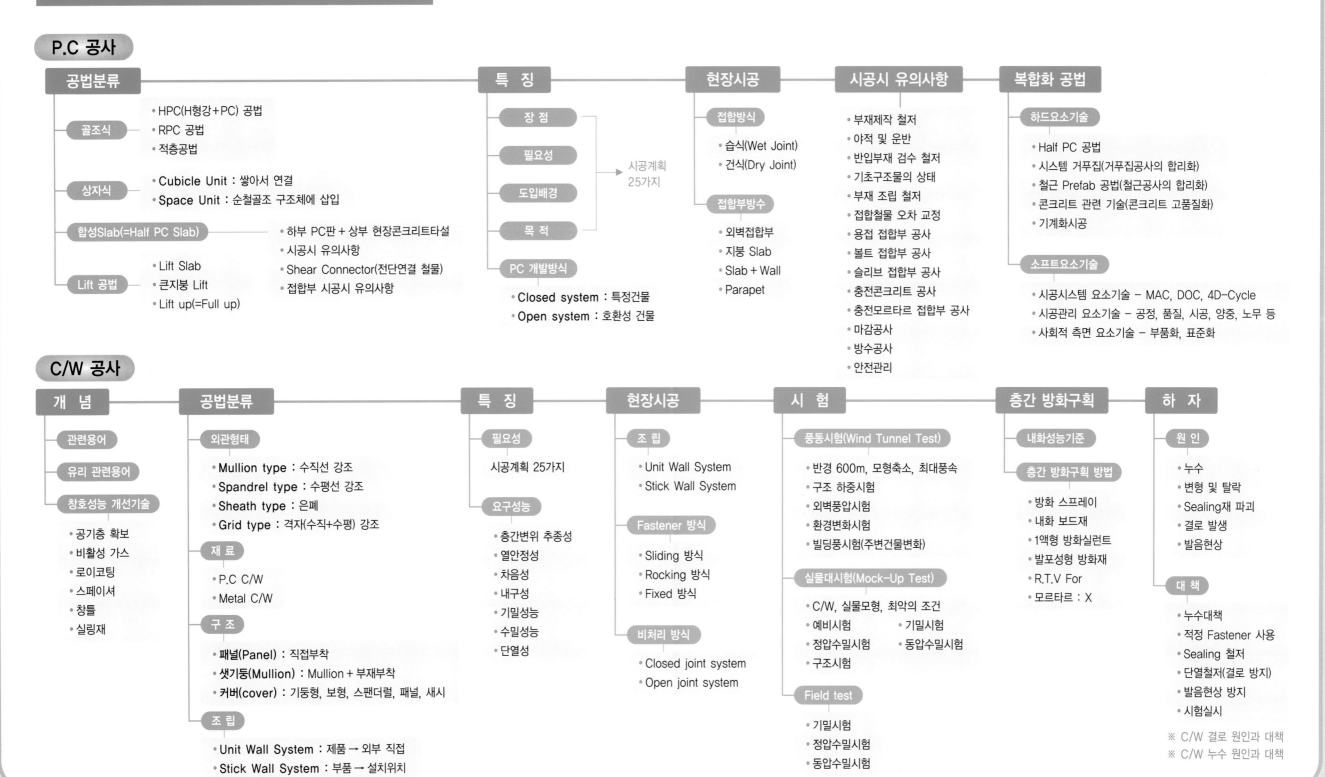

공법분류

골조식
- HPC(H형강+PC) 공법
- RPC 공법
- 적층공법

상자식
- Cubicle Unit : 쌓아서 연결
- Space Unit : 순철골조 구조체에 삽입

합성Slab(=Half PC Slab)
- 하부 PC판 + 상부 현장콘크리트타설
- 시공시 유의사항
- Shear Connector(전단연결 철물)
- 접합부 시공시 유의사항

Lift 공법
- Lift Slab
- 큰지붕 Lift
- Lift up(=Full up)

특징

- 장점
- 필요성
- 도입배경
- 목적

→ 시공계획 25가지

PC 개발방식
- Closed system : 특정건물
- Open system : 호환성 건물

현장시공

접합방식
- 습식(Wet Joint)
- 건식(Dry Joint)

접합부방수
- 외벽접합부
- 지붕 Slab
- Slab + Wall
- Parapet

시공시 유의사항
- 부재제작 철저
- 야적 및 운반
- 반입부재 검수 철저
- 기초구조물의 상태
- 부재 조립 철저
- 접합철물 오차 교정
- 용접 접합부 공사
- 볼트 접합부 공사
- 슬리브 접합부 공사
- 충전콘크리트 공사
- 충전모르타르 접합부 공사
- 마감공사
- 방수공사
- 안전관리

복합화 공법

하드요소기술
- Half PC 공법
- 시스템 거푸집(거푸집공사의 합리화)
- 철근 Prefab 공법(철근공사의 합리화)
- 콘크리트 관련 기술(콘크리트 고품질화)
- 기계화시공

소프트요소기술
- 시공시스템 요소기술 – MAC, DOC, 4D-Cycle
- 시공관리 요소기술 – 공정, 품질, 시공, 양중, 노무 등
- 사회적 측면 요소기술 – 부품화, 표준화

C/W 공사

개념

관련용어

유리 관련용어

창호성능 개선기술
- 공기층 확보
- 비활성 가스
- 로이코팅
- 스페이셔
- 창틀
- 실링재

공법분류

외관형태
- Mullion type : 수직선 강조
- Spandrel type : 수평선 강조
- Sheath type : 은폐
- Grid type : 격자(수직+수평) 강조

재료
- P.C C/W
- Metal C/W

구조
- 패널(Panel) : 직접부착
- 샛기둥(Mullion) : Mullion + 부재부착
- 커버(cover) : 기둥형, 보형, 스팬더럴, 패널, 새시

조립
- Unit Wall System : 제품 → 외부 직접
- Stick Wall System : 부품 → 설치위치

특징

필요성
- 시공계획 25가지

요구성능
- 층간변위 추종성
- 열안정성
- 차음성
- 내구성
- 기밀성능
- 수밀성능
- 단열성

현장시공

조립
- Unit Wall System
- Stick Wall System

Fastener 방식
- Sliding 방식
- Rocking 방식
- Fixed 방식

비처리 방식
- Closed joint system
- Open joint system

시험

풍동시험(Wind Tunnel Test)
- 반경 600m, 모형축소, 최대풍속
- 구조 하중시험
- 외벽풍압시험
- 환경변화시험
- 빌딩풍시험(주변건물변화)

실물대시험(Mock-Up Test)
- C/W, 실물모형, 최악의 조건
- 예비시험
- 정압수밀시험
- 구조시험
- 기밀시험
- 동압수밀시험

Field test
- 기밀시험
- 정압수밀시험
- 동압수밀시험

층간 방화구획

내화성능기준

층간 방화구획 방법
- 방화 스프레이
- 내화 보드재
- 1액형 방화실런트
- 발포성형 방화재
- R.T.V For
- 모르타르 : X

하자

원인
- 누수
- 변형 및 탈락
- Sealing재 파괴
- 결로 발생
- 발음현상

대책
- 누수대책
- 적정 Fastener 사용
- Sealing 철저
- 단열철저(결로 방지)
- 발음현상 방지
- 시험실시

※ C/W 결로 원인과 대책
※ C/W 누수 원인과 대책

제6장 3절 초고층공사

공정계획

기본요소
- 고소작업에 적합한 공법
- 안전대책
- 고소작업시 기상조건
- 공정계획의 합리화

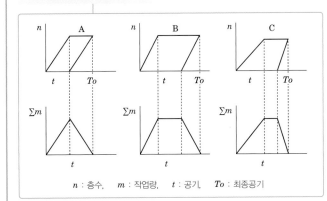

n : 층수, m : 작업량, t : 공기, To : 최종공기

공기에 영향을 주는 요소
- 고소작업
- 도심지 교통규제
- 기능공 확보
- 건설공해

공정계획 방법
- 병행 시공방식
- 단별 시공방식
- 연속반복방식
- 고속궤도방식(FTM)

기준층 시공속도

항 목	기준층 시공속도(月)		
	10층	11~20층	21~40층
철골세우기공사	0.15	0.22	0.32
철근콘크리트공사	0.50	0.65	0.70
외부벽공사	0.20	0.20	0.20
내부마감공사	0.30	0.30	0.30

양중계획

양중방식

대형재
- 길이 : 4m 이상
- 폭 : 1.8m 이상
- 중량 : 2.0t 초과

중형재
- 길이 : 1.8~4m
- 폭 : 1.8m 이하
- 중량 : 2.0t 이하

소형재
- 길이 : 1.8m 이하
- 폭 : 1.8m 이하
- 중량 : 2.0t 이하

양중계획
- Stock yard
- 운반의 system화
- 양중기계설정
- 최대 양중량 파악
- 양중부하의 경감
- 양중량 산적도
- 양중량의 평균화
- 양중기계의 검사
- 본설비조기 가동
- 마감공사 개시조절

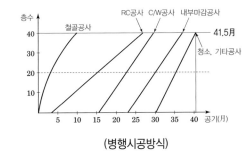

(병행시공방식)

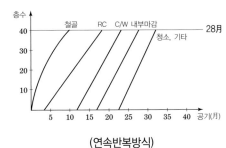

(연속반복방식)

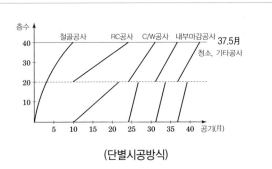

(단별시공방식)

순차적 진행법	기본설계	실시설계	시 공
Fast Track Method	기본설계	실시설계	
		시 공	공기단축

(고속궤도방식)

안전관리

- 안전관리 엑기스 참조

바닥판공법

현장타설공법
- Deck plate 공법
- 기타공법
  - Table form
  - 알루미늄 거푸집
  - Unit floor 공법
  - 일반거푸집 공법

PC 공법
- Half pc slab 공법
- PC 바닥판(대형바닥판) 공법

공기단축방안

- 설계단순화 및 CAD화
- Top down공법 / SPS공법
- 철근 prefab공법
- System form 사용
- Core 선행공법
- PC 및 half pc 공법
- 공정계획 철저
- 양중계획 철저
- 마감건식화
- Lean construction

Column Shortening(기둥부등축소)

원 인
- 재질상이
- 응력차(하중분담차이)
- 온도차

대 책
- Slab 수평유지
- 기둥높이 조정
- 층별보정
- Core 보정
- 계측관리 철저

코어 선행 공법

충전강관 콘크리트(CFT)

Outrigger, Belt Truss

면진, 제진

지 진

연돌효과